YUHANG DAGUIMO JICHENG DIANLU BAOZHENG JISHU

宇航大规模集成电路保证技术

朱恒静　等 编著

西北工业大学出版社

【内容简介】 宇航大规模集成电路保证技术是航天工业的基础技术之一,对我国航天元器件的自主可控和可持续发展有重要战略支撑作用。本书在分析航天工程对大规模集成电路的需求、大规模集成电路及保证技术发展趋势的基础上,结合中国空间技术研究院宇航物资保障事业部多年的工程实践,构建了宇航大规模集成电路保证技术体系,对相关专业的最新技术进行详细阐述,内容包括过程保证、鉴定、封装可靠性评价、可靠性分析、应用验证、抗辐射保证及测试等技术,并给出了商用器件保证的方法和流程。本书叙述由浅入深、简明扼要、内容丰富。

本书可作为高等院校航天专业的基础教材,也可供从事宇航大规模集成电路设计、制造及可靠性保证的相关技术和管理人员阅读参考。

图书在版编目(CIP)数据

宇航大规模集成电路保证技术/朱恒静等编著 . —西安:西北工业大学出版社,2016.8
ISBN 978 − 7 − 5612 − 5067 − 9

Ⅰ.①宇… Ⅱ.①朱… Ⅲ.①航天器—元器件—大规模集成电路 Ⅳ.①V47②TN47

中国版本图书馆 CIP 数据核字(2016)第 216252 号

出版发行:西北工业大学出版社
通信地址:西安市友谊西路 127 号   邮编:710072
电　　话:(029)88493844 88491757
网　　址:www.nwpup.com
印　刷　者:兴平市博闻印务有限公司
开　　本:787 mm×1 092 mm   1/16
印　　张:27.25
字　　数:657 千字
版　　次:2016 年 8 月第 1 版   2016 年 8 月第 1 次印刷
定　　价:168.00 元

本书编审委员会

顾　问：夏　泓
主　任：王建国
副主任：唐　民
委　员（按姓氏笔画排序）：

王　平　李居平　肖志强　何　宇

张德胜　陈书明　胡刚毅　俞　军

姚全斌　韩郑生　薛智民

本书编写委员会

主　编：朱恒静
副主编：曹　阳　张　伟　祝　名
委　员（按姓氏笔画排序）：

于庆奎　王　旭　王文炎　匡潜玮

汪　悦　张　莹　张洪伟　龚　欣

康　贺　韩晓东

序

　　宇航大规模集成电路保证技术是确保宇航型号可靠运行的关键支撑。宇航型号因其系统复杂、不可维修和运行的空间环境复杂等原因，决定了所使用的集成电路必须具备对空间高低温交变、真空、辐射等恶劣环境的耐受能力，其可靠性也成为宇航任务成功的重要因素。随着微电子技术的不断发展，集成电路的特征尺寸已进入深亚微米甚至纳米量级，集成电路功能步入系统集成时代，新材料、新工艺和新技术的大量应用使得集成电路保证面临着诸多技术挑战。

　　国外宇航界非常重视宇航大规模集成电路保证技术的研究，美国 NASA、欧洲 ESA 等宇航机构建立了专门的组织、专业的队伍，并提供专项资金支持开展宇航大规模集成电路可靠性保证相关技术研究工作，形成了相对系统的技术体系，促进了宇航技术的不断发展。

　　我国大规模集成电路保证技术发展迅猛，结合国内实际情况取得了一系列有价值的研究成果。中国空间技术研究院宇航物资保障事业部作为国内宇航元器件质量保证的排头兵，多年以来，将系统工程方法与专业技术相结合、保证技术与宇航物资保障管理相结合，在宇航大规模集成电路保证的工程实践和经验积累的基础上，深入开展过程保证、鉴定、应用验证、可靠性分析和抗辐射能力评估等宇航大规模集成电路保证技术研究工作，在国内首次系统提出了宇航大规模集成电路保证技术体系框架，为我国宇航大规模集成电路保证技术的持续发展奠定了基础。本书在分析美国、欧洲以及我国宇航大规模集成电路保证技术发展历程的基础上，对宇航大规模集成电路保证的技术体系框架进行了描述，并对宇航大规模集成电路保证技术的顶层设计方案以及过程保证、鉴定、应用验证、可靠性分析和抗辐射能力评估等技术进行系统总结，建立了自用户需求分析开始至实现可靠应用而终的全生命周期的宇航大规模集成电路保证技术方法和路线。

　　宇航大规模集成电路是我国航天科技工业发展的基石，对航天工程的功能、性能、寿命、成本、环境适应性、研制周期以及发射风险都有极其重要的作用和影响，关系到国家的航天战略。宇航大规模集成电路的保证能力已成为衡量航天强国的重要标志之一，自主可控和可持续发展已成为世界航天强国共同关注的焦点。本书作为系统性介绍宇航大规模集成电路保证技术的专业书籍，对于提升我国大规模集成电路宇航应用能力有一定的借鉴作用。

*

2015 年 12 月

---

* 戚发轫：中国空间技术研究院技术顾问、中国工程院院士、国际宇航科学院院士。

前　言

本书是结合航天型号产品研制对大规模集成电路的需求,分析了大规模集成电路的技术发展趋势,在总结中国空间技术研究院宇航物资保障事业部多年元器件保证经验的基础上编写的,旨在提高航天型号大规模集成电路保证和应用的技术水平。本书适用于宇航大规模集成电路设计、制造及可靠性保证的相关技术和管理人员阅读参考,全书共分为 11 章,各章的主要内容简要介绍如下:

第 1 章,大规模集成电路发展趋势。简要介绍国内外集成电路制造技术的发展历程,重点介绍美国、欧洲以及中国等宇航大国集成电路的发展现状和趋势,分析大规模集成电路技术发展对其保证技术带来的一系列挑战。

第 2 章,大规模集成电路保证技术发展历程。分析宇航应用对大规模集成电路的需求,分别介绍美国、欧洲以及中国宇航大规模集成电路保证的技术要求并进行对比分析,对大规模集成电路保证技术的发展趋势进行展望。

第 3 章,宇航大规模集成电路保证技术体系。对宇航大规模集成电路保证的重要内容分别进行介绍,包括过程保证、鉴定、应用验证和装机产品保证等四方面,给出保证技术流程的建立与结果评价的原则与方法。在综合分析宇航大规模集成电路保证所涉及技术领域的基础上,提出宇航大规模集成电路保证技术体系。

第 4 章,定制集成电路过程保证。对定制集成电路过程保证的内涵进行分析,介绍国内外定制集成电路保证的现状和趋势。针对定制集成电路的研发过程,给出过程保证需要开展的相关工作,并对过程保证的相关技术进行重点说明。

第 5 章,鉴定。在调研国内外鉴定相关要求的基础上,对鉴定的内涵进行分析,介绍集成电路可靠性预计的模型及参数,给出鉴定的方法和流程。详细阐述鉴定的相关技术和方法,包括工艺基线鉴定技术、基于应用需求的鉴定方法、基于失效机制的加速模型开发方法、电参数评估方法以及早期失效率计算方法等内容。

第 6 章,封装可靠性评价。给出大规模集成电路封装可靠性评价的概念,介绍大规模集成电路常用的封装结构和工艺,对典型复杂封装结构的失效机理和失效模式进行分析,阐述封装可靠性评价的流程和方法,并给出三维堆叠封装器件可靠性评价的案例。

第 7 章,失效分析、破坏性物理分析和结构分析。论述失效分析、破坏性物理分析和结构分析三类主要的可靠性分析方法的概念和作用,在分析国内外技术现状和发展趋势的基础上,针对每种分析方法,总结归纳相应的实施方法和技术流程,并对失效分析、破坏性物理分析和结构分析实施的关键技术进行详细阐述。

第 8 章,应用验证。介绍大规模集成电路应用验证的概念和内涵,分析国内外应用验证技术的现状和趋势,综合考虑航天应用的实际需求,分析需要开展的应用验证项目,给出应用验证的实施方法和技术流程,并对相关的应用验证技术进行详细阐述。

第 9 章,大规模集成电路抗辐射保证。介绍空间辐射环境,分析大规模集成电路辐射效应的变化趋势和特点,考虑宇航型号抗辐射保证的实际需求,给出大规模集成电路电离总剂量、单粒子和位移效应评估的方法和实施流程，对相关技术进行详细阐述。同时介绍主要的应用加固技术，为大规模集成电路选用、抗辐射能力评估及应用加固提供参考。

第 10 章，测试。分析大规模集成电路测试技术的发展趋势和面临的技术挑战，给出大规模集成电路测试的实施流程，介绍测试向量生成的常用方法。重点介绍 SoC，SiP 及 3D 器件测试技术。

第 11 章，商用器件保证。分析商用器件宇航应用的现状和趋势，介绍商用器件的特点，在分析商用器件宇航应用存在的风险的基础上，建立针对需求、自上向下、综合考虑可靠性和成本的商用器件保证方法，并介绍商用器件保证的关键技术。给出商用 NAND FLASH 存储器宇航应用可靠性保证的案例。

本书各章的编写人员：第 1 章，康贺、祝名、汪悦；第 2 章，朱恒静、曹阳；第 3 章，张伟、曹阳；第 4 章，朱恒静、汪悦、祝名；第 5 章，张莹、朱恒静、康贺、匡潜玮、张洪伟；第 6 章，王旭、张伟；第 7 章，龚欣、张伟；第 8 章，王文炎、张洪伟；第 9 章，于庆奎；第 10 章，朱恒静、韩晓东；第 11 章，朱恒静、汪悦、韩晓东。本书由朱恒静、曹阳、张伟、祝名统稿。

编写本书曾参阅了相关文献资料，在此谨向其作者深表谢忱。

在本书编写过程中，中国空间技术研究院宇航物资保障事业部为编写工作提供了人力和物力的支持，王建国部长确定了本书的技术方向和总体思路；航天科技集团公司元器件专家组组长夏泓对全书编写进行了技术指导；编审委员会各位专家对编写策划、大纲及内容进行了审查把关，提出了宝贵的意见。笔者对此表示衷心的感谢！

鉴于水平有限，书中难免存在不足和疏漏之处，敬请读者的批评指正和谅解。

编著者

2015 年 12 月

目　　录

第1章 大规模集成电路发展趋势

1.1 概　　述

宇航大规模集成电路是指应用于卫星、飞船、火箭等宇航型号电子系统且满足要求的大规模集成电路。作为宇航型号用元器件重要的一种,大规模集成电路广泛应用于运载火箭的控制,卫星、飞船等空间飞行器的测量、控制和信息传输,对空间目标的探测、跟踪和识别,对地遥感信息的获取、处理和信息传输等。宇航大规模集成电路的高可靠性、长寿命理念始终贯穿于其设计、制造、测试、可靠性试验的整个过程中,从而确保宇航大规模集成电路的功能、性能以及可靠性,这是宇航大规模集成电路区别于一般大规模集成电路的关键所在。

宇航大规模集成电路随着技术的不断发展和集成度提高,芯片的规模不断增大。片上系统(SoC,System on Chip)以及系统级封装(SiP,System in Package)等系统级集成概念的出现进一步丰富了集成电路的类型。宇航大规模集成电路的发展正在步入系统集成时代,单个芯片上同时汇聚信息处理、传感、驱动系统等。与此同时,集成电路制造技术也在飞速发展,微电子器件的特征尺寸沿着微米、亚微米、深亚微米、超深亚微米到纳米方向发展,正逐步进入微观量子态,新材料和新工艺不断投入应用。随着空间探索领域的不断延伸,集成电路技术的不断革新,新制造技术以及设计方法的不断涌现,宇航大规模集成电路面临着更高的抗辐射能力以及可靠性要求,同时也给宇航大规模集成电路的保证技术带来了新的挑战。

1.2 集成电路发展趋势

1.2.1　集成电路发展现状

1958 年,德州仪器(TI)公司的工程师 Jack Kilby 研制出世界上第一块集成电路(IC,Integrated Circuit),这项发明彻底改变了整个电子行业。如今,半个多世纪已经过去了,集成电路飞速发展,在国民经济、国防建设乃至家庭生活各个方面都广泛应用,深刻而全面地改变着整个世界。集成电路技术发展的目标就是不断地提高集成电路和系统的性能,同时控制研制成本。而提高系统性能价格比最有效的途径就是不断缩小特征尺寸,提高集成度。纵观集成电路的发展,一个显著的特征是更新换代非常迅速。最常引用的发展规律就是摩尔提出来并以他的名字命名的"摩尔定律",即集成电路上的晶体管数量将会以每 18 个月翻一番的速度稳定增长。摩尔定律首先用于描述集成电路上晶体管数量的增长,但后来又被应用到芯片时钟速度及性能等其他快速增长的领域。摩尔当时也并未看得很远,但令人惊奇的是,近 50 年的实践证明世界半导体业大体上是符合摩尔提出的发展趋势的。图 1-1 显示了 1992—2014 年晶体管在单个芯片上集成的发展状况,图 1-2 显示了处理器时钟频率在 1992—2014 年的发展状况。

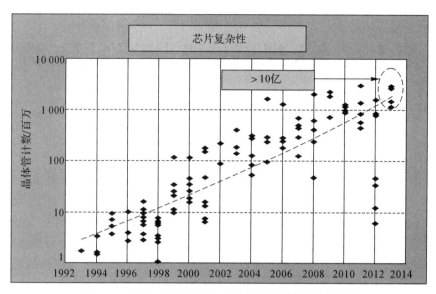

图 1-1 1992—2014 年单个芯片上晶体管集成发展状况

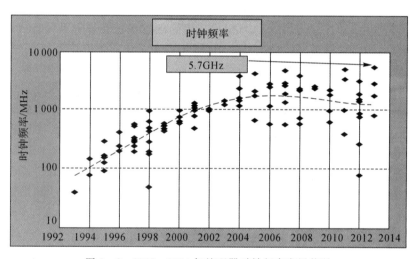

图 1-2 1992—2014 年处理器时钟频率发展状况

摩尔定律已经成功运行多年,主要成功因素之一就是集成电路加工工艺的不断进步。但是 iSuppli 市场调研公司曾在 2009 年发表了一篇报告,声称作为半导体发展路标的摩尔定律即将失效,在当时引起了很大反响。而事实上,在集成电路工艺发展的历程中,摩尔定律已经遇到了所谓的三次挑战:1985 年后的 $1\mu m$、20 世纪 90 年代后的深亚微米以及进入 21 世纪后的 $0.1\mu m$,但是这些挑战都被一一攻克。iSuppli 公司认为 18nm 之后制造设备的成本大大增加,投资与回报的不成正比将会使厂商望而却步。因而其断言,摩尔定律将仅归于实验室,不再适用于半导体生产行业。确实,人们现在有足够理由怀疑,摩尔定律是否已经走到了尽头。半导体工艺制造技术水平在以令人目眩的速度提高,晶体管的几何尺寸不可能无限制地缩小下去,总有一天会达到极限。目前看来,每单位晶体管成本降低的速度正在随之减缓,无法再像过去一样快速降低了,只有提高价格才能使芯片制造商回收投资。高性能、低功耗和低成本很难同时实现。从目前业界的发展现状来看,无论摩尔定律是否失效,一个不可否认的事实是,单从技术角度讲摩尔定律应该是有可能继续突破的,而面临的主要困难是在经济代价和实用价值之间的权衡。事实上用户并不关心摩尔定律是否失效,集成电路使用的是哪一代新技术,而只要求他们的问题或者需求可以得到解决或者满足,比如更高性能、更低功耗、更小型化以及更低成本的产品等。国际半导体技术路线图(ITRS, The International Technology Roadmap for Semiconductors)提出了"后摩尔时代"的概念,之后在 2007 年的半导体技术路线图中明确了后摩尔时代集成电路发展的两个重要方向:延续摩尔定律(More Moore)和超越摩尔定律(More than Moore),如图 1-3 所示。时至今日,延续摩尔定律和超越摩尔定律仍然是集成电路发展的重要方向,除此之外,更大圆片制造技术也是集成电路发展的重要方向之一。

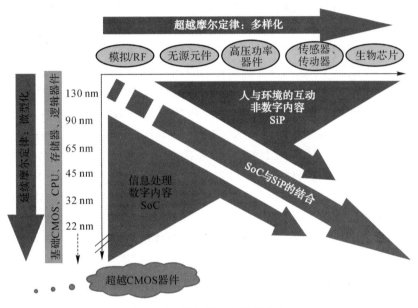

图 1-3　摩尔定律的发展方向

1. More Moore

延续摩尔定律或者称为跟随摩尔定律,指的是继续在晶圆上集成更小的晶体管,降低临界尺寸,按比例缩小。在这里,按比例缩小不但指几何尺寸上的按比例缩小,而且还有等效的按比例缩小。几何尺寸的按比例缩小指的是片上逻辑电路和存储器电路水平和竖直方向上的物理特征尺寸持续缩小,以便改善密度和性能以及可靠性,为应用和终端客户提供增值,显然这将面临着新技术的挑战。例如光刻技术从 193nm 浸没式发展到深紫外,或者芯片架构从体互补型场效应晶体管(CMOS, Complementary Metal-Oxide-Semiconductor Transistor)演化到薄芯片。等效的按比例缩小与几何尺寸的按比例缩小同时发生,它指的是使用三维(3D, three-dimensional)器件结构或者新的设计技术,例如非几何工艺方面的改进、新材料以及多核设计技术的使用等,来改善芯片的性能,使摩尔定律继续延续下去。

2011 年 5 月,英特尔(Intel)公司宣布将批量生产称为三栅极(Tri-Gate)的三维晶体管,并于 2011 年年底批量投产研发代号 IvyBridge 的 22nm 英特尔芯片。这是硅晶体管、半导体集成电路发明以来,三维晶体管首次投入批量生产。这标志着今后采用 3D 技术的处理器(CPU, Central Processing Unit)耗电量会减少一半。英特尔在保证半导体技术遵循摩尔定律方面无疑起到了重要作用。在 2007 年,英特尔发布了高 k 金属栅极技术,用高 k 材料来替代传统低 k 栅极技术,对晶体管组成材料进行了一次革新,让摩尔定律延伸了 10～15 年。如今,英特尔又成功将二维晶体管变为三维,三栅结构技术可以将工艺尺寸缩小到 14nm,具有划时代的革命性意义,是对半导体结构的又一次重大革命。2013 年,Altera 已经采用英特尔的 14nm 栅极技术开发出了新一代高性能可编程门阵列(FPGA,Field-Programmable Gate Array);2014 年年底,英特尔推出了多款最多 8 个核心的 CPU、同时支持 DDR3/DDR4 的处理器芯片,宣布其进入 14nm 时代。

2. More than Moore

超越摩尔定律本质上就是实现集成电路工程的多样化。在 2007 版 ITRS 发布的国际半导体技术发展路线图中,已经明确了超越摩尔定律的定义。功能的多样化指的是新的集成电路虽然无法按照摩尔定律的规律按比例缩小,但是却能够以不同的方式来为终端客户提供附加价值。"More than Moore"的方法通常允许使用非数字功能(例如射频通信、功率控制、无源元件、传感器和激励器),以便能够从系统板级实现向特定的 SiP 或 SoC 实现方式过渡。此外,复杂的嵌入式软件越来越紧密地集成到 SoC 和 SiP 中,因此,软件可能成为直接影响性能提升的基本因素。"More than Moore"的目标是将数字和非数字的功能加入到紧凑的系统中去。

"超越摩尔定律"的特点之一是,采用非 CMOS 的等比例缩小方法,将集成电感、电容等占据大量 PCB 空间的无源元件集成在封装内,甚至芯片上,使电子系统进一步小型化,以达到提高其性能的目的。这就需要对材料、设计和工艺进行新的研究。"超越摩尔定律"的第二个特点是,按需要向电子系统集成"多样化"的非数字功能,形成具有感知、通信、处理等功能的微系统。这不仅需要不断发展模拟、射频(RF,Radio Frequency)、混合信号、无源、高电压等传统半导体工艺技术,还需要发展非传统的半导体工艺,去集成机械、热、声、化学传感器等功能。将来,纳米技术和生物技术也会逐渐被加入到"超越摩尔定律"中。"超越摩尔定律"还会应用到 3D 等异质集成技术,3D 技术是实现多功能异质系统集成的关键技术之一。

3. 更大圆片制造技术

在半导体行业,Si 晶圆的尺寸已经从 150mm,200mm 发展到现在占主流的 300mm。配合越来越小的晶体管,晶圆尺寸越来越大,生产芯片的效率也就更高,直接结果就是单位成本更低,利润空间更大。随着后摩尔时代的到来,集成电路制造研发的成本飙升,任何有可能带来成本下降的技术都会受到制造商的欢迎。但是增大晶圆尺寸并没有想象的那么简单,其研发和制造成本也是天文数字,晶圆尺寸的每一次扩大需要长达 11 年左右的时间。300mm 晶圆线投入使用至今已经 10 年之久,关于半导体行业何时向 450mm 晶圆发展的争论已经持续了好几年。2003 年版的 ITRS 曾经预测,2012 年将引入下一代 450mm 晶圆线,但由于宏观经济危机频发,各大企业被迫不断拖延。2012 年 9 月 Semicon Taiwan 国际半导体展召开的"450mm 供应链"研讨会上,台积电和 G450C(由 Intel、三星、台积电、IBM 和 GlobalFoundries 组成的 Global 450 Consortium —全球 450 联盟)明确表示了 450mm 晶圆预计于 2018 年投入量产的时间表。对 450mm 晶圆生产最为积极的是 Intel、三星和台积电三家公司,台积电已经明确表示将于 2016 或 2017 年开始试产 450mm 晶圆,到 2018 年实现量产。与 300mm 晶圆设备相比,2018 年的设备效率希望能达到 1.1 倍,2020 年提升到 1.8 倍,设备价格的提升控制在 1.4 倍以内,同时保持每片晶圆消耗的水电资源不变。目前看来,建造 450mm 生产线已经是大势所趋,但是在转向 450mm 晶圆生产的过程中仍然有许多问题有待克服。

1.2.2　集成电路发展趋势与挑战

从集成电路发展的方向不难看出,集成电路将会变得更加小型化、多样化和多功能化。本书将集成电路分为工艺集成、射频与模拟混合信号、集成微机电系统(MEMS, Micro-electromechanical Systems)、新兴材料、互连、SoC、封装等几方面,分别从这些方面对集成电路未来的发展趋势以及即将面临的挑战进行介绍。

1. 工艺集成、器件和结构

数字逻辑集成电路是集成电路最主要的一种。数字逻辑集成电路的发展目标是高性能以及低功耗。未来该领域的发展会重点关注速度、功率、密度以及门数。逻辑电路将继续按比例缩小,并引入最先进的技术来保证电路性能的提升。制造商已经进行了相当多的技术创新,包括材料和工艺上的改变,例如高 k 栅介质层以及应变增强材料的使用等。在不久的将来,相信基于纳米材料以及高迁移率沟道材料的新器件结构都将会在逻辑电路中使用,在保持逻辑电路高速的同时进一步降低电路功耗。

在存储器领域,嵌入式静态随机处理器(SRAM, Static Random Access Memory)、动态随机处理器(DRAM, Dynamic Random Access Memory)和浮栅式闪存(Flash)仍然会进一步按比例缩小。但是,由于所有主流存储器都面临着按比例缩小的挑战,因而设计者将会越来越多地采用智能算法和错误纠正技术来补偿越来越大的器件变异性。比如在 SRAM 逻辑工艺中采用鳍式场效应晶体管(FinFET, Fin Field Effect Transistor)和读写辅助电路。与此同时,一些基于新型存储技术的产品将会出现,包括相变存储器(PCRAM, Phase Chang Random Access Memory)和电阻存储器(ReRAM, Resistive Random Access Memory),而磁性自旋扭矩转换存储器(STT-MRAM, Spin Transfer Torque-Magnetic Random Access Memory)已开始成为独立和嵌入式应用的强大备选技术。

DRAM 类存储器,将会继续沿着 1T-1C 单元的足迹发展,到达 $4F^2$ 单元的极限。为缩小存储器和处理器频率之间的带宽差距,随着传统高速接口方案比如 DDR(x) 和 DGGR(x) 的发展,外部数据传输速度会继续提高。目前 GDDR5 和 DDR4 存储器 I/O 速度分别达到 7Gb/s/pin 和 3Gb/s/pin。为达到较高的数据传输率,目前已经开发出了一些信号完整性技术,比如串扰、噪声与偏离消除以及速度提升技术(比如均衡器和预加重技术),这些先进的技术已经让 I/O 的速度朝 10Gb/s/pin 迈进。

嵌入式 SRAM 仍是各种高性能计算应用的关键技术。SRAM 面临的重大挑战包括 V_{CCMIN}、漏电和动态功率降低等,而遵循摩尔定律,每一代技术发展将导致器件面积缩小两倍。从 45nm 开始,通过高 k 金属栅极技术的引入,大幅降低等效氧化物层厚度,进一步让器件按比例缩小。从 22nm 开始,新的晶体管,比如 FinFETs 和全耗尽型绝缘体上硅(SOI, Silicon On Insulator)器件,将会在存储单元面积进一步按比例缩小以及维持低压性能方面发挥重要作用。诸如读写辅助电路等的设计方案已经用于改善 SRAM V_{CCMIN} 的性能。配备 6 个以上晶体管的新型 SRAM 存储单元已用来降低工作电压。比如,已经有报道称低 V_{CCMIN} 的产品中采用了 8T 寄存器单元。双线 SRAM 设计通过将逻辑电源供给线与 SRAM 阵列连接,将电压-频率动态按比例缩小,这样可以有一个更宽的运行窗口。对 SRAM 来说,很重要的一件事就是降低漏电和动态功耗,使产品在下一个技术节点能够保持在相同功耗包络中。当前,已经建议采用休眠晶体管、细粒度时钟栅极和无时钟 SRAM 设计来降低漏电和动态功耗。当嵌入式 SRAM 产品投入生产时，冗余以及错误检查和纠正保护也是确保成品率和可靠性的关键因素。图 1-4 所示左纵轴显示了 SRAM 存储单元按比例缩小趋势，而右纵轴显示了 SRAM V_{DD} 按比例缩小的趋势。

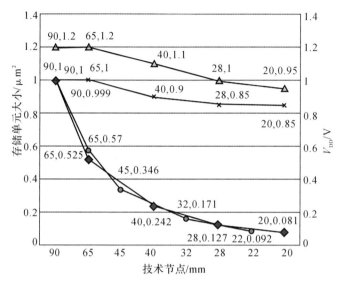

图 1-4　主要半导体生产商提供的 SRAM 存储单元和 V_{DD} 按比例缩小趋势

ITRS 给出了非易失性存储器技术未来发展趋势，如图 1-5 所示。其中 Flash 存储器经过数 10 年的发展已实现商品化，成为目前技术最成熟、市场占有率最高的非易失性存储器。然而，随着存储器集成度不断提高，半导体器件特征尺寸达到 45nm 以下时，遇到了浮栅制造的工艺极限问题，限制了其密度的进一步提高。随着 Flash 存储器的发展面临诸多物理和技术瓶颈的限制，对新型非易失性存储器的研究越来越受到关注。在高密度存储器集成方面，基于已封装器件堆叠技术的大容量固态存储器成为现有半导体存储器在后端技术的延伸和进步。随着技术成熟度提高，硅通孔（TSV，Through Silicon Via）的成本及成品率可控，将逐渐成为新的高密度集成方式，但该技术不会替代已封装器件的堆叠技术，而将作为已封装器件前端高密度解决方案，两个技术共同配合，实现更大层数的堆叠，如 8 层 TSV 集成器件封装完成后再进行已封装器件集成，最终将达到 64 层单片存储器件的集成，极大降低半导体存储器为扩大容量导致的成本剧增和能力问题。图 1-6 所示为各主流生产商 Flash 存储器整体发展趋势，图 1-7 所示为 NOR Flash 存储器以及 NAND Flash 存储器过去几年来读写带宽的对比，可以确定未来的 NOR Flash 存储器以及 NAND Flash 存储器的读写带宽都会变得更快。

NAND Flash 存储器将继续朝着更大密度和更低功耗方向迈进，从而为人们提供能够用固态硬盘（SSDs）取代传统硬盘存储的低成本解决方案。单元多位技术已经证明可以有效提高密度。随着按比例缩小，器件变异性和错误率提高，这要求系统设计者开发复杂的控制算法来抵消这一趋势。其中有些是通过在系统内存控制器外部进行的，特别是应用错误检查和纠正以及数据管理方法，以提高整体稳定性。未来 3D 叠加式 NAND 竖栅极可能会成为进一步提升 NAND 密度的解决方案。

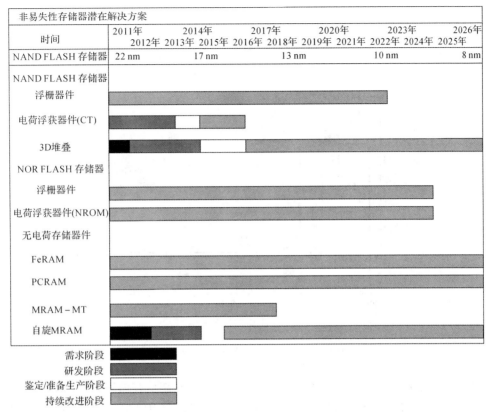

图 1-5　非易失性存储器技术发展趋势

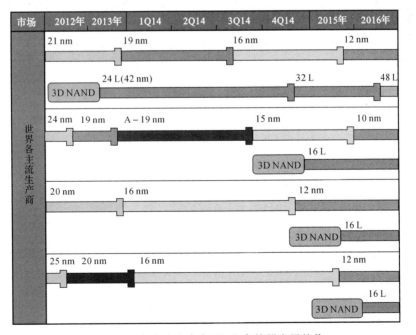

图 1-6　各主流生产商 Flash 存储器发展趋势

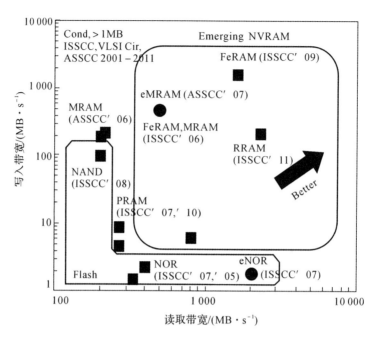

图 1-7 非易失性存储器读写带宽比较

与此同时,过去 10 年间,人们已经开始将注意力集中在新型存储器领域,并找到了浮栅非易失性存储器(NVM)的替代品。涌现出的 NVM,比如 PCRAM、铁电存储器(FeRAM,Ferroelectric Random Access Memory),STT-MRAM 和 ReRAM 都显示出达到高循环能力和低读写功耗目标的潜力。一些商业应用,比如手机,已经开始使用 PCRAM,证明了新兴存储器的可靠性和成本竞争性越来越高。表 1-1 总结了工艺集成领域未来将会面临的挑战。

表 1-1 工艺集成领域未来将会遭遇到的挑战

挑　战	内　容
硅 CMOS 的 按比例缩小	平面体硅 CMOS 的按比例缩小; 全耗尽 SOI 和多栅(MG)结构的实现; 在可承受限度内控制源极,漏极的串联电阻; 使用 k 值更高($k>30$)的材料,进一步按比例缩小等效氧化层厚度(EOT,Equivalent Oxide Thickness); 用金属栅极和高 k 值叠层实现阈值电压调节与控制; 在新结构中引发足够的应变
高迁移率 CMOS 沟道 材料的实现	同上述硅器件相同的基本问题; 高 k 栅极介电层与界面状态(Dit)控制; 使用单片材料集成的 CMOS(n 和 p 沟道)解决方案; Si 衬底晶格失配材料的外延生长; 在明显的热预算限制内进行复杂性和兼容性工艺

续表

挑　　战	内　　容
DRAM 和 SRAM 的按比例缩小	DRAM— 减小特征尺寸以获得足够大的存储容量;应用高 k 介质材料; 存取晶体管和存储电容的低漏电:实现埋栅型/鳍型场效应晶体管; 实现位线和字线的低电阻以确保达到期望的速度; 向 4F2 单元尺寸发展中提高比特密度,降低生产成本。 SRAM— 保证足够的噪声容限,控制关键的不稳定因素和软错误的频率; 与按比例缩小的光刻和蚀刻技术的相关难点
高密度非易失性存储器按比例缩小	耐久性、噪声容限和可靠性需求; <20nm 节点和 4bit/单元的多层单元技术; Flash 存储器中的隧道介质和多晶硅层间介质的非可扩展性; 难以为浮栅 Flash 存储器保持高栅极耦合率; 电子存储和字线击穿电压限制; 多版图光刻技术成本; 有效实现 3D 与非门 Flash 存储器; 解决系统内存的延迟差距
基于材料、工艺、结构改变及新应用的可靠性	大规模非平面的 TDDB,NBTI,PBTI,HCI; 大规模互连中的电子迁移和载流子注入; 大规模非平面器件中不断增加的本征失效机制的统计变化; 3D 芯片互连的可靠性的挑战; 极端或临界环境(医疗、汽车、电网等)中的嵌入式系统的可靠性问题

2. 射频和模拟/混合信号技术

射频和模拟/混合信号技术对于日新月异的半导体领域来说也是一项关键性的技术。该领域的设计者和制造商将持续努力朝着更高集成水平方向迈进。这一趋势在 RF 设计的各个方面都可以体现,从毫米波到蜂窝到成像再到无线传感器。在毫米波设计中,单个芯片上集成的系统复杂性越来越高(前端、合成器和基带)。在蜂窝设计方面,集成化运动出现了向具有更好线性、多频段和标准共存的架构发展的趋势。过去几年的很多研究都将重点放在去除成本高和体积大的声表面波(SAW)过滤器和双工器上。相关的一些研究领域包括高线性阻断耐受型接收器、混频器前置接收器、反馈阻断消除、前馈阻断消除和混合变压器电气平衡等。在提供可实现的功耗/能效表现的同时,人们仍将继续投入大量工作来集成 CMOS 功率放大器。

CMOS 和双极 CMOS(BiCMOS)仍将继续向更高工作频率发展,振荡器、毫米波放大器和功率放大器仍将继续这一趋势;另外一个明显的趋势是在频率 60～200GHz 范围运行的系统越来越复杂。行业和学术界正为各种应用提高频率做出不懈努力。其中一项很重要的应用是高数据传输速度通信。由于小吉赫频谱过于拥挤,研究人员将目标转向 60GHz 以上的频率,在这些频段运行的产品另外的两个应用是成像和雷达。这两种趋势(即集成度越来越高以及频率越来越大)组合在一起就会产生新型的全集成应用驱动型系统。

表 1-2　射频和模拟/混合信号技术的困难与挑战

挑　战	内　容
互补金属氧化物半导体	在射频和模拟混合信号性能优化的过程中,复杂的权衡将会引入新的机制,而这些机制又会带来新的一些限制性因素。例如栅极、源极和漏极的串联电阻,它们极大影响了寄生阻抗以及 f_{MAX}。为保持数字集成电路性能和密度的提升,器件结构的根本性变化,如多栅极结构和 SOI,会大改变射频和模拟混合信号特性。上述变化以及稳步减少的供给电压,给电路设计带来了巨大挑战,并可能导致已有设计库的急剧改变
硅双极技术	虽然对 HS-NPN 而言用更陡的垂直轮廓线来增加单位电流增益截止频率 f_T 是一种挑战,但至少可以保持 $f_{MAX} > f_T$。未来的电路应用需要多大的 f_{MAX}/f_T 比值仍不能确定。用更陡的垂直轮廓线来增加 f_T 是 HS-NPN 的一项关键的挑战。SiGe PNP 的垂直轮廓线更具有挑战性,因为它要求控制价带偏移量,以避免寄生壁垒的出现。HS-PNP 面临的另一项挑战在于同 HS-NPN 和 CMOS 的集成。这种集成给 HS-NPN 的制造增加了更多的限制。由于 HBTs 的横向按比例缩小要求与 MOSFETs 相比显著宽松,受限于整体工艺集成的垂直轮廓线制造就成了更大的挑战。减少缺陷和增加发射极和集电极接触点金属化载流能力是进一步的挑战,这需要工艺工程师以突破相关技术物理限制的方式来实现
Ⅲ-Ⅴ族化合物半导体技术	化合物半导体面临的独特挑战是产量(可制造性)、衬底尺寸、热管理、集成密度、电介质负载以及强场中的可靠性。和硅基电路共有的挑战包括提升效率和线性/动态范围,特别是对于功率放大器而言。主要的挑战是增加功率放大器在工作频率和调制方案方面的功能,并同时满足在相同或更低成本下日益严格的线性要求
高压金属氧化物半导体	因为高电压设计不能利用光刻的能力来减少高压器件固有的尺寸,未来的高压发展路线图仅仅利用 CMOS 已经运用的光刻技术变得困难甚至不太可能。模拟器件通常体积太大而不能改善噪声和不匹配问题,而高压芯片中的数字内容通常只占据芯片区域很小的一部分。
片上无源器件技术	有源和无源器件的共同集成引入了工艺复杂性,并可能导致生产控制和成本上的挑战。整体叠层和单独金属高度的减少共同导致电阻损耗和垂直寄生电容的增长,并限制了片上集成的电感,变压器和电容的品质因数

3. MEMS

MEMS 器件和系统具有体积小、质量轻、功耗低、机械电子合一等优点,因此在航空、航天、汽车、生物医学等诸多领域应用广泛。关键的 MEMS 器件技术包括加速度计和陀螺仪、麦克风、RF MEMS(谐振器、变容二极管、开关管)。这些应用代表着 MEMS 制造中最快的增长方向。分立 MEMS 加速度计和陀螺仪、麦克风与其在分辨率、偏置和漂移上将会出现连续的参数增长。到 2017 年分辨率有望增加 2 倍,加速度计从 $1\,000\mu g$ 到 $500\mu g$,陀螺仪噪声从 $100\mu°/s/\sqrt{Hz}$ 到 $50\mu°/s/\sqrt{Hz}$。MEMS 麦克风在 1kHz 频率下灵敏度有希望从 $-42dB$ (V/Pa)提高到 $-38dB$(V/Pa)。MEMS 遇到的最大问题是需要降低分立 MEMS 器件的成本和减小其面积。RF MEMS 谐振器、变容二极管、开关管同样有望在性能上取得突破。这些器件面临的挑战是增加自身可靠性,提高平均无故障时间。未来的研究需要重点关注 MEMS 用材料的物理失效机制、可靠性仿真软件以及加速寿命测试方法。MEMS 的困难与挑战见

表1-3。

表 1-3　MEMS 的困难与挑战

挑　战	内　容
装配与封装	MEMS 封装标准化以支持集成； 减少或消除机械应力以提高密封性的封装； 能用于准确预测封装对器件性能影响的封装参数
器件测试	从器件级测试转向晶圆级的更多测试； 从晶圆级测试中预测器件性能的验证工具； 可测试性设计的方法学
可靠性	需要更多的物理失效知识以进行加速寿命测试； 信息需要共享，使个性化解决方案在产业内进行推广

4. 新兴研究材料(ERM,Emerging Research Materials)

ERM 包括存储器和逻辑器件材料,以及扩展 CMOS 和超越 CMOS 器件的替代性沟道材料。N 型Ⅲ-Ⅴ族化合物和 P 型 Ge 沟道材料的替代材料的研究已经趋于成熟,但是 P 型Ⅲ-Ⅴ族化合物和 N 型 Ge 材料的研究仍然是未来需要关注的重点。光刻材料包括光刻胶和直接的自封装材料,将在减少缺陷密度方面引起人们更多的关注,它会进一步扩展按比例缩小技术。目前已经制造出用于前端工艺的材料,并确定了其掺杂位置。分子层掺杂代替注入掺杂将是未来的方向。

新兴材料研究的最大困难是找到具有可控和可期望特性的材料。这些材料必须要展现出在纳米尺度上实现高密度新兴器件、光刻技术、互连制造以及器件运行的潜力。这个挑战不仅需要对纳米结构特性(例如尺寸、带隙)进行控制,还需要在器件和互连的精确位置上实现纳米结构的放置,例如碳纳米管(CNT,Carbon Nanotube)、纳米线或者量子点。为了改善纳米级应用材料特性的控制,工业界需要和科研界进行密切的合作。新型研究材料的困难见表1-4。

表 1-4　新型研究材料的困难与挑战

挑　战	内　容
到 2018 年,批量生产高速、高密度可嵌入、挥发性的、非挥发性的存储器以代替 SRAM 或者 Flash 存储器	SRAM 和 Flash 存储器在 2D 技术上按比例缩小遇到限制。这些限制会催生新的存储技术需求,以代替 SRAM 和可能的 Flash 存储器。 确定最有前途的技术路线以得到可访问、高速、高密度、低功耗的(最好是)可嵌入挥发性或者非挥发性 RAM。 预期得到的材料或者器件特性要能经得起高温和腐蚀性的化学处理。应该在设计早期就确认和强调可靠性问题
到 2018—2026 年及以后,按比例缩小 CMOS	至 2018 年以后,发展第二代新材料以代替硅(或 InGaAs,Ge)作为沟道和源漏极以加快电子饱和速度,并且进一步降低 V_{DD} 以及 MOSFET 的功耗,同时降低漏电流。发展新的方法以控制关键尺寸和统计分布参数的变化(比如,栅长、沟道厚度、源漏掺杂浓度等),容纳不同材料的异构集成电路;期望的材料特性必须能够承受高温及腐蚀性化学处理;应该在技术发展早期就确定和强调可靠性问题

续 表

挑　　战	内　　容
最终缩小的 CMOS 工艺扩展成为一个平台以适应新的应用领域	探索和实现新的设备技术和原始级架构以提供特殊用途的功能优化内核(比如加速器功能单元)与 CMOS 异构在集成电路中
信号处理技术继续功能化按比例缩小,大幅地超过可实现的最终按比例缩小的 CMOS	发明并且实现新的信号处理技术,以最终替代 CMOS 技术。确保新的信号处理技术与以上讨论的新的存储技术相兼容,比如逻辑技术也能提供新存储技术的存取功能。 一种新的信号处理技术必须和新器件的系统架构相兼容。一种新的非二进制数据表示以及非布尔逻辑可缩小的 CMOS 技术以实现一种新的信号处理器件。这些要求将会促进新的系统架构的发明。 缩小材料特性与器件功能之间的差距;容纳不同材料的异质集成;在该技术开发之初就应该重视可靠性问题
发明并最终实现长期的可替代的技术解决方案,这些技术关注目前在无线和模拟电路方面主要关注的问题并且最终扩展到功率器件、MEMS 和图像传感器上	半导体产业如今面临着一个重要的趋势,"超越摩尔定律"给器件带来越来越多的价值,这主要是功能的多样性带来的,而并不仅由于摩尔定律的按比例缩小。 对密集系统的数字和非数字电路的异构集成会成为众多应用领域的关键驱动力,比如通信、车辆、环境控制、医疗、安全和娱乐等

5. 互连技术

为了减少信号传输的延迟和功耗,工业界已经在 130nm 工艺中通过金属镶嵌工艺引入了高电导率金属和低介电常数(低 k 值)材料,在 45nm 工艺节点已经开始引入更低介电常数的介质。持续按比例缩小的互连给技术开发和制造带来了更大的挑战,快速引入新的金属/介质系统变得十分重要。对低 k 介质材料,常规的方法是引入同质多孔低 k 材料。对这些多孔的材料来说,减小刻蚀和化学机械抛光(CMP,Chemical Mechanical Polishing)工艺造成的 k 值损耗变得越来越重要。另一种方法是在低 k 材料中引入更大体积的空气缝隙,进一步降低有效 k 值。在低 k 材料中加入空气隙的方法多种多样,其中应用热或紫外线退化牺牲层方法的成本较低。此外,低 k 材料必须要有足够强的机械强度,能够经历划片、封装和装配过程而不至于损坏。对金属而言,铜/金属阻挡层或介质界面以及晶粒边界处的电子散射会造成窄铜线电阻率快速上升,这就要求使用非常薄的、同时可以保形的低电阻率阻挡层金属与铜集成,以便实现低电阻率和良好的可靠性。

导电材料和低 k 材料的集成必须要满足材料、几何尺寸、平面性和电学方面的要求。这需要具有良好的机械、化学、热学和物理特性的低 k 材料,以及其他可能引起损伤的工艺(特别是刻蚀、溅射和抛光等)用产业化方式集成在一起。要综合考虑缺陷、离散性和成本等多方面因素,以保证工艺的可实现性。互连技术的发展需要有能力解决传统的按比例缩小或多功能等效按比例缩小所面临的性能、功耗和可靠性问题。由于传统按比例缩小的材料解决方案一直无法令人满意,近些年来提出了一些新型互连方案,例如 3D 结构(包括密集节距硅通孔)或空气间隙结构、新设计以及新封装的选择等。这些创新技术给新的材料系统、工艺集成、建模以及用于互连封装架构设计的优化工具等方面，带来了严峻的挑战（见表 1-5）。

表 1-5　互连的困难与挑战

	挑　战	内　容
五个最重要的挑战（≥16nm）	材料——引入新材料以满足导电性需求并降低介电常数	符合导电性和介电常数需求的新材料、工艺的快速引入给集成和材料特性带来挑战
	可制造性集成——工程制造互连结构、工艺和新材料	集成复杂度、化学机械抛光损伤、抗腐蚀性、介电常数的降低； 缺乏互连和封装架构设计优化工具
	可靠性——实现必要的可靠性	新材料、结构和工艺产生了新的芯片可靠性问题。监测、测试、建模以及控制失效机制将成为关键
	测量——互连特性的三维控制（及其测量）要求，以获取必要的电路特性和可靠性。	连线边缘粗糙、沟槽深度和轮廓、通孔形状、刻蚀偏压、清洗导致减薄、化学机械平坦化效应。新材料、减少的特征尺寸和图形相关工艺等多层次结合的多样性产生了这个挑战
	制造成本和成品率——需要满足整体成本和特性要求的可制造性和缺陷管理能力	随着特征尺寸缩小，互连工艺一定要与器件发展路线相兼容，要在特定的晶圆尺寸下满足制造目标。等离子损伤、污染、热预算、缺陷容错工艺、消除或减小控制晶圆是主要关心的问题。在适当的情况下将以一个综合的方式解决全局布线和封装问题
五个最重要的挑战（<16nm）	材料——减轻互连结构尺寸效应的影响	线与通孔的侧壁粗糙、多孔低 k 材料的孔洞与侧壁交连，阻挡层粗糙、铜表面粗糙都会影响到铜线中的电子迁移并引起电阻增加
	测量——三维互连功能的控制（与其相关的计量）	连线边缘粗糙、沟槽深度和轮廓、通孔形状、刻蚀偏压、清洗导致减薄、化学机械平坦化效应。新材料、减少的特征尺寸、图形相关工艺、可替代存储器的使用以及光学和 RF 互连等多层次结合的多样性产生了这个挑战
	工艺——图形生成、清洗、纳米尺寸内的填充	随着特征尺寸的缩小，刻蚀、清洗、填充高深宽比结构将会变得非常具有挑战性，特别对低 k 介质双金属镶嵌金属结构，纳米尺寸的 DRAM
	集成复杂性——集成新工艺和新结构，包括新兴器件互连	将材料和制造新结构的工艺结合产生了集成复杂度。不断增加的层次数极大增加了热机械效应，新的动态器件可能要纳入互连
	3D 技术的实用方法——确定三维结构和其他封装问题的解决方案	3D 芯片堆叠通过增强功能多样性，规避了传统互连按比例缩小的不足。满足该技术成本目标的工程制造解决方案是一项关键的互连挑战

6. SoC

SoC 技术是当今超大规模集成电路的发展趋势之一,也是 21 世纪集成电路技术的主流,为集成电路产业提供了前所未有的广阔市场和难得的发展机遇。随着微电子制造工艺的不断增强,高度集成的高性能处理器核和丰富的功能 IP 使得单位面积上的功能密度大幅度提升。

高性能处理器的工作频率从百兆赫兹水平提升到吉赫兹水平。同时,多核集成和核间互连技术逐步提高,SoC 内部集成的处理器核心从一个变为多个,多个处理器核心可以是同类型的,比如集成 8 个兼容 SPARC V 9 核的 OpenSparc;也可以是不同类型的,比如用于移动终端的开放式多媒体应用平台(OMAP,Open Multimedia Application Platform),集成了两个精简指令集计算机(RISC,Reduced Instruction Set Computer)和一个数字信号处理器(DSP,Digital Signal Processor)。单位时间内执行指令的数量通过多核集成得到显著提高。根据 ITRS2009 的预测,到 2021 年,SoC 的工作频率将以每年 7.7% 的增长率增长到 14GHz,处理器核数量从 5 个增长到 30 个。预计到 2019 年,为了保持恒定的 SoC 设计成果,对于最新的逻辑设计需要 10 倍的设计生产力的发展。为了解决生产力的挑战,需要采取以下几种方法:设计抽象层次必须增加;设计中的自动化水平必须提高,特别是在设计验证和设计执行环节;复用率必须提高,在最初的设计可复用的考虑随之减少。

7. 装配和封装技术

装配和封装技术的困难与挑战见表 1-6。

表 1-6 装配和封装技术的困难与挑战

挑 战		内 容
>16nm 的挑战	后端生产线包括 Cu/低 k 介质材料对封装的影响	对铜的直接引线键合,或改进的阻挡层系统可键合压焊块 超低 k 介质材料的断裂韧性; 界面附着性; 芯片封装互连的机械可靠性(由于芯片封装相互作用需要协同设计); 需要开发测量关键特性的方法; 铜/超低 k 的损伤探测
	晶圆级封装	高引脚数小管芯的 I/O 节距; 密集节距低支架互连的焊料节点可靠性; 简化 ESD 结构; 大管芯和扇出管芯的 CTE 失配补偿
	协同的设计工具和仿真器,以致力于芯片、封装和衬底的协同设计	混合信号协同设计和模拟环境; 快速周转的建模和模拟; 用于瞬态热学分析和集成热力学分析的集成分析工具; 电学分析(电源干扰,EMI,与更高频率/电流和更低电压开关相关的信号和功率完整性); 系统级协同设计; 需要用于"自然的"面阵列的 EDA 工具,以满足路线图的预期指标; 可靠性预测模型

续　表

挑　战		内　容
>16nm 的挑战	插入和嵌入式元件	大型插入式元件的不协调； 极薄表面的缺陷探测； 低成本嵌入式无源元件：R,L,C； 嵌入式有源器件； 芯片上无法实现需要的质量水平； 电子和光学接口集成； 晶圆级嵌入式元件
	减薄的管芯封装	薄晶圆处理技术； 不同载体材料的影响(有机材料、硅材料、陶瓷材料、玻璃、多层核)； 确立新的工艺流程 可靠性； 可测性
<16nm 的困难和挑战	芯片-衬底紧密贴近,有机衬底的技术进步	低成本可布线性提高； 改善阻抗控制和降低介质损失以支持高频应用； 提高平整性,降低高温热变形； 低吸潮； 提高衬底核心的通孔密度； 硅 I/O 密度增加快于封装衬底技术
	高电流密度封装	低电阻连通； 电迁移
	灵活系统封装	低成本有机衬底； 小型薄管芯组装； 低成本处理操作
	3D 装配和封装	热管理； 设计和仿真优化； 晶圆键合； 晶圆通孔和填充工艺； TSV 晶圆/管芯的划片； 单个晶圆/管芯的测试访问方法； TSV 成本； 无焊凸互连结构
	封装成本并不遵循管芯成本的下降曲线	封装的利润不足以支持继续投资以进一步降低成本； 增加的器件复杂性需要更高成本的封装解决方案。
	多压焊块数,小管芯,和/或高功率密度	高电流密度互连的电迁移(管芯)； 热损耗； 提高电流密度能力； 运行温度提高

续 表

挑 战		内 容
<16nm 的困难和挑战	高频管芯	衬底布线密度超过 20 线/mm； 更低损耗的电介质； "热点"的热管理； 线间距和空隙<10μm 的封装衬底
	集成芯片、无源元件和衬底的系统级设计能力	将系统设计和制造在各公司之间割裂开来将导致对复杂系统的性能、可靠性和成本优化的困难； 有必要制定信息类型、信息质量管理以及信息传输结构的复合标准
	新的器件类型(有机,纳米结构,生物器件)需要新的封装技术	有机器件封装需求尚未确定(芯片是否自行生长出封装来)； 生物封装将需要新的界面类型。
	功率完整性	电源质量； 层叠管芯中的电输运； 提高器件开关电流,降低电压

1.3　宇航大规模集成电路技术发展趋势

宇航应用对大规模集成电路的可靠性要求很高,应用中一般会选择相对成熟的集成电路技术,因此相比于商用大规模集成电路技术,宇航大规模集成电路技术的发展明显滞后。虽然在宇航领域对高性能以及低成本的迫切需求推动下,部分先进商用技术已经陆续在宇航领域开始应用,但总体看来,宇航大规模集成电路技术的发展仍然滞后商用大规模集成电路技术3～5 年。未来宇航大规模集成电路会继续跟随商用大规模集成电路的发展步伐,高性能、高集成度、多功能化仍会是宇航大规模集成电路未来的主要发展趋势。可以预见,新型的、高性能的大规模集成电路产品将会不断涌现并在宇航领域应用,以满足宇航领域飞速发展的需求。

1.3.1　美国宇航大规模集成电路发展趋势

1. 美国宇航任务的技术需求

美国在宇航领域一直保持着世界领先的地位,其宇航大规模集成电路技术也一直处于世界领先的水平。美国宇航大规模集成电路技术是在军用大规模集成电路技术的基础上发展的,但又有独立的责任主体和独立的管理系统。美国宇航局(NASA,National Aeronautics and Space Administration)负责制定和实施美国民用宇航计划,开展空间科学研究,其下设专门机构进行宇航大规模集成电路的发展路线规划以及保障,指导宇航领域的发展。

NASA 未来新一代的宇航任务是宇航电子技术发展的主要动力。NASA 近些年的战略是采用机器人探测月球、火星和近地小行星。月球大气及其尘埃环境探测器已经于 2013 年发射,火星外太空生物任务计划于 2016 年发射,起源-光谱解释-源辨别-安全-风化层探测器任务计划于 2016 年发射,执行取样返回任务。在继续进行机器人探测任务的同时,NASA 将研发支撑载人探测的能力,目标是月球、近地小行星,最终到达火星。NASA 载人架构团队已经列出 9 种运输工具:太阳电推进、化学推进级、深空生物舱、空间探测飞行器、月球轨道交会着陆器、货运飞船、空间发射系统(SLS,Space Launch System)、多用途载人飞行器(MPCV,Multi Purpose Crew Vehicle)以及热核推进。其中 SLS 以及 MPCV 都计划于 2020 年完成,2017 年将进行首飞。如火星取样返回这样极端挑战性的机器人任务也在 NASA 的未来考虑之中。图 1-8 所示为 NASA 未来潜在的任务和能力路线图。

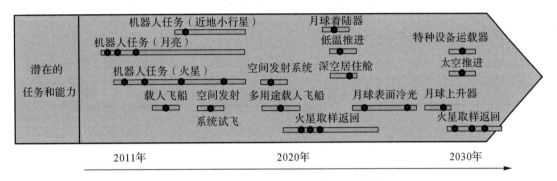

图 1-8　NASA 未来潜在的任务和能力

路线图列举了 NASA 到 2030 年的任务规划,从地球走向太阳系内更远的空间。路线图对未来 20 年做了展望,近期的是有基础但需要进一步发展的技术,而更远期的是带有革命性的前瞻项目。这些任务的特点是,时间长、距离极远、环境恶劣,载人任务还要保障宇航员可以安全返回。这些新的能力和任务将会带来独特的挑战。长期的载人任务、空间天文观测和太阳系旅行等都需要极高的可靠性和极强的容错能力。机器人要在无人看管的情况下运行若干年,近地小行星以及极端科学任务面临着通信延迟以及轨道动力学的挑战,传统的解决可靠性和自主问题的方案会增加对处理能力以及冗余的要求,从而导致系统质量和功耗的增加。因此,必须发展更先进的宇航电子技术来满足应用需求。

为了满足已经规划的未来空间任务要求,NASA 认为有一系列新技术需要开发,如载人探索低地球轨道以外的月球、火星等目的地的新技术、执行深空探测任务的先进推进技术、空间科学任务中的先进望远镜技术等。美国国家科学研究委员会(NRC,National Research Council)曾在 2009 年发布的美国民用宇航计划报告中指出:"未来美国宇航领导地位需要以可持续发展的先进技术为基础,同时还需要强有力的先进技术研发管理,美国正在依赖过去投资的创新技术,现在必须增添新的基本要素"。为此,NASA 以首席专家办公室为主,联合航空研究任务部、空间探索任务执行部、科学项目部、空间运行部等多个部门,动员全美国优势力量,历时两年多时间,开展了面向 2035 年的宇航技术发展路线研究,形成由 14 个领域、300 多项重点技术组成的技术体系,明确了对 NASA 未来任务优先级最高的 16 项技术,指导未来美国宇航领域技术的发展。

表 1-7 给出了 NASA 空间技术路线图中划分的 14 个领域,涉及运载技术、推进技术、乘员系统、通信技术、再入技术、机器人技术等,每个领域下又细分为二级子领域和三级关键技术,技术体系完善,覆盖领域全面,考虑了未来 30 年可能需要的空间技术。空间技术路线图是 NASA 对未来技术发展路线进行的顶层规划,是 NASA 和美国宇航未来发展的指导性文件。

表 1 - 7　NASA 空间技术路线划分的的 14 个技术领域

序　号	技术领域内容	序　号	技术领域内容
TA01	发射推进系统	TA08	科学仪器、天文台和传感器系统
TA02	空间推进技术	TA09	进入、下降与着陆
TA03	空间功率和能量存储	TA10	纳米技术
TA04	机器人、遥控机器人和自主系统	TA11	建模、仿真、信息技术与处理
TA05	通信和导航	TA12	材料、结构、机构系统和制造
TA06	乘员健康、生命保障和居住系统	TA13	地面和发射系统处理
TA07	载人探索目的地系统	TA14	热管理系统

2. 美国宇航大规模集成电路规划

美国宇航集成电路的需求来源于宇航任务的需求。NASA 空间技术路线图确定了 NASA 宇航技术的发展方向,这些新技术的发展离不开电子元器件的发展,尤其是宇航大规模集成电路的发展。因此,不断涌现的新技术势必会给宇航大规模集成电路带来更高的要求。

为了保证宇航任务规划的实现,基于 NASA 制定的空间技术路线图,2014 年 1 月,NASA 的宇航电子技术指导委员会(ASC, Avionics Steering Committee)发布了一份面向 2030 年的宇航飞行电子系统硬件路线图。ASC 的目标之一是"先于计划与项目的需要,推进宇航电子的发展"。路线图的制定团队分析了首席技术专家办公室(OCT, Office of Chief Technology experts)的 14 个技术路线图,确定了这些领域需要的支撑技术和期望的技术节点,并将其映射到电子系统线路图中。该线路图只涉及宇航硬件需求,共划分为 6 个领域:基础技术(器件和电路)和 5 个利用基础技术的电子系统:元器件技术、指令与数据处理、宇航测量仪器、通信与跟踪以及人机界面。

基础技术(器件与电路)层面,共 6 个方面 26 项内容,包括抗辐射加固设计库技术、抗辐射加固极端温度技术、抗辐射加固存储器技术、电子封装技术、纳米电子学技术、开发工具,见表1 - 8。基础技术时间表如图 1 - 9 所示。

表 1 - 8　基础技术相关内容

基础技术的 6 方面	具体内容
抗辐射加固设计库技术	F01:由合格生产线目录(QML)IBM 90 nm CMOS 芯片制造线提供的针对数字 ASIC 的抗辐射加固设计体硅 CMOS 库。 F02:由 IBM 32 nm SOI 芯片制造线提供的针对数字 ASIC 的抗辐射加固设计 SOI 库。 F03:由 BAE 45 nm SOI CMOS 芯片制造线提供的针对数字 ASIC 的抗辐射加固设计 SOI 库。 F23:由 IBM 14 nm CMOS 芯片制造线提供的先进抗辐射加固 FinFET 库

续 表

基础技术的 6 方面	具体内容
抗辐射加固极端温度技术	F04:抗辐射加固极端温度数字和模拟 SOI CMOS 库。 F24:32nm 抗辐射加固极端温度 SOI CMOS 库。 F05:低温 130 nm SiGe 抗辐射加固模拟 ASIC。 F25:低温 90 nm SiGe 抗辐射加固模拟 ASIC。 F06:高温应用碳化硅混合信号电子器件。 F07:高温应用氮化镓射频电子器件。 F08:真空纳米科技
抗辐射加固存储器技术	F09:高密度抗辐射加固 SRAM 和 DRAM 存储器电路。 F10:130 nm 铁电 RAM(FeRAM)非易失性存储器。 F11:65 nm 磁阻 RAM(MRAM)非易失性存储器。 F12:32 nm 相变 RAM(PCRAM)flash 存储器。 F13:阻变式存储器(RRAM)
电子封装技术	F14:先进电子封装技术。 F15:通过 TSV 互连的芯片叠装技术的宇航鉴定及应用。 F26:具备温度扩展能力的通过 TSV 互连芯片堆叠技术的宇航鉴定及应用。 F20:先进印刷线路板。 F21:热控系统
纳米电子学	F16:基于纳米碳管的电子器件。 F17:基于纳米纤维的电子器件。 F18:基于石墨烯的 THz 晶体管。 F19:基于石墨烯的高速电路和电子器件
开发工具	F22:先进数字设计工具

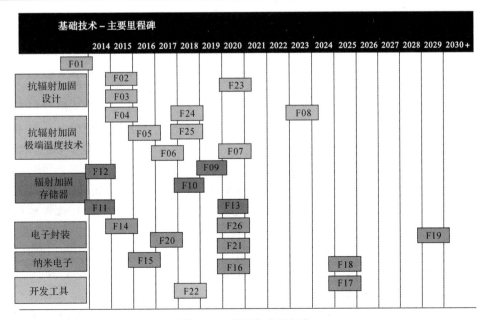

图 1-9　基础技术时间表

元器件技术层面,共 7 个方面 22 项内容,包括高性能处理器、高性能存储器、用于可重构计算的抗辐射加固 FPGA、专用集成电路(ASIC,Application Specific Integrated Circuit)、采用抗辐射加固设计的网络技术、其他元器件和抗辐射加固极端温度技术,见表 1-9。元器件技术时间表如图 1-10 所示。

表 1-9 元器件技术相关内容

元器件技术的 7 方面	具体内容
高性能处理器	C01:抗辐射加固设计多核微处理器。 C02:四核 PPC 处理器。 C03:四核 Leon4FT 处理器。 C21:先进可堆叠抗辐射加固设计多核处理器
高性能存储器	C04:高性能存储器(2017)。 C17:抗辐射加固高性能存储器
用于可重构计算的抗辐射加固 FPGA	C05:用于可重构计算的抗辐射加固 FPGA
ASIC	C07:抗辐射加固结构化 ASIC。 C16:先进抗辐射加固结构化 ASIC。 C18:定制 SoC ASIC。 C22:先进可堆叠定制 SoC ASIC
采用抗辐射加固设计的网络技术	C08:90nm CMOS 抗辐射加固设计的网络接口和开关。 C09:45nm SOI 抗辐射加固设计网络接口和开关。 C10:可实现>3Gb/s 数据处理和传输的抗辐射加固光纤收发器件。 C19:先进网络部件
其他元器件	C11:负载点转换器。 C13:抗辐射加固图形处理单元。 C14:小型连接器
抗辐射加固极端温度技术	C15:耐极端温度和辐射元器件。 C20:先进可堆叠极端温度元器件

美国在宇航和军用大规模集成电路领域一直处于领先地位,其一直以来的发展目标不仅仅是谋求保证本国的需求,而且要持续保持世界领先。根据美国大规模集成电路技术的发展规划,未来将会出现更小尺寸以及更高性能的宇航大规模集成电路,这对整个宇航大规模集成电路的设计、制造以及封装能力都提出了更高的要求。

为保证规划可以成功实现,继续维持世界领先的地位,在加强技术研究的同时,美国积极收购国际上先进的微电子设计公司和最先进的芯片生产线,通过垄断巩固其领先地位。目前美国宇航产品的研制情况已经形成两种固定模式,一种是在宇航系统公司建设生产线,开发抗辐射设计和工艺综合数据复用器(IDM,Integrated Data Multiplexer),如 TI 公司、BAE 公司和 AD 公司,他们基于本公司的加工线开发抗辐射设计/工艺;另一种是 Fabless 公司,如 Xilinx 公司、Actel 公司、Aeroflex 公司,他们利用商用加工线开发抗辐射设计/工艺。

2003 年起,由美国国家安全局(NSA,National Security Agency)和美国国防部(DoD,

Department of Defence of the united states)主导,美国政府开始实施国防可信赖集成电路战略(DTICS)计划。美国国防部资助国防部等下属 8 家机构开展先进微电子器件的原型研制和批量生产,为国家安全和国防提供保证,并启动了可信赖加工线计划,将国防可信赖集成电路战略计划扩展到可信赖供应商。国防可信赖集成电路战略计划形成了政府(OSD 和 NSA)管理和资助的以 IBM 为核心的加工线、国防微电子机构(DMEA,Defense Micro-Electronics Activity)进行全寿命保证、有资质的可信赖供应商以及军方用户组成的完整的可信赖 IC 供应链。

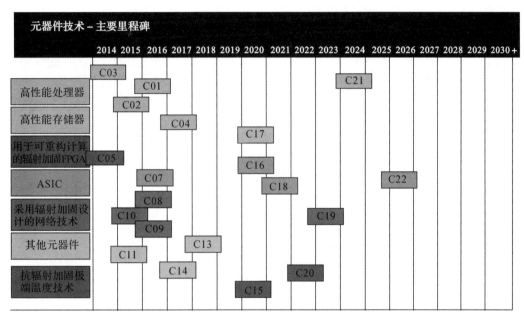

图 1-10　元器件技术时间表

在可信赖加工线计划中,NSA 与 IBM 签订了为期 10 年的合同,资助提高 IBM 公司军用/宇航用 IC 加工线的能力,开展了 180～32nm 的 ASIC 抗辐射设计/工艺单元库,500～32nm 的 CMOS、低功耗 CMOS、RF CMOS、SiGe、BiCMOS、CMOS 图像传感器、高压 CMOS 和 SOI 抗辐射设计/工艺单元库等项目的研发。2010 年年底已可以提供 32nm 的设计加工技术(代表当今世界军用/宇航用 IC 加工线的最高水平)。用户可利用 IBM 的抗辐射设计/工艺单元库,采用多项目晶圆(MPW)方式,按商业晶圆的价格进行设计加工。这样做避免了加工线重复投资,可以资源(包括 IP 核)共享,降低成本。

在保证宇航大规模集成电路制造能力提升的同时,美国在宇航大规模集成电路领域持续进行投资,支持了一批前沿性的抗辐射集成电路项目科研,投入大量经费。2013 年,NASA 和美国空军研究实验室(AFRL,Air Force Research Laboratory)联合启动了"下一代宇航处理器分析计划",该计划投资 2 500 万美元,分两个阶段执行。该计划的提出基于 NASA 空间技术任务指挥部的"改变游戏的研发计划"(GCD)对高性能宇航计算需求的研究结果,主要针对 2020—2030 年宇航计算的需求,开始研发满足 2030 年宇航任务计算需求的下一代宇航微处理器(NGSP)芯片及相关软件。NASA 公布了下一代宇航处理器性能的初步目标。该处理器应包含抗辐射多核芯片和相关软件,广泛适用于军用和民用太空任务,且可以最大限度地满足各种尺寸、功率、质量和体积的航天器。该计划前期技术目标见表 1-10。该处理器计划用于月球探测和火星探测计划中,可以用于检测和规避在进入、下降、着陆地球和火星过程中的危险,以及大型太空望远镜的实时控制、百万像素多光谱成像实时数据分析、自主形势分析和实时任务规划、航天器故障保护的实时建模等领域。表 1-10 为下一代宇航处理器前期任务目标。

表 1-10 下一代宇航处理器前期任务目标

性能参数	具体技术目标
处理能力	处理器具有至少 24 个处理器内核,支持高度并行的应用程序。处理器内核至少 32 位宽,完全适用于 IEEE 二进制浮点数算术标准; 基于商用硬件和软件 IP 核; 支持 240 亿次/s 运算和 100 亿次/s 浮点计算,功耗不超过 7W; 支持实时处理; 接受和分发能够实现实时中断
可靠性	抗电离总剂量至少达到 1Mrad(Si),单粒子锁定阈值大于 $90MeV/mg/cm^2$; 内置自我检测,能够停止错误内核运行或以其他方式恢复正常运行; 提供启动顺序,确保在已知良好状态下启动; 在不可恢复的永久性错误之间能够进行 10^5 h 的运算; 能够重置单个内核或者一簇内核,由最小粒度单元决定; 每个内核提供时间看门狗,且所有内核能够时基同步

除此之外,美国航空宇航局的小企业创新项目近年来还启动了一系列宇航大规模集成电路类项目,包括 2013 年新启动的"空间极端环境用抗辐射、高性能、低功耗现场可编程门阵列"项目,项目目标是采用 150nm 工艺,实现工作频率达到 790MHz、功耗降低到传统商用 FPGA 的 1/7;2012 年开始项目征询的"支持 DDR2 和 DDR3 架构的抗辐射单片集成同步动态随机存储器"项目,基于 Space Micro 公司提出的支持的 DDR2 和 DDR3 架构的抗辐射 SDRAM 的系统设计方案,项目目标是最高可实现存储容量 512MB 的 SDRAM,产品具有较强的抗辐射性能,旨在解决宇航应用中的存在的可靠性问题,几乎适用于 NASA 所有太空探索项目。

可以预见,美国宇航大规模集成电路仍将在未来继续保持其领先地位,引领整个世界的宇航大规模集成电路技术的发展。

1.3.2 欧洲宇航大规模集成电路发展趋势

1. 欧洲宇航任务的技术需求

在人类探索宇宙的过程中,欧洲空间局(ESA,European Space Agency)一直是一支重要的力量。欧洲的宇航事业从 20 世纪 60 年代开始起步,通过走一条"联合之路",ESA 15 个成员国之间进行密切合作,集不同国家的特长,努力形成一种"合力"。经过 40 多年的发展,如今其宇航规模、投资力度、科研领域、技术水平等方面均位居世界前列,在空间科学、运载火箭、对地观测卫星和通信卫星等宇航技术领域,均达到了世界领先水平,在国际宇航界发挥着举足轻重的作用。

欧洲在宇航领域一直走的是多元一体、互相合作的道路,发展较为迅速。其在宇航集成电路领域也具有非常雄厚的实力。ESA 作为欧洲负责空间探测和开发的主要组织,在开展欧洲各项空间任务的规划工作的同时,也负责欧洲宇航元器件的自主可控工作,制定了宇航集成电路的发展路线,指导宇航集成电路技术的发展。

早在 2001 年,为了使欧洲的国际空间探测行动具有一个合理的科学基础和有吸引力的目标,ESA 向全欧洲的科学家征集有关行星探测的意见和方案,经过将近一年的讨论和论证,ESA 制定的"曙光(Aurora)"计划最终被批准成为 ESA 的备选计划。"曙光(Aurora)"计划主要包括环绕地球轨道的宇航飞行和利用遥控设备进行行星探测两大部分内容,其核心是发展适合人类探测太阳系的宇宙飞船,对太阳系内的天体尤其是那些有可能存在生命的天体进行无人和载人探测,并将提供达到这一目标所需的途径、技术和知识;通过一系列的宇航任务、技术开发和其他科学任务,为欧洲的载人宇宙探险任务或欧洲参与的具有相同目标的国际任务提供答案和打下基础,使欧洲在未来人类完成登陆行星任务中扮演至关重要的角色。严格来说,该计划并非是一项完整的具体的太空探索计划,而是应该被称作是一份未来发展方向的路线图。

虽然曙光计划自 2001 年就开始论证,但是曙光计划历经磨难,其目标一直不断被更新,在 2009 年 6 月 ESA 公布的曙光计划的实施目标中,提出要在 2024 年登月,力争在 2030 年到 2035 年间向火星发射一艘载人飞船,实现欧洲宇航员登上这颗红色星球的梦想。在 2015 年到 2030 年,主要执行两项火星取样返回任务,在 2018 年研发验证火星探测器的太阳能推进、空中制动和软着陆技术;在 2020 年到 2025 年派机器人和人类亲自验证太空中的生命支持与居住技术;在 2024 年到 2026 年让机器人登陆火星,模拟和验证宇航员进行同一实践过程的可行性;在 2030 年至 2035 年实现人类登陆火星的梦想。

围绕着 ESA 近地飞行任务、新型通信卫星以及深空探测任务的相关计划,新型宇航型号要求具有更强的可靠性、更高的自动化能力以及严格的安全保密性,星座宇航型号还要具有编队飞行能力,为了满足这些新型卫星对探测能力、通信能力的基本要求,必须采用大量新型的宇航大规模集成电路技术,包括更高处理性能的微处理器技术、极端环境下的抗辐射加固专用集成电路设计技术、更高处理能力的高可靠性数字信号处理器技术等。

2. 欧洲宇航大规模集成电路规划

ESA 认为空间技术发展具有重大经济和战略意义,元器件和材料是空间技术发展的基础。ESA 面临的主要问题是关键元器件,特别是高性能的宇航大规模集成电路依赖于美国并受到美国出口限制。关键元器件的基础技术和能力与美国的差距正在加大。

根据欧洲空间研究组织的调查结果,欧洲在宇航设备上 40%～70%的硬件采购开销是电气电子和机电(EEE)元器件。而大部分的大规模集成电路都依靠进口,呈不可控态势。与此同时,美国对宇航大规模集成电路的出口限制日趋严格,愈来愈多的大规模集成电路因国际武器贸易条列(ITAR,International Traffic of Arms Regulations)限制而不允许从美国出口到欧洲。为此欧洲采取了多项措施,逐步提高 EEE 元器件的自主可控比例。欧洲航天人的思路就是首先致力于在宇航关键元器件中实现以欧洲产品替代尚处于进口依赖状态的产品;其次努力实现自己的产品冲出欧洲进入国际航天市场,进而通过攻坚掌握宇航关键元器件的核心技术。ESA 在 2004 年发起了欧洲元器件创新计划(ECI,European Components Initiative),此项计划的目标就是打破宇航型号元器件对美国的依赖。

ECI 立项时制定了四期、时间跨度至 2014 年的规划,此后随时间的推移细化各期的计划。

ECI一期(2004—2010年)清单共20项,聚焦于欧洲自需的大规模集成电路产品研制,兼顾相关技术提升。清单主要包括"替代"和"新品"两类器件,分别针对特定继续进口品种的"插拔替代"以及立项宇航项目的未来需求。清单中项目涉及大规模集成电路的项目主要有单片微波集成电路(MMIC,Monolithic Microwave Integrated Circuit)以及1553总线控制器等。

ECI二期(2008—2011年)清单共19项,聚焦于在国际市场中具有竞争力的某些元器件产品的研制及技术提升,重点包括FPGA,DSP等大规模集成电路。

ECI三期(2011年获批准)聚焦于具有战略意义的某些元器件的核心技术攻关,重点有深亚微米技术、大容量FPGA、巨量管脚装联等。

ECI四期,重点解决复杂器件评价与验证方法。

ECI一期及二期策划及实施的一个重要特点就是对"进口替代"项目仍然坚持自主设计而摒弃跟仿,目前该计划的实施已经初见成效。2012年相比于2006年,欧洲本土EEE元器件的使用比例提高了10%,目前该计划仍在进行中,预计2020年可以实现50%的EEE元器件产自欧洲。与此同时,欧洲各大宇航机构也在制定欧洲的宇航元器件发展规划,ESA构建了欧洲空间技术要求(ESTER)和欧洲空间技术总计划(ESTMP)数据库,称为"欧洲空间技术总计划核心数据库",实现数据信息共享,通过收集和分析ESA、国际电子系统专业会议和元器件专业会议的相关资料,可以看出ESA关键元器件路线图的思路,大致可分成以下几类:

(1)信息处理。ESA下一代微处理器(NGMP);ESA下一代数字信号处理器(NGDSP);ESA ASIC(见图1-11);ESA FPGA(见图1-12);

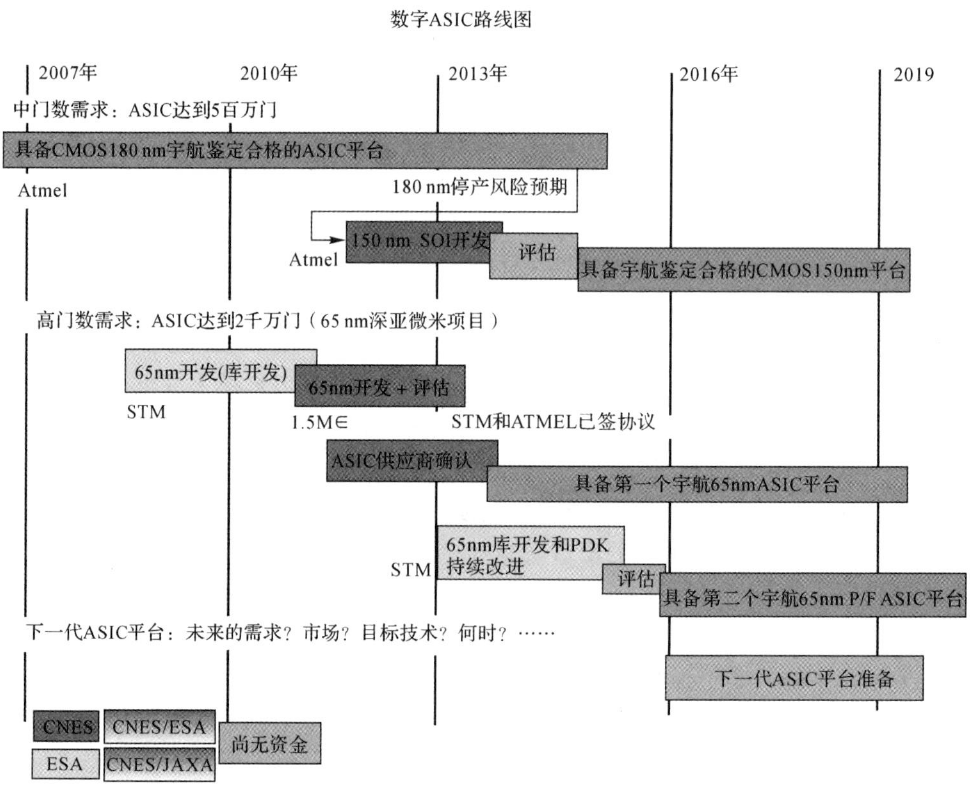

数字ASIC路线图

图1-11 ESA ASIC技术路线图

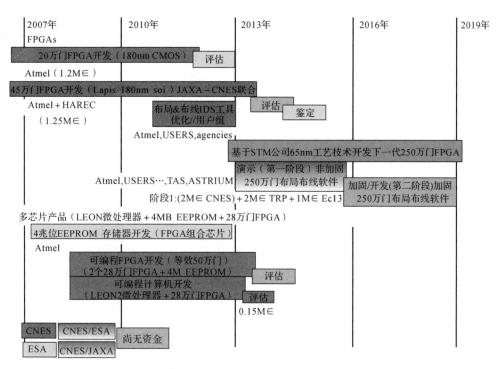

图 1 - 12　ESA FPGA 技术路线图

(2)标准元器件:AD/DA、总线器件、存储器,如图 1 - 13 所示。

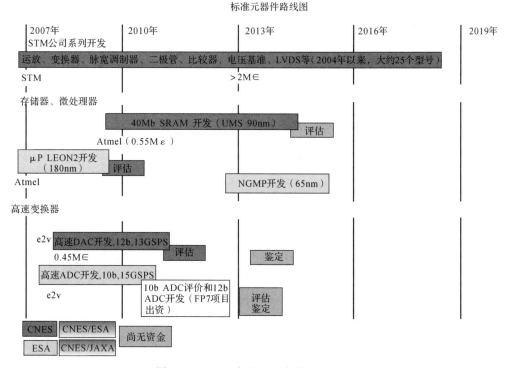

图 1 - 13　ESA 标准元器件技术路线图

（3）新型元器件：ESA 微纳米技术（MNT）。

（4）基础技术：ESA 深亚微米技术（DSM），如图 1 - 14 所示；ESA 多引线封装技术，如图 1 - 15 所示。

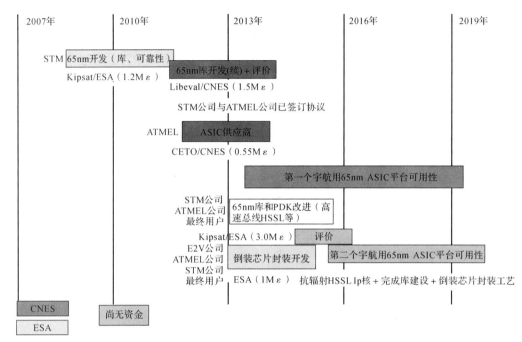

图 1 - 14　ESA 深亚微米技术路线图

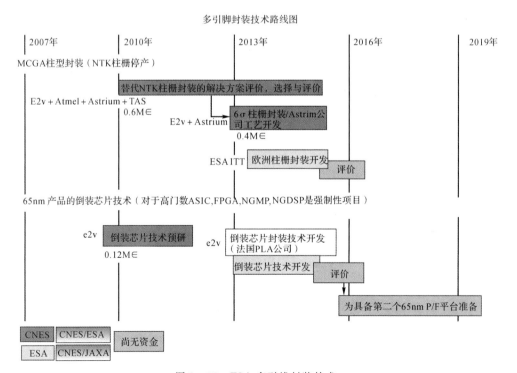

图 1 - 15　ESA 多引线封装技术

（5）信息传感：ESA RF/微波器件（重点为低噪放 LAN、氮化镓）如图 1-16 所示。

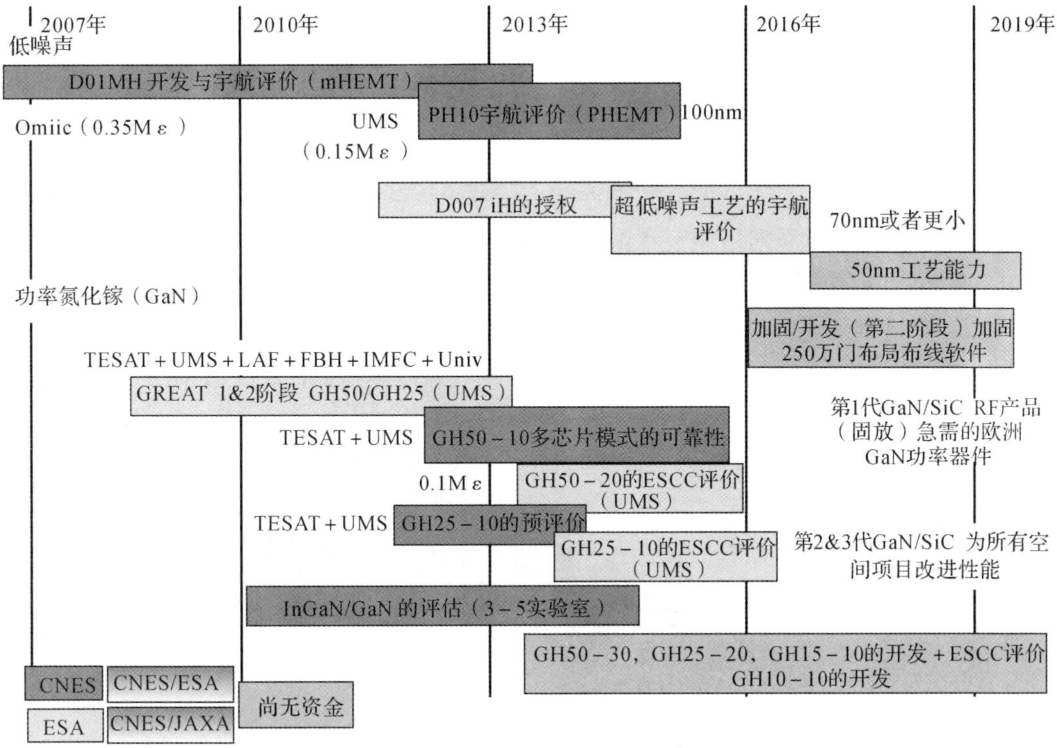

RF/微波技术路线图

图 1-16 ESA 射频 RF/微波器件

ASIC 技术路线图和 FPGA 技术路线图规划了 2007—2019 年共 13 年的产品路线。ASIC 技术路线图包括 ASIC 平台的研发以及相关抗辐射单元库的研发，规划了从具备宇航鉴定资格的 180nm CMOS 平台到 65nm 宇航 ASIC 平台的研发；FPGA 技术路线图包括了 FPGA 产品和以 FPGA 为基本元件的多芯片产品，规划的 FPGA 产品从基于 180nm CMOS 生产线的 25 万门 FPGA 到 65nm 工艺的 250 万门 FPGA，均基于欧洲自主的生产线，同时将配套的布局布线优化工具的开发列入了规划，以支撑 FPGA 的产品研制。ESA 标准元器件技术路线图规划了存储器、微控制器以及高速转换器的发展，从 180 nm 器体以及高速转换器开发到 65nm NGMP 的开发。ESA 多引脚封装技术规划了至 2019 年的技术发展，规划了欧洲的柱栅封装技术开发到评价；65 nm 倒装芯片技术的预研、开发到评价；在 2019 年前后可以具备第二个 65nm P/F ASIC 平台建设的能力。ESA RF/微波器件规划了到 2019 年的需求路线，内容涉及变晶性高电子迁移率晶体管（MHEMT，Metamorphic HMET）、赝配高电子迁移率晶体管（PHEMT，PseudomorphicHMET）开发与宇航评价、超低噪声工艺的宇航评价、氮化镓/碳化硅（GaN/SiC）RF 产品的开发，新型微波器件材料及结构的评估等。ESA 65nm 深亚微米技术路线图规划了 2019 年前 65nm 抗辐射 ASIC 平台的发展，规划了从 65nm 的抗辐射单元库开发、单元库可靠性保证以及评价，在 2019 年前后实现第二个宇航用 65nm ASIC 平台的可用。

在宇航大规模集成电路的制造方面,为了摆脱依赖,不受美国 ITAR 控制,欧洲一直采取的策略是投资本土的半导体公司以及 IC 设计公司,基于本土的加工线进行抗辐射设计/工艺库的自主研发。

目前 ESA 主要开发了 3 个宇航大规模集成电路制造平台:Atmel 平台、Dare 平台和意法半导体(ST)平台。

(1)Atmel ASIC 平台。Atmel 公司在 0.35 μm 工艺提供了 Structure ASIC 平台,在 0.18 μm 工艺提供了全定制的 ASIC 平台。目前 ESA 的标准 ASIC 芯片产品,均是在 Atmel 工艺上实现的,其中包括 SpaceWire 总线系统、Leon-FT 通用 CPU 和浮点 DSP 处理器等产品。Atmel 公司的抗辐射可配置逻辑电路产品,按集成度自低到高可以分为 FPGA,Structured ASIC 和 ASIC 3 个系列。各个系列的代表性产品及其集成度,如图 1-17 所示。

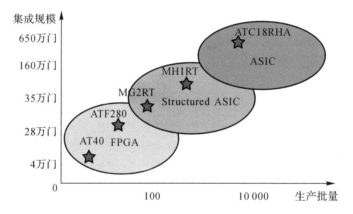

图 1-17　Atmel 公司的部分抗辐射宇航大规模集成电路产品

其中,集成度最高的是 ATC18RHA 平台,该平台是一个基于 0.18μm CMOS 工艺的 ASIC 平台。Atmel 提供了下列 IP,包括组合逻辑标准单元(包括加法器等算数运算单元)、触发器标准单元、寄存器堆(Register file)和 SRAM 阵列、标准 IO 单元、LVDS,PLL 等供用户开发逻辑电路产品。这套 ASIC 平台能够承受 300 krad(Si)的电离总剂量辐射。其单粒子锁定的阈值大于 95 MeV/mg/cm^2。

目前,在 ESA 基于 Atmel 平台的部分产品如下:

1)ESA 开发的 LEON2-FT/LEON3-FT 抗辐射通用 CPU,可以在 MH1RT Structured ASIC 平台或 ATC18RHA ASIC 平台上实现。

2)ESA 开发的 SpaceWire 总线系统,作为星载电子器件互相通信的通用接口。为此,ESA 提供了一系列 IP 软核,并把其中部分规模较大的电路做成了标准 ASIC。两个此类标准 ASIC 的例子:

a. SpW_10 路由器电路(2008 年):该电路基于 MH1RT Structured ASIC 平台 (0.35 μm),使用了 ASIC 平台中包含的 LVDS,FIFO 等组件。

b. 远程终端控制器（RTC）电路（2008 年）：该电路基于 ATC18RHA ASIC 平台（0.18 μm）。包含 LEON2 - FT 处理器。

3）法国 Thales Alenia 为 ESA 开发的扩频应答机系列产品，基于 Atmel 的 ASIC 平台。其中，在 2010 年开始为 BepiColombo 水星探测项目开发的深空扩频应答机，基于 MH1RT 0.35 μm Structured ASIC 平台。此芯片大量采用了 ESA 和 Thales 的软 IP 核，包括 LEON2 - FT 处理器、10 个 DSP 核心、包含 EDAC 的存储器控制器、AHB 总线、PLL 以及 LVDS/GPIO/CAN 接口。

（2）DARE ASIC/SoC 平台。DARE180 是 ESA 委托 IMEC 开发的抗辐射加固单元库，使用 UMC 的 0.18μm 商业 CMOS 工艺。近年来，多个专业厂商以此为基础，为 ESA 开发了多个 SoC 系统，为 DARE 库提供了通信、模拟、传感器等应用 IP。这套库提供了 50 种组合逻辑单元、20 种普通触发器和 20 种加固触发器、40 种逻辑 IO 单元和 5 种模拟 IO 单元、PLL 和 LVDS 电路模块。这套库采用了较为保守的设计，能够承受超过 1Mrad(Si) 的电离总剂量辐射。

IMEC 只向 DARE 库的使用者提供前端视图，即综合（liberty）和逻辑仿真（verilog）模型。用户完成了前端设计后，将网表交于 IMEC，由 IMEC 完成后端设计和芯片制造、封装。

除了数字电路外，DARE 库也被应用于数模混合和传感器应用中。一个典型的应用案例是 CMOSIS 等公司为 ESA 开发的太阳传感器（SSoC）器件。该芯片集成了 CMOS 成像传感器阵列、10bit ADC、图像处理逻辑、LVDS 等多个数字、模拟模块。

目前，ESA 正在开发使用 UMC 90nm 工艺的下一代 DARE 库。从最近的发展路线图来看，DARE 库的发展将会偏向数模混合和 SoC 方向的应用。

（3）意法半导体（ST）ASIC 平台。自 2006 年起，ESA 委托意法半导体（ST）评估 65nm 体硅 CMOS 工艺和 65nm SOI CMOS 工艺用于宇航应用的可行性。为此，ST 对其商业工艺中的逻辑电路单元和模拟电路模块进行了电离总剂量和单粒子效应测试。实验结果表明，65nm CMOS 器件天然具有很强的承受电离总剂量辐射的能力；另一方面，65nm 工艺中单粒子翻转效应比较严重，多位翻转的比例比较高。有必要采用嵌入式 DRAM 电容等特殊器件结构和工艺来加固 SRAM 单元，才能达到比较好的防护结果。由于该平台处于开发、验证阶段，ESA 尚没有基于该平台的产品。从 ESA 的规划看，下一代的通用处理器 LEON4 - FT 会在 ST 65nm 平台上实施。

表 1 - 11 汇总了欧洲宇航用大规模制造技术能力情况。从 ESA 的三个宇航大规模集成电路制造技术平台的技术和应用情况看，3 个平台的目标和定位有所不同。Atmel 的 0.35/0.18μm ASIC 平台，主要应用目标是通信、控制等卫星平台的标准芯片，还有 CPU,DSP 等通用芯片。ST 65nm ASIC 平台，将会是下一代通用 CPU、DSP 通用芯片的工艺平台。DARE 0.18μm ASIC/SoC 平台，侧重于数模混合和 SoC 应用。

表 1-11 欧洲宇航用大规模制造技术能力基本信息

企业名称	单元库工艺	抗辐射指标		主要特点
		抗单粒子能力	抗电离总剂量能力	
Atmel	0.35 μm	SEL 和 SEU 大于 100MeV/mg/cm²	大于 300krad(si)	具备 95 个标准单元和 216 个 IO 单元； 包含 11 个定制单元(如 LVDS 和 PCI 等)
	0.18 μm	SEL 免疫	大于 100krad(si)	/
IMEC	0.18μm	不敏感	大于 1Mrad(Si)	具备 PLL 和 LVDS 等定制单元； 2.2 倍功耗开销； 2～4 倍面积开销
ST	65 nm	SEL 大于 85MeV/mg/cm²； SEU 饱和截面 $10^7 \sim 10^8$ cm²/器件	大于 100krad(si)	/
CERN	0.24μm	不敏感	大于 3Mrad(Si)	具备 LVDS 等定制单元； 增加 1.4 倍性能开销
BAE	0.15μm	不敏感	大于 3Mrad(Si)	具备 391 个标准单元和 29 个 IO 单元； 包含单口和双口存储器模块
Aeroflex	0.6 μm	SEU 优于 2×10^{-10} errs/bit·day	大于 300krad(Si)	/
	0.25 μm	SEU 优于 1×10^{-10} errs/bit·day	100k～1Mrad(Si)	/
	0.13 μm	SEU 优于 1×10^{-10} errs/bit·day	100k～1Mrad(Si)	/
	90 nm	/	100k～1Mrad(Si)	/
ATK	0.35 μm	SEL 免疫	大于 200krad(si)	具备 131 个标准单元和 10 个 IO 单元

一般来说,数字电路尤其是一些对集成度和性能要求较高的电路,例如通用处理器,比较适合用更先进的工艺。数模混合和 SoC 应用,由于需要较为丰富的工艺选项和精确的器件模型,更适合用较为成熟的工艺节点。目前,Atmel 和 ST 公司已经分别推出了 65nm 的抗辐射加固工艺平台,并逐渐出现了 65nm 的抗辐射加固宇航器件,在 2014 年以后开始开展 45nm 工艺的抗辐射平台研发工作。

ESA 目前正在开发的典型大规模集成电路有数字信号处理器(DSP)、宇航通用微处理器 NGMP、远程大容量通信的基于固态放大器的 X 波段 MMIC 等。ESA 目前开发的 DSP 技术是一种基于 DSM 工艺的、宇航级抗辐射加固标准化信号处理器的 ASIC 产品,其性能至少达到 1000M FLOPS,2016 年可以实现。宇航通用微处理器 NGMP 主要是为了满足未来大多数任务对高速数据能力的需求,2016 年目标是研制并商品化一种宇航级抗辐射加固的下一代微处理器产品(DSM 工艺),采用四核 LEON4 FT,带 L2 cache,高性能宇航用 I/O 接口,目标性能为 1.7DMIPS/MHz,0.6 Wheatstone MFLOPS/MHz。一款宇航级处理器的开发周期远超出预期,实际上欧洲高可靠微处理器性能比商用处理器性能落后 100 倍,同样工艺下的运行频率低很多,如 $0.18\mu m$ 工艺的 AMD Athlon 是 1.5GHz,LEON2 是 100MHz。预计下一代微处理器性能可能要落后 1 000 倍。因此,未来高端星上数据处理任务中商用货架微处理器产品的应用逐渐不可避免。远程大容量通信基于固态放大器的 X 波段 MMIC 主要目标是为了替代宇航系统中的大体积行波管(TWT)放大器,基于 GaN MMIC 的 SSPA 的质量和面积可减少 40%。

总的看来,近年来欧洲航天踏实践行中较快并持续取得了成果,逐步改善了欧洲宇航大规模集成电路采购"欧洲化率"走低的势头,在数十年自主发展之后,欧洲航天正朝着既定方向发展。

1.3.3　日本宇航大规模集成电路发展趋势

日本宇航大规模集成电路相比于美国和欧洲,发展相对滞后一些。日本科学卫星发射频率大约每年一次,卫星用宇航大规模集成电路的使用数量仅是个人计算机的百万分之一。因此对于大多数高性能宇航大规模集成电路,日本需要从国外进口。目前日本应用于宇航领域的元器件有 65% 依赖于从美国和欧洲进口。依据 2013 年 ESCCON 会议(European Space Components Conference)上日本宇宙航空研究开发机构(JAXA,Japan Aerospace Exploration Agency)的报告,日本未来在宇航领域的发展战略是立足发展和使用本国技术,保持独立性的同时,确保一些宇航关键元器件的可获得性。在集成电路领域将重点发展高性能和高集成度的器件,聚焦研究开发具有突破性的先进技术。

由于日本的宇航领域需求不足,国内很难独自组建专门从事宇航集成电路开发和制造的机构,JAXA 下属日本空间科学研究的核心机构——日本宇宙科学研究所(ISAS)认为,研制出既能应用于宇航又可以民用的宇航专用集成电路,可以解决宇航领域集成电路的困境。近几年,他们共开展了两项抗辐射集成电路科研活动。其中一项就是日本宇航研究开发机构的"宇航集成电路开发——宇航和民用共用战略"。他们认为对于逐渐小型化的民用集成电路,由于宇宙射线照射到地面引起的中子辐射问题逐渐显现,再加上封装内材料不纯引起的辐射问题,单粒子翻转成为辐射引发故障中的核心问题。因此在民用集成电路上也必须保证高抗辐射特性。基于此,他们提出了对民用及宇航领域进行协调,共同研发两个领域都能使用的集成电路,使用共同的生产线进行制造。ISAS 选择了三菱重工公司(MHI)名古屋诱导推进系统制造厂进行该项目的研发。从立项开始,ISAS 就明确了以宇航科学界对集成电路要求的目标规格为基准,进行了设计技术、电路技术以及制造工艺技术的优化。ISAS 采用基于标准单元的 ASIC 设计方法,预先准备好标准单元库作为标准电路,将存储单元和逻辑单元组合,进行布局设计,针对各单元进行抗辐射加固后,就不需要在设计电路时考虑辐射的影响。即使不是设计宇航集成电路的专家也能够自主设计宇航集成电路。通过这种方式实现了宇航和民用领域的协调。2002 年,ISAS 基于这种设计思想开始全面开发宇航集成电路,设计生产了基本存储单元,再采用商用技术成功开发了 SRAM,该存储器不仅能防止单粒子锁定,而且抗单粒子翻转的效果达到了当时世界最高水平,单粒子翻转在地球同步轨道上的发生频率是 270 年 1 次。2003—2005 年,ISAS 建成了专用的集成电路设计标准单元库。2011 年三菱重工利用 ISAS 建成的标准单元库,基于多任务运行的方式,开发完成了一种抗辐射 32 位 SoC,芯片面积

15mm×10mm,处理速度为100MIPS,功耗小于1W,并集成了存储器核SpaceWire接口。该款SoC计划用于下一期的天文卫星,同时也考虑应用在三菱重工批量生产的民用设备中。目前,ISAS宇航集成电路的研发仍在继续,利用最先进的微细加工技术,开展集成电路的小型化研究。

目前日本宇航集成电路的研发主要基于0.15μm的SOI技术进行抗辐射加固设计,见表1-12,是2013年JAXA研发的45万门SOI-FPGA参数表,该器件将FPGA芯片与一个4Mbit EEPROM封装在一起。

表1-12 45万门SOI-FPGA参数表

项　　目	性　　能
封装	352 pinCQFP(Multi-chip-Module)
I/O	234 pin
供电电压	1.5V/3.3V(FPGA),3.3V(EEPROM)
FPGA架构	Atmel SRAM型FPGA架构
工艺	0.15μm CMOS SOI宇航工艺
门数	450k ASIC gate(152×152Corecell * block)
内部性能	120 MHz
功率耗散	600 nw/核/MHz
抗辐射指标	TID:1kGy(Si),SEU:LETth>64MeV/mg/cm², SEL:免疫(SOI)

图1-18所示为日本JAXA基于0.15μm工艺的SOI-ASIC发展路线图。

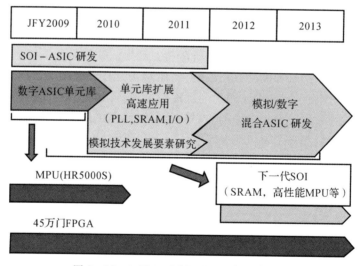

图1-18 0.15μm SOI-ASIC发展路线图

在化合物半导体高性能集成电路领域,日本宇航研究开发机构曾经专门启动相关项目,推动相关集成电路的开发和应用。ISAS已经采用化合物半导体的MMIC技术,实现了具有高性能的小型模块,该计划将非常小的天线(例如贴片天线)集成在MMIC上,也就是所谓的单芯片信号收发器。ISAS基于砷化镓(GaAs)材料研制的MMIC HPA和LNA,工作在Ku波段。与非单片电路相比,它们的性能相同或者更好,而尺寸和质量仅为 1‰ 甚至更小。HPA 输出功率约为 400mW,LNA 在 10~14GHz 的噪声指数为 1.7dB。目前 ISAS 的首要任务是如何在在宇航领域全面推进这些器件的应用。除此之外,ISAS 正在考虑应用于宇航通信地面站上的 20kW 级别固态电子高功率放大器(SSPA),预计将使用 GaN 材料。这种固态放大电路将作为一种宇航电子技术应用于无线电波卫星跟踪用的大型天线上,以及各科学卫星和地球观测卫星之间的通信。

1.3.4　我国宇航大规模集成电路发展趋势

我国宇航大规模集成电路制造技术相对于欧美等宇航强国起步较晚,与国际先进水平相比,仍然存在一定的差距,设计和制造能力亟待提高。

我国大规模集成电路的设计和制造平台已基本建立,部分单位具备宇航大规模集成电路设计、芯片制造、封装和试验能力,可以完成千万门规模复杂电路的设计;在 IP 研发方面,能够实现基于软核、固核和硬核等多种形式 IP 核的设计,可以实现对 IP 核和 SoC 芯片的独立测试。基于现有的抗辐射集成电路设计与制造平台,可以实现宇航深亚微米级集成电路的设计和研制。未来的工作仍在于优化现有的抗辐射加固集成电路设计和制造平台,进一步提高电路设计成熟度和加工工艺水平,提升可靠性。

世界各国宇航大规模集成电路技术的发展模式虽不尽相同,但“立足本土、自主发展”的基本点是相同的。美国军用电子元器件的发展战略是立足于本土自主制造,建立军用专线和通过对民线军用、民品军用进行认证,形成完整的研制生产和产品体系,保证满足宇航和武器装备的需求。而我国由于国内加工工艺水平的限制,不可能像美国那样通过“可信代工线”来完善产品体系和能力体系,所以,要建立我国独立自主的宇航关键元器件自主发展体系,还需要重视关键工艺设备的自主开发和批量供货能力,才能建立起可持续发展的宇航关键元器件研制体系。

1.4　大规模集成电路快速发展对保证技术带来的挑战

随着大规模集成电路性能不断提高,可靠性问题已经成为目前大规模集成电路发展和应用中的重要考虑因素。来自技术以及应用需求的驱动要求可靠性不断提高,尤其是在宇航领域,可靠性的研究日益受到人们的关注。

大规模集成电路特征尺寸不断缩小、氧化层厚度不断减薄、器件结深不断减少,但是结深和特征尺寸的比值却在增加;阈值电压减小,但是阈值电压和电源电压的比值增大,导致器件中的二维效应不断增强。互连技术发展中低的互连电容要求使用低 k 介质;低电阻率和大电流密度要求使用新的金属化系统,诸如 Cu 互连等;大规模集成电路的迅猛发展使得新型器件、材料和工艺不断引入;集成度的提高和器件尺寸的缩小导致了器件内部电场和电流密度的不断增加,器件特性对缺陷的敏感度大大增加。新的应用领域要求器件拓展其工作领域,工作在高压、高温、强辐射、高频和大功率等恶劣条件下,这些都使得大规模集成电路的可靠性保证技术面临新的挑战。

针对宇航大规模集成电路保证技术进行研究,保障大规模集成电路的可靠性以及可用性。这包括减小失效机制诸如热载流子注入(HCI,Hot Carrier Injection)、负偏压温度不稳定性

（NBTI，Negative Bias Temperature Instability）、时间相关介质击穿（TDDB，Time Dependent Dielectric Breakdown）、电迁移（EM，Electromigration），静电损伤（ESD，Electrostatic Damage）和锁定（Latch - up）等效应引起的失效，研究可靠性对大规模集成电路设计及工艺变化的敏感程度，分析大规模集成电路工作情况下出现的新型可靠性机制，消除过多的可靠性余量设置，增加对电路可靠性的模拟和预测等。可以预见，大规模集成电路保证技术的发展将始终伴随着集成电路技术的发展以及应用技术的发展，并且随着大规模集成电路技术的发展，保证技术的难度也会变得越来越大。加强大规模集成电路的可靠性分析、模拟、评估和改进，进行大规模集成电路保证技术的研究和探索已经成为大规模集成电路发展过程中的重要课题。

综合宇航大规模集成电路的发展趋势以及挑战，目前大规模集成电路保证技术主要存在以下问题：尺寸缩小带来的可靠性、新技术新材料缺乏有效验证、结构功能复杂导致分析和试验困难以及新型器件的辐射效应尚未完全掌握等。

1.4.1　尺寸缩小带来的可靠性问题

器件特征尺寸的缩小带来了更高的工作频率和更小的芯片尺寸，同时也造成了金属互连线越来越细，栅氧厚度越来越薄等影响，过去不影响集成电路使用寿命的微小缺陷也开始对大规模集成电路可靠性产生重大影响。根据 NASA 哥达德空间飞行中心的 Wyrwas 等人和喷气推进实验室的 White 等人对空间应用中小尺寸集成电路的主要失效模式的研究结果，大规模集成电路的主要失效模式在集成电路特征尺寸进入超深亚微米后已经发生了改变，TDDB，HCI，NBTI 和 EM 成为集成电路的主要失效原因，如图 1 - 19 所示。

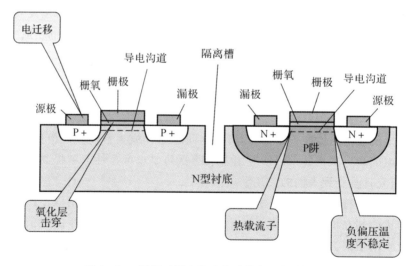

图 1 - 19　超深亚微米集成电路的主要失效模式

TDDB 是影响 MOS 型大规模集成电路长期可靠性的重要因素，这是一种与时间有关的击穿机制，对栅氧化层施加低于本征击穿场强的电场强度后，经过一段时间将会发生栅氧化层击穿。栅氧化层击穿是 MOS 电路的基本失效机理。微电子技术的发展使得栅氧化层厚度进一步降低，$0.35\mu m$ 工艺的栅氧化层厚度为 $6\sim10nm$，$0.25\mu m$ 工艺的栅氧化层厚度为 $4nm$，而发展到 $0.13\mu m$ 工艺的栅氧化层厚度为仅为 $2nm$，到 $65nm$ 工艺，栅氧化层厚度将只有 $1nm$，约 3 个原子层厚度,接近 SiO_2 的物理极限。栅氧化层厚度的减小使得施加在其上的电场强度相对变大,这对氧化层质量和厚度均匀性的要求近乎于苛刻。

热载流子是能量比费米能级大数个 KT 以上的载流子,这些载流子与晶格处于热不平衡状态,载流子的温度超过了晶格温度。当热载流子的能量达到或超过 SiO_2 - Si 界面势垒的能量时,便会注入到 SiO_2 中去。一些热载流子与硅原子发生碰撞电离,产生电子-空穴对,进而产生雪崩热载流子,使沟道电流倍增。热载流子一部分将被氧化层中陷阱所俘获,由此产生的电荷积累引起集成电路的电特性发生退化,表现为 MOS 电路的阈值电压漂移或跨导值降低,电流增益下降,PN 结击穿电压蠕变,使得集成电路的性能受到影响,这就是热载流子效应。由于电子注入时所需能量比空穴低,因此热载流子主要为热电子。随着 CMOS 集成电路特征尺寸的缩小,相同应力条件下,沟道长度越短,器件的退化量也越大,热载流子效应对器件性能的影响越明显。

NBTI 是一种作用于 CMOS 集成电路中 PMOS 晶体管的老化效应,通常指 PMOS 晶体管在高温、强场负栅压作用下表现出的器件性能退化,典型温度在 $80\sim250℃$。随着器件尺寸与工作电压的非等比减小,器件栅氧化层电场逐渐增大,NBTI 效应引发的退化日益显著。国内外对 NBTI 的研究表明,当栅氧化层厚度减薄到一定程度时,NBTI 引起的退化可能会超过其他效应,成为限制器件寿命的瓶颈之一。NBTI 会逐渐升高 PMOS 晶体管的阈值电压,减小其驱动电流,并增加门的信号传播延时,影响器件的可靠性。延伸到时序电路上,则可能因为偏差的不断积累而导致电路出现定时违规现象。当集成电路工艺尺寸的进一步减小到亚 100nm,栅氧化层厚度减小到 1.4nm 甚至更低时,为提高晶体管特性,减小栅氧化层的泄漏电流,会在 SiO_2 栅氧化层中引入氮原子,以提高氧化层的介电常数,增加器件的栅控能力,而氮原子的引入在一定程度上加剧了器件的 NBTI 退化。因此,对于超深亚微米器件,需要格外关注器件的 NBTI 效应。

当集成电路工作时,金属互连线内有一定强度的电流流过,在电流的作用下,金属离子沿导体移动,产生质量的传输,导致导体内某些部位产生空洞或晶须(小丘),这就是电迁移现象。由于芯片尺寸和制造工艺的变化,金属条尺寸已减小到微米范围,往往只能容纳极少数晶粒,因而电迁移主要在晶粒间界方向质量传输,晶粒的几何形状的不均匀将对电迁移产生影响,增加了金属条失效的随机性,缩短了金属条寿命。随着按比例缩小工艺的发展,接触孔面积趋于微细化,在高温的影响下导致电迁移极易发生。同时芯片面积的变大引起金属化薄膜跨越氧化层台阶数目增多,而台阶部位往往比较细薄,此部位的金属膜发生的电迁移概率也会增多。

随着器件特征尺寸减小,TDDB 和 NBTI 两种失效机理逐渐成为影响器件可靠性的重要因素,一直是研究热点。文献表明,TDDB 和 NBTI 两种机理都会导致数字集成电路的速度降低,FPGA 的延迟增加,SRAM 最小工作电压变化,RF 电路的参数漂移,模拟电路失谐等现象。根据 TI,Intel,Freescale 等生产厂对现有技术下产品进行的长寿命试验,特征尺寸减小,器件进入损耗期的时间明显缩短,器件随机失效的失效率也有所提高。高可靠领域一般认为,按照目前的技术水平,特征尺寸小于 90nm 的器件,很难达到 $10\sim30$ 年的设计寿命。因此,对于小尺寸集成电路设计人员来说,如何能够保证 10 年以上寿命,成为一个难题。根据相关资料,特征尺寸与器件损耗期的关系见表 1 - 13。

表 1-13 特征尺寸与器件耗损期的关系及相关试验数据

特征尺寸	进入耗损期的时间
90/65nm	<15 年
130nm	<70 年
180nm	>100 年

如图 1-20 所示,浴盆曲线随特征尺寸减小而显著变化。首先,随着集成电路工艺尺寸的减小,集成电路的失效时间减小;其次,集成电路的平均失效率升高,无论是早期失效期、偶然失效期还是耗损失效期,电路的失效率均随着尺寸的减小而增大;同时,与大尺寸电路相比,小尺寸电路进入偶然失效期的时间更短。

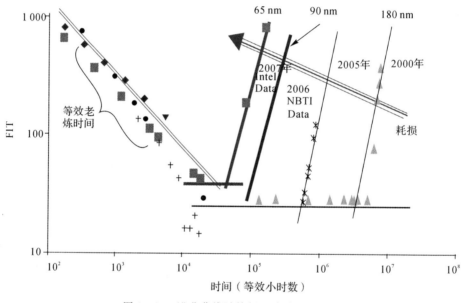

图 1-20 浴盆曲线随特征尺寸减小的变化

1.4.2 新技术新材料缺乏有效验证

宇航大规模集成电路的特征尺寸进一步减小,推动了新材料、新结构和新封装形式的应用,如存储器中的分立栅结构、高 k 值的新介质材料的应用、三维封装结构等。这些新结构、新技术、新封装可能在民品上有一定应用,但是缺乏按照宇航要求的全面验证。对于应用新技术的集成电路,需要针对新技术、新材料,结合宇航应用要求,进行充分保证。

1.4.3 结构功能复杂导致分析和试验难以实施

随着宇航大规模集成电路的结构和功能越来越复杂,对于大规模集成电路的分析和试验变得更加难以实施,如老炼试验、测试和失效分析等。

老炼试验技术的挑战,是由器件引线数增加、引线节距降低、器件功能增加和工作频率的提高,以及漏电流的显著提高引起的。器件最小核心电压持续下降,大容量内存的扫描需要非常深的测试向量,而器件高功率消耗需要对单个器件进行散热和电源管理;为满足缺乏内部时钟生成的新技术大规模集成电路的高速老炼试验需求,老炼试验系统、信号驱动和老炼试验插座等老炼试验技术,受到严重挑战。缺乏 DFT 技术的器件,需要更多的 I/O 数目。对已知合格芯片(KGD,Known Good Die)不断增长的需求,使得人们对晶圆级老炼试验技术不断深入关注。器件电源和信号的要求,推动了老炼试验板向更多的板层数、更短的走线、占用更少的空间、使用更复杂的工艺和材料的方向发展;同时也带来了更多的测试成本以及可靠性难以保证的问题。器件紧密的管脚间距,需要在老炼试验插座和老炼试验板之间,开发具有成本效益和创新性的硬件接口;老炼试验插座设计技术受到严峻挑战,因为它们必须适应日益增长的接触点个数、减少的间距、更高的电流和更高的频率;同时,为了防止高功率器件烧毁问题的出现,插座是整体散热解决方案的关键部件。插座制造商面临的一个主要挑战,是保持低廉的成本,较短的供货时间,同时进行技术开发,以满足这些新的需求。老炼试验的方法,包括传统的器件级、系统级和晶圆级老炼实施方式。随着大规模集成电路技术的不断发展,人们在探索系统级老炼试验代替传统器件级老炼试验的可行性,晶圆级老炼试验技术也将持续发展。

随着集成电路工艺的发展,测试面临着一些新的挑战。如今,大规模集成电路工艺日趋复杂,已经能够将 1 亿晶体管集成到一个大规模集成电路中,并且力图使片上的时钟频率超过 1GHz。这些趋势对大规模集成电路测试的成本和难度都产生了深远的影响。宇航大规模集成电路需要在最大工作频率下进行测试,以全面检测电路功能及故障模式,因而测试设备的局限性成为当前大规模集成电路测试领域的一个重大挑战。大规模集成电路晶体管数与管脚数比值的飞速增长导致电路的可控性和可观测性变差,同时导致测试数据的规模也急剧增加;因而,如何有效降低测试生成时间也成为当前大规模集成电路测试领域的一个重大挑战。通过将模拟和数字设备集成到一个宇航大规模集成电路上,提高了性能,但也带来了片上混合信号电路测试的新问题。由于模拟电路参数是连续的以及缺乏好的可接受的故障模型,也不能划分为若干独立模块分别测试,混合信号的测试成本成为更严重的问题。

随着微电子技术的高速发展,集成电路的规模越来越大,集成电路向多层结构方向发展,器件失效往往发生在多层结构下层的层间金属化或有源区,多层结构下层的可观察性和可测试性是严峻挑战,器件失效的现象变得更加复杂,失效定位越来越难,需要对复杂器件进行深层次、系统化、专业化的故障模式研究。文献表明,对于大规模集成电路,由于工艺降低了缺陷密度,硬失效减少(见图 1-21);由于余量减小,软失效提高,软失效对电压敏感,比如单元写入错误,单元读出时存储数据变化,保持失效等;同时以查失效点为基础的分析也将受到挑战;而且由于在批次和个体上难以确定,失效分析的目标也将难以确定。随着系统级器件技术的不断发展,其失效分析的技术难度不断增加;SoC 和 SiP 器件具有软硬件协同设计的特点,软件考虑不周,也会导致硬件失效;另外,伴随复杂大规模集成电路测试难以实施,业界关于测试和可靠性"未测试出故障,还是早期可靠性失效"的争论依旧存在,问题的分析和定位非常困难。

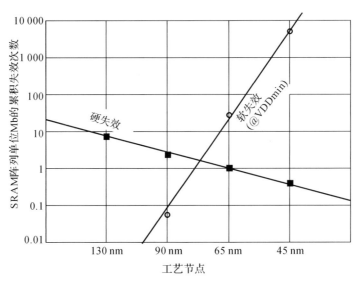

图 1-21　特征尺寸与失效(SRAM)

1.4.4　新型器件的辐射效应尚未完全掌握

特征尺寸从微米、亚微米级缩小到超深亚微米,生产工艺及器件的微观特性均发生了巨大变化,集成电路的辐射效应也随之出现了一系列新的物理现象和问题,深亚微米集成电路辐射效应及抗辐射加固技术的研究成为国际上军用微电子领域研究的重点课题之一。

在过去的 10 年里,国外对超大规模电路辐射效应进行了很多研究。N. Saks 等人发现对于深亚微米薄栅(低于 10～12nm)MOS 器件,电离总剂量效应开始显著减弱,抗电离总剂量能力可达到 100krad(Si),甚至 1Mrad(Si)以上。随后又有研究者指出,深亚微米器件存在类似双极器件的低剂量率增强效应,并且存在辐射诱生边缘漏电流效应或者称为辐射诱生窄沟道效应。

从理论上分析,由于深亚微米器件特征尺寸小、单粒子翻转比较敏感。对于特征尺寸小的大规模电路,理论分析辐射效应特点是,氧化层薄,辐照产生的氧化层陷阱电荷少,可能具有较高的抗电离总剂量辐射能力;结电容小,单粒子翻转容易,可能单粒子效应更加明显。不同工艺器件辐射效应机理不同,随着宇航型号选用器件类型的增加,待评估的项目增加,需要针对宇航器件研制需求,研究新型器件辐射效应机理,在已有的技术基础上,开发更加科学、可行的辐射试验评估和检测技术,如电离总剂量试验的剂量率条件和偏置条件,单粒子试验的辐射源条件、样品准备技术、在轨预计技术,复杂器件辐射效应敏感度分析评估方法,建立面向工程应用的辐射效应评估试验方法。

1.5　本　章　小　结

本章主要介绍了集成电路的发展趋势以及未来将会面临的挑战;之后重点介绍了世界范围内包括美国、欧洲、日本以及中国宇航集成电路的发展现状和趋势;在章节的最后,结合大规模集成电路发展趋势,对未来宇航大规模集成电路保证技术将遭遇的挑战进行了分析。

第2章 大规模集成电路保证技术发展历程

2.1 大规模集成电路宇航应用要求

进入 21 世纪,随着人类向太空领域的不断探索,载人航天、深空探测等重大航天活动的蓬勃开展牵引着宇航高科技技术跨越式的进步。同时,世界各国对大容量长寿命的军事通信卫星、数据中继卫星、军事侦察监视卫星、导航与定位卫星等不同功用航天型号产品的需求不断增加,也促使航天型号产品向长寿命、高精度、多功能方向快速迈进。我国仅"十三五"期间就计划在实施的载人航天、探月工程、深空探测、北斗导航、通信遥感等领域内研制、发射数百颗各类航天器。这些航天器因功能需求的不断增加并面临更加恶劣和复杂的空间环境,其性能、寿命和稳定性面临着更高的要求。作为航天型号产品的重要组成和基石,大规模集成电路应用越来越广泛,根据欧洲空间局对 2004—2014 年发射任务使用大规模集成电路的数量和比例进行的统计分析,2014 年 ESA 某个型号仅 FPGA 和 ASIC 就使用了 350 只。航天型号产品因其系统复杂、不可维修、运行的空间环境复杂等原因,决定了所使用的大规模集成电路必须具备空间高低温循环、真空、辐射等恶劣环境的耐受能力,其可靠性也成为宇航任务成功的重要因素,必须满足长期稳定工作的要求。

宇航大规模集成电路应具备 6 个要素和 6 个特征,6 个要素分别为设计、设备、材料、工艺、鉴定和管理;6 个特征分别为空间可用性、设计成熟性、批次稳定性、个体一致性、全程追溯性和内涵透明性。大规模集成电路的可靠性以等级的形式体现,不同等级的大规模集成电路,考虑了特定的需求以及环境特性,设计、工艺要求不同,如工作温度范围、抗辐射能力等,试验的严酷程度亦不同。欧美国家在集成电路通用规范中提出了高于一般军事要求、满足宇航应用的等级及要求,在大规模集成电路的设计、工艺、质量控制、试验等方面都有专门或加严的要求和方法;可靠性保证方面,采用由代表国家的机构对大规模集成电路合格生产线或产品进行认证和维持的管理办法。

宇航大规模集成电路保证是指对宇航用大规模集成电路采取各种措施,确保在航天型号产品全寿命周期内,大规模集成电路满足其质量、进度、成本等要求。大规模集成电路保证项目包括标准制定、过程保证、鉴定、抗辐射能力评估、评价和应用验证、采购、监制、验收、到货检验、补充筛选、破坏性物理分析(DPA,Destructive Physical Analysis),失效分析(FA,Failure Analysis)等内容。大规模集成电路涉及多方面的新技术、新材料、新工艺,这些新技术的使用,引入了新的失效机理和失效模式,给大规模集成电路保证技术提出了新的挑战。特征尺寸进入深亚微米后,TDDB,HCI,NBTI 和 EM 等效应成为大规模集成电路的主要失效机理,国内外均开展了深亚微米大规模集成电路可靠性研究,研究表明,已经发布的一些试验方法、保证技术已经不能完全适用于大规模集成电路的发展。例如,应基于大规模集成电路实现的具体工艺、特定的失效机理,研究确定合适的鉴定方法,换言之,大规模集成电路的鉴定方法,是针对其制造工艺和结构的方法。美国集成电路协会 G12 联合国家航空航天局开展大规模集成电路老炼试验技术的研究,同时开展了老炼试验方法的修正工作。对于系统级封装集成电路,系统设计和芯片设计密切相关,由于系统集成的高性能、小型化、异构集成、结构多样化以及成本需求,软件、硬件设计并行开展,传统的保证方法难以满足宇航应用高可靠的要求。

宇航级大规模集成电路是宇航应用传统的选择,但是可获得的品种少,且性能远落后于商用大规模集成电路。一般情况下,大规模集成电路均需经过鉴定及应用验证,且装机大规模集成电路均应按照相应的标准进行筛选试验及针对批次的质量一致性检验,用户选择又有严格的选择控制措施以确保选择得当。为了解决大规模集成电路的供应问题,谋求大规模集成电路产业的长远发展,国外宇航界十分重视大规模集成电路保证技术研究工作,建立了相对完善的标准体系,具有专门的组织、专业的队伍及资金支持开展大规模集成电路可靠性保证相关工作,促进了大规模集成电路保证技术的不断发展。

2.2　美国大规模集成电路保证

2.2.1　美国大规模集成电路保证体系

美国大规模集成电路保证体系是一个庞大的系统,政府、航天型号最终用户、航天型号产品承制企业以及航天型号产品配套元器件的生产企业在整个体系中担负着不同的职责,扮演着不同的角色,发挥着不同的作用,各项职能和分工明确。在宇航大规模集成电路领域,美国政府职能的体现者有国防部和 NASA,军用大规模集成电路的责任主体为国防部,宇航大规模集成电路的责任主体则为 NASA。美国国防部主要致力于包括宇航大规模集成电路在内的军用元器件的方针制定和基础建设工作,包括生产厂认证、信息系统建设等,主持美国军用元器件标准体系建设,发布文件指引大规模集成电路发展和选择的方向。

NASA 在大规模集成电路标准建设和生产厂认证方面主要基于美国国防部供应中心(DSCC,Defense Supply Center Columbus)的工作成果,实施含有补充意义的工作,在大规模集成电路选用目录的制定和维护、辐射效应研究、失效机理研究、可靠性保证技术研究,以及宇航大规模集成电路未来需求研究等技术平台搭建方面投入了大量的资源,开展了一系列工作。NASA 针对元器件信息,建立了政府工业信息交换平台(GIDEP,Government Industry Data Exchange Program),大规模集成电路相关信息占有重要比例,实现了信息共享,为大规模集成电路的控制提供了强有力的支持。

NASA 元器件的主管部门为安全与项目保证办公室(Office of Safety and Mission Assurance),下设两个专门的机构开展大规模集成电路保证技术研究,EEE 元器件与封装组(NEPP,NASA EEE Parts and Package group),负责新型大规模集成电路保证技术研究,开展具有前瞻性、指导性的研究工作;EEE 元器件保证组(NEPAG,NASA EEE Parts Assurance Group),侧重当前航天型号用大规模集成电路的保证和技术协调工作。在大规模集成电路保证相关的标准建设方面,NASA 的原则为凡是美国军用标准能满足任务要求的,就不再制定 NASA 标准。根据 NASA 文件目录,列入该目录的 NASA 及所属的分中心、实验室批准发布的标准、规范、图样、报告、手册和文件共 2 000 多份,其中由 NASA 发布的文件不到 5%,除 NASA 元器件管理顶层文件——NPD8730.2(NASA 元器件政策,NASA Parts Policy)外,都与大规模集成电路控制无直接关系。

NASA 站在国家立场,开展大规模集成电路保证工作。NASA 元器件管理的顶层文件为 NPD 8730.2,是 NASA 大规模集成电路保证的政策性文件,文件规定由各中心负责大规模集成电路保证的管理,给出了大规模集成电路保证的下述原则。

1)大规模集成电路的选择应建立在满足用户需求的基础上,至少考虑性能、环境、应用等级、项目寿命等方面的要求;

2)对大规模集成电路生产厂资格进行评估和审查;

3)持续进行 NASA 元器件选择目录(NPSL,NASA Part Selection List)的维护;

4)参加国防标准化项目(DSP,Defense Standardization Program)以及相应的行业一致性标准项目。

8730.2 明确指出大规模集成电路保证的责任单位为 NASA 安全与任务保证办公室,其主要职责是确保 NASA 各企业和中心中对大规模集成电路施加有效的控制过程和措施;相关部门及各分中心的主要职责:

1)确保大规模集成电路合格生产厂评估和审查结果的正确性;

2)确保各中心的管理按照规定实施,并具有可追溯性;

3)确保用户提出的大规模集成电路的所有需求均在合同中体现。

哥达德飞行中心(GSFC,Goddard Space Flight Center),约翰逊空间中心(JSC,Johnson Space Center),马歇尔空间飞行中心(MSFC,Marshall Space Flight Center)和喷气推进实验室(JPL,Jet Propulsion Laboratory),均有自己的大规模集成电路保证体系,在此简要介绍 GSFC 和 JPL 的大规模集成电路保证体系。

GSFC 大规模集成电路保证体系。在顶层管理文件《GSFC EEE 元器件政策(GSFC EEE Parts Policy)》的统一管理下,GSFC 开展大规模集成电路保证的各项工作,其用户为 GSFC 或其他飞行中心项目。GSFC 与大规模集成电路有关的部门包括管理部、安全与任务保证部、飞行管理项目部、应用工程技术部、元器件工程部、辐射效应研究部。GSFC 大规模集成电路保证的主要职责包括选择和试验技术支持、采购、分析(包括筛选/评估,FA,DPA,数据库维护)、辐射效应与辐射试验研究,作为支持 NASA NEPP 研究项目的技术支撑机构之一。GSFC 大规模集成电路保证体系健全,专人负责保证体系的维护,同时致力于数据库的建立和维护,包括大规模集成电路的选择、考核、FA 等方面的信息,并建立了辐射效应数据库。丰富的数据库资源,对于信息共享、信息利用起到了重要作用。GSFC 大规模集成电路保证流程的主要环节为需求、评估、选择、采购、试验。

1)需求。大规模集成电路用户应明确具体使用需求,包括预期应用的环境需求和电性能需求,同时提出大规模集成电路的一些限制条件,如体积、应用关键性等。根据用户需求进行风险评估,确定大规模集成电路的应用等级;建立大规模集成电路需求文件,这些需求将体现在相关合同中。

2)评估。针对需求进行大规模集成电路评估,以保证在项目预计的时间内满足要求。

3)选择。从可靠性和进度两个方面考虑,确保选择的大规模集成电路满足任务需求,要求从 GSFC 规定的选用目录中选择;对没有飞行经历的大规模集成电路,制定针对性的大规模集成电路评估方案。建立元器件控制委员会(PCB,Parts Control Board),确保大规模集成电路选择的合理性。PCB 将参与大规模集成电路选择、标准化和控制以及文件编制方面的计划管理工作;协调承制单位和下级承制单位开展与元器件相关的活动,以保证最大限度的采用标准

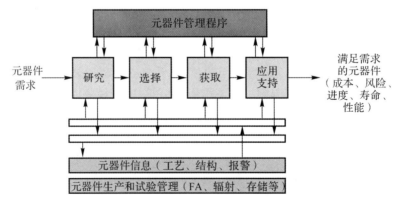

图 2-1 JPL 大规模集成电路保证流程

2.2.2 美国集成电路保证技术的发展历程

美国国防部制定了一整套严格、完整的集成电路标准体系,包括通用规范、试验方法、详细规范、标准图纸、合格产品目录和合格生产线等,大规模集成电路保证的核心要求为集成电路通用规范。集成电路通用规范对集成电路生产厂提出了统一要求，规定了集成电路总的性能要求，以及必须满足的质量和可靠性要求；详细规范是对某一个或一系列集成电路规定的具体要求，MIL-STD-883 是针对集成电路的试验方法标准，是指导试验、测量或分析的依据性文件，对保证集成电路可靠性具有重要作用。通用规范与详细规范配套使用，按照规定的试验方法，共同完成集成电路的鉴定或评价。

MIL-PRF-38535 是美国国防部发布的集成电路通用规范，是美国宇航、军用大规模集成电路生产和试验的依据，随着大规模集成电路技术的不断发展，更新迅速。NASA 作为宇航用户，是 MIL-PRF-38535 编制及修订的重要参与方，NASA 大规模集成电路保证技术的研究成果，最终都会体现在 MIL-PRF-38535 中。因此，MIL-PRF-38535 综合考虑了宇航对大规模集成电路的要求。随着大规模集成电路设计、制造技术的不断发展，集成电路通用规范的内容也在不断更新，以适应大规模集成电路技术发展的需要。MIL-PRF-38535 作为美国大规模集成电路制造和保证的主要依据，经过多个版本的升级、修订，经历了 4 个重要的里程碑，分别为由 QPL 转变为 QML、通用规范变为性能规范、新技术验证和 Class Y 等级的引入，并继续不断发展。

1. 由 QPL 转变为 QML

美国集成电路通用规范最早的版本为 MIL-M-38510，称为集成电路总规范，执行鉴定合格产品目录（QPL，Qualified Product List）模式，集成电路生产线首先通过生产线认证，集成电路按品种通过鉴定后方可列入 QPL，并发布一系列详细规范，规定具体集成电路的详细要求；针对器件试验的严酷程度，QPL 包含两个部分（PARTI，PARTII）。美国军用单片集成电路质量保证体系经历了由 QPL 体系到合格生产线目录（QML，Qualified Manufactures List）体系的转变，前者侧重通过产品的最终检验确保质量满足军用可靠性要求，后者侧重通过规范集成电路生产厂的设计、制造过程，使其具备生产军用集成电路的能力。1990 年，集成电路通用规范引入了 QML 的概念，允许生产厂将军用和商用经验结合在一起，集成电路通用规范改为 MIL-I-38535。QPL 和 QML 二者在基本理念和实施方法上有很大差异。QPL 认证的对象是产品，主要关注产品与制造基线的符合性，以及产品的鉴定检验，最终通过检验的集成电路列入 QPL；QML 认证的对象是产品及其生产厂，更多关注的是对与集成电路实现相关的所有或部分"模块"（设计、掩膜、晶圆生产、封装、试验）进行生产厂能力认证，通过鉴定后，生产厂、集成电路均列入 QML。QPL 鉴定针对具体集成电路、生产线的维持有赖于实际的集成电路；QML 鉴定是针对生产厂和集成电路的认证，生产线可通过由工艺实现的标准评价电路（SEC，Standard Evaluation Circuit）维持。

2. 通用规范变为性能规范

1994 年，美国军用标准开始了全面的改革，改革发生在美国防务政策重大调整、军费预算锐减的大背景下，是美国国防部对美国军用标准化进行了全面认真的回顾总结、自上而下发动起来的，改革后提倡使用性能规范（Performance Specification），MIL-PRF-38535 由此产生。性能规范仅对所要结果及其符合性的验证准则提出要求，对实现所需结果而采用的技术和方法不进行明确规定。性能规范定义项目的功能要求、项目工作时所处的环境条件以及项目的接口特征和互换特征，不再告诉生产厂怎样生产和试验产品。1995 年，美国防部发布了 SD-15《性能规范指南》，该指南详细描述了性能规范中性能要求的编写要求，针对标准性能规范、指导性规范、工程项目专用规范这三类性能规范，分别给出了编写指导。美国国防部调查小组的调查结果表明,性能规范的实施使得采办成本得到了降低。

3. 新技术验证

随着大规模集成电路制造技术的不断发展,新技术、新材料的不断应用,已有标准不再完全满足可靠性保证的需求,MIL－PRF－38535 提出了"新技术验证(NTI, New Technology Insertion)"要求,明确规定,对于元器件新技术,必须进行验证,生产厂应建立 NTI 程序,对新技术进行确认、管理和跟踪。MIL－PRF－38535 还规定,对于宇航级集成电路,政府空间机构与用户参与鉴定及鉴定确认工作。NTI 的详细要求作为 MIL－PRF－38535 的附录,正在制定过程中,生产厂收集新技术元器件评价与验证的相关资料,并提供给 DSCC,作为制定元器件新技术验证详细要求的技术支撑资料。

4. Class Y 等级的引入

Class Y 是基于陶瓷非密封结构的大规模集成电路,采用此种封装形式大规模集成电路的案例为 Xilinx 公司 V4 和 V5 系列,其典型结构如图 2－2 所示,表 2－1 为宇航应用面临的挑战。美国国防部认为,为了规范此种封装形式大规模集成电路的生产、鉴定及采购,必须纳入 MIL－PRF－38535 进行统一管理。大规模集成电路新质量等级的产生,需要开展大量的基础研究及试验验证工作,政府、生产厂、合同单位,以及其他相关部门必须达成一致。2010年,G12 成立了专门的研究小组(小组名称为 TG 210－01),开展 Class Y 筛选、鉴定要求等相关研究工作;研究的目的是将先进封装技术纳入 QML 管理,并满足宇航应用需求。首先需要确认的问题是,MIL－PRF－38535 和 MIL－STD－883 提出的要求及试验方法,是否满足 Class Y 大规模集成电路的评价、鉴定需求。Class Y 封装涉及的新技术领域包括倒装焊、填充物、黏结材料、柱栅等,已发布的 MIL－PRF－38535 和 MIL－STD－883 尚未覆盖这些技术领域,因此,需要制定新的试验方法,并适当修订已有的试验方法。JC13 成立了专门研究小组,研究对 MIL－STD－883 方法 5004 进行修订。另外,Class Y 器件内部采用了贱金属(BME,Base Metal)电容器,MIL－PRF－38535 中明确了 BME 电容器的筛选、鉴定要求,以及 BME 电容器设计方面的要求。

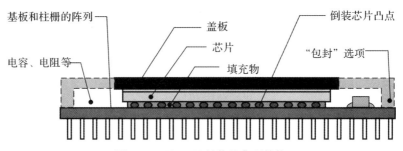

图 2－2　Class Y 封装的典型结构

表 2－1　Class Y 封装宇航应用面临的挑战

宇航应用面临的挑战	相应的一些防护措施
真空	采用低溢气/出气材料,陶瓷与有机材料的差异
冲击和振动	采用兼容/成熟的互连方式:引线键合、焊球、柱、导电胶
热循环	采用兼容/成熟的互连方式及热膨胀系数匹配的有机材料

续　表

宇航应用面临的挑战	相应的一些防护措施
热管理	采用热沉、易导热的材料
千万个互连	工艺控制,焊盘、基板设计
低密度互连	仍旧是挑战
长寿命	设计、材料、元器件和工艺控制
新型硬件系统	试验是重要手段
严酷的试验和检查	可测性和可观察性永远是挑战

Class Y 等级的相关要求已经纳入 MIL－PRF－38535,用户可以从认证合格的生产厂中采购 Class Y 等级的大规模集成电路。2013 年,MIL－PRF－38535 增加了 Class Y 的筛选、工艺表征、工艺鉴定、质量一致性等一系列要求,MIL－PRF－38535 要求,生产厂必须向鉴定机构提交封装完整性验证试验计划,计划必须涵盖封装所涉及的所有结构、材料、工艺,如潜在的材料退化效应、互连可靠性、耐外界应力特性、热管理体系等,封装完整性验证试验计划应由空间委员会批准。

2.2.3　技术展望

针对大规模集成电路宇航应用需求,美国系统开展了大规模集成电路保证技术研究。美国国防部先进研究项目局(DARPA, Defense Advanced Research Projects Agency)联合 NASA,Aerospace 等机构,成立了"高可靠电子产品中心(HiREVC, High Reliability Electronics Virtual Center)",专门开展纳米级大规模集成电路可靠性保证的相关技术研究,其研究内容包括对现有的鉴定方法进行评估,预测未来技术的发展方向,开展大规模集成电路可靠性预计理论研究,开发大规模集成电路可靠性预计模型,确定鉴定前需要开展的理论研究范畴。NASA 为保持大规模集成电路领域的遥遥领先和可靠的供应保障,在大规模集成电路保证技术研究方面开展了卓有成效的工作,在 NASA 安全与任务保证办公室领导下,NEPP,NEPAG 两个组织机构开展了大规模集成电路保证技术研究,制定了一整套发展战略、规划、政策、标准以引导和控制大规模集成电路的持续发展和供应。HiREV,NEPP 和 NEPAG 的研究重点见表 2－2。这 3 个机构的研究领域涵盖了集成电路理论、可靠性及宇航应用的全流程。

表 2－2　HiREV,NEPP 和 NEPAG 的研究重点

机　构	机构领导	机构组成	关注的方面
HiREV	DARPA	国防部微电子系统机构; NASA; AEROSPACE; 美国空间和导弹指挥部; 其他相关机构	大规模集成电路可靠性理论、失效模型、基础技术。主要开展大规模集成电路鉴定前的理论、模型研究

续 表

机　　构	机构领导	机构组成	关注的方面
NEPP	NASA 安全与项目保证办公室	美国政府机构； NASA 下属的中心和实验室； DSCC； ESA、JAXA 等国际宇航机构； 国际认可的专业实验室等	侧重于宇航型号对大规模集成电路的长远需求，其研究重点包括三大方面：大规模集成电路可靠性、辐射效应和封装可靠性，包括大规模集成电路试验和鉴定方法研究
NEPAG			侧重于宇航型号对大规模集成电路的当前需求，以新型大规模集成电路用于宇航的保证方法为主要研究内容之一

　　NEPP 旨在为 NASA 提供有关大规模集成电路宇航安全应用的独立观点，降低在空间环境下使用大规模集成电路的风险，满足 NASA 型号任务的需要；NEPAG 以新型大规模集成电路用于宇航的保证方法为主要研究内容之一，侧重于宇航型号对大规模集成电路的当前需求。NASA 技术成熟度等级如图 2-3 所示，按照图 2-3，NASA 对大规模集成电路成熟度的评价包括 9 个阶段。HiREV 关注于 TRL1-TRL5，负责研究相关理论和模型；NEPP 关注于 TRL4-TRL6，负责研究如何进行"宇航鉴定"；NEPAG 关注于 TRL6-TRL9，负责如何在型号中用好大规模集成电路。可以说，对于大规模集成电路保证技术，HiREV、NEPP 和 NEPAG 互相支撑，共同促进大规模集成电路保证技术的发展；NEPP 和 NEPAG 两者关系如图 2-4 所示。

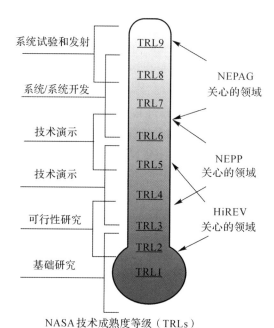

图 2-3　NASA 技术成熟度等级

　　在深入开展研究的基础上，NASA 不断丰富大规模集成电路的"宇航鉴定方法"。随着大规模集成电路技术的不断发展，集成电路的复杂程度不断提高，针对新技术集成电路的空间应用需求，MIL-PRF-38535 重新给出了宇航鉴定的概念。NASA 认为，已有的美国军用标准体系已经不能完全满足集成电路宇航应用的鉴定要求;空间鉴定是非常复杂的工程,至今,尚未有明确、量化关于空间鉴定的概念;同时指出,应慎用"宇航鉴定"一词,采用"针对某一项目鉴定"的说法是比较恰当的。

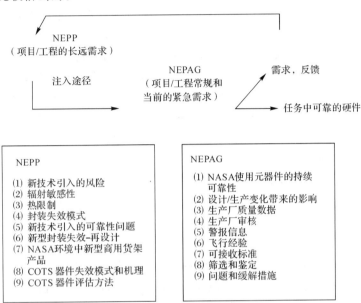

图 2-4 NEPP 和 NEPAG 的关系

NEPP 致力于大规模集成电路基础理论和方法研究,包括新型大规模集成电路、新工艺和新技术研究,涉及大规模集成电路生产厂评价、可靠性、辐射效应等领域,重点开发新型大规模集成电路鉴定方法,发布试验方法和用户指南,开展标准研制和维护。NEPP 研究发布了一系列指南,包括 FPGA 单粒子效应试验指南,Flash 存储器鉴定指南,大规模集成电路所用到的BME 多层瓷介电容器选择、鉴定、检验和降额指南,点负载转换器宇航应用鉴定指南等。NASA 持续开展大规模集成电路保证技术研究,主要研究内容包括 FPGA、存储器等先进工艺器件的辐射效应和可靠性等方面,FPGA 辐射效应重点针对 Xilinx Virtex 5 系列、Xilinx Virtex 7 系列、SoC 嵌入结构 FPGA;存储器方面,包括电阻存储器辐射效应和可靠性、三维叠层封装 Flash 存储器件辐射效应和可靠性研究、DDR3 存储器辐射效应和可靠性研究。随着大规模集成电路技术的不断发展,NEPP 计划持续发布一系列大规模集成电路辐射试验和鉴定指南。NASA 开展了先进商用大规模集成电路宇航应用的评价方法研究,定期开展研讨会进行研讨。NEPP 指出,由于集成电路复杂度大大增加,伴随下一代纳米技术大规模集成电路的研发,应对新技术进行识别,适时纳入军标体系。

2.3 欧洲大规模集成电路保证

2.3.1 欧洲大规模集成电路保证体系

欧洲元器件保证体系由 ESCC(ESCC,European Space Components Coordination)规范体系和欧洲航天标准化合作组织(ECSS,European Cooperation For Space Standardization)标

准体系构成。前者主要用于元器件生产、鉴定;后者主要用于欧洲空间产品保证,其中 Q-60 系列用于空间产品元器件保证。两者互相支撑,共同构成欧洲宇航元器件保证体系。

1. ESCC 体系

ESA 和所属各国家空间局、使用部门,通过欧洲和有代表性的元器件生产厂的努力,为改善高可靠元器件的可获得性、改善和优化欧洲宇航元器件的区域市场、压缩元器件品种,于 2002 年 10 月 8 日在 ESA 总部巴黎成立了"欧洲宇航元器件协调中心",正式成员国有比利时、丹麦、法国、德国、爱尔兰、意大利、荷兰、西班牙、瑞典和英国;非正式成员国有奥地利和挪威;加拿大为观察员国。ESCC 系统的职能是规范、鉴定和获取航天工程所需的元器件。欧洲从事航天的国家很多,通过 ESCC 及其下设的协调委员会,统一了标准体系、统一了元器件的宇航应用要求。ESCC 元器件的文件和规范分为以下 5 个级别,

0 级——ESCC 系统的目标与基本章程;

1 级——组织文件、支撑文件、执行文件;

2 级——基础规范;

3 级——通用规范;

4 级——详细规范。

在 5 个级别中,0 级和 1 级是 ESCC 系统内部的规章和程序,虽其名称已列入 ESCC REP 001 目录,但仅供 ESCC 成员国使用。其他 3 级规范为元器件的控制规范,可用于元器件的质量控制和采购。基础规范规定了适合于所有 ESCC 元器件的试验方法、鉴定方法和一般要求。在基础规范中针对不同元器件的特点又分别制定了若干分基础规范,以达到比较强的针对性和实用性。

ESCC 是欧洲航天局、元器件使用者和元器件生产厂的长期合作伙伴。ESCC 组织结构如图 2-5 所示。

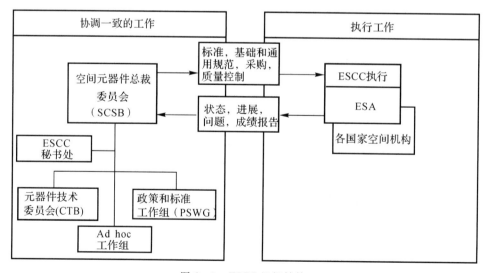

图 2-5 ESCC 组织结构

欧洲宇航元器件标准体系的目的是改善高可靠元器件的可获得性,改善和优化欧洲宇航元器件的区域市场,ESCC 体系的职能是规范、鉴定和获取航天工程所需的元器件。ESCC 不

仅仅是元器件标准体系,更是贯穿元器件需求与确定、生产与供应、保证与应用融合的有机整体。为改善高可靠元器件的可获得性、改善和优化欧洲宇航元器件的区域市场、压缩元器件品种,ESCC 主要组织机构各负其责。

1)空间元器件指导委员会(SCSB,Space Components Steering Board):全面负责 ESCC 的协调任务,制定欧洲航天电气、电子和机电(EEE)元器件的总体战略;

2)元器件技术委员会(CTB,Component Technology Board):识别战略元器件并改善其可获得性;识别和评价先进的工艺技术,预先考虑成为未来空间项目的标准要求;根据元器件技术发展方向及宇航项目应用需求,提出元器件国产化项目,并据此提出元器件评估和鉴定计划,以及对标准的需求;

3)政策和标准工作组(PSWG,Policy and Standards Working Group):对 ESCC 规范体系进行管理,并根据具体应用需求,成立标准编制组,开展标准编制工作。

2. ECSS 体系

ECSS 为确保空间项目在欧洲空间局、其他国家空间局、欧洲工业协会等机构的共同合作下顺利完成,制定了体系完备的针对空间项目特点的一套标准。ECSS 标准化活动涉及空间项目管理、空间产品保证、空间工程 3 个分支,3 条主线清晰,项目管理、产品保证和工程技术并重。ECSS 产品保证标准是 ECSS 标准体系的一个分支,规定了空间项目产品保证活动的管理和实施方面的要求,主要包括产品保证管理、质量保证、可信性、安全性、EEE 元器件、材料和工艺、软件产品保证 7 个专业领域,Q-60 系列元器件保证是产品保证的一个独立分支,支撑欧洲空间产品用元器件的保证工作。

欧洲重视元器件选择控制。采取各种方式,鼓励选择欧洲本土元器件。建立 PCB,开展元器件品种压缩和标准化等工作;采用集中采购和统一采购两种方式,压缩元器件品种;在欧洲优选元器件目录(EPPL,European Preferred Parts List)和 ESCC 鉴定合格目录(EQPL,ESCC Qualified Part List)的基础上,建立项目专用优选目录(PPL,Preferred Parts List)。

欧洲针对元器件信息,建立了欧洲宇航元器件信息交换系统(ESCIES,the European Space Components Information Exchange System),在政府支持下,信息的更新速度快、权威性高,为其宇航用元器件的控制提供了强有力的支持。ESA 还建立了警报信息平台,对 ESCC 系统中出现的不一致问题、元器件生产和使用中的问题进行通报。

ECSS 标准体系结构分为 4 级,0 级文件为整个 ECSS 标准体系的顶层文件,描述 ECSS 体系的方针和目标及文件创建、确认和保持的原则;1 级文件为空间项目管理、空间产品保证、空间工程的顶层文件;ECSS-Q-ST-60 标准是 ECSS 标准体系的 2 级标准,给出了产品保证过程元器件各项活动的要求和作用,是反映宇航型号产品用户方要求的纲领性文件。为了实施 ECSS-Q-ST-60 提出的各个项目,3 级标准规定了一系列具体的要求、方法和程序,以确保元器件保证工作的顺利开展。欧洲宇航产品保证元器件保证相关标准如图 2-6 所示。

"产品保证"是为使人们确信产品达到规定的质量要求,在产品研制、生产全过程,所进行的一系列有计划、有组织的技术和管理活动。欧洲空间产品用元器件保证标准的特点是面向产品,而不是面向组织,ECSS 标准完整并相互关联,ECSS 标准的应用应作为一个整体,而不是单独应用。尽管 Q-60 系列的元器件保证仅包括 EPPL 和维护,ASIC 和 FPGA 研发,混合集成电路采购要求,单片微波集成电路(MMICs)芯片(die)设计、选择、采购和应用,COTS 器件保证,超期再用程序,以及辐射加固保证等 7 个标准,但作为支撑,空间工程分支、可信性保证标准系列中,也发布了与元器件相关的标准,如其 ECSS - E - ST - 10 - 04(空间环境)、ECSS - E - ST - 10 - 12(辐射效应评估),以及 ECSS - Q - ST - 30 - 08C(元器件可靠性数据源及应用),ECSS - Q - ST - 30 - 11C(元器件降额)。另外,以生产、鉴定和获得空间元器件为目标的 ESCC 文件和规范体系,以及被广泛认可的 MIL 试验方法、业界标准,都是欧洲空间产品用元器件保证的支撑性标准。

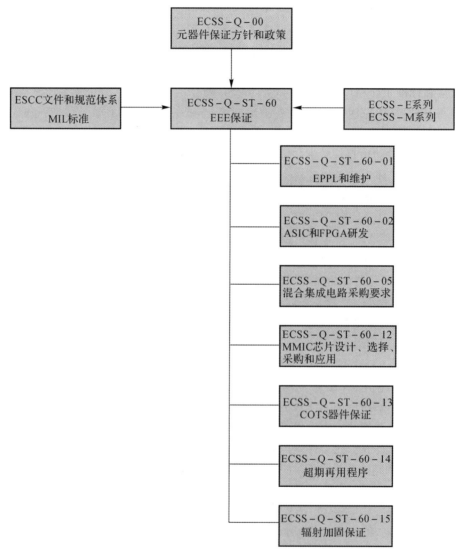

图 2-6 欧洲宇航产品保证元器件保证相关标准

2.3.2 欧洲集成电路保证技术的发展历程

1. 集成电路通用规范的发展历程

大规模集成电路的高可靠性是生产出来的,而不是靠生产后的试验保证出来的。ESCC 规范体系从宇航用户要求出发,重视大规模集成电路生产过程的控制,注重于大规模集成电路的评估、鉴定和工艺技术认证。随着半导体制造和工艺技术的不断发展,大规模集成电路保证的重点从生产后试验逐步转移到对生产过程的控制。ESCC 吸收并采纳了美国 QML 和性能规范的理念,将对大规模集成电路新技术、新工艺的跟踪要求体现到规范中。

(1)宇航元器件 Ad - Hoc 委员会(SCAHC:Space component Ad Hoc committee)的 10 条建议。2002 年 10 月 8 日之前,欧洲元器件标准体系为欧洲宇航局/宇航元器件协调委员会(ESA/SCC,European Space Agency/Space Components Coordination)体系,于 1975 年建立。1994 年,欧洲成立了 SCAHC,由来自 ESA、国家机构、工业界和生产厂的专家组成,其目标是为欧洲各空间机构提供空间用元器件、改善欧洲空间用元器件市场。1996 年,在回顾了欧洲空间元器件的现状以及对未来发展进行了展望之后,根据宇航用户的需求、市场需求和大规模集成电路的发展趋势,SCAHC 对宇航大规模集成电路长期发展进行了规划,并提出了对于欧洲大规模集成电路发展具有重要意义的 10 条建议。

1)维持 ESA/SCC 规范体系有关鉴定、质量控制的要求,但是对于组织机构、运作方式、技术手段和质量保证等方面进行改进,以满足宇航用户不断提高的技术需求,适应市场发展的需要。

2)标准和规范方面,应尽可能体现用户对生产厂的要求,减少用户的直接控制。

3)可能时,欧洲大规模集成电路规范和标准应建立在国际标准的基础上,并向国际标准推进,获得国际标准组织的认可。

4)建立相应的控制体系,以减少大规模集成电路的差异性,以 EPPL 为基础,给欧洲大规模集成电路提供使用参考。

5)建立欧洲大规模集成电路可靠性系统。

6)建立对欧洲所有用户开放的大规模集成电路信息交换系统。

7)在不同的元器件学科,获得业界的认可。包括元器件工程、大规模集成电路辐射强度保证、生产厂审计和检查。

8)对高性能、重要的大规模集成电路提供重点支持(如微处理器、微波器件、高性能 ASIC 等)。

9)与宇航用户、生产厂、商业用户以及有关机构建立全方位的合作关系,使欧洲宇航元器件研究、工艺与市场其他方面保持协调一致。

10)建立永久的元器件总裁委员会,代表所有欧洲空间项目合作者的利益,对市场发展趋势进行监督和跟踪、提供经济支持、对大规模集成电路制造工艺进行研究。

采纳 SCAHC 的第 10 条建议,SCSB 于 1996 年成立,同时成立了下属两个组织:执行组(An Implementation Team)和 CTB,执行组负责处理第 1~7 条建议,CTB 负责处理第 8~9 条建议。这些建议的实施由意大利航天局、法国航天局、德国航天局和 ESA 发起。SCSB 对 ESA/SCC 集成电路通用规范以及相关的基础规范进行了梳理,征求了生产厂、宇航用户的意见,在不影响大规模集成电路质量、可靠性的前提下,提出了修改的方案。目的是通过采纳大规模集成电路新技术、新工艺,减少冗余的、不需要的试验,采用在线筛选、考核,吸取生产厂大规模集成电路批量生产工艺控制技术等方法,通过加强大规模集成电路生产过程的控制,减少最终试验的项目,从而减少大规模集成电路采购费用。主要从以下方面考虑:①缩短大规模集成电路生产周期,精简考核程序;②加强大规模集成电路的可获得性;③吸取新的大规模集成电路可靠性的理论。执行组负责实施以下由 ESA 建立了一定基础的工作:①梳理并更新 ESA/SCC 标准体系;②新的组织体系;③技术内容的更新;④吸收大规模集成电路 QML 理论;⑤吸收美国军用标准性能规范的内容;⑥建立有关塑封集成电路的规范;⑦建立元器件信息交换系统(数据库);⑧建立 EPPL;⑨进行大规模集成电路可靠性研究;⑩负责与 ECSS 的协调。

(2)集成电路通用规范更新的具体技术内容。根据 SCAHC 第 1 条建议中所涉及的更新, ESA/SCC 标准体系的技术和质量保证方法的建议,须通过不同方面实现。因此,需开展的工作涉及以下几方面。

1)评估集成电路通用规范中各项试验的有效性;

2)综合大规模集成电路最新的失效模式;

3)删除多余或不必要的试验与要求;

4)保证大规模集成电路筛选和试验程序更符合标准;

5)尽可能采用在线控制和统计过程控制(SPC,Statistical Process Control)的数据代替成品试验;

6)考虑以 ESA/SCC 规范为基础的可能性。

ESCC 在 ESA/SCC 体系的基础上,将集成电路的质量等级(试验水平)简化成一个等级;改进具有批接收检验(LAT,Lot Acceptance Test)的当前体系;更加注重初始鉴定和生产过程控制;减化对文件的要求,以电子方式储存,更加信赖生产厂的合格证书;确保宇航集成电路的标准和规范能够反映用户对生产厂高质量等级的要求,并减少消费者的直接控制。以欧洲元器件规范和标准为基础,也可以以国际标准为基础,以便获得国际公认。

SCSB 确定了元器件发展的四个主要技术方面:①大规模集成电路;②微波元器件;③高密度封装技术,尤其是混合集成电路、多芯片模块;④光电器件。1997 年 4 月至 1998 年 3 月, SCSB 对影响到大规模集成电路资格鉴定、LAT 和最终产品检验的 24 个关键技术提出了具体的修改建议。概括为,大规模集成电路的合格资格鉴定统一按四个步骤进行:①强化第一步骤(最初评价)的作用;②注重大规模集成电路的老炼试验及测试试验;③重新梳理对大规模集成电路资格鉴定试验的试验项目;④删去 LAT,集成电路鉴定合格资格的维持通过周期试验。

ESCC 规范体系注重宇航用户和元器件生产过程的控制,注重于对生产厂评估、对元器件的鉴定和对技术以及工艺的认证,元器件保证的重点逐步从生产后试验转移到对生产过程的控制。通用规范是大规模集成电路保证的核心,ESCC 9000 是 ESCC 体系中的集成电路通用规范,在 2005 年以来发生了重大变化,体现在以下几方面。

1)非鉴定合格大规模集成电路的采购控制。针对非鉴定合格的大规模集成电路品种越来越多的情况,增加了采购控制要求:明确了鉴定合格产品和非鉴定合格产品采购控制的不同要求。

2)鉴定试验的更改。将鉴定试验和 LAT 进行合并、修正,鉴定合格的大规模集成电路应按规定进行周期性试验。目的是增加鉴定时的要求,减少鉴定后的资格维持要求。

3)增加 MCM(Multichip Module)控制要求。

4)增加陶瓷非密封结构大规模集成电路控制要求。

2.ECSS 体系大规模集成电路保证的发展历程

ECSS - Q - ST - 60 给出了欧洲宇航型号大规模集成电路的保证要求。ECSS - Q - ST - 60 经历了漫长、复杂的形成过程,该标准的基础是 ESA 在 1970 年发布的《ESA 空间系统元器件选择、采购和控制》(ESA PSS - 01 - 60)。1996 年 11 月,ECSS 发布 A 版 ECSS - Q - 60A, 2007 年 7 月发布 B 版 ECSS - Q - 60B;其内容较 A 版作了重大修改。2008 年,ECSS 对其系统内的各类文件进行了系统梳理,将所有的标准版本都设定为 C,于是就有了 ECSS - Q -ST -60C。之后又经过 2 次修订,2013 年 10 月 21 日,发布 ECSS - Q - ST - 60C Rev. 2.

ECSS - Q - 60B 版较 A 版内容作出了重要更改,正如 B 版标准的"前言"所述:"这一版本(ECSS - Q - 60B)相对于前一版本(ECSS - Q - 60A)有重大技术和组织更改"。B 版内容的重要更改主要体现在以下方面:①对元器件进行分级管理,规定不同的标准化要求,体现了元器件管理的优化。这里所说的元器件"级"的概念指是与元器件应用有关的等级分组。②元器件要求的要素变化也是 B 版相对于 A 版更改的一个重要方面。③标准应"以用户为中心",B 版中很多方面都体现了充分面向用户的思想。

ECSS - Q - ST - 60 属于 ECSS 标准体系的 2 级标准,规定了元器件保证"做什么",而"怎么做"则由 3 级标准具体化。3 级标准目前包括 7 个,其中,ECSS - Q - ST - 60 - 13(COTS 元器件保证)、ECSS - Q - ST - 60 - 15(辐射加固保证)是近期正式发布的标准。欧洲标准的制定,尤其是 3 级标准的制定,均由具备实际元器件保证工作经验的人员承担;以 ECSS - Q - ST - 60 - 13 为例,专业元器件保证机构专门从事 COTS 保证的专家负责此标准的编制工作,从 2010 年提出草案以来,两年的时间用于协调各方意见。

大规模集成电路制造技术不断发展,集成电路的特征尺寸进入超深亚微米后,TDDB,HCI,NBTI 和 EM 对集成电路可靠性的影响越来越严重,针对已有鉴定及评价方法不完全满足先进微电子器件可靠性保证要求的问题,ECSS - Q - ST - 60C Rev. 2 规定,对于 90nm 以下的深亚微米大规模集成电路,具体的试验项目,需根据结构分析的结果,并考虑具体应用场合分析确定。

ECSS - Q - ST - 60 规定,应重点控制非鉴定合格的大规模集成电路。对鉴定合格和非鉴定合格大规模集成电路的控制要求不同,体现了重点控制非鉴定合格大规模集成电路的控制思路。ECSS - Q - ST - 60C Rev. 2 版本中,这一思想体现得更明确,对非鉴定合格大规模集成电路的要求进一步细化。对鉴定合格大规模集成电路,可进一步简化要求,可用发布的元器件清单(DCL,Declared Components List)审查的方式替代大规模集成电路采购批准文件(PAD,Parts Approval Document)。

欧洲宇航机构通过以下 7 个方面、34 个要素,实现对大规模集成电路的保证,见表 2 - 3。

表 2 - 3　欧洲大规模集成电路保证的方面和要素

序　号	方　面	要　素
1	大纲管理	(1)明确管理机构; (2)制定控制计划; (3)建立 PCB; (4)发布选用和装机清单
2	选择、评价和批准	(5)生产厂和元器件选择; (6)选择批准; (7)采购控制
3	搬运和储存	(8)预防可能发生的劣化; (9)按要求送用户评审; (10)环境要求与静电防护

续 表

序 号	方 面	要 素
4	采购	(11)采购规范； (12)筛选； (13)初始的用户到源方检验； (14)LAT； (15)最终的用户到源方检验； (16)到货检验； (17)RVT； (18)DPA； (19)超期再用； (20)生产厂数据文件交付
5	质量管理	(21)不合格和失效的处理； (22)信息报警； (23)可追溯性； (24)抽样试验样品的代表性
6	专用大规模集成电路	(25)ASIC； (26)混合集成电路； (27)一次性可编程器件； (28)微波器件
7	涉及的文件	(29)初始的用户到源方检验； (30)LAT； (31)最终的用户到源方检验； (32)到货检验； (33)超期再用； (34)各项补充试验

ECSS 于 2013 年发布了 COTS 器件保证标准,其内容、要求均与 ECSS-Q-ST-60 Rev.2 保持一致,给出了 3 个级别的保证要求,分别与 ECSS-Q-ST-60 Rev.2 规定的 3 个级别对应。保证方面采取的措施同样包括并行工程、元器件品种标准化、元器件"表征"、元器件制造厂评价(包括元器件和工艺流程评估)、试验(筛选、LAT 和周期检验等)、不合格材料控制、已有数据的评估和使用、对可靠性数据不足元器件的特别关注,以及信息管理。

集成电路抗辐射保证体系健全,抗辐射保证作为集成电路保证的一个关键环节,元器件保证工程师与单机和系统设计师沟通确定集成电路抗辐射保证措施,针对单机完成抗辐射保证分析工作、针对拟选用的集成电路制定保证计划,确定集成电路辐射试验的具体要求;元器件保证工程师与设计部门、分析部门和采购部门一起确定元器件抗辐射能力需求,开展集成电路选择、辐射试验条件的确定和数据分析、最坏情况分析、故障模式及影响分析(FMEA,Failure Modes and Effects Analysis)等工作;综合考虑试验需求与试验成本,确定辐射试验的周期。

欧洲型号抗辐射保证主要包括系统级要求和运作、系统与分系统的电路设计,以及航天型号设计。辐射保证的过程一般包括辐射环境的计算、任务需求、辐射环境模型与辐射效应的定义。ECSS - Q - ST - 60 - 15 规定,对于混合集成电路,要求其内部芯片根据其辐射效应进行辐射试验。

2.3.3　技术展望

欧洲大规模集成电路保证的重点是评估和鉴定。ESCC 9000 规定凡用于宇航的大规模集成电路,在鉴定前必须进行评估试验。大规模集成电路评估试验的目的是采用最经济有效的方法、以最具有说服力的试验数据,确定大规模集成电路的失效模式和失效机理,并确定大规模集成电路鉴定试验的项目和试验条件,大规模集成电路评估是元器件鉴定前必经的步骤。大规模集成电路评估试验项目一般包括步进应力试验、辐射评估试验、结构分析、高温反偏试验、加速电应力耐久性试验、扩展的老炼试验、针对封装的试验等;根据大规模集成电路的不同工艺类型,确定大规模集成电路评估的具体试验项目。在大规模集成电路试验方法方面,欧洲除了大量直接引用 MIL - STD - 883 方法的同时,又致力于自己的研究,发布自己的试验方法标准,如电离总剂量试验方法、单粒子试验方法、外观检查试验方法、X 射线检查试验方法等;从 ESCC 逐年发布的标准清单可以发现,欧洲在这方面的标准不断增多。ESCC 9000 主要面向宇航元器件用户,给出了大规模集成电路鉴定合格和非鉴定合格两类元器件的采购控制要求,包括采购的流程、过程控制、筛选试验、鉴定和周期试验等要求,规定了大规模集成电路交付用户的通用要求。ESCC 2269000 给出了大规模集成电路的评估要求。

随着大规模集成电路技术的不断发展,大规模集成电路保证技术持续发展。欧洲利用大规模集成电路技术改变欧洲电子产品技术现状,开展了一系列大规模集成电路技术研究。建立了欧洲宇航技术平台,包括 18 个成员国、欧洲宇航工业、宇航机构、研究实验室和大学等,目的是建立坚实、非依赖性宇航技术平台,大规模集成电路保证技术是规划的重要领域。欧洲 9 国组成了 ESiP(Efficient System in Package)组织,该组织旨在研究可用于空间应用的高效大规模集成电路技术,以满足欧洲宇航活动需求;ESiP 通过联合欧洲知名的公司、高校以及研究机构,统一开展系统级封装大规模集成电路的开发、应用、可靠性分析、FA 以及测试等工作。ESA 作为欧洲宇航元器件自主发展的责任主体,提出"欧洲元器件自主计划"(ECI,Europe Component Initiate),该计划涉及多引脚高密度封装技术、深亚微米抗辐照单元库开发、SoC 等多项大规模集成电路关键技术;ESA 在 2008—2014 年的航天技术发展路线图中规划了 IP 核心库和 SoC 的研发。为了上述各项技术能够成功应用,ESA 持续开展大规模集成电路保证技术研究工作,包括新型大规模集成电路评估和鉴定技术、成熟度验证技术、失效模式和失效机理研究,定期召开国际会议研讨,取得了一定的成果。如 ST 公司 65nm CMOS 技术研制的 ASIC,其鉴定过程重点针对 HCI 和 NBTI 失效机理开展,开发了系统应用可靠性设计方法,针对复杂的制造过程,开展了设计评价方法研究,拟通过研究建立相应的流程和方法。

2.4　中国大规模集成电路保证

2.4.1　中国大规模集成电路保证体系

根据航天型号发展需求和元器件供应状况,国内宇航机构建立并不断完善宇航用户方的元器件保证体系,实行以型号总体为核心的分级管理,制定了一系列管理办法、标准、订货技术条件、选用目录、供方目录。结合国内研制水平,分别建立了满足自身需求的标准体系。目前国内航天工程空间元器件采购规范(简称 CAST 采购规范)给出了需要适用于不同空间项目和使用部位的 3 个质量等级的空间元器件要求,值得特别关注。分别成立了元器件可靠性专家组,对重点型号、重大问题的分析、处理提供技术咨询。各自建立了元器件可靠性保证分中心,主要承担监制验收、复验筛选、FA 等保证工作;采用补充筛选、DPA、质量问题归零、信息通报、元器件专题评审等技术和管理方法保证装机元器件质量与可靠性。

国家发布了《半导体集成电路通用规范》(GJB 597)、《合格制造厂认证用半导体集成电路通用规范》(GJB 7400)。这些规范给出了军用集成电路的通用要求,规定了承制方生产应具备的基本条件和对产品生产的要求,包括质量保证、鉴定、总则、认证、辐射强度保证、静电放电敏感度等级、已鉴定产品的更改、筛选、质量一致性检验、晶圆批验收、可追溯性、设计与结构、标志、工作质量等方面。

我国统一的宇航元器件标准体系正在建设过程中。经过对国外宇航元器件标准体系的调研,国内宇航机构总结了我国宇航元器件标准的经验,提出了建设我国宇航元器件标准体系的总体方案及体系框架。总体方案中的宇航元器件标准体系框架如图 2-7 所示。

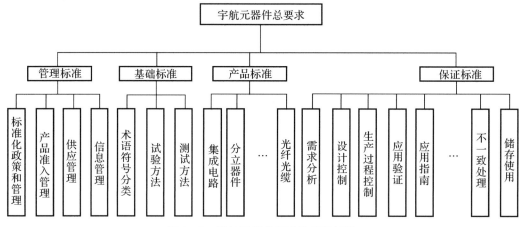

图 2-7 宇航元器件标准体系框架图

航天科技集团发布的《宇航用半导体集成电路通用规范》以及下属总体单位发布的《航天器用半导体集成电路通用规范》,面向宇航用户,给出了一致的集成电路控制要求。针对不用应用需求,规定了 3 个质量等级,质量等级代表了元器件全部质量保证的最终状态,包括宇航要求、用户方补充的工作等,规定按宇航要求进行生产线认证和维持,强调生产过程控制是元器件可靠性的重要保障,要求建立过程确认文件(PID,Process Identification Document),固化生产过程;提出了生产线认证和资格维持,用户方认定,设计,禁用工艺,结构分析,承制方外协控制,信息交换与失效报警,外购原材料控制,可追溯性和使用方监制验收等控制要求。针对大规模集成电路,提出了结构分析、极限评估以及针对宇航环境的应用验证要求。

2.4.2 中国集成电路保证的发展历程

1.DFH-3 技术条件

从 DFH-2A 开始,我国卫星的研制已从试验阶段进入实用阶段,要求卫星具有高可靠、多功能等实用的性能和可靠性,对所用集成电路提出了相应的要求。1985 年,在"三定"(定品种、定厂家、定技术条件)要求的基础上,实施了元器件的"五统一"(统一标准、统一订货、统一监制和验收、统一筛选、统一发放)质量管理,保证了卫星用元器件的固有可靠性和使用可靠性。

设计寿命长达 8 年的东方红三号(DFH－3)通信卫星对集成电路的可靠性以及抗辐射能力提出了更高的要求,"加严七专"技术条件生产的集成电路已不能满足 DFH－3 的要求。因此建立了 DFH－3 技术条件,明确了部分集成电路抗电离总剂量能力要求,同时还提出了补充筛选的要求。

2. DFH－4 技术条件

1996 年 3 月,为了满足载人航天工程高可靠要求,载人飞船研制单位与军工电子行业签订了"9610 技术协议",在 DFH－3 技术条件基础上,附加了 100％ PIND 筛选试验和验收时抽样进行芯片剪切力试验的要求。

1996 年以后长寿命(15 年)、大容量的东方红四号(DFH－4)卫星开始研制,对元器件提出了更为严酷的质量要求。"DFH－3 技术条件＋9610 技术协议"已不能完全满足载人飞船工程和 DFH－4 卫星需求。因此,2001 年发布了《东方红四号卫星用元器件技术条件》(简称 DFH－4 技术条件)。DFH－4 技术条件对集成电路全面提出了抗电离总剂量辐射试验要求,规定所有元器件均应进行 DPA,集成电路 DPA 还增加了残余气体分析和扫描电子显微镜(SEM,Scanning Electron Microscope)分析等项目。

3. 空间级元器件采购规范

2006 年,根据航天器对元器件的使用要求,考虑航天器的可靠性、寿命、安全性要求的不同,国内宇航行业开始系统性进行采购规范体系的建设,形成了 CAST 采购规范,其质量等级分为 3 个,从高到低依次是 CAST A 级、CAST B 级和 CAST C 级。

CAST 采购规范中元器件质量保证等级主要由三个部分构成,即生产厂现有经过认证的产品基础质量等级要求(如国军标要求)、在生产厂执行的宇航附加的技术要求(如监制、验收、DPA、附加的试验等),以及到货后用户的到货检验和补充筛选等附加工作。产品主要依托国军标合格产品平台,并且满足宇航 10 个附加要求。这 10 个附加要求分别是:①禁用、限用材料和工艺控制;②元器件结构分析;③元器件认定试验控制;④元器件生产基线控制;⑤元器件生产及产品状态控制;⑥重要材料、零件及其生产厂控制;⑦元器件生产过程中的控制(监制、验收);⑧试验项目和应力一致性;⑨生产厂认证、认定维持;⑩元器件可追溯性、信息交换和失效报警等要求。CAST 采购规范最大限度利用贯彻国军标成果,积极采用国军标产品,将国军标鉴定和列入 QPL 及 QML 作为高等级元器件的重要基础,成为 CAST B 的重要条件是通过国军标鉴定达到国军标 B 级,混合电路必须达到国军标 H 级等。

4. 应用验证要求的提出

2008 年,国内提出了新研制元器件开展应用验证的要求,"成品元器件的空间级验证工作,一般应经过元器件、整机、飞行 3 个阶段 9 个步骤"。系统开展了应用验证技术研究,取得了一定的成果,初步建立了一套元器件应用验证技术体系;针对新型大规模集成电路,开展了一系列验证工作,取得了一定成效。

5. 评估及应用验证标准的发布

2012 年,航天科技集团公司发布了一系列评估和应用验证标准,为规范大规模集成电路评估、应用验证奠定了基础。典型标准见表 2 - 4。

表 2 - 4　典型评估和应用验证标准

序　号	标准名称
1	宇航元器件应用验证综合评价要求
2	宇航元器件应用验证指标体系构建要求
3	宇航元器件应用验证流程建立指南
4	宇航元器件应用验证通用要求指南
5	宇航元器件元器件阶段应用验证通用要求
6	宇航元器件地面整机阶段应用验证通用要求
7	宇航元器件飞行阶段应用验证通用要求
8	宇航元器件结构分析管理要求
9	宇航元器件结构分析通用指南
10	宇航用信号处理器件结构分析方法
11	宇航用 54AC 系列电路结构分析方法
12	宇航用电荷耦合器件(CCD)结构分析方法
13	宇航元器件极限评估试验指南
14	宇航元器件力学环境适应性评价指南
15	宇航元器件热环境适应性评价指南
16	宇航元器件空间辐射环境适应性评价指南

6. 国产大规模集成电路评估和应用验证

北斗卫星导航工程作为国家 16 个重大专项工程之一,是国防建设重要基础设施,"关键元器件自主可控"是北斗卫星导航工程的重要要求。为了确保国产化元器件的研制质量,减少型号应用风险,2013 年,国内针对国产化元器件,结合型号的具体应用要求,系统开展了评估和应用验证工作。通过应用验证工程的开展,提升了一系列新型大规模集成电路的设计、制造成熟度,推动了国内大规模集成电路研制和保证技术的不断发展。

2.4.3　技术展望

国内宇航机构实施了以"五统一"管理为主的全过程控制,2014 年对其内容更新为①统一需求规划;统一制定关键元器件需求总体规划,加强型号配套元器件需求论证,统筹规划航天型号配套元器件新品需求,统一元器件标准体系。②统一评价认定。强调生产厂管理及准入管理,评价认定工作由元器件质量保证机构统一开展。③统一选用管理。指定元器件选用管理机构,统一元器件选用控制依据,提高型号元器件选用评审的有效性。④统一组织采购。按照统一的要求制定元器件需求计划,实施元器件采购计划管理、型号通用元器件协同采购、配套元器件的调剂等措施。⑤统一质量保证。统一开展元器件监制、验收、质量问题处理等质量保证工作。

随着集成电路技术的不断发展,集成电路采购规范处于不断完善的过程中。首先,需求从狭义的采购规范向包括通用规范、基础技术规范、管理规范以及采购具体要求的广义采购规范体系转化,改变采购规范依赖于生产厂详细规范的被动控制方式,在研制前向生产厂提出明确的生产和保证要求,包括元器件工艺结构、试验要求;其次,结合集成电路的设计、工艺和具体应用需求,形成不同元器件类型的参数指标体系,并形成适合不同应用等级的保证要求。

国内各型号总体院成立了专门的研究机构,开展新型大规模集成电路宇航应用保证技术研究。研究领域涉及宇航鉴定、评估、抗辐射能力评估、应用验证等技术领域;以及商用大规模集成电路宇航应用的保证方法。通过研究,逐步形成了一套技术体系,并不断完善。

2.5　对比分析

国内外宇航集成电路质量和可靠性要求在完整的组织保障体系中得到落实,这一体系涉及的保证机构大体上可分为3层,一是高层政策决策机构,二是执行机构,三是提供技术服务的专业机构。高层政策决策机构由政府和军方的相关部门组成,其主要职责是制定质量与可靠性管理政策,统一大规模集成电路生产、选择、评价和应用验证、使用及FA的全过程可靠性指标要求。执行机构包括项目承制方、项目管理部门、生产厂,这三方之间是相互合作的关系,并且在统一的控制要求体系下开展各项工作。提供技术服务的专业机构有多种隶属关系,有直接隶属于政府或军方的,也有隶属于项目承制方的,还有独立的实验室。

NASA、欧洲与中国大规模集成电路保证的主要要求对比见表2-5。从表中可见,我国对元器件的质量保证控制采取的措施与NASA、欧洲较为一致,由于控制的对象以及技术水平的不同,虽然从标准上看差距不大,但实际效果却有较大差距。

表 2-5　NASA、欧洲和中国大规模集成电路保证主要要求对比

保证环节	保证要求		
	NASA	欧　洲	中　国
大规模集成电路保证总体要求	制定保证大纲和控制计划,建立 PCB,对大规模集成电路选择、生产厂管理、保证实施的全过程进行监督和管理	施行大纲管理,明确管理机构,制定控制计划,建立 PCB,通过 7 个方面、34 个要素实现大规模集成电路的控制	制定型号元器件保证大纲,建立元 PCB,关键大规模集成电路要求实现自主可控,实施"五统一管理"
鉴定	两种鉴定方式:QML、QPL。按照 MIL-PRF-38535 的规定进行鉴定试验	针对集成电路生产规模和生产基础,有 3 种鉴定方式:集成电路品种鉴定、生产线鉴定和能力认可鉴定。近期提出针对工艺能力认可的鉴定方式	采用 QPL、QML 两种方式。按照 GJB 597、GJB 7400 以及宇航要求,进行鉴定试验
应用验证	宇航机构与生产厂联合开展	宇航机构与生产厂联合开展	宇航机构主导开展

续 表

保证环节		保证要求		
		NASA	欧 洲	中 国
用户方装机电路保证	监制	对目录外集成电路进行关键控制点监督,一般为封帽前镜检	对非鉴定合格集成电路进行监制,一般为封帽前镜检	对集成电路进行关键控制点监督,一般为封帽前镜检
	验收	按照元器件控制计划进行验收;应用等级为1级的集成电路,每批进行DPA;应用等级为2级的集成电路,按类进行DPA	要求进行验收,包括资料审查、外观检查,必要时进行抽样电参数测试和DPA、辐射验证试验(RVT, Radiation Verification Testing)	要求进行验收,包括资料审查、外观检查,测试,必要时进行抽样电参数测试和DPA,RVT
	补充筛选	质量等级不满足要求的集成电路,按规定进行相关试验	按ESCC规范规定在生产厂进行筛选,不要求进行补充筛选	按照型号元器件保证大纲的规定进行补充筛选
	DPA	DPA作为验收检验的组成部分,或列为鉴定的项目	到货检验或超期复验时,按要求进行DPA	到货检验或超期复验时,按要求进行DPA
商用大规模集成电路		专门的机构开展研究,对拟选用的商用大规模集成电路进行风险评估	欧洲技术平台、欧洲宇航企业开展研究,对拟选用的商用大规模集成电路进行风险评估	质量保证机构开展研究,对拟选用的商用大规模集成电路进行风险评估

2.6 本章小结

大规模集成电路技术飞速发展,宇航型号对大规模集成电路可靠性要求越来越高,对大规模集成电路保证技术提出了新的挑战。本章分别介绍了美国、欧洲以及中国宇航大规模集成电路保证的现状,保证体系、保证技术的发展历程,并在对各国大规模集成电路保证技术进行对比分析的基础上,提出了大规模集成电路保证技术的发展方向。

第3章 宇航大规模集成电路保证技术体系

3.1 大规模集成电路保证的内涵

宇航大规模集成电路一般包括新研制产品和可直接采购产品。新研制产品指按照用户或市场需求研制的产品,一般包括通用和定制集成电路;电路的研制过程复杂,涉及电路系统功能设计、前端逻辑功能设计、后端版图设计、芯片制造、封装和试验等多个环节,同时还须考虑可测性设计、抗辐射加固设计等方面;每个研制环节出现问题都会影响电路可靠性;新研制大规模集成电路通常缺少应用经历,宇航型号应用应考虑可靠性数据不足带来的风险;尤其是定制集成电路,由于设计与研制和用户需求密切相关,研制过程涉及用户需求的确认、设计过程管理、设计功能验证等方面工作,还需要针对定制集成电路实现的过程进行保证。可直接采购产品一般为货架产品,由于电路结构和功能复杂,通过常规的保证手段难以全面评价电路本身的可靠性和宇航应用适用性。总体而言,宇航大规模集成电路具有功能复杂、高风险性等突出特点,并有高可靠、高质量、小子样研制及"一次成功"等特殊要求,导致大规模集成电路具有极高的复杂性。

大规模集成电路的复杂性对保证工作提出了新的要求和挑战,传统的通过筛选试验方式淘汰有缺陷产品的做法已经无法满足质量、进度和经济等方面的综合要求。大规模集成电路保证的工作重点,已经从通过可靠性和筛选试验控制大规模集成电路最终质量状态的方式,逐步向加强大规模集成电路生产工艺过程控制、加强可靠性设计和功能设计协同、兼顾考虑工艺能力和功能设计等方面发展。

大规模集成电路保证是对其在全寿命周期以及特定环境条件下可靠性指标及其成本进行综合权衡,据此采取多种试验技术和评价手段,在电路设计、材料选择、工艺过程控制、设计确认与验证、可靠性试验、应用验证以及装机使用等环节进行保证,使大规模集成电路的可靠性得到全面保证,最终获得满足宇航应用要求的大规模集成电路。

大规模集成电路保证涉及内容多,层次关系错综复杂,影响因素多,有诸多不确定因素,具有明显的大规模复杂系统性,是在元器件鉴定、应用验证、抗辐射能力评估、可靠性分析等专业技术的基础上,形成的一种系统性技术。在大规模集成电路保证过程中,需要应用可靠性物理学、应用信息学、控制学、运筹学等多种基础科学。在系统论的基础科学层面,宇航大规模集成电路保证属于开放式复杂系统学。大规模集成电路保证主要是解决大规模集成电路的整体应用问题,最终落脚点为实现工程应用。

3.2 保证的主要内容

大规模集成电路从需求提出到最终实现宇航工程应用的全寿命周期过程,一般要经历需求分析与提出、设计、芯片制造、封装、试验和应用等阶段。大规模集成电路保证工作应贯穿于整个过程之中,与电路的实现过程密不可分,包括过程保证、鉴定、应用验证和装机产品保证,其中过程保证主要针对定制集成电路。此外,为了确保保证工作顺利实施,整个保证工作应按照项目管理模式开展。

3.2.1 过程保证

过程保证注重于生产最终产品的过程,过程保证活动贯穿产品整个生命周期,包括产品方案、设计、实施、运行和维护。过程保证将检测、记录、评估、批准、跟踪和解决与已批准计划的偏差,对于每一个生命周期阶段,过程保证要确保计划按预期执行,每个阶段产品的正确性和完整性。宇航型号电子设备复杂度的不断提高,对于集成电路功能及性能的要求也不断提高,高集成度、高复杂度、高性能、低功耗、小型化已经成为了集成电路发展的必然趋势。通过实施过程保证,确保定制集成电路满足宇航型号需求。

3.2.2 鉴定

鉴定是按照相关标准规定的各项要求,对产品进行全面检验,以评定电路是否符合要求,确定设计、制造和试验基本原理的正确性,并给出预期的工作寿命预计。鉴定包括电路生产线的认证、评估和确认以及代表品种的鉴定试验。通过生产线认证,对电路整个工艺流程进行认证,考虑工艺基线范围和能力覆盖性,确立工艺基线和基线产品。鉴定试验对电路满足规范的实际能力以及可靠性水平进行评价,是鉴定的重要内容。传统的鉴定试验一般按照相关标准的规定执行。采用新技术的大规模集成电路鉴定试验,在鉴定试验开展前,应首先进行电路特性的表征或评估试验;除了标准规定的项目外,鉴定试验还应包括与失效机制相关的针对性试验。鉴定试验项目的确定,应基于其特定的失效模式和失效机理。通过对集成电路一系列的表征或评估试验,研究新技术大规模集成电路的失效模式和失效机理,确定合适的鉴定试验条件;集成电路的特性、工艺、设计、封装等必须被表征后,才可以进入鉴定阶段。表征或评估除了对集成电路功能、性能特性进行定义和描述外,还应针对集成电路的设计、工艺、试验等技术过程,逐一量化给出其技术实现的细节。鉴定方法需要深入掌握集成电路的失效机理,对设计、生产、应用和试验过程相关的数据进行详细分析,同时借助于深入的理论分析,并结合应用需求确定。宇航大规模集成电路的鉴定,在传统鉴定定义的基础上,扩充了针对大规模集成电路技术特点的表征或评估、验证和确认要求,以及宇航适用性的鉴定要求。

3.2.3 应用验证

应用验证是指对元器件在宇航工程应用前开展的一系列试验、分析、评估和综合评价等工作。应用验证的主要内容包括对大规模集成电路设计、材料及工艺等固有特性进行分析,结合航天型号实际应用的电、热、力及空间辐射等应力条件,建立应用验证评价指标;依据评价指标进行验证项目设计,开展系统匹配性、鲁棒性和适应性验证,获取电路的应用特性及相关数据;将影响电路宇航应用的隐含的特性和能力,进行系统归纳;结合应用要求和历史经验,对电路的应用适应性和应用可靠性进行定量和定性相结合的分析评价,为工程型号选用提供技术支撑。

3.2.4　装机产品保证

装机产品保证是对鉴定合格且满足应用要求,准备装机应用的大规模集成电路开展的一系列相对固定和明确的试验,主要包括监制、验收、到货检验、补充筛选和使用控制等工作。

监制与验收是指大规模集成电路使用方质量代表到大规模集成电路生产厂,根据采购合同规定的品种及技术条件,对制造中的大规模集成电路进行质量检验、控制和对提交的完成生产的合格品进行验收,并了解生产厂的质量管理情况。监制工作应由使用单位或其委托的专业元器件质量保证机构按照技术条件和管理要求进行。监制内容至少包括:了解生产厂当时的生产线;了解产品技术、工艺状态是否有变更、对在制品进行工序或重要试验监制;了解产品生产全过程质量控制情况。验收由使用单位或其委托的专业元器件质量保证机构按照技术条件和管理要求进行;验收是核实产品与生产厂所签订的采购合同一致,并掌握提交验收大规模集成电路生产全过程的质量管理和控制情况。

到货检验是由元器件保证机构对到货的大规模集成电路开展资料审查、外观检查、功能测试等工作,重点检查大规模集成电路与要求的符合性。

补充筛选指当大规模集成电路承制方进行的筛选不能满足航天应用要求时,由使用方或其委托单位在大规模集成电路承制方筛选基础之上进行的筛选,是对大规模集成电路承制方筛选工作的补充和验证。

使用控制指从应用角度对电路应用给出合理性指导,包括电路降额设计、冗余设计、热设计以及空间环境防护设计等。使用控制的目的在于通过鉴定、应用验证等明示电路的功能性能、可靠性特征后,采用系统电路设计手段,避免激发电路的固有失效模式,保证电路长期可靠工作。

3.2.5　过程保证、鉴定、应用验证以及装机产品保证的关系

鉴定、应用验证以及装机产品保证是大规模集成电路保证的重要组成部分;对于定制集成电路,还应针对其研制过程开展过程保证。对于针对宇航应用新研制的大规模集成电路,其完整的鉴定过程包括了与宇航应用需求相关的保证内容,一般无须单独开展应用验证工作;必要时,可对鉴定的项目和结果进行分析后,确定应用验证的必要性以及应用验证项目,最终通过装机产品保证后实现工程应用。对于可直接采购的产品,应在鉴定的基础之上,适当补充应用验证工作;由于电路的设计和制造信息一般难以获取,需要合理设计鉴定项目,并补充开展应用验证工作,完成装机产品保证后可实现工程应用。两类大规模集成电路保证工作内容的差别主要体现在鉴定和应用验证项目的设计方面,而造成这个差别的主要原因在于大规模集成电路的设计、制造和试验等可靠性信息是否可为用户所明确知悉。

应用验证的核心目的在于确定电路的应用条件边界,给出详细应用条件,指导用户正确、合理应用。对于一款新研制的大规模集成电路而言,通过开展鉴定,结合用户需求对电路的设计、工艺和性能进行了详尽的表征与验证,给出了电路详尽的应用条件边界,工程应用前可不开展应用验证工作。而对于从市场直接采购的大规模集成电路,其原始需求、内部设计、实现工艺以及制造过程等与应用息息相关的重要信息均不可获取,导致电路应用阶段经常出现与实际应用的力学、热学环境以及电应力不匹配等影响上机使用的问题。从市场直接采购的大规模集成电路在工程应用前须通过开展应用验证工作,提前发现可能存在与应用不匹配等产

品规范未能明示的一些隐性问题,完善和解决电路宇航工程应用问题。

鉴定和应用验证是对电路材料、设计、工艺和应用边界等开展的工作,是对电路满足宇航应用能力的评价与认可。装机产品保证是在完成鉴定和应用验证、确认电路状态满足宇航型号要求之后,针对电路明示的各项指标进行的考核,是针对具体电路通过试验手段剔除早期失效的技术手段。

3.3 保证的流程与结果评价

3.3.1 保证流程的建立

1.保证流程的确定

流程是指事物在发展和进行过程中,多个过程次序或顺序的布置和安排。宇航大规模集成电路保证过程涉及设计、芯片制造、封装、测试验证等多道环节,保证项目包括鉴定、应用验证以及装机产品保证等,须对整个保证过程各个环节进行合理的规划,建立费效比最佳的保证流程。

大规模集成电路保证的最终目标是实现其在宇航型号中的应用,因此保证流程和宇航型号研制流程、大规模集成电路研制流程密不可分。保证流程是一种与不同功能的独立流程有切入、反馈关系的关联结构。保证工作不是一项孤立的工作,而是与元器件研制流程和宇航型号研制流程关联进行的,3个相关流程也需要保证工作的反馈结果来对其是否进行下一步工作提供参考依据。

大规模集成电路保证流程是一种具有关联结构和时间离散性的特殊流程,保证的工期受到相关流程的制约并被其分割为具有不同起始时间的流程。大规模集成电路保证流程是一种基本确定的流程;在保证流程中,某些工作项目的实施因大规模集成电路和其应用环境以及保证过程不同而具有不确定性。大规模集成电路保证工作内容的剪裁原则如图 3-1 所示。宇航用大规模集成电路,至少应针对三方面内容进行保证:①首先,通过对电路设计、功能性能、可靠性等评价,确保大规模集成电路本身满足应用要求;②其次,结合具体应用环境,通过板级和系统级实际应用的方式,确保电路应用于单机产品中仍满足应用要求;③在飞行过程中,通过对在轨飞行环境、工作状态的监测,确保电路在轨飞行环境下的可靠应用。

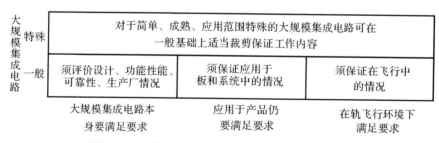

大规模集成电路	特殊	对于简单、成熟、应用范围特殊的大规模集成电路可在一般基础上适当裁剪保证工作内容		
	一般	须评价设计、功能性能、可靠性、生产厂情况	须保证应用于板和系统中的情况	须保证在飞行中的情况
		大规模集成电路本身要满足要求	应用于产品仍要满足要求	在轨飞行环境下满足要求

图 3-1 大规模集成电路保证工作内容的裁剪原则

确定工作内容后,将保证工作内容框架细化和具体化,并落实到保证工作项目,即工作分解。之后,通过分析它们之间的先后和关联关系、所需的资源等,确定各个保证工作项目之间的先后顺序和关联关系。

2. 保证流程逻辑结构建立过程

(1)大规模集成电路保证关联流程逻辑结构的建立。大规模集成电路保证流程,主要涉及宇航型号研制流程和元器件研制流程。大规模集成电路保证流程一般建立过程如图 3-2 所示。

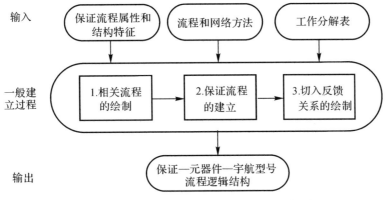

图 3-2　保证—元器件—宇航型号流程一般建立过程

1)相关流程逻辑结构图的建立。根据宇航型号研制、元器件研制和保证流程工作分解,确定宇航型号研制流程、元器件研制流程及保证流程的工作项目及逻辑关系,同时须注意这三个相关流程之间也存在关联关系。

2)切入与反馈。大规模集成电路保证流程与宇航型号研制和元器件研制这两个相关流程的切入反馈关系会影响保证流程的顺利进行。因此,建立正确清晰的切入反馈关系,能使建立的流程更符合实际工作。

(2)大规模集成电路保证详细流程逻辑结构建立。关联流程反映了大规模集成电路保证的外部总体结构,在实际的大规模集成电路保证工作中,还需要进一步描述和展开大规模集成电路保证自身的内部结构。依据大规模集成电路保证各个项目的工作分解,建立大规模集成电路保证的详细流程逻辑结构,便于保证工作的实施。

3. 保证流程的优化与调整

大规模集成电路保证工作实施的时间会直接影响到相关流程的进度,所以必须在关联流程网络图中基于用户满意的导向,尽量保证型号研制用户的工期不因大规模集成电路保证时间而拖延。同时,大规模集成电路保证所用的样品可能受到元器件研制单位的限制,所以应在确保全面保证和效率的同时,尽量节约样品等资源。

(1)面向用户工期的流程调整。面向用户工期的保证流程优化,是为了确保大规模集成电路的保证流程不影响宇航型号研制流程的进度而提出。

在流程网络图中,采用关键路径法计算项目流程工期和关键线路,得出关键工作项目。为保证宇航型号研制流程不受大规模集成电路保证流程的影响,即关联流程的关键线路中不包含大规模集成电路保证工作项目,调整前,必须分析关联流程关键线路。若经分析关联流程的关键线路中不包含保证工作项目,则说明目前的流程已经不影响用户工期,不需要进行面向用户工期的大规模集成电路保证流程调整。如分析得出关键线路中含有保证工作项目,则要通过缩短保证工作项目的工时进行优化。缩短工时后要重新计算关联流程关键线路,再次分析关键线路中是否仍然包含保证工作项目;若包含,则须继续调整,直至不再包含保证工作项目或不可再调整为止。面向用户工期的流程调整过程如图 3-3 所示。

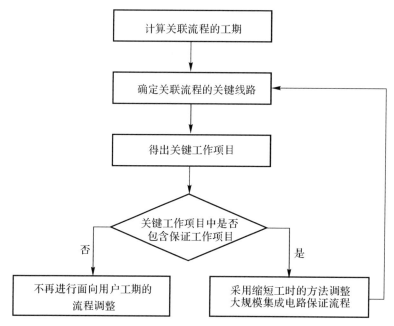

图 3-3 面向用户工期的流程调整过程

（2）考虑样品的大规模集成电路保证流程调整。考虑样品节约优化调整的基本思路是以保证大规模集成电路保证质量为前提,尽量重复利用未破坏的样品。调整的主要方法:

1）对于破坏性的验证工作项目或子验证工作项目,其样品不能重复利用,所以这样的项目无论串联还是并联都不能节约样品,此时优先考虑并联,以节省工期。

2）对于并行的非破坏性的验证项目,可改为串行进行以节约样品。

3）分析并行的保证工作项目。某些重要工作项目的保证结果一旦出现问题,后面的保证工作项目将延迟展开,所以可提前完成这些重要保证工作项目。这样就可在保证过程中及时纠正错误,达到节约资源,提高保证效率目的。

形成具体的优化方法后,为了使优化过程更合理有效,可以将优化方法合理利用和组合。

4. 保证流程的特点

针对确定的保证项目,设计大规模集成电路保证的流程,解决电路保证工作项目如何有序开展的基本问题。大规模集成电路保证流程主要有以下特点。

（1）大规模集成电路保证流程是一种与宇航型号研制、大规模集成电路研制两个相关流程有切入、反馈关系的关联结构。因此制定大规模集成电路保证流程时,应分别考虑保证与相关流程的关联流程和大规模集成电路保证自身的详细流程。

（2）大规模集成电路保证的流程具有时间离散和基本确定的属性,因此大规模集成电路保证流程的描述可以采用网络图形式,并且可基于网络计划中的关键路径法对其进行优化计算和调整。

（3）大规模集成电路保证流程的优化调整主要包括两方面:面向用户工期的流程优化调整和考虑样品的流程优化调整,具体调整可在计算基础上定量给出或与定性分析结合给出。

（4）在进行流程优化时，除了考虑工期和样品两种因素，还应考虑是否有其他影响因素，如风险、资金、管理能力等。

3.3.2　保证结果的评价

大规模集成电路保证需要从电路的设计、芯片制造、封装、筛选和应用等多个过程进行全方位保证，其保证结果的评价涉及从电路的生产要素评价（设计能力评价、制造工艺评价、过程控制要素评价）、电路要素评价（功能性能评价、可靠性评级以及应用适应性评价）两个维度进行评价。在每个维度之下，还涉及大量的子项目，如结构分析、设计可靠性验证、极限评估、抗辐射能力评估、封装可靠性评估等内容。在对电路保证的结果进行评价时，应首先建立生产要素和电路要素两个维度的指标体系，再根据用户应用要求以及电路的特点，进一步细化给出更为详细的指标体系和权重，最终针对保证流程、指标、权重、判据等进行评价，给出保证结论。

大规模集成电路保证工作具有多阶段、多层次、多领域等特性，针对保证结果应采用综合评价方法进行评价。大规模集成电路保证综合评价属于典型的复杂系统评价问题。硬系统工程方法和软系统工程方法结合应用于元器件保证综合评价模型与方法中，使定量方法和专家的作用均得到充分运用，以完成以下工作：首先，根据宇航元器件保证综合评价特点，在系统工程方法论指导下，确定适用性评价方法的遴选原则，以此来确定适用的宇航元器件保证综合评价方法；其次，基于所选用的适用性综合评价方法，根据实际需要，构建宇航元器件保证综合评价模型，并设计相应的保证流程；最后，根据所构建模型与保证流程，开展综合评价给出评价结论。

3.4　保证技术体系

3.4.1　保证技术体系概念

大规模集成电路保证技术体系是以保证宇航大规模集成电路满足用户宇航应用为目的，对过程保证、鉴定、应用验证和装机产品保证等各个过程中所涉及的技术进行梳理，根据集成电路技术发展趋势进行预测，以得到需要发展的技术集合，并将该技术集合组织成为由横向若干技术领域、纵向若干层次组成的树形结构。

3.4.2　保证技术体系内容

大规模集成电路保证技术体系分为 3 层，如图 3 - 4 所示，第一层技术领域层，主要包括过程保证、鉴定、应用验证和装机产品保证 4 个技术领域；第二层为技术方向层，主要包括鉴定试验、可靠性分析等多个技术方向；第三层为技术层，是支撑整个大规模集成电路保证的技术基础，主要包括需求评估技术、工艺基线鉴定技术、抗辐射能力评估技术、封装可靠性评价技术、失效分析技术、结构分析技术等多项专业技术，以上 3 层技术结构构成大规模集成电路保证技术体系的全部。为了确保各类专业技术可以有效地发挥作用，根据用户需求，可以对保证技术体系中的各类技术层进行合理排序、优化组合，按照项目管理的要求，以一定的方法和流程，通过综合评价最终给出大规模集成电路保证的最终结论。

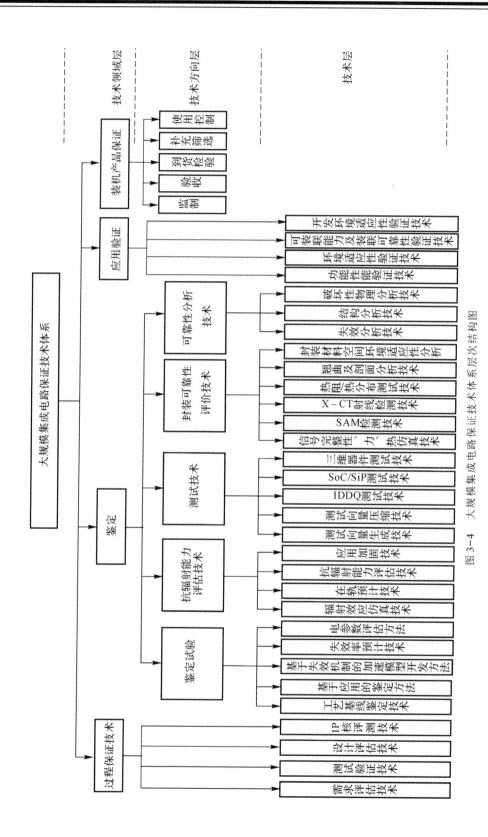

图 3-4 大规模集成电路保证技术体系层次结构图

3.4.3　保证技术体系的特点

宇航大规模集成电路保证技术体系具有下述特点。

(1)前瞻性。在现有大规模集成电路保证技术基础上继承创新,并吸收借鉴国外未来大规模集成电路技术发展规划,以创新驱动发展的战略眼光,给出面向未来的宇航大规模集成电路保证体系框架。

(2)系统性。宇航大规模集成电路保证是一项系统工程,任何不可替代的短板将导致保证技术无法体现出整体能力。因此,为牵引未来宇航大规模集成电路保证技术全面发展,须站在总体高度,注重技术体系的系统性,确保体系框架"横向"足够广,"纵向"足够深,从宏观的技术领域到微观的技术等不同层面的信息在体系框架中能够清晰体现。

(3)层次性。在层次性方面,采取分层结构,包括技术领域层、技术方向层和技术层。技术领域、方向等体系框架的顶层宜相对固化、稳定,体现技术规划的继承性和技术发展的延续性;技术层在不同时期可适当调整,体现不同阶段的技术发展侧重点及技术成熟度的变化。

(4)关联性。在技术体系框架构建过程中,应注重各技术单元的联系,形成有机结合、相互关联的整体。同时,也要保证各技术单元的相对独立性和可区分性,尽量减少重复和交叉。

(5)可扩展性。宇航大规模集成电路保证体系由具有内在联系的一系列相关技术构成,它是一个从低级到高级,从不完善到完善,不断演进、上升和发展的复杂技术体系。

3.5　本 章 小 结

本章重点介绍了过程保证、鉴定、应用验证和装机产品保证 4 个大规模集成电路保证的主要内容,给出了保证流程建立和保证结果评价的一般原则与方法。在此基础之上,介绍了宇航大规模集成电路保证技术体系的概念及主要内容和特点。

第4章 定制集成电路过程保证

4.1 概 述

质量保证指"为增强项目或产品符合既定技术要求的概率,所采取的所有有计划的系统性活动",质量保证可以分解成两个主要领域:产品保证和过程保证。产品保证涉及确保最终产品符合其规范的一系列活动,通常通过全面的测试和试验完成;理想情况下,还包括验证需求是否正确、设计是否符合要求,以及产品是否体现了设计思想。

定制集成电路针对专门应用设计和制造,允许用户在单一封装内或单一芯片上,集成多种元器件或多种功能,以满足特定需求;也包括针对特定应用的 FPGA 等可编程器件编程后的器件状态。一般情况下,定制集成电路可能包含多种复杂器件功能,如可编程逻辑器件;如果带有 SoC 及计算机外设,便可以视作一个片上系统器件。定制集成电路与通用集成电路不同,其主要特点:①定制集成电路根据具体需求确定电路功能,相对通用集成电路,具有相对较小的占用空间、较轻的重量、可能较强的抗辐射能力。定制集成电路实现过程的可变因素较多,如设计方法、工艺尺寸、封装方式等;②大规模定制集成电路功能先进、结构复杂,涉及多方面新技术、新材料和新工艺,这些因素引入了新的失效机理和失效模式。针对新的失效机理、失效模式的可靠性保证方法需要深入研究后建立,研制成熟度与应用成熟度需要充分验证;③定制集成电路研发过程复杂,涉及需求提出、设计、芯片制造、封装、测试验证等多个环节,研发过程可能涉及多个单位,需全流程控制质量与可靠性;④定制集成电路研发工具不同于传统的电子系统,通常情况下,复杂器件设计具有系统设计和芯片设计密切相关,软件设计和硬件设计并行开展的特殊性;设计方法的改变,导致可靠性不易保证。

定制集成电路复杂度的不断提高,给设计带来了巨大挑战,同时也引入了一些新的问题,例如需求遗漏、设计难于管理、验证不全面等,仅靠传统的试验和管理等手段不能满足宇航高可靠性应用需求,其潜在的设计错误与缺陷有可能为宇航系统带来不可估量的损失与安全威胁。过程保证作为一种支持性保证过程,存在于定制集成电路整个生命周期,应针对实现的过程进行保证,以确保定制集成电路能够完全发挥其预期效果。

4.2 国内外现状

4.2.1 定制集成电路在宇航领域的应用

宇航型号发展的方向之一是整机小型化、高性能、低功耗、低成本。如果将宇航应用设计成熟的电子线路转化成定制集成电路,应用于宇航型号研制生产,能够降低宇航型号重量,同时具有降低整机成本的可能;在确保定制集成电路可靠性的情况下,可增加整机的可靠性。定制集成电路的优点是完全针对特定功能设计,基本不存在多余资源、结构紧凑、实现特定功能的速度快、功耗低,针对宇航应用来说,还有助于电路抗辐射能力的提高。缺点是电路模型必须准确,一旦进入芯片制造阶段便不易再修改,修改会给研制进度和经费投入带来严重影响。定制集成电路的这种不可迭代特征,常用术语“一次性工程(NRE,Non-Recurring Engineering)”表征。随着深亚微米工艺技术的发展,定制集成电路规模越来越大,与此同时,设计、验证、芯片制造、封装和测试的经费需求以及定制集成电路固有的 NRE 特征对器件成功率带来的风险也越来越大。

美国已经建立了抗辐射加固定制集成电路相对成熟的研发平台,为其宇航电子设备技术小型化发展创造了良好条件,高功能度、具有通用性的星载电子设备已成为成熟产品供宇航型号选用。对提高电路速度和降低体积重量的性能需求、对数模混合功能集成的需求、对特殊功能器件重复使用的需求,以及某项技术发展对特殊专用电路的需求等,都是 NASA 采用定制集成电路技术的驱动力。美国宇航技术中涉及通信技术和多媒体信息处理的软件无线电、数据压缩、星上数据处理和宇航型号轻小型化等技术,在用 FPGA 完成原理演示验证后,一般情况下,最终采用抗辐射加固的定制集成电路。

欧洲非常重视借助定制集成电路技术发展宇航电子产品的小型化,对于下一代通信卫星,定制集成电路被列入关键技术。欧洲通过各种方式,加紧定制集成电路技术攻关,建立了“空间关键技术自主研发紧急攻关”计划,包括混合信号 ASIC 研发技术,宇航用 IP 核研发、验证和确认技术,65nm 抗辐射加固单元库及深亚微米定制集成电路的研发等项目;通过这些项目的实施,为欧洲宇航型号获得高性能 ASIC 提供基础。欧洲元器件创新计划,也列入了 ASIC 研发相关技术。

我国宇航型号采用定制集成电路的驱动力主要有两个方面。一个方面是小型化需求,通过系统功能需求直接提出定制集成电路要求,包括功能、尺寸、可靠性、抗辐射能力;选择定型产品电子线路中适用范围广、具有通用性特征的电路模型,采用定制集成电路技术实现电路的小型化集成,既有助于提高产品成熟度、提高产品质量和研制效率,也有助于降低型号研制成本。另一个方面是抗辐射能力需求;目前国内部分宇航型号选用了 FPGA,为有效缓解空间辐射效应的影响,在 FPGA 上完成电路功能原理演示验证后,通过单元级和系统级的辐射加固设计,采用定制集成电路的方式实现相应的电路功能,提高电路的抗辐射能力。近年来,宇航型号对定制集成电路的需求呈现明显上升趋势;国内已具备一定的抗辐射加固定制集成电路研制能力,主流产品的技术路线同国外耐辐射定制集成电路研制路线类似,采用抗辐射加固单元库与成熟的商用加工线结合的方式,电路抗辐射能力接近国外抗辐射产品水平。

4.2.2　国内外保证现状

NASA、ESA 等欧美知名宇航机构的定制集成电路管理部门,侧重于需求提出和研制过程保证控制。NASA 规定了定制集成电路的保证流程,包括 ASIC 管理(ASIC management)、ASIC 生产厂评估(ASIC Manufacture Evaluation),ASIC 设计和 ASIC 接收(ASIC part acceptance)。针对 4 个主要环节,给出了定制集成电路的保证要求,分别为:①强调采用项目管理的方式进行定制集成电路管理,管理内容包括定制集成电路需求分析和确认、研制可行性分析、需求定义编制以及功能设计;②对定制集成电路生产厂进行全面评估,包括设计、芯片制造、封装与试验等;③通过全面的确认和验证,保证定制集成电路设计的正确性;④以满足需求为用户接收的重要判据。ESA 发布了一系列标准,对定制集成电路的设计流程以及针对宇航应用的可靠性设计要求进行了规定；ECSS 发布了 ECSS-Q-ST-60-02C《定制集成电路和FPGA 研发》，作为欧洲各宇航机构管理和技术的依据性文件，将定制集成电路项目分为研发、验证和确认 3 个主要阶段，从计划管理、工程实践和质量保证三方面对定制集成电路研制过程提出了控制要求，针对需求确认和落实、研制可行性和风险评估、设计过程各阶段工作内容等各方面提出了具体要求；特别要求在研制过程中持续形成各类文档，只有通过审查、评审确认产品该阶段文档的正确性后，才可转入下一阶段工作，从而提高了定制集成电路研发过程的可观测性，有助于避免不必要的迭代和反复。国内某卫星研制单位，发布了《定制集成电路保证要求》标准，将定制集成电路保证分为研制保证、鉴定、应用验证和装机产品保证四个方面，研制保证针对需求提出和确认、设计验证等研发过程进行保证。

DO-254 标准《机载电子硬件设计保证指南》（等同于欧洲 EUROCAEED-80 标准）作为复杂电子硬件研发的指导性文件，已被国内外航天、航空系统广泛认可。DO-254 标准对硬件设计生命周期各阶段的目标、开展的设计保证活动以及产生的设计数据进行了详尽的阐述，将硬件设计过程分为需求获取、概要设计、前端逻辑设计、实现与产品转换过程，详细定义了支持过程，包括确认过程、验证过程、配置管理、过程保证，保证了硬件设计生命周期输出结果的正确可控。NASA 已明确 FPGA 等大规模集成电路的研发将 DO-254 作为依据之一，并在此基础上发布了《复杂电子器件过程保证》，对定制集成电路、FPGA 等复杂器件的需求、设计、试验验证等过程提出了明确的保证要求。

NASA 对定制集成电路项目管理、生产厂评估、设计和用户接收的全过程提出了明确的控制要求，同时强调系统实际应用作为用户接收的重要环节。欧洲重点针对用户需求提出和确认落实、设计和生产过程控制等方面进行控制。国内针对定制集成电路特点，提出了针对研制过程的保证要求。

分析可以得出，国内外针对定制集成电路的保证，均采用了面向需求、设计、实现及测试验证的过程保证技术。

4.3 定制集成电路研发和保证

4.3.1 定制集成电路研发

定制集成电路研发和所有系统、子系统的研发一样，都是从确定电路需求开始的。定制集成电路的需求是由所在的系统、使用的环境和安全关键度驱动的，其设计过程既要考虑电路的性能和约束，例如电路规模、功耗，还要考虑设计时如何利用和满足这些性能和约束。研发过程如图 4-1 所示，主要的活动包括以下七个方面。

1. 需求过程

需求过程作为定制集成电路设计的开始，在考虑系统需求、元件和工具约束以及时间进度要求的情况下，定义定制集成电路的功能和性能，确定和记录定制集成电路的需求并形成文件。该过程是一个迭代的过程，需求应具有文档化和可追溯特性，其目的是确保需求与设计、系统需求和软件需求的一致性。

2. 结构设计

该过程定义系统架构，在模块级对定制集成电路结构进行定义并进行验证，创建实现定制大规模集成电路需求的高层设计方案,设计方案可表示为功能框图、设计与体系结构说明、草图或行为化硬件描述语言(HDL,Hardware Description Language)。

3.前端逻辑设计

该过程开展前端逻辑设计,完成系统的电路方案和电路网表,利用抗辐射加固标准单元库,把硬件的行为描述转换为电路结构,对电路进行可测性和可靠性设计,最终输出电路的门级网表和时序约束文件;采用仿真验证设计是否正确,以及是否满足需求和性能目标;进行形式验证,验证逻辑综合后的电路网表和寄存器转换级(RTL,Register Transfer Level)代码描述的电路结构是否一致。

4.后端版图设计

该过程开展物理版图设计和验证,把电路及连线转换成集成电路制造所需要的版图信息,最终输出供芯片制造使用的版图文件。后端版图设计主要包括底层规划、功耗分析、信号完整性分析和寄生参数提取等内容。

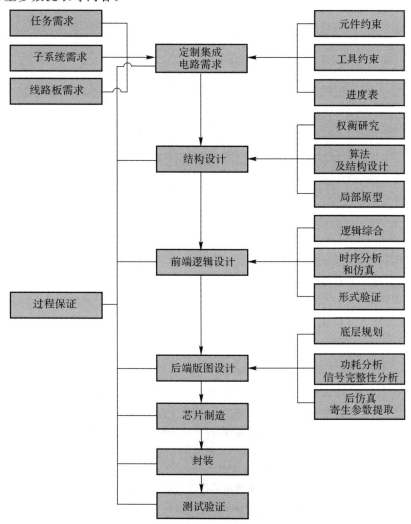

图 4-1　定制集成电路研发过程

5.芯片制造

芯片生产厂进行加工。

6.封装

封装是指用来给内部芯片提供电气连接和环境保护的部件,是芯片制造完成后不可缺少的一道工序,是器件到系统的桥梁。封装工作内容包括封装设计和实施,封装设计主要包括外形设计、系统协同设计、电设计、热设计、热-力设计及工艺选择;封装实施是根据封装设计方案实现具体的封装。

7.测试验证

该过程需要对定制集成电路进行一系列的功能和参数测试、原型验证和评估,以验证电路设计、生产或编程的正确性以及不存在影响电路可靠性的自身缺陷或工具引入的缺陷,进行测试验证的严酷等级取决于电路的关键程度。

4.3.2 定制集成电路保证

完整的定制集成电路保证,包括过程保证、鉴定、应用验证、装机产品保证四方面,保证相关工作内容见表4-1。

表4-1 完整的定制集成电路保证内容

定制集成电路保证的方面	保证的内容
过程保证	对需求建立、研发单位选择、研发要求分析、设计、芯片制造、封装、测试和验证等过程进行质量控制
鉴定	对定制集成电路进行评估,确定器件失效模式和失效机理,确定筛选、鉴定试验的项目、条件,并进行鉴定试验
应用验证	针对用户的具体应用条件,开展板级或系统级验证
装机产品保证	采购规范编制、监制、验收、补充筛选、DPA及使用控制等环节

定制集成电路研发过程涉及的单位一般包括元器件主管部门、定制集成电路提出和使用单位、宇航型号管理部门、元器件质量保证机构和定制集成电路研发单位,定制集成电路研发涉及的单位及主要职责见表4-2,完整的定制集成电路保证过程形成的文件见表4-3。

表4-2 定制集成电路研发涉及的单位及主要职责

单 位	职 责
元器件主管部门	(1)对定制集成电路的需求分析、研发、应用验证和装机产品保证实施统一管理; (2)组织开展研发管理、应用验证和装机产品保证工作; (3)组织、协调和处理定制集成电路研发、应用验证和装机产品保证过程中出现的重大质量和进度问题; (4)组织对定制集成电路设计、封装等关键环节进行质量控制; (5)定制集成电路在元器件选用目录的准入和动态管理工作

续 表

单 位	职 责
提出和使用单位	(1)定制集成电路研发要求的提出、功能设计,配合研发单位开展设计验证工作; (2)定制集成电路功能的确认工作; (3)提出选择定制集成电路的其他申请(如目录外报批申请等;必要时提出新品报批申请); (4)参加定制集成电路应用验证工作,包括抗辐射能力评估试验、地面应用验证试验等工作
宇航型号管理部门	(1)提出定制集成电路的顶层要求; (2)提出本型号特殊选择要求; (3)审查定制集成电路技术指标、功能定义以及其他要求; (4)负责对使用单位提出的定制集成电路需求和计划进行确认
元器件质量保证机构	(1)对定制集成电路需求分析、研发、应用验证、装机产品保证等过程的管理提供必要的技术支持; (2)组织实施定制集成电路过程保证、鉴定、应用验证和装机产品保证工作
定制集成电路研发单位	(1)需求落实; (2)定制集成电路功能设计及设计验证; (3)制定定制集成电路研发计划,并对定制集成电路项目实施风险评估; (4)定制集成电路研发; (5)参加定制集成电路的应用验证工作; (6)编写定制集成电路数据手册、详细规范和应用指南

表 4-3 定制集成电路保证过程形成的文件

保证的方面	工作内容		文 件	责任单位
过程保证	计划过程		研发计划	研发单位
			保证计划	元器件质量保证机构、研发单位
	需求过程	选用必要性论证	选用必要性论证报告	提出和使用单位
		需求提出	功能定义报告	
			功能设计报告	
			电路验证报告	
			需求定义	提出和使用单位或研发单位
		需求确认	需求确认报告	元器件质量保证机构
		研发单位选择	研发单位资格审查报告或相关文件	
		研制要求分析	可行性分析和风险评估报告	研发单位
			研发计划	

续 表

保证的方面	工作内容		文 件	责任单位
过程保证	设计过程	结构设计	结构定义、结构验证相关报告	研发单位
			初始数据手册	
			功能设计评估报告	元器件质量保证机构
		前端逻辑设计	设计输入、网表生成和网表验证相关报告	研发单位
			更新数据手册	
			前端逻辑设计评估报告	元器件质量保证机构
		后端版图设计	布局布线生成及验证相关报告	研发单位
			更新数据手册	
			详细规范初稿	
			后端版图设计评估报告	元器件质量保证机构
	封装过程	封装设计评估	封装设计方案	研发单位
			封装设计评估报告	元器件质量保证机构
		测试验证过程	测试报告	研发单位
			抗辐射能力评估试验报告(必要时)	元器件质量保证机构
			结构分析报告(必要时)	
			原型验证报告	研发单位
			设计确认验证方案	研发单位
			设计确认验证报告	
			最终数据手册	
			最终详细规范	
鉴定	评估		评估方案	研发单位
			电参数评估报告	
			测试覆盖性分析报告	
			评估试验报告	
			结构分析报告	元器件质量保证机构
			抗辐射能力评估试验报告	
	鉴定试验		鉴定大纲及报告	国家授权机构或元器件质量保证机构
应用验证			应用验证方案	元器件质量保证机构
			应用验证报告	
			应用指南	研发单位

续表

保证的方面	工作内容	文　件	责任单位
装机产品保证	监制、验收、补充筛选、DPA及使用控制等	采购规范编制、监制、验收、DPA等报告	元器件质量保证机构

4.4　定制集成电路过程保证

定制集成电路研发的生命周期通常分为计划、需求、结构设计、前端逻辑设计、后端版图设计、芯片制造、封装和测试验证等过程,各过程均须进行验证和确认、评审等过程保证手段,确定该过程满足了预期目标,能够进入下一研发过程。保证活动应与各阶段研发工作与计划以及实施相匹配;这里分别介绍各个过程需要开展的保证活动。

4.4.1　计划过程

定制集成电路的研发属于高技术行业,包括确定需求、设计、制造、封装和试验等一系列环节,流程复杂,质量控制关键点多,研发制造风险高,技术人员高度专业化,团队内部需要精密协作,质量管理有着众多的独特之处,难度较大。制定和执行一整套科学有效的研发和保证规划,对保障定制集成电路研发工作的顺利开展尤为重要。

1.制定研发计划

定制集成电路研发单位应制定研发计划。通过定义定制集成电路研发涉及的主要活动、外部接口控制、设计流程、设计资源(设备、软件、人员)、职责、输出、进度安排、里程碑、设计审查等,促进研发顺利进行。研发计划包含以下项目。

1)定制集成电路命名及其基本功能;

2)设计参考文件,如内部和外部标准、程序或编码指南;

3)研发单位及职责分配;

4)抗辐射加固和可测性设计方法;

5)外协单位以及原材料生产厂的技术和管理接口;

6)工具平台和版本,包括制造或研发专用工具;

7)应对每种设计工具进行描述;

8)设计流程,包括结构设计、综合、仿真和验证,布局布线产生和验证,产品测试和确认;

9)配置管理系统识别;

10)验证和确认项目识别;

11)研发任务的分解;

12)研发的具体计划,包括每个子任务的预期结果和周期,里程碑和审查节点;应对输出结果、是否可交付、研发期间的所有文件、仿真和测试结果、测试板、测试样品、源程序,以及设计优化测量进行描述和识别。

2.制定保证计划

定制集成电路的设计、研发过程不尽相同。很多因素都对确定采取什么样的保证项目有重要影响,如功能的安全性、任务的关键度以及系统、接口和设计的复杂度等。用于关键任务、包括大量输入和输出接口、复杂设计的高风险定制集成电路项目,需要进行更多的保证项目,如分析和审核等,确保尽早识别出问题。

定制集成电路研发过程,需要对宇航型号需求进行分解并将需求分配到系统,系统按照型号总体需求和安全性目标确定构架,并根据系统架构,将需求分配到定制集成电路及相关的软件、硬件;根据系统安全性评估过程的输出确定不同功能的设计保证等级。定制集成电路过程保证,需要根据保证等级,对需求提出和确认、设计、封装、试验验证等过程,进行过程保证。

定制集成电路的复杂度和保证等级对所需开展保证项目的规划存在直接影响。高复杂性系统或关键任务用定制集成电路要求进行全面保证,以确保接口定义的正确性、需求分析的全面性以及设计过程选定工具的正确性。接口简单且功能定义明确的定制集成电路,需要的保证项目及相应的规划可能少很多。参照 NASA《复杂电子器件过程保证》,定制集成电路的保证等级可分为高、中、低,见表 4-4,当定制集成电路满足准则中的任一项定义时,即被划分为当前等级。可根据不同的保证等级,确定相应的保证项目。

表 4-4 定制集成电路的保证等级

保证等级	准　则
高	(1)执行安全性的关键功能; (2)执行任务关键功能,且为单点失效部位; (3)设计具有高复杂度; (4)下面的一个或多个因素使设计可能具有高风险: 1)需求不确定; 2)设计和制造存在技术隐患,如功耗、设计规模、时序、封装或工作频率; 3)高度创新和未尝试过的设计方法; 4)十分紧迫的时间表; 5)缺乏经验的设计团队
中	(1)执行任务关键功能,但采取了冗余设计; (2)设计具有中等复杂度; (3)下面的一个或多个因素使设计可能具有中度风险: 1)某些需求未定义或易变; 2)有所创新,采取了未尝试过的设计方法; 3)较紧迫的时间表; 4)设计团队中,部分设计人员缺乏设计经验
低	不属于以上两类,划分为低等级

元器件质量保证机构、定制集成电路研发单位分别制定保证计划并进行协调和确认,同时经过元器件主管部门、定制集成电路提出和使用单位、宇航型号管理部门的认可。定制集成电路保证计划,描述在整个定制集成电路研发生命周期,应对其开展的活动和分析工作。保证活动与研发活动协调一致,用于对定制集成电路研发的过程及质量进行评审、评估以及分析。计划应确定整个定制集成电路研发生命周期应执行的保证活动,通过执行这些活动,确保最终提交产品的质量,并满足所有的需求。

过程保证的主要方法见表 4-5。

表 4-5　过程保证的主要方法

方　法	保证内容
文档审查	对文档、设计或硬件描述代码的逐一审查。审查时,应关注标识、版本和更改信息是否完整,评审情况以及受控情况
评审	对研发过程某个阶段的完整检查,通常可采用检查单方式。应关注工作内容与需求、设计、验证等标准文件的一致性,工作进度安排与计划的一致性
审核	通过检查过程记录文件,确定产品与项目计划和程序的符合程度
分析	当需要评估系统某个方面、项目产品或变更带来的影响时,需要进行分析。对于定制大规模集成电路,特定的分析取决于器件、关键等级、安全性影响、生命周期阶段以及其他因素。分析可以简单到仅对文档进行审查,或复杂到须进行计算机仿真。分析所采用的方法和结果应备案
评估	对产品满足需求、验收活动有效性进行确认

4.4.2　验证与确认

验证(verification)通过客观证据,证实已经满足规定的需求。验证以需求为基础,通过验证检查并确认研发过程各阶段工作未偏离原始需求;验证尽可能以分阶段方式,在每个生命周期阶段结束时执行。提出定制大规模集成电路的需求后,应对需求的正确性、完整性以及与较高层次需求的一致性进行验证;还可以在不同的详细程度上,验证设计是否体现了定制大规模集成电路的需求;对于已编程的器件,可以通过测试验证需求已正确实现。随着大规模集成电路设计和制造工艺的飞速发展,验证面临着巨大的挑战,如验证方法和工具与不断增大的设计规模不匹配导致状态空间剧增,验证周期增长使验证成为设计流程的瓶颈,从 RTL 到门级网表的内部信号随之增加、信号的层次深度越来越大,导致调试更加困难。验证是需要回归的过程,当验证发现存在问题或需要完善时,修改后需要重新进行回归验证;当需求或设计发生更改时,应根据需求、设计、验证等之间的追踪矩阵,进行影响分析,并确定需要重新验证的范围、内容,进行重新验证。对于功能仿真的需求覆盖率应达到 100%,对未覆盖的需求应进行分析;门级仿真的运行时间较长,一般只进行典型测试用例的仿真,结合分析方法提供未覆盖部分的符合证据;对于时序仿真,由于仿真运行时间过长,进行典型测试用例的后仿真,采用分析方法提供未覆盖部分的符合证据。

确认(validation)通过客观证据,证实系统可以完成其预期功能。确认是在验证好的基础上,确认预期的使用和应用要求是否得到满足;进行确认时,应用的条件应大于输入时确定的范围,由用户确定预期功能以及这些功能实现的程度。

定制集成电路研发过程,应进行相应的验证与确认(V&V,Verification and Validation),需要进行的 V&V 活动见表 4-6。

表 4 - 6　研发过程需要进行的 V&V 活动

阶　　段	验证活动
需求过程	对需求进行评价
结构设计	对照需求进行设计评估,借助硬件平台进行代码仿真,验证功能的正确性
前端逻辑设计	对设计师使用的测试平台和仿真结果进行评估和验证,包括门级电路的功能仿真、设计评审、设计评估
后端版图设计	对设计转变成芯片布局的设计过程进行评估,包括时序仿真、静态时序分析、故障注入测试等
测试验证	器件功能和时序测试、子系统和系统测试、安全性验证
过程验证	对研发过程进行的一系列审核

4.4.3　需求过程

1. 选用必要性论证

航天型号应优先选用有可靠性数据或有宇航型号使用经历的通用元器件,当通用元器件不满足型号需求时,方可考虑采用定制集成电路解决方案并经过充分论证。凡型号需用定制集成电路时,应按规定提出定制集成电路研发申请论证并经批准。定制集成电路在通过质量保证机构的应用验证,完成规定的保证工作,合格后方能在型号正样产品上使用。

定制集成电路选用时应考虑的技术因素:

1)项目要求(例如质量等级、元器件方针、制造和交付进度以及预算、数量);

2)设计要求(例如元器件品种、外壳、尺寸、材料、功能、性能);

3)生产要求(例如封装、热和储存条件、元器件安装工艺);

4)运行要求(例如电、力学、辐射、可靠性、装配和寿命)。

定制集成电路提出和使用单位进行定制集成电路选用方案的必要性论证,并经过宇航型号管理部门审查。定制集成电路选用的必要性论证包括以下内容。

1)定制集成电路选用的必要性分析;

2)选用定制集成电路拟解决的问题;

3)选用定制集成电路的风险评估;

4)定制集成电路选用的可行性论证。

2. 需求提出

定制集成电路的需求源于系统和子系统的功能需求、安全性、选定的体系结构施加的约束、所用的技术和工具、电路将来的运行环境、制造或电路(如 FPGA)编程的过程。对于许多宇航系统,安全性是需求的重要源头。安全性需求可以从系统需求,分解到定制集成电路,或在需求分解的每一层直接调用。定制集成电路需求提出的过程基本相同,主要步骤如下:

(1)分析型号单机产品的系统结构、功能、性能需求、工作环境、实际的外部接口时序、可靠性和安全性要求、抗辐射能力要求等,将系统、子系统需求分配给定制集成电路。需求往往由多个子系统实现,因此,这个过程不是简单重复高层次需求的过程。为明确定制集成电路的具体需求,应对需求进行分解。

（2）评估定制集成电路的安全性、可靠性、可维护性及隐含的类似需求。分析目标系统对定制集成电路的具体需求。例如，定制集成电路需要满足的平均无故障时间需求，具有的总体安全性需求，拟实现的功能、接口、功耗、性能、降额、工作条件、测试覆盖性、可靠性和安全性等。分析系统分配给定制集成电路产品功能的合理性，避免由于不合理的功能复杂度所引起的不恰当设计。

（3）考虑系统和子系统的体系结构，为定制集成电路推导各种必要的需求，考虑选用的元器件、标准、程序以及工艺过程对需求的影响。例如，某个定制集成电路的制造过程可能会对设计方案有所约束，这些约束应包括在导出的需求中。还有，子系统之间的通信方式，可能对使用此通信方式的定制集成电路产生特定的需求。

（4）考虑定制集成电路出现故障和异常时，对系统其他部分的影响；反之，还应考虑系统其他部分的失效对定制集成电路的影响。应在考虑以下方面的基础上，进行 FMEA。

1）定制集成电路的异常情况由电路本身处理，还是由高一层的组件处理；

2）哪些异常或故障可以忽略（即不用采取措施）；

3）如果电路异常或失效，对系统安全性的影响；

4）系统的其他部分出现哪些故障或失效情况会对电路有影响，影响的严重性以及电路应采取的措施。

（5）确定定制集成电路与系统其他部分的全部接口，规定信号电平和时序要求，规定数据格式和协议。

（6）考虑环境约束，如辐射、热环境和任务持续时间。系统是否需要有应对单粒子翻转和电离总剂量辐射的缓解策略；如果需要，则定制集成电路在此策略中所起到的作用，还应考虑定制集成电路的功耗预算指标。

（7）考虑各种可测试性要求，定制集成电路将如何满足这些要求。确定测试系统能完成的测试项目，哪些测试需要系统组件或整个系统参与；是否需要测试专用的管脚或端口。

（8）对将使用的 IP 核等货架设计单元进行评估，确定是否存在始终不用的功能，评估如果意外执行了这些不用功能时对系统造成的影响；必要时应增加防止出现这种情况发生的需求。

（9）用于研发定制集成电路的工具是否引入了约束；如果有，应收集这些约束形成最终需求。

（10）采用风险分析、接口分析、可追溯性分析、建模、仿真、故障树分析、FMEA 等方法，对需求的完整性和正确性进行分析。

定制集成电路需求提出过程应满足以下要求：①系统需求、子系统需求应完整并确立基线，以便推导子系统和定制集成电路的需求；配置管理过程和保证过程已经定义并生效。②定制集成电路需求应明确，确定定制集成电路的逻辑功能、性能参数、物理结构等内容，完成功能定义。③提出和使用单位对定制集成电路的原型电路或功能设计经过充分验证并形成验证报告。④提出和使用单位完成定制集成电路功能设计报告，并通过评审。⑤提出和使用单位将定制集成电路功能设计报告提交评测，形成电路验证报告；对电路验证结果进行确认。⑥功能定义报告、功能设计报告和电路验证报告应作为正式文件，确定版本号，并记录不同版本变化情况。

定制集成电路功能设计报告一般包括以下内容。

1)功能概要;

2)使用注意事项或模块支持的使用方法或不支持的使用方法说明;

3)输入输出端口定义;

4)输入输出端口说明(时钟、复位等信号须重点说明);

5)寄存器列表(针对总线模块开发);

6)主要时序说明;

7)产品结构设计的概述:

a.方框图,包括数据流和控制流;

b.所有的外部信号和模块之间的互连关系;

c.对外接口和协议,包括地址空间划分;

d.IP核的选择;

e.内部协议;

f.模块划分、实现原理、模块和任务书中功能要求的对应、冗余设计方案、可靠性设计方案。

8)每个模块的详细说明:

a.目的和功能;

b.接口时序和要求;

c.结构和子模块;

d.详细的功能。

定制集成电路提出和使用单位或研发单位建立定制集成电路需求定义文件,对定制集成电路的需求进行确定,需求应经宇航型号管理部门确认:在建立定制集成电路需求定义的所有阶段,有关定制集成电路的需求、要求、建议等,均应以文件的形式存在;对定制集成电路的需求文件逐项进行确认,形成定制集成电路的需求定义,并建立可追溯性;需求定义应包括定制集成电路所有的需求。定制集成电路需求定义应包含以下项目。

1)系统分解、系统结构和工作模式;

2)定制集成电路与系统的接口,与外部器件的通信协议;

3)工作频率范围;

4)电参数范围,如电压、电流、驱动能力和外部负载等;

5)功能要求;

6)适用的算法;

7)启动和初始状态;

8)重启和电源循环要求;

9)错误处理;

10)测试模式:包括系统级和器件级测试,地面和飞行测试;

11)故障覆盖率(仅适用于数字定制集成电路设计);

12)关键信号的时序;

13)抗辐射能力要求;

14)热环境要求;

15)功耗分配和耗散;

16)物理和机械要求,如管脚分配、尺寸、封装形式等;

17)可复用性或额外的功能;

18)与不同的或者升级的设计技术的兼容性;

19)涉及的知识产权;

20)IP 核。

3.需求确认

由元器件保证机构开展需求确认工作,并出具需求确认报告。需求确认是对定制集成电路需求正确性、完整性和合理性的确认,可采用评审或分析的方法,通过需求评估技术的实施,进行需求确认。需求确认的相关活动应在定制集成电路设计的每个阶段进行,以保证需求的正确性与完整性。确认过程是个反复迭代的过程,当在设计、验证及实现过程中发现有需求错误、遗漏引起需求更改时,还需要对需求重新确认。需求确认时应进行需求覆盖率统计,需求覆盖率应达到 100%,对于不能覆盖的需求,应进行分析和说明。

4.研发单位选择

元器件主管部门组织定制集成电路提出和使用单位、宇航型号管理部门、元器件质量保证机构选择并确定研发单位,元器件质量保证机构出具研发单位资格审查报告或相关文件。研发单位选择按以下要求。

(1)选择符合管理和技术要求的单位作为定制集成电路的研发单位;

(2)负责定制集成电路交付的研发单位应具备大规模集成电路设计能力,并具有对芯片加工、封装和可靠性试验进行过程控制的技术手段;

(3)优先选择具备宇航用定制集成电路制造经验的研发单位;

(4)元器件质量保证机构对定制集成电路研发单位的研制能力进行现场确认;

(5)定制集成电路研发单位应满足的其他要求,如保密要求。

5.研发要求分析

研发单位针对需求,进行研发要求分析;对定制集成电路研发进行风险分析,形成风险评估报告,报告应包括以下内容。

1)定制集成电路的需求完备性和明确性分析;

2)定制集成电路制造和工艺的成熟度;

3)设计类型、工具、工艺和研发单位的经验;

4)低估设计和验证困难的风险;

5)低估调试和修正困难的风险;

6)高估门容量和时钟频率的风险;

7)启动期间 I/O 行为不确定造成的风险。

在提出需求后,或需求与研发过程并行制定时,应进行可行性评估,目标是确定所期望的技术能否实现,针对风险需要提出针对性措施。可行性评估包括以下几方面。

1)设计的复杂程度;

2)定制集成电路的功耗;

3)对时序进行分析,评估速度是否满足需求;

4)考虑抗辐射能力实现的方法,并评估对器件性能、芯片面积的影响;

5)确定定制集成电路测试和试验实施的方式,并评估是否能证明产品满足用户需求;

6)对定制集成电路工艺进行分析并评价,确定工艺基线;

7)对封装进行分析和评估,确定封装基线;

8)确定工艺和封装基线具备一定的寿命周期,确保宇航型号研制各阶段用定制集成电路的可获得性;

9)确保在预定的寿命周期内能够提供技术支持;

10)确定设计、测试软件和硬件、单元库是否满足要求;

11)人力资源以及能力;

12)确定从第三方获得 IP 核的能力、许可等;

13)确保不存在知识产权纠纷问题。

6.需求过程的保证活动

需求过程的保证活动见表 4-7。

表 4-7 需求过程的保证活动

保证活动	内 容	责任单位
初步风险分析	及早识别潜在的风险,并制定相应的措施。将风险划分优先顺序,使关键风险获得最有效的缓解	定制集成电路提出和使用单位,或研发单位组织实施
接口分析	接口分析是一种静态分析技术,用以证明定制集成电路和系统其他部分之间的输入、输出接口不存在错误	
可追溯性分析	确保定制集成电路需求的正确和完整性,包括两种分析方法:前向追踪和后向追溯。前向追踪是从高层需求向低层导出需求,最终到设计(包括 HDL 模块)和测试,目的是确保全部需求,在定制集成电路中完整和正确实现;后向追溯,是从低层单元向高层需求追溯,目的是确保系统未增加额外功能。前向追踪是可追溯性分析的最低要求,关键系统应采用两种分析方式	
建模	采用系统或子系统的数学或物理表示方法,对全部或部分已知的特性进行说明。模型常用来测试系统组件的变化对系统整个性能的影响。通过基于模型的研发,进行适用的测试和验证,及早发现问题	
仿真	仿真是运行需求模型的过程。用户给模型提供输入,观察其结果。可运行专门设计的测试向量,以证明模型符合要求	
故障树分析	故障树分析是自顶向下的失效分析方法,以非期望的事件为开端,确定事件可能发生的各种途径	
FMEA	FMEA 是自底向上的方法,在设计阶段发现潜在的系统问题。列出所有可能的失效模式,分析影响。应考虑失效的可能性以及系统失效的严重程度	
需求评审	通过评审,发现与接口、系统运行等方面相关的问题	
需求确认	确保将一切合理的系统需求纳入定制集成电路的需求定义文件。确定需求中不存在不一致或冲突,或与其他需求文件不一致或冲突的内容。对定制集成电路需求正确性、完整性和合理性进行确认	元器件质量保证机构实施

4.4.4　设计过程

1. 设计的总体要求

设计需要确保各项需求的落实,并考虑可靠性设计,包括冗余设计、降额设计、静电防护设计、抗辐射设计、可测性设计、可扩展性设计,同时考虑设计验证的充分性和可实施性。

定制集成电路研发单位进行风险评估,通过风险评估,识别可能存在的风险,提出针对性的风险控制措施。研发单位建立详细的研发计划;需求确定之后,研发单位应按研发计划开展工作,确保满足宇航型号研制的进度要求。设计的整个生命周期应进行配置管理,完整的配置管理具备 4 个基本要素,分别为配置标识、配置控制、配置状态报告以及配置审查,其中配置控制是配置管理的核心,包括基线管理、配置库管理、配置变更控制等关键内容。对于配置项、基线以及发布版本的变更,按更改控制流程控制,以保证所有变更都是可控的、可跟踪的、可重现的。

定制集成电路研发单位制定设计确认验证方案,并生成设计验证报告。定制集成电路提出和使用单位、元器件质量保证机构参加定制集成电路的设计验证工作。定制集成电路研发单位应确保开展了以下设计内容的确认工作。

1)审查定制集成电路所具备的功能、性能、接口和兼容特性是否满足要求;

2)审查预先设定的验证项目、方法、工具、流程已经落实;

3)审查对已经识别风险和正样产品风险的预防措施是否实施;

4)按制定的有效性验证计划进行设计确认验证;

5)使用已开发的验证板或系统进行验证;

6)规范、设计并执行特定的老炼试验以及其他筛选试验;

7)将设计确认的目标、步骤以及试验条件、结果等记录在设计确认报告中;

8)将设计参数与实际的测试结果进行比较。

元器件质量保证机构对定制集成电路设计进行评估,形成定制集成电路设计评估报告,可包括结构设计评估报告、前端逻辑设计评估报告和后端版图设计评估报告。

2. 结构设计

研发单位在该阶段完成定制集成电路的结构定义报告,固化模块的全部预期功能以及模块之间的接口和相互关系,应固化实现定制集成电路功能的重要模块;设计单位制定结构设计验证方案并进行验证,完成数据手册初稿。定制集成电路数据手册的目的,是汇总从结构设计到设计确认发布的所有技术资料,作为应用和采购的输入,数据手册应包括以下内容。

1)应标注电路型号和手册的版本日期,包含电路功能、结构图、简要性能描述,如工作频率、工艺;

2)设计特性说明,如接口细节、寄存器定义和存储寻址;

3)典型应用环境下的应用说明,给出典型应用电路图;

4)所有的功能和工作模式;

5)按照功能对所有的信号端分类,并详细描述;

6)电参数和机械参数的说明,应结合其应用条件(如温度和容性负载),包括以下内容。

(1)最大额定值,包括存储温度、工作温度、电源电压、每个管脚的最大输入电流、功耗、结温、热阻等;

（2）抗电离总剂量、单粒子效应能力；

（3）ESD 能力；

（4）DC 参数，如电压电平、漏电流、引线电容和输出电流；

（5）静态功耗耗散和动态功耗耗散；

（6）AC 参数，如启动和保持时间、循环周期、输出延迟时间和三态延迟时间，应给出相应的波形；

（7）时序参数及参考信号沿；

（8）封装描述，给出封装结构图和机械图，定义管脚名称、封装尺寸、侧壁厚度、材料和外壳的热膨胀系数；

（9）初步的数据手册内容和细节要求与最终手册一致；

（10）如果没有真实数据，应进行相关估计。

元器件质量保证机构完成结构设计评估，出具相应的评估报告。结构设计阶段相关的过程保证内容见表 4-8。

表 4-8　结构设计阶段的过程保证内容

保证活动	内容和要求	责任单位
设计评审	（1）包括环境、安全性和可靠性的全部需求得到落实； （2）设计具有可实现性和可验证性； （3）对各种新的制造技术或其他技术进行了评价； （4）设计可向需求进行追溯	研发单位组织实施
仿真	（1）进行两项仿真：对设计师的仿真结果进行评估；进行独立仿真。 （2）需要对设计师的仿真结果是否正确、体系结构是否满足需求、仿真是否包括全部期望的输入和输入组合、仿真是否考虑了超量程或其他性质的无效输入、仿真是否包括系统其他部分故障或失效的影响等方面进行评估； （3）推荐建立独立的仿真平台，完成独立仿真，也可考虑使用设计师的仿真平台	
验证	（1）需求完整并已建立基线，配置管理过程确定并运行，保证过程确定并运行，设计指南确定； （2）设计阶段的文档完整； （3）验证设计采用的方法、工具和手段正确； （4）验证计划确定的所有活动均已落实	
风险分析	已经识别的风险是否采取了针对性措施，残余风险是否可以接受	
接口分析	所有内部和外部接口是否正确、一致、完整和准确的确定	
可追溯性分析	需求应追溯到设计的单元和功能。确定所有需求都已实现，还应对追溯的准确性、完整性、一致性和正确性进行评价	
故障树分析	确保设计具有足够的故障预防措施	
失效模式与影响分析	确认提供了各种可能的失效模式，应考虑定制大规模集成电路与其相关系统组件之间的交互作用失效，包括噪声信号和无效输出	

续表

保证活动	内容和要求	责任单位
结构设计评估	(1)正确地实现了所有需求; (2)无不需要的功能; (3)无内部矛盾或冲突,与系统单元之间无冲突; (4)设计结果可测; (5)如选用了 IP 核,应进行评测,验证其成熟度是否满足要求; (6)需求之间存在冲突时,是否进行了分析并确定了每个需求的最佳范围,如速度和功耗; (7)设计具有可扩展性和通用性; (8)遵循了设计规则和设计指南; (9)专用管脚(如 JTAG 测试管脚)使用的正确性	元器件质量保证机构实施

3.前端逻辑设计

逻辑设计是否合理,直接影响电路的功能和性能指标,前端逻辑设计的关键技术为逻辑综合。逻辑综合是指通过抗辐射加固标准单元库,把功能设计阶段输出的 RTL 代码转换成特定工艺下的电路网表,其中时序是最复杂、最关键的约束,决定了定制集成电路的性能。静态时序分析是指对电路中所有路径的延迟信息进行分析,计算信号在时序路径上的延迟,找出违背时序约束的错误。通过 DFT 增加电路内部节点的可控制性和可观察性。形式验证是验证逻辑综合后的电路网表和 RTL 代码描述的电路结构是否一致,整个设计流程会多次引入形式验证。研发单位设计的主要工作包括设计输入确定、网表生成和网表验证工作,完成设计输入、网表生成和网表验证相关报告,根据设计和验证结果更新数据手册。

元器件质量保证机构完成前端逻辑设计评估,出具相应的评估报告。前端逻辑设计阶段相关的过程保证内容见表 4-9。

表 4-9　前端逻辑设计阶段的过程保证内容

保证活动	内容和要求	责任单位
设计评审	对设计进行深入分析和审查,及早发现设计的各种问题	研发单位组织实施
验证	(1)检查事先安排的测量、工具、方法和程序已经应用; (2)确保定制大规模集成电路前端逻辑设计置于配置控制之下。此设计阶段结束时,确保前端逻辑设计得到批准并建立基线; (3)验证定制大规模集成电路全部的计划活动已完成	
风险分析	已经识别的风险是否采取了针对性措施,残余风险是否可以接受	
设计评估	(1)逻辑综合; (2)可测性设计; (3)时序分析;验证已完成的仿真,包括过量程输入、按错误顺序到达的输入和其他可预期的问题; (4)设计验证;评估设计综合结束后的仿真是否已完成。增加的时序信息是否影响仿真结果,仿真是否考察了包括新输入信号的最坏情况时序; (5)功耗评估	元器件质量保证机构实施

4.后端版图设计

后端版图设计直接影响器件性能参数,如运行速度、信号完整性和可靠性等,以及芯片制造是否成功。后端版图设计是设计流程中较为费时的一个环节,须将电路设计中的每一个元器件,包括晶体管、电阻、电容、电感等以及它们之间的连线转换成集成电路制造所需要的版图信息。后端版图设计主要有以下环节。

(1)后端版图设计规划:对各种物理的组、区域或模块等宏模块进行放置,确定I/O、电源和地线位置,设计整个版图的供电网络,对每个标准单元的位置进行优化,构造芯片内部全局或局部平衡的时钟链。后端版图设计的挑战,是在保证布线能够走通且性能允许的前提下,保证芯片的时序与面积要求,是物理设计过程中需要设计者付出最大努力的地方。

(2)功耗分析:对电源网络进行功耗分析,确定电源管脚的位置和电源线宽度。在完成后端版图设计后,需要对整个版图的布局进行动态功耗分析和静态功耗分析。

(3)信号完整性分析:分析电路的信号完整性,优化物理互连拓扑结构和驱动模型,减少串扰引起的延迟、噪声等问题。

(4)物理验证:设计规则检查,并确定版图与逻辑门网表之间的一致性;在芯片制造前修正物理设计的错误。

(5)寄生参数提取:提取版图内部互连所产生的寄生电阻和电容值。这些信息通常会转换成标准延迟的格式被反标回设计,用于静态时序分析和后仿真。

(6)后仿真:也叫门级仿真、时序仿真、带反标的仿真,需要利用在后端版图设计后获得的精确延迟参数和网表进行仿真,验证网表功能和时序是否正确。

因此,研发单位在后端版图设计阶段的设计要求,主要包括后端版图设计应该满足设计规则、时序和其他限制要求;对网表进行优化,完成后端版图设计生成、后端版图设计验证等相关报告;更新数据手册;完成定制集成电路详细规范初稿,在后续完成评估及应用验证之后,完成详细规范终稿。详细规范的内容:

1)电参数和机械参数;

2)研发控制要求;

3)测试、老炼试验要求、筛选试验要求以及电路接收要求;

4)文件和数据要求;

5)参数变化量计算(适用时);

6)允许不合格品率;

7)LAT 或质量一致性检验要求;

8)标识;

9)储存要求;

10)批一致性要求;

11)器件供货连续性要求(适用时);

12)包装和操作要求;

13)辐射验证试验要求(适用时);

14)监制要求;

15)验收要求;

16)补充筛选要求(必要时)。

元器件质量保证机构完成后端版图设计评估,出具相应的评估报告。后端版图设计阶段相关的过程保证内容见表4-10。

表 4 - 10　后端版图设计阶段的过程保证内容

保证活动	内容和要求	责任单位
问题趋势分析	对关键问题出现的位置进行定位,对问题发生的频率进行分析	研发单位组织实施
验证	(1)验证设计过程与项目计划规定的符合性; (2)验证是否采用了项目计划所规定的工具; (3)验证配置管理系统与项目计划规定的符合性; (4)确认版图设计或编程后的验证是否完成,对存在的异常或问题进行记录和分析; (5)对定制大规模集成电路存在的问题进行评估,确认是否确定了问题的根源,并采取了适当的措施	研发单位组织实施
风险分析	已经识别的风险是否采取了针对性措施,残余风险是否可以接受	研发单位组织实施
设计评估	(1)版图设计评价; (2)物理验证评价; (3)时序分析评价; (4)形式验证评价; (5)功耗评估评价; (6)后仿真评价	元器件质量 保证机构实施

4.4.5　制造过程

研发单位根据定制集成电路的功能和性能,选择合适的生产线进行芯片制造,对芯片制造后电路的需求符合性进行分析;通过工艺能力评价,对外延、氧化、扩散、离子注入、光刻、刻蚀等芯片制造过程各个工艺的水平、生产能力,以及工艺稳定性进行分析和预测。芯片制造过程的保证活动见表4-11。

表 4 - 11　芯片制造过程的保证活动

保证活动	内容和要求	责任单位
工艺稳定性评估	(1)对芯片制造工艺线的稳定性进行评估,包括针对 HCI,NBTI,TDDB 和 EM 等失效机理的工艺验证试验结果的审查,如高温寿命试验等; (2)芯片成品率的跟踪分析	研发单位 组织实施
可追溯性分析	所有需求是否得到落实,是否存在可靠性隐患	研发单位 组织实施

4.4.6　封装过程

根据定制集成电路的不同需求,可以采取不同的封装形式。目前在市面上存在多种广泛使用的封装形式,而且封装形式本身随着技术的发展也在逐渐演进。封装技术已经历几代变迁,代表性的技术指标飞速发展,包括芯片面积与封装面积之比越来越接近,适用频率越来越高,耐温性能越来越好,管脚数目增多、管脚间距减小,重量减小以及可靠性提高,等等。封装的设计和评估是定制集成电路研发的重要环节。

1.封装设计

封装所面临的技术挑战:芯片—封装—系统的协同设计,专用设计工具和方法的缺失;封装堆叠、芯片堆叠、硅通孔技术与硅基板技术、嵌入式基板、新型引线键合技术与方法、先进的倒装芯片和 TSV 互连技术、新材料的开发与应用等。封装设计须考虑诸多因素,其宗旨是满足用户对封装功能的需求,同时满足宇航高可靠性要求。为了完成一个高质量的封装设计,须根据芯片应用领域选择合适的封装类型以及合适的封装尺寸;根据器件功耗、系统要求,设计合理的信号管脚分布,通过合理的走线优化信号质量,辅以模拟仿真,全局性验证封装设计是否满足需求;通过选择合适的封装材料以确保封装的可靠性。对封装实物进行试验验证,并模拟用户环境进行验证。在封装设计过程中,应确认设计文件中规定的各种原材料、引线方式、封装尺寸、I/O、重量、引出端涂覆、黏结方式等技术参数控制是否满足系统要求和宇航应用环境的要求,是否存在固有可靠性隐患。

封装设计应考虑以下几方面。

1)用户需求;

2)封装可靠性,包括电设计、力设计、热设计等方面,应进行模拟仿真验证;

3)ESD 保护设计;

4)封装所用材料;

5)可装联能力与装联可靠性验证方法;

6)封装形式、管脚排列;

7)存在的风险及应对措施;

8)拟采取的试验验证方法。

2.封装阶段的保证活动

封装阶段相关的过程保证内容见表4-12,通过过程保证,确保设计和工艺选择的合理性和可行性,确认工艺风险识别的全面性和针对性措施的有效性。封装设计评估由元器件质量保证机构完成,并出具相应的报告。

表 4-12　封装阶段的过程保证内容

保证活动	内容和要求	责任单位
评审	所有需求是否得到落实,是否存在可靠性隐患	研发单位组织实施
问题趋势分析	定位关键问题出现的地方和出现的频度	
验证	(1)是否符合准则性文件的要求; (2)验证是否按照既定方案进行,并执行正确; (3)对存在的异常或问题进行记录和分析; (4)确认已完成全部安全性验证; (5)是否建立了封装基线	
风险分析	已经识别的风险是否采取了针对性措施,残余风险是否可以接受	

续 表

保证活动	内容和要求	责任单位
封装设计评估	(1)设计要求和工艺选择的合理性和可行性； (2)所有需求是否已完整、正确落实； (3)力、热、电设计的合理性； (4)是否采用了新材料、新工艺，验证是否充分； (5)原材料、引线方式、封装尺寸、I/O、重量、引出端涂覆、黏结方式等技术参数控制，是否满足系统要求和宇航应用环境的要求，是否存在固有可靠性隐患； (6)采取的试验验证方法的合理性，试验数据的可信性	元器件质量保证机构实施

4.4.7　测试验证过程

测试验证一般针对为验证功能和性能而封装或编程的产品，器件封装形式一般应与正样产品相同，测试验证在批量化生产前进行。在这个阶段，定制集成电路研发单位对其进行加工、封装，并进行相关的测试验证；提出和使用单位对定制集成电路原型进行验证，并出具原型验证报告；必要时，元器件质量保证机构开展相关保证工作；为了最大限度节约成本，可考虑在此阶段进行抗辐射能力评估试验、结构分析试验。

1.测试程序要求

采用测试方式对需求进行验证时，测试程序的严谨性十分重要。以下几方面可作为验证活动的测试指南。

(1)对测试程序进行审查或评审，并进行配置管理控制。

(2)在测试程序中应明确列出将要验证的每一条需求。

(3)记录每一项测试的测试激励、顺序和测试条件，例如施加的电压。

(4)按照通过/不通过准则，确定各项测试是否验证了对应的需求。

(5)记录被测定制大规模集成电路或其他项目的配置特性。例如定制大规模集成电路的设计版本信息。在验证任何需求之前，应建立被测项目的基线和配置管理。

(6)选择并确定测试设备，包括其他系统单元的信号激励源。记录测试设备相关的信息。

(7)记录全部测试结果，包括测试向量、测试程序、输入和输出结果等；

(8)应对存在的问题和异常情况进行反馈和分析，并采取相应的措施。

2.测试验证阶段的保证活动

测试验证阶段，相关的过程保证内容见表 4-13。

表 4-13　测试验证阶段的过程保证内容

保证活动	内容和要求	责任单位
测试	(1)已制定测试计划并按计划进行,测试程序已进行评审,配置管理的测试版本进行了有效的控制; (2)测试能够全面验证各种合理的预期需求,包括对系统其他部分出现错误时的功能和性能进行验证; (3)各种嵌入式软件都得到验证,确保与软件之间接口的正确性; (4)应特别关注商用货架产品(COTS:Commercial Off-the-Shelf)或可重用的 IP 核或内核	研发单位组织实施
原型验证	(1)对定制集成电路原型进行验证; (2)验证计划中的测试是否全部运行; (3)与其他系统单元集成时功能的正确性; (4)验证问题和异常的解决方案正确,正确执行,并记录在案; (5)完成任一变更对设计影响程度的分析,考虑此前已经做过的测试和影响系统其他部分的可能性; (6)确认已完成全部安全性验证	提出和使用单位实施
问题趋势分析	定位关键问题出现的地方和出现的频度	研发单位组织实施
风险分析	已经识别的风险是否采取了针对性措施,残余风险是否可以接受	
可追溯性分析	进行覆盖性分析,以保证所有的设计单元至少在一种测试模式下运行过。对任何未进行测试验证、分析验证或检查验证的需求进行分析	
测试验证确认	所有的测试验证计划均得到正确执行	元器件质量保证机构实施

4.5　相关技术

4.5.1　需求评估

需求对任何一个项目或一个项目的各个部分都非常重要,需求决定了应构建的内容。在系统设计、测试或运行期间发现的许多问题,都可能是由于错误、不完整或遗漏的需求所导致的。因此,验证需求是否正确是过程保证的重要内容。任何情况下,需求的获取、分析和管理都是定制集成电路成功研发的关键要素。许多昂贵的、关键系统的失效,终究都能追溯到是由于缺失、错误、曲解的或矛盾的需求所导致的。基于 NASA《复杂电子器件过程保证》,结合宇航型号定制集成电路保证工作的实际经验,给出了需求评估的内容和方法。

1.需求评估的目的

定制集成电路根据设计思想制造,在需求提出时就应考虑电路的功能实现和可靠性等诸多因素,因此过程保证须延伸到用户需求提出和使用阶段,应考虑定制集成电路功能、电性能、接口关系、物理特性、可靠性要求、抗辐射能力要求等因素。定制集成电路需求评估是定制集成电路是否成功的重要基础;对业界出现的定制集成电路设计、芯片制造等过程反复的情况进行分析,需求提出不尽完整是重要原因。

需求评估的目的包括:

(1)确保所有高层次的需求都包含在定制集成电路的需求定义中;

(2)找出任何与需求定义或其他需求文档不一致或冲突的地方;

(3)确保文档的质量(例如可读性、明确),具有可用性;

(4)确保高层次需求分解到了适合定制集成电路的层次。

2.需求评估的内容

需求评估的内容包括对高层次需求、不一致与冲突、需求质量和需求分解的评估。

(1)高层次需求评估。需求评估的第一步,是找出涉及高层次需求和电路功能的所有文件。对提出定制集成电路需求的全部文件进行分析,例如:

1)系统设计文件或需求定义。如果定制集成电路需求是由子系统或分系统需求文件派生得到的,则可能存在系统需求缺失的可能性。

2)与定制集成电路交互的所有子系统的规范或需求文档。除了定制集成电路所在的子系统,还应考虑与定制集成电路进行交互的子系统需求。对可能影响定制集成电路子系统的需求也应进行评估,如噪声或过高的功耗带来的影响。

3)接口规范。应建立定制集成电路与其他系统单元之间的接口规范,与定制集成电路有交互的系统或单元之间的接口,是检查需求不一致或部分缺失的关键部位。

4)标准、政策与程序。例如,型号元器件保证大纲等元器件管理相关的文件等。

5)历史数据。应查找与定制大规模集成电路相关,或相似电路的失效情况。

定制集成电路所实现的所有高层次需求(所有或部分需求),均应追溯到定制集成电路需求定义中的某个特定需求。此外,所有的定制集成电路需求,均应能够追溯到高层次的需求。分析的方法包括初步风险分析、接口分析、FMEA 和故障树分析。

1)初步风险分析。应对需求进行初步风险分析,以确保该定制大规模集成电路不会导致风险或者影响其他方面的风险控制。如果该定制集成电路用做风险控制,那么该定制集成电路的需求就应体现初步风险分析的相关信息。

2)接口分析。通过接口分析,验证定制集成电路的输入和输出信号与已定义的系统其他部分的信号、输出、输入以及数据是否一致;此外,还应找出未与系统其他单元相连接的输入和输出信号。接口分析一般是一项手工分析工作,应将定制集成电路的需求描述与其他系统文档进行对比。接口分析可以验证定制集成电路与其他硬件、软件、用户和其他系统接口需求的正确性、一致性、完整性、准确性和可测试性。

3)FMEA。对整个系统进行 FMEA 时,应对所有可能影响定制集成电路功能的失效信息进行审查和分析,这些失效可能需要系统其他部件或在定制集成电路内部进行缓解。如果定制大规模集成电路的失效模式包含在 FMEA 之中,应确保定制大规模集成电路的需求包括了阻止或缓解这些失效模式的方法。

4)故障树分析。进行故障树分析时,应分析故障是否可能导致系统失效,或加速系统失效;如果是,应确保需求中包括阻止或减轻这些问题的方法。否则应考虑是否有任何其他已经确认的系统失效,对该定制集成电路具有决定性的影响。

(2)不一致与冲突。需求不一致基本上都是微小冲突,如定制大规模集成电路需求指定的行为、接口或时序无法满足所有或部分其他的需求；需求冲突指本质上声明相同但却给出了不同的数值或约束条件的需求。确保复杂系统的系统需求无不一致和冲突存在非常困难。当高层次需求被分解到低层次需求、子系统需求时，有可能存在信息的丢失或误解。

（3）需求质量。对于复杂系统，表 4-14 给出了每个需求以及整体的需求集合应具备的属性。

表 4-14　每个需求以及整体的需求集合应具备的属性

序　号	属　性	要　　求
1	完整性	定义在结构（输入和输出）和行为方面，电路应该执行的操作。需求文档中应对不确定的领域给出说明
2	正确性	需求集合应包含设计所需的所有信息，且无多余
3	简洁性	需求应尽可能简短无歧义
4	明确性	所有参与者对需求的理解都是一致的
5	可读性	需求以正式的书面文件表达，应清楚易理解
6	一致性	需求间互不冲突，也不与更高层次或更低层次外部需求有冲突
7	精确性	需求对行为进行准确定义
8	可验证性	每个需求都能够通过测试、分析、仿真或其他经济有效的方式检查
9	可追溯性	每个需求都能够追溯到一个或多个高层次需求
10	实现的独立性	需求并不规定诸如芯片版图的细节。然而，需求应说明基于所选硬件条件的约束
11	合适的抽象或细化层次	需求应足够详细而不是简单的重复高层次需求，需求不能太过于详细以至于影响设计的正常进行。需求的细化程度应合理
12	可修改性	如果输入给定制集成电路需求的系统需求发生变化，则电路需求可能需要更改

（4）需求分解。将系统级需求分解或派生到器件级，是定义定制大规模集成电路需求的主要步骤。只是简单的对高层次需求进行重复，这样的需求太抽象，不易于理解和实现；如果限制到只能采用一种可能的设计方案，则这样的需求太具体。在对需求进行评估时，应重点考虑需求的细化程度是否合适，是否太抽象、太具体，还是在两者间取得了平衡。

3.需求评估的方法

可利用需求评估检查单作为需求评估的指导，检查单列出定制集成电路需求评估应审查的项目。需求评估检查单见表 4-15。

表 4-15　需求评估检查单

序　号	对　象	准　则
1	全局	是否对整个系统进行了划分（高层架构）
2	全局	是否定义了整个系统的配置和操作模式
3	全局	是否说明了正常操作模式下定制集成电路的功能

续 表

序　号	对　象	准　则
4	全局	使用状态机时,是否包含:状态间的所有变化都是可能发生的,状态变化的原则,每个状态下允许和禁止的行为
5	全局	是否定义了包括信号处理在内的所有算法
6	接口	是否定义了定制集成电路与系统间的接口
7	接口	是否规定了通信协议
8	接口	是否规定了内存映射
9	接口	是否给出了包括电源、地在内的管脚定义
10	接口	是否确定了内部通信协议
11	接口	是否定义了数据的位顺序
12	信号	是否定义了每个输入信号的有效范围
13	信号	是否定义了每个输出信号的有效范围,是否定义了典型值
14	信号	是否定义了 TRUE 和 FALSE 的逻辑电平
15	信号	针对信号转换,是否定义了触发一个事件所用的沿或电平
16	信号	是否定义了工作频率及频率范围
17	信号	是否包括处理信号噪声和串扰的要求
18	信号	在异步逻辑中,需求是否包含关于信号毛刺的要求
19	信号	是否定义了各种信号的变换算法
20	初始化条件	在加电或复位时,是否存在传输线或信号的浮动状态
21	初始化条件	在加电或复位时,是否存在传输线或信号的瞬态状态
22	初始化条件	是否定义了在进行加电或复位活动和这些活动完成后,所有输入和输出线路上的状态和行为
23	初始化条件	是否规定了可编程内存加电和复位后的状态
24	初始化条件	是否规定了在加电或复位时,所有与时序相关的行为
25	错误处理	需求中是否定义了错误或故障的判定标准
26	错误处理	是否规定了定制大规模集成电路对于内部错误或故障的响应动作
27	错误处理	是否规定了定制大规模集成电路对于外部失效或故障的响应动作
28	时序	是否定义了关键信号的时序
29	时序	是否定义了在正常和最坏情况条件下的信号时序关系
30	时序	是否规定了时序相关功能,如滤波器、积分器和延时的性能
31	电源/电气	是否定义了定制大规模集成电路的输入电压和电流
32	电源/电气	是否定义了所有输出信号的驱动能力
33	电源/电气	是否规定了每个输出信号的外部负载能力

续 表

序 号	对 象	准 则
34	电源/电气	是否定义了各种功能模式下的功耗预算
35	环境	需求中是否论述了定制大规模集成电路将会运行的辐射环境
36	环境	需求中是否论述了定制大规模集成电路将会运行的热环境
37	环境	需求中是否论述了定制大规模集成电路将会运行的大气质量(包括真空)环境
38	格式	是否规定了数据位编码规则
39	格式	是否规定了信号命名规范
40	格式	是否为所有的数据结构规定了格式
41	格式	是否定义了测试模式
42	测试	如果已经定义了测试模式,是否已经定义了在该测试模式下可用的功能
43	测试	是否包含内置测试
44	测试	是否制定了可测试性需求
45	其他	如果使用 IP 核,是否确定了使用哪些 IP 核
46	其他	是否明确了 IP 核不用的功能,是否能防止这些功能被意外执行
47	其他	是否制定了可重用或可扩展性需求
48	其他	是否包括向新技术的可移植性需求
49	其他	是否会包含嵌入式软件,如果包含应对软件需求进行说明

4.5.2 测试验证

1. 测试的分类

(1)研发过程的测试。定制大规模集成电路的测试包括不同级别,其目的是保证电路参数和功能的正确性。有些测试项目在器件级或电路板级进行,有些测试需要在系统级进行,目的是验证定制大规模集成电路在整个系统中功能的正确性。

(2)器件级测试。如果定制大规模集成电路含嵌入式软件,则该软件必须与电路一起测试。该软件作为定制大规模集成电路的一部分,应同时进行保证。运行实际定制大规模集成电路与软件之间的实际接口,并验证各种接口状态下电路的功能是否符合要求。

测试完成后,应对测试故障覆盖率以及覆盖的工作范围进行分析。测试故障覆盖率分析的目的,是确定测试了哪些范围,哪些需要补充进行特定的环境测试。

(3)综合测试。将定制集成电路与其他组件组装在一起,构成更为复杂的系统单元后进行综合测试。这个级别测试的重点是定制集成电路与部分硬件(如电路板)之间的接口。定制大规模集成电路与外部软件有通信时,软件接口也应进行测试。时序是必须验证的主要接口特性。更高级别不能测试的需求,在这个级别进行测试验证。可以进行故障注入测试。测试方案应尽可能完善,以实际测试定制大规模集成电路和电路板或组装件之间的接口关系。电路板或系统级老炼试验系统可作为综合测试的一部分。

（4）环境测试。系统功能与环境密切相关，系统或子系统应经历各种环境验证。试验前以及完成特定的环境试验后应分别进行测试，主要目的是验证该试验对定制集成电路功能、参数的影响，对失效或超差的电路进行分析，判断问题原因。环境测试计划包括振动、辐射、声、热、真空、电磁干扰。

进行环境测试时，系统作为一个整体进行测试。应确保能够运行定制大规模集成电路的主要功能和关键功能。这对 EMI、热和抗辐射能力评估后的测试尤其重要。

（5）系统测试。系统测试是验证系统需求的主要方法，如果存在未验证的定制大规模集成电路需求，例如，如果定制大规模集成电路依赖系统其他部分，可通过此级别的测试验证定制大规模集成电路的需求。系统测试将确认所有组成部分工作的正确性。在完成某些级别的异常或故障测试时，重点在于系统事件、外部失效和运行问题，而不是定制大规模集成电路本身的故障。正如环境测试，系统测试的目的并不是测试定制大规模集成电路本身。因此，定制大规模集成电路的关键功能或主要功能应在系统测试过程运行。

（6）验收测试。验收测试是确认系统工作正确性的一种方法。如果系统通过验收测试，证明满足要求，则系统得到确认。

2. 测试验证的检查方法

基于 NASA《复杂电子器件过程保证》，测试验证的检查方法见表 4－16。

表 4－16　测试验证的检查方法

序　号	对　象	准　则
1	整体的	是否对器件的所有组成部分都进行了测试
2	整体的	是否对整个系统的配置和操作模式都进行了测试
3	整体的	是否对定制大规模集成电路正常操作模式下的功能进行了测试
4	整体的	是否对定制大规模集成电路非常态操作模式下的功能进行了测试
5	整体的	如果使用了状态机，是否对以下内容进行了测试： 各个可能的状态间的所有变迁； 用于状态机锁定的保留状态
6	整体的	是否包含了最坏情况的时序分析
7	整体的	是否包含了最好情况的时序分析
8	整体的	是否验证了所有功能
9	接口	如果测试前需要进行一些接口设置，是否对这些设置进行了测试
10	接口	是否测试了定制大规模集成电路和系统间的接口
11	接口	是否测试了通信协议
12	接口	是否测试了内存映射
13	接口	是否定义了复位管脚，是否对其进行了测试
14	接口	是否测试了与 COTS IP 模块的接口
15	接口	外部的失效通过输入信号对器件的影响

续 表

序 号	对 象	准 则
16	信号	是否所有的 I/O 管脚都进行了测试
17	信号	是否对所有输入信号的有效数据范围进行了测试
18	信号	是否对所有输出信号的有效数据范围进行了测试
19	信号	是否对每个接口控制文档中定义的限制都进行了测试
20	信号	这些测试是在定制大规模集成电路的规定操作频率(或范围)下运行过
21	信号	是否对可能的信号噪声和串扰情况进行了测试
22	信号	是否对关键信号的裕度进行了验证
23	初始条件	对所有输入和输出线路,是否对加电或掉电时的状态和行为进行了正确性测试
24	初始条件	是否对复位时发生瞬态信号的可能性进行了测试,是否对能否正常复位进行了验证
25	初始条件	是否测试了可编程内存加电和复位后的状态
26	初始条件	是否对加电或复位时,时序的相关行为进行了测试
27	错误处理	是否对所有预期的错误或故障进行了测试,以确保对它们都进行了正确处理
28	错误处理	是否将定制大规模集成电路对错误的预期响应都进行了分析
29	错误处理	是否测试了定制大规模集成电路对外部失效或故障的响应行为
30	时序	是否测试了关键信号的时序
31	时序	是否对时序相关的功能,如滤波器、积分器和延时性能进行了测试
32	电源/电气	是否测试了定制大规模集成电路允许的最大功耗和电流
33	电源/电气	是否验证了所有输出信号的驱动能力
34	电源/电气	测试能否展现电路抗单粒子翻转的能力
35	格式	是否测试了数据大小和位顺序
36	格式	是否测试了所有数据结构的格式
37	测试	是否为定制大规模集成电路定义了测试模式,是否对这些测试模式都进行了测试
38	时钟	跨时钟边界重同步是否均进行了验证
39	其他	如果使用了 IP 核,是否进行了其与系统的集成测试
40	其他	IP 核中是否有不使用的功能?是否对这些功能的意外执行进行了测试
41	其他	设计是否经过了仿真测试 是否对常见的故障进行了测试?测试中是否包括了多故障并发的情况
42	其他	测试覆盖率是否在 95% 以上
43	其他	是否对所有的关键路径进行了测试
44	其他	是否对所有的关键故障进行了测试

4.5.3　设计评估

1. 设计评估的要点

设计评估主要包括结构设计评估、前端逻辑设计评估以及后端版图设计评估。设计评估时应考虑的要点：

(1) 设计的完整性和正确性，是否实现了所有的需求；

(2) 设计的一致性，设计内部、设计和项目其他部分之间是否存在不一致，相似的功能模块是否采用相同的方式处理；

(3) 是否具有可测性；

(4) 与外部、内部接口的正确性和一致性；

(5) 设计是否满足编码标准，设计内部命名规则的一致性；

(6) 与 IP 核交互接口的正确性，作为定制大规模集成电路的一部分如何进行测试和验证；

(7) 对于涉及功能权衡(功耗、速度、性能等)的需求，分析设计对系统其他单元的影响，确定设计与受影响的部分是否协商一致；

(8) 所有特性是否均由需求所驱动。

2. 结构设计评估

(1) 确定评估内容。根据定制集成电路的需求定义，进行结构设计评估需求分析，并形成书面文件。对以下几方面进行分析后确定评估需求。

1) 编码规则检查的工具及规则集；

2) 功能、体系架构、内部模块、IP 核、数据流等内容；

3) 内部接口和外部接口特性；

4) 可靠性要求，包括抗辐射设计要求、降额设计要求、冗余设计要求等；

5) 时序要求，包括工作时钟频率、内部时钟最大工作频率、时钟信号电平、时钟信号占空比、时钟设计余量、关键时序路径等评估内容；

6) 代码的仿真验证平台；

7) 仿真验证方法；

8) 结构设计交付项。

(2) 评估实施。结构设计评估包括代码设计规则评估、代码人工走查评估、代码仿真评估、设计交付项等项目的评估，评估后形成评估报告。结构设计评估内容见表 4 - 17。

表 4 - 17　结构设计评估内容

保证活动	内　　容
代码设计规则评估	(1) 确定代码设计规则评估采用的软件工具可满足设计要求，需要给出工具的名称、版本号等信息； (2) 确定代码设计规则是否满足需求； (3) 对经设计方验证的 RTL 代码进行分析，确保 RTL 代码的规范性和易读性； (4) 如在代码设计规则评估过程存在代码设计违例或与需求定义不符合的项目，需要对该项结果进行分析； (5) 验证计划中的测试已全部运行；

续 表

保证活动	内 容
代码设计规则评估	(6)与其他系统单元集成时,须对测试程序的可行性进行审查; (7)各种嵌入式软件都得到验证,保证与软件之间接口的正确性; (8)应特别关注 COTS 或可重用的 IP 核模块或内核
代码人工走查评估	(1)以人工分析的方式进行; (2)检查设计的代码与依据性文件的一致性; (3)检查设计代码实现的正确性; (4)检查设计代码实现是否存在可靠性、安全性隐患等; (5)如存在代码设计违例或与需求定义不符合,需要对该项结果进行分析,给出评估结论
代码仿真评估	(1)对功能仿真的覆盖率进行分析,功能覆盖率应满足要求; (2)对码点仿真的覆盖率进行分析,码点覆盖率应达到 95% 以上。至少应给出语句覆盖率和分支覆盖率,当使用状态机时,还应包括状态机的覆盖率; (3)对代码仿真覆盖性进行分析,确保仿真验证完备性; (4)对所有未覆盖情况进行分析,并通过其他验证手段进行确认
设计交付项评估	(1)对交付项目中的设计文件(RTL 代码、设计规则说明文件等)进行检查,确保设计类文件的齐整和完备性; (2)对交付项目中的验证文件(包括激励文件、仿真验证平台、验证报告等)进行检查,确保验证类文件的齐整性和完备性; (3)对交付项目中的设计报告进行检查,确保设计报告类文件的齐整性和完备性

3.前端逻辑设计评估

(1)确定评估内容。进行前端逻辑设计评估需求分析,并形成书面文件。对以下方面进行分析后确定评估需求。

1)逻辑功能、逻辑单元库、工艺尺寸等内容;

2)接口电性能指标,例如 I/O 供电电压、内核供电电压、信号输入电压、输入高电平最小值、输入低电平最大值、输出高电平最小值、输出低电平最大值、输出时钟驱动能力、输出普通管脚驱动、输入漏电流、静态电流、电源接口内核电压、电源接口 I/O 电压、温度要求、存储温度等;

3)可测性要求,包括内部扫描测试要求、内建自测试要求、边界扫描要求等;

4)定制集成电路的时序要求,包括工作时钟频率、内部时钟最大工作频率、时钟信号电平、时钟信号占空比、时钟设计余量、关键时序路径;

5)门级网表与 RTL 代码功能一致性;

6)功耗和面积;

7)前端逻辑设计交付项。

(2)评估实施。前端逻辑设计评估包括逻辑综合、可测性设计、时序分析、形式验证、功耗分析和设计交付项等项目的评估,评估后形成评估报告。前端逻辑评估的项目和内容见表4-18。

表 4 - 18 前端逻辑设计评估项目和内容

评估项目		需求定义要求	评估内容
评估项目类别	评估子项目		
逻辑综合	RTL 代码到门级网表转化	接口电性能指标	逻辑综合的合理性和正确性；逻辑综合与需求定义的符合性
	接口电性能		
可测性设计	扫描测试	扫描测试覆盖率	可测性设计合理性和正确性；可测性设计与需求定义的符合性
	存储器内建自测试		
	边界扫描测试		
时序分析	时钟频率	时钟频率接口时序	时钟频率设计是否正确；接口时序与需求定义的符合性
	接口时序		
	关键时序路径		
	时序分析覆盖率		
形式验证	一致性检查	/	门级网表与 RTL 代码功能一致性
功耗评估	动态功耗	功耗要求	前端逻辑设计功耗能否满足需求
设计交付项	设计文件	/	交付项目的齐整性和完备性
	验证文件		
	报告文件		

前端逻辑设计评估流程如图 4 - 2 所示。前端逻辑设计评估须制定前端逻辑设计评估方案,并出具前端逻辑设计评估报告。

4. 后端版图设计评估

(1)确定评估内容。进行后端版图设计评估需求分析,并形成书面文件。对以下方面进行分析后确定评估需求:

1)逻辑功能、逻辑单元库、工艺尺寸;

2)芯片面积以及功能、测试管脚;

3)物理版图验证;

4)时序要求,包括工作时钟频率、内部时钟最大工作频率、时钟信号电平、时钟信号占空比、时钟设计余量、关键时序路径、是否满足芯片制造 Sign Off 标准;

5)版图和电路图功能一致性;

6)功耗、电压降和电迁移等;

7)后仿真要求,包括电路时序和功能;

8)后端版图设计交付项。

(2)评估实施。后端版图设计评估包括版图设计、物理验证、时序分析、形式验证、功耗评估、后仿真验证、设计交付项

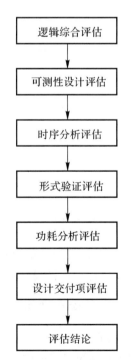

逻辑综合评估

可测性设计评估

时序分析评估

形式验证评估

功耗分析评估

设计交付项评估

评估结论

图 4 - 2 前端逻辑设计评估流程图

等项目的评估,评估后形成评估报告。后端版图评估的项目和内容见表4-19。

表4-19 后端版图设计评估项目和内容

评估项目		需求定义要求	评估内容
评估项目类别	评估子项目		
版图设计	布局规划	芯片面积; I/O管脚	版图设计的合理性; 版图设计与需求定义的符合性
	时钟树综合		
	布线		
物理验证	设计规则检查	/	物理版图设计的正确性; 物理验证的充分性
	电气规则检查		
	版图和电路图一致性检查		
	天线效应检查		
时序分析	时钟频率	时钟频率 接口时序	时钟频率设计的正确性; 接口时序与需求定义符合性; 能否满足芯片制造标准
	接口时序		
	关键时序路径		
	时序分析覆盖率		
	信号完整性检查		
形式验证	一致性检查	/	版图和电路图功能的一致性
功耗评估	动态功耗	功耗要求	电压降和电迁移是否设计合理,后端设计功耗能否满足需求
	电压降		
	电迁移分析		
后仿真	网表功能和时序正确性	/	电路时序和功能正确性
	仿真覆盖率		
设计交付项	设计文件类	/	交付项目的齐整性和完备性
	验证文件类		
	报告文件类		

后端版图设计评估流程如图4-3所示。后端版图设计评估须制定后端版图设计评估方案,并出具后端版图设计评估报告。

4.5.4 IP核评测

1.目的

IP核是知识产权的意思,在业界泛指一种事先定义、经验证、可以重复使用、能完成某些功能的模块。IP核是构成大规模集成电路的基本单元,SoC甚至可以定义为基于IP核的复用技术。从设计流程区分可分为软 IP 核、固 IP 核和硬 IP 核。软 IP 核以 HDL 形式提交,优点是灵活性强,缺点是性能方面具有不可预测性。硬 IP 核已经映射到特定工艺,经芯片制造验证,具有在面积和性能方面可预测的优点,但是灵活性小、可移植性较差。固 IP 核在结构和拓扑方面,通过布局布线或利用通用工艺库,对性能和面积进行了优化,比硬 IP 核更灵活,可移植性更好;比软 IP 核在性能和面积上更可预测,是软 IP 核与硬 IP 核的折中。

IP 核评测,是指根据一定的标准对其特征和属性进行测量和评估的过程,以保证 IP 核的功能、性能、可靠性与复用性。IP 核的可靠性可以分解为成熟度和鲁棒性两个子特征。

(1)成熟度:指 IP 核版本被业界接受和认可的程度,由在以前项目中使用的次数,是否在多个工艺线上流片并通过硅验证等因素决定。该特征在用户评估和选择 IP 核时非常重要。另外,如果某个 IP 核完全兼容业界现有标准,无疑其成熟度也会较高;

(2)鲁棒性:IP 核的鲁棒性包括抗信号干扰、亚稳态、同步软错误、噪声容限以及对非法输入的容错能力等方面。

2.IP 核的技术要求

IP 核应可移植到各种不同的设计与工艺,并可由并不参与 IP 核开发的第三方使用。因此,IP 核技术要求见表4－20。

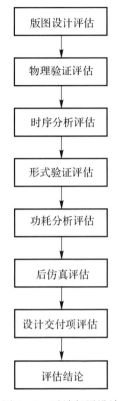

图 4－3　后端版图设计评估流程图

表 4－20　IP 核技术要求

要求的方面	要求的具体内容
代码	代码应采用 VHDL(VHSIC Hardware Description Language),任何与设计和编码准则违背的例外,应在详细设计文件中进行说明。其中,对异步电路、组合输入和组合输出的说明尤为重要
自完备性	应具有完备的 IP 核数据包,包括源代码、测试基准、脚本等。除非用户可普遍且免费获得,应避免包括隶属于其他知识产权的设计元素、设计单元、封装等。在文档中应对所有的参考信息进行标注,包括详细的版本信息和获得方式
CAD 工具独立性	VHDL 可用缩写代码数据库应不依赖于特定的 CAD 工具,并且对编译顺序及 VHDL 库的关联进行规定时应与工具无关
I/O 要求	缺省情况下,为非双向管脚(对于外部 I/O 管脚,IP 核的输入、输出和使能管脚应分离)。应对所有的输出进行记录。与缺省不一致的地方,应在 IP 核参数手册中进行说明

续 表

要求的方面	要求的具体内容
功能验证	应具备充分的仿真测试向量集,在仿真过程中可对核心功能实施评估。测试向量应具备完整的源代码,包括附加脚本,模式文件和用于模式文件生成与分析的参考模型。仿真平台输出应为文本形式,并且应对 IP 核验证方案中所定义的测试案例给出清晰的说明,测试向量应尽可能具备自检查能力。为加快功能验证过程,鼓励采用基于 COTS 评估板的 FPGA 原型设计进行验证
可配置 IP 核的确认	通常情况下,IP 核具有多种配置选项,如硬代码或软件可编程,因此难以对所有选项的组合进行无遗漏的验证。应合理选择配置子集进行验证。
工艺映射	通常,IP 核应为独立于制造工艺、可综合的 VHDL 代码。对于特定的功能单元,如嵌入式存储器,可能需要用到特定工艺的宏单元。应在源代码和文档中对这些宏单元进行识别,便于移植到其他工艺。此外,也应提供一个 IP 核的"通用"版本,其中以行为仿真模型对宏单元进行替代
IP 核验证计划	应详细描述整个验证环境和验证过程;应对验证原理、全部测试案例进行描述,并明确指出验证案例所使用的 IP 核配置情况;应说明测试向量代码与验证计划中所描述的测试情况之间的对应关系;应提供 IP 核开发与验证期间所使用的工具和操作系统清单
IP 核验证报告	应对验证结果进行说明,对验证过程中所发生的问题给出解释,并对未通过验证的案例进行论证;应对技术和环境相关的验证结果进行总结
IP 核用户手册	应该提供充分且详细的信息,使潜在用户可对 IP 核是否满足目标应用进行评估;还应提供所有必要的信息,以利于设计师将 IP 核整合到目标系统

IP 核用户手册应提供充分且详细的信息,使潜在用户可对 IP 核是否满足目标应用进行评估;还应提供所有必要的信息,以利于设计师将 IP 核整合到目标系统。IP 核用户手册主要包括下述内容。

(1)对在器件层面并不出现的硬配置选项进行说明,以保证硬件和软件的配置可清晰界定。

(2)对代码中所使用的电学和环境特性的设计及其功能进行描述,如容错设计、省电模式等。

(3)应规定每个管脚的时序关系,例如"与时钟 X 同步""寄存输出""组合通路"等。

(4)应对片上信号管脚与外部信号管脚给予明示。针对外部信号管脚,应明确信号类型,例如施密特触发器、漏极开路、LVDS、上拉等。

(5)力学、电气(直流、交流、功耗)和环境(热、辐射)的详细指标不适用于与工艺无关的 IP 核。然而,参数手册应包含对 IP 核开发期间获得的工艺映射结果的综述。

(6)应以基本逻辑门数量的形式给出设计所占用的面积。

(7)时序关系应包含全部输入与 I/O 管脚的输入建立与保持时间,以及全部输出管脚的时钟到输出的延迟。应给出输入/输出管脚全部组合的时序关系说明。

(8)应规定软 IP 核的时序。

(9)对于任何时序敏感信号,应提供版图设计指南。

（10）应提供与时钟信号和复位信号布局策略相关的建议。

（11）应对 VHDL 模型嵌套以及对应的文件与目录结构进行描述。此外，应列出 VHDL 模型结构与数据手册中所描述的设计结构之间的对应关系。文档中的模块命名与设计数据库中的目录、库、文件的命名应直接对应。

（12）应提供建立设计数据库的指导，并应对任何特定的路径或变量的设定进行文字说明。

3. IP 核评测的方法

IP 核评测采用的方法包括安全规则检查、仿真验证、形式验证、性能验证和 FPGA 原型验证等。IP 核评测的方法和内容如图 4-4 所示。

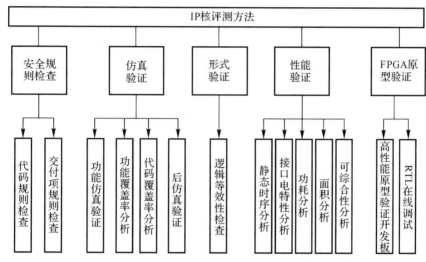

图 4-4　IP 核评测的方法和内容

（1）安全规则检查。安全规则检查主要包括代码规则检查和交付项规则检查。确保代码规范、可读性强，易于理解，并可重复使用，同时便于维护。另一方面，代码规范也确保了它的可综合性，使其兼容各类的综合工具。交付项规则检查主要对交付文档、IP 核模型、IP 核验证平台等内容的完整性和规范性进行检查。

（2）仿真验证。仿真验证指在虚拟的应用环境下对 IP 核进行测试。功能仿真验证包括不带时序信息的前仿真（针对 RTL 或者网表）和带时序信息的后仿真（网表附加时序信息）。在前仿真阶段，评测关注于该 IP 核的功能设计是否完全达到要求。测试覆盖率是针对仿真验证充分程度的评估标准，不仅可以量化功能仿真测试覆盖的程度，并且可以指导测试用例的定向输入。在后仿真阶段，主要分析时钟和复位电路、异步电路、关键接口、多周期路径、关键模块和关键功能。

（3）形式验证。形式验证是指将 RTL 设计的源代码与综合后的网表、综合后的网表与布局布线后的网表进行逻辑比对的过程，是一种无需测试向量的静态验证方法。同时，形式验证可以节省门级网表的后仿真时间，由于逻辑的等价性，对于同步数字电路功能设计的模块，可以使用前仿真加逻辑等价性验证来替代后仿真，从而使得后仿真仅须关注那些关键模块。

（4）性能验证。性能验证中的时序参数分析采用 EDA（Electronic Design Automation）工具，利用多种技术发现并确认所有的跨时钟域亚稳态问题，对设计进行自动分析，并指出可能导致亚稳态问题的信号，避免跨时钟域信号传输丢失，防止由于亚稳态效应导致跨时钟域信号相位相对变化导致的功能错误,保证验证的完备性与设计的可靠性。使用支持分布式计算的静态时序分析工具,在多种工况和工作环境下进行时序分析,可以精确检查 IP 核的设计是否满足时序要求,确认时序的设计余量。

(5)FPGA 原型验证。对于基于数字电路结构的 IP 核,FPGA 是一个近似于真实使用环境的验证平台。由于硬件的执行速度远高于仿真验证速度,使用 FPGA 原型验证能够针对 IP 核进行高负荷的极限验证。评测时需要将 IP 核迁移到 FPGA 平台上,在 FPGA 的接口外围搭建真实的环境,验证 IP 核功能和时序的正确性。

4. IP 核评测的内容

IP 核评测的内容包括电路设计质量评测、物理设计质量评测、模型质量评测、功能验证质量评测、测试质量评测、硅验证质量评测等阶段。IP 核评测可在 EDA 工具环境进行。对于 IP 核交付项,如代码覆盖率、功能覆盖率、测试覆盖率以及模型和接口等交付项,通过运行相关 EDA 工具给出客观的仿真评测结果。

(1)电路设计质量。数字硬 IP 核的电路设计评测,包括电路原理图和电路级仿真网表等内容。应检查详细的电路原理图,在电路图上应包含电路功能模块电流流向、版本等相关信息,以及是否包含了需要特殊物理方法实现的结构。

(2)物理设计质量。数字硬 IP 核的物理设计评测,包括物理网表、版图、LEF(LEF, Layout Extension File)文件、DRC(DRC, Design Rule Check)结果输出文件、LVS(LVS, Layout v. s Schematic)结果输出文件、ERC(ERC, Electrical Rule Check)结果输出和信号完整性分析等内容。信号完整性分析包括对串扰、电磁干扰(如天线效应等)、信号电迁移、电源和地线连线的 IR 压降等方面的分析。

物理设计质量评测的具体要求:

1)连接到 I/O 的器件应具有抗锁定保护电路。

2)展平的 DRC,ERC 和信号完整性检查,层次化的 DRC,ERC 和信号完整性检查,结果均应完全通过。所有的输入端口均不受天线效应的干扰。应提供 DRC 报告,包括用于 DRC 的设计规则版本信息以及无错的 DRC 日志文件。

3)应提供该 IP 核完整的仿真网表和物理网表。展平的 LVS 检查和层次化的 LVS 检查结果应完全一致。电路图和版图的命名应一致。

4)应提供 LVS 报告,包括无错的 LVS 日志文件。LVS 应检查单元、管脚和电源-地管脚的一致性,Verilog 模型、时序库模型、Spice 网表中各管脚输入输出方向的一致性,Verilog 模型和时序库模型中的时序弧、时序弧方向以及时序弧类型的一致性。

5)应提供 ERC 报告,包括无错的 ERC 日志文件。

6)应提供有关时序和管脚电容的信息,用来支持基于时序驱动的布局,以及提供使用时序和管脚电容的脚本、数据或安装文件等。

7)在进行静态时序分析时,需要考虑信号完整性和串扰效应等因素。

8)版图后仿真应使用版图寄生参数提取后的电路网表,并且对所有的关键电路仿真应完全通过。

9)应检查版图上网络的电迁移规则。

(3)模型质量。数字硬 IP 核的模型质量评测,包括功耗模型、时序分析模型、外围互连模型、电路级接口模型和基本延迟模型等内容,具体评测要求:

1)基本延时模型应定义 IP 核的时序规范,包括与时序弧相关的延时模型、电平转换模型和延时检查模型,是"时序分析模型"的基础;

2)时序分析模型应描述 IP 核的静态时序特性,应可用于 IP 核的时序分析;

3)功耗模型应定义一个 IP 核的功耗规范,对于不同类型(软核、硬核)的 IP 核其功耗规范的格式不相同,应可用于 IP 核的功耗分析;

4)外围互连模型应描述接口互连网的壳层,规定 IP 核的物理 I/O 端口与其内部门电路之间进行互连时,所使用的互连电阻与电容;

5)电路级接口模型用于一般延迟模型不适用的场合,应描述 IP 核接口电特性的晶体管级网表。

(4)功能验证质量。数字硬 IP 核的功能验证质量评测,包括对测试平台、系统评估模型、详细行为模型、时序精确行为模型、驱动器、监视器、接口模型、激励、硬件仿真、模拟脚本等内容,具体评测内容:

1)测试平台应独立于仿真器。测试平台应覆盖 100% 的 IP 核功能。

2)验证环境应使附加的测试向量能够容易地加入到测试集中;应提供安装和编译验证环境的方法。验证环境应包含激励的版本和运行时间信息。

3)为系统评估提供一个适当层次的功能行为模型。为了使 IP 核在系统中可以进行精确仿真,也可提供一个混合层次的仿真模型,包括非关键子模块的行为模型和关键子模块的电路级模型。

4)驱动器应具有足够的配置灵活性,可指出所有可能的数据格式错误。

5)仿真脚本应能检测仿真错误和警告,所有的错误报告应具有统一的格式。

6)仿真应在所有合适的情况、电压和温度组合下运行。应进行全版图寄生电路元件参数提取后的仿真。仿真应使用最新的器件模型。

7)时序验证应验证在最坏情况和最好情况下的时序。

8)验证环境执行协议检查时,协议错误应在适当的地方产生,验证环境能够监视不正确使用协议或违反协议的情况。

9)仿真应通过公用程序结束。验证环境应具有终止仿真的方法,使仿真器在一定的时间或节拍后不再运行。

10)验证环境应能够报告哪些测试向量通过了测试,哪些测试向量没有通过测试。

11)IP 核应支持硬件仿真。

(5)测试质量。数字硬 IP 核的测试质量评测,包括对测试图形、ATPG 模型、测试包封、测试模型等评测,具体评测内容:

1)测试图形应为测试模式提供一系列测试向量。

2)测试脚本应可用于 DFT 结构。

3)ATPG 模型应适用于 DFT 和 ATPG 工具。

4)测试包封负责将测试序列转换成测试图形,应提供 IP 核的测试接口和各种测试工作模式的硬件模块,并可用于 IP 核测试。如果交付基于工业标准(如 IEEE P1500)的测试包封,将会加快 SoC 的集成和测试过程。

5)测试模型应对 IP 核进行 SoC 集成时测试的相关内容给出描述,如 IP 核端口、扫描结构、测试协议等。

（6）硅验证质量。数字硬 IP 核的硅验证质量评测,包括对硅验证概述文件、测试报告和测试板等内容的评测,具体要求:

1）在硅验证中,应描述所选用的工艺线、所选用的芯片制造工艺并列出重要的逻辑和物理特性,如晶体管数、尺寸、工艺库等。

2）硅验证报告应给出包含所有测试的列表,并且详细描述每一个测试,包括资源日志和测试花费时间等。

3）测试计划应详细列出该 IP 核所需要的特性测试和测试环境,对测试方法、详细的测试过程以及测试模式进行描述。

4）应给出测试样片的使用说明。

5）在硅验证时所需要的硬件环境、测试工具以及测试环境等方面的说明。如果芯片测试有特殊的硬件需求,则应在文档中写明。

6）应给出无法测试的特性,标识出即使测试也无法保证的 IP 核技术特性。

7）应列出每一特性测试所需要的测试条件,例如电压、温度等。

8）应比较 IP 核功能、时序、功耗、频率等测试结果与仿真结果的差异,并分析产生错误或差异的根本原因。

9）如果该 IP 核通过了即插即用的通用性测试,则应在文档中进行详细说明。文档还应详细说明该 IP 核满足的某种工业标准,该 IP 核应 100% 通过此标准的兼容性测试,说明无法通过兼容性测试的特性,以及描述无法测试的标准兼容特性。

10）测试报告应详细描述晶圆测试、封装测试、功能测试、电参数测试、调试测试、ESD 测试、锁定效应测试及其他可靠性测试以及使用该批次样片的器件特性。

11）应提供测试开发板以及测试电路图。

4.6　本章小结

本章对定制集成电路过程保证的内涵进行了分析,介绍了国内外定制集成电路保证的现状。针对定制集成电路的研发过程,给出了过程保证需要开展的相关工作,并针对过程保证的相关技术进行了重点说明。

第5章 鉴 定

5.1 鉴定的内涵

大规模集成电路日新月异的发展对传统的鉴定方法提出了新的挑战,倒装封装结构的集成电路需要针对新型组装和封装工艺、管壳进行评价;工艺节点的减小需要对器件的热特性、信号完整性进行评价;超大规模集成电路的抗辐射特性需要针对性的检测方法。传统的鉴定试验项目已不能完全覆盖现代大规模集成电路的特性和宇航应用需求。

大规模集成电路的鉴定,应首先对所采用的新技术进行识别,如新的设计规则、新材料、新工艺,并定义表征或鉴定的准则和方法,同时也应包括潜在失效机理的确定以及相应的风险减缓措施。集成电路新技术指集成电路系列、材料或其制造工艺未被"表征"、评估或鉴定过。成熟的集成电路技术具有3个特点:已经用于集成电路批量生产,有器件品种连续发布;有连续的可靠性监测计划并实施,计划包括能够识别主要的影响寿命可靠性的机理,并监测长寿命工作时集成电路可能出现的性能漂移;有确切的证据证明,集成电路生产的过程以及设备是稳定的。生产厂应对新技术进行验证,新技术验证程序应包括对新技术的定义、对新技术进行表征或鉴定的准则或方法,同时也应包括潜在失效机理和激活能的确定,以及相应的风险减缓措施。新技术验证的程序、计划和方法应由鉴定机构确认,包括实际器件在$-55℃$,$125℃$(或器件规范规定的最高或最低温度)的 DC,AC 和全功能全参数(可行时)的表征或评估试验。新工艺的寿命试验,应建立在全温度范围表征或评估试验,并掌握失效机理及风险减缓措施的基础上;表征或评估包括对潜在失效机理及激活能的全面评估,对激活能以及电压、温度或频率等加速因子的计算和评估,建立长期可靠性失效率。大规模集成电路鉴定包含了下述三方面含义。

1)认证。认证是通过检查和列举证据等手段,确立集成电路的特定要求是否能够满足的过程。如设计认证、测试方法认证、软件认证和工艺认证等。

2)评估和验证。评估和验证是通过分析、试验等手段确立集成电路的状态符合预先设定要求的过程,如设计验证、工艺评估等。

3)鉴定试验。鉴定是确定集成电路状态符合标准、规范要求的过程,如器件性能鉴定、应用要求的符合性确认等。

大规模集成电路的鉴定,包括合格生产线(QML,Qualified Manufacture List),合格产品(QPL,Qualified Product List)方式;QML 方式着重于生产厂的能力认可,对集成电路的工艺基线进行鉴定;QPL 方式针对集成电路品种进行。另外,在鉴定试验的实现方式上,除了常规的应力驱动的试验方式之外,可结合宇航应用的具体需求,进行基于应用需求的鉴定试验,给出特定的集成电路品种是否满足宇航应用的具体结论。大规模集成电路的宇航鉴定应考虑以下几方面。

(1)确凿的证据。表征或评估试验证实大规模集成电路技术已经满足或超过规范规定的要求。

（2）鉴定的方法应随大规模集成电路技术的变化而变化。

（3）应针对每种大规模集成电路技术制定鉴定方案。

（4）采用新技术的大规模集成电路的鉴定，鉴定前应进行表征试验或评估试验，鉴定试验应包含与失效机制相关的试验。

5.2 国内外现状

5.2.1 美国

随着大规模集成电路制造技术的不断发展，MIL-PRF-38535作为美国大规模集成电路制造和保证的主要依据，对于采用了新技术的先进大规模集成电路，要求进行新技术验证，对集成电路特性表征、工艺表征、封装表征、辐射特性表征以及热特性表征等提出了具体的"表征"要求。针对大规模集成电路，按照MIL-PRF-38535的规定，鉴定涉及三方面的工作：①新技术验证；识别大规模集成电路制造所采用的新技术，制定新技术验证计划，进行验证。②生产基线工艺鉴定；开展各项工艺表征试验，对包括设计、流片、封装和试验在内的生产基线工艺进行鉴定。③鉴定试验；针对大规模集成电路特点，根据器件的失效机理，进行鉴定试验。

NASA认为，空间鉴定是非常复杂的工程，空间鉴定应针对长寿命（无法维修）、冲击/振动、辐射、真空和热特性等方面。新技术元器件空间应用的鉴定方法研究，是NASA的研究热点方向。通过研究，为降低宇航任务采用新型元器件所带来的风险提供技术支持。

5.2.2 欧洲

欧洲宇航集成电路鉴定，包括QML，QPL和能力认可3种方式，QML方式与美国QML鉴定方法类似，QPL针对集成电路品种进行。能力认可方式，通过对集成电路生产能力域的定义、认证，以及代表品种的鉴定，认可生产厂集成电路生产或试验的某些领域。在鉴定试验之前，首先需要对集成电路进行评估试验。近年提出了工艺能力认可的鉴定方式。

鉴定涉及三方面的工作：①生产厂评价；按照ESCC 20200的规定，开展生产厂评价。②集成电路评估；按照ESCC 2269000的规定，考虑集成电路具体工艺特点，开展评估试验；评估试验通常采用超出集成电路规范的应力，目的是获得集成电路的失效模式以及设计、工艺可能存在的薄弱环节的相关信息，通过评估确定集成电路过程确认文件（PID，Process Identification Document）；器件评估试验采用步进应力试验和恒定应力试验方法，评估试验项目一般包括结构分析、电特性确认、抗辐射能力评估试验（适用时）、加速电应力耐久性试验、封装可靠性评估试验等。③鉴定试验；根据评估试验确定的试验条件，按照ESCC 9000要求，开展鉴定试验。

5.2.3 中国

我国目前军用电子元器件的鉴定实行QML和QPL两种方式。QML针对生产线和代表产品进行一系列的认证和验证试验，依据国家军用标准GJB 7400进行。QPL方式通过生产线的认证以及产品一系列的鉴定试验项目，通过后纳入QPL目录，依据国家军用标准

GJB 597进行。国内宇航机构发布了宇航用半导体集成电路通用规范,采用 QPL 方式,规定了宇航用集成电路的鉴定要求,在执行 GJB 597 的基础上,增加了宇航要求,包括生产线的宇航认证、评估、结构分析、应用验证等方面的要求,并规定鉴定试验的项目应与集成电路的失效机理相关联。

鉴定涉及三方面的工作:①生产厂认证;根据 GJB 597,GJB 7400 以及宇航要求进行生产厂认证。②集成电路评估;建立器件评估程序,确定集成电路评估试验方法,对集成电路进行评估。③鉴定试验;按照 GJB 597,GJB 7400 以及宇航要求,进行鉴定试验。

5.3 集成电路可靠性预计模型及参数

5.3.1 可靠性预计模型的历史

宇航用大规模集成电路的密度受到可靠性要求的限制。需要确定适合的设计规则、工作电压以及最大工作速度,确保器件在预期寿命周期内功能正常。为了确定在给定的设计约束下器件的最终性能,应在特定工作条件下对可靠性进行建模。因此,为进行寿命预计的可靠性建模成为失效物理理论的重要研究方向,失效率预计的统一方法也正在研究过程中。事实上,所有商业的可靠性评价方法,均依赖于对单一、占主导地位的失效机理进行加速。

在过去的数 10 年里,人们对大规模集成电路关键失效机理产生的根源,及其物理机制方面的认识在不断深入。基于历史可靠性模型基础,建立了更先进的设计规则,并已成功应用于最新的超大规模集成电路技术。改进后可靠性建模的成就之一,就是采用新模型的器件性能已经超越了摩尔定律的预期。采用更先进的设计规则,降低了单一失效机制的重要性。先进的大规模集成电路,在规定的工作条件范围内,很可能不再具备单一的失效模式。器件失效可能是几个竞争的失效机理相结合的结果。

1. 可靠性预计的起源

可靠性建模和预计是一个比较新的学科。20 世纪 80 年代,指数或恒定失效率(CFR,Constant Failure Rate)模型用于描述元器件的使用寿命,它是 Bowles 综述的六大可靠性预计程序的核心,也是军用电子设备可靠性预计手册的基础(MIL - HDBK - 217 系列),成为可靠性预计的行业标准。尽管 CFR 模型的使用并没有进行物理验证,但是证明 CFR 模型的合理性并不困难,它在数学上描述了系统的失效分布,是由于完全随机或偶然事件所导致的。纵观这一时期,器件的复杂度显著增加,器件生命初期的脆弱性以及几种内在失效机制的结合构成了恒定失效率。

20 世纪 80 年代和 90 年代早期,由于新的集成电路技术的引入,更多的证据表明 CFR 模型不再适用,此时的现象是以早期失效和器件耗损决定的失效率为主,这些失效不能用 CFR 模型描述。1991 年,两个设计团队,Honeywell SSED 的研究所和 Westinghouse 的马里兰大学团队,在研究成果的基础上,均提议不能直接使用 CFR 模型对 MIL - HDBK - 217 进行更新。他们还建议,在缺乏深入研究的前提下,指数分布不再适用于所有类型的器件和电路系统。

CFR 作为可靠性建模的唯一模式,终结于"佩里备忘录"的正式出版,作为对于 CFR 模型缺陷反馈的回应,国防部长威廉·佩里 1994 年发布了一份备忘录,终止了很多军用标准的使用,包括 MIL - HDBK - 217 系列。当时,许多军用标准被取消,美国国防部在质量保证方面鼓励使用工业标准,如 ISO9000 系列。

从那时起,失效物理方法主宰了可靠性建模技术,为获得确定的寿命时间,对单一失效机制的根本原因进行了研究,并进行了改进。耗损机制易于理解,可靠性工程师的目标,是通过施加严格的设计规则,使元器件失效的主导机制发生于寿命周期外。这种方法的理想结果是在器件正常的工作寿命周期期间,不可能发生预期的耗损故障。然而,事实上失效确实发生了,可靠性预计不得不适应这一新的理论方法。因此,任何一个限制器件使用寿命的单一失效机制不再适用。

2. 传统方法

(1)MIL - HDBK - 217。MIL - HDBK - 217 是为所有传统的可靠性改进方法论铺设的第一块基石,发布于 1965 年,以实现下述目标。

a. 对行业收集的应用可靠性数据进行处理;

b. 发现设计优化的基础;

c. 给出"量化的可靠性需求";

d. 在正式规模量产前,对可靠性进行评估。

MIL - HDBK - 217 很快成为业界遵循的标准,其后几度更新,以便跟上元器件技术以及预计方法的变化;同时,其他机构也开始开发适合自己产业的预计模型。20 世纪 90 年代,业界尝试开发一种电子系统可靠性评估的方法学,包括失效原因的评估,以期应用于电子系统的设计和制造。为了涵盖种类繁多的器件类型,提出了"相似系统"(similar - system)的概念。术语"相似系统",指采用相似的技术,为相似的应用需求所制造的系统,或执行相似的功能;下一步是看"相似系统"是否适用于现有的行业数据。只要新系统具有一定的继承性(不是革命性的变化),已有系统的相关数据,就可用于新的"相似系统"的预计;数据移植到新的"相似系统"时,应考虑系统的复杂性和温度,以及环境等相关因素的影响。

MIL - HDBK - 217 的最后版本为 MIL - HDBK - 217F,涵盖了现代军事系统中,广泛适用的元器件类型,从集成电路和分立器件,到无源元件如电阻、电容。对于这些领域,该手册提供了一个简单公式,计算每百万小时的失效率。按其所说,该手册的目标是"建立和保持统一的方法,评估军事设备和系统成熟设计的固有可靠性"。

传统 MIL - HDBK - 217F 的预计过程分类:

1)恒定失效率。恒定失效率可靠性模型被大多数可靠性预计方法所采用,包含不同元器件系统的失效率是其元器件失效率的总和,这意味着所有系统应用的元器件是串联的。

2)π 因子:几乎所有的传统预计方法,都包括一个由几个 π 因子所修正的基本失效率。集成电路、逻辑阵列和微处理器均包含封装和器件组合的应力模型。π 因子的例子包括 π_{CF}(配置因子)、π_E(环境因子)、π_Q(质量因子)。这些因子包括在总失效率的计算式(5.1)和式(5.2)中,定义见 MIL - HDBK - 217F,并基于元器件不同的环境应力等级和质量等级。

基于元器件数量及元器件应力分析的数据评估,有两种基本方法进行可靠性预计。

a. 元器件数量可靠性预计方法,一般用于设计的早期阶段,此时尚没有足够的数据,但元器件数目已知;相关信息包括元器件的类型、数量、质量等级(已知或假定)以及环境因素,失效率的一般表达式为

$$\lambda_S = \sum_{i=1}^{n} N_i (\lambda_g \pi_Q)_i \tag{5.1}$$

式中,λ_S 是总失效率;λ_g 是第 i 个通用元器件的失效率;π_Q 是第 i 个元器件的质量因子;N_i 是第 i 个通用元器件的数量;n 是通用元器件的类型数。如果设备中元器件可工作于不同环境,则上述方程可应用于设备的每一个环境。总失效率则为各个工作环境失效率的总和。

b. 元器件应力模型,基于机械、电等环境应力与失效率的关系,例如温度、湿度及振动等,元器件失效率随施加应力的类型和强度而改变,应力与强度的互相作用决定了元器件失效率。该方法适用于设计已基本结束,详细的元器件应力信息已知的情况;同样也适用于设计后期。由于在此阶段已知信息更多,结果比元器件数量方法更为精确,集成电路应力的例子见下式,有

$$\lambda_P = (C_1 \pi_T + C_2 \pi_E) \pi_Q \pi_L \tag{5.2}$$

式中,λ_P 为失效率;C_1,C_2 分别与芯片基本失效率(如门数)、封装形式的复杂度(如管脚数)相关;π_T 是相关失效机制的温度加速因子;π_E 是环境因子;π_L 是考虑生产线成熟度等因素的相关因子。元器件质量影响元器件失效率,与元器件质量等级有关,质量等级由生产过程的试验与筛选水平决定。由于涉及的技术不同,质量等级也有不同类型。

环境因子 π 定义了元器件的环境应力敏感度,不同的预计方法有适合元器件自身状况的环境因子表。例如,MIL - HDBK - 217F 中定义的环境 π 因子几乎涵盖了所有适用于军用电子器件的环境应力因子(电离辐射环境除外)。

相关因子 π 反映了器件的成熟度,表明第一个版本比后续版本更不可靠。例如,军用手册中的相关因子 π 试图考虑器件已经生产的年数,因而相关的加速模型被应用到失效率中。

器件在使用中受到的环境应力是复杂的,比如会同时受到温度、电和湿度等应力的影响,实际上也正是这些应力的综合效果影响了器件的寿命,因此在加速试验中引入综合应力的加速模型,可以更精确的模拟实际环境条件,从而利用加速试验中得到的数据,预计正常使用状态下的寿命。下面是常用的加速模型。

1)Arrhenius 模型

Arrhenius 模型适用于温度加速的试验项目,模型计算式为

$$A_F(T) = \exp \left[E_a / k \left(1/T_{USE} - 1/T_{STRESS} \right) \right] \tag{5.3}$$

式中,$A_F(T)$ 是温度加速因子;E_a 是激活能,eV;k 是波耳兹曼常数;T_{USE} 是实际使用的环境温度;T_{STRESS} 是试验温度。

2)Eyring 模型。Eyring 模型为 Arrhenius 模型的扩展,用于电压和温度同时加速的试验项目,模型计算式为

$$A_F(T,V) = \exp \left[B(V_{STRESS} - V_{USE}) \right] \exp \left[Ea / k \left(1/T_{USE} - 1/T_{STRESS} \right) \right] \tag{5.4}$$

式中,$A_F(T,V)$ 是温度、电压加速因子;V_{USE} 是实际使用的电压;V_{STRESS} 是试验时施加的电压;B 是系数,根据不同失效机理取值。其他参数值与 Arrhenius 模型相同。

3)Kemeny 模型。Kemeny 为电压加速模型,模型计算式为

$$\lambda = \exp \left[C_0 - \frac{E_a}{kT_j} \right] \exp \left[C_1 \left(\frac{V_{CB}}{V_{CB\,max}} \right) \right] \tag{5.5}$$

式中,V_{CB} 为集电极、基极电压;$V_{CB\,max}$ 为集电极、基极电压最大电压;C_0,C_1 为与材料特性相关的常数。

4)Peck 模型。Peck 模型也为 Arrhenius 模型的扩展,适用于温度、湿度加速的试验项目,模型计算式为

$$A_F(T,rh) = (rh_{STRESS}/rh_{USE})^n \exp\big[\, Ea/k\,(1/T_{USE}-1/T_{STRESS})\,\big] \qquad (5.6)$$

式中,$A_F(T,rh)$ 是温度、湿度加速因子;rh_{use} 是实际使用环境的湿度;rh_{stress} 是试验环境湿度;n 为材料特性系数。

5)Coffin – Manson 模型。Coffin – Manson 模型适用于温度变化的加速试验项目,模型计算式如下:

$$A_F(\Delta T) = (\Delta T_{STRESS}/\Delta T_{USE})^n \qquad (5.7)$$

式中,$A_F(\Delta T)$ 是温度变化加速因子;ΔT_{STRESS} 是试验温度变化值;ΔT_{USE} 是实际使用的温度变化值;n 为材料特性系数。

传统的可靠性预计方法,包括 Telcordia,CNET,RDF,SAE,BT – HRD – 5,Siemens,NTT,PRISM,FIDES 流程。表 5 – 1 给出了传统的方法流程与应用领域。

表 5 – 1 传统的预计方法流程与应用领域

方法流程	应用领域
MIL – HDBK – 217	军事
Telcordia SR – 332	电信
CNET	地面军事
RDF – 93 and 2000	民用设备
SAE Reliability Prediction Method	汽车
BT – HRD – 5	电信
Siemens SN29500	西门子产品
NTT Procedure	商用和军用
PRISM	商用和军事
FIDES	航空和军事

Telcordia(也称为 Bellcore)方法由贝尔通信研究院(Telcordia 技术公司)于 2001 年 5 月开发,着重面向电信行业设备,与 MIL – HDBK – 217 和 Telcordia SR – 332 的基本概念类似,但 Telcordia SR – 332 包括使用贝叶斯分析,与老炼、现场应用和实验室的试验数据分析相结合。

Telcordia 元器件模型是黑盒技术,针对不同的元器件类型,该元器件计数方法定义了一个黑盒子稳态失效率,λ_{BB},则

$$\lambda_{BB} = \lambda_G \pi_Q \pi_S \pi_T \qquad (5.8)$$

式中,λ_G 为具体元器件的一般稳态失效率;π_Q 为质量因子;π_S 为电应力因子;π_T 为温度因子。

单元的元器件计数稳态失效率 λ_{PC} 定义为

$$\lambda_{PC} = \pi_E \sum_{i=1}^{n} N_i \lambda_{SSi} \qquad (5.9)$$

式中,λ_{SSi} 为元器件 i 的稳态失效率;π_E 为单元环境因子;N_i 为 i 类型设备的数量;n 是单元中的

元器件类型数。

系统失效率 λ_{SYS} 为系统所包含的所有单元的失效率总和,即

$$\lambda_{SYS} = \sum_{j=1}^{M} \lambda_{PCj} \tag{5.10}$$

式中,λ_{PCj};为单元 j 的失效率;M 为系统的单元数。

(2)PRISM。电子与非电子元器件可靠性预计和数据库(PRISM,Reliability Prediction and Database for Electronic and Non – Electronic Part)是由美国可靠性分析中心(RAC,Reliability Analysis Center),20 世纪 90 年代按美国空军合约开发,该方法的最新版本为软件形式,发布于 2001 年 7 月。元器件失效率的 PRISM 数学模型称为 RAC 率;模型基于数个来源的数据。PRISM 采用经验数据的贝叶斯方法获得系统级预计。该方法考虑元器件以及与系统相关的故障,但元器件模型为分析的核心。该方法为电容器、二极管、集成电路、电阻器、闸流管、晶体管和软件提供了不同的模型。总的元器件失效率包括工作条件、非工作条件、温度循环、焊点、过电应力(EOS,Electrical Over Stress)。

对于缺乏 RAC 率的元器件,PRISM 提供"非电子元器件可靠性和电子元器件可靠性数据"手册作为参考,在这些参考手册中可找到不同类型元器件在不同环境下的失效率。

系统的一般 PRISM 失效率 λ_{SYS} 定义为

$$\lambda_{SYS} = (P_G) \sum_{i=1}^{N} (\lambda_P)_i + \lambda_{SW} \tag{5.11}$$

式中,P_G 为处理等级;λ_P 为第 i 个元器件的 RAC 失效率;λ_{SW} 为软件的 RAC 失效率。

与其他手册恒定失效率模型不同,RAC 失效率模型没有单一的元器件质量等级因子,质量等级由称为处理等级的隐含方法考虑。处理等级强调如设计、生产、元器件采购以及系统管理等因素。

(3)FIDES。FIDES 预计方法,试图预计经典浴盆曲线工作寿命部分的恒定失效率,这种方法将内在失效和外部失效结合在一起建模,外部失效包括器件规范、设计、生产和封装,以及选择的采购渠道。该方法考虑开发、制造,以及与应用相关的过应力等因素产生的失效,如电、机械以及热导致的失效。在最高等级时,FIDES 方法由 3 个基本因子组成,即

$$\lambda = \lambda_{Phy} \cdot \pi_{Partmanufacturing} \cdot \pi_{Process} \tag{5.12}$$

式中,λ_{Phy} 为物理分布;$\pi_{Partmanufacturing}$ 是表示质量和生产技术的控制因子;$\pi_{Process}$ 涵盖了从规范、现场操作和维护的所有过程。λ_{Phy} 表示为

$$\lambda_{Phy} = \left[\sum_{physicalcontributions} (\lambda_0 \pi_{acceleration}) \right] \pi_{induced} \tag{5.13}$$

式中,λ_0 为依赖于技术特点的基本失效率;$\pi_{acceleration}$ 是使用条件下的环境加速因子,$\pi_{induced}$ 是过应力因子。

3. 传统预计方法的局限

尽管存在着多种经验预计模型,但 MIL – HDBK – 217 仍有一定的局限性。20 世纪 70 年代初期,将失效物理方法纳入 MIL – HDBK – 217 的尝试并不很成功;对失效物理方法的需求开始于 70 年代,应用于小规模 CMOS 技术的类似模型在 1989 年才被引入。即使如此,该方法作为一个独立的方法论,对 MIL – HDBK – 217 进行更新的建议,直至 90 年代才引起人们注意,该建议指出了传统方法的弱点:恒定物理失效的误导,Arrhenius 温度模型的使用,耗损机制建模以及建模机制。表 5 – 2 给出了 MIL – HDBK – 217 与失效物理方法的比较。

表 5 - 2 **MIL - HDBK - 217 与失效物理方法的比较**

对比的方面	MIL - HDBK - 217	失效物理方法
模型开发	模型无法对设计和制造提供精确指导,因为模型是根据假定的恒定失效率数据开发的,不是实际的时间失效数据。一个支持者道出了根本:"由于数据的分散性,开发新模型时经常依靠现有数据进行内推和外推,整体模型结果缺乏统计的置信区间"	模型基于科学与工程的基本原理,可以支持确定或可能的应用需求
器件设计建模	由于缺乏对失效故障的根源分析,MIL - HDBK - 217 关于完美设计的假设,是无法验证的,MIL - HDBK - 217 模型不识别耗损问题	针对根本原因的失效机制模型,对设计、制造和工作可靠性有明确影响
器件缺陷建模	未考虑制造工艺因素对可靠性的影响。模型无法用于:确定制造工艺因素对可靠性的影响,识别并确定缺陷产生的原因,或如何针对缺陷进行筛选和检验	考虑了制造过程的影响。工艺制造过程的波动必然对器件可靠性有一定的影响。失效机理模型可用于:确定制造工艺因素与可靠性的关联性;识别并确定缺陷产生的原因,以及如何进行筛选和检验
器件筛选	MIL - HDBK - 217 所提倡和鼓励的筛选方法,未确认潜在的失效机理	为特定的筛选和检验提供了有效的科学依据
器件覆盖	未涵盖新技术大规模集成电路。无法为新技术大规模集成电路设计和开发进行可靠性建模	普遍适用,同时适用于新技术大规模集成电路,针对失效机理,而不是器件本身进行建模
Arrhenius模型的使用	指出稳态速率的温度是主要的应力,设计者可以通过减少温度应力提高可靠性。MIL - HDBK - 217 模型不接受明确的温度变化输入,将各种失效机理的不同加速模型集成在一起,这是不合理的	使用 Arrhenius 模型,模拟每个失效机制稳态温度和均值时间与失效率之间的关系,此外,还考虑温度的变化、温度变化的速率和温度梯度造成的应力
工作温度	仅考虑稳态温度,而稳态温度的效应是不准确的,因为它不是基于根本的时间—失效的数据	考虑每个失效机理的温度依赖性,如对于极端温度提供了足够的裕度,可靠性对温度循环应力更敏感
工作温度循环	未考虑温度循环对可靠性的影响,无法对温度循环及振动的影响进行叠加	对于所有适用的根本失效机制,考虑了包括稳态温度、温度变化、温度变化率以及温度梯度等应力的影响
所需的输入数据	不对关键失效的分布建模,如材料结构,以及实际的工作应力等。最小数据输入,最小数据输出	考虑造成失效的所有信息:材料、结构以及工作应力,这些信息可从知名电子公司的设计和制造过程中得到

续 表

对比的方面	MIL - HDBK - 217	失效物理方法
输出数据	引用支持者的话来说明："MIL - HDBK - 217 不是用来预计现场可靠性的,在绝对意义上来说做的不到位。"	为设计师提供材料、结构、架构、负载以及发生变化时对可靠性预计的影响。对器件或封装,给出针对关键的失效机制、失效发生的时间和位置的预计
协调	模型未提交到相应的工程和技术协会进行正式的讨论和审查	基本失效机制模型由著名专家和同行进行了持续的讨论和审查,新的软件和文档目前正在由全球主要电子企业,美国军方开始协调
相对成本分析	与附加值相比成本高	重点在失效机制发生的根本原因和失效部位,成本可控

5.3.2 当前的可靠性建模与预计

1. 失效物理的概念

基于失效物理的可靠性评估方法的基本假设是,器件潜在的失效是由于基本的机械、电、热和化学等应力作用的过程导致的。因此,只要充分了解器件的失效模式、失效机理和失效部位等信息,就能采取适当措施防止这些潜在失效的发生。基于失效物理的可靠性评估方法,可用于验证器件是否达到预期的寿命要求,也可用于确定器件设计和生产的薄弱环节,以便采取适当的改进措施;此外,基于失效物理的可靠性评估方法,还可用于对设计过程和制造过程进行预先鉴定。失效物理方法总结如下:

1)发现可导致器件失效的潜在失效机制,包括化学、电、物理、机械、结构或热过程,以及器件的失效部位;

2)对器件施加高加速应力,以发现起主导作用的根本失效原因;

3)确定最薄弱环节的主要失效机制;

4)对主要机制建模(什么类型的机制、为什么发生失效);

5)分析加速试验和统计分布的相关数据,例如威布尔分布、正态对数分布;

6)为主要失效机理及其 MTTF 建立一个方程式。

失效物理方法的目标,是"为可靠性保证开发基于物理失效的指导手册,包含根据环境和操作应力,使用的材料以及封装方式来评估系统可靠性的方法",以及"开发混合模型,同时考虑采用不正确方法制造、封装、搬运、误用导致的早期失效和过早耗损失效",然而,在实施这种方法的过程中,还存在着一些严峻的挑战(参阅表 5 - 2)。

2. 基于失效物理的可靠性预计方法

先进大规模集成电路动辄包含数千万乃至亿计的晶体管,芯片的可靠性受诸多因素的影响,与半导体材料、工艺息息相关。

芯片和封装系统的可靠性由时间失效率(FIT,Failure in Time)衡量。半导体器件生产厂为产品提供了在规定的电压、频率、散热等条件下的工作预期 FIT 值。因此,系统可靠性模型,是对作为每个器件 FIT 之和倒数的 MTBF 预计。

器件失效率可以由一个加速因子 A_F 定义为

$$\lambda = \frac{失效数}{试验数 \times 时间 \times A_F} \times 10^9 \, \mathrm{FIT} \tag{5.14}$$

式中,"失效数"和"试验数"为进行加速试验时的实际失效发生次数,以及进行试验的元器件数量;加速因子 A_F 在给定工艺和产品的前提下,由生产厂建立,因为他们了解在高温工作寿命(HTOL,High Temperature Operating Life)加速条件下,不同失效机制对器件设计的影响,生产厂可在 MIL - HDBK - 217 基础上进行改进后获得这些信息。因此,可靠性建模的真正任务,是根据现场工作时可能的主要物理失效机制,为 A_F 选择一个适当的值。

HTOL 试验通常作为半导体制造过程的鉴定步骤之一,试验包含对一定数量的器件,在施加加速电压和温度条件下,进行寿命试验。有两点影响了该试验的准确性,一是因为器件数量少,缺乏足够的统计数据;再是为了保证鉴定试验的零失效,生产厂一般施加较小的应力。

目前公认的 FIT 测试方法,理论上应用于仅由电压或温度激发的单一失效机制时是合理的。然而,如果器件失效是多种失效机制起作用,每一种失效机制均应按系统的单一"要素"建模。

如果存在多种失效机制而不是单一失效机制,假设为时间独立以及互相独立,FIT 可以是实际现场失效的合理度量。在多种失效机制的假设下,每一种均应进行基于失效机制物理特性的加速试验。如果 HTOL 试验仅针对一种失效机制,如在任意的电压和温度下进行加速,则仅该种机制被加速。如果多种失效机制对于加速试验条件的敏感度不同,则仅进行一项HTOL 试验,将造成结果的偏差。

尽管近年失效率鉴定方法改进较少,业界对于半导体器件可靠性物理的认识却进展迅速,对每种已知的固有耗损失效机制都有透彻的理解,并对生产过程进行严格控制,使器件在非单一主导失效机制的情况下具有合理的寿命。标准的 HTOL 试验通常揭示多种内在的失效机制,这也表明,现场应用时没有单一的失效机制能主导 FIT。因而为了建立更准确的 FIT 模型,近似认为所有失效的可能性相同,相应的整体失效分布类似于一个恒定的失效率过程,这与 MIL - HDBK - 217 给出的 FIT 计算方法一致。

微电子器件可靠性预计可分为两个不同的阶段。

第一阶段,依靠传统的方法或经验模型,这些传统方法基于实验室试验和现场应用积累的数据,拟合元器件失效数据的统计曲线作为数学模型。根据数据的特定来源和环境,模型提供相关的预计结果。由于数据的多样性,预计结果也是不同的,几乎所有的过程都是基于从现场收集到的数据以及类似元器件的外推值。

第二阶段,失效物理方法,试图提高预计的科学性和准确性。与传统方法不同,这种方法研究不同参数对单个器件耗损模式的影响。

将上述两种方法结合,可以发展成为微电子器件可靠性预计的强大技术体系。

3. 单一失效机制与加速因子的确定

单一失效机制的加速是温度和(或)电压的高度非线性函数。温度加速因子(AF_T)和电压加速因子(AF_V)可以分别计算,这是可靠性物理主要的研究主题。不同应力组合的总加速因子应为温度和电压加速因子的乘积。该加速因子模型被广泛应用于工业领域器件鉴定,然而,它仅考虑了介质击穿的单一类型失效机制,并没有正确预计其他机制的加速。

当器件存在多于一种的失效机制时,每一种机制与其他机制"竞争"导致最终失效。在所施加的应力条件下,应确定所有潜在的失效机制,定义每个失效机制的加速因子,在给定的温度和电压条件下,针对每种失效机制分别计算 FIT。但是,单一失效机制并不是由标准的 HTOL 试验加速的。

4.失效机理与模型参数

基本失效机理对应的激活能和模型参数见表 5-3。

表 5-3　失效模式与模型参数对照表

序　号	失效模式	失效机理描述	激活能 E_{aa}/eV	非 Arrhenius 模型参数			
				模型类型	变量	单位	参数
1	栅极对源极或漏极短路	栅氧厚度>4nm 时的本征击穿	0.7	指数型	电场强度 E	MV/cm	$\gamma=2.3$
2	栅极对源极或漏极短路	栅氧厚度在 2~4nm 之间时的本征击穿	不适用	指数型	电压 V	V	10
3	栅极对源极或漏极短路	栅氧厚度在 2~4nm 之间时 PMOSFET 的本征击穿	不适用	指数型	电压 V	V	12
4	栅极对源极或漏极短路	栅氧厚度在 2~4nm 之间时 NMOSFET 的本征击穿	不适用	指数型	电压 V	V	15
5	栅极与源极或漏极之间的软击穿	栅氧厚度<2nm 时	不适用	幂函数型	电压 V	V	40
6	栅极对源极或漏极短路	栅氧缺陷,场氧边缘;对栅氧缺陷,栅氧厚度>4nm 时	0.70	指数型	电场变化量 ΔE	MV/cm	$\gamma=6.9$
7	栅极对源极或漏极短路	栅氧缺陷,场氧边缘;对栅氧缺陷,栅氧厚度>25nm 时	0.30	指数型	电场变化量 ΔE	MV/cm	$\gamma=6.9$
8	多晶硅到多晶硅的短路或漏电流	栅氧缺陷与栅氧表面粗糙	0.70	不适用	不适用	不适用	不适用
9	跨导漂移,开关速度变化	N 沟道热载流子注入效应或沟道热载流子效应	-0.2~0.4	幂函数型	衬底电流 I_{sub}	μA	2~4
10	跨导漂移,开关速度变化	沟道长度≥250nm 时 P 沟道热载流子注入效应或沟道热载流子效应	-0.1~0.2	幂函数型	栅极电流 I_G	μA	2~4
11	跨导漂移,开关速度变化	沟道长度<250nm 时 P 沟道热载流子注入效应或沟道热载流子效应	0.1~0.4	幂函数型	衬底电流 I_{sub}	μA	2~4
12	跨导漂移,开关速度变化	有效栅氧厚度<2nm 时的热载流子注入效应或沟道热载流子效应	较小的正值	幂函数型	电源电压的倒数 $1/V_{cc}$	V^{-1}	40

续 表

序 号	失效模式	失效机理描述	激活能	非 Arrhenius 模型参数			
			E_{aa}/eV	模型类型	变量	单位	参数
13	跨导漂移,开关速度变化	热电子或热空穴由沟道注入到栅介质层导致的热载流子注入效应或沟道热载流子效应	-0.17	指数型	电压变化量与栅氧厚度之比 $\Delta V/t_{ox}$	V/Å	$a=0.005$
14	跨导漂移,开关速度变化	非分散 H_2 输运导致负栅压温度不稳定	-0.02	幂函数型	电压	V	$3\sim4$
15	跨导漂移,开关速度变化	非分散 H_2 输运导致负栅压温度不稳定	0.55	幂函数型	时间	小时	1/6
16	可移动离子与阈值电压漂移	Na^+ 在二氧化硅内扩散	0.75	浓度梯度函数	浓度	cm^{-2}	1
17	可移动离子与阈值电压漂移	H_2 与 H^+ 在二氧化硅内扩散	0.42 0.70	浓度梯度函数	浓度	cm^{-2}	1
18	可移动离子与阈值电压漂移	高浓度 Na 聚集导致二氧化硅内扩散	1.8	浓度梯度函数	浓度	cm^{-2}	1
19	可移动离子与阈值电压漂移	低浓度 Na 聚集导致二氧化硅内扩散	0.75	浓度梯度函数	浓度	cm^{-2}	1
20	可移动离子与阈值电压漂移	其他碱性元素或者碱土离子在二氧化硅内扩散	>1	浓度梯度函数	浓度	cm^{-2}	1
21	可移动离子与阈值电压漂移	K^+ 在二氧化硅内扩散	1.03 1.09	浓度梯度函数	浓度	cm^{-2}	1
22	可移动离子与阈值电压漂移	Ca^{2+},Ba^{2+},Mg^{2+} 在二氧化硅内扩散	1.27 1.4 1.59	浓度梯度函数	浓度	cm^{-2}	1
23	阈值电压漂移	离子扩散导致玻璃钝化层产生表面电荷	1.13	不适用	不适用	不适用	不适用
24	电荷损失	电荷跳跃	0.6	指数型	栅电压 V_G	V	0.25
25	电荷损失	电应力作用于栅氧内部缺陷导致漏流,从而产生电荷隧穿效应	$0\sim0.27$	指数型	阈值电压 V_T	V	$2.2\sim5.9$
26	电荷损失或增加	介质电荷俘获或释放	$1.1\sim1.2$	不适用	不适用	不适用	不适用
27	电荷增加	浮栅器件由于栅氧内部缺陷,在电应力作用下产生电荷隧穿效应,造成单比特位电荷增加	0.18	指数型	栅电压 V_G	V	$4\sim4.6$

续 表

序 号	失效模式	失效机理描述	激活能 E_{aa}/eV	非 Arrhenius 模型参数			
				模型类型	变量	单位	参数
28	电荷损失	分散电荷扩散	0.75+0.07×log(写入擦除周期数)	不适用	不适用	不适用	不适用
29	电阻下降	锗锑碲再结晶	2.5	不适用	不适用	不适用	不适用
30	短路或产生漏电流	陷阱与渗透效应导致的介质经时击穿	0.75	指数型	电场强度 E	MV/cm	4
31	短路或产生漏电流	铜离子漂移	1.0	浓度梯度函数	浓度	cm^{-2}	1
32	开路	空位输运导致的铝电迁移	0.8	幂函数型	电流密度 J	A/cm^2	2
33	开路	界面扩散导致的铝电迁移	0.68	幂函数型	电流密度 J	A/cm^2	2
34	开路	界面扩散导致的铝电迁移	0.95	幂函数型	电流密度 J	A/cm^2	2
35	开路	空位输运导致的铜电迁移	0.9	幂函数型	电流密度 J	A/cm^2	1.1
36	开路	氯化物导致的铝腐蚀	0.75	幂函数型	相对湿度 RH	%	2.7
37	开路	氯化物导致的铝腐蚀	0.75	指数型	相对湿度的倒数 $1/RH$	$\%^{-1}$	529%
38	开路	磷酸类物质导致的铝腐蚀	0.3	指数型	相对湿度的倒数 $1/RH$	$\%^{-1}$	300%
39	开路	氯化物导致的铝腐蚀	0.75	指数型	相对湿度 RH	$\%^{-1}$	0.12%
40	漏电流	沿钝化层裂纹扩散	0.79	幂函数型	相对湿度 RH	%	4.64
41	开路	离子输运穿透聚酰亚胺	1.15	幂函数型	相对湿度 RH	%	0.98
42	电源电流 I_{cc} 消失	水汽扩散	0.73	幂函数型	相对湿度 RH	%	1
43	漏电流	离子导电使引线框架出现漏电流1	0.74	幂函数型	相对湿度 RH	%	12
44	漏电流	离子导电使引线框架出现漏电流2	0.77	幂函数型	相对湿度 RH	%	5
45	开路	铝应力迁移,空位扩散与漂移导致空洞累积生长	0.6(界面扩散);1.0(单晶扩散)	幂函数型	应力	Pa	2~3

续 表

序 号	失效模式	失效机理描述	激活能 E_{aa}/eV	非 Arrhenius 模型参数			
				模型类型	变量	单位	参数
46	开路	铝应力迁移,空位扩散与漂移导致空洞累积生长	0.6(界面扩散);1.3(单晶扩散)	幂函数型	应力为 0 时的温度与工作温度之差 ΔT	K	2~3
47	开路	铜应力迁移,空位扩散与漂移导致空洞累积生长	0.74~1.2	幂函数型	应力为 0 时的温度与工作温度之差 ΔT	K	2~4
48	开路	高于 30℃ 时的 SnPb 焊点内部应力集中导致的疲劳裂纹扩展	不适用	幂函数型	高低温度之差 ΔT	℃	2.7
49	开路	低于 30℃ 时的 SnPb 焊点内部应力集中导致的疲劳裂纹扩展	不适用	幂函数型	高低温度之差 ΔT	℃	1.2
50	开路	SnAg 焊点疲劳裂纹扩展	不适用	幂函数型	高低温度之差 ΔT	℃	2.3
51	开路	Al 键合丝热疲劳	不适用	幂函数型	高低温度之差 ΔT	℃	3.5
52	开路	Au_4Al 金属间化合物	不适用	幂函数型	高低温度之差 ΔT	℃	4
53	铜与聚合物界面失效	界面分层	不适用	幂函数型	高低温度之差 ΔT	℃	3.5
54	Au_4Al 失效	引线键合下方开裂	不适用	幂函数型	高低温度之差 ΔT	℃	4
55	低 k 层间介质与铜界面失效	能量释放率导致的分层	不适用	幂函数型	高低温度之差 ΔT	℃	4
56	Au 下键合点跟部开裂	金属间化合物附近断裂	不适用	幂函数型	高低温度之差 ΔT	℃	5
57	铝金属化层损伤	铝基板断裂	不适用	幂函数型	高低温度之差 ΔT	℃	5.5
58	分层	界面介质层开裂	不适用	幂函数型	高低温度之差 ΔT	℃	5.5
59	分层	能量释放率导致的 FR4 或 PCB 黏结层失效	不适用	幂函数型	高低温度之差 ΔT	℃	6.9
60	功能丧失	硅衬底开裂	不适用	幂函数型	高低温度之差 ΔT	℃	7
61	开路	键合焊盘下方硅衬底出现凹坑开裂	不适用	幂函数型	高低温度之差 ΔT	℃	7.1

续 表

序 号	失效模式	失效机理描述	激活能 E_{aa}/eV	非 Arrhenius 模型参数			
				模型类型	变量	单位	参数
62	功能丧失	介电材料或 SiO_2 薄膜开裂，也称为硅衬底开裂	不适用	幂函数型	高低温度之差 ΔT	℃	8.4
63	开路	模塑料与芯片之间分层开裂	不适用	幂函数型	高低温度之差 ΔT	℃	3.5～5.1
64	开路	金属间化合物导致的柯肯达尔空洞	1.0～1.9 与杂质浓度密切相关	不适用	不适用	不适用	不适用
65	开路	金属间化合物导致的柯肯达尔空洞	1.26	幂函数型	高低温度之差 ΔT	℃	4
66	开路	金属与环氧材料热失配导致的金属延性断裂	不适用	幂函数型	高低温度之差 ΔT	℃	6.3
67	短路	锡须生长	0.28	指数型	相对湿度系数 C	$\%^{-1}$	−0.012
					由材料与工艺条件确定的常数 A	小时	0.014
68	短路	银离子迁移	1.11				
69	短路	钼离子迁移	1.06				

5. 可靠性仿真工具

器件可靠性模拟器已成为大规模集成电路设计过程的组成部分,这些模拟器成功地对先进大规模集成电路最主要的物理失效机制进行了建模,例如时间相关介质击穿(TDDB,Time-Dependent Dielectric Breakdown)、负偏压温度不稳定性(NBTI,Negative Bias Temperature Instability)、电迁移(EM,Electro Migration)和热载流子注入(HCI,Hot Carrier Injection)等。这些机制的建模贯穿于器件整个设计过程。

(1) FaRBS 可靠性仿真工具。基于飞船、行星、仪表、C 矩阵以及事件的失效率(FaRBS,Failure Rate Based SPICE),是一个电路级的仿真方法,该方法基于失效物理以及失效率累加(SOFR,Sum-of-Failure-Rates)模型,集成了 SPICE(Simulation Program with Integrated Circuit Emphasis)模型、半导体器件耗损模型、集成电路系统可靠性模型、加速因子模型以及 SOFR 可靠性模型,为微电子芯片设计师和器件可靠性工程师提供了产品可靠性的量化方法,可在产品开发阶段,对器件性能进行准确描述,权衡可靠性。芯片设计师和器件可靠性工程师,使用 SPICE 仿真器确定器件的实时工作参数,采用先进半导体器件的耗损失效模型,评估器件的使用寿命或 FIT 值。这些耗损失效模型与加速寿命试验基于相同的原理,因此,其模型参数可以由应力试验得到。假设所有失效均具有随机性和可扩展性,并且器件在设计上没有主导的失效模式,系统设计师可以使用 SOFR 模型以及改进的加速因子和 FIT 模型计算系统的 MTTF 或 FIT 值。最后,基于 FaRBS 仿真结果,可以进行更准确的性能描述和可靠性权衡,以指导长寿命和高可靠电子系统的开发。芯片设计师和器件可靠性工程师不必具有晶体管级的 SPICE 网表(SPICE netlist),他们可以使用由 FaRBS 可靠性库提供的公共的电路模块(如运算放大器,静态随机存取存储器,FPGA,ADC/DAC,以及其他数字逻辑块等)的 SPICE 宏模型,进行类似的可靠性仿真。

(2)SPICE 仿真与 MaCRO。马里兰电路可靠性(MaCRO,Maryland Circuit－Reliability Oriented),是一个面向集成电路的 SPICE 仿真方法,基于失效率概念和失效等效电路建模技术开发。MaCRO 由一系列包括硅内在耗损机制的加速寿命模型和失效等效电路模型组成,包括 HCI,TDDB 和 NBTI。MaCRO 模拟方法并不能完全表征耗损机制之间的微观作用。这种假设简化了器件耗损模型的建模过程,使 MaCRO 与标准的仿真工具兼容。MaCRO 为系统设计师和器件可靠性工程师应对未来半导体技术的可靠性挑战提供了技术支撑。MaCRO 的总体仿真流程非常简单,SPICE 程序在仿真器件耗损机制对器件功能的影响时,仅被调用了非常有限的次数。

(3)微处理器可靠性模型和仿真。2003 年,IBM 发布了微处理器可靠性(RAMP,Reliability Aware Micro‐Processor)模型,RAMP 模型定义器件平均失效时间为"不同失效机制下器件单一结构失效率的函数,可用来评价不同的应用、结构和处理器设计的可靠性影响",此外,它声称上述模型是一个独立的模块,可以附加到模拟器对电源和温度进行预测。

IBM 的报告将处理器错误分为两种主要类型:软错误和硬错误。硬错误又分为内部失效和外部失效。RAMP 仅为内部失效建模,因为处理器的长期可靠性受制于疲劳或内部失效。IBM 认为 RAMP 可以扩展为软错误建模。

影响处理器的主要内在耗损机制与电迁移、应力迁移、TDDB、温度循环、HCI、NBTI 和腐蚀相关,RAMP 只考虑了前面四种,但也可以涵盖其他。需要注意的是,RAMP 使用 Arrhenius 模型表示处理器失效与温度的关系。由于处理器可靠性与工作温度直接相关,可以预期许多可靠性问题是处理器温度升高的结果。

RAMP 使用平均失效时间(MTTF,Mean Time to Failure)衡量可靠性。为了计算 MTTF,假设所有的失效机制均有恒定失效率,该假设显然不够精确。然而,RAMP 允许对不同的失效机制进行组合,并提供统一的 MTTF。假设一个恒定失效率,MTTF 由失效率的倒数算出,RAMP 使用的系统可靠性模型是失效率之和的模型。针对不同的失效机制,RAMP 将元器件的每种结构视为一个不同元器件的失效方式,"竞争风险模型"确定元器件的主要失效机制,而"系列模型"估计系统的失效率(基于每个元器件的失效率)。

为了使用竞争风险模型计算器件的失效率,RAMP 做出以下假设:

(1)每种失效机制互相独立,至少失效发生时如此;

(2)当竞争失效机制有一种达到失效率时元器件即失效;

(3)每一种失效机制均有已知的寿命分布模型。

假设有 k 种失效机制,第 i 种失效机制的失效率为 $\lambda_i(t)$,器件所有失效机制的失效率 $\lambda_C(t)$ 由下式给出,即

$$\lambda_C(t) = \sum_{i=1}^{k} \lambda_i(t) \tag{5.15}$$

当器件失效率为常数 λ_C 时,该器件的 MTTF 为

$$\mathrm{MTTF}_C = \frac{1}{\lambda_C} = \frac{1}{\sum_{i=1}^{k} \lambda_i} \tag{5.16}$$

式中，λ_i 为每种失效机制的失效率。

"系列模型"也用于估计元器件的系统可靠性。基于上面"竞争模型"的同样假设，即一个由 j 个元器件构成的系统，当第一个元器件失效时即失效，系统的 MTTF 由下式给出：

$$\mathrm{MTTF}_{\mathrm{SYS}} = \frac{1}{\sum\limits_{i=1}^{j} \mathrm{MTTF}_i} = \frac{1}{\sum\limits_{i=1}^{j} \lambda_i} = \frac{1}{\sum\limits_{i=1}^{j} \sum\limits_{l=1}^{k} \lambda_{il}} \tag{5.17}$$

式中，λ_i 为第 i 个元器件的失效率；λ_{il} 为第 i 个元器件因为第 l 种失效机制的失效率。

基于失效物理的建模和仿真工具为该方法的核心，有两种计算机建模和仿真工具：计算机辅助微电子封装设计软件（Computer‐Aided Design of Microelectronic Packages，CADMP‐2）和计算机辅助的寿命周期工程（Computer‐Aided Life‐Cycle Engineering，CALCE）。CADMP‐2 评估封装级器件可靠性；CALCE 评估印制板级器件可靠性，这两种模型一起为电子系统设计的可靠性物理失效方法提供了支撑框架。

CADMP‐2 是一组用于设计和评估集成电路、混合和多芯片模块封装可靠性的集成软件程序。图 5‐1 所示为该软件的输入和输出。

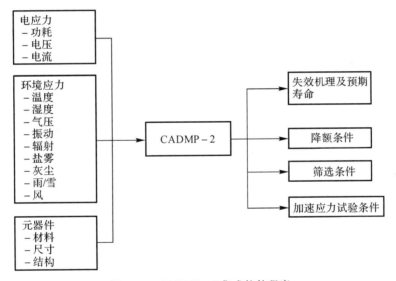

图 5‐1　CADMP‐2 集成软件程序

CALCE 软件提供了与可靠性、支持性，生产以及成本等与任务相关的各种工具整合，转化为电子系统设计过程早期阶段的设计环境。图 5‐2 所示为该软件的输入和输出，失效物理方法的主要优点是，失效原因基于相关的科学知识，这些知识与材料、结构和工作应力等相关信息，为可靠性预计提供科学基础。另外，由于加速应力试验也是发现退化模型参数的主要方法之一，试验结果可为器件提供所需的试验判据。

5.3.3　大规模集成电路系统可靠性

电压和温度是大规模集成电路可靠性分析的两个重要应力，尤其是在加速试验时。迄今为止，大多数研究集中于单一失效机制的电压和温度加速效果。在大规模集成电路系统级，由于大规模集成电路和动态工作条件的复杂性，基于单个失效机理的电压和温度加速因子的外推仍然是一个艰巨的挑战。尽管已有各种模型对单一失效机理的电压加速效果进行了描述，但尚未建立通用的电压加速模式;对于温度加速,一直广泛使用 Arrhenius 模型。然而,每个失效机制可能有其独特的激活能,这些因子使系统加速建模复杂化。事实上,$AF_S = AF_T \cdot AF_V$ 是现行的系统加速模型,其中 AF_S 是系统加速因子,AF_T 是温度加速因子,AF_V 是电压加速因子。一般情况下,AF_T 通过 Arrhenius 关系建模,有

$$AF_T = \exp\left[E_a/k \left(1/T_0 - 1/T_A \right) \right] \tag{5.18}$$

式中,E_a 为激活能;k 是玻耳兹曼常数;T_A 为加速温度,T_0 是标称工作温度。AF_V 按指数规律建模,有

$$AF_V = \exp[\gamma(V_A - V_O)] \tag{5.19}$$

式(5.19)中,γ 是电压加速因子;V_A 为加速电压;V_O 是标称工作电压。这种复合模型非常通用,因为易于开展可靠性预计,而无需建立一个适用于一定温度和电压范围的寿命模型。然而,通常会忽视系统级多失效机制带来的影响,简单假设 E_a 和 γ 是应力独立的。针对于每一代工艺技术,为 AF_T 提供特定的 E_a,为 AF_V 提供特定的 γ。因为缺乏确凿证据,这种做法只是提供了一个粗略的可靠性预计方法,并不足以充分体现性能和可靠性之间的折中。在涉及多重内在失效机制时,仿真显示 E_a 和 γ 依赖于应力电压和温度。

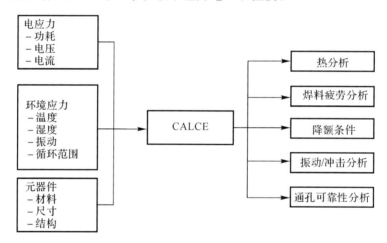

图 5-2　CALCE 程序软件

1. 失效机制

对更高性能器件持续不断的要求,给工艺技术带来了新的可靠性挑战。EM 是互连工艺可靠性主要的关注点,特征尺寸减小以及温度升高所带来的双重风险,应特别关注;为满足性能和可靠性要求,低电阻率和对电迁移具有高阻抗特性的铜导线的应用逐步广泛;铜互连线与铝互连线的电迁移特性不同并有较大的激活能。TDDB 受到了极大关注,因为器件特征尺寸不断减小推动氧化层厚度的降低;供电电压的减小却没有与之同步,这种非理想电压缩放增加了栅极泄漏和隧道电流,降低了氧化层寿命;氧化层击穿相关的失效往往在深亚微米技术的器件老炼试验中暴露。

器件工艺尺寸减小增加了另一失效机理,NBTI 的敏感性,主要发生在 P 沟道 MOSFET (PMOS 场效应管)施加负栅极偏压时;由 NBTI 产生的界面陷阱密度与氧化层厚度成反比,这意味着 NBTI 对超薄氧化层更为严重,而 NBTI 生成的固定电荷不依赖于氧化层厚度。正

如 NBTI 与 P 沟道金属氧化物半导体,HCI 诱导界面态并导致 N 沟道 MOSFET(NMOS 场效应晶体管)的退化,在实际应用中时有发生。

为了对器件进行系统级可靠性建模,应考虑所有的内在失效机制,因为任何一个失效机制都会导致系统失效。应针对每一失效机制提出不同的寿命模型,针对 EM,HCI,TDDB,NBTI 的失效率模型和加速因子,给出下述描述。

(1)EM。金属线和通孔的宽度越小,其电流密度就越大,更容易产生 EM 失效。EM 失效的一个典型情况就是由较大栅极驱动的恒定电流通过较薄的金属互连线产生的。不良的接触孔截面会导致"电流拥挤"(current crowding)现象,将会导致局部发热和温度梯度的产生。另外一个重要的可靠性问题是"结穿刺"(junction spiking),接触孔材料穿透了半导体,形成了尖刺,这种现象最常发生在结深度较小的接触孔区域。对于接触孔和通孔,结穿刺现象以及由硅迁移造成的空洞是最主要的 EM 失效模式。根据 JPL,EM 导致失效的过程界面如图 5-3 所示。

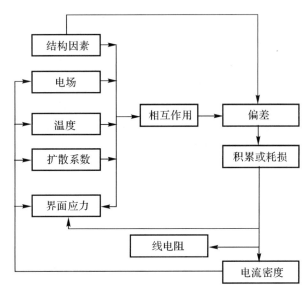

图 5-3　EM 导致失效的过程

由著名的 Black 方程以及 Arrhenius 模型,EM 的失效率可以表达为

$$\lambda_{EM} \propto (J)^n \exp\left[\frac{-E_{aEM}}{kT}\right] \tag{5.20}$$

式中,J 是互连电流密度;k 是玻耳兹曼常数;T 为 K 氏绝对温度;E_{aEM} 为激活能;n 为常数。E_{aEM} 与 n 依赖于互连金属。最近,铜/低 k 电介质材料已经迅速取代基于铝合金/二氧化硅的互连。据报道,对于铜,n 取值在 1 和 2 之间,E_{aEM} 取值在 0.7eV 和 1.1eV 之间变化。

式(5.20)中,电流密度根据导体尺寸、互连电容、电源电压及其频率以及翻转概率得出,即

$$J = \frac{CV_D}{WH}fp \tag{5.21}$$

式中,C,W,H 分别为互连电容、宽度和厚度;f 为频率;p 为翻转概率。此时 λ_{EM} 也是电压的函数,有

$$\lambda_{EM} \propto (V_D)^n \exp\left[\frac{-E_{aEM}}{kT}\right] \tag{5.22}$$

EM 加速因子为

$$AF_{EM}^{V_O,T_O;V_A,T_A} = \left(\frac{V_A}{V_O}\right)^n \exp\left[\frac{E_{aEM}(T_A - T_O)}{kT_A T_O}\right] \tag{5.23}$$

（2）HCI。当源-漏电流流经沟道获得超过晶格热量的高能量时，即产生热电子。这些热电子由于具有足够的动能而能够注入到栅氧化层，并在其中形成电荷陷阱和界面态。产生的界面态会引起器件的工作特性发生变化，如阈值电压、跨导和饱和电流的退化。热载流子注入的概率与器件的沟道长度、栅氧化层厚度和工作电压直接相关。由于器件的工作电压可以在性能优化时降到最低，而器件的等比例缩小未能与沟道长度的缩小保持一致，因此当沟道缩短时，沟道中的电场强度迅速增加，导致热载流子效应产生。器件工作于开关状态时会产生热载流子，当载流子在沟道中从源端向漏端流动时，漏端 PN 结处的侧向电场会使载流子变"热"，这些热载流子中的一部分将获得高于 Si－SiO₂ 的界面势垒的能量而注入栅氧化层。对于 NMOS 器件来说，产生的是热电子，而对于 PMOS 来说，产生的是热空穴。无论哪种载流子的注入都会引起以下 3 种主要的损伤：电子或者空穴被已经存在的陷阱俘获，产生新的陷阱，产生新的界面陷阱。这些陷阱由于位置不同，导致产生的影响不同。界面陷阱在 Si－SiO₂ 界面处或者在其界面附近，直接对器件的跨导、漏电流和噪声造成影响。当氧化层中的陷阱远离界面时，主要对 MOSFET 的长期稳定性造成影响，特别是对阈值电压的长期稳定性造成影响。缺陷的产生最终导致器件阈值电压漂移、跨导和漏极电流降低。

基于 Takeda 提出的经验电压寿命模型与 Arrhenius 方程的关系，HCI 失效率 λ_{HCI} 可以建模为

$$\lambda_{HCI} \propto \exp\left[\frac{-\gamma_{HCI}}{V_D}\right]\exp\left[\frac{-E_{a\,HCI}}{kT}\right] \tag{5.24}$$

式（5.24）中，γ_{HCI} 为工艺相关常数；$E_{a\,HCI}$ 为激活能；k 是玻耳兹曼常数；T 为 K 氏绝对温度。负的激活能表示 HCI 在低温时变差。HCI 加速因子为

$$AF_{HCI}^{V_O,T_O;V_A,T_A} = \exp\left[\gamma_{HCI}\frac{(V_A - V_O)}{V_A V_O}\right] \cdot \exp\left[\frac{E_{a\,HCI}(T_A - T_O)}{kT_A T_O}\right] \tag{5.25}$$

（3）TDDB。栅氧失效有时由 TDDB 的载流子注入机制引起，它会导致栅极氧化层的多阶段损坏。第一阶段热载流子注入形成界面陷阱，这些界面陷阱相互重叠，形成缺陷条纹，继而导致栅极与沟道或衬底之间形成通路。注入阶段最终会导致栅极与源漏区之间形成导电通路。下一阶段产生高热环境，加剧了上述缺陷，从而造成热损伤。在这种条件下，器件中会产生越来越多的陷阱，形成正反馈通路，最终导致电介质击穿。高能载流子注入和陷阱生成的循环过程，最终将导致氧化层的击穿。

失效率与电压应力的关系，已被广泛用于栅氧化层的可靠性鉴定。结合 Arrhenius 方程与温度的关系，TDDB 失效率为

$$\lambda_{TDDB} \propto \exp[\gamma_{TDDB}V_G]\exp\left[\frac{-E_{aTDDB}}{kT}\right] \tag{5.26}$$

式中，γ_{TDDB} 与器件特性有关，取决于氧化层质量特性的电压加速常数；V_G 为栅极所加电压；E_{aTDDB} 为激活能；k 是玻耳兹曼常数；T 为 K 氏绝对温度。TDDB 加速因子为

$$AF_{TDDB}^{V_O,T_O;V_A,T_A} = \exp[\gamma_{TDDB}(V_A - V_O)]\exp\left[\frac{E_{aTDDB}(T_A - T_O)}{kT_A T_O}\right] \tag{5.27}$$

(4)NBTI。热载流子对 NBTI 的不良影响会引起器件阈值电压的漂移。NBTI 损伤的机理是由于 Si 栅绝缘和 SiO_2 衬底界面的陷阱空穴造成的,通常发生在 PMOS 器件中。当 PMOS 器件中的空穴由于热激发而获得足够的能量使 LDD 区域附近的氧化层/界面缺陷发生分离时,就会产生 NBTI 效应。由于栅的边缘空穴具有更高的浓度,因此该效应发生在 LDD 区域附近。NBTI 效应主要发生在加负栅压且工作在高温下的 PMOS 器件中。对 NMOS 来说,无论加正栅压还是负栅压,这种效应均可以忽略。

与 TDDB 相同,NBTI 电压依赖性也可以由指数规律建模,同时考虑温度的影响,NBTI 失效率为

$$\lambda_{NBTI} \propto \exp[\gamma_{NBTI} V_G] \exp\left[\frac{-E_{aNBTI}}{kT}\right] \tag{5.28}$$

式中,γ_{NBTI} 为与制造工艺相关的常数;E_{aNBTI} 为激活能;V_G 为栅极所加电压;k 是玻尔兹曼常数;T 为 K 氏绝对温度。NBTI 加速因子为

$$AF_{NBTI}^{V_O, T_O, V_A, T_A} = \exp[\gamma_{NBTI}(V_A - V_O)] \exp\left[\frac{E_{aNBTI}(T_A - T_O)}{kT_A T_O}\right] \tag{5.29}$$

2. 系统电压与温度加速

考虑一个简化的例子,假设各失效机制没有相互作用,系统的失效率可通过失效率之和得到,因为所有的失效机制都可能导致大规模集成电路失效,即

$$\lambda_S = \lambda_{EM} + \lambda_{HCI} + \lambda_{TDDB} + \lambda_{NBTI} \tag{5.30}$$

大规模集成电路的加速因子可以表达为

$$AF_S = \frac{\lambda_S^{V_A, T_A}}{\lambda_S^{V_O, T_O}} \tag{5.31}$$

单一失效机制模型给定后,式(5.31)的系统加速因子可进一步表示为

$$AF_S = P_E^{V_O, T_O} AF_{EM} + P_H^{V_O, T_O} AF_{HCl} + P_T^{V_O, T_O} AF_{TDDB} + P_N^{V_O, T_O} AF_{NBTI} \tag{5.32}$$

此处 $P_E^{V_O, T_O}$,$P_H^{V_O, T_O}$,$P_T^{V_O, T_O}$,$P_N^{V_O, T_O}$,和分别是 EM,HCl,TDDB 和 NBTI 在条件(V_O, T_O)下的失效百分比。这里使用这些失效百分比的优点是为了简化推导过程,并不需要找到每个失效机制的绝对失效率。

(1)非 Arrhenius 温度加速。激活能被指定为 $E_{aSYS}^{V_i, T_i}$,在(V_i, T_i) 和 (V_i, T_A)加速试验中得到估值,如果在(V_i, T_i)时器件级时 Arrhenius 关系依然成立,$E_{aSYS}^{V_i, T_i}$ 对于所有的 T_i 和 V_i 应该相同。系统温度加速因子可由下式计算,有

$$AF_S^T = P_E^{V_i, T_i} AF_{EM}^T + P_H^{V_i, T_i} AF_{HCl}^T + P_T^{V_i, T_i} AF_{TDDB}^T + P_N^{V_i, T_i} AF_{NBTI}^T \tag{5.33}$$

这里 P_E,P_H,P_T,和 P_N 分别是 EM,HCI,TDDB 和 NBTI 在(V_i, T_i)处的失效比例。

(2)应力无关的电压加速因子。为了显示电压加速的特性影响,假设 AF_S^V 遵循指数规律,则

$$AF_S^V = \exp[\gamma_{SYS}^{V_i, T_i}(V_A - V_i)] \tag{5.34}$$

此处 $\gamma_{SYS}^{V_i, T_i}$ 为电压加速参数,AF_S^V 可表示为

$$AF_S^V = P_E^{V_i, T_i} AF_{EM}^V + P_H^{V_i, T_i} AF_{HCl}^V + P_T^{V_i, T_i} AF_{TDDB}^V + P_N^{V_i, T_i} AF_{NBTI}^V \tag{5.35}$$

此处 $P_E^{V_i, T_i}$,$P_H^{V_i, T_i}$,$P_T^{V_i, T_i}$,$P_N^{V_i, T_i}$ 的含义见式(5.32)。

(3)电压和温度组合加速因子。如上所述,在同时考虑电压和温度的加速效果时,因为电压和温度加速之间的相互作用,大规模集成电路的加速会进一步复杂化。由于在多失效机制情况下,没有通用的 E_{aSYS} 和 γ_{SYS},使用一种激活能的 AF_T 与一种电压加速参数的 AF_V 进行可

靠性外推是不合适的。

3. 基于多失效机制的鉴定

如果存在多重失效机制,构建适合所有温度和电压的大规模集成电路寿命模型会变得非常复杂。使用 E_{aSYS} 和 γ_{SYS} 的传统外推法,往往会给出一个过于乐观的估计,对于具有严格可靠性要求的大规模集成电路,应采用准确的可靠性预计进行设计和鉴定。使用在高温、高电压加速试验下获得的加速度参数是合理的,因为应力条件下趋向于加速具有高的正激活能量和更大的电压加速度参数的失效机制,如 TDDB;而 EM 和 HCI 失效在实际应用更为常见。为了改进可靠性鉴定的准确性,鉴定方法需要考虑所有的失效机制。

对于考虑多失效机制的可靠性鉴定,加速试验的设计应以特定的应力条件来加速目标失效机制,这是可行的,因为每一个失效机制都有其独特的激活能和电压加速参数。在这些失效机制中,只有 HCI 有负的激活能,其他都是正的。这意味着降低温度应力会加速 HCI 而减速其他三个失效机制。HCI 还具有一个相对大的 γ 值,在低温高电压的应用中,HCI 将起主导作用。对于 EM,因为铜连线有较大的激活能和较小的 γ 值,加速试验应设计成高温低电压。传统具有高温高电压的加速试验,可用于加速 TDDB 和 NBTI,因为它们都具有较大的电压加速因子和激活能。

5.4 鉴定的流程和方法

5.4.1 QML 鉴定

QML 鉴定的对象是生产厂工艺基线及其产品,主要关注与集成电路实现相关的所有或部分"模块"的能力认证,如设计、晶圆制造、封装、试验;通过鉴定后,生产厂、集成电路品种均列入 QML。QML 体系以过程基线为依据,该基线可以包括创新和改进的工艺技术,从而生产等效或更高质量的器件,前提是更改工艺已经过评价,能够证明在方法工艺控制体系下的产品,能够达到要求的质量和可靠性水平,并且这些工艺与基线偏离的更改已经形成文件并得到批准。工艺基线的更改,可以在通过 QML 鉴定后,由生产厂技术审查委员会(TRB,Technology Review Board)依据可靠性和质量数据确定,并报鉴定机构审查。

1. QML 鉴定的流程

QML 鉴定的流程如图 5-4 所示,包括以下几个阶段。

(1)确定工艺基线的范围和边界;

(2)建立质量保证大纲计划(QM,Quality Management),并建立 TRB;

(3)工艺基线鉴定;

(4)代表品种的评估;

(5)代表品种的鉴定试验。

2. 确定工艺基线的范围和边界

(1)工艺基线包含的方面。工艺基线主要包括设计、晶圆制造、组装和封装、试验,生产厂可申请对全部或某个模块进行工艺基线鉴定。对于工艺基线所包含的每个环节,生产厂建立过程确认文件(PID,Process Identification Document),并提交鉴定机构审查。

(2)设计。设计包括设计平台和后端版图设计两部分。

1)设计平台。设计平台包括所有的软件、基本的设计数据、设计的硬件平台。设计平台的 QML 鉴定,应至少包括配置管理的控制,应确保软件和数据具备可追溯性;质量管理体系应涵盖文件的形成过程、接收试验要求、错误报告和纠正过程。PID 至少应包括以下内容:

a.设计平台的总体描述,包括软件系统的体系结构、设计流程、系统不同组成部分之间的数据流程;

b.硬件平台的描述;

c.单元库的详细描述;

d.软件和相关数据;

e.配置管理体系的详细描述;

f.质量管理体系的详细描述。

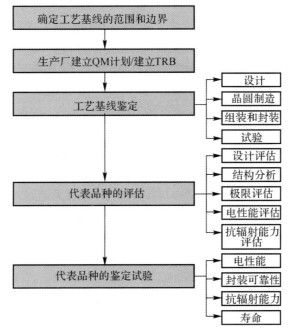

图 5-4 QML 鉴定流程

2)后端版图设计。后端版图设计包括一整套与特定晶圆制造生产线相关联的设计规则。后端版图设计规则至少定义两个方面:布局布线设计规则和电参数设计规则。

布局布线设计规则定义器件版图组成单元的物理结构特性,包括以下内容:

a.功能,如扩散、导体、接触、介质等;

b.形状,如多边形、角度等;

c.位置,如化合物结构重叠、相同或不同材料之间的间距等;

d.所有层的垂直深度,如扩散层、多晶硅等;

e.有要求时,关于辐射加固的考虑。

电参数设计规则包括以下内容:

a.用作电阻时的体电阻值;

b.导体层的电流承载能力;

c.电容的形状和电容值；

d.晶体管和二极管的参数及仿真模型；

e.组成电路的不同元件之间的距离（耦合效应）。

（3）晶圆制造。晶圆制造工艺包括但不限于以下内容：

1）工艺步骤或生产工艺极限；

2）生产工艺材料或材料规范，包括外延层厚度要求；

3）原材料控制体系；

4）材料的存储要求及可追溯性控制，尤其是有限寿命的材料；

5）光刻胶材料和材料规范；

6）掺杂材料源、浓度或掺杂工艺（如离子注入或扩散）；

7）扩散剖面分布曲线；

8）钝化或玻璃钝化材料、厚度或钝化技术（包括钝化层的增加或去除）；

9）金属化系统（图形、材料、淀积或蚀刻技术，宽度或厚度）；

10）材料和工艺基线；

11）导体、电阻和介质层材料；

12）晶圆生产线的物理位置；

13）钝化工艺的温度和时间；

14）氧化或扩散工艺、氧化物成分和厚度、氧化的温度和时间；

15）烧结和退火工艺的温度和时间；

16）标准评价电路（SEC,Standard Evaluation Circuit）及其试验方法；

17）掩模版制备方法；

18）参数监测及测试方法；

19）晶圆接收判据；

20）可靠性表征结构（TCV,Technology Characterization Vehicle）及其测试方法；

21）工艺监测抽样计划（包括样品数量和接收数量）；

22）栅的形成工艺；

23）逻辑门的生产工艺、材料和技术；

24）晶圆背面工艺，包括晶圆减薄和背面金属化；

25）欧姆接触的形成；

26）材料的鉴定，如体硅；

27）批的组成（如生产分批的方法）；

28）探针；

29）净化条件；

30）晶圆的储存和操作条件。

（4）组装和封装。组装和封装工艺包括封装工艺和管壳。

1）封装工艺。封装工艺至少包括以下内容。

a.芯片黏结的材料、方法或位置；

b.内引线、功能区键合和互连方法；

c.导体的材料成分和尺寸；

d. 密封技术,如材料或密封工艺、气体成分;

e. 原材料控制体系;

f. 材料的存储要求及可追溯性控制,尤其是有限寿命的材料;

g. 内部目检和其他试验方法的执行程序;

h. 封装流程;

i. 封装操作的物理位置;

j. 划片和芯片分离方法;

k. 质量一致性检验或周期检验的程序;

l. 筛选试验;

m. 工艺监测抽样计划(样品数量和接收数量);

n. 芯片背面处理;

o. 键合区的几何尺寸、间距和金属化;

p. 模塑材料、方法或位置;

q. 芯片封装/涂覆材料和技术;

r. 器件标志工艺;

s. 批的组成(如生产分批的方法);

t. 材料和工艺基线。

2) 管壳。管壳要求至少应包括以下内容:

a. 供应商;

b. 外观尺寸;

c. 腔体尺寸;

d. 引线或引出端数量;

e. 引线或引出端尺寸(长度乘以宽度或直径);

f. 引线或引出端基体材料;

g. 引线或引出端镀层材料;

h. 引线或引出端镀层厚度(范围);

i. 壳体材料;

j. 壳体镀层材料;

k. 壳体镀层厚度(范围);

l. 芯片键合区材料;

m. 芯片键合区镀层;

n. 芯片键合区镀层厚度(范围);

o. 盖板材料;

p. 盖板镀层材料(范围);

q. 盖板镀层厚度(范围);

r. 盖板密封(预成型的)材料;

s. 盖板玻璃密封材料;

t. 玻璃密封材料;

u. 引线玻璃密封直径(范围);

v.引线或引出端间距。

w.引脚外形(如 J 形、翼形引线);

r.芯片尺寸;

s.器件的标志工艺;

t.引线焊接。

(5)试验。生产厂明确以下方面的试验或测试要求:

1)试验流程;

2)试验设备的物理位置;

3)抽样计划(样品数量和接收数量);

4)测试流程(包括测试向量产生);

5)批的组成

6)晶圆批接收试验;

7)封帽前内部目检;

8)外部目检和其他试验方法的执行程序;

9)扫描电子显微镜(SEM,Scanning Electron Microscope);

10)颗粒噪声检查(PIND,Particle Impact Noise Detection);

11)X 射线检查试验;

12)抗辐射能力评估试验;

13)预处理试验;

14)温度循环试验;

15)老炼试验;

16)筛选试验;

17)寿命试验。

3.建立 QM 和 TRB

QML 的鉴定过程着重于对生产厂基本能力的认可和批准,生产厂一旦被纳入宇航集成电路 QML 并且获得了鉴定批准,意味着需要承担更多的责任,因为 QML 是基于以下原则制定的:设计和制造过程是高可靠集成电路的关键因素,只有对整个过程深入了解的生产厂才能够清楚的知道,应该生产什么、如何生产以及如何保证器件可靠性。

对于每条拟鉴定的生产线,生产厂建立并执行质量保证大纲计划(QM,Quality Management),以系统说明其 QML 生产线的质量管理活动。同时,生产厂建立自我评定程序,用以评定生产线的运行情况。QM 应包括详细的自我确认数据包,作为宇航鉴定机构进行生产线评估的支撑性资料。

为了确保能够对所有相关的工艺流程进行正确而有效的控制,生产厂应设立 TRB,负责协调和控制该流程涉及的所有技术和质量相关的工作。该委员会在生产厂提出鉴定申请时就应建立,并且与鉴定合格的工艺流程同时存在。TRB 的职责、组织结构和日常工作要求,构成了 QM 的重要组成部分。

4.代表品种的评估

选择典型品种进行评估,评估要求参阅 5.4.2 节。

5.代表品种的鉴定试验

选择典型品种进行鉴定试验,鉴定试验的要求参阅第 5.4.2 节。完成鉴定试验后应编写鉴定数据分析报告。该报告的目的是证明在认证的技术范围内所有工艺可重复,且波动受控,PM,TCV 和 SEC 数据监控得当,并且和工艺密切相关。已认证生产技术流程的任何改进/变更应通报给鉴定机构,以进行鉴定试验数据评估。

5.4.2 QPL 鉴定

1.QPL 鉴定的流程

QPL 鉴定的流程如图 5-5 所示,包括生产厂评估、器件评估、鉴定试验和鉴定批准。

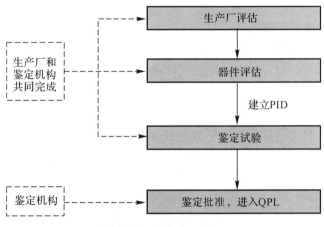

图 5-5 QPL 鉴定流程

2.生产厂评估

生产厂评估的目的,是对生产厂的组织结构、工艺以及生产设备的能力和适用性进行评估,对生产厂是否具备提供宇航大规模集成电路的能力进行评估。对生产厂的设计、晶圆制造、组装和封装以及试验的基本能力进行评估,并对生产厂的质量管理手段进行认证。

3.评估

(1)评估流程。鉴定试验前进行评估试验。评估试验的目的,是采用最经济有效的方法、以最具有说服力的试验数据,确定集成电路的失效模式和失效机理,并确定元器件鉴定试验的项目和试验条件。评估试验由生产厂完成,鉴定机构可随时进行监督检查。集成电路评估试验一般包括步进应力试验或恒定应力试验,评估试验项目一般包括设计评估、结构分析、电参数评估、抗辐射能力评估(适用时)、极限评估。

生产厂按照以下流程进行评估试验:

a.建立评估方案;

b.进行评估试验;

c.对评估结果进行分析,根据评估结果,制定整改计划,采取必要纠正措施,完成评估过程中提出的问题的整改工作;

d.提出完善 PID 的建议。

评估试验完成之后,生产厂根据评估试验的结果完善 PID。PID 是指与器件生产有关的所有文件；PID的目的，是为生产厂鉴定合格的集成电路建立一个准确的基准，保证将来由生产厂提供的器件状态等同于原来授予鉴定批准产品的状态。这个基准包括器件生产流程、生产流程中各工序的依据性规范、所有的检验要求、器件结构的详细说明、试验程序和方法、关键原材料控制方法以及生产厂组织结构等方面。评估试验后才能进行鉴定批器件的生产，通过评估试验固化器件PID。PID至少应包括以下内容：

　　a.生产流程图；

　　b.工艺规范；

　　c.检验程序；

　　d.器件详细结构；

　　e.试验程序；

　　f.生产厂相关的质量管理文件。

（2）评估的内容。集成电路评估包括以下内容：

1）设计评估。设计评估一般包括结构设计评估、前端逻辑评估和后端版图评估，评估方法见第4章。

2）结构分析。结构分析方法见第7章。

3）电参数评估。电参数评估可按照第5.5.4节的方法进行；对于功率型器件，还须进行安全工作区测试，可依据ESCC 2269000的规定进行。

4）抗辐射能力评估（适用时）。抗辐射能力评估的方法见第9章。

5）极限评估试验。

（3）极限评估。极限评估试验主要包括温度应力、电应力、机械应力和综合应力试验，根据器件特性和不同的应用环境应力，选择不同的试验项目。根据不同的试验目的，分为恒定应力试验方式和步进应力试验方式。针对恒定应力极限评估试验，通常可参考器件通用规范或相关标准中所规定的试验方法和试验条件。针对步进应力极限评估试验，可进行步进应力试验剖面设计，采用合适的试验方法和试验条件进行试验。可依据第5.5.3节介绍的基于失效机制的加速模型开发方法，确定试验条件。根据待评估器件的不同极限水平应采取不同的试验方式进行评估。

步进应力试验一般包括温度步进应力试验和功率步进试验。在进行步进应力试验之前，应首先确定器件的热阻、试验之后的参数漂移值。图5-6所示为温度步进应力试验流程，温度的起始点可为器件最高的工作温度。图5-7所示为功率步进应力试验流程，对于功率较大或传送功率较大的器件，应进行功率步进应力试验；起始功率可为器件手册给出的最大功率，步进值可为最大功率的20%。试验后，应分析参数与温度、试验时间的关系；对失效器件，应进行失效分析，以确定器件失效的根本原因。

耐久性寿命试验包括高温反偏试验、加速耐久性试验、寿命试验。高温反偏试验依据GJB 548方法1015进行，试验时间按照具体的极限评估试验方案。图5-8所示为加速耐久性试验流程；试验样品随机分成3组，分别选择3个温度点T_1，T_2和T_3；适当确定T_1，T_2和T_3的温度值，原则是使试验后参数能够产生较大的偏移，试验时间以及测试点可参阅表5-4；如果进行了功率步进应力试验，施加的功率可根据功率步进应力试验的试验结果确定；如果未进行功率步进应力试验，可施加器件的最大功率。

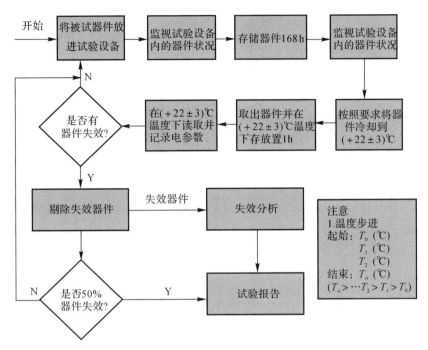

图 5-6 温度步进应力试验流程

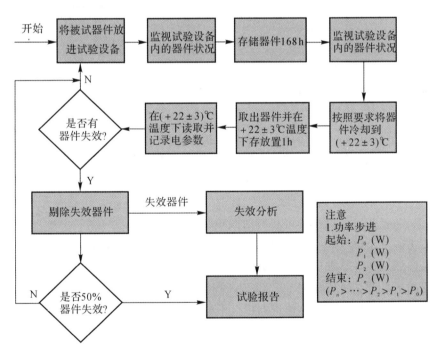

图 5-7 功率步进应力试验流程

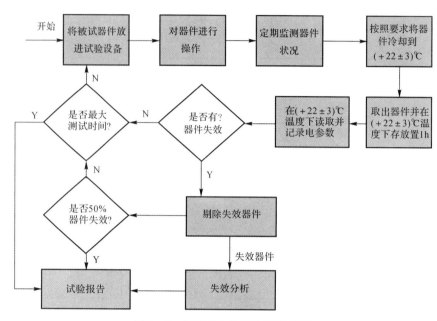

图 5-8　加速耐久性试验试验流程

表 5-4　加速耐久性试验时间及测试点

$T_1(1\,000h)$	$T_2(500h)$	$T_3(168h)$
168(+24-0)h	168(+24-0)h	168(+24-0)h
800(+24-0)h	500(+24-0)h	—
1 000(+24-0)h	—	—

针对封装的评估试验,可采用第 6 章介绍的相关方法。试验一般包括步进的热应力、机械应力试验,耐焊接热试验等器件级试验,以及评价器件和装联工艺的装联可靠性评估试验。步进的热应力试验,包括步进的温度循环和热冲击试验;温度循环试验依据 GJB 548 方法 1010,步进值可考虑为 10 个周期;热冲击试验 GJB 548 方法 1011,步进值可考虑为 10 次。步进的机械应力试验,包括步进的机械冲击和振动试验,可依据 GJB 548 方法 5006 进行。耐焊接热试验,可依据 IEC No.68-2-20,方法"1A"进行,直至器件失效,或试验已进行了 5 个周期。装联可靠性评估试验,评估器件装配在 PCB 后的可靠性;对于 CCGA,CBGA 等封装形式的集成电路,装联可靠性评估可依据 IPC-9701A 进行。

根据极限试验数据曲线拟合,确定器件极限的数学模型,由模型尽量推算出电路的极限参数值,并根据试验数据处理结果对器件极限能力进行评价,给出下述试验结论:

(1)器件在特定应用条件下的失效模式,并分析失效机理;

(2)分析极限评估数据,给出器件极限能力评估结果;

(3)结合极限评估试验数据和失效模式,分析给出器件可能存在的薄弱环节。

根据极限评估得到的极限参数、极限能力、薄弱环节等重要结论,从应用角度给出器件应用时的注意事项。

4.鉴定试验

(1)目的。本节将介绍基于应力驱动的鉴定试验方法。需要开展基于用户需求的鉴定试验时,可参阅第 5.5.2 节"基于应用的鉴定方法",开发满足特定应用要求的鉴定试验方法。

目前国内外相关标准给出的鉴定试验的项目和方法,主要是应力驱动的鉴定方法,如JESD47,MIL－PRF－38535 或 GJB 597 等,给出了可作为基线的鉴定试验要求,适用于确定新开发的大规模集成电路或产品系列,或技术状态发生改变的集成电路,是否可以接收。相比于正常使用条件,试验目的是以加速方式激发大规模集成电路以及封装失效的发生。失效率预计通常要求鉴定试验采用较多的试验样品。试验项目已经考虑了各种使用条件,可以作为通用的鉴定方法,但并不适用于极端应用条件的鉴定。针对每个鉴定试验项目,应检查是否激发了潜在或特定的失效机理,或者这些试验条件可能导致无效或过应力的失效;如果已知或怀疑失效是由于新的失效机制,或严酷的试验条件所导致时,不推荐使用这样的试验条件。采用第 5.5.3 节介绍的"基于失效机制的加速模型开发方法",通过加速应力激发失效机制并观察失效现象,发布新的失效机制,或可能存在问题的应力水平的相关信息。另外,应考虑 PCB 组装的影响。

可对单个品种的大规模集成电路进行鉴定,也可对相似结构的大规模集成电路系列进行鉴定,相似结构包括相同的制造工艺、设计规则、以及具有相似性的器件。系列鉴定同样适用于封装;对封装进行系列鉴定时,应考虑硅片和封装界面反应的影响。

(2)试验样品。试验样品要求包括批次要求、生产要求,以及试验样品的重复利用。

1)批次要求。试验样品应具有系列鉴定的代表性,需要考虑对工艺差异及其对可靠性的影响进行评估。适用时,试验样品来自于至少 3 个非连续的晶圆生产批次,每个批次的样品数量大致相同;也可使用其他合适的手段,对制造的差异性进行评估。采用 90% 置信度,可提供更通用的数据,但需更多的样品数量,见表 5－5。采用 60% 的置信度进行早期失效率(ELFR,Early Life Failure Rate)评估时,需要的样品数量见表 5－6,如果单个品种、价格昂贵的器件进行鉴定,可考虑将样品数减少至为表中样品数量的 1/3。

表 5－5　90%置信度时样品数量

接收数(C)	LTPD						
	10	7	5	3	2	1.5	1
0	22	32	45	76	114	153	230
1	38	55	77	129	194	259	389
2	53	76	106	177	266	355	532
3	67	96	134	223	334	446	668
4	80	115	160	267	400	533	800
5	94	133	186	310	465	619	928
6	107	152	212	352	528	703	1054
7	119	170	237	394	590	786	1179
8	132	188	262	435	652	868	1301
9	144	205	287	476	713	949	1423
10	157	223	311	516	773	1030	1543
11	169	240	335	556	833	1110	1663
12	181	258	359	596	893	1189	1782

表 5-6 建立不同的早期失效率 FPM 需要的样品数量

失效数	60％置信度时等效的失效率	建立 FPM 需要的最小样品数量(60％置信度水平)					
		4 000	2 000	1 000	500	250	100
		FPM(Failures Per Million)					
0	0.92	229	458	916	1 833	3 665	9 163
1	2.02	505	1 011	2 022	4 045	8 089	20 223
2	3.11	778	1 553	3 105	6 211	12 422	31 054
3	4.18	1 004	2 088	4 175	8 351	16 701	41 753
4	5.24	1 310	2 618	5 237	10 473	20 946	52 366
5	6.29	1 573	3 146	6 292	12 584	25 168	62 919
6	7.34	1 835	3 671	7 343	14 685	29 371	73 426
7	8.39	2 098	4 195	8 390	16 780	33 559	83 898
8	9.43	2 358	4 717	9 434	18 868	37 736	94 340
9	10.48	2 620	5 238	10 476	20 951	41 903	104 757
10	11.52	2 800	5 758	11 515	23 031	46 061	115 153

2)生产要求。所有的试验样品,应与拟鉴定的大规模集成电路,在同一生产场地、以相同的生产工艺制造和封装;样品需要经历完整的生产过程,包括试验和筛选,如老炼试验。

3)试验样品的重复利用。已用于无损鉴定试验的器件,可用于其他的鉴定试验;进行了破坏性鉴定试验的器件,除了做工程分析之外,不能用于其他的鉴定试验。非破坏性鉴定试验包括早期失效率计算、电参数评估、外部目检、系统软错误率测试和物理尺寸测量。

(3)试验应力。评估芯片与封装界面的影响时,需要进行针对封装的鉴定试验。电源电压的应力偏置为器件规范中定义的最大电源电压,通常最大电源电压比标称电压高 5％～10％。一些试验如 HTOL,可使用更高的电压获得额外的加速应力。表 5-3 可以为加速常见的失效机制提供指导。对工艺更改后所需的鉴定试验应力,可参见 JESD 47,MIL-PRF-38535 或 GJB 597,进行评估后确认芯片与封装界面的影响未发生变化。

(4)试验项目。鉴定试验项目包括器件特性鉴定,如电参数评估、ESD 能力试验等,以及与失效机制相关的试验。新的晶圆制造工艺或新的材料,需要进行针对耗损机制的鉴定试验,失效模式与模型参数可参阅表 5-3。下面的失效机制(但不限于)需要考虑:

a. EM;

b. TDDB;

c. HCI;

d. NBTI;

e. 应力迁移,可能需要针对实际器件进行。

大规模集成电路鉴定试验的项目,可参照 GJB 548,GJB 7400 或 MIL-PRF-38535 的相关规定。鉴定试验针对封装可靠性、抗辐射能力、电特性和工作寿命等方面进行。参考

JESD 47 的规定,表 5-7 给出了针对电特性和工作寿命的试验。

表 5-7　针对电特性和工作寿命的鉴定试验要求

应　力	依据的方法	简　称	条　件	要　求	
				批次/数量	时间/接收判据
高温工作寿命	MIL-STD-883	HTOL	最大结温至少最大电源电压	3 批次/77 只	1 000h/0 失效
早期失效率计算	JESD22-A108 按照第 5.5.5 节的方法	ELFR	至少最大电源电压	按照第 5.5.5 的方法	48≤t≤168h
低温工作寿命	JESD22-A108	LTOL	Tj ≤ 50℃至少最大电源电压	1 批次/32 只	1 000h/0 失效
高温存储	MIL-STD-883	HTSL	T_A≥150℃	3 批次/25 只	1 000h/0 失效
锁定	MIL-STD-883	LU	I 级或 II 级	1 批次/3 只	0 失效
电参数评估	按照第 5.5.4 的规定	ED	器件数据手册	3 批次/10 只	器件数据手册
静电(人体模型)	MIL-STD-883	ESD-HBM	室温	3 只	分类
充电模型 ESD	JESD22-C101	ESD-CDM	室温	3 只	分类
加速软错误计算	JESD89-2 JESD89-3	ASER	室温	3 只	分类
"或"系统软错误测试	JESD89-1	SSER	室温	最少 1E6 器件小时数或 10 个错误	分类

HTOL:此表给出的试验时间,仅考虑了一般的应用要求,可能不能满足某些特殊的应用要求。试验时间与应用场合的失效机制有关。

ELFR:有几种方法可以预计早期失效率,其目的是给出大规模集成电路工作的最初几个月或几年的失效率。

LTOL(Low Temperature Operating Life):针对热载流子退化效应,适用时可采用按照满足一定要求的晶圆级可靠性数据。试验在器件最大工作频率下进行;存储器应在适当的工作模式下进行,对数据保持性能为可选项。

HTSL(High Temperature Storage Life):可采用高温加速,但应注意温度过高时会引入新的失效机制。器件的封装可靠性可以保证时,可采用晶圆级可靠性试验数据。非易失性存储器应在适当的工作模式下进行此项试验,对数据保持性能为可选项。

(5)试验后电测试失效。施加应力试验后,器件电参数测试不符合规范或其他环境试验要求时,称为试验后电测试失效。对失效原因进行失效分析;失效的原因与试验条件无关时,失效可以忽略。

(6)失效判据。通过规定的鉴定试验项目,且试验样品数满足要求,表明通过了鉴定试验,获得的试验数据是通用性数据。也可按照 MIL-PRF-38535 或 GJB 597 的规定。对于给定的缺陷水平,可接受的最小抽样数为

$$N \geqslant 0.5\left[X^2(2C+2,0.1)\right]\left[\frac{1}{\text{LTPD}}-0.5\right]+C \qquad (5.36)$$

式中,C 为接受数量;N 为样品数量;LTPD 为 90% 置信度缺陷水平。表 $5-5$ 为基于此公式给出的数量,有时这个数量会比 MIL-PRF-38535 的规定稍多一些。

(7)试验报告。鉴定试验完成后应编写鉴定数据分析报告。该报告的目的是证明在认证的技术范围内所有工艺可重复,且波动受控,PM,TCV 和 SEC 数据监控得当,并且和工艺密切相关。生产厂将已认证的生产技术流程的任何改进或变更情况通报给鉴定机构,以进行鉴定试验数据分析和确认。生产厂应提供下述数据作为支撑:

a. 设计过程的模拟结果;

b. PM 测试数据;

c. 首次或重新提交检验时,每一分组试验的结果;

d. 检验样品数和拒收器件数;

e. 拒收器件的失效模式和失效机理;

f. 记录所有测量电参数的变量数据;

g. 在给定变化量极限后,对已编序列号的器件应提供初始和最终测试数据;

h. 随机抽取器件进行外形尺寸测量;

i. 对于键合强度试验,记录失效时的拉力数据和失效类别;或无失效时,记录器件键合强度的最小和最大值;

j. 对于芯片剪切或拉脱力强度试验,记录失效时的剪切或拉脱力数据和失效类别;记录无分离情况下,芯片剪切力或拉脱力数据;

k. 进行非破坏性键合拉力试验,记录试验数据;

l. 对于抗辐射能力评估试验,试验前后的电参数测量数据、单粒子效应的试验条件和试验结果;

m. 对于封盖扭矩强度试验,失效时的力或无分离情况下的实际扭矩;

n. 对于内部水汽含量数据,报告发现的所有气体。

5.5　相关技术

5.5.1　工艺基线鉴定技术

工艺基线能力是生产过程技术能力和控制能力的体现。技术能力包括(通过验证样品)制造流程、设计规则、电特性和工艺信息。过程控制能力指生产过程中所运用的控制手段,包括统计过程控制(SPC,Statistical Process Control)和在线监控,在线监控包括 TCV,SEC 以及 PM 控制。在编制工艺基线鉴定大纲时,应对整个生产过程的控制要求做出具体的规定和描述,哪些采用 SPC 控制,哪些工艺和参数采用在线监控,以便作为鉴定机构审查的依据。工艺基线鉴定是对集成电路生产过程中的工艺参数控制、成品率控制等手段的检查和验证。进行工艺基线鉴定时,生产厂应提供工艺制造技术清单,以及晶圆制造、组装和封装过程 SPC 或在线监控的项目或参数清单,明确表征的生产工艺和产品范围。通过文件和生产线的审查、对相关器件进行评估试验等手段,对工艺基线进行鉴定。

1. 设计

设计基线鉴定是对针对集成电路设计采取的模型验证、仿真工具验证等手段，对设计的有效性进行验证，设计认证应包含设计的全过程。

(1)电路设计。电路设计应满足以下要求：

1)模型验证。提供的数据证明，设计过程中所用的模型，在最恶劣的温度和电气极限条件下均能正常工作，并可预计、足够准确。这些模型包括晶体管的特征模型、逻辑、故障、时序、仿真、制造、封装和封装模型。

2)版图验证。证明自动或人工程序能用于设计、电气和可靠性规则检查，以单独和组合的方式找出所有已知缺陷。这些规则最少包括：

a. 设计规则检查(DRC,Design Rule Check)：几何及物理特性；

b. 电气规则检查(ERC,Electrical Rule Check)：短路、开路和连接性；

c. 可靠性规则检查：电迁移和电流密度、IR 压降、锁定、单粒子翻转、热载流子、静电击穿、背栅烧毁(对于 GaAs 工艺)。

3)性能验证。生产厂设计和构建一个或一组芯片，用以评估其工艺的技术能力，以及精确预测工作时的性能。生产厂须证明在整个温度和电压范围内，芯片的实际功能，处于计算机辅助设计两个最坏情况模拟的结果范围之间。通过器件或 SEC,TCV 和 PM,对所有关键的几何和电气设计的最小临界准则进行说明。这些结构中的晶体管和互连电应力要求应是最坏情况。进行失效分析以确定发生失效时，电路和测试结构的所有失效机制，并对发现的任何问题采取纠正措施。生产厂通过表征或评估试验，说明器件的老炼和寿命试验条件，能够确保器件可在给定的最高工作频率下可靠地工作。

4)可测性故障覆盖率验证。生产厂应证明其设计风格、可测性设计(DFT,Design For Test)方法，并结合已证明的计算机辅助设计(CAD,Computer‐Aided Design)仿真工具，能够在足够复杂的设计中提供 99% 或更高的故障覆盖率。生产厂应采用已证明的设计风格、DFT方法和 CAD 工具进行器件设计。生产厂还应证明故障覆盖率测试(故障模拟、测试算法分析等)能力，从而提供设计的故障覆盖率。故障覆盖率的测量应按 GJB 548 方法 5012 规定的程序进行。对于非数字器件，应开发针对性故障覆盖率要求。

鉴定机构对生产厂的基本设计能力进行认证，生产厂提供相关的数据或文件作为支撑，认证的内容见表 5-8。

表 5-8　设计能力认证的主要内容

认证的方面	认证的内容
设计环境/设施	项目计划
	资源管理,如设计团队、硬件、软件开发工具
	设计基础如已获得的专利、设计规则、经验教训等
	工具和设计流程
	ASIC 单元库和设计工具集
	IP 核
	用于抗辐射加固单元库开发和 ASIC 设计、数字及模拟信号仿真的模型

续 表

认证的方面	认证的内容
详细设计 HDL	开发指南
	HDL 编码指南
	DFT 的实现和故障覆盖率测试
	内建自测试(BIST,Built – In Self Test)的实现
模型和顶层设计的确认和验证	故障覆盖率
	仿真/原型
	辐射效应的设计裕度
逻辑综合,静态时序	针对特定工艺线的逻辑综合指南
	规范或要求所带来的限制
	逻辑综合和静态时序网表
布局布线	针对特定工艺线的布局布线指南
	基于分块、体系架构和 I/O 位置的布局布线
	静态时序分析
提交晶圆制造	针对特定工艺线的规则检查
	关键设计复核

(2)管壳设计和特性。管壳应符合芯片设计和器件的性能特性要求,以及宇航环境的应用要求。对管壳进行特性表征试验,包括下述内容。

1)热特性。确定管壳的热阻,热阻值可以通过直接或间接测量,或通过模拟工具或计算获得。

2)电特性。给出与电特性相关的以下参数:

a.地和电源阻抗:尽量减少对接地端和电源端噪声的影响。地和电源阻抗可以在管壳设计规则文件中给出,或通过管壳试验确定。

b.交叉耦合效应:数字集成电路使用的管壳,尽量减少引线之间的宽带数字信号和噪声的交叉耦合。交叉耦合可通过管壳设计规则文件给出,或通过管壳试验确定。

c.高压效应:管壳的电压在相邻导电区域(包括引线或引出端)之间不应产生表面或体泄露,可以通过减少体泄露或表面泄露的高压管壳设计规则,或通过高压管壳试验确定。

3)机械特性。生产厂进行管壳机械特性表征试验,包括耐受振动和冲击的能力以及耐盐雾、腐蚀的能力。

2.晶圆制造

晶圆制造基线的鉴定过程,包括晶圆制造工艺认证、TCV 评估和 SEC 确认。利用 TCV进行晶圆制造可靠性评估;SEC 用于证明晶圆制造工艺可靠性,评估确定失效模式。

(1)晶圆制造工艺认证。对晶圆制造工艺进行监控或认证。晶圆制造技术包括制造流程、设计规则和电特性表征。制造工艺控制包括 SPC 和生产过程监控计划,包括 TCV 计划、SEC

计划和 PM 计划,或鉴定替代的评估程序。生产厂建立相关的文件和数据,作为晶圆制造工艺基线确认的支撑。

(2)概述。晶圆制造工艺基线的评价要素包括工艺开发(针对新工艺)、工艺表征、工艺鉴定和制造过程,鉴定机构对晶圆制造的基本能力进行认证,生产厂提供相关的数据或文件作为支撑,认证的内容见表 5-9。

表 5-9 晶圆制造能力认证的主要内容

认证的方面	认证的内容
工艺开发	工艺的设计验证
	工艺敏感性(确保器件参数稳定的工艺参数裕度)
	建模和仿真
	工艺线成品率
工艺表征	电气参数,如电压、频率、温度等
	性能边界
	工艺一致性
	工艺成熟度
	对于不同的器件类型,最好、最坏情况或者统计的仿真模型
	抗辐射能力
	工艺优化
工艺鉴定	TCV
	环境条件,如制造、测试、装配和储存
	接收和拒收判据
	鉴定试验要求和数据,结构相似性分析、继承性分析
制造	TRB 程序和要求
	SPC 程序和要求

1)统计过程控制(SPC)。生产厂使用在线监控程序,控制关键工艺步骤,保证产品合格率、可靠性和抗辐射能力。监控系统可利用各种测试结构、方法和测量工具。拟监控的关键工艺,由生产厂基于对工艺的实践经验和认识确定。得到的数据采用适当的 SPC 方法加以分析,以确定控制效果。晶圆制造工艺至少包括以下内容。

a.进料掩膜和制造工艺材料;

b.晶圆制造使用的设备;

c.设备校准和维护;

d.掺杂源浓度;

e.扩散剖面和外延层的杂质分布;

f.钝化或玻璃钝化;

g.金属化淀积;

h. 光刻和线宽大小；

i. 钝化工序的温度和时间；

j. 扩散、注入的退火工艺温度和时间；

k. 烧结或退火工艺的温度和时间；

l. 所有的可靠性试验数据，包括 SEC；

m. 掩膜工序检查和缺陷密度数据；

n. 工艺监测图形测试数据；

o. 晶圆接收要求；

p. TCV；

q. 涂胶工艺（包括返工程序）；

r. 离子注入工序；

s. 晶圆背面减薄工艺；

t. 晶圆可追溯性；

u. 晶圆探针测试要求；

v. 锡球特性（高度、宽度等）；

w. 氧化工艺；

x. 栅形成；

y. 空气桥工艺；

z. 通孔工艺。

2）工艺监测图形（PM）。生产厂使用 PM 测试结构对工艺覆盖的每种晶圆类型的电气特性进行表征。PM 测试结构可以纳入器件芯片设计，或作为专用结构嵌入晶圆，或其任意组合。确定 PM 测试结构的最佳位置时，考虑确定晶圆性能分布的均匀性，最优的方案是晶圆中心附近一个，晶圆四个象限中各一个，距晶圆中心至少 2/3 半径。生产厂确立、记载参数测量的拒收极限和测量程序，包括哪些参数将要进行常规监测，哪些参数纳入 SPC 计划。PM 文件还应包含 PM 测试结构的设计、测试程序（包括在全温度范围的电测试和测试极限，与生产厂通过器件模拟规定极限之间的关系）、设计规则和工艺规则。以下参数可作为 PM 参数表征的指南。

a. 通用电参数。

Ⅰ. 方块电阻：包含测量所有传导层方块电阻的结构；

Ⅱ. 结击穿：包含测量所有扩散结击穿电压的结构；

Ⅲ. 接触电阻：包含测量所有层间接触的接触电阻的结构；

Ⅳ. 离子污染和少子寿命：包含测量栅、场和金属间绝缘材料中离子沾污（如钠）和少子寿命的结构。

b. MOS 参数。

Ⅰ. 栅氧厚度：应包含测量"N"和"P"栅氧化层厚度的结构。

Ⅱ. MOS 晶体管参数：至少包括一组测试晶体管用于测量晶体管参数。最小晶体管组应包括几何尺寸足够大，使得短沟道效应和窄沟道效应可被忽略的晶体管，还应包括几个分别能表示在几何设计规则下最大的短沟道效应和窄沟道效应的晶体管。CMOS 工艺应包含"N"或"P"型晶体管。如果"N"或"P"型晶体管的标称阈值电压不止一个，则最小晶体管组应包括每个阈值电压的晶体管。测试的晶体管参数如下：

阈值电压：测量最小晶体管组中每个晶体管的阈值电压；

线性跨导：测量最小晶体管组中每个晶体管的线性跨导；

有效沟道长度：测量每种晶体管类型的最小沟道长度的有效沟道长度；

I_{on}：该组中代表性晶体管的 I_{on}；

I_{off}：该组中代表性晶体管的 I_{off}；

传输延迟时间：采用功能电路的形式设计测试结构，以测量室温下功能电路的传输延迟；

场区漏电：测量最大允许电压下最小间隔相邻晶体管间的场区漏电；

辐射加固器件的参数监测：应重点关注氧化层厚度、阈值电压、线性跨导、I_{on} 和 I_{off} 漏电、传输延迟，以及场效应晶体管漏电。

c. 双极参数。

Ⅰ. 方块电阻：包含能用于测量所有掺杂区域（如发射区、集电区埋层）方块电阻的结构。

Ⅱ. 肖特基二极管参数：对采用本工艺所用尺寸的典型肖特基二极管进行以下测量：

反向漏电：在规定的反向电压下测量反向漏电流（I_R）；

击穿电压：在规定的电流下测量击穿电压（BV）；

正向电压：在规定的电流下测量正向电压（V_f）。

Ⅲ. 双极晶体管参数：对该工艺中使用的代表性尺寸和类型的双极晶体管进行以下测量，适用类型包括 NPN、肖特基势垒 NPN、纵向 PNP、衬底 PNP 和横向 PNP 晶体管。

晶体管增益：以代表性晶体管集电极额定电流为最大值，在三个数量级集电极电流的条件下，测量共发射极直流电流放大系数（H_{fe}）；

漏电流：在规定电压下测量典型晶体管的漏电电流（I_{CEO}，I_{CBO} 和 I_{EBO}）；

击穿电压：在规定电流下测量典型晶体管的击穿电压（BV_{EBO}，BV_{CBO} 和 BV_{CEO}）；

正向电压：在额定电流下测量典型晶体管的正向电压（V_{BEO} 和 V_{BCO}）；

传输延迟：采用功能电路的形式设计测试结构，以测量室温下该功能电路的传输延迟；

辐射加固器件的参数监测：对影响器件辐射性能的参数进行监测。

Ⅳ. 隔离漏电流：在规定电压下测量最小间隔相邻晶体间的隔离漏电流（I_L）。

d. GaAs 参数。

Ⅰ. 方块电阻：包含能用于测量每个导电层方块电阻的结构；

Ⅱ. 金属-绝缘体-金属（MIM，Metal - Insulator - Metal）电容器：包括电容器测试结构，以便能测量直流和射频电容、漏电和击穿；

Ⅲ. FAT FET：采用长栅 FET 测试结构，测量肖特基势垒高度和理想因子、载流子浓度和迁移率及沟道深度；

Ⅳ. 隔离：包括测量衬底隔离击穿的结构；

Ⅴ. 欧姆接触：包括欧姆接触传输线结构，以便能测量规定的接触电阻率和传输长度；

Ⅵ. GaAs FET 参数：包括适合射频探测的 FET 测试结构，可用于测量直流和射频 FET 参数。应测量以下参数：

I_{DSS}：零栅偏压下的饱和漏电流；

g_m：饱和和 50% I_{DSS} 下的跨导；

夹断电压；

栅-漏漏电流和击穿电压；

栅-源击穿电压；

源和漏电阻；

全频率范围内 FET 的 S 参数。

e. 快速试验可靠性结构：

快速试验可靠性结构是一种能在短时间内评价特定已知失效机理的测试结构，以保证单个晶圆的工艺过程同该工艺的可靠性目标一致。快速试验结构一般是新的测试结构，可能尚未包括未经充分验证的热载流子退化结构。针对新型大规模集成电路，需要开发这类测试结构，当这些结构成熟时作为 PM 的强制内容。应对快速试验可靠性结构以及传统热载流子老化结构的试验结果进行对比和分析。下面是有关快速试验可靠性结构的相关信息和要求：

Ⅰ. 热载流子退化：包括评价 MOS 晶体管对热载流子退化敏感度的快速测试结构。该测试结构可以是一个 PM 测试晶体管。

Ⅱ. EM：以在最坏情况下的设计规则设计快速试验结构，并能评价每一金属层及相关接触对电迁移的敏感性。

Ⅲ. TDDB：包括能评价栅极氧化层长期可靠性的快速试验结构。

Ⅳ. 接触电阻：包括能评价接触长期可靠性的快速试验结构。

Ⅴ. 栅扩散：包括能评价栅接触的长期可靠性的快速试验结构。

Ⅵ. 阈值电压不稳定性：包括针对 $0.13\mu m$ 及更小 CMOS 工艺 NBTI 的快速试验结构。

(3) 晶圆制造工艺的评估。利用 TCV 进行晶圆制造可靠性评估。对拟认证的工艺基线或技术，生产厂应执行 TCV 程序。该程序应至少包括必须的测试结构，用这些测试结构评估工艺的固有可靠性，表征工艺对失效机理的敏感度。这些失效机理包括 EM、TDDB、栅下沉、欧姆接触衰退、侧栅/背栅和热载流子效应。随着集成电路技术的不断成熟，如果发现了其他失效机理，应将针对新的失效机理的测试结构增加到 TCV 程序中。TCV 程序用于下述目的：技术认证、可靠性监测、辐射加固保证和工艺监测、工艺更改控制，也适用于快速试验结构，表征电路的固有可靠性。

首次对晶圆制造工艺进行评估时，应针对每一失效机理采用足量的 TCV 进行加速寿命试验。对于待认证的制造设施，TCV 应分别从 3 个相同工艺的晶圆批中随机抽取，数量均匀分配。在最坏工作条件和电路版图符合设计规则的情况下，加速寿命试验将对每种失效机理给出 MTTF 的估计和失效时间的分布。对 MTTF 的失效数据和分布情况进行分析，可以预测最坏情况下的寿命或最坏情况的失效率。测试结构应为已钝化的晶圆。首次评估得到的MTTF、失效分析结果和加速因子，将用做后续工艺 TCV 程序的比对基准，包括评价激活能，基于电压、温度、频率等因素的加速因子，长期可靠性以及已知的失效机理和对策。

所有 TCV 应采用与工艺中标准电路相同的封装材料和工艺进行封装。在某些情况下，TCV 不能按上述要求进行封装时，可以将 TCV 封装在合适的管壳中，评价待认证的芯片工艺，管壳不能影响试验的结果。TCV 不须使用鉴定过的管壳，因为已鉴定管壳的引线数目可能远远超过研究固有可靠性所需管壳的引线数目。如果生产厂能够提供晶圆级和封装加速寿命试验结果等效的数据，鉴定机构可以对 TCV 的封装不做要求。

对特定机理的 TCV 应至少说明以下要求：

a. 热载流子退化：TCV 应使用能够监控器件工艺热载流子退化现象的结构。可用线性跨导下降和阈值电压漂移表征器件性能的退化。抗热载流子退化是以经验参数为依据,给出工艺上允许的最小沟道长度和宽度,这个经验参数是生产厂规定的退化极限。对于热载流子退化敏感的工艺,需要确定晶圆快速试验的筛选方法。

b. EM:TCV 应具有表征最坏情况下金属电迁移的结构:

Ⅰ. 表面平整化;

Ⅱ. 最坏情况的非接触性结构;

Ⅲ. 导电层间的连接;

Ⅳ. 衬底接触。

c. 根据工艺允许的最坏情况的电流、温度和版图几何结构,确定电迁移的电流密度和温度加速因子以及 MTTF 和失效分布,并计算出电迁移的失效率。

d. TDDB:TCV 应包含表征栅氧 TDDB 的结构。具有表征栅氧面积和周长的测试结构。使用不同周长的栅结构,以表征栅与源或漏的交叠边界,栅与晶体管以及晶体管之间隔离氧化层交接边界的介质特性。根据工艺允许的最坏情况电压条件和最薄的栅氧化层厚度,确定 TDDB 的试验电场强度和温度加速因子,获得 MTTF 和失效分布,并计算 TDDB 的失效率。

e. TCV 快速测试结构要求:TCV 程序应包括用于评价热载流子退化的快速可靠性测试结构,以便得到快速试验测量结果与加速寿命试验结果之间的关系。

f. 欧姆接触退化:TCV 应具有在某一温度下评估欧姆接触随时间退化的结构,特别是对 GaAs 器件。

g. 侧栅/背栅:应包括评价 GaAs 工艺中的 FET 侧栅/背栅效应的结构。

h. 栅下沉:应包含评价 GaAs 工艺中的 FET 栅下沉退化机理和其他沟道退化机理的 FET 结构。

i. 对于辐射加固器件,应特别设计 TCV 的结构,以便 TCV 能够精确表征晶圆制造工艺的抗辐射能力。

(4)晶圆制造工艺的确认。生产厂进行晶圆制造工艺的表征或评估试验,以确定集成电路技术、材料和工艺的基本特性和能力范围。生产厂针对所用工艺,进行长期可靠性评估;识别关键参数,制定详细的表征计划,包括试验时间、试验应力、抽样数量、温度以及应进行的测量或测试要求,并基于热、机械、电和化学特性等方面的失效物理机制。评估或表征计划应形成正式文件。生产厂最大可能的进行 FMEA,确保失效机制已经定义和识别,并采取了相应的风险减降措施。鉴定机构对生产厂进行基线控制的方法进行评估。对于新技术集成电路,应进行新技术验证(NTI, New Technology Insertion)。

采用 SEC 证明晶圆制造工艺的可靠性,通过评估确定失效模式。SEC 的设计文件应包括设计的方法、设计采用的软件、所执行的功能,采用晶体管或门的数量所表示的规模以及功能仿真。SEC 和实际器件的设计和实现流程应相同,以便可以得出其相关性。SEC 可以是专门设计的质量与可靠性的监控样品,也可以采用实际产品。当设计规则、材料、工艺的基本流程和功能发生更改时,需要采用不同的 SEC。

SEC 需满足下述要求。

a. 复杂度:数字集成电路 SEC 的复杂度至少包括生产线制造的最大规模器件所含晶体管数目的一半。对于数字 ASIC,包括一个或多个测试结构或 SEC,能够代表所有的单元类型,如存储器等;在老炼试验和电测试时,至少在 75% 的预定工作频率下进行。对于模拟器件,

SEC 应具有工艺技术流程的代表性,具有典型的复杂度,并包括主要的电路元素类型。

b. 功能性:SEC 包含全部的器件功能,其测试和筛选应采用与 QML 相同的方式。

c. 设计:SEC 的设计能够突出设计能力,SEC 的结构应易进行失效诊断。

d. 制造:SEC 应申请或已经获得认证的晶圆生产线上进行加工。

e. 封装:SEC 采用鉴定合格的工艺,封装在鉴定合格的管壳中。

利用 SEC 进行工艺基线鉴定。对初始鉴定,要求足够的 SEC 器件数量,这些 SEC 从满足晶圆接收要求的晶圆中抽取,并且要求从 3 个晶圆批中分布均匀的随机抽取。SEC 器件失效的数量作为工艺鉴定的基本数据,对失效的 SEC 应进行失效分析,以确定每种失效类型并对所发现问题采取纠正措施。SEC 的可靠性数据包括失效分析结果,供鉴定机构审查。对于抗辐射加固保证(RHA,Radiation Hardness Assurance)环境,对 SEC 进行抗辐射能力评估试验。

SEC 应按照 MIL-PRF-38535,GJB 597 或 GJB 7400,以及其他适用的标准,进行针对热特性、机械特性、工作寿命等方面的鉴定试验。应制定工艺基线鉴定计划,鉴定计划应包括以下内容:

a. 筛选试验流程;

b. 工艺特性表征或评估计划;

c. 工艺鉴定试验的计划和数据;

d. 寿命试验:一般用途器件,每个晶圆至少一只器件,进行 125℃,1 000h 的寿命试验。宇航级器件,每个晶圆至少一只器件,进行 125℃,4 000h 的寿命试验。

3. 组装和封装

生产厂对 SEC 或实际器件进行工艺表征试验和工艺鉴定试验,以证明其组装和封装的工艺能力。试验项目可参照 MIL-PRF-38535 或 GJB 7400。

(1)组装和封装工艺认证。生产厂利用工艺监控程序对关键工艺进行控制,通过相应的 SPC 方法进行分析,以确定其控制效果。鉴定机构对组装和封装工艺的基本能力进行认证,生产厂需提供相关的数据或文件作为支撑,认证的内容见表 5-10。

表 5-10   组装和封装工艺基本能力的认证要求

认证的方面	认证的内容
组装工艺	芯片黏结
	引线键合/凸点
	封帽
	工艺监测/SPC
	检验
	力、热试验
	引线或柱栅接触
	原材料检验方法(包括管壳、黏结材料等)

续 表

认证的方面	认证的内容
封装工艺	设计
	材料选择
	封装过程的外协控制
	热特性表征,包括:1)热分析;2)热阻
	电特性表征,包括集成电路规范层次:电压、全温参数及其他条件;规范之外:集成电路的边界条件;隐含特性:规范中未给出或未测试的参数或特性
	封装的鉴定数据,包括:管壳的检验试验;原材料检验要求;机械试验;电测试;热阻测试
	柱栅接触,包括:ESD;25℃时,老炼试验前后,分别进行电特性确认;平面度;封装集成的力学特性

(2)组装和封装工艺确认。组装和封装工艺确认,用于晶圆切割、倒装芯片连接、密封、引线固定、浸焊、掩膜和器件封装涉及的所有工序的验证,包括以下几方面。

1)组装和封装工艺验证。应对 SEC 或实际器件,按照封装工艺和管壳的鉴定程序,对封装的工艺基线能力进行鉴定。出于鉴定和更改控制的目的,生产厂应对鉴定时不同封装产品的分组试验情况进行记录。对于封装工艺鉴定,应从至少三个不同封装批次中分别抽取试验样品。鉴定试验应按照相应标准的分组要求进行,或按照 QM 计划中规定的替代方案和试验优化方案进行。

2)封装集成特性演示试验计划(PIDTP,Package Integrity Demonstration Test Plan)。宇航应用时,针对非传统组装和封装工艺带来的可制造性、试验、质量和可靠性问题,生产厂在封装设计时就应制定 PIDTP,PIDTP 由鉴定机构批准或用户认可。对于非气密封性封装、芯片倒装封装,以及包括焊球或焊柱的封装形式,均应制定 PIDTP。当器件包括一种以上的上述技术时,针对每一种技术制定 PIDTP。

3)非气密封性封装。对非气密封性封装集成电路,PIDTP 针对非气密封性封装结构和材料特有的问题,给出解决方案。如潜在的材料特性退化、吸潮、环境和工艺加工导致的应力对互连的影响,应进行潮湿敏感度等级表征。

4)倒装芯片的组装。对于采用倒装芯片组装工艺的器件,须解决焊球连接、底部填充和芯片黏结所特有的材料和工艺的可靠性问题。PIDTP 给出如何对下述方面,以及封装后器件的可靠性进行评价和监控。

a.衬底材料。

b.凸点的几何形状。包括凸点高度、直径和凸点节距以及凸点底层金属的形状、大小和厚度。

c.凸点焊接层沉淀过程和材料。

d.助焊剂材料。

e.底部填充材料。所有底部填充材料均应符合 GJB 548 方法 5011 的要求,除气应符合 ASTM E595 的要求。

f.盖板/黏结材料。所有盖板/黏结材料应符合 GJB 548 方法 5011 的要求,除气应符合

ASTM E595 的要求。

g. 凸点剪切试验。应按照 JESD22 – B117 或等效标准进行凸点剪切试验,确定凸点的剪切强度。

4. 试验

生产过程的试验应按照相关标准进行,包括筛选试验、鉴定试验、质量一致性试验等,生产厂应将相关要求形成书面文件。鉴定试验按照第 5.4.2 节的要求,质量一致性试验按照 GJB 548 或 MIL – PRF – 38535 或者相关标准进行。

(1)筛选试验。器件在生产过程中,由于原材料和工艺的不一致性、操作技术和质量控制上的差异,致使器件存在一些"隐患",需要通过筛选试验,在施加应力的条件下,对器件进行适当的试验以暴露设计、工艺上的缺陷,剔除存在潜在的"早期失效"的器件,以确保留下来的器件有较高的可靠性,因此,可靠性筛选对于提高整批产品使用可靠性具有非常重要的意义。

按照 GJB 548 或 MIL – PRF – 38535,结合器件结构特点,确定器件的筛选试验条件。根据不同的应用要求,筛选试验可以采取不同的应力试验。

在建立了一定可靠性数据的基础上,生产厂可以对筛选试验进行优化。筛选试验优化,实质是在线过程控制和 SPC 技术在制造过程中的应用,包括确定筛选试验优化的条件以及后续的维护要求,旨在提供允许降低筛选试验应力、减少试验样品数量的基础;协助生产厂优化试验流程,在保证可靠性的同时,以更有效的方式提供高品质、高可靠的器件。允许对未增加价值的试验进行优化,减少时间和成本。筛选试验优化技术,主要关注删除筛选及相关试验所要求采取的控制措施。生产厂可使用其他的"试验优化"方法监测潜在的质量和可靠性问题,例如修改生产流程,最大限度减少操作,降低产品损害带来的潜在风险,利用过程控制或试验,早期发现缺陷,开发替代的抽样计划,或开发替代的试验技术有效识别和筛选有缺陷的器件。这些替代方法应针对不同级别质量特性的控制要求,在了解相关的潜在原因,以及监测过程的质量或可靠性缺陷的基础上,建立替代性试验计划。对筛选以及试验流程进行优化之前,生产厂应建立"试验优化"基础,建立 SPC 的基本理念,确保器件可靠性可持续性改善,对与试验优化相关的各项关键技术进行足够的控制,确保产品符合规定的质量一致性要求。试验优化的程度可以不同,可通过不同的质量特性等级体现,质量特性是指可能影响最终器件质量或可靠性的过程或器件属性。可以定义不同级别的质量特性,通过质量特性控制取代拟被优化的试验。质量特性控制开始实施前,生产厂应确保已进行了足够的评估,以防止由于试验优化不能有效剔除缺陷,导致器件可靠性降低。生产厂控制系统应对生产过程的不利趋势或偏移足够敏感,这些趋势或偏离可能会影响器件可靠性。不同级别质量特性控制系统的变化,应按规定向鉴定机构通报。

(2)老炼试验。

1)老炼试验的概念。老炼试验是筛选试验的关键项目之一,是大规模集成电路保证的重要因素。老炼试验的目的,是通过电、热应力,加速集成电路内部的物理、化学反应,激活并暴露出器件的潜在缺陷,加速器件失效,并以相应的失效模式展现出来,以达到筛选或剔除勉强合格器件的目的。

早在 20 世纪,欧美等发达国家就开展了老炼试验技术的研究。1968 年,美国发布了"微电子器件试验方法标准"(即 MIL – STD – 883),该标准中方法 1015 对老炼试验的目的、方法以及试验设备提出了要求,但未对大规模集成电路老炼试验的频率、施加的向量给出明确的设计准则。1994 年,美国空军就曾指出:"尽管今天的半导体生产商仍在继续使用老炼来提高器件的可靠性,但绝大部分的老炼试验都不切实际或是需要新技术对其加以改进"。

随着大规模集成电路技术的不断发展,国内外对老炼试验技术的研究不断深入。JPL 提出,常用的 MIL-STD-883 方法 1015,是 20 年前基于 $5\mu m$ 大尺寸工艺集成电路提出的,不能完全适用于基于先进工艺技术的大规模集成电路的老炼试验;同时提出,集成电路老炼试验频率,是制约老炼试验的关键因素之一,对于工作频率高于 200MHz 的大规模集成电路,低于 6MHz 工作频率下进行老炼试验缺乏有效性;美国专业老炼设备商 STS 公司(Silicon Turnkey Solutions)提出,现有的大规模集成电路老炼试验设备,由于其频率和信号通道等方面的限制,已成为大规模集成电路老炼试验的制约因素和瓶颈;STS 给出了改进老炼试验系统、提高大规模集成电路老炼试验的频率,同时增加信号通道数量的解决办法。

2)老炼试验的实施方式。老炼试验可以多种方式进行,根据器件设计和应用需求选择相应的试验条件,通过不同的试验条件激活器件暴露不同的失效模式。按照 GJB 548,老炼试验规定了 6 种试验条件,主要在输入、输出、偏压的参数设置上有所区别。

a.试验条件 A——稳态、反偏;

b.试验条件 B——稳态、正偏;

c.试验条件 C——稳态、功率和反偏;

d.试验条件 D——并行激励;

e.试验条件 E——环行振荡器;

f.试验条件 F——温度加速试验。

集成电路筛选流程中一般会引用试验条件 A、条件 B、条件 C 的方式进行静态试验,条件 D 进行动态老炼。动态老炼和静态老炼试验,分别适用于暴露不同的失效模式。动态老炼对可动离子引起的反型、氧化层缺陷、晶格缺陷、扩散光刻缺陷等失效模式特别有效,对表面沾污、划伤、电腐蚀、电迁移、Al-Si 共熔、压点位置形状差、虚焊、似断非断的键合、金属间化合物、装片缺陷、芯片裂纹、密封欠佳、热不匹配、参数漂移等失效模式有一定效果;而静态老炼试验则对可动离子引起的反型尤其敏感,对表面沾污、电腐蚀、参数漂移、近临界参数测试等失效模式有一定效果。

3)老炼试验应力的确定原则。确定老炼试验应力水平的主要原则,是能够有效激发隐藏在大规模集成电路中的潜在缺陷,促使失效暴露,同时又不破坏大规模集成电路的性能。如果施加的试验应力不足,则可能无法有效激发集成电路的潜在缺陷,最终不能剔除存在早期失效的器件,给型号任务带来潜在的风险;如果施加的试验应力过大,可能会引起集成电路的过度耗损,甚至引发新的损伤。因此,如何设计合理的老炼试验应力条件,是老炼试验的关键技术之一;电应力、热应力条件的选取是大规模集成电路老炼和寿命试验的核心问题,应深入分析器件的失效机制,正确的选择应力施加条件,确保充分、有效的激发器件的潜在缺陷。

随着电路特征尺寸减小,为了降低内部电场强度和动态功耗,电源电压 V_{DD} 随之减小,同时阈值电压 V_{th} 减小。上述现象带来了漏电流的增加。在电路动态老炼时,热电应力引起结温增加,导致漏电流进一步增大;对于深亚微米集成电路,额定工作条件下的关态漏电将占据总电流更高的百分比;在大规模集成电路电路进行动态老炼试验时,热、电应力引起结温增加,导致漏电流进一步增大,正反馈现象可能会引起热失控,增加了老炼试验的成本和风险;热失控现象成为目前影响深亚微米集成电路老炼试验的重要问题,甚至有些深亚微米大规模集成电路须改变封装或者采取液体冷却的方式降低结温。

针对具体的失效模式,参考表 5-3 给出的激活能数值,依据 Arrhenius 模型,得到温度和时间的关系,在此基础上设定合理的老炼试验条件,包括电应力、热应力、时间应力等应力条件的设计。老炼试验应力设计应考虑的因素包括频率、电压、功率及结温,大规模集成电路结温由环境温度、结-壳热阻、壳-环境热阻、功耗等决定,综合考虑这些因素,确定热应力和电应力,同时考虑可实施性。老炼试验向量设计时,除了考虑针对性失效机理和失效模式之外,还应考虑试验时的工作状态、工作频率等因素;一般情况下,器件工作频率应大于 6MHz。对于定制集成电路还应考虑在实际的工作状态下进行老炼试验。

5.5.2 基于应用的鉴定方法

1. 目的

大规模集成电路的具体应用环境和应用要求可能不尽相同。必要时,可根据应用条件,定制与应用相结合的鉴定方法和加速应力条件,对器件可靠性进行评估。定制与应用相结合的鉴定方法时,应基于用户最终的使用条件、环境、寿命等要求,并考虑大规模集成电路潜在的失效机制和失效模式。大规模集成电路不断采用新材料、新技术以及应用范围的不断扩展,按照已有标准规定的试验条件、试验时间、样本数量和接收判据等惯用做法可能不是最恰当的;因为应力条件与实际使用环境未建立恰当的关联,传统方法规定的应力试验,可能会产生错误的失效,或未有效的对失效机制进行加速。因此,对鉴定方法进行定制的需求不断上升。此处介绍的基于应用的鉴定方法,是假定大规模集成电路的失效机制已知,基于应用需求确定试验项目和条件,建立基于应用的鉴定方法,适用于大规模集成电路特定应用的可靠性试验;不包括通过或不通过类型的特性试验,例如 ESD、锁定效应等;此外,并不试图涵盖所有的失效机制或试验环境,但是提供可扩展到其他失效机制和试验环境的方法。

2. 鉴定前准备

(1)需求分析。用户需求,或者应用阶段一般是指:

a. 应用环境和时间(应用的任务剖面、服务寿命);

b. 单机设备的工艺条件;

c. 储存和运输条件;

d. 可靠性统计的预期值,例如,可容忍的早期失效率。

就系统需求、应用条件和计划的使用寿命而言,用户需求在良性环境和短期使用条件,到恶劣环境和长期应用之间,差异较大。需求依据可能的外部负载(工作载荷)以及预期的可靠性确定。

成功开发和鉴定一款大规模集成电路(包括相关的技术),需要理解由结构/设计、工艺和材料决定的可靠性,与应用需求(功能性能和应用条件)是如何关联的。

设计一套鉴定方法的基本点,是对比需求和目前可满足需求的能力,如图 5-9 所示。针对不同点,需要提出解决方案,或者现场可用性等级。适当措施的采取,取决于可用性等级,或者与差距有关的风险。

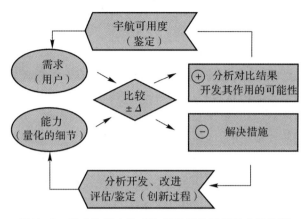

图 5-9 需求和能力的对比以及采取适当行动的准则

（2）鉴定应考虑的方面。基于应用的大规模集成电路鉴定，是指在适合的装联工艺条件下，确认器件是否满足应用需求，包括产品功能性能确认、系统应用适应性确认、装联能力和装联后器件可靠性的验证和确认。有两种方法。

1）以"黑箱"的形式对器件进行检查，与器件规范进行对比，生产厂在完成开发之后，进行最终检验；或者使用方到货后进行检验。一般来说，鉴定是器件开发的一个附加阶段，一般通过"应力驱动试验"的鉴定，确定应用时的质量和可靠性等级。这个传统方法的目的，是针对可能存在的失效模式，通过加速的应力试验条件激发失效；试验项目及条件的变化，受限于可通过器件外部施加的应力类型和应力强度，主要包括器件规范规定的电压和环境条件；内在应力的产生难以控制；这种评估在本质上是定性的，是被动的做法，因为应力试验的条件，与试验所表征的应用条件下的寿命，两者之间的关系无法确定。因此，对于采用新技术和新材料的先进大规模集成电路，试验结论值得怀疑。

2）以失效机制专业知识为基础的鉴定，这种前瞻性方法的获得，来自针对应用需求和器件结构的鉴定结论的推导。考虑鉴定作为设计和研发的组成部分，应在器件开发过程的初期，定义阶段和需求确认阶段，就考虑鉴定实施的方法，确认鉴定的可行性。为了降低成本，可充分利用已有数据，例如：不同功能的器件采用的通用工艺和设计技术，或者一个工艺（家族）的产品要素，或者相似产品结果的通用性。基于"失效物理概念"的潜在失效机制，施加定量等级的有效应力，鉴定可调整为适应应用情况和预期应用寿命周期的活动。

失效物理概念是基于失效过程的知识，进行可靠性设计和研发以阻止器件发生失效的一种途径；基于需求和器件物理特性之间（以及生产过程的差异）的关系，以及带负载（应用情况下的应力）时，器件所用材料与考虑应用状况时器件可靠性之间的相互作用。可靠性是指在预期的应用情况和时间条件下，器件性能的稳定性。材料对于负载的反应，以及在应用过程中受负载影响，材料间相互作用的物理机制，可能导致器件特性发生变化。材料、材料之间的相互作用，以及作用在他们身上的应力，原则上决定了潜在的失效机制。失效物理概念考虑了单一的潜在失效物理机制，提供了不同的应力与时间的关系，即可靠性模型。这些模型的应用，使得人们能够针对预期应用进行器件的设计和鉴定。

鉴定应考虑的方面包括：

1）使用应力下器件特性的稳定性。如失效物理理论所描述的，构成器件的各个子单元、材料及不同材料的界面特性,随所受的物理或化学应力而发生变化。应力可能是外部施加的,如环境条件;或来自于器件内部,如工作时内部产生的电应力、热应力等。

在应力作用下,可能会发生以下过程。

a.由于浓度梯度、温度和电势,造成的材料内或材料间的扩散和交互过程;

b.由于机械、热应力,引起的材料和材料结合处的疲劳;

c.电荷在电场作用下的运动、累积、复合,引起的器件特性变化。

这些过程属于内在的耗损机制,能够改变器件构成的各个子单元的特性,如果器件参数、功能超过了器件规范规定的判据,则器件可能发生了失效。材料和应力的组合决定了失效机制的类型,应力强度与器件结构以及工作条件有关。可靠性模型建模可基于以下两种方法:①观察器件参数的变化,直至发现产生了退化机制;②对于直接观察参数较困难的场合,记录失效时间。第一种方法的优势是,可行时,可根据参数的漂移情况,预期应用时可能发生的失效。应基于器件的失效机制,以及试验应力的影响,建立可信的可靠性模型。当器件材料、结构或工艺发生改变时,基于与失效机制相关的应力敏感性,应对建立的模型重新进行确认。模型用于进行加速可靠性试验,另外,还用于模拟器件的可靠性情况,作为鉴定试验应力确定的依据。

2)可靠性需求和评估基础。针对使用寿命周期,对器件的可靠性需求包括以下几方面。

a.在应用条件下,按规定要求的应用耐久性;

b.由潜在缺陷引起、但不能通过最终试验发现的早期失效(器件应用早期的失效);

c.在随机、不同的外部负载条件下器件的耐受性,例如静电放电、电磁兼容、电压瞬变(可能会引起锁定)、辐射,这些因素可能会引起与时间相关的随机分布的失效;

d.装联、运输及储存兼容性。

上述不同方面,形成了器件的整体可靠性特性,在失效率与时间的关系中,代表了失效率组成的不同部分,各部分均基于失效物理理论。表 5 - 11 给出了评估理论的概况。表 5 - 12 给出了试验的详细要求。

表 5 - 11 评估的基本理论

评估的目的	可靠性风险	评估理论
应用条件下的寿命	基于结构、功能和环境应力的失效机制的影响	针对每个失效机制进行评估:机械相关;加速试验模型、仿真
缺陷相关的可靠性	(早期)失效率	对代表产品进行试验,或对制造工艺进行监测,明确模型的应用范围
可装联和操作能力	参见应用条件下的寿命	对装联工艺、存储和传递进行应力仿真
电参数耐受性	对随机外部负载的适应性(电平瞬变、充放电、辐射等)	针对器件类型的试验,如 ESD;锁定;EMI,辐射

表 5 - 12　可靠性试验体系

试验目的	样品数
功能和特性试验:结合用户的应用条件、范围,验证器件设计决定的固有特性,如设计规则、器件构成的各个子单元可靠性、与工艺相关单元库的兼容性等	相对较小的样品数:选择适当的样品数量,以满足功能验证以及规范规定的参数和特性分布的表征要求
器件的固有特性:电参数耐受性;使用寿命	相对较小的样品数:通过适当的试验,对器件的设计、结构可靠性进行验证,对样品按应力类型与应力大小进行分布
固有的稳定性:应用寿命期间的特性。	相对较小的样品数:针对应用寿命内每个失效机理,确定失效分布的表征
缺陷相关的(早期)失效率(外在)	相对较大的样品数:低失效率的表征,通常需要对一定时间段、相关工艺器件的数据进行累积

3)应用条件下的寿命评估。基于应用条件的鉴定,是确定器件材料和设计导致的内在失效机制,在应用时的应力条件下是否满足使用要求。基于器件采用的新技术或器件更改涉及的技术开发,建立采用这些技术形成的最终产品的模型,以及模型之间的关联关系。器件构成的各个子单元、电路基本单元、设计规则等均应建立自己的模型。模型及模型间的关联关系,可用于使用相同工艺和设计规则的器件评估。表 5 - 13 给出了集成电路使用寿命期间,器件可靠性的基本方面。

表 5 - 13　器件失效机制及相关应力确定可靠性的基本方面

器件可靠性因素	失效机制举例	应　　力
有源和无源器件电特性稳定性	陷阱电荷的注入(热载流子效应)	E,T
	离子漂移,表面反型	E,T
与时间相关的介质击穿	陷阱电荷	E,T
导体、接触孔稳定性	内部不同材料的扩散	T
	电迁移	J,T
器件结构健壮性: ①构成器件的各个子单元、材料间热和机械的不匹配性; ②温度敏感性	裂纹	ΔT
	材料和机械疲劳	周期,ΔT
	腐蚀	湿度相关

T:温度;ΔT:温度梯度;E:电场强度;J:电流密度

4)与缺陷相关的可靠性评估。制造过程引入的缺陷中,小部分不能通过最终试验剔除,因而造成了潜在的失效。这些缺陷可能是因为构成器件的子单元、或材料的局部缺陷导致,在应用条件下,器件可能会发生早期失效。确定器件失效率通常需要较多的样品数、较高的试验频次,以获得可信的累积试验数据,因此,一般情况下,生产厂通过代表器件代表品种,以及对生产线的监测实现数据的累积。试验在器件最大条件,或按照生产厂的规定进行。累积失效或失效率曲线的起始值、斜率建立后,可以据此外推器件在应用条件下的寿命。

5)可装联和操作能力评估。将器件焊装到电路板或模块时,可在给定的条件下,模拟运输和存储带来的应力,进行相关试验和分析。按照可靠性理论,这个过程称之为可靠性试验之前的"预处理"。长时间内承受这些应力而未损坏的能力,主要由封装结构决定。

6)电参数耐受性评估。在器件操作过程,应考虑随机的非预期外部负载的敏感性,如静电损伤、锁定、EMI和辐射。基于失效物理理论,可认为这些应力是能够引起瞬时失效或损伤的过电应力。器件耐受性,很大程度上依赖于器件的电路和版图设计。频率的折中考虑,是高性能与耐受性之间权衡的结果。

特定的耐受性水平,可以通过附加试验进行直接验证。由于过电应力的随机性,当器件不能承受随机的过电应力时,可导致随机失效发生。估计随机失效发生的应力水平,通常不在生产厂保证的器件能力范围。控制随机失效的发生,意味着在使用中控制干扰带来的影响。

3.基于应用的鉴定实施

(1)确定基于应用的试验需求。确定预期应用的使用条件范围非常重要。可以由建立在理论基础上的典型线路、使用条件和可靠性需求导出。

开发基于使用条件的鉴定试验流程,关键的信息包括环境、寿命以及集成电路的安装条件。基于实际使用条件以及感兴趣的失效机制,可能只有几个方面在确定试验流程时起到关键作用,包括但不限于

1)加电工作时的预期寿命;

2)每周实际的工作时间;

3)工作电压和电场;

4)每天实际发生的功率和环境循环次数;

5)使用时的环境湿度和温度范围;

6)储存条件;

7)运输条件(温度、湿度、振动、冲击);

8)预期采用的装联工艺条件;

9)允许的最大累积失效率;

10)早期失效率。

(2)识别潜在的失效模式。有几种方法可以识别失效模式,最有效的方法是对器件进行FMEA,其他方法可以结合FMEA使用。基于器件的结构、设计和材料属性,失效机制能够预期使用环境下机械应力、电应力等方面的影响。如果试验过程发现了非预期的失效机制,需要设计合适的加速模型和试验时间。可依据第5.5.3节规定的方法进行。

(3)针对已知失效机制选择失效模式。识别了潜在的失效模式和失效机制后,应针对已知的失效机制选择合适的失效模式,失效模式和激活能的选择见表5-3。

(4)试验载体的确定。在器件的关键特性方面,选择能代表预期的设计和使用需求的试验载体,并能够对试验过程发生的失效进行识别。这些方面至少包括器件布局布线、热参数等。为使试验数据具有通用性和代表性,试验载体应能够给出可代表器件预期的封装、试验、老炼和运输条件的试验结果。试验载体可以是实际的集成电路产品,或者是能够代表集成电路产品设计和结构的试验结构;取决于关注的失效机理和失效机制。应考虑采用有效的试验载体。采用试验结构的效果相对较好,因为实际的集成电路过于复杂,可能会掩盖掉一些内在的失效

机制。

(5)试验应力的确定。基于预期的失效模式确定试验应力。集成电路应力驱动的鉴定方法,考虑了与众多生产厂生产的大规模集成电路相关的失效模式和失效机制,给出了应力驱动的集成电路鉴定方法。表 5-3 给出了不同的可靠性应力相关的模型、理论和方法。试验的持续时间取决于使用要求。

(6)应力条件和周期的确定。针对失效模式,确定加速试验的试验条件时,应考虑不能引入由于试验条件设计不当产生的失效机制,或者不能代表实际应用环境的失效机制。试验条件的确定,应基于器件所采用的材料、使用时间和加速因子。应对试验条件进行约束,不能超过器件材料所能承应力的能力。材料的物理特性和能力,决定了试验时能够承受的应力极限。材料特性至少包括材料的热匹配性、延展性和蠕变性。试验时间与失效机制、加速因子以及需要验证的器件失效率有关。如果针对失效机制的加速因子较小,试验时间会较长。如果试验时间太长,缺乏工程可行性,则需要开发新的试验方法,或选择其他的失效机制。试验的强度,应根据应用环境和工作条件确定,同时考虑试验样品所用材料的特性及应力的承受能力。样品数的选取,应考虑利用试验结果和相关数据,能够得出失效率以及失效分布的统计数据。试验流程,应能够模拟器件处理、运输和应用的条件,可采用组合应力的方法。

1)温度循环试验应力的确定。确定温度循环试验应力时,必须特别小心,应根据器件的实际应用环境、应用寿命以及器件的结构确定试验应力。

在研发和鉴定过程,器件可行执行相对严酷的热循环试验。理想情况下,器件在预先规定的应力下试验,并进行不同应力的热循环试验,比较不同热循环应力的失效模式。根据应用条件判断器件的失效模式。极端应力条件下的失效,可能不能代表现场应用的失效。极端的温度应力可能引起超出材料特性的失效。

2)电压应力的确定。应考虑电压幅度,或者瞬变的电压可能会引起氧化层或 PN 结损坏;过快的变化,可能会使器件发生永久损坏,或器件性能受到影响。

3)其他应力条件的确定。对于上述讨论的特定试验条件,执行根据应用环境和条件确定的试验流程时,特别关注试验极限的确定。

4)器件性能的确认。根据应用要求,进行基于应用条件的鉴定试验,并收集相关的试验数据。试验样品数量和失效模式非常重要,决定了早期失效率数据。对失效机制进行确认,除去与现场应用条件不一致的失效模式引起的失效,以及与现场应用相关但在预期的应用时间之后发生的失效,后者可能发生于激活能范围较大的失效机制。如果器件试验非常复杂,揭示试验失效的根本原因可能过于复杂,当设计开发或选择试验样品时,须考虑这方面的因素。

5.5.3 基于失效机制的加速模型开发方法

1.目的

在加速应力条件下进行试验,以预测使用条件下,特定失效机理所产生的影响,是大规模集成电路可靠性保证的重要内容。基于失效机制的加速模型的开发方法,是针对大规模集成电路各个失效机制开发加速模型,为已知的失效机制确定适当的加速应力类型、条件、加速试验的流程。通过加速试验,建立失效率数据,以便准确预计器件使用时的性能。失效机制分为两大类:基于缺陷的机制,通常表现出递减的失效率,影响用户使用数量的小部分;耗损机制,产生递增的失效率,一般涉及器件数量的大部分。

大规模集成电路失效机制的加速模型开发方法,给出了如何基于失效机制开发加速模型,适用于大规模集成电路所有的可靠性机制,目的是为大规模集成电路基于缺陷机制和耗损机制,开发加速模型提供参考。

2.设计加速模型要求

(1)定义加速试验条件。定义加速试验条件,指如何激发和加速已知的失效机制。如果加速因子可以理论上,或者基于试验的经验数据给出,须检查是否已模拟了预期的失效模型。建立应力判据是非常复杂的工作,由于应用之间条件的不同,一套单一的要求不可能适用于所有的器件。加速试验是一种激发试验,通过强化的应力环境进行可靠性试验。加速环境试验的加速水平通常用加速因子表示。加速因子的含义是指在正常工作应力下的寿命与在加速环境下的寿命之比,通俗来讲是指一小时试验相当于正常使用的时间。因此,加速因子的计算成为加速试验的核心问题,也成为用户最为关心的问题。加速因子的计算应基于一定的物理模型。

对于已知或疑似的失效机制,基于预期应用条件、器件结构以及材料性能,确定影响失效机制的所有激励非常重要。典型的激励可能包括温度、电场、湿度、热机械应力、振动和腐蚀性环境条件等。加速试验的选择基于材料的特性和应用需求。业界公认需要经过合理时间间隔的加速试验。加速应力应考虑不会产生与试验无关的失效,包括试验设备或材料引起的问题,或由于实际应用永远不会发生的器件过负载引起的"假失效"。定义了特定的加速试验条件后,开发包括这些激励的加速试验矩阵,对每个单独的激励分别建模。每一个确定的激励最少需要两个加速试验分组,三个或更多则更好。某些激励仅产生次要效果时,可能需要几次迭代,例如,高温存储和热循环应力可能会激发相似的失效机制,但高温储存可能是根本的激励。

应力试验的加速性是指加速试验过程,理想的失效应该随着应力水平的提高而具有一个规律性的过程,即受试器件在短时间高应力作用下表现出的特性与器件在长时间低应力作用下表现出的特性是一致的。失效过程的加速性是加速试验的前提,因此在进行加速试验时,首先需要对器件失效过程是否存在加速性进行判断。加速性的存在与否目前认为主要应从以下 3 个原则进行判断。

1)失效机理的一致性。失效机理一致性指在不同的应力水平下器件的失效机理保持不变。只有在失效机理一致的前提下才能进行不同应力水平寿命信息的折算与综合,利用高应力水平的寿命数据外推正常使用条件下的寿命特征。通常情况下,失效机理一致性通过试验设计保证。

2)失效过程的规律性。加速失效过程的规律性指器件寿命与应力之间存在一个确定的函数关系,即加速模型的存在性。在大部分场合,加速模型都是未知的,但是客观存在。在某种意义上讲,加速试验的主要任务就是建立加速模型的数学描述。

3)失效分布的同一性。失效分布同一性指在不同的应力水平下器件寿命服从同一形式的分布。这一规律已经被大量试验数据所证实。

加速试验的主要目的,是对失效加速过程的规律性进行量化。失效机理一致性是实施加速试验的必要条件,但不是充分条件。在实际应用中,寿命与失效率随试验条件而变化,而且有可能因多个失效过程混合从而无法实现加速过程规律性的描述,所以需要失效过程的规律性条件。即使失效过程符合失效机理的一致性和失效过程的规律性条件,如果希望通过试验加以严格的证实,还必须具备失效分布的同一性特点,才能进行试验数据分析与寿命预测。因此,加速性条件的一致性和规律性是加速试验失效物理的要求,而失效分布的同一性则是加速寿命试验统计分析的需要。

加速应力方法一般按照预期仿真的失效机理分类,应力条件通常分为芯片相关、封装材料相关、产品相关;也可施加与器件系统性相关的应力,应力按产生的原因分类,包括晶圆制造、封装工艺、缺陷或者耗损机制,应力类型包括温度、电、湿度、机械应力、电压、电流密度。应力条件包括。

a.芯片相关。与芯片相关的应力,或影响芯片可靠性的应力,典型的应力如介质应力和电迁移应力。

b.封装材料相关的应力。指预期仅影响封装的应力,进行应力试验的器件可以是电参数不合格的器件,如标志耐久性、芯片剪切或引线弯曲等。

c.产品相关的应力。影响器件整体可靠性(如芯片、封装、芯片与封装体的界面、不同封装材料的界面等)的应力,或者可能影响器件整体可靠性的因素。如寿命试验、可焊性、温度循环等试验。

(2)建立失效统计。加速试验的样品需要从有 3 个或更多个生产批次中抽取,样品能代表影响失效机制发生的器件属性,包括缺陷或耗损。例如,薄介质的集成完整性建模评估试验样品,应包含器件可能的全部介质厚度范围。对于器件研制初期,使用测试结构研究特定的耗损机制时,允许采用最少一个批次的器件样品。

对于耗损相关的机制,应确定试验条件,每个试验条件使 50% 以上的样品失效,继续进行试验,直到结果得以复现,以确定双峰分布是否存在,并确定该分布的形状。

对于缺陷相关的机制,无论是随机或系统性缺陷,应采用不同的统计方法。对于这些机制,假定为单峰失效分布时,加速试验的条件和样本量,一般选定为对每个条件产生 10 个或更多的失效。有合理理由时,可以使用较低的样本量(例如,成本高、样本数量有限),但可能会影响模型的准确性。系统性缺陷是指由于工艺等问题引起的器件失效,例如,光刻掩膜版引起的金属之间接触的开路。

(3)确定试验时间间隔。针对给定的失效机理,建立与时间相关的失效分布时,考虑选择合适的试验时间间隔,确保在整个应力期间内,可对失效进行精确的数学表达。与缺陷相关的机制,因为产生递减的失效率,早期的试验读数特别关键;因在应力的某个特定条件前,与耗损分布相关的失效可能尚未出现。

设备成本、项目计划以及其他因素往往限制了加速试验的时间,有时仅为数个月。分配应力周期时,每个试验条件最少应定义 4 个试验阶段,由于大多数失效机制与时间呈对数关系,试验器件的读数应按对数间隔隔开。对于耗损相关的机制,中间的间隔应与预计 50% 的失效点重合。对于缺陷相关的机制,试验的早期读数应在其整个应力期内产生小于 1/3 的预期失效时。

(4)定义失效判据。失效一般包括初始失效、潜在失效、使用导致的失效和退化失效:①初始失效,指在初始测试、筛选等过程发生的物理失效,通常发生在制造过程,或器件设计、版图发生错误导致。②潜在失效,指器件工作一段时间后发生的物理失效,通常由于制造原因或工艺、器件设计或版图缺陷导致。③使用导致的失效,是器件工作一段时间后发生的致命失效,属于物理失效,由于内在材料的特性或某些外部变量的组合产生;典型的失效发生在安装过程或静电损伤,或过电应力,或其他形式的外部应力导致。④退化失效,指性能的稳态下降;集成电路在工作一段时间后,发生的失效,某些物理结构的逐步退化引起,即使工作在适当的工作状态下;这形成了耗损机制。

对于建模,失效的定义依赖于评估的失效机理及使用的试验载体。如果器件在封装后作为试验载体,器件不符合其规范要求时说明发生了失效。如果试验载体的结构能够代表某种大规模集成电路技术、工艺或设计因素,例如电迁移金属图形或一个研究薄介质击穿的 FET 链,失效判据基于与试验结构相关的具体机理,以及试验载体的最终表现。例如,超过特定电阻值时,通常表明发生了电迁移失效;如果电阻降低于某个特定值,表明 FET 链发生了失效。在限定的加速试验条件下,每一个试验时间间隔内,模型的失效类型应均匀分布于所有的试验样品。

3.加速试验数据分析

(1)选择失效分布。确定了模拟试验条件并进行试验后,从加速试验数据中,选择最合适的与时间相关的失效率分布形式,最常用于表示元器件可靠性失效机制的分布,为对数正态分布和威布尔分布;指数分布产生恒定的失效率,是威布尔分布的特例。在将所观察到的数据拟合到相关的失效率分布时,参数的分布形式即可确定。可采用回归技术,将给定激励下的所有失效分布归一化为相同形状的参数分布。这些技术偏重于最后的时间间隔读数,在曲线拟合与整体失效分布出现显著冲突时应进行调整。

(2)导出或使用加速因子。加速因子可以很容易地从上述失效分布中得到,通过计算在某一条件下分布曲线的失效次数,以及相同部分对应于另一条件下分布的失效次数的比例即可。对于给定激励,可得到描述加速作为条件变化函数的数学关系,并且可以将其延伸到元器件的所有预期使用条件范围,一个经典例子是使用 Arrhenius 方程来得到表面激活能。

5.5.4　电参数评估方法

1.电参数评估的目的

电参数评估的目的,是基于预定的应力试验前、试验后的测试结果,对器件的电参数分布进行评估,包括交流参数、直流参数、功能和时序关系等。通过评估器件电参数随时间、特定的应用环境条件(温度、电压、湿度、输入和输出电平、噪声以及电源稳定性等)之间的响应关系,获得电参数变化和分布的相关数据。

2.电参数评估要求

(1)电参数表征方案。电参数表征,是指基于试验数据的统计分析,在预定的工作条件下,对器件电参数进行全面描述的过程,包括电参数随其他参数变化的分布函数关系。可进行工艺角表征,工艺角表征是参数变化范围达到其设计极限时,器件功能鲁棒性的测试。变化的参数通常包括器件电源、频率和温度以及输入信号的交流参数和直流参数;样品的工艺角表征,可以取自工艺角表征测试得到的随机分布数据的最大值;或为了获得工艺角电参数,通过改变工艺的输入参数获得的数据。

应制定电参数表征方案,至少涵盖以下内容:器件名称;测试设备;须进行表征的参数;功能测试及测试向量要求;失效判据;测试条件;样本大小。

(2)设备。用于电参数评估的设备,应能保证电参数测量的重复性和再现性,即测量(或测试结果)应具备重复性和再现能力。测试用工具应定期校准,公差验证应符合规范。应使用适当工具,测量应在满足要求的工具分辨率下进行。

(3)需进行表征的参数。生产厂应建立器件参数指标体系,包括参数的类型和取值范围。

针对器件设计、工艺特点,结合具体需求,确定需要表征的电参数。不要求对数据手册中的每一项电参数均进行电参数分布测试,应针对具有异常表现、可能影响器件质量或可靠性,或者对器件正常工作必不可少的电参数进行。如果封装会对电参数产生影响,应使用与器件封装相关的技术对这些电参数进行单独表征。大规模集成电路的参数表,可以基于工艺、设计、制造和试验过程的相关数据建立,或由用户和生产厂之间基于用户需求协商确定。

典型的工作条件如:对器件进行全参数、全功能测试;温度;频率;电源电压;输入电平;负载条件。

(4)功能测试及测试向量要求。对测试向量进行测试覆盖性分析。对于定制集成电路,还应考虑实际工作状态的测试。

3.电参数评估过程

电参数评估过程如图 5-10 所示。

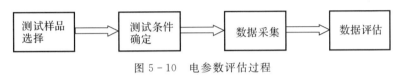

图 5-10   电参数评估过程

(1)测试样品选择。为确定电参数分布,应从特定样品中随机选择一组器件,或选择与电参数表征方案状态一致的器件。样品方案包括样品数量和接收判据,对于数据统计,为了确保统计结果的有效性,应采用一定数量的样品进行统计;样品数量应依据试验方法规定的具有显著统计意义的最低样品数量要求,如鉴定试验相关的试验项目。样品应与拟交付用户的器件具有相同的生产条件,例如,老炼试验,应力试验前、试验后的测试条件等。

电参数漂移是指在一段时间内电参数的绝对变化,变化可以是单个器件原始测试值的偏移,或一组器件偏移值的统计分布。如果需要确定单个器件的电参数漂移量,则需要对器件进行编号,可确定器件电参数的绝对漂移以及样品的参数漂移分布。当变化针对单个器件进行时,称为个体参数漂移(需要对器件进行编号)。当变化针对一组器件时称为参数漂移分布(不需要对器件进行编号)。变化的原因可能是使用和环境条件的改变(在应用现场,或由加速应力试验模拟)。单个器件内可以构造多个测试结构,每个结构(阵列或链)可以独立表征,应相对于预定的设计规则进行测试。严重漂移是指一个突然发生、可以记录的超出(高于或低于)其电参数分布的表征响应;该电参数不符合现象,应在给定的时间段内可被重复观察。

(2)测试条件确定。使用测试设备(例如,自动测试设备或者探针台),在测试程序控制下对器件进行测试,对每个器件或一组器件各种参数的数据及变化进行采集,测试程序应在电参数表征试验过程中保持不变。测试按照电参数表征方案进行,测试设备的准确度和精度,应足以检测相关电参数分布的变化。

作为功能鲁棒性结果的支撑,须对测试覆盖性进行分析和说明。

(3)数据采集。采集的数据采用统一、易于分析的格式,例如可以使用分布拟合(distribution fit),条形图(bar chart)和箱线图(box plot)等易于数据理解的方法。数据字段包括参数、均值、中值、标准方差、最小和最大值以及失效判据等。生产厂也可增加内部控制,并按用户要求提供器件的详细测试数据。

(4)数据评估。如果针对单一器件进行电参数漂移测试,可在现场或在应力试验(如寿命试验)预定的读数点重复测试进行表征。如果发生电参数不符合要求的情况,生产厂应制定纠正和预防行动计划,纠正措施实施后重新进行试验验证。

(5)电参数评估报告。电参数评估报告应包括以下几方面的详细信息。

1)表征类型、电参数分布、参数漂移曲线(单一或分布);

2)样品数量;

3)表征的电参数列表;

4)最低和最高工作器件条件(如温度、电压、频率)列表;

5)应力和参数表征条件列表;

6)接收和失效判据;

7)数据字段,包括参数、均值、中值、标准方差、最小和最大值以及失效判据等。

5.5.5 早期失效率计算方法

1.早期失效率计算的目的

集成电路的早期失效是指产品使用初期即发生失效,早期失效的特点是失效发生的概率大,但失效率随时间增加而迅速下降。由于宇航应用的高可靠要求,有必要掌握早期失效率。早期失效一般与集成电路的内部缺陷和制造工艺相关,可以通过加速试验的方法获取与工艺相关的失效率因子,从而估算器件的早期失效率。

一种典型的与时间相关的半导体器件失效曲线,即"浴盆"曲线,如图 5-11 所示。该曲线分为三个部分:失效率迅速下降的早期失效区($0\sim t_1$);失效率持续下降或基本保持稳定不变的偶然失效区($t_1\sim t_2$);由于器件耗损而导致失效率增加的耗损失效区。早期失效以及器件使用中的偶然失效是由器件生产过程中产生的缺陷导致的。很多器件缺陷可以通过可靠性试验排除和避免。由于缺陷而导致的器件早期失效一般发生在封装、装联过程中,或者是用户使用的初始阶段。

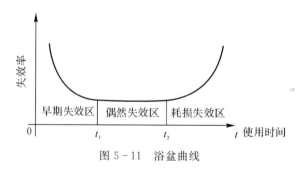

图 5-11 浴盆曲线

在对器件进行 ELFR 试验之前,首先应建立用于 ELFR 计算的可靠性模型,模型应能够精确反映出器件的技术、工艺过程、制造和封装生产线的相关情况,包括试验和筛选;并且随着工艺、试验或筛选的变化,模型统计方法能够相应的进行更新。

集成电路的 ELFR 数据包括了几种典型的失效机理,这些失效机理最终可表示为电压、温度与时间的函数。正确地计算出每一种失效机理电压与温度的加速因子,对于实际应用条件下的可靠性预计非常重要,尤其对于器件存在多种低加速因子失效机制混合的情况。

2. 加速模型

(1)温度加速模型

温度加速模型可以用 Arrhenius 模型表示为

$$A_T = \exp\left[(E_{aa}/k)\left(\frac{1}{T_U} - \frac{1}{T_A}\right)\right] \tag{5.37}$$

式中,A_T 为温度加速系数;E_{aa} 为表面激活能;k 为玻耳兹曼常数(8.617×10^{-5} eV/k);T_U 为正常使用时的结温;T_A 为加速条件下使用时的结温。

(2)电压加速模型。除非能够得到一个能够被试验证实的电压加速模型,否则建议使用下面的模型:

$$A_V = \exp\left[\left(\frac{K}{X}\right)(V_A - V_U)\right] = \exp[\gamma_V(V_A - V_U)] \tag{5.38}$$

式中,A_V 为电压加速系数;K 为试验测得的恒定电场强度;X 为应力下的介质厚度,$\gamma_V = (K/X)$;V_A 为加速早期失效试验的应力电压;V_U 为使用电压。

总加速系数通常为电压加速系数与温度加速系数的乘积,即

$$A = A_T A_V \tag{5.39}$$

式中,A 为早期失效试验的总加速系数。

等效使用时间为

$$t_U = A t_A \tag{5.40}$$

式中,t_U 为使用时间;t_A 为加速早期失效的试验时间。

3. 计算方法

当多种失效机制共同作用时,如果仅有少数失效机制并且每种的失效率都很低,总失效率可以只是简单的加和,可靠性是由每种失效机制根据下式得出,即

$$\text{ELFR} = 1 - \prod(1 - \text{ELFR}_i) \tag{5.41}$$

式中,i 表示几种失效机制的序号,对于几种失效机制的乘积,基于各自的加速因子,每种机制都被用于失效率预计。此外,每一种机制都有一个独一无二的威布尔分布参数,因此,有可能的情况下,应对每种失效类型分别计算。另一种计算早期寿命失效率的方法是利用所有的失效机制的卡方检验值表示。

如果难以确定多种失效机制是否存在,可以基于加速试验数据估计 ELFR,因此应掌握试验数据与集成电路使用环境之间转化的加速因子,以及失效率与时间的关系。

以上两种情况的早期失效率计算分别满足指数分布(恒定失效率)或递减失效率(形状参数 $m < 1$ 的威布尔分布)。

(1)指数分布。

1)单一早期失效(ELF,Early Life Failure)的指数分布。如果可以确定早期寿命周期内的常数失效率,那么就可以利用指数分布预计用户给定工作环境下的失效率。

失效率 λ 的置信度上边界 $C\%$,可以用值给出,有

$$\lambda = \chi_{c,d}^2/(2ANt_A) \tag{5.42}$$

式中,A 是 ELF 试验($A_T A_V$)的加速因子;N 是样本的大小;t_A 是加速 ELF 试验的时间;χ^2 是卡方检验值;c 为要求的可信度水平(通常 60%);d 为自由度($2f+2$),f 为 ELF 试验中的失效数。λ 是指数分布失效率,置信度上边界 $C(\%)$ 的 FIT 表示为

$$\text{ELFR(FIT)} = 10^9\lambda = 10^9\chi^2_{c,d}/(2ANt_A) \tag{5.43}$$

2) 单一失效机制，多 ELF 的指数分布。通常 ELFR 利用多次 ELF 试验结果估计，而不同的 ELF 试验可能是在不同的温度、电压和周期内进行。在恒定失效率的情况下，单一失效机制，N 次 ELF 试验时，ELFR 的置信度上边界 $C\%$ 可用下式计算，即

$$\text{ELFR(FIT)} = 10^9\lambda = 10^9\chi^2_{c,d}/[(2ANt_1)] + \cdots + (2A_nN_nt_n) \tag{5.44}$$

式中，A_1，N_1，t_1 是第一次 ELF 试验的参数；A_2，N_2，t_2 是第二次 ELF 试验的参数；A_n，N_n，t_n 是第 n 次 ELF 试验的参数；f 为所有试验中失效总数。

3) 多失效机制与多 ELF 的指数分布。在多次抽样中进行一次 ELF 试验可以观察到多种失效机制的情况非常普遍。当失效机制类型较少，每一个失效机制的失效率也很小时，可以通过对每种失效机制的失效率之和，合理的近似得到准确的预计值。在恒定失效率的情况下，ELFR 的置信度上边界 $C\%$ 可用下式计算，即

$$\text{总 ELFR(FIT)} = \sum[\text{ELFR(第 } i \text{ 个失效机制)}], \quad i = 1-p \tag{5.45}$$

$$\text{ELFR(第 } i \text{ 个失效机制)} = 10^9\frac{\chi^2_{c,d}}{\left[2A_i\sum(N_zt_{Az})\right]}, \quad z = 1-n \tag{5.46}$$

式中，A_i 为失效机制 i 的加速因子；t_{Az} 为第 z 个试验的加速 ELF 试验时间；N_z 为第 z 个 ELF 试验的样品尺寸；p 为不同的失效机制数目；n 为 ELF 试验的数目。

（2）递减失效率。早期失效通常有一个可以用形状参数 $m<1$ 的威布尔分布表征的递减失效率，恒定失效率是在假设 $m=1$ 的情况下得出的。进行了一次 ELF 试验后，等效的使用时间 t_U 可用式（5.40）表示。ELFR 条件下的累积失效比例（CFF，Cumulative Fraction Failing）是与期望的结果比较得到的威布尔分布曲线上的一个点。在同等使用条件下，CFF 通过电压和温度加速因子计算得出，电压和温度加速因子可以由集成电路的工艺参数推导，再与同等条件下的分布曲线上的可靠性目标进行比较。

图 5-12 所示是一种确定产品累积失效分布递减失效率的方法，图中的点表征了 48h 加速试验后的 ELFR 的计算结果。失效集中在较短的时间段，且随时间逼近威布尔分布（$m=0.4$），失效率快速下降，这与图 5-11 的浴盆曲线的前半部分是一致的，失效率开始很高，而后快速下降。

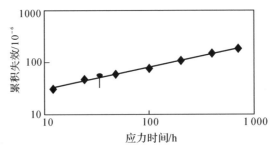

图 5-12　应力时间与累积失效的关系

1）单一 ELF 的递减失效率。威布尔累积分布函数（CDF，Cumulative Distribution Function）为

$$F(t) = 1 - \exp[-(t/\eta)^m] \tag{5.47}$$

式中,$F(t)$ 为威布尔累积分布函数(CDF),表征 $0 \sim t$ 时间内的失效比例;η 为特征寿命(63.2% 的集成电路失效的时间);m 为威布尔分布的形状参数。

当 $m=1$ 时,威布尔分布为指数分布形式,失效率 $\lambda = 1/\eta$。当 η 已知肘,在早期失效期间 t_{ELF} 内,累积失效分布函数 $F(t_{ELF})$ 即为 ELFR,乘以 10^6 即得到 ppm 表征的集成电路失效率,有

$$F(t_{ELF}) = 1 - \exp[-(t_{ELF}/\eta)^m] \tag{5.48}$$

更多情况下,失效率以置信区间上边界(60%)表征,需要用 χ^2 分布表征。$F(t)$ 或 CDF 可表示为

$$CDF(c\%) = \chi^2_{c,d}/(2N) \tag{5.49}$$

2) 单一失效机制,多 ELF 的递减失效率。从式(5.40)可以看出,等效使用时间 t_U 可以通过加速因子 A 和 ELF 试验时间 t_A 相乘得到,用威布尔分布分析多 ELF 试验结果,需要找到合适的加权平均值来计算多试验的结果。通过 t_U 的失效率置信区间上边界计算 t_{ELF} 的失效率置信区间上边界的方法如下:假设一个威布尔分布和形状参数,通过对 ELF 试验的加权平均,确定一个平均的 t_U 值(t_{UWA}),式(5.47)中,以 t_{UWA} 代替 t_U,表示为

$$t_{UWA} = (\sum N_i t_{Ui})/s, \quad i = 1 \sim n$$

$$F(t_{UWA}) = \frac{\chi^2_{c,d}}{2S} = (1 - \exp[-(t_{UWA}/\eta_{WA})^m]) \tag{5.50}$$

式(5.48)可表示为

$$F(t_{ELF}) = 1 - \exp[-(t_{ELF}/\eta_{WA})^m] \tag{5.51}$$

η_{WA} 通过式(5.50)可推得

$$\eta_{WA} = t_{UWA}/(\{-\ln[1 - \chi^2_{c,d}/(2S)]\}^{1/m}) \tag{5.52}$$

3) 多失效机制,多 ELF 的递减失效率。当少数失效机制同时存在且每个失效机制的失效率较小时,可以通过对每种失效机理的失效率之和进行合理的近似,得到准确的预计值。在递减失效率的情况下,多失效机制、多 ELF 试验的 ELFR 可用下式计算,即

$$总 ELFR(10^{-6}) = \sum [EFR(第 i 个失效机制)], \quad i = 1 \sim p \tag{5.53}$$

(3) 多失效机制的 ELFR 计算。在存在多种失效机理的情况下,使用简单加和的方法计算失效率会使得计算得到的失效率高于实际值,原因在于 χ^2 检验方法是基于一定置信度水平下的失效率估计。当分别考虑每种失效机制时,χ^2 检验分别应用于计算这些失效机制然后再累加做和,导致每种失效机理对应的计算误差被累加起来,式(5.45)和式(5.53)计算得出的失效率高于试验中统计的总失效率。本节提出了一种计算多种失效机理下的 ELFR 的系统工程的方法,通过加权方法计算各失效机制对总失效率的影响。

首先,对试验中的所有失效加和(即失效的集合)来计算卡方值。这个集合卡方用 χ^2_{AGG} 表示,然后通过式(5.54)计算加权的(或者称有效的)卡方值,这个加权卡方值记作 χ^2_F,即

$$\chi^2_F = \chi^2_{AGG}/\sum(\chi^2_i) \tag{5.54}$$

式中,χ^2_{AGG} 为试验中统计的总失效数的卡方值,包含任何失效机制引起的;χ^2_i 为第 i 种失效机制引起的失效数的卡方值。

在这个概念的基础上,ELFR 可以表达为

$$ELFR_{AGG} = \sum(ELFR_i)\chi^2_F \tag{5.55}$$

式中,$ELFR_{AGG}$ 为试验中总失效数的早期失效率;$ELFR_i$ 为第 i 种失效机制引起的早期失效率;χ_F^2 为加权的卡方值。

利用加权平均的方法计算早期失效率更能反映实际观察到的失效情况,而不是对所有失效机制的简单加和,尤其是当某种失效机制在实际试验中引起的失效数极少或者并没有引起失效时。

5.6　本　章　小　结

本章调研了国内外鉴定相关的要求,对鉴定的内涵进行了分析,介绍了集成电路可靠性预计模型及参数,给出了鉴定的方法和流程。详细阐述了鉴定的相关技术和方法,包括工艺基线鉴定技术、基于应用需求的鉴定方法、基于失效机制的加速模型开发方法、电参数评估方法以及早期失效率计算方法。

第6章 封装可靠性评价

6.1 概　述

随着集成电路技术的快速发展,集成电路封装已经演化成为集成电路产业发展三大支柱产业之一。集成电路封装质量不仅直接影响集成电路的电性能、机械性能、光性能和热性能,同时还严重影响其可靠性。对大规模集成电路,封装不但需要保护内部芯片免受苛刻的外部环境条件损伤,还是保证器件可靠性的重要因素。随着高密度封装、系统级封装等新型封装技术的不断发展,开展封装可靠性的评价对于保证器件可靠性具有至关重要的作用。

6.2 封装可靠性评价的概念

集成电路集成度越来越高,封装结构从传统的二维结构向三维结构发展。随着新结构的出现,选用的新材料越来越多,新工艺不断涌现,这些新结构、新材料和新工艺的应用带来了新的可靠性问题。封装集成度不断提高,单位体积内包含的功能单元越来越多,封装的特征尺寸越来越小,导致封装中结构材料和功能材料的界限越来越模糊;一种材料往往既要满足结构材料的力学特性,还要满足功能材料的电学特性,同时需要兼顾器件整体热耗散的物理特性。

随着封装特征尺寸的减小,封装中微小结构的互连可靠性以及隔离可靠性是封装首先需要解决的问题。只有连接点可靠连接,隔离单元可靠隔离,封装才能实现基本的电气功能。

传统二维封装向新型三维封装结构发展带来的直接影响主要体现在三方面:①三维封装带来的力学适应性问题;封装的首要功能是实现机械支撑,三维封装密度极高,涉及多个界面之间的互连,封装结构的机械强度和稳定性是确保封装可靠性的重要因素之一。②三维封装带来的散热不良问题;散热不良会引起不同材料间的热失配,进而引发互连失效,还将导致器件内部工作温度过高,造成芯片的永久损坏。③信号干扰问题,集成电路封装中各个功能部件物理距离减小,在提升器件运行速度的同时,容易引起高频信号间相互干扰,导致器件电性能异常;高密度封装引起的器件信号完整性问题是需要重点关注的问题。

大规模集成电路封装可靠性评价,是指通过一系列试验和分析手段的有机组合,从力、热、电及材料等多个维度对封装结构实现既定功能和目标的能力进行评价并得出结论的过程,是鉴定的重要内容。为了确保大规模集成电路封装的可靠性,在传统的机械、温度等环境应力试验的基础之上,结合封装的结构特点,通过对封装设计的合理性、结构强度、信号完整性和装联可靠性等方面开展评价,发现封装的可靠性薄弱环节,为鉴定试验、应用验证等工作提供基础性支撑。

6.3 大规模集成电路典型封装和工艺

大规模集成电路封装技术的发展趋势为,从有封装向少封装、无封装方向发展;从单芯片向多芯片发展;从平面封装向立体封装发展;从独立芯片封装向 SiP 方向发展。如图 6-1 所示,给出了典型的 SiP 结构示意图,该器件以高密度基板为载体,通过多种先进封装技术,在基板上集成了片上系统处理器芯片、3D 堆叠(3D-Stack)大容量存储器、加速度计、图像传感器、模拟/数字转换芯片等,芯片之间通过球栅阵列(BGA,Ball Grid Array)、低温共烧陶瓷基板(LTCC,Low Temperature Co-fired Ceramic)、硅通孔(TSV,Through Sillicon Vias)等技术进行互连,基板内部还埋置有光学波导、反光镜等光学反馈器件。可以看出,未来的大规模集成电路是各种封装工艺和元器件的集合体。下面以复杂封装大规模集成电路常用的 BGA、3D 堆叠、LTCC 以及 TSV 结构为例,介绍典型的大规模集成电路封装结构及其可靠性。

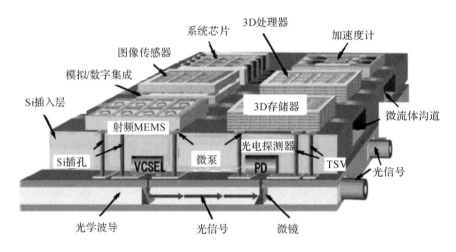

图 6-1 典型的 SiP 封装

6.3.1 BGA 封装

1.BGA 封装概述

随着集成电路 I/O 数量的增多,其密度不断增加。为了适应这一发展趋势,一些先进的高密度封装技术应运而生,BGA 封装技术就是其中之一。

BGA 封装,即焊球阵列封装,是从集成电路倒装芯片(FC,Flip Chip)封装技术演化而来的。BGA 封装是将传统封装的引线演化为焊球的一种封装形式,焊球则作为器件的引出脚与印刷线路板(PCB,Printed Circuit Board)焊接互连。

为了缓解陶瓷外壳与 PCB 热不匹配问题,由 BGA 封装衍生出了焊柱阵列(CGA,Column Gride Array)封装,其结构是采用焊柱取代了 BGA 中的焊球用以作为器件封装的引脚。目前,BGA 封装可提供多达 2 000 个以上的引线,这是 BGA 封装的巨大优势。相对四边扁平封装(QFP:Quad Flat Package)较细较长的金属外引线,BGA 封装的焊球材料一般为铅锡合金或者铅锡银合金,体积较小,因而不易被碰触到,在电装时无需成型,更易于安装。

2.BGA 封装的特点

相对 QFP 封装,BGA 封装具有以下特点。

(1)I/O 数量较多。BGA 封装的 I/O 数量主要由封装体尺寸和焊球间距决定。通常,引线数目相同时,BGA 封装尺寸可减小 30% 以上。

(2)较大的焊球间距提高了表贴安装的成品率。与具有相同 I/O 数量的传统 QFP、LCC 封装相比,BGA 封装的焊球间距更大,安装成品率更高。

(3)具有更短的互连距离和更大的接触面积。BGA 封装极大的缩短了芯片到 PCB 基板焊点的距离,即缩短了信号的传输路径,减小了引线电感、电阻,可改善电路性能;相对 QFP 等封装形式,BGA 封装的阵列焊球与 PCB 基板的接触面积更大、传输距离更短,更有利于散热。

BGA 封装技术具有密度大、轻便易用等优点,但也存在以下缺点。

(1)塑封结构的器件在回流焊过程中容易产生翘曲变形;

(2)焊球尺寸以及植球工艺的差异造成的焊接面共面性差;

(3)由于整列排布在器件基板底面,对焊接质量难以方便、可视地进行检查;

(4)焊接后的应力释放能力较差,抗温度循环能力较差;

(5)一旦出现焊接缺陷,除非拆下后重新植球,否则难以返修。焊料存在缺陷、回流焊过程中封装发生变形、BGA 焊球共面性差等均可能在焊接后产生开路缺陷。对于焊接后焊料的流淌情形,无法目视检查,因此容易出现短路缺陷。在实际应用中困扰用户的最大问题,便是由于以上缺点引起的开路和短路故障。整个封装体与组装基板之间由焊料球以及两端的焊料连接在一起,存在 3 段焊料 4 个界面,耐温度循环的特性弱于金属引线封装,加之其高密度分布以及阵列布局,机械应力较大,更加剧了封装耐温度循环应力方面的劣势。

3.BGA 封装的可靠性

热匹配性和焊料凸点共面性是影响其可靠性的两个主要因素。

(1)热匹配性。对 BGA 封装器件而言,有多种封装基板可供选择,在选择封装基板时应重点考虑材料的热膨胀系数、介电常数、介质损耗、电阻率和热导率等因素。基板与芯片之间或基板与 PCB 板之间的热膨胀系数失配,是造成器件封装失效的一个主要原因,热膨胀系数失配产生的剪切应力将引起焊点失效。

(2)焊料凸点共面性。BGA 封装常采用芯片倒装焊技术,器件芯片与基板之间通过焊料凸点进行互连。常用的凸点材料有金凸点、95Pb5Sn、90Pb10Sn 焊料球,也可采用 63Pb37Sn 焊料凸点。焊料凸点制备技术的关键在于当间距缩小时,必须保持凸点尺寸的稳定性以确保凸点的共面性。焊料凸点尺寸的一致性及其共面性对 BGA 封装的成品率有极大的影响。

6.3.2 3D 堆叠封装

1.3D 堆叠封装概述

3D 堆叠封装是在传统的二维平面组装工艺基础上发展而来的,主要是在垂直方向上增加芯片的组装层数,从而增加器件的组装密度。相对传统的平面组装,其更像 3D 立体封装模式,因此称为 3D 堆叠封装。

目前业界 3D 堆叠封装主要分为两类,分别是芯片叠层和封装叠层。

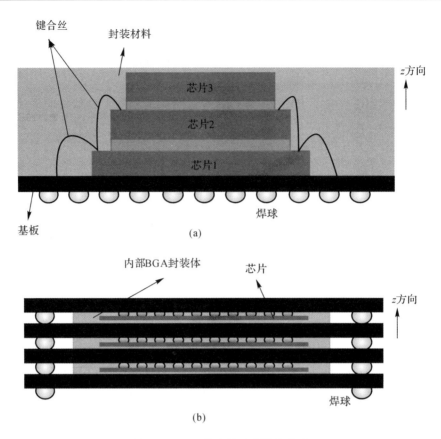

图 6-2 3D 堆叠的两种堆叠形式

(a)芯片叠层; (b)封装叠层

常见的芯片叠层封装多是把两个或两个以上的芯片在 z 方向上堆叠,利用传统的引线键合方式进行互连,然后再进行封装,如图 6-2(a)所示。虽然采用芯片叠层封装可在狭小的空间内集成更多的功能,甚至集成具有某个系统功能的芯片,但是在某些 3D 堆叠封装器件内由于受芯片良品率的影响,难以保证 3D 堆叠器件的成品率。因此,为了保证 3D 堆叠器件的成品率,采用对已完成封装器件进行 3D 堆叠封装的方法可有效解决该问题。封装的叠层可分为封装内封装(PiP,Package in Package)和封装上封装(PoP,Package on Package)两种形式。封装堆叠是将多个具有完整封装结构的封装在 z 方向上堆叠,内部各个封装结构之间通过焊球等进行互连,如图 6-2(b)所示。

2.3D 堆叠封装的特点

3D 堆叠封装具有以下显著的优点。

(1)外形尺寸小。与传统的封装相比,3D 堆叠封装具有尺寸小和质量轻的特点,如 3D 堆叠封装相对于 MCM 封装,其面积可缩小 5～6 倍,重量可减小 $\frac{1}{3}$～$\frac{1}{10}$。

(2)芯片焊接区利用效率提高。3D 堆叠封装与其他 2D 封装技术相比,硅片有效面积利用效率超过 100%,如图 6-3 所示。

图 6 - 3　3D 堆叠与多芯片模块(MCM,Multi - chip Module)的焊接区有效面积利用效率比较

(3)信号传输延迟减小。3D 堆叠封装采用混合互连技术,以适应不同器件间的垂直互连,如芯片与芯片、芯片与圆片、芯片与基板等,可根据需要采用倒装、引线键合和 TSV 等互连技术进行多芯片的叠层封装,从而缩短了芯片间的互连长度。在高速电子系统中,总延迟时间主要是受传输时间的限制,传输时间与互连长度成正比,因此,缩短信号延迟需要用 3D 堆叠封装缩短互连长度。互连长度的缩短,如图 6 - 4 所示,可降低互连伴随的寄生电容和电感,比使用 MCM 技术的信号延迟缩短可达 10 倍以上。

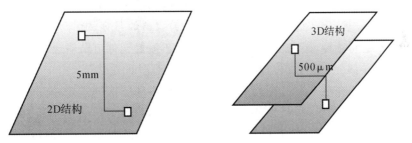

图 6 - 4　2D 和 3D 结构的导线长度比较

(4)有效提高系统的性能。由于 3D 堆叠封装实现了芯片间互连长度的缩短,减小了互连尺寸,降低了互连伴随的寄生参数(电容和电感),使得芯片间的噪声更小、功耗更低,因此,3D堆叠封装尺寸和噪声的减小便于系统的高速运行,从而提高系统的性能。

3.3D 堆叠封装的可靠性

3D 堆叠封装的可靠性主要体现在以下两方面。

(1)高密度封装的散热设计与处理。目前,集成电路封装的主流方向是朝着芯片更大、I/O端口更多、电路密度更高和可靠性更高的方向发展,提高电路密度意味着增加系统的功率密度。采用 3D 封装技术制造的器件,在器件功率密度提高的同时,必然会引起封装单位体积热量的增加。一般情况下,器件失效往往与其工作温度密切相关,资料表明,器件的工作温度每升高 10℃,其失效率增加 1 倍。不合理的热设计将诱发一系列的可靠性问题,如出现局部过热,温度分布不均等。因此,采用 3D 堆叠封装技术制造器件,应重点考虑封装体的散热处理问题。

目前,3D 堆叠封装的散热处理有两级:一级是对 3D 堆叠封装的表面热量进行均匀分布的系统级设计,避免器件工作时出现局部热斑;另一级是封装级,通过选取高热导率的封装材料实现良好散热。

(2)设计复杂性增加影响封装可靠性。由于多个裸芯片或封装的高密度集成,以及封装体内多种不同功能材料的使用,使得封装体内的电磁场分布十分复杂,易引发严重的隔离度、信号波形畸变等信号完整性、电源完整性,以及电磁兼容性问题,这些因素使得 3D 堆叠封装结构设计更加复杂。

6.3.3 LTCC 工艺

1.LTCC 工艺概述

LTCC 采用厚膜工艺,按照预先设计好的三维结构,将电极材料、介质层和无源器件等一次性烧结成型,是一种用于实现高集成度、高性能的封装技术。LTCC 是集成电路技术中二次集成的主要技术手段,可以满足大规模集成电路在高集成度、高可靠性和高运行速度等方面的需求,具有设计快捷、可混合集成及工艺投入低等优点,近年来成为大规模集成电路,尤其是 SiP 等系统级封装器件设计的首选。

2.LTCC 工艺特点

与传统的封装技术相比,采用 LTCC 工艺封装最大的优点是具有较高的集成度以及良好的高频特性,具体表现在以下几方面。

(1)LTCC 互连层数较多,同时多层结构利于在内部预置无源元件,大幅度提高了器件集成度。随着技术的发展,LTCC 材料已经形成了较为完整的系列,其厚度可选,一般单层厚度可在 $10\sim100\mu m$ 之间选择,层数可达 18 层以上;内部预置元件可节省表面组装面积,减少芯片、元件之间互连导体的长度和节点数,进一步提高了器件的集成度。

(2)LTCC 材料的介电常数选择范围大,利于满足不同层次的需求,高频特性优良。根据陶瓷配料的不同,可以得到多种特性的 LTCC 材料基板,设计时可灵活选用。另外,由于烧结工艺所采用的共烧温度低,LTCC 可以采用 Au,Ag,Cu 等高电导率的材料作为导带材料,因此具有更小的互连导体损耗,在高频电路中表现更优。

(3)LTCC 基板具有良好的散热特性。LTCC 基板为陶瓷金属材料组合,热导率超过有机材料的 20 多倍,且 LTCC 的连接孔采用金属填孔方式,与仅孔壁镀金属的 PCB 通孔相比,填实的金属通孔导热特性更好。

(4)LTCC 基板与大多数半导体芯片材料有着较好的热匹配性。LTCC 基板的热膨胀系数与 Si,GaAs,InP 等半导体芯片材料的热胀系数更为接近,在 LTCC 基板上直接安装芯片,实现逻辑处理、信号放大和光电转化等芯片的同步工艺集成,提高了元器件的装配效率。

3.LTCC 工艺可靠性

互连互通是 LTCC 基板最主要的可靠性问题,即 LTCC 材料的共烧匹配性问题。影响 LTCC 互连互通的主要因素是基板的平面收缩问题。将不同层陶瓷介质(电容器、电阻器、电感器,导带等)共烧时,需要控制不同界面间的反应和界面扩散,使各层的共烧匹配性良好,界面层间在致密化速率、烧结收缩率及热膨胀速率等方面尽可能达到一致,从而减少层裂、翘曲和裂纹等缺陷的产生。

LTCC 基板应用于高性能系统时,严格控制的烧结收缩行为关键在于对 LTCC 共烧体系烧结收缩率的控制,LTCC 共烧体系沿 XY 平面的收缩率一般为 $12\%\sim16\%$。助压烧结技术,Z 方向收缩补偿技术可以减少 XY 平面的收缩行为,使 LTCC 结构在 XY 平面上收缩控制在 0.1% 左右,从而可保证烧结后布线及通孔的位置和精度,对保证器件封装可靠性至关重要。

6.3.4　TSV 结构

1. TSV 结构概述

TSV 结构是 3D 器件实现堆叠芯片互连的一种新技术方案,是一种用于实现系统级封装的新方法。TSV 结构内部含有多个平面器件层的叠层,经由 TSV 在垂直方向实现相互连接。TSV 能实现最短、最多样的 z 方向互连,如图 6-5 所示。芯片 TSV 工艺借鉴了广泛应用于机械工程领域的"机械填隙"技术,实现堆叠芯片间的 3D 垂直互连。

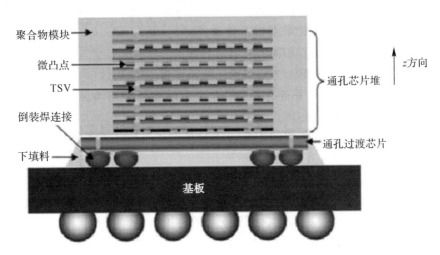

图 6-5　采用 TSV 互连的叠层芯片封装模块的结构示意图

2. TSV 结构的特点

TSV 结构主要有以下特点。

(1)可以实现芯片间的垂直导通。当保持封装面积不变时,TSV 技术能够使芯片体积在三维方向得到延伸,使结构密度最大化,外形尺寸最小化,即 TSV 技术可以使封装体具有更高的结构密度。

(2)可以大幅减少芯片之间的互连长度。TSV 技术的本质是在硅片上钻一个垂直的通孔,然后根据芯片的不同互连需求进行金属通孔的填充。相比于 2D 芯片,TSV 为先进封装带来的最显著的变化是可以使某些特殊的应用不再需要引线键合,并使信号在芯片间传输的距离大幅减少,还能使信息传输的通道增加超过百倍。

(3)可以实现异构集成。TSV 技术能够将具有不同技术和功能的模拟、数字、存储器以及 MEMS 等堆叠为一个异构系统。在成本、性能以及开发时间等方面,异构集成具有很多显著的优势。TSV 具有完善 3D 封装的巨大潜力,在主流器件设计和生产过程中,采用 TSV 互连技术将成为必然。

3. TSV 结构的可靠性

TSV 结构是继引线键合、载带键合和倒装芯片之后的第四代互连技术。新兴的互连技术 TSV 结构同时也引入了新的可靠性问题,主要包括以下三方面。

(1)凸起。凸起,即突出物,通常出现在 TSV 填孔处表面,如图 6-6 所示。由于 TSV 凸起会损伤晶圆,对最终 3D 堆叠器件的可靠性是潜在的危险因素。

（2）填充空洞。填充空洞缺陷主要产生于 TSV 的通孔填充过程，是 TSV 工艺最为普遍的问题。TSV 电镀 Cu 的过程中，电镀电流密度起到了至关重要的作用，铜填充过程由侧壁向中间进行，而且 Cu 的电镀速率随着电流密度增大而增大，当电流密度不断增大时，通孔入口处的电镀速率随之加快，使得孔口处的 Cu 比内部更早填充满，导致孔内部不能继续填充而产生空洞，另外刻蚀工艺产生的贝壳效应引起孔壁不平整，润湿不良，是形成 TSV 填充

图 6 - 6　采用 TSV 结构的芯片表面凸起形貌

空洞的又一个关键因素。种子层沉积不均匀也会形成空洞，另外电镀时孔底部存在气泡导致孔底部未能填充完全形成空洞，因此避免空洞形成的有效方法之一是在电镀前采取措施排除孔底部的气泡。利用真空预处理的方法可以显著改善 TSV 电镀效果，使 Cu 的填充率接近 100%。

（3）开裂分层。TSV 填充材料和其他高温工艺还有可能产生的一类高发缺陷是开裂分层。由于填充金属 Cu，Si 衬底和绝缘层 SiO_2 之间的热膨胀系数不匹配，制造封装过程中的 TSV 内部将产生明显的热机械应力。在热应力的作用下，TSV、微凸点将有可能发生开裂，凸点与通孔、焊盘之间有可能分层。微凸点是 TSV 互连的组成部分，实现上下堆叠层的电连接。开裂分层缺陷将导致互连电阻的增加，甚至出现开路，从而影响器件性能和可靠性。

6.4　封装可靠性评价流程

封装可靠性评价是鉴定需要重点考虑的工作项目。新型封装技术在应用于宇航型号前，其可靠性应针对宇航应用的环境特点以及宇航任务对可靠性的要求进行评价和验证。JEDEC 发布的 JEP150 对表贴器件可靠性的评价，是从器件级和器件装联后两个层级进行的，主要通过 HAST 和其他试验项目实现对表贴器件封装的可靠性评价。针对大规模集成电路封装的可靠性评价，需要从器件封装自身和装联后器件可靠性两个维度开展。对器件封装自身的评价，重点应从封装的设计、结构、材料和工艺等方面进行物理、化学和计算机仿真分析；对装联后器件封装可靠性的评价，重点通过温度、机械等应力作用下焊接形貌检查，以及计算机仿真分析等方式开展。新型封装对电装工艺的需求，需要生产单位在器件研制过程，根据封装结构的特点，进行器件封装结构对于装联工艺的适应性分析，合理指导用户进行装联。

封装可靠性评价流程可以分为两部分，一部分以计算机仿真分析为主要手段，结合封装的结构特点，模拟实际工况条件进行仿真分析；另一部分通过试验手段，对实物封装结构进行物理和化学分析。

实施封装可靠性评价的基础是需求分析，分为器件结构本身和应用环境两个方面对封装可靠性的需求。这些需求包含电学适应性、力学适应性、热学适应性和电装工艺适应性等。

仿真分析以信号完整性分析为起始点，电学特性是器件的基本要求，力学特性和热学特性则是可靠性要求。力学特性和热学特性分析都需要器件的结构模型，两者可以串行或并行进

行,甚至可以采用同一模型同时进行,完成三个方面的分析之后,应进行综合分析得出结论。

实物分析流程针对样品开展,选择样品时应考虑其代表性。一般将样品分为两组,其中一组仅对样品本身进行分析,另一组则需要结合装联以及环境试验,对样品在应用条件下的可靠性进行分析。分析过程中两组样品在分析流程中的阶段性结果可以相互支撑,最终需要对两组样品的分析结果进行综合分析,给出评价结论,其流程如图 6-7 所示。

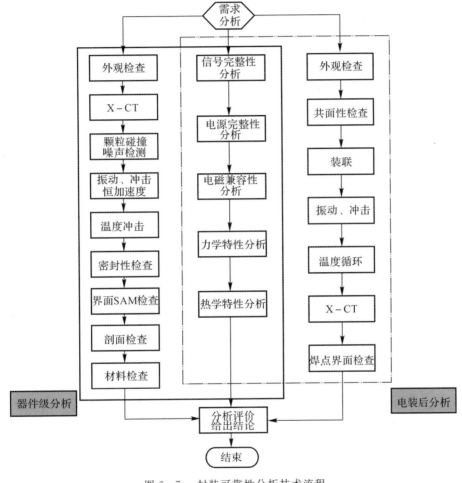

图 6-7　封装可靠性分析技术流程

不同的航天器用途各异,其工作环境差异较大,有的长期高温工作、有的长期低温工作、有的则温度交变迅速;有的辐射环境恶劣、有的工作环境存在稀薄大气;有的存在带电尘土;有的工作数月,有的工作数十年,要求器件满足所有领域的特殊要求较为困难。上述流程中的试验项目和试验应力需要考虑器件的预定用途进行针对性设计。

6.5　相关技术

从设计、结构、材料和工艺等多个方面对封装可靠性进行评价,涉及的具体技术方法主要包括信号完整性仿真分析、力/热特性仿真分析、SAM 检测、X-CT 射线检测、热阻/热分布测试、翘曲分析、剖面分析以及封装材料空间适应性分析等技术。此外,还有一些常规的无损分析技术,如光学显微镜检查、PIND、密封性检查、扫描电子显微镜检查和能谱分析等,均可作为封装可靠性评价常用的技术和方法。

6.5.1 信号完整性分析技术

随着器件功能的提升,工作频率越来越高,器件封装中的互连结构由以往只起到直流电信号互连的作用,逐步扩展到不但应确保直流电信号互连可靠,还应确保高频信号杂散参数小、相互隔离并避免干扰。因此需要对复杂封装在全工况范围内的高频特性进行检测,确保所有工况下,电源线、地线以及信号线等布线均能达到设计所需性能。大规模集成电路封装的信号完整性分析除了针对狭义的信号进行分析外,一般还应对电源的完整性以及封装对电磁干扰的耐受能力进行分析,信号完整性分析主要包含下述内容。

1. 信号完整性

从工程学角度看,信号完整是指接收端能够正确的接收到信号且不会损伤器件。信号完整性问题是指信号在链路上传输的所有问题,包括信号的反射、串扰、传输延迟等。

(1)反射。信号在链路上传输时,如果传输链路阻抗不连续,信号的一部分能量会在不连续处发生反射,即信号出现过冲现象。过冲太大会使信号电平过高或者过低从而损坏器件。信号的多次反射,极有可能形成振荡。反射信号如果恰好叠加到信号波形的边沿,会使信号波形的边沿出现非单调变化,可能造成逻辑判断错误。反射信号如果叠加到数据之上则会形成码间干扰,影响后续信号的时序关系。

(2)串扰。相邻的走线之间寄生一些互感和互容,当一根走线上的信号翻转时,会通过这些寄生结构将一部分能量耦合到周围的走线上,引起周围走线信号电平的变化。串扰会使信号的噪声容限下降,影响信号的边沿速率,对信号的时序造成影响。

(3)传输延迟。信号从发送端传输到接收端需要一定的时间,当多组相关信号从发送端传输到接收端的时间长短不一时,则可能会导致时序错误。

2. 电源完整性

电源完整性问题是指所有电能从电压调整模块传输到负载上产生的问题。随着集成电路生产工艺和设计水平的不断进步,大规模集成电路内部的晶体管数目越来越多,工作电流不断增加,而工作电压在逐步下降,目前最低的工作电压已经降至 1V,电流达数安培,如此巨大的工作电流经过直流电阻为毫欧级的电源分配网络(PDN,Power Distribution Network)也会产生巨大的压降。如果平面电流密度过大,则会在电源平面产生较大的功率损耗,这些功率损耗最终会转化为热量。大规模集成电路中负责信号处理和数据计算的电路内部的工作电流含有各种高频电流分量,如果 PDN 上某个频率范围存在谐振点,相应频率范围的电流分量就会遇到较大的阻抗,产生对应频率的高频电压纹波。而这些高频的纹波电压,对与工作电压仅 1V 的晶体管的工作状态影响严重,且高频电压会产生一定的电磁辐射,影响到其他电路工作。

3. 电磁兼容性

如果大规模集成电路封装中高速走线处理不当,会向周围辐射大量的电磁干扰,影响其他设备的正常工作;而当封装设计得当时,会对周围的电磁干扰具有一定的防护作用。封装的电磁防护能力是双向的,良好的信号完整性可以降低器件对外界的电磁辐射,同时也可以增强器件对外界电磁辐射的抗干扰性。

根据影响信号完整性的因素分析,建议大规模集成电路封装设计时一般需要考虑以下几方面的问题:互连线的线长,线宽和间距;并行数据的线长匹配;信号屏蔽;共用总线时分支匹配;电源/地的网络联通;返回路径与环路面积。

封装的信号完整性分析通常采用软件仿真的方式在封装设计阶段进行,一般分为两个阶段,模型验证阶段和仿真分析阶段。模型验证阶段主要是确定信号及电源的目标电感和电阻,确定高速信号的线宽和间距,验证仿真模型的准确性;仿真分析阶段是指将仿真模型与封装设计结合,分析特定封装的信号完整性和电源完整性。目前可以用来进行封装信号完整性分析的软件有:APD(Allegro ® Package Designer),AnsoftLinks ®,Q3D Extractor ®,HSPICE ®等商业软件。

6.5.2　力/热特性仿真分析技术

器件热特性和力学特性分析是封装可靠性分析的基础。完全采用试验的方法对器件进行可靠性评价,耗时耗力,而且部分试验缺乏针对性,无法充分暴露器件在设计和装配方面的热学和力学缺陷。在开展可靠性试验验证的基础上,充分借助计算机专业模拟仿真软件,对器件的热学和力学特性进行表征(见图6-8和图6-9),获取器件设计和装配后的特性参数、器件的力/热可靠性数据。图6-8中显示了目标器件在满功率工作时的温度分布图,图6-9中则显示了封装金属盖板(1/4)在低温下的最大形变量。

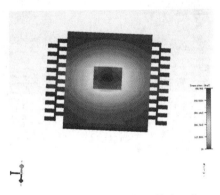

图6-8　某款扁平封装器件在工作状态下的热分布仿真图　　　　图6-9　某款器件封装在温度应力下盖板形变量仿真图

热应力无论是对集成封装还是芯片本身都具有破坏性,甚至可能造成其彻底损坏。封装结构通常由不同材料所组成,在封装结构被加热和散热的过程中,材料热膨胀系数不匹配会产生热应变和热应力。一旦材料所受的应力大于材料所能承受的强度,该材料就会受损导致电路的失效。

例如,TSV技术结构复杂,涉及材料种类多、界面多,制造过程中,TSV材料和硅基底的热膨胀系数的不匹配会产生较高的热应力。这些拉伸或者压缩力会导致材料的开裂、分层甚至损坏。目前业界常用的力热仿真商业软件有 Nastran 和 Flotherm。使用 Nastran 或 Flotherm 软件建立一个模型并对其进行仿真的基本流程如下:

第一步,建立或导入几何模型,设置各组件的材料物理属性,可以引用材料库中的现有材料的物理属性,也可以手动输入材料的物理属性。

第二步,为模型进行网格划分,首先划分系统网格,然后根据求解的精度要求将模型的网格精细化,模型网格划分的越小则仿真求解的精度越高。划分应保证网格不遗漏、不重叠。

第三步,设置边界条件及仿真的控制条件,边界条件如输入功率、初始温度、压力与载荷等等,仿真控制条件包括仿真运行步长、收敛条件等。

第四步,仿真运行及仿真结果的后处理。通过后处理模块的运行,仿真结果可以生成模型的温度及应力分布的彩云图,模型各部位的详细数据值也可以进行查询。

6.5.3 SAM 检测技术

扫描超声显微镜(SAM,Scanning Acoustic Microscopy)是一种新型的无损检测技术,利用聚焦高频超声(通常频率为 10MHz~2GHz),对被测材料表面、亚表面及其内部一定深度内的细微结构进行显微成像。该技术提供了一种能穿透非透明材料、对被测材料内部一定深度内的细微结构扫描成像,进而发现材料内部结构缺陷、并可以研究材料内部结构性能的方法和手段。

集成电路封装结构一般具有较为平整的表面,非常适合超声显微镜检测,可以有效检测电子封装结构的多种缺陷,如材料内部的杂质颗粒、夹杂物和沉淀物、内部裂纹、分层缺陷、空洞、气泡和孔隙等。所以,超声显微镜对检测电子封装结构的完整性具有独特的优势,是研究封装结构完整性的有效工具。

通常情况下,SAM 最常应用于 PEM 器件封装的可靠性检测(见图 6-10 和图 6-11)。器件生产完成后,会出现非预期间隙,当出现的间隙在经历储存环境、电装应力及使用环境后,这种现象会可能变得更加严重,因此需要对该非预期的间隙通过 SAM 进行事先的检查和分析。SAM 作为一种无损检测手段,仅能对封装中的非预期间隙和空洞进行检测,并不

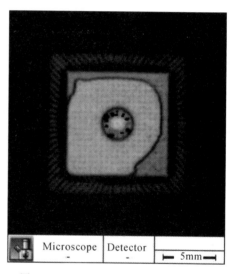

图 6-10　塑封 QFP 热沉分层声扫图

能揭示其产生的确切原因,因此一旦在分析检测中发现问题,应考虑补充进行剖面检查,以便更精确地判断问题的严重程度。

除了针对封装体的检查,封装后芯片也可能由于封装过程中的机械处理不当产生裂纹,带来可靠性风险。最初,这种裂纹不会引起电气参数变化,但会在重复热循环过程中产生永久失效。利用 SAM 可检测到塑料封装过程中引入的类似问题。SAM 可以对引脚框架、芯片表面、芯片黏结区、热沉裂纹与塑料封装之间的空洞或层间分层进行无损检测。此外,对 3D 叠层封装,SAM 也可在堆叠前有效地应用于单个封装与芯片无损检查,但对 3D 叠层封装后的检测有效性大大降低。

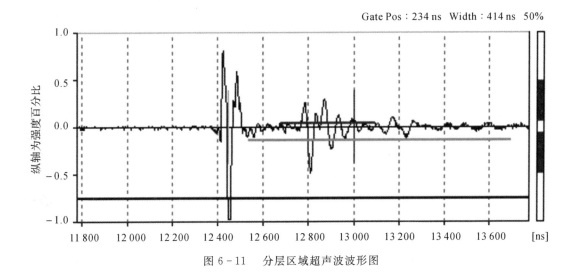

Gate Pos：234 ns　Width：414 ns　50%

图 6-11　分层区域超声波波形图

6.5.4　X-CT 射线检测技术

实时成像 X 光检测系统已经应用于器件检测数 10 年时间，以往集成电路的规模较小，结构简单，2D-X 射线系统一般能满足器件的检测需求。然而，随着集成电路功能性能的不断提高，其规模不断扩大、结构日趋复杂，内部结构遮蔽严重，即使经验丰富的技术人员，也难以利用普通的 2D-X 射线检测系统完成器件内部封装结构的完整检查。BGA 封装电装后焊点形貌、倒装芯片(FC)安装后凸点形貌(如焊料空洞、偏位和焊点短路等缺陷)、3D 堆叠封装器件、SiP 结构(如结构对位偏差、填充空洞等)等由于组装密度大、结构复杂，利用传统 2D-X 射线系统难以检查内部结构缺陷，借助于 3D 成像的 X-CT 成像系统，则可以提高大大提高这类复杂封装检测的有效性。因此 X-CT 射线检测系统越来越多的应用于集成电路内部封装检测。如图 6-12 所示，给出针对 SiP 封装结构的 X-CT 透视形貌照片(图片为 2D 成像截图)。通过照片，可清晰地观察到封装内部各类元器件的布局、焊点分布、电容器等元件距离顶盖板的间距等。

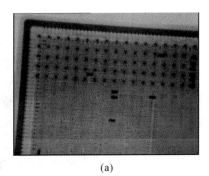
(a)

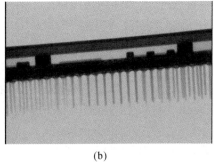
(b)

图 6-12　SiP 封装 X-CT 射线透视 2D 截图
(a)SiP 封装正视图；　(b)SiP 封装侧视图

6.5.5 热阻/热分布测试技术

大规模集成电路的封装密度不断增高,意味着器件的热功率密度逐渐升高。复杂器件在工作过程中,除了应对工作芯片本身的发热进行有效的传导之外,对于其他芯片工作产生的热量导致的热对流同样需要进行良好的排散,三维结构界面多、材料种类多,一方面增大了热传导的难度,另外不同的材料界面对热应力更为敏感,长期的散热不良是导致器件可靠性降低的重要因素,因此热阻设计是大规模集成电路设计中的关键因素之一。封装是器件散热的主要途径,封装设计应考虑的重要方面是器件的散热问题,热阻测试和热分布测试是检验封装热设计最直接的方法,针对复杂封装的热阻和热分布测试对评价封装的可靠性至关重要。

器件热阻特性是表征器件由内部向外部环境的热量传导能力的物理量。热分布特性是表征器件内部热量均衡分配能力的物理量。热阻测试和热分布测试为解决器件散热问题提供了数据。

器件热阻越小说明热源到外壳之间路径的导热能力越好,反之则差。具体到集成电路,其热阻指器件内部芯片 PN 结至器件外壳之间的温度差与功耗之比,一般用 $R_{\text{th(J-C)}}$ 表示,其单位为℃/W。

$$R_{\text{th(J-C)}} = \frac{T_J - T_C}{P_D}$$

热阻测试一般有两种方法,一种为直接测量法,另一种为间接测量法。直接测量法是指给器件施加一定的功率,直接测出器件半导体结温 T_J 和周围环境温度 T_C 两个温度值,然后利用公式直接计算热阻,该方法简便、直观,但往往要直接测量 T_J 存在一定的难度。在实际测试中,一般选用间接法。

间接测量法是利用器件内部的热敏结构测量器件内部温升,集成电路一般利用 PN 结正向导通电压变化与温度变化之间的关系,通过测量 PN 结正向导通电压的变化计算出 PN 结温度变化,从而间接得到 T_J。

热分布测试一般采用直接测量法进行,即利用物体的红外辐射效应,采用红外探测仪,配合校准程序,直接对工作中的集成电路进行热分布测量,借助显微镜系统、计算机软件绘制温度云图。通过软件可查看每个点的温度、实现温度云图与原始的光学图像对比,分析器件的功率密度分布是否合理,为器件内部的布局及散热设计提供参考。

6.5.6 翘曲分析技术

对于 BGA 或者无引线封装载体而言,装联过程往往采用回流焊工艺进行焊接,被焊接器件封装整体需要承受 220℃以上的高温。高温对于新型封装使用的塑料等有机材料会产生较大影响,尤其是由于材料受高温形变而引起的翘曲,这种翘曲问题对封装面积较大的表贴器件尤为突出。

新型封装,尤其是 BGA 封装的器件,封装材料往往是对温度较为敏感的有机物(如塑料等)与无机物(如二氧化硅填充料)的混合体,其成分复杂,各种材料的热膨胀系数存在一定的差异。在电装过程中,随着回流焊温度的变化,其封装体会产生不同程度的翘曲,而该种翘曲达到一定的程度,则会导致 BGA 焊球的虚焊,其形成过程如图 6-13 所示。

图 6 - 13 BGA 焊球的焊接翘曲变化过程

对于大面积、多引脚数的 BGA 封装,更需要关注材料翘曲问题。如图 6 - 14 所示,在翘曲形变比例一定的情况下,封装面积越大其翘曲形变量绝对值越大,这就导致了焊球与焊盘之间距离的增大,因此焊接不良的风险也急剧增大。

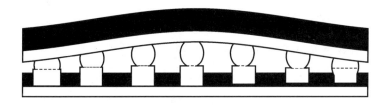

图 6 - 14 BGA 焊接翘曲示意图

因此针对新型封装的翘曲(尤其是与温度相关的特性)特性进行测试,确定其与需要安装的目标 PCB 以及拟采用的回流焊工艺的匹配性,是 PBGA\TBGA,3D 堆叠封装等封装结构装配可靠性的一个重要问题。

封装翘曲特性分析有两种方法:一种是针对实物的试验法,另一种则是建立在计算机软件仿真基础上的有限元仿真法。试验法需要特殊的设备,测试结果直观,但成本高,而且受实物限制;有限元仿真需要获取封装的物理结构及尺寸、材料特性,进行针对性建模,模型的精度直接影响了仿真的结果,其结果的有效性需要评估。

6.5.7 剖面分析技术

剖面分析是指对器件进行预定部位的物理剖切,并对剖切表面进行预处理后进行形貌和成分分析的检测,是一种破坏性分析方法。通常情况下 3D 堆叠封装经受环境试验后,其内部应力集中的区域可能会产生非预期裂纹、分层等缺陷,此时应进行剖面分析确认问题性质,查找原因利于后续改进。

剖面分析是无损分析的延伸以及后续微观分析的先决条件。对于大规模集成电路的封装,如 3D 堆叠封装等完成外观检查、SAM 检测、X－CT 检测后,需要对观察到的缺陷进行进一步确认(如对表面镀层厚度,结合质量,内部界面的微裂缝等进行性质和深度的确认)时,应进行剖面分析,同时结合扫描电子显微镜、能谱分析和金相分析等手段,实现对封装缺陷的直接检查。如图 6 - 15 和图 6 - 16 所示为一款 BGA 封装结构的剖面形貌照片。从图中可以清晰的看到焊球与基板金属化层的结合情况、芯片表面键合点形貌等内部微观信息。

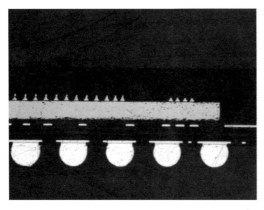

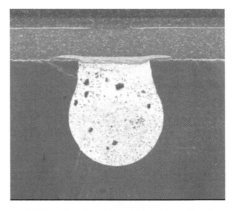

图 6-15 PBGA 器件剖面全貌　　图 6-16 CBGA 封装焊球剖面形貌

6.5.8 封装材料空间环境适应性分析技术

新型封装采用了大量的新材料,尤其是各种有机材料,这些材料在真空、辐照、原子氧等太空环境下的长期可靠性需进行试验验证,应对新材料进行空间环境适应性分析。

Al,Au,SnPb,Ni,Ag 等金属材料以及碳化硅、氧化铝、氮化铝、氧化铍等陶瓷材料作为大规模集成电路封装中的传统材料,具有空间长期服役经历,其空间适应性已经经过了充分的验证。随着 3D 封装在大规模集成电路封装中的应用,越来越多的新材料被选用(如倒装芯片底部的填充胶、TSV 通孔壁的绝缘层、非密封结构器件的盖板黏结胶等),这些新材料均需按照标准的试验方法,结合实际的使用条件,开展真空释气质损、极高极低温度、温度快速交变、辐照剂量、原子氧侵蚀等空间环境适应性方面的评价。

6.6　典型封装可靠性评价案例

6.6.1 BGA 封装可靠性评价

BGA 封装可靠性的薄弱点为焊球、键合密度以及键合丝长度,以及芯片凸点的焊接(针对倒装芯片)。另外,BGA 的多条通道、电源以及地信号的完整性需要特别考虑,信号完整性分析是 BGA 封装仿真分析的重要内容。

对于宇航型号应用较广的陶瓷 BGA 封装,针对 BGA 封装本身的可靠性评价可分为两个层级,首先是针对器件级的评价,其次是对装联后的器件进行可靠性评价,项目可参阅表 6-1和表 6-2 所示内容设置。器件在制造和使用过程中,往往会承受多次的大幅度热载荷(如焊接、环境温度、功率耗热等引起的热载荷变化),温度的变化导致构成器件的不同材料间产生与其热膨胀系数相对应的热胀冷缩,但由于受到外部约束或内部的变形协调要求而不能自由发生,可能会在器件内产生附加应力;因此温度循环试验是装联后可靠性评价的重要试验项目,IPC9701 给出了不同的温度循环载荷条件,并提供了采用菊花链结构进行试验的方法。实际操作时,可根据具体需求设计合适的试验项目和应力条件。

表 6 - 1　BGA 封装可靠性评价项目

序　号	项　　目	关注点
1	光学检查	利用光学显微镜检查封装的质量,重点关注焊球与器件封装之间的界面,表面的空洞和裂纹等
2	X - CT 检查	利用 X - CT 的透视功能以及三维成像功能,检查器件 BGA 焊球的内部或者焊接界面的空洞或裂纹
3	共面性检查	BGA 等面阵列器件,焊接时对引脚焊接面的共面性要求较高,焊球直径加工的差异或意外损伤,致使焊球表面共面性较差,将导致器件在焊接时个别引脚与焊料接触不良,进而产生虚焊甚至开路等现象。共面性检查可以利用接触式(机械式)或者非接触式(光学)两种方式对面阵引线焊接表面进行检查,确保器件装联可靠性
4	翘曲特性分析	回流焊过程中,器件经历回流炉的温度变化,无论在升温或者降温过程,塑封材料、有机物基板、PCB 等有机组成材料均会因温度的变化产生畸变。如果畸变过大,将导致产品焊接过程升温时因共面性差发生焊接不良,在焊接降温后期因畸变使得焊点阵列不同区域产生的内应力不同,进而影响焊点的长期可靠性
5	剖面分析技术(含材料分析)	在形貌检查和 X - CT 检测的基础上,利用剖面制样分析方法,使器件内部各个界面、结合点暴露于外,进而可以利用光学显微镜、扫描电子显微镜等方式对材料界面进行检查,同时对各个部位的材料以及界面生成化合物等进行分析,对其结构和工艺进行评价

表 6 - 2　BGA 器件装联后可靠性评价项目

序　号	项　　目	关注点
1	板级电测试	BGA 器件焊接后,应确认电气连接性能是否完好。包括所有引脚是否均焊接良好,能否正常连通,是否出现了不相连的引脚异常短路的现象
2	X - CT 检查	BGA 器件焊接后,焊球与 PCB 焊盘的对位是否准确,焊球连接面积是否合理,是否存在焊接孔洞、裂纹等缺陷,焊料是否存在异常流淌等。焊接是否对 BGA 内部造成了非预期的损伤
3	振动应力试验	对装联后的组合件进行量级合理的力学振动试验,试验后再次进行电测以及 X - CT 检查,检查焊点的力学承受能力
4	温度循环应力试验	对装联后的组合件进行温度循环试验,试验后再次进行电测试以及 X - CT 检查,检查焊点对温度变化的适应能力
5	剖面分析技术	对完成上述试验的组合件按照垂直于焊接面的方向进行剖面,暴露出焊接界面,确认是否产生了裂纹等缺陷,并对其进行金相检查,确认焊料金属互溶形貌,确认焊接过程是否形成了良好的金属互溶形态

　　随着半导体技术的不断发展,非密封结构 CGA 封装越来越多的应用于大规模集成电路,如 Xilinx 公司 Virtex 系列第四代之后的 FPGA 采用了非密封的 CCGA 封装形式。倒装芯片

焊盘通过凸点与基板连接,采用环氧树脂填充缝隙,以保护凸点;芯片背面黏结到散热板上;采用高密度柱栅阵列作为封装引脚,另外,在封装外部陶瓷基板上黏结片式电容达到去耦作用。非密封陶瓷倒装芯片封装具有以下结构特征。

(1)倒装芯片封装。通过将芯片贴装在多层陶瓷基板的上表面实现芯片的黏结和互连。

(2)非气密封结构。芯片底部填充环氧树脂。采用环氧树脂填充芯片与多层陶瓷基板之间的底部间隙,一方面可以保证芯片与多层陶瓷基板界面的机械完整性,另一方面可以缓冲芯片的热膨胀系数(CTE,Coefficient of Thermal Expansion)与多层陶瓷基体 CTE 之间的差异。而环氧树脂底填充料、散热板黏结材料的吸潮性给器件可靠性带来了巨大挑战,应评估其对器件可靠性的影响。

(3)安装散热板。由于芯片采用倒装结构,利于在芯片的背面安装散热器以提高器件的散热能力。

(4)陶瓷基板上安装去耦电容。封装外部黏结片式电容以提高器件性能。

根据以上非密封结构 CCGA 封装的结构特点,分析宇航应用的极端温度环境和真空环境条件,面临的可靠性风险包括:环境交变导致的应力对封装材料尤其是对有机材料的影响;地面试验过程中水汽对有机材料和芯片的影响;真空环境对有机材料的影响等方面。这种封装涉及的方面包括:倒装焊、填充物、黏结材料、柱栅等,封装鉴定涉及的应力应包括:温度循环、温湿度应力、机械应力和电应力等。封装工艺特性表征和鉴定可参照 MIL - PRF - 38535 及 GJB 7400 的规定。

6.6.2　3D 堆叠封装评价

NEPP 发布了《叠层封装评估方法指南》,在关注塑封器件特有的吸潮、玻璃化等问题的同时,针对 3D 结构互连的散热、连接可靠性和分层等问题进行了分析,并给出了可靠性评价的项目和流程。

根据 3D 堆叠器件的结构特点,其封装可靠性评价的项目和关注点见表 6 - 3。

表 6 - 3　3D 堆叠封装可靠性评价项目

序　号	项　目	关注点
1	表面镀层检测	封装的引脚外镀层为纯锡时,存在生长锡须的风险。应对器件的引脚的镀层材料进行确认
2	真空释气测试	有机材料真空释气是宇航环境所面临的一个问题,尤其在密闭结构中,这一问题更为明显。易挥发材料可能会在光敏芯片或窗口表面凝结,真空释气试验可以检测样本的总质量损失、挥发物质冷凝量和水汽回吸量。塑封料释气特性与不同生产厂的配方和工艺有关,需对各类器件进行真空释气试验
3	吸潮性测试	印制电路板的装配、焊接以及清洗可能使 3D 堆叠封装所使用的塑封料受到损伤,如回流焊过程的爆米花效应。SMD 器件回流焊时处于印制板的正面,相比插装器件温度更高,并且 SMD 封装器件-黏结料-焊盘界面到外部封装表面的塑封料厚度更小,吸潮后焊接过程更易受到损伤。大多数生产厂均对塑封 SMD 器件提出了储存条件要求,以避免因吸潮而导致的焊接可靠性问题。需要对塑封料的吸潮特性进行分析评价

续表

序　号	项　目	关注点
4	玻璃化温度测试	玻璃化温度(Tg)是物质由硬质玻璃态变为较软橡胶态的温度点。如果使用温度高于玻璃化温度,封装内部材料发生变化,热膨胀系数将会失配,工作期间封装内部可能会发生明显的应力集中现象,进而引起器件失效。因此,需要对封装材料的玻璃化温度进行测试
5	热阻特性	散热问题已经是 2D 封装的瓶颈问题,3D 结构的应用加剧了此问题进一步激化,因此采取仿真以及试验法对 3D 封装进行热特性分析非常必要,掌握使用环境下器件各个部分的温度特性及器件散热能力是后续可靠使用的重要支持
6	X - CT 检查	针对 3D 封装的复杂性,利用 X - CT 进行内部结构的检查,确认内部结构合理,界面及连接处不存在缺陷,传导路径不存在空洞等缺陷
7	剖面检查	在前期无损检查的基础上,对 3D 封装进行剖切,对各个界面的结合情况进行检查,是最直接的检测方式,可以对缺陷的性质及危害性进行直接分析,该方法是 3D 封装重要的分析和评价手段

6.6.3　TSV 结构评价

TSV 结构的可靠性主要取决于 Si 结构的可靠性,原因包括制作 TSV 结构所用的材料与 Si 材料的热匹配性差异,Si 芯片几何结构改变引起机械承载力的变化等方面,例如薄 Si 片使得键合时 Si 片形变引起 TSV 通孔开路。

TSV 结构常见的失效模式有裂纹导致的结构损坏,绝缘保护不良导致的短路及导体连接不良导致的开路等失效模式。针对这些失效模式,需要针对采用 TSV 结构的产品进行针对性试验,表 6 - 4 给出了 TSV 结构失效模式及检测方法。

表 6 - 4　芯片-封装连接测试结构和对应的失效模式及检测方法

序　号	结构类型	失效模式	诱发应力	检测方法
1	TSV 互连路径	体硅漏电、金属界面分层、腐蚀/挤出、分层、开裂,后道封装产生的裂纹、界面分层、链路短路	水汽; 预处理; 热循环; 湿热试验/高加速应力试验	开 路/短 路测试; 超声检测
2	棱角潜在损伤	互连电阻增大/开路; 芯片棱角碎裂; 棱角分层; 划片损伤	水汽; 预处理; 热循环	开路检测; 超声检测; 光学检测
3	划片线	划片损伤; 边缘	热循环; 湿热试验; 高加速应力试验; 高温存储试验	电测试; 超声检测; 光学检查

续 表

序 号	结构类型	失效模式	诱发应力	检测方法
4	芯片与芯片互连链路的机械连接	后工序产生的芯片裂纹；凸点阻抗增加或者开路；凸点缺陷；芯片边角裂纹；与基板连接缺陷	水汽；预处理；温度循环；高温存储；电流应力	电测试；超声检测
5	芯片与芯片互连的电迁移；TSV 通孔的退化；	连接和阻挡层退化；界面沾污和边缘效应 TSV 完整性	电迁移测试	电测试；微剖切
6	TSV 结构；传统硅器件的可靠性结构	FET 特征尺寸的变化或者击穿机理，存储记忆单元的保持时间	FET 特征尺寸、栅氧以及沟道热载流子	与标准 TSV 结构进行比对
7	传统后道工序以及 TDDB 效应	结构的阻抗变化或者开路，漏电等	高加速温度烘焙 TDDB 测试	与标准 TSV 结构进行比对
8	散热结构	热点检测	温度激发；老炼工作	红外成像
9	静电防护以及闩锁防护结构	芯片减薄	闩锁诱发条件（TSV 薄芯片和厚芯片可能不同）	静电以及闩锁测试

6.7 本章小结

本章给出了大规模集成电路可靠性评价的概念，介绍了 BGA、3D 堆叠封装、LTCC 和 TSV 等新型、复杂的大规模集成电路封装结构和工艺，根据封装结构特点分析了其可靠性薄弱点。给出了封装可靠性评价的流程和方法，并结合具体案例介绍了封装可靠性评价方法。

第7章 失效分析、破坏性物理分析和结构分析

7.1 概　述

失效分析、破坏性物理分析(DPA,Destructive Physical Analysis)和结构分析是大规模集成电路可靠性分析的重要内容。不同于测试、试验等技术,可靠性分析能够从物理、化学层面对大规模集成电路进行可靠性评价,通过物理的、结构的分析事先识别大规模集成电路的可靠性隐患并提出预防措施(而不是只通过试验进行器件可靠性评估),能够实现宇航大规模集成电路"内涵透明性"的目标。可靠性分析是大规模集成电路保证流程中不可或缺的重要环节。

7.2　失效分析技术

7.2.1　失效分析的概念

失效分析是为确定和分析器件的失效模式、失效机理、失效原因对器件所做的检查和分析,是为确定失效原因而进行的一系列数据采集和分析的过程。失效分析是对已经发生失效的器件进行分析,查找失效原因,给出纠正措施,属于事后查找原因。失效分析立足于微观世界,不是单纯地把器件看作是具有某种失效率的"黑盒子",而是通过对物理、化学微观结构的观察和分析,掌握失效发生的物理、化学过程及其影响因素,从本质上探究器件工作条件、环境应力及工作时间对性能的影响,以便为系统可靠性设计以及为器件本身可靠性改进提供依据。

7.2.2　国内外发展现状

国内外宇航机构均非常重视大规模集成电路的失效分析工作,建立了系统的技术体系,形成了比较成熟的分析流程,其关键步骤包括失效现象确认、失效点定位、样品制备和失效点查找、失效点表征及失效原因确定等。失效层次分为封装级失效和芯片级失效。失效分析手段包括用于失效点定位的 X 射线探测技术、声学扫描显微技术、液晶热点定位技术(LC,Liquid Crystals)、光发射显微技术(PEM,Photon Emission Microscope)、激光扫描显微技术(LSM, Laser Scanning Microscope)、红外热点定位技术(ThM,Thermal Microscope)、接触或非接触式的物理探针测试技术等;用于样品制备和失效点查找的芯片逐层去层技术以及用于失效点表征和分析的扫描电子显微术、能谱分析、透射电子显微术等。

美国国家航空航天局(NASA,National Aeronautics and Space Administration) 喷气推进实验室(JPL,Jet Propulsion Laboratory) 514 工程部始终致力于研究元器件失效的物理机理,其可靠性与失效分析分组负责相关航天型号用大规模集成电路的失效分析,制定了相关的技术文件;NASA 约翰逊空间中心(JSC,Johnson Space Center)在系统级故障的失效分析及故

障原因调查方面具有丰富的经验,基于多年的飞行经验,该中心对于系统级的失效分析具有自己独特的观点。欧洲 TESAT 公司成立了专门部门负责大规模集成电路失效分析,制定了"大规模集成电路失效分析要求"等规范,规定了失效分析的流程、方法以及具体要求。

失效分析也是国内各宇航型号总体院元器件可靠性保证中心重要的工作内容,各中心开展失效分析工作时直接面对具体宇航用户的不同应用状态,立足并服务于用户的具体工程应用;面对宇航型号的大规模集成电路失效分析,不仅需要掌握失效机理和失效原因,同时还应提出宇航型号工程处理和决策所需要的明确措施和建议,并协助宇航型号进行质量问题归零,为型号工程处理和决策提供技术支撑。

1. 大规模集成电路失效分析技术面临的挑战

CMOS 技术的快速发展对传统的集成电路失效分析技术提出了严峻挑战。随着集成电路特征尺寸的不断缩小,故障隔离、芯片逐层去层和物理表征等技术手段实施起来变得异常困难。为了跟上技术发展的步伐,必须改进和突破现有的失效分析工具和技术。传统的失效分析技术在面对大规模集成电路失效时存在以下几方面的能力差距。

(1)电路节点探针测试。对于表征小尺寸的晶体管或 SRAM 单元,实现纳米量级的扫描电子显微镜(SEM,Scanning Electron Microscope)和原子力显微镜(AFM,Atomic Force Microscope)探针检查非常重要。为避免器件损伤、探针漂移以及探针接触电阻带来的影响,应在低加速电压下进行探测,同时须确保足够清晰的 SEM 图像质量,以实现对细微及不可见的缺陷以及单个晶体管的参数测试。

(2)故障定位精度。目前用于电学失效和芯片内部缺陷定位的方法受到灵敏度和空间分辨率的严重制约,大多数技术基于红外光,空间分辨率限制在 $1\mu m$ 左右,比器件最小的特征尺寸大了几个数量级,例如热致电压变化(TIVA:Thermally Induced Voltage Alteration)、PEM 等。

基于 SEM 或聚焦离子束(FIB,Focused Ion Beam)的方法具有更高的分辨率,例如电压衬度(VC,Voltage Contrast)技术、电子束激发电流像技术(EBIC,Electron Beam Induced Current)等,但仅限于暴露的导体,不适用于成品器件的全面定位。近场的解决方法(例如光子的、磁的、AFM)是正在兴起的方案,但该技术仅限于存在表面或近表面特征的样品,这种原位高精度、非侵入性的探针技术提供了针对多层纳米级导体的电学激励,从而能够追踪到导致失效现象的缺陷点或损伤点的信号。

(3)封装分析。封装级缺陷的定位和照相受到新兴技术的影响,如有机层压板、芯片尺寸封装、堆叠芯片和叠层封装等,如同测试和夹具一样,磁电流成像、X 射线和 C 模式声学扫描(CSAM,C-model Scanning Acoustic Microscope)等关键方法的改进同样至关重要。

(4)计算机辅助设计(CAD,Computer Aided Design)工具。失效分析在很大程度上依赖于采用扫描方法直接定位故障位置或与其他定位工具互为补充,CAD 工具的精确度和适应性需持续改善,以便能够检测"软"缺陷和交流故障并且能够无缝集成。

(5)芯片时序测量。较低的电源电压导致基于光子发射的热电子在强度上呈指数下降并且转移到更长的波长,因此时间分辨发射技术(TRE,Time Resolved Emission)和固体浸没透镜(SIL,Solid Immersion Lens)光学系统必须持续改进。激光电压探针(LVP,Laser Voltage Probing)等基于激光的新兴探针具有一定的发展前景。有效功率的迅速增加同样使不影响光到达芯片背面或不诱发振动的冷却解决方案受到挑战。

（6）新材料处理。逐层去除电路中的介质层、金属化层对于失效分析中的物理分析至关重要。通常的半导体材料、SiO_2、SiN、Al 及其阻挡层均有相应的处理方法，但对于新材料如 Cu 互连及阻挡层、低 k 介质、高 k 栅介质以及用于高密度管脚器件的新封装材料，在分析处理过程还需要引入新的技术。

（7）片上系统（SoC，System on Chip）。SoC 是失效分析技术面临的又一大技术考验，SoC 电路复杂、晶体管数量巨大、互连层数多，同时 SoC 多为高管脚密度器件且工作频率不断提高，很难激发故障再现。

此外，对于现场可编程门阵列（FPGA，Field - Programmable Gate Array）、数字信号处理器（DSP，Digital Signal Processor）、微处理器、复杂存储器等需要软件配置的大规模集成电路，由于存在软硬件不匹配导致功能异常或硬件设计存在问题须由软件设计加以弥补等问题，使器件的失效分析工作变得难以实施，此类问题的故障定位既需要分析人员掌握硬件设计原理，同时还需要深入了解软件设计原理，这给失效分析技术带来了新的挑战。

7.2.3　失效分析的流程和方法

1. 失效分析的技术流程

失效分析的技术流程一般包括确认失效模式、定位失效部位、确定失效机理及原因、建立证据链重现失效发生进程、提出纠正措施及工程处理建议等。在失效分析过程中，故障树分析法（FTA，Fault Tree Analysis）是常用且非常有效的方法。

（1）确认失效模式。失效模式是器件发生失效后的外在表现形式。失效模式的确认是失效分析的第一步。对器件失效现象（失效模式）的确认必须准确，器件失效后可能表现为多种现象，哪些现象是根本的，哪些现象是次生的，必须分析清楚，因此应注意分析不同现象之间的逻辑关系，去伪存真，确定根本的失效模式。

大规模集成电路的失效模式主要为以下几种：

1）外观和机械性能失效。外观和机械性能失效，如器件盖板脱落、管脚断裂、管壳裂纹等失效模式，可通过外观检查确认。

2）开路、短路等。对于开路、短路等失效模式，可以通过电测试确认。需要注意，对于半导体集成电路，由于管脚间存在多个半导体 pn 结并联，管脚间特性不是简单的阻性，不建议使用万用表对其进行管脚间特性测量，因为万用表在某个应力点测试，不能获取全面的信息，而且由于不能控制所施加电应力的大小，容易对已受到损伤的失效器件造成二次损伤。推荐使用图示仪或测试系统进行测试。

3）功能失效及电参数失效。对输出错误等不满足器件功能要求的功能失效以及参数超差等失效模式，均需要利用测试系统或按照用户使用要求搭建使用线路进行测试确认。

4）间歇性失效。对于间歇性失效，失效模式确认的难点在于确定失效现象发生和消除的敏感环境或条件，摸清失效间歇出现的规律。如离子迁移引起的间歇性短路、高密度键合丝的间歇性短路、芯片表面离子沾污导致的间歇性漏电变大等。遇到此类失效模式，需要进行附加的电测试，如对集成电路进行加电温度循环试验并进行实时监测、对集成电路进行加电振动试验并进行实时监测、对集成电路进行高温烘烤试验并分析试验后的性能变化等。此外，还可以对失效器件施加以下测试或组合以发现并确定失效模式：改变所施加的功率、信号频率和幅值、湿度、气压、机械或力学负荷等。

在确定间歇失效模式时,一般采用非破坏性方法,反复测试以确定一组可以准确复现间歇性故障的极为特殊的条件。

(2)定位失效部位。失效模式确认后,第二步是定位失效部位,以失效模式作为顶事件,列出第一级故障树,列举所有可能导致该失效模式的失效部位,通过相应分析、试验等方法对故障树分支进行逐一排除。应注意试验项目的流程,遵循先非破坏性试验、后破坏性试验的顺序,确保当前试验不会影响下一步试验的结果。针对上述的大规模集成电路的失效模式,常见的失效部位主要有以下几种。

1)外观和机械性能失效。对于外观和机械性能失效,一旦确认了失效模式,同时就定位了失效部位。

2)开路、短路、参数超差和功能失效。对于开路、短路、参数超差和功能失效等失效模式,失效部位在封装管壳、管脚、内键合丝、键合点、芯片黏结处、芯片内部等处皆有可能,因此查找失效部位的故障树应全面。以集成电路管脚间短路或漏电失效模式为例,列举定位失效部位的故障树如图7-1所示。

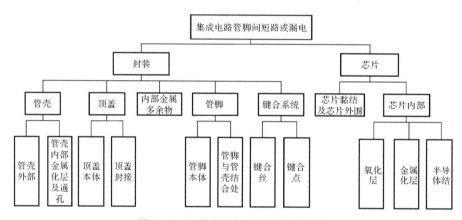

图7-1 查找失效部位的故障树举例

对于管壳外部失效部位的排除和验证,可以利用外观检查的方法,检查管壳外部以及顶盖是否存在腐蚀、沾污和裂纹等异常现象,为验证是否由于不可见的离子沾污导致漏电或短路发生,还可采用外部封装清洗的方法;对于管壳内部金属化层或通孔,可采用X射线检查或X光三维检查等方法进行观察;顶盖封接部位、管脚和管脚钎焊处等失效部位的排除和验证一般采用外观检查、探针测试的方法;内部金属多余物排除可以通过X射线检查、颗粒碰撞噪声检测(PIND,Particle Impact Noise Detection)以及开封内部目检等方法进行;键合丝失效部位的排除可以通过X射线检查(适用于Au丝键合)、开封显微镜目检等方法;键合点、键合区界面、芯片黏结及芯片外部采用显微镜目检、探针测试及能谱分析等方法进行排除和验证。

对于芯片氧化层、金属化层、扩散结等芯片内部失效部位的定位需要用到LC,PEM,LSM和ThM等电学定位方法。

对于封装内部或芯片内部失效点,还需要通过破坏性的物理方法继续对其进行定位,包括整个器件的剖面分析(针对封装缺陷点)、芯片逐层去层分析和芯片剖面分析方法(针对芯片内部缺陷点、半导体结缺陷),芯片剖面制样方法主要有 FIB 方法以及环氧灌封剖面制样方法等。

此外,在列故障树之前,应先进行外观检查、X 射线检查等无损试验,排除封装管壳、顶盖和管脚等外部的结构缺陷从而能够缩小故障树列举范围,提高分析效率。

如果分析过程中发现多处异常,那么很有可能只有一处异常是导致失效现象的根本原因,其余均与失效现象无关,此时失效分析人员须保持清醒头脑,抓住主线,准确定位失效部位。

(3)确定失效机理及原因。在定位失效部位后,为查找失效原因,以失效部位现象为顶事件列出第二级故障树,列举导致失效部位现象的各种可能的失效原因,根据各种失效原因导致失效的机理,设计试验进行验证,对故障树树枝进行排除或确认。应注意对疑点的排除或验证需要有直接证据,最终失效原因的确定不仅因为排除了其他原因,同时还有直接的证据指向该原因。

集成电路的失效机理与失效部位的微区形貌、材料成分等有直接关系,也与工艺控制的起伏和精确度、材料的稳定性及各种材料的理化作用等诸多因素有关。为了深入了解和研究失效的原因、机理,在定位失效部位后,需要对失效点进行形貌、电学特征、材料特征、损伤路径等方面的分析和表征,获取详细的微区信息,对故障树列举的疑点进行一一排除或验证。此时,需采用 SEM、能量色散 X 射线探测仪(EDX,Energy Dispersive X-ray Detector)、俄歇电子能谱仪(AES,Auger Electron Spectroscopy)或光电子能谱仪(XPS,X-ray Photoelectron Spectroscopy)、透射电子显微镜(TEM,Transmission Electron Microscope)等显微分析手段和技术。

以某款集成电路管脚断裂导致开路失效为例,列举查找失效机理或原因的故障树如图 7-2 所示。

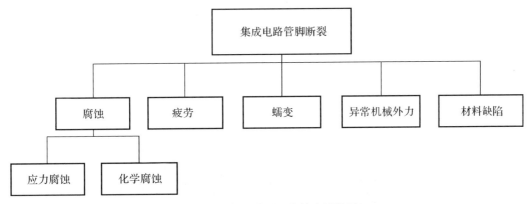

图 7-2 查找失效原因的故障树举例

通过故障树分析可知,导致管脚断裂可能的失效原因为应力腐蚀、化学腐蚀、疲劳断裂、蠕变断裂、异常机械外力和材料缺陷等。对上述所列疑点逐一进行验证,采用扫描电子显微镜对管脚材料断口形貌进行分析(见图 7-3)、能谱分析仪分析断口表面是否有腐蚀元素和腐蚀生成物(见图 7-4),并采用金相制样观察管脚材料的金相组织确认管脚基材是否存在缺陷(见图 7-5),从而确定导致管脚断裂失效的失效机理及原因。

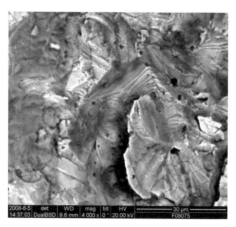

图 7 - 3　具有类似解理断裂特征断口形貌

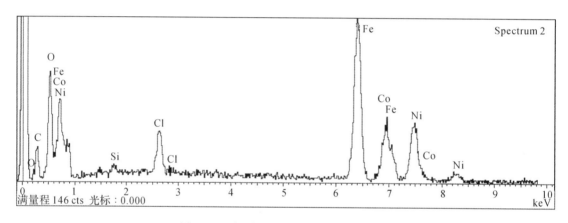

图 7 - 4　断裂区域的 EDX 能谱分析结果

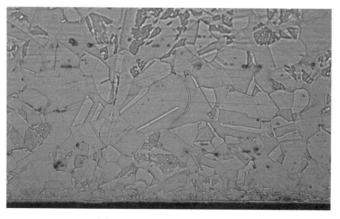

图 7 - 5　金相组织形貌观察

（4）建立证据链重现失效发生进程。确定失效原因和机理后，还需根据失效原因和失效机理重现失效发生进程，解释失效现象（包括次生现象）以匹配失效模式，同时该步骤也是对失效原因的再一次验证和确认。如果不能重现失效进程,或不能解释所有的失效现象,表明很可能未发现真正的失效原因,需要回溯到上级故障树或顶事件重新进行分析,必要时重新列举故障树,搜寻可能遗漏的故障树分支。失效过程的调查对于重现失效进程及建立失效原因证据链非常有价值。

确定失效机理和原因后,根据导致失效的原因确定是本质失效还是误用失效,失效的性质是个别还是批次。

1)本质失效。在规定的条件下使用器件,由于器件本身固有的弱点或缺陷而引起的失效称为器件本质失效。本质失效是指使用条件未超出器件规定的应力范围,在正常使用条件下,由于器件自身原因出现的失效,属于内因。

2)误用失效。误用失效是指未按规定条件使用而导致器件失效。误用失效是使用条件超出器件规定的应力范围,在非正常使用条件下,导致器件过应力损伤,属外因。

3)批次性失效。当器件本身固有的缺陷与生产批次有关时,失效的性质是批次性的。反之,当器件本身固有的缺陷与生产批次无关时,失效性质为个别。

(5)提出纠正措施及工程处理建议。

1)纠正措施。对于器件本质失效,应根据具体的失效原因和失效机理向器件生产单位提出纠正措施建议,以避免失效重复发生;对于器件误用失效,应向器件使用单位提出纠正措施建议。

2)工程处理建议。大规模集成电路是宇航型号的重要组成部分,一旦发生失效会对型号研制进度造成较大影响。除了对失效器件提出纠正措施外,还需要对已经装机的同批次器件能否使用、如何使用等提出工程处理建议。

此外,确定大规模集成电路失效分析的深度,也是需要重点关注的因素。失效分析的深入程度,应结合失效问题认识深度的需求和失效分析的难度进行综合考虑。失效分析的深度不够,同类失效可能再次发生;而进行尽善尽美的失效分析需要大量人、财、物以及时间(进度)等资源,需要综合考虑。失效分析深度的确定对于工程问题的分析和处理具有重要意义。

对于器件生产单位而言,失效分析可以促进研制单位纠正设计、试验和生产过程的问题,实施控制和改进措施,防止和减少同样的失效模式和失效机理重复出现,因此失效分析应尽可能深入。缺陷点应定位准确,必要时需定位到晶体管的位置,进而定位到晶体管栅区还是源漏区;失效原因也应尽量明确,缺陷是位错还是沾污等,如此才能达到纠正和改善的目的。此时失效分析应尽可能深入。

对于宇航领域元器件保证机构开展的失效分析,最主要的目的是回答该失效是否影响宇航型号研制。如是误用失效,那么型号需要查找误用原因并进行归零;如是本质失效,则需回答同批次其他器件是否存在同样的可靠性隐患,应如何处理。因此对于宇航型号用大规模集成电路的失效分析,其深度以能够准确回答失效原因是误用失效还是本质失效、失效性质是个别还是批次性为原则。

2. 失效分析常用分析试验方法

(1)非破坏性分析。对于失效分析工作,光学显微镜检查、电测试以及 X 射线检查等手段均属于不改变器件状态或不引入其他损伤的分析手段,属于非破坏性分析方法,但却是非常有效的分析手段,很多问题均能通过以上手段发现。

1)外观检查。外观检查属光学显微检查,是对失效器件进行的首项检查,是发现与失效相关的蛛丝马迹的最直接手段。

在光学显微镜下用至少 30 倍的放大倍数,按照 GJB 548 方法 2009、方法 5003 对失效大规模集成电路的外观进行检查,应重点检查以下方面并在适当的放大倍数下照相记录发现的任何异常现象:①引线、盖板、镀层、焊接的状况和焊缝区域状况;②外部封装材料、密封、标识或应证实的失效现象。

外观光学检查是定位问题简单有效的方法,由振动引发的断裂或开裂问题,由大电流冲击引发的外部封装或引线的烧毁、变色、打火痕迹以及外部腐蚀等问题均可以通过外观检查发现。

2)电测试验证。进行失效分析时,电测试验证是确认故障现象和器件失效模式的首要步骤。全方位的电测试有助于了解集成电路失效后的所有失效模式,并准确判断哪些是根本性的现象、哪些是次生现象,有时用户反映的现象仅仅是其中一部分,甚至只是失效表象。

用于故障分析的电测试与常规电测试有较大差异,进行故障分析时,常规的测试步骤或程序可能会使性能已经下降的器件受到进一步损害,这将导致随后的故障分析得出错误的结论,因此应确保电测试对失效器件不能引入新的损伤,不改变原失效模式。为了进一步确认失效的现象和特征,为后续失效定位提供技术支持,应在全应力范围内进行故障现象的可重复测试,得出故障现象与应力的关系,该步骤非常关键,有助于确定能够稳定复现故障的工作模式和应力水平,使器件工作在该特定的工作模式和应力水平下,进一步进行缺陷定位。

电测试验证包括以下几种方法。

a.图示仪测试。图示仪可以绘制集成电路管脚 I-V 特性曲线,全面反映芯片内部 pn 结的结特性,同时施加的应力量程可以控制,最小可到 μA 量级。

b.模拟用户应用线路测试。以失效发生时的使用条件作为测试条件对失效器件进行测试,需要搭建用户使用线路,应对线路进行限流或限压保护。

c.利用自动测试系统进行测试。利用集成电路测试系统对失效器件进行功能和参数测试,应尽可能包括参数手册中所有的参数,并记录测试方法、测试条件和测试结果。

d.附加的电测试。对器件测试施加的电应力和环境应力进行拉偏,以获得器件失效的敏感应力条件,如改变所施加的功率、信号频率和幅值、湿度、气压、机械或力学负荷等,附加的电测试对于间歇性失效模式的确认较为有效。对于大规模集成电路,应结合器件的可测试性设计尽可能全面的进行电测试,以期准确确认失效现象和失效特征。

3)X 射线检查。X 射线为波长为 0.1~10Å 的电磁辐射。X 射线可以对器件内部结构的断裂变形、内引线修整不良、虚焊、漏焊、脱焊、芯片或基板安装中的空洞以及金属多余物等进行无损检查,并对缺陷位置进行定位;也可以用于进行解剖前的位置确认。

作为非破坏性检测手段,在拆卸或解剖之前对器件进行 X 射线检查,并记录器件的内部状态,以确认后续发现的异常非拆卸或解剖所致。

可以从器件的顶部、侧面或其他适合的角度对内部特征进行 X 射线检查,这种方法一般用于确定及验证与过热或过电应力有关的内部引线短路、开路、封装内部多余物、结构异常等缺陷。

当大规模集成电路的管脚呈阵列式分布时,各部分遮蔽严重,可以采用三维立体成像 X 射线显微技术进行三维分析,三维 X 光检查对于倒装芯片、芯片尺寸封装等复杂封装的缺陷检查具有重要作用。

4）外部封装清洗。当怀疑封装存在污染时，应把封装浸入标准的清洗液中，用去离子水煮沸，去除污染离子，然后按照上述电测试验证要求重新进行测试，以确定污染是否存在。如果封装存在破损，应慎重选择清洗方式，避免对封装内部造成污染。

如果在清洗步骤完成之后失效现象消失，应对该清洗液的成分进行分析，确定沾污物的性质。

5）粒子碰撞噪声检查。用粒子碰撞噪声检测仪对有空腔器件进行检查，检查器件腔体内部是否存在可动多余物。

6）密封性检查。按照 GJB 548 方法 1014 对器件进行密封性检查，用于验证密封性不良等与封装失效有关的失效模式和机理。

（2）破坏性分析。若在完成非破坏性分析之后仍无法找出原因，下一步应进行破坏性分析。在开展破坏性分析之前，应根据非破坏性分析的结果，确定破坏性分析项目的顺序，确保在每一个不可逆操作之前能够获得尽可能多的信息。

1）内部气氛分析。内部气氛分析是通过设备对器件内部空腔气体成分的分析。当怀疑芯片的表面污染或内部气氛是可能的失效原因时，应在打开封装前进行内部气氛分析，并应结合密封性检查和漏电流测试的结果进行综合分析。

2）开封。开封是选择适当的方式打开器件封装的过程，开封应不损伤器件的内部结构。开封前后均应进行电性能测试，以确认开封前后或外来物质去除前后器件的电性能是否发生变化。

3）内部目检。内部目检是问题定位、原因查找的有效方法，金属损伤或腐蚀、金属间化合物形成、较差的键合位置或键合形状、金属迁移、氧化层污染（变色）、氧化层缺陷、裂纹或针孔、掩膜错位、芯片或基板的裂纹等问题均可以通过内部目检发现。

首先使用一个最小放大 30 倍的立体显微镜对器件内部结构进行检查，当发现可疑现象时可以加大放大倍数；其次，使用最小放大 500 倍的金相显微镜对芯片表面进行检查；必要时可以采用放大 10 万倍的扫描电子显微镜。应对内部特征形貌和发现的任何异常现象进行照相记录，在对异常部位进行照相记录时，应先对器件进行全景宏观照片的照相记录，再对所发现的特殊细节进行照相记录，每个器件均应具有全景照片和突出细节的照片。

如果器件封装内部存在任何外来物质，可以使用一定强度的干燥气流或适当溶剂去除，但应避免损伤或改变器件的内部结构；应注明外来物质和失效现象的关系，如果可能，应对多余物的成分和性质进行检测。

4）高温烘焙试验。建议在 150～250℃ 条件下，烘焙 2h，在此过程中应连续监测失效管脚漏电流的变化。如果器件内部材料无法承受高温应力，可适当降低温度，同时延长烘焙时间。

按照电测试验证要求重新测试，确认高温烘焙后器件电性能是否发生变化，以确定表面参数的稳定性，结合高温加电老炼试验，可验证集成电路氧化层中是否存在 Na^+ 沾污的失效机理。

5）微探针测试。必要时，可采用微探针对大规模集成电路芯片内部单个晶体管的参数、特性曲线等进行测试，以进一步确定引起失效的部位。微探针技术包括接触式机械探针和非接触式电子束诊断探针两种技术。机械探针相当于细小的测试表笔；而电子束诊断探针系统的技术原理是利用芯片表面电位不同从而受电子束激发的二次电子的多少不同的规律，通过探测被电子束激发的二次电子确定被测节点的电压和波形。

根据相关文献,由于受表面电场分布的影响,电子束诊断探针技术的电压测量精度较差,主要用于对电压测量精度要求不高的场合,如数字集成电路。而模拟集成电路局部节点的电位测试须用机械探针,它在电压和波形的测量精度上优于电子束探针。

6)剖面分析。当有迹象表明管壳、基板、键合和密封等封装相关结构可能存在缺陷时,应对器件封装进行剖面分析。分析应按以下步骤进行:①按适于制备剖面的方向将器件固定;②制取能揭示所需特征的剖面,必要时在需要的地方染色;③在适当放大倍数下,进行明视场、暗视场或偏振光显微观察;④对与失效模式和机理有关的缺陷部位或特征进行照相记录。

7)芯片缺陷点定位分析。利用液晶热点、微光发射、激光扫描注入、红外热点等方法进行损伤点电学定位,即利用特定设备,对特定偏置条件下芯片不同区域的发光或发热特征进行探测,并与同批次良品进行对比,定位失效点。

8)金属化层或氧化层缺陷分析。当有迹象表明芯片金属化层、氧化层结构异常,或在氧化层内部、底部有沾污,需要确定这些缺陷的位置和结构时,应采用本分析项目。分析应按以下步骤进行:①去掉芯片或基板上的键合,从封装中取出芯片,逐层去除金属化互连层;②采用干涉或相衬显微照相术,在适当的放大倍数下观察各金属化层或层间介质,并拍摄相应的照片作为记录;③适用时观察并对半导体接触区(窗口或断面)进行探针测试,记录相应的电特性;④在适合于作截面的方向上将芯片或基板固定,把芯片或基板切开或进行研磨、抛光以显示所需特征,并在适当部位染色;或采用 FIB 对芯片缺陷位置进行纵向剖切;⑤在适当的放大倍数下照相作为记录。

通过该分析项目,可以发现贯穿氧化层或绝缘层的空洞、金属层的缺损或剥落、氧化层的不完整性、氧化层的厚度异常、金属跨过氧化层的迁移或在其底部的迁移、键合/金属化层界面处的空隙等问题。

9)扩散缺陷分析。当有迹象表明存在扩散缺陷、接触金属扩散到半导体内、半导体内存在结构缺陷或结几何形状异常时,应进行本分析项目。分析应按以下步骤进行:①去除芯片或基板上的键合,并去除金属化互连层;②去除氧化层或其他介质钝化层;③探针测试接触区,记录相应的电特性;④对表面染色以显示结;⑤在适当方向上将芯片或基板固定,以便进行剖面或磨角(适用时);⑥按要求剖切或磨角以显露重要特征,并对结染色(为了对特定缺陷进行深入分析,可以连续进行多次的研磨和染色);⑦在适当放大倍数下,对重要特征拍摄照片,并记录探针测试的相关结果。

利用该分析项目可以发现扩散的不完整性、结的几何形状异常和接触金属扩散到半导体内等问题。

10)扫描电子显微镜及能谱分析。采用电子束直径为几十纳米数量级的扫描电子显微镜,不需特殊的样品制备程序,即可有效得到器件结构相关的信息。配备 EDX 和 SEM 可以进行成分分析。SEM 和 EDX 经常用于:①利用二次电子扫描显微技术确定表面势的变化;②分析纳米大小的缺陷,例如氧化层针孔,金属化层的晶粒结构;③确定固态反应生成物,例如扩散、淀积和金属间化合物的生成;④断口形貌分析,如引线在引线框架部位的疲劳或退化等。

11)透射电子显微镜检查。使用透射电子束对失效部位金属化和其他材料进行原子级分辨率的结构检查,同时检查半导体内部的位错、层错、Si 芯片、绝缘层、钝化层之间界面的工艺缺陷等;配合电子能量损失谱(EELS,Electron Energy Loss Spectroscopy)等,可以对器件内部的特定区域进行化学成分分析。

12)特殊的结构测试。失效器件上反应产物的量通常太少,不足以确切判定其化学特性和结构特性,而通常又需要在可控的试验方式下再现该失效,以验证失效机理。此时,可以在保证机理研究不受外部影响的情况下通过改变几何尺寸及材料制作专用的测试结构。当涉及基本的失效机理时,这种专用测试结构是非常有用的。

7.2.4　失效分析的关键技术

1.失效点定位技术

在大规模集成电路失效分析过程中,由于其特征尺寸的逐渐减小以及金属化层数的逐渐增多,缺陷点的可观察性以及节点的可获得性大大降低,定位失效点的具体位置是重要而困难的工作。液晶定位技术、红外热点定位技术、光发射显微技术、激光扫描显微技术、电压衬度技术为大规模集成电路失效分析提供了快捷准确的定位方法。缺陷定位技术的应用是缺陷定位的关键。

(1)红外热点定位技术。发热型漏电一般由欧姆短路引起,其光谱属红外光范围,可用红外热像仪检测或液晶热点检测。红外热点定位技术基于对器件的发热探测,其技术原理为缺陷处的漏电会导致产生额外的热量,利用红外探测器探测形成被测器件芯片的热分布图,通过理论分析或与功能正常电路芯片表面的热分布状态进行比较,可以找出异常点。红外热成像法的优点在于,它是一种快速、非接触和非破坏性的方式,并能实时给出温度记录图;主要限制是要求直接正对着靶面,且大多数情况下只可测绘表面温度。图 7 - 6 所示为是利用红外热点定位技术对某款集成电路进行失效点定位的图像。

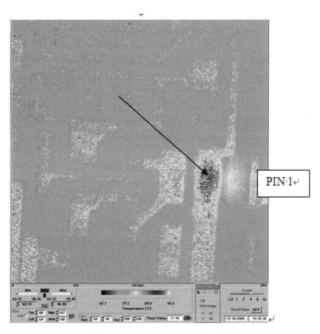

图 7 - 6　某款集成电路红外热点定位图像

(2)液晶定位技术。液晶定位技术也属于热点定位的一种。液晶是一种液体,同时又具有晶体的性质。当温度低于相变温度时变为晶体,显示出各向异性;当它受热温度高过相变温度时,会变成各向同性的液体。利用这一特性,可以在正交偏振光下观察液晶的相变点,从而找到热点。液晶热点检测设备由偏振光显微镜、可调温度的样品台和器件电偏置控制电路组成。液晶热点检测技术可用于检查针孔和结击穿点等缺陷。图 7 - 7 所示为某款集成电路液晶热点定位的照片,液晶热点定位过程中,对电偏置控制电路逐渐加电,可观察到热点由无到有、由小到大的变化过程,能够精确定位热点的位置。

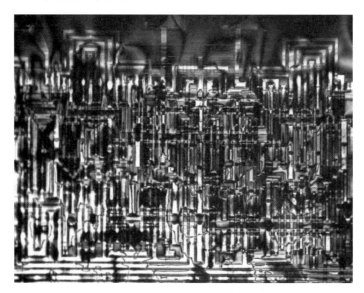

图 7 - 7   某款集成电路液晶热点定位的照片

　　(3)光发射显微技术。集成电路许多类型的缺陷和损伤在特定的电应力条件下会产生漏电,并伴随载流子的跃迁而导致光辐射,光发射显微镜是探测这些光子的仪器。这些光子流通过收集和增强,再经过光电转换形成发光像,将发光像和器件表面的光学反射像叠加,可对失效点和缺陷进行定位。光发射显微技术属于被动探测技术,相对于主动探测技术(如下述的激光扫描显微技术),对集成电路芯片表面的伤害非常小,因为它只是捕捉辐射发光,而并不直接对芯片表面进行其他的任何激励,与裸露的集成电路芯片无任何接触。

　　当 CMOS 器件发生介质击穿、热载流子注入、pn 结反向漏电以及闩锁效应时,都能产生微光,可运用光发射显微技术确定上述效应在集成电路芯片的发生位置,但是对于金属互连之间的异常短路、阻性漏电等现象可能观察不到。

　　此外,由于大规模集成电路芯片表面多层金属化结构的遮挡,甚至有时为了散热和等电位等原因,有的芯片表面大面积覆盖了电源和地的金属化层,导致缺陷位置发生的光子可能不易被探测到,这时,需要采用背面光发射显微技术,从集成电路芯片背面进行缺陷定位。硅材料缺陷辐射发光绝大多数为近红外光,而硅对于近红外光线几乎是透明的,因此从芯片背面进行缺陷探测可以不受复杂金属层的干扰,从而准确探测缺陷位置发出的光子。

　　若集成电路失效只有在动态偏置条件下才能显现,则需对器件失效时的动态偏置状态进行模拟,以便定位失效点。一种方法是借助集成电路测试系统,此时要求进行光发射定位的装置应能够与集成电路测试系统兼容;另一种办法就是定制专门的定位线路板,使器件工作在能够激活故障部位的特定工作模式下,图 7 - 8 所示为典型 CPU 浮点单元失效定位时所用的定位线路板。

图 7-8　典型 CPU 浮点单元失效定位时所用的定位线路板

（4）激光扫描显微技术。激光扫描显微技术不同于光发射显微技术，它采用特定波长的激光扫描芯片表面，在有源 pn 结上产生光电压，是主动式的光注入。光电压与结的许多物理特性有关，产生光电压表明有表面沟道或反型层的存在，这些沟道或反型层是由于钝化层表面、内部或下部受污染而形成的，检查光注入导致器件电阻、电流或电压的变化，并通过图像处理功能形成器件基础电特性变化的衬度像，从而用于缺陷位置的识别。激光扫描还可用于确定某些掩膜未套准区、不完善的扩散区以及涉及结特性的器件缺陷。

（5）电压衬度技术。电压衬度技术是利用样品表面高低不同的电势，对其表面的二次电子发射率产生影响，最终将样品表面形貌衬度和电压衬度叠加在一起，产生明暗对比比较明显的衬度像的一项技术。电压衬度分为主动电压衬度（AVC，Active Voltage Contract）和被动电压衬度（PVC，Passive Voltage Contract），两者的区别是前者需要对样品施加一定外加电压，而后者则不需要。

电压衬度技术与集成电路电学特性相结合，根据金属化层和单元的不同电势，能够对半导体芯片进行失效定位和失效机理分析，电压衬度技术尤其适用于数字集成电路的缺陷定位。图 7-9 是某款集成电路电压衬度图像，可以看到同样偏置的同名端口前三级反相器逻辑均相同，其中一个端口经过第四级反相器后铝条颜色异常，表明该处 CMOS 反相器功能异常，判断此处栅氧发生击穿。

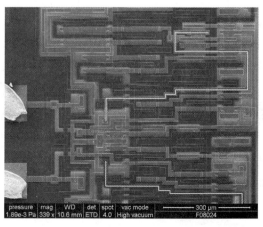

图 7-9　某款集成电路电压衬度图像

2.样品制备及失效点寻迹技术

（1）芯片逐层去层。芯片逐层去层也被称为逆向工艺（deprocess），一般流程是先将芯片从封装中取出，然后利用湿法刻蚀、干法刻蚀或平行磨剖等工艺逐层去除芯片金属化层和氧化层直到衬底，与集成电路芯片的制造工艺相反。因为芯片的失效可能出现在任何一层，所以需要逐层去层将失效部位暴露出来以便后续进行观察和分析。

大规模集成电路芯片表面基本都超过3层金属布线，多为4层、5层甚至6层结构或更多，失效点常常不在表面，对芯片的金属化层和氧化层进行逐层去除是暴露失效点的重要方法。

金属化层去除可采用化学腐蚀和机械磨抛两种方法。化学腐蚀法可采用NaOH溶液或热磷酸，适用于芯片金属化下方损伤点的检查，这样可以留下完整的TiN层；机械磨抛法采用手持裸芯片在抛光布上进行研磨，过程中随时可用金相显微镜进行细节观察。

氧化层一般采用反应离子刻蚀（RIE，Reatiue Ion Etching）干法刻蚀方法，干法刻蚀因其同时具有材料选择性和方向性，可控性较湿法刻蚀好，因此样品制备风险较小。

（2）芯片剖面分析。获取芯片的截面信息有两种基本的方法，一种是芯片剖面制样或磨角法，还有一种是利用FIB对芯片进行纵向剖切。

1）剖面制样及磨角法。

a.剖面制样。芯片剖面制样前须将芯片从封装中取出，且芯片背面应不带任何黏结料，以免在后续磨抛过程中多余的黏结料对剖面造成损伤。

芯片剖面制样可采用灌封法，也可采用非灌封法。灌封法是将灌封材料加到需进行磨抛的样品四周，灌封料固化后对试样进行磨抛。灌封对样品边缘提供必要的保护，但是对于超大规模集成电路失效的精确定位有一定难度。非灌封法不采用灌封材料对器件进行固定和保护，而是将芯片黏结在一种专用夹具上，这种夹具还可以对芯片的磨抛角度和高度进行调整，可以实现较为精确的磨抛位置控制。图7-10和图7-11所示为用非灌封法制备的Si芯片的纵剖面。

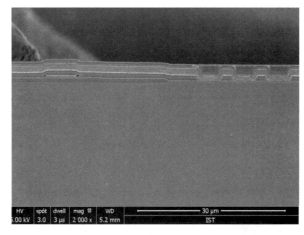

图7-10　用非灌封法制备的Si芯片的纵剖面（湿法刻蚀后）

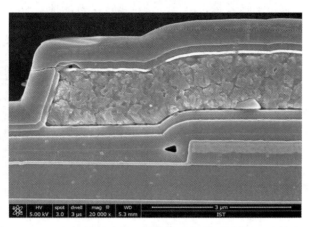

图 7-11　Si 芯片纵剖面的金属化层及介质层形貌(湿法刻蚀后)

b.磨角法。为了使结区纵剖面得到放大,测量更精确,可以采用磨角法,即将芯片剖磨成一个与表面呈若干度的夹角,可见的竖直尺寸即被放大。磨角法对需要精确测量半导体结结深的情况较为适用。

c.刻蚀或染色。芯片经过剖面制样和磨角后,为了观察清楚,还应对制备好的剖面或截面进行刻蚀或染色,如要观察金属化层和氧化层缺陷,则需进行刻蚀,如要观察半导体扩散层中的缺陷,则需对其进行染色。

刻蚀的目的是显现出"抛光态"样品中的反差。对于呈现出均匀特征、在抛光态样品中几乎没有表现出任何反差的金相样品,通常需要进行刻蚀。此外,刻蚀还用于除去金相样品中金属的延展。刻蚀有湿法和干法两种方法:

湿法刻蚀剂通常由腐蚀剂、调节剂和氧化剂三个部分组成,一般采用硅或二氧化硅的刻蚀剂。当样品的微结构与化学试剂接触发生厚度膨胀时,湿法刻蚀不再适用,应采用干法刻蚀。例如芯片结构中的 Ti-W 阻挡层与化学刻蚀剂接触时,其厚度通常会隆起,从而导致真实厚度被曲解,为了消除膨胀,应当用电离的 CF_4 进行干法刻蚀。

染色法是用一种酸性染色剂与硅产生化学反应而生成一层薄膜,使 p 型掺杂和 n 型掺杂半导体呈现深浅不同的颜色从而显示出 pn 结结区。图 7-12 所示为典型集成电路芯片阱染色后的照片。

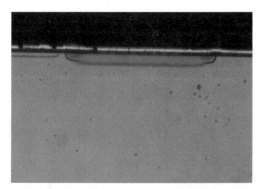

图 7-12　典型集成电路芯片阱染色后的照片

染色法还可以用于逐层去除金属化层后芯片扩散区或阱的染色,如图 7-13 所示。

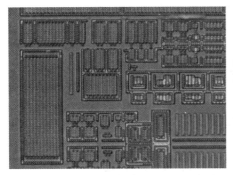
染色前

染色后

图 7-13　芯片扩散区域或阱染色前后照片

2)FIB 剖切。FIB 可以对集成电路芯片进行无掩膜的微区选择性刻蚀,以形成微区局部剖切面,是一种高分辨率的快速剖切技术,对于双束 FIB,可以实现失效点部位的精确剖切和剖切后的原位观察。图 7-14 所示为典型器件底层金属化损伤部位 FIB 剖切面形貌。

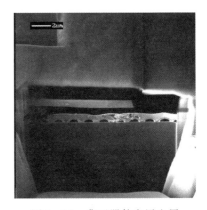

图 7-14　典型器件底层金属化损伤部位 FIB 剖切面形貌

3. 失效点表征技术

失效点表征技术是对失效点进行深入微区形貌观察、成分分析、微区材料晶体结构观察等方面的分析技术,也称微分析技术。

可采用 SEM,TEM 对失效点处微区形貌进行观察和分析,并利用 EDX 等能谱分析技术分析微区材料的成分;还可以采用 AES 或 XPS 分析与表面有关的现象和表面组成或化学状态;采用二次离子质谱(SIMS,Secondary Ion Mass Spectrometry)对材料进行二维或三维成分分析、痕量杂质分析以及采用电子背散射衍射(EBSD,Electron Back-Scattered Diffraction)、透射电子衍射(TED,Transmission Electron Diffraction)等技术进行晶体学观测。

7.3　破坏性物理分析技术

7.3.1　DPA 的概念

DPA 是为验证器件的设计、结构、材料和制造质量是否满足预定用途或有关规范要求,对器件样品进行解剖以及解剖前后进行一系列检验和分析的全过程。DPA 对合格器件进行物理化学解剖分析,与标准要求进行比对,进行符合性检查,属事前质量把关。

DPA 是评价半导体集成电路批次质量的有效方法之一,是大规模集成电路可靠性保证工作的重要一环。目前,我国在宇航领域内对使用的半导体集成电路已经广泛开展了 DPA 工作,对国产军用半导体集成电路的质量起到了明显提升作用,为宇航电子设备可靠性的提高奠定坚实基础。

7.3.2　国内外发展现状

20 世纪 70 年代,美国航空、宇航领域首先在其所选用的器件中应用 DPA 技术,因为当时宇航型号的发射成功率较低,归咎原因主要是使用的元器件质量问题较多,这些质量问题仅靠筛选、试验不能完全解决,经过研究和大量试验,形成了 DPA 的初步分析方法,并推广应用。该技术在 1980 年写进了美国军用标准(如 MIL－STD－883C《微电路试验方法标准》)中,从此,DPA 技术被应用到了美国军事电子装备的各个领域,并很快影响到了其他国家。1988 年 11 月,欧空局(ESA,European Space Agency)颁布了标准"欧空局空间系统的器件选择、采购和控制",其中就列入了 DPA 要求,并明确规定"供方应确保器件在装入飞行硬件之前就已得到 DPA 合格的结论",此后,欧洲空间元器件协作组织(ESCC,European Space Components Coordination)发布了关于外部目检、内部目检、X 射线检查、SEM 检查等 DPA 相关标准。近年来,随着大规模集成电路制造技术的不断发展,美国、欧洲在 DPA 标准方面持续更新,DPA 技术不断发展。

20 世纪 90 年代国内宇航型号多次出现由于元器件本身质量问题导致整机失效的案例,严重影响到宇航型号任务的正常进行。1996 年 10 月起,宇航系统首次对执行飞行任务的宇航型号所用的半导体器件开展 DPA,目的是验证已装机半导体器件的质量状况,对存在缺陷的器件采取针对性措施,保证整机的可靠性,确保任务成功。1997 年,国内宇航机构提出新研宇航型号应使用 DPA 合格器件的要求,并于 1997 年 10 月颁布标准 QJ1906A－97《半导体器件破坏性物理分析(DPA)方法和程序》,使 DPA 的工作重点由已装机使用的元器件逐步过渡到未装机使用的元器件。国内 DPA 从 1996 年开始在宇航领域首先推行,很快推广到了航空、电子等行业,并且以美军标为基础,结合国内元器件生产现状形成了比较完善的 DPA 方面的国家军用标准。随着宇航型号研制技术的不断进步,大量不同于传统半导体器件的新型元器件以及微组装级的超大规模集成电路越来越多的被选用,国内相关技术人员提出了针对用户委托的特殊元器件进行 DPA 技术定制开发的思路和方法,解决了宇航工程需求。

随着大规模集成电路向高性能、小型化发展,越来越多的新型复杂集成电路涌现出来,如芯片尺寸封装(CSP,Chip Scale Package)、倒装封装、三维封装、多芯片模块(MCM,Multichip Module)、圆片级封装(WLP,Wafer Level Package)集成电路等,并且宇航型号也由于其自身的高指标、轻小型化的要求对这类器件有着强烈的应用需求,这些复杂封装集成电路的宇航应用给 DPA 技术提出了新的挑战。如三维灌封器件无损去灌封方法、倒装芯片下填料无损去除方法、剪切力测试方法等试验方法、判据以及整体的技术流程等均需要进行系统性研究。

7.3.3　DPA 的流程和方法

1. 常规集成电路 DPA 的流程方法

对于常规集成电路,DPA 的分析流程和方法主要依据 GJB 548 方法 5009,包括外观检查、X 光检查、颗粒噪声检测、密封性检测、内部水汽含量测试、内部目检、扫描电镜检查、键合强度试验、芯片剪切力试验等项目。

2.复杂封装器件 DPA 方法定制开发

对于复杂封装器件,缺乏可以直接作为依据的标准,采用定制开发的技术方法是解决途径之一。以下通过对某型视频处理组件 DPA 实践案例剖析,探讨 DPA 方法的定制开发过程以及需要重点关注的事项。

图 7-15 和图 7-16 所示分别为该型视频处理组件的外观形貌和 X 射线透视形貌。

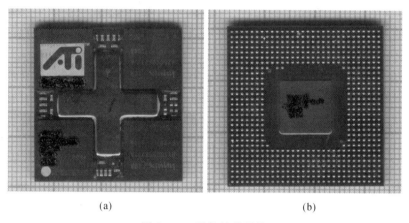

(a)   (b)

图 7-15   器件外观形貌

(a)器件正面;   (b)器件底面

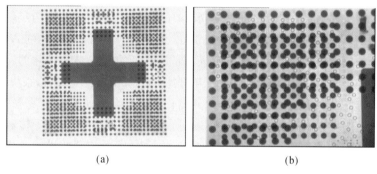

(a)   (b)

图 7-16   器件 X 射线透视形貌

(a)整体形貌;   (b)局部放大

从以上两图示可以看到,该器件主体结构是由安装在印制板上的 4 个球栅阵列封装 (BGA,Ball Gride Array)的多单元塑封集成电路和 1 个倒装芯片组成,另外印制板上还有表贴电阻、电容等匹配元件,器件采用 BGA 封装,在器件底部倒装芯片周围植有 650 个焊球。

首先,应分析器件主要的结构特点以及与常规器件的异同。以上述视频处理器为例,其主要有以下特点。

(1)器件的结构单元数量较多,这类器件往往由多个有源器件和/或无源元件组成。

(2)不同单元之间的类别差异较大,这类器件内部往往由多种器件组成,包含电阻、电容、集成电路、分立器件等,内部器件本身的封装、结构形式等也存在较大差异。

(3)不同结构单元的互连方式复杂,通常采用"立体式"的布局方式,无法通过"平面式"的检查完成所有 DPA 试验工作。

（4）微组装结构的器件价值昂贵，往往不能提供较多的样品用于 DPA 试验，要求合理选择试验项目，采取优化的试验流程，每一个试验步骤都应达到尽可能多的试验目的。

其次分析 DPA 实施的技术难点，如对不同结构单元的全面覆盖分析；对于超出器件范畴的质量和可靠性分析（如印制板、加固胶、焊接等）；对某一结构单元进行试验的同时还应对其他单元进行保护等等。

根据对器件结构特点和实施难点的分析，确定器件 DPA 的分析关注点和分析流程。以该视频处理器为例，分析关注点包括：器件外观质量，器件封装质量，塑封电路单元的工艺质量，表贴元件的工艺质量以及内部互连结构的工艺质量。由于该电路的各结构单元布局较紧凑，集成了多种电子装联方式，在进行化学开封、金相剖面制备等过程中，受试验设备、夹具和试验流程等因素的限制，不同结构单元的检查顺序和"破坏顺序"不同，在进行某结构单元的破坏性分析过程中，不能影响其他单元的状态，不能引入人为损伤，这就要求加强试验流程的优化设计和试验过程的防护。对于该视频处理器件，优化后的分析流程如图 7-17 所示。

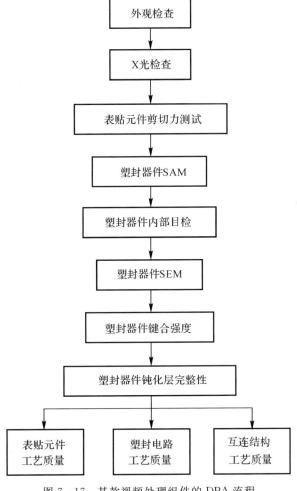

图 7-17　某款视频处理组件的 DPA 流程

新型复杂大规模集成电路的 DPA，是综合了多种领域分析技术的系统性过程。在 DPA

方法定制开发过程中有以下注意事项。

（1）通过将复杂器件分解为多个结构单元，并尽可能借助已有成熟的 DPA 标准，可以达到 DPA 过程有依据以及覆盖全面的要求；

（2）在 DPA 过程中需要按照尽可能减少对剩余结构单元影响的原则进行每一步的试验，并注意合理分配每一个试验项目中的检查要点，确保不遗漏每一个结构单元的检查要点。

7.3.4 DPA 关键技术

1. DPA 不合格处理

DPA 不合格有两种情况，一种是可筛选性缺陷，一种是不可筛选性缺陷。

对于可筛选性缺陷，可对该 DPA 批次进行百分之百筛选，筛选合格后允许重新抽样进行 DPA。对于 DPA 发现的不可筛选性缺陷，则不允许重新抽样进行 DPA。因为 DPA 是通过对抽样器件进行物理层面的分析和检查来判别该生产批次的质量和可靠性的一种方法，DPA 不合格意味着器件存在批次性质量问题，整个批次应作报废或退货处理，不得重新抽样进行 DPA。

2. 缺陷判别及问题处理

在 DPA 实施过程中，常会发现一些问题和异常现象，但这些异常现象很多时候标准中未涉及或未给出明确判据，在这种情况下，DPA 结论是否合格成为一个难题；还有一些问题和缺陷，在 DPA 试验操作过程很容易人为引入，从而造成该缺陷是器件固有还是操作过程所致的判别难题。针对第一类问题，核心的处理原则是全面分析问题或异常可能造成的失效模式或危害，即可靠性隐患，针对可能存在的可靠性隐患进行针对性的可靠性评估，依据评估结果决定该批次器件是否可接受（即 DPA 是否合格）。针对第二类问题，可以在可疑操作步骤追加试验样品量进行旁证，此时应尤其注意可疑操作步骤的规范性控制，此外，对不同情况下的缺陷特征进行提前识别和积累，对缺陷性质的判别也会很有帮助。以下为某生产厂器件引线损伤问题处理典型案例。

1) 问题背景。某元器件质量保证机构在对某生产厂器件进行 SEM 检查时，发现其内部键合丝均存在电火花熔坑的现象（见图 7-18），查阅相关标准，未发现标准条款对该问题给出明确规定，将该问题反馈给生产厂。生产厂分析认为该现象是由于键合设备接地不良，键合设备产生的电压对键合丝打火造成了键合丝损伤，进一步检查发现同批次器件均存在类似问题。由于标准中未对该现象给出明确规定，那么该批次器件 DPA 是否合格难以判定。下面采用针对性评估方法对该批器件的质量和可靠性状况进行评估。

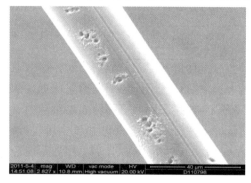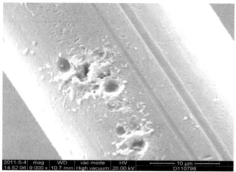

图 7-18　内部键合丝电火花熔坑形貌

2)可靠性隐患。键合丝受损可能造成的可靠性隐患主要包括两个方面：键合强度降低；键合设备的过电应力通过键合丝和芯片上的键合区引入芯片内部，造成芯片损伤。

3)评估方法。

a.键合强度的可靠性评估。对键合强度的测试数据进行分析，键合强度均能满足标准规定，且一致性较好，同时键合强度相对合格判据有一定的余量。对键合强度测试后的断裂位置进行分析，断裂位置均在键合丝颈缩点处，表明受到损伤的键合丝不是键合系统中的最薄弱环节。与该生产厂未受到键合损伤的其他批次器件的键合拉力数据进行比对，未发现键合强度数据存在明显差别。以上分析和评估表明存在电火花熔坑的键合丝键合强度未受影响。

b.芯片电应力损伤隐患的评估。分析认为，若芯片受到一定的电应力损伤，可能导致参数变化，尤其是经过筛选后，器件参数可能会有较大变化。对该批次器件的测试数据和筛选数据进行分析，未发现该批器件的参数尤其是筛选后的参数有明显变化。为进一步证明该批器件的可靠性，选取同批次一定数量器件和键合丝未受损伤批次的一定数量器件，补充进行高温寿命试验，并对试验前后电参数进行分析比对，结果表明测试数据均符合规范的要求且试验前后器件参数均未发生明显的变化。

4)评估结果。

通过以上评估，发现存在电火花损伤的键合引线未对器件可靠性造成影响，因此该批器件可以被接受，判断该批次器件 DPA 合格。

7.4　结构分析技术

7.4.1　结构分析的概念

结构分析是通过检查和分析器件的结构、材料、工艺等，对其满足评价要求及相关项目运行要求的能力作出早期判断的一种新型可靠性分析方法。结构分析同样属于事前质量把关，但与 DPA 不同的是，结构分析更关注器件结构设计、材料选择和工艺实现方式等的合理性，因此分析对象一般为首次选用或存在重大技术更改的器件。结构分析对器件使用方和生产方均有重要作用，通过潜在失效机制的发现，可以帮助用户避免使用存在隐患的器件，避免由于器件固有可靠性问题导致的整机失效及由此带来的经济和进度上的损失；通过查找设计、工艺薄弱点，生产方可以改进设计和工艺提高产品质量。

7.4.2　国内外发展现状

国外结构分析工作早在 20 世纪 90 年代初开展，早期较多的是一些器件工程服务机构针对具体器件进行结构分析，如美国 ICE 公司曾针对某生产厂 A1440 型 FPGA 进行了结构分析；NASA 的 JPL 曾对 Intel DA28F016SV 型塑封 16Mb Flash 存储器开展了针对宇航应用适应性的结构分析工作，结合分析结果给出了应用建议。随着结构分析重要性认识的不断提高，以及实践经验的不断积累，一些元器件保证单位进行了一定程度的归纳总结，形成了一些内部指导性文件，如德国 TESAT 公司制定了不同类别元器件结构分析过程应实施的试验项目矩阵，据此开展了大量结构分析工作。ECSS－Q－ST－60 明确将结构分析作为元器件评估试验的要求之一。从调研的信息来看，美国和欧洲尚未建立标准或指南性质的宇航用元器件结构分析指导性文件,目前主要依靠元器件保证机构或元器件工程服务机构的个性化方法和经验开展。

2003年,国内宇航领域开始对结构分析技术进行探讨和研究,2006年,某卫星研制单位首次将结构分析分析技术应用于宇航元器件保证,针对新型器件、首次飞行器件开展结构分析工作,并且取得了很大成效。2011年,在国家重大专项课题支持下,国内宇航机构重点针对信号处理器件、微波真空功率器件、微波固态功率器件以及高精度探测器件开展了结构分析研究,并且形成了一套完整的结构分析技术流程和方法,构建了宇航元器件结构分析技术体系。

7.4.3 结构分析的流程和方法

1. 结构分析的工作流程

结构分析的工作流程一般包括确定分析对象、调查应用背景、获取器件设计信息、制定结构分析方案、实施结构分析、编制报告和评审报告等环节。

(1)确定分析对象。在开展结构分析之前,首先明确进行结构分析器件的品种和状态,应确认器件的设计和工艺状态是处于研制阶段还是已经过设计定型,是否与拟装机器件状态一致。

(2)调查应用背景。对器件的温度环境、机械环境、电磁环境、辐射环境、使用线路、预期寿命等预期应用环境背景信息进行充分的调查。这一点在器件选择阶段尤为重要,这是由于器件的应用可靠性与器件的应用环境和条件是直接关联的,在某种应用条件下可靠工作的器件可能并不能适应于另一种特定的工作环境。因此,在器件选择阶段进行结构分析时,应充分了解器件的预期工作环境。

(3)获取器件设计信息。生产厂的设计信息,可作为结构分析过程重要的参考文件,这些文件可以更明确地反映出产品的设计和制造工艺状态,借助这些文件,可以帮助分析人员更快捷的获得必要的设计、结构信息,加快分析进度,往往具有事半功倍的效果。

(4)制定结构分析方案。结构分析方案需要确定以下内容。

1)抽样方案;

2)分析项目;

3)试验流程。

(5)实施结构分析。根据分析方案实施结构分析,对器件实施预定的试验和检验项目,对识别的结构单元进行以下几方面的可靠性评价。

1)评价结构设计的合理性;

2)检查工艺设计和质量,确认该工艺设计和质量是否满足标准或使用环境的要求;

3)结合以往失效案例进行潜在失效隐患分析;

4)确定是否采用了禁限用工艺和材料。

(6)编制报告。结构分析报告应包括以下内容。

1)器件的结构描述;

2)各结构单元的设计、工艺和材料评价结果;

3)器件热分布分析(必要时);

4)器件力学强度分析(必要时);

5)应用于空间环境的可靠性分析;

6)试验结果;

7)照片(典型结构特征和缺陷);

8)发现的问题汇总;

9)分析结论及改进、应用建议。

(7)报告评审。必要时,需要对分析结论进行评审。评审的目的是在更大的范围内,征询更多的专家意见,给出准确的分析评价结论。

2.结构分析的一般技术流程

结构分析的一般技术流程包括结构单元分解、结构要素识别、结构判别、分析结论以及提出建议五部分,如图 7-19 所示。

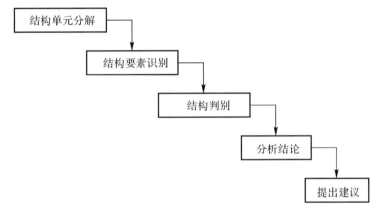

图 7-19 结构分析的一般技术流程

(1)结构单元分解。结构单元指器件结构或功能的最小单元。结构单元分解解决结构分析如何入手的问题,将结构复杂的器件逐级分解成基础结构单元,能够更方便地对其开展可靠性分析与评价,同时针对基础结构单元容易开展可靠性数据搜集和积累,降低保证和评价成本。结构单元分解的过程为对器件的整体结构按照功能单元和物理单元进行二级或三级分解,一般应分解到器件结构或功能的最小单元以及工艺、材料的最小界面。过程中应注意识别成熟单元和非成熟单元,对于成熟结构单元一般不需要再分解到该部分的最小单元。此外,由于结构单元分解是后续结构分析工作开展的基础,直接决定了结构分析关注点的全面与否,因此分解过程还应注意各结构单元之间的界面及其匹配性,不应有所遗漏。结构分析的最终报告对器件结构的描述和评价将根据上述分解的项目进行。图 7-20 所示为典型的单片集成电路结构单元分解示例。

(2)结构要素识别。结构要素是指影响器件可靠性和宇航适用性的结构单元的结构特征。对于前述组成器件的各个结构单元,从结构角度看每个结构单元的结构特征是多方面的,而结构要素是指影响器件可靠性、空间适应性、安全性、装联适应性等的结构单元的结构特征,如材料匹配性、工艺实现方式、物理结构等,结构分析需要把各结构单元的结构要素识别出来,作为后续分析与评价的关注重点。

以大规模集成电路常用的低温共烧陶瓷基板为例,识别出的结构要素包括以下几方面。

1）外部金属化层材料及工艺；

2）通孔结构；

3）内部金属化层材料及工艺；

4）基板强度；

5）基板翘曲度（平面度）。

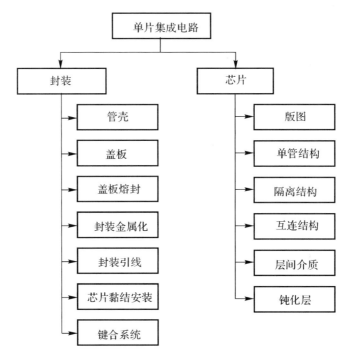

图 7-20　典型的单片集成电路结构单元分解示例

结构要素识别还有另外一个层面的含义，就是结构要素信息的识别，应先确认结构要素的结构信息，才能开展后续的结构可靠性评价。结构要素信息识别的途径从对器件的影响维度看有两种——非破坏性和破坏性的测试、试验，具体的试验项目可能包括几种或几十种，涵盖的专业领域是多样的，可能包括电学、热学、力学、化学、物理等等。每个结构单元的结构要素信息的获取都对应一系列试验方法，这就是结构分析试验方法，将这些试验方法按照先非破坏性试验、后破坏性试验的顺序进行排序，就形成了结构分析试验流程。

在结构分析试验流程中，还有些试验项目不是为了获取结构要素的结构信息，而是为了评价结构要素的可靠性，例如标识牢固度试验、键合拉力试验、温度循环试验等类型的试验。

以 LTCC 基板为例，要素识别和评价的试验方法包括外观检查、X 光检查、剖面检查、能谱分析、恒定加速度、温度循环、机械冲击等。

（3）结构判别。对于结构优劣的判别，需要基于常见或典型结构进行，特别是基于已知的宇航可用结构进行，与这些结构符合的可视为"非异常结构"或"未见异常结构"，通过这种途径给出的判别可以认为是有说服力或可以信赖的。

典型结构的获得是一个经验积累和经验重组的过程，但同时需要主动开展工作去获取，获取的途径包括：有成功应用经历器件的结构信息、以往失效分析案例、验证试验或极限试验等实物途径以及标准规范、信息数据库等非实物途径。

通过以上途径进行典型及禁限结构的信息获取可以得出结构分析的初步判别依据,以LTCC基板为例,其判别依据如下:

1)金属化层材料选择和膜层厚度是否满足键合、焊接要求;

2)基板表面,不允许金属化层与陶瓷介质之间、陶瓷介质之间起层或起泡;基板表面不允许有裂纹;基板表面金属化导体缺损不允许超过电流路径宽度的50%;通孔处不能有任何形式裂纹;

3)飞针测试数据检查,基板所有网络的连通性和绝缘性必须全部满足设计要求;

4)有条件时,对基板按GJB 548方法1010条件C进行至少100次温度循环试验,对基板进行剖面制样分析,任意相邻层过孔不重叠范围不超过$50\mu m$,内电层与过孔电极过渡自然,过孔中不得有裂纹、空隙,过孔金属与陶瓷附着良好,无分层等异常现象;

5)基板翘曲度(平面度)要求小于4‰,且总体翘曲度小于$100\mu m$;

6)导线阻抗满足宇航应用要求;

7)陶瓷绝缘强度满足宇航应用要求;

8)基板机械强度满足宇航应用要求;

9)允许基板采用开腔设计,腔体总面积不得超过基板面积的60%,最大单个腔体尺寸不得超过基板面积的30%,两个腔体之间的墙体厚度不得小于3mm,腔体底部厚度满足宇航应用力学结构的可靠性要求。

(4)分析结论。结构分析结论不能简单的给出"合格"或"不合格","能用"或"不能用",需要结合器件自身的结构特点及航天应用条件综合给出。

从确定是否满足飞行任务要求的角度考虑,结构分析结论可分为以下3种:

1)适合宇航应用:器件结构与宇航常见或典型结构相符,该结构一般有成功飞行经历,风险较低,认为适合宇航飞行任务;

2)特定范围可用:器件结构存在一项或几项设计、结构可靠性问题,只能在特定应用条件或范围下使用,此时应明确给出限用条件或范围;

3)不适合宇航应用:器件存在较大设计、结构可靠性问题,用在宇航型号上风险较高,需要进行设计、结构更改。

(5)提出建议。结构分析不仅限于给出结论,还应结合分析过程发现的问题向器件研制单位、保证机构以及使用方提出针对性的建议,如对于研制单位应给出需要改进和完善的具体方向;对于元器件保证机构,提出筛选、鉴定及针对性评价的方案和建议;对于用户单位,给出器件的使用指导和建议。

7.4.4 典型大规模集成电路结构分析案例

以典型大规模集成电路(如DSP)为例,给出结构分析的完整案例。

1.结构单元分解

器件结构单元分解如图7-21所示。

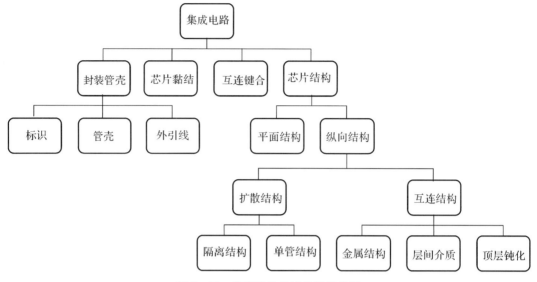

图 7-21   典型结构单元分解树状图

2.结构要素识别

影响器件可靠性及宇航适应性的各结构单元的结构要素应至少包括：

(1)标识。

1)标识的方式方法以及使用适用性；

2)信息完整性及标识牢固度；

3)标识材料和工艺质量。

(2)管壳。

1)盖板与底座的基材与涂覆；

2)盖板与底座的尺寸(内腔尺寸)与内部结构；

3)管壳内部金属化布线；

4)盖板与底座的机械强度；

5)底座内外涂覆；

6)密封工艺和密封材料。

(3)外引线。

1)外引线基材和涂覆；

2)外引线尺寸和引线牢固性；

3)外引线焊接工艺和材料；

4)外引线保护结构；

5)焊球工艺和材料、焊球牢固度和平整度。

(4)芯片黏结。

1)芯片尺寸及与管壳尺寸的匹配性；

2)划片质量；

3)芯片安装位置及方向；

4)芯片黏结材料及工艺；

5)黏结牢固度。

(5)键合系统。

1)内引线材料和尺寸;

2)内引线布局;

3)内引线弧度;

4)键合强度。

(6)芯片结构。

1)压焊点分布;

2)电源和地线分布;

3)功能区分布;

4)功能单元结构形式和适应性;

5)输入保护网络结构形式和适应性;

6)隔离工艺及结构;

7)隔离结构适应性;

8)特征尺寸;

9)单管工艺、材料及结构;

10)单管结构适应性;

11)互连层数;

12)接触孔和通孔工艺和质量;

13)互连金属材料结构和尺寸;

14)层间介质制作工艺;

15)层间介质材料和尺寸;

16)顶层钝化工艺和材料;

17)钝化层厚度和完整性。

3. 结构判别

各结构单元结构要素的判别依据:

(1)标识。

1)检查标识的方式方法是否合理,如采用激光打标方法,是否影响顶盖厚度和机械强度,是否破坏了顶盖镀层从而造成可靠性隐患;位置是否合理并方便使用,标识是否牢固。

2)信息是否完整,标识是否牢固;封装含氧化铍的器件,确认器件上是否标有"BeO"标志;

3)标识材料是否无污染、是否导电或呈电阻性且标识在背面,确认器件标识没有气孔、龟裂、漏气、变软、变形或会对器件在规定试验条件下的储存、工作或环境适应能力产生有害影响的任何缺陷。

(2)管壳。

1)检查顶盖和底座基材是否为宇航常用材料,顶盖熔封工艺是否满足宇航应用要求,顶盖和底座涂覆是否完整,是否有变色和锈蚀,是否耐热、耐潮湿与腐蚀,是否耐机械应力以及耐温度变化,封装管壳的平整度和孔隙率是否符合宇航应用要求,器件封装是否含有放射性材料、纯锡、有机物以及聚合物材料等禁止使用的材料。

2)管壳尺寸设计是否合理,芯片面积及厚度占封装尺寸的比例是否合理,电气取向设计是否合理并方便用户使用,是否存在漏电通道。检查封装的热设计,分析其是否能确保器件当在

其最高外壳温度下工作时,能够在其设计额定温度范围内工作,并能够满足器件的功率和温度降额要求;

3)管壳内部金属化布线是否满足宇航适用的设计和结构要求。

4)机械强度是否满足宇航应用要求。

5)管壳内部零件(如键合点、键合柱等)的涂镀工艺是否满足引线键合的要求,以及适用的设计和结构要求。

6)检查密封工艺和密封材料是否为宇航常用工艺和材料,检查密封界面是否正常,密封性是否良好,内部气氛是否符合使用的设计要求,是否存在焊料溅射问题,熔封区是否存在焊料流淌。检查器件封装确认是否为气密封的金属或陶瓷(或由他们组合的)管壳,是否存在真空逸气的问题,是否采用了禁止采用的单层氧化铝陶瓷金属化片式载体封装。检查是否用聚合物材料对器件的外壳作浸渍处理(即用有机或聚合物材料进行填充、涂镀等来完成、改善或修复外壳的密封),用于实现或改进标志附着性的聚合物涂层是否加至外壳密封区。

(3)外引线。

1)检查引出线的基材和涂覆是否满足使用的可焊性和防腐蚀的各项要求,是否符合宇航用器件引出端材料与涂覆要求,分别见表 7-1 和表 7-2,是否使用了纯锡作为引线和壳体的最后涂覆,是否采用了化学镀镍层作为柔性或半柔性引线的内涂层。

表 7-1　器件允许使用的引出端基材

代　号	引出端材料
A	电解无氧铜
B	电解韧铜
C	铁镍合金,覆铜(如覆铜铁镍合金)
D	铁镍钴合金(如可伐合金等)
E	镍
F	铁镍合金(52 合金)
G	铁镍合金(42 合金)
H	铜芯,铁镍 52 合金,厚度比例:3∶1
I	铜芯,铁镍 52 合金,厚度比例:1.7∶1
J	铁芯,覆铜线 CCFE30
K	铁芯,覆铜线 CCFE70
L	钢,覆铜
M	铍青铜
N	磷青铜
O	纯度 98% 及以上的银
P	铜合金(97% 以上的铜,合金 K50 或 K65)
Q	钨铜合金(15% 铜,85% 钨)
注:封装载体材料可不必遵守上面规定	

表 7 − 2　器件允许使用的引出端表面涂覆材料

序　号	涂覆层材料
1	无涂覆层。 引出端和接线端材料需为 A,B,C,J,K,L,O 和 R
2	电镀金层。 金层纯度大于 99.7%；厚度在 1.3～5.7μm 之间。 当引出端材料为 D,F,G 或 H 时,底层需电解镍层
3	锡铅合金镀层。 镀锡铅合金须符合商业惯用标准,包含 30%～70% 的锡。厚度在 2.5～13μm 之间
4	热浸焊。 焊料由锡 63 组成,厚度在 2.5～13μm。 热浸焊可以用在金涂覆种类 2,7,8 或 12 上。但之前应进行除金镀层的处理
5	电镀镍层。 镍层厚度在 1.3～3.8μm 之间
6	金层,底层为电镀镍和铜。 第一层铜厚度 10～14μm,第二层镍厚度 3～6μm,最后的金层应遵循规定 2
7	金层,底镀层为化学镀镍层。 镍层厚度 2～4μm,金镀层纯度大于 99.7%,厚度 0.7～5.7μm
8	电镀金层,镍底镀层和钯底镀层。 第一层镍厚度大于 1.75μm,第二层钯厚度大于 0.25μm,金层纯度大于 99.7%,厚度 0.7～5.7μm
9	热浸焊,之前有镍底镀层或化学镀镍层。 镍层厚度 2～5μm,热浸焊遵循规定 4
10	电镀银层。 银层纯度大于 98%,厚度 3.8～8.9μm
11	回流镀锡铅合金,之前需电镀镍和银底镀层。 第一层镍厚度大于 2μm,第二层银厚度大于 0.1μm,最后回流镀锡铅合金,其中锡含量 85%～95%,厚度 3～8 μm
12	电镀金层,底层电镀镍和银层。 第一层镍厚度大于 2μm,第二层银厚度大于 0.1μm,金层纯度大于 99.7%,厚度 0.7～5.7μm
13	电镀金层,底层镀铜。 第一层铜厚度大于 5μm,金层纯度大于 99.7%,厚度 2.5～5.7μm
14	金层,底层镀电解镍。 镍层厚度 2～9μm。金层纯度大于 99.7%,厚度 0.7～5.7μm
15	锡铅合金镀层。底层镀银。 银层 0.1μm 左右。锡铅合金含锡 85%～95%。厚度 5～10μm

注：A,B,C 等字母对应表 7 - 1 中的相应代号

2)外引线尺寸是否合理,是否与管壳质量相匹配,间距与长度是否合理,引线牢固性是否良好。

3)外引线焊接工艺和材料是否是宇航常规工艺和材料,引线牢固性是否良好,耐热和耐湿是否良好。

4)外引线是否有保护结构,保护结构是否合理。

5)焊球工艺和材料是否是宇航常规工艺和材料,焊球牢固度、焊球平整度是否符合宇航适用的设计和结构要求。

(4)芯片黏结。

1)检查芯片是否完整,是否有裂纹、碎裂、损伤或缺角,芯片边缘钝化层是否完整,芯片表面是否清洁无沾污。

2)芯片安装位置和方向是否满足键合分布要求,器件芯片的厚度是否满足机械强度要求,芯片厚度占封装厚度比例、芯片面积占封装面积比例是否合理。

3)芯片的黏结材料和黏结工艺是否满足宇航应用要求,是否存在逸气问题。是否采用了禁止使用的纯玻璃进行芯片的黏结。焊料是否存在多余堆积,是否存在潜在的游离微粒。

4)芯片黏结牢固度是否符合宇航应用要求,是否耐热应力和耐机械应力。

(5)键合系统。

1)内引线材料选择是否合理,与芯片上的内电极所用的金属材料是否相同,是否存在双金属污染(柯肯特尔空洞)。内引线尺寸是否满足电流密度要求。

2)检查器件的内引线布局及弧度是否合理,内引线距离管壳顶盖的距离是否符合宇航应用要求,器件内引线(不包括与芯片或衬底等电位的导体)距芯片表面上无玻璃钝化层部分的距离是否满足宇航适用的设计结构要求。

3)键合工艺选择是否合理,键合工艺质量是否良好,键合强度是否符合宇航适用的设计要求。

(6)芯片结构。

1)检查芯片压焊点分布、电源和地线分布、功能区分布、逻辑单元物理分布是否合理,功能单元结构设计是否合理,输入保护网络设计是否合理,版图对准是否良好。

2)是否有抗辐射加固设计、冗余设计等。

3)检查芯片纵向结构,包括衬底和隔离结构选择是否合理,隔离结构纵向尺寸是否符合设计规则,工艺形成和质量是否符合宇航应用要求。

4)单管结构设计是否合理,关键功能区域形成工艺、质量是否良好,是否存在扩散缺陷、氧化缺陷,功能材料中是否含有杂质等。

5)各层金属层图形是否完整,是否有搭接、划痕、空洞、凹槽以及颈缩,是否有翘起或脱皮,是否有凸起,材料成分是否异常,是否使用了适合的阻挡层以及帽层,各层金属化是否存在过刻蚀或欠刻蚀的问题,形成的导体在通常工作条件下是否满足电流密度要求,如图 7-22 至图 7-24 所示;接触孔或通孔内壁是否由金属完整覆盖,是否有阻挡层,阻挡层材料设计是否合理,金属在接触孔或通孔处截面积是否有缩小,孔内的金属是否存在裂缝或空隙,接触孔底部是否存在 Si 的凸起,如图 7-25 至图 7-28 所示。

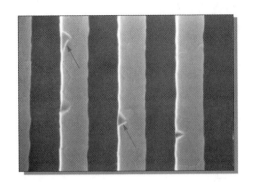

图 7 - 22　金属化层上的凹槽

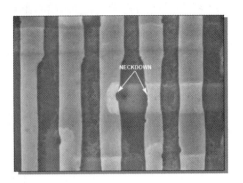

图 7 - 23　金属条的颈缩

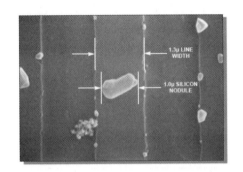

图 7 - 24　Si 结节占据了金属条宽度的 75%

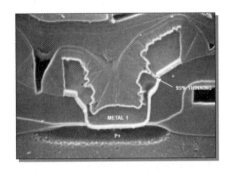

图 7 - 25　金属在接触孔或通孔处截面积有缩小

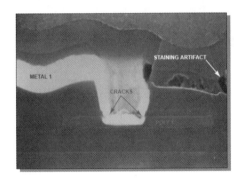

图 7 - 26　孔内的金属是否存在裂缝或空隙

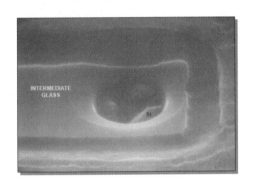

图 7 - 27　Si 突起占据了接触孔的 70% 的面积

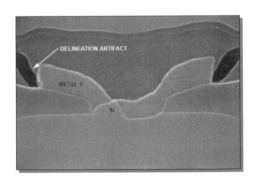

图 7 - 28　接触孔内的 Si 凸起情况

6)层间介质材料、结构是否合理,形成工艺和质量是否良好。

7)钝化工艺和材料选择是否合理,钝化层厚度是否满足宇航应用要求,钝化层是否完整,玻璃钝化层是否覆盖了除键合区或测试点以外的所有导体。

4.结构分析试验方法和流程

根据结构要素识别和评价所用的不同的试验方法,按照从外到内、先非破坏性试验、后破坏性试验以及在每一项试验项目中获得尽可能多的结构信息和评价信息为原则,制定分析试验流程,如图7-29所示。

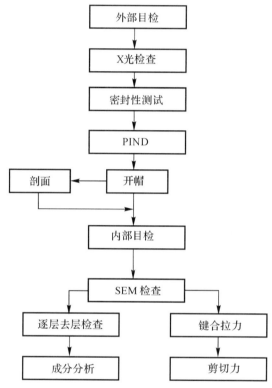

图 7 - 29 典型大规模集成电路结构分析试验流程

7.5　本　章　小　结

本章主要论述了失效分析、DPA 和结构分析的概念、技术内涵和作用,分析了国内外发展现状。针对每种分析方法,分别给出了实施的技术流程和方法,并对失效分析、DPA 和结构分析关键技术进行了详细阐述。

第8章 应用验证

8.1 概　　述

应用验证是指对元器件在宇航工程应用前开展的一系列试验、分析、评估和综合评价等工作，以确定元器件研制成熟度和在宇航工程中的应用适用度，并综合分析评价得出其可用度。随着宇航技术的发展，宇航型号的总体性能不断提高，对大规模集成电路的可靠性要求越来越高。面对功能复杂、集成度高、采用新技术及新材料的大规模集成电路，常规的元器件保证工作不能完全满足宇航型号高可靠、长寿命的应用要求，应根据宇航应用要求，开展宇航应用环境条件下的应用验证，降低型号的应用风险。

8.2　国内外现状及趋势

8.2.1　美国

美国大规模集成电路的应用验证项目，主要分布在为掌握器件失效模式和失效机理的表征试验、建立在失效模式和失效机理基础上的鉴定试验过程中。对于包括新技术、新材料和新结构的先进大规模集成电路，深入理解并掌握其失效模式和失效机理非常困难。为降低新型大规模集成电路空间应用的风险，NASA 将大规模集成电路验证作为重要的技术手段，针对新型大规模集成电路的空间应用需求，开展了应用验证方法研究与验证试验。NASA 对一些核心器件的应用验证要求进行了针对性研究；例如，对拟用于宇航型号的新型 FPGA，NASA 要求进行器件级、系统级和针对空间环境的应用验证，并联合器件生产厂，与器件设计和研制过程协同开展。

NASA 的应用验证要求，体现在其技术成熟度等级（TRL，Technology Readiness Level）的 4～5 级、6～7 级和 8～9 级。TRL 共分为 9 个等级：1～2 级为基础研究和概念研究；3 级进行分析和实践，对元器件关键功能和特性进行验证；4～5 级在实验室和需求的环境试验条件下，进行元器件和试验板验证；6～7 级在地面和空间采用演示系统进行验证试验；8～9 级采用真实应用系统，进行地面和空间环境下的验证。

对于重要的新型元器件，NASA 通过专项工程，系统组织开展研究和验证工作，推进了元器件技术及其宇航应用技术的发展。美国发射探险者 55 号（EXPLORER 55）卫星，任务之一是进行辐射损伤探测，选择了不同类型、不同结构的器件进行试验验证，获得了器件空间辐射环境的敏感性验证结果。哥达德空间飞行中心对大容量 SRAM、MIL‑STD‑1773 光纤数据总线控制器等大规模集成电路进行了空间搭载演示验证试验，详细分析了这些器件在空间应用的可行性；同时，对器件应用的相关技术，如 SRAM 数据传输过程的 EDAC 技术也进行了验证。

洛斯阿拉莫斯国家实验室(LANL，Los Alamos National Laboratory)开展了 Cibola 飞行试验(CFE，Cibola Flight Experiment)项目,研制了一个应用于低地球轨道的可重构处理器载荷;试验使用可重复编程的 FPGA,对采集到的空间电离层和雷电信号数据进行处理。试验有两个目的:一是验证在轨使用的商用可重构 FPGA 技术以及几种减缓单粒子翻转方案的可行性;二是探测和测量在复杂背景下出现的受激事件。LANL 设计的这个试验提供了星用 Xilinx 公司研制的 SRAM 型 FPGA 的使用范例。由于这些 FPGA 易受单粒子翻转影响,CFE 项目利用实验载荷,开展了多种减缓 FPGA 单粒子翻转技术的研究和实践,同时对 FPGA 空间应用的鲁棒性进行了验证。通过飞行试验,将 Xilinx 公司 Virtex 系列 FPGA 的产品成熟等级提高到 7～8 级,降低了这些器件在近地轨道空间任务中的应用风险。

NASA 针对新技术的开发与探索,成立了使能技术开发与演示研究组(ETDD，The Enabling Technology Development and Demonstration),目标是通过对包括大规模集成电路在内的新技术,进行充分的地面试验和搭载演示飞行试验后,将其应用于空间工程任务中,即将成功试验后的原理样机模型转换成宇航型号成功应用的关键技术。具体任务包括以下几项。

1)开发演示系统,支持宇航型号研制;

2)开发一些具有应用前途的关键技术,为未来宇航领域探索打下基础;

3)通过地面或在轨演示试验,对一些技术概念进行可行性评估。

ETDD 组织的成立,对于新型元器件的演示验证起到了推动作用。

8.2.2　欧洲

欧洲大规模集成电路的应用验证项目,主要分布在为掌握器件失效模式和失效机理的评估试验、建立在已知失效模式和失效机理基础上的鉴定试验过程中,宇航用户针对宇航型号的具体需求,进行评估和鉴定项目的确定;必要时开展针对系统应用的验证工作,如可装联能力及装联可靠性验证、在轨验证等项目。欧洲在元器件保证的顶层文件 ECSS-Q-ST-60(欧洲空间标准化合作组织标准-空间产品保证电气、电子和机电元器件)中明确规定,对于新型元器件,在宇航应用前应进行元器件评估和验证;评估和验证计划应根据元器件设计以及元器件的实际应用需求制定,明确各项试验要求,如机械应力、热应力、可装联能力、抗辐射能力等评估要求。

欧洲形成了新型元器件评估和验证的相关标准。如 ECSS-Q-ST-60-05(混合电路采购要求)明确规定,对于新研制器件,要求针对工程项目的应用要求,进行验证。

针对不同元器件特点,ECSS 标准体系提出了侧重点不同的元器件评估和验证要求。例如,在空间产品保证标准《Design, selection, procurement and use of die for monolithic microwave integrated circuits (MMICs)》(ECSS-Q-ST-60-12C)中,要求元器件评估和验证试验应覆盖其应用领域,并给出了元器件评估和验证的流程和步骤,提出了以下具体要求。

(1)为了验证 MMIC 是否适用于其特定的应用要求,每种新设计的 MMIC,均应实施应用认可活动;

(2)详细认可试验的流程和步骤,应符合规范要求;

(3)对于微波混合电路,试验应与器件级试验互补;

(4)器件级试验的样品,应采用与宇航型号应用相同质量等级的器件;

(5)与流程规定的试验条件和内容有偏差时,生产厂应该做出说明,并且经用户同意。

试验流程中,文件规定了热环境、辐射环境、电气环境下的试验步骤和要求,详见表 8-1。

表 8-1 MMIC 电路类认可(CTA,Circuit Type Approval)的试验步骤

序 号	试验内容	步骤和条件	样品数只	相关失效机制
1	热	进行最坏情况下的热分析,识别热点和过温情况。当热分析发现器件某位置的温度离预计的最高使用温度不足 20℃的裕度时,应进行热像测量	2	失效机制中的加速因素;金属热效应;扩散效应
2	电	在最坏情况下,进行电流密度分析,并与规范规定的最大量级进行比较	无	电迁移
3		在不同温度范围,在 DC/RF 信号和连续/脉冲信号条件下,进行电路特性分析	2	陷阱效应
4		RF 应力过载试验:室温下进行 RF 步进应力试验,最后一步的过载试验至少达到 168h,应至少达到最坏情况下的 4dB 裕度	4	应用相关的碰撞电离;高 RF 反向栅极电流
5	辐射	重离子试验:根据任务需要,在室温下进行反向偏置条件下的重离子试验	4	单粒子烧毁;单粒子翻转(SEU)
6		电子、质子和中子试验:根据器件特点开展适应性试验	4	位移损伤
7	环境	氢中毒试验:高温储存试验或者至少 240h 氮气/氢气下的高温反向偏置,试验后进行残留气体分析	6	氢中毒;DC 参数漂移;漏源电流的突降
8		环氧或者其他污染物试验:150℃下至少 240h 的 DC 寿命测试;高温储存下的电流恢复试验。试验后进行残留气体分析	6	离子污染;DC 参数漂移
9		在特定湿度环境下进行 168h 的低温反偏试验,试验后进行残留气体分析	6	电参数漂移;烧毁

欧洲宇航公司非常重视包括元器件在内的新技术演示验证。已经开发的 PROBA 系列卫星主要完成一系列新技术的在轨演示验证。PROBA 系列卫星虽然是一些小型航天器,但所取得的效果已经对空间技术的发展产生了较大影响。新型元器件作为卫星新技术之一,是 ESA 演示验证的重要内容。

综上所述,国外针对新型元器件开展了试验评估等相关的应用验证工作,值得我们借鉴。

8.2.3 中国

为了实现宇航元器件自主可控,我国安排了以大规模集成电路为重要内容的核心电子器件研制工作;同时,为推动国产化元器件成功应用于宇航型号,开展了以大规模集成电路为主要研究对象的应用验证技术研究,取得了一系列成果。通过多年来宇航大规模集成电路应用验证的技术研究和工程实践,结合国内器件研制基础和宇航应用现状,建立了包括应用功能性能验证技术、环境适应性验证技术(包括电、力、热、空间环境等)、可装联能力与装联可靠性验证技术、开发环境适应性验证技术的应用验证技术体系,并应用于一些重大航天型号用国产化元器件的应用验证工作,为我国宇航元器件实现自主可控发挥了重要作用。

8.3 应用验证与产品成熟度

按照宇航单机产品成熟度定级规定,新研大规模集成电路应用于宇航系统之前,需要达到一定的产品成熟度。产品成熟度是对产品在研制、生产及使用环节等全生命周期所有技术要素的合理性、完备性以及在一定功能、性能水平下质量稳定性的一种度量。产品成熟度主要表现在技术成熟度和制造成熟度两个方面。2003 年美国国防部颁布了技术成熟度评价手册,主要针对应用新技术研制的新产品,强调从技术开发到产品转化过程中,新技术应用的完备性,以及验证的充分性,并以技术成熟度等级加以度量。

(1)新技术应用的完备性:指新技术元素的应用对产品的功能、性能及可靠性指标等技术要求的满足程度,主要通过产品的关键技术和要素特征进行度量。

(2)验证的充分性:指对所采用的新技术本身进行验证的环境与产品真实使用环境的吻合程度,主要以验证环境特征与对应的新技术元素耐受环境的能力进行度量。

国际上,尤其是美国与英国,在产品成熟度方面进行了深入研究,形成了通用的产品 TRL 提升的理论模型,如图 8-1 所示,模型中的"验证阶段",就是通过"试验验证"使成熟度逐渐增长的过程,即新研大规模集成电路的应用验证过程。

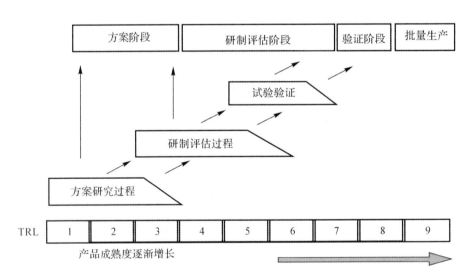

图 8-1 TRL 在元器件产品成熟度中的应用

开展应用验证,是降低大规模集成电路宇航应用风险的有效途径,同时也是器件成熟度快速提升或进阶、尽快实现宇航成功应用的必要过程。表 8-2 是大规模集成电路从研制到应用的成熟度划分。

分析大规模集成电路 TRL 提升的过程,应用验证属于表 8-2 所示的 TRL6 和 TRL7 两个阶段,需要通过应用验证,提高大规模集成电路的成熟度水平。

表 8 - 2 大规模集成电路从研制到应用的成熟度划分

阶 段	名 称	阶段主要工作内容
TRL1	概念阶段	通过前期研究、取得成果、形成积累。收集论文、资料;开展研究并发表论文、出版专著;形成专利,取得应用
TRL2	关键技术攻关阶段	提出总体设计方案。运用已有积累、成果和准备创新的技术进行总体设计。对已有技术、创新技术和外来技术进行分析和分类评估;明确创新技术的实现方案;分析技术集成方案的可行性
TRL3	初样试制阶段	对产品进行正式开发和初样研制。在实验室环境,对确定的技术进行开发、研制;在仿真环境中,对实验室环境验证的结果进一步分析、验证,实现性能满足应用要求的目标
TRL4	正样研制阶段	在初样基础上进行正样产品研制。在实验室环境,对相关样品进行各种可靠性试验,使性能和可靠性满足应用要求
TRL5	鉴定定型阶段	对产品进行评估和鉴定,满足产品详细规范、宇航采购规范的要求
TRL6	地面验证阶段	在地面模拟环境中开展验证试验,完善产品的设计和工艺,满足地面实际应用需求
TRL7	飞行验证阶段	满足初始用户的实际飞行应用需求。初始用户对产品在实际空间环境进行验证,满足应用需求,确定应用方案
TRL8	小批量应用阶段	满足扩展宇航用户的实际应用需求
TRL9	大规模应用阶段	实现产业化,完成研制任务。在实际空间环境,完成产业化考核,实现大规模应用

8.4 应用验证的实施

根据大规模集成电路的特点,结合宇航应用要求,分析确定应用验证的评价要素;根据评价要素,确定应用验证分析、测试或试验的项目;兼顾元器件研制、宇航型号任务研制等相关流程,充分利用元器件筛选、鉴定等相关数据,建立应用验证流程;分析验证结果,对器件进行综合评价,给出应用验证结论。对应用验证项目实施科学的项目管理和质量管理,确保应用验证项目的顺利实施。应用验证实施主要有以下过程。

1. 识别评价要素

调研分析器件的工艺和结构特点以及宇航应用要求,针对器件设计和工艺的薄弱环节以及应用的具体需求,系统梳理验证的评价要素。大规模集成电路验证的评价要素,应考虑其功能性能、应用可靠性和环境适应性等三方面的因素。

2. 确定应用验证项目

根据评价要素,确定应用验证项目。每个项目还可分解为若干子项目;功能性能评价,应涵盖应用可靠性、工作稳定性验证;环境适应性验证,应包括电气环境适应性、力学、热环境适应性、空间辐射环境适应性以及空间综合环境适应性验证。确定应用验证项目,应充分考虑器件已有的可靠性数据和器件本身的结构特点。

3. 建立应用验证流程

结合器件研制,考虑宇航型号研制、测试和试验的相关顺序,按照先简单试验、后复杂试验,先非破坏性试验、后破坏性试验,先常态试验、后施加机械应力和热应力的原则,并适当考虑项目的重要程度和资源的占用情况,建立验证流程。

4. 开展应用验证分析、测试或试验

考虑器件的研制状态、工艺、结构、应用要求等各方面的综合因素,分析宇航型号的应用状态,开发应用验证装置,完成验证方案所规定的测试、试验和分析。

样品的选择,应考虑资源条件和验证的充分性,样品数量以能够获取有效验证数据为原则;样品状态的选取方面,可根据具体的验证试验项目要求,灵活利用研制过程的样品,达到提高效率、节约成本的目的。

5. 给出应用验证结论

基于应用验证实施所获取的数据,以及生产、筛选、评估、鉴定等获取的有效数据,对器件的功能性能、可靠性和应用环境适应性进行综合分析,给出器件宇航应用的可用度,对应用验证过程发现的薄弱环节进行分析。

6. 形成器件应用指南

在数据分析的基础上,结合宇航应用条件,编制器件应用指南,指导宇航型号的选用。

8.5 应用验证技术

应用验证技术包括应用功能性能验证技术、环境适应性验证技术、可装联能力与装联可靠性验证技术、开发环境适应性验证技术等4个部分,如图8-2所示。不同类型器件的功能、结构、工艺各有差异,应用验证的技术内容也会有所区别。应结合器件的现有基础和自身特点,设计针对性的验证项目。

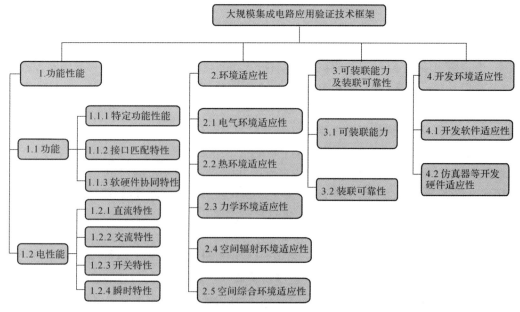

图 8-2　大规模集成电路应用验证技术框架

8.5.1　功能性能验证技术

分析宇航型号关键应用特性、器件特点、同类器件以往的失效案例等,设置器件应用功能性能验证项目,开展器件应用功能性能验证。功能性能验证主要包括功能验证和电性能验证。

1. 功能验证

对大规模集成电路手册或规范所规定的功能,采用电路板或整机方式开展验证。根据宇航单机的应用要求,分别在低温、常温和高温条件下对器件的特定功能、接口匹配性和软、硬件协同性进行功能验证。典型大规模集成电路的功能验证主要有以下内容。

(1)微处理器:包括运算功能、中断功能、定时计数功能、访问外围接口功能、I/O 口输入输出功能、通信接口功能、寻址功能、上电复位功能、存储器扩展功能以及特定处理器内置功能等方面。

(2)FPGA:包括可配置时钟逻辑模块(CLB,Clock Logic Block)、输入输出单元、互连资源、时钟单元、嵌入式模块、配置刷新、边界扫描模块、各种协议等方面。

(3)数字信号处理器(DSP,Digital Signal Processor):包括单/双精度浮点操作、主机接口、串口通信、中断/定时、数据存储、程序存储、外存接口、外设总线接口等方面。

(4)存储器:包括数据读写操作、片选功能方面,FLASH 存储器还应验证数据保持功能;

(5)总线接口电路:包括通信、数据缓存、与外围处理器接口等方面。

2. 电性能验证

结合大规模集成电路的宇航应用状态的关键性能开展电性能验证。例如,微处理器一般包括工作电源电压、工作频率、静态和动态功耗等;FPGA 一般包括安全上电间隔时间、上电浪涌电流、工作频率、静态和动态功耗等;DSP 一般包括电源电压、工作频率、典型功耗、片内存储器、峰值运算能力等;存储器一般包括读写速率、存储容量等;总线接口电路一般包括通信速率、驱动能力等。除了根据器件功能开展上述电性能验证外,还应验证在应用条件范围内器件的直流特性、交流特性、开关和瞬态响应特性,验证内容主要包括:

(1)在应用中所有可能的温度、电压、负载、频率应力下的直流特性、交流特性和开关特性。

(2)加电和断电过程,输入信号瞬态特性、负载瞬态响应特性等方面。

8.5.2　环境适应性验证技术

环境适应性验证包括电气环境适应性验证、热环境适应性验证、力学环境适应性验证、空间辐射环境适应性验证和综合环境适应性验证等内容。

1. 电气环境适应性验证

大规模集成电路所承受的非正常电应力来源是多方面的,有来自于整机电源系统的瞬时浪涌电流、外界的静电和电噪声,也有来自于自身电场的增强应力。此外,如系统接地不良,在接通、切断电源的瞬间会引起输入端和电源端的电压逆转等使用不当引起的过应力。过电流应力,会造成集成电路电迁移失效、闩锁效应失效;过电压应力则造成绝缘介质击穿和热载流子效应等。电气环境适应性验证,主要包括电磁兼容特性、容差特性和电噪声特性的验证。

电磁兼容特性(EMC,Electro Magnetic Compatibility)验证,主要关注器件的电磁干扰(EMI,Electro Magnetic Interference)特性验证和电磁敏感(EMS,Electro Magnetic Susceptibility)特性验证。EMI 特性主要包括传导干扰以及辐射干扰,EMS 特性主要包括传

导敏感度以及辐射敏感度。大规模集成电路的EMC一般与器件的封装类型、偏置电压和工艺有关。封装时增加地线引脚数量,可减小高速差模电流环面积,相应减小芯片干扰信号的发射。大功率、大电流驱动模块等高损耗器件往往易形成辐射源,含有微弱模拟信号电路以及高精度A/D变换的器件敏感度较高。因此,针对不同器件的结构、工艺、封装特点,进行EMC评估时,应主要考虑器件的翻转时间、工作速率、地线引脚数量、功耗、封装形式、引线长度、体积大小等方面。评估大规模集成电路的EMC特性,既要考虑器件自身的结构特点,又要考虑宇航的应用要求。EMC不仅是器件的自身特性,而且还是一个与系统互为影响的相对适应特性,可采取板方式电磁评估和整机兼容性评估两个过程,对器件的EMC特性进行综合评估。板方式电磁评估,主要在单板应用状态,对器件自身的辐射电磁场、辐射电场/磁场分量、传导电压、传导电流、注入前向功率等电磁特性进行评估。整机兼容性评估,主要在整机应用状态,充分考虑系统的电磁环境要求,如频率、功率密度、脉冲宽度、脉冲重复频率、天线的极化形式、天线增益、天线搜索速度及张角形式、发射源密度及系统的任务剖面等,对器件与整机系统的兼容性(包括EMI和EMS)进行评估。在这两个评估过程中,考虑到电磁敏感度试验可能会对器件或电路造成损伤,故一般先进行EMI评估试验,后进行EMS评估试验。

板方式电磁评估,一般以器件为单一评估对象,针对满足一定EMC设计要求的单板,结合不同类型器件特性开展评估。根据IEC要求,一般需要开展的器件单板电磁评估项目及其评估方法见表8-3。整机兼容性评估主要依据GJB151A-97《军用设备和分系统电磁发射和敏感度要求》的规定,根据宇航型号的不同应用背景,有选择地开展包含"CE101 25Hz～10kHz电源线传导发射"等在内的19项EMC试验项目。

表 8-3   板方式电磁评估项目

评估顺序	评估项目		评估方法
1	EMI测试 评估项目	器件表面电磁辐射发射评估	表面扫描法 TEM小室法
2		器件接地引脚干扰电流评估	直接耦合法
3		器件输出端口干扰电压评估	直接耦合法
4		器件传导发射评估	磁场探头法
5	EMS 评估项目	器件辐射敏感度评估	直接射频功率注入(DPI)法
6		器件传导敏感度评估	DPI

容差特性验证,主要对器件的容差能力进行评估。从系统电气功能适应性考虑,系统适应性的表征,主要为器件电参数与系统性能(包括硬件和软件)之间的兼容性、匹配性以及健壮性,最直接的表现是器件电参数(包括静态参数和动态参数)与系统电气性能指标的容忍性,即器件参数在一定范围内浮动变化时,不会对系统功能性能产生影响的适应性能力。器件的容差特性包括电源电压容差特性、信号电平容差特性、频率容差特性等。器件容差特性验证,需要开展的试验包括试验前测试、常温规范内容差评估、常温系统应用容差评估、常温容差试验后测试、高低温容差试验前测试、高低温规范内容差评估、高低温系统应用容差评估、高低温容差试验后测试。容差试验流程如图8-3所示。

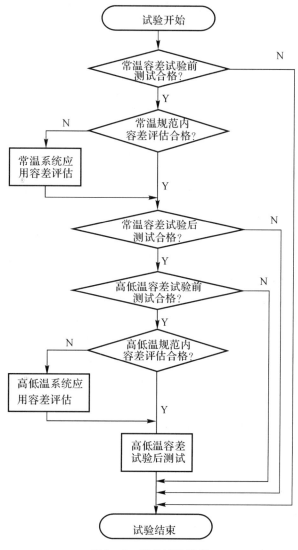

图 8 - 3　容差试验流程

　　电噪声特性验证,主要开展器件应用状态下的输出噪声特性验证,以及器件对输入端电噪声的响应特性验证。对于大规模集成电路,信号完整性是电噪声的一种主要表现方式。随着大规模集成电路复杂度不断提高,噪声容限、功耗和特征尺寸不断降低,同时随着互连线所传输的脉冲信号扩展到微波、毫米波频段,互连线已不能简单视为无电阻、无电容、无电感的金属导线。在高频或交流情况下,信号的波长已与互连线的尺寸处于同一数量级,信号脉冲在互连线上呈现明显的波动效应,这些效应会引起大规模集成电路的信号完整性问题。器件的信号完整性验证可以通过试验测试和仿真分析两种方法进行。

　　器件的信号完整性试验,主要针对器件在应用状态下的阻抗匹配、管脚间串扰、对时钟信号上升/下降时间的敏感性、码间串扰、同步开关噪声等方面的信号完整性进行验证。验证方法分别如下:①在电路系统中按照工作频率设置阻抗匹配电阻,有些器件的 I/O 模块提供了可编程的动态匹配电阻,且可以通过编程实现不同配置阻抗,测试时随频率变化改变阻抗的大小,通过测试器件输入输出信号判断阻抗匹配是否与 PCB 板的传输线阻抗随频率变化相适应,同时获得器件应用时的最佳匹配方式;②按照宇航型号的设计要求,在器件应用电路中,测试器件管脚之间容性耦合、感性耦合,通过器件在最高额定工作频率条件下,其输入受外部电路的影响,或输出对外部电路的影响,判断器件管脚间串扰是否满足应用要求;③改变正常输入信号的边沿速率,测试器件对时钟信号上升/下降时间的敏感性,判断器件是否容易在上升/下降过程中受到附近的触发器影响产生干扰,导致上升/下降边沿产生非单调性;④使器件工作在额定频率到最高频率之间,设计器件信号传输路径为最大可能的 PCB 信号传输线路(如 40cm 长),施加数字信号激励,测试信号不同频率分量的衰减指数,判断是否引起相邻数据之间的相互干扰;⑤对器件的 I/O 端增加静态信号以及负载,选择不同的负载分别进行测试,根据器件特点选择同步开关的变换频率,保证负载电容能够在两次测量之间充分放电,而不会对下一次测量产生干扰,测试每个引脚的地弹噪声,判断是否满足应用要求。

信号完整性仿真分析,对器件互连、封装结构在高速应用的集成系统中的适应性,采用软件仿真的方式进行验证。在现代高速大规模集成电路系统中,封装结构尤其是互连线系统对整个电路系统电特性的影响日趋明显,对互连、封装结构电特性的分析在高速集成电路系统信号完整性验证方面占有越来越重要的地位。仿真分析验证的具体步骤如下:

1)建模与仿真。首先采用基于有限元法(FEM,Finite Element Method)的三维电磁场软件,建立不同管脚电压输入时芯片管脚的三维物理模型,然后对模型划分网格,利用 FEM 进行分析,得到精确的电容电感矩阵参数;接着采用参数提取方法提取部分等效管脚参数值;最后,利用优化仿真功能不断改进参数得到较理想的结果。

2)互连线信号完整性分析。对该封装模型的引线在典型应用频率下进行三维参数的提取计算,得到 RLC 值,再对关键的信号线路(如时钟和高速信号控制线)和最长信号线进行仿真分析,从而验证频率与信号完整性之间的关系。

2. 热环境适应性验证

热应力引起的失效主要分为高温和温度剧烈变化两种情况。高温可能来自周围环境温度的升高,也可能来自电流密度提高造成的电热效应。温度的上升不仅可以使器件电参数发生漂移,如双极器件反向漏电流和电流增益上升,MOS 器件跨导下降,甚至可使器件内部的物理、化学变化加速劣化,缩短器件寿命或使器件烧毁,如加速铝的电迁移、引起开路或短路失效等。温度变化可以在具有不同热膨胀系数的材料间形成不匹配应力,造成芯片与管脚间的键合失效、管壳密封性失效和器件某些材料的热疲劳劣化。半导体集成电路集成度、功率密度的不断提高和封装管壳的不断减小,使热应力引起的可靠性问题变得更加突出。

热环境适应性验证,包括高温环境适应性、温度交变环境适应性以及热真空环境适应性验证。通过分析待验证器件的热环境敏感程度,对高低温环境性能变化较大或缺乏数据的器件,开展在热环境中特定应用状态下的适应性验证,对功耗较大的器件开展固有功耗验证。验证载体可采用板方式或整机方式。通过施加规定量级的热试验条件,监测被验样品的工作温度,并对被验样品的关键参数进行监测。进行数据记录、分析和比对处理。

通常情况下,大规模集成电路会经历稳态温度(高/低温)、温度交变、热真空等热环境,这些环境将会引起器件的材料退化和机械损坏,导致器件产生热失效。稳态温度、温度交变、热真空 3 种热环境分别对应于热平衡、热循环、热真空 3 类试验,大规模集成电路的热环境适应性评价试验通常包括上述三种试验项目,评价流程如图 8-4 所示。

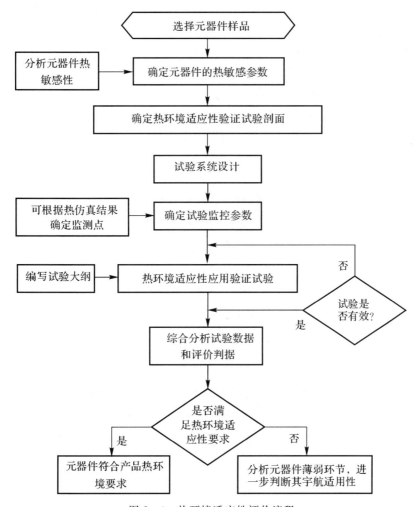

图 8-4 热环境适应性评价流程

3. 力学环境适应性验证

大规模集成电路在运输和使用中将受到各种各样机械环境因素的作用,其中最常见、影响最大的是振动和冲击。此外,离心、碰撞、跌落、失重、声振等机械作用也会对半导体集成电路施加不同程度的机械应力。器件在超出所承受的力学环境下有可能出现碎裂、引脚断裂、内引线碰丝、功能失效、电参数漂移等现象,进而引起器件无法完成系统所要求的功能。

力学环境适应性验证,主要验证器件在应用状态下力学环境的适应能力。通过分析待验证器件的机械应力环境敏感程度,对在机械振动环境中存在性能恶化或失效风险的器件开展在力学环境中特定应用状态下的适应能力验证。验证载体可采用板方式或整机方式。施加规定量级的力学试验条件,监测被验证样品的力学响应,并对被验证样品的关键和重要参数进行监测,进行数据记录、分析和比对处理。

力学环境适应性是指器件在宇航应用力学环境条件下完成规定功能和性能的能力。由于具体力学应用环境的复杂性和严酷性,型号研制过程多次出现由于器件力学环境适应能力不足而导致的故障或失效。大规模集成电路力学环境适应性评估大致流程为:①根据实际应用中出现的典型失效案例,选择器件典型宇航装机条件,分析其失效机理和失效物理模型;②从器件的电性能、工艺、材料、封装、结构方面,对器件进行敏感要素分析,确定力学环境试验项目及量级;③进行力学环境剖面分析,获得器件的响应状态和特征,最后对器件的力学环境适应能力进行评估试验;④对试验数据进行分析,给出评估结论。在实际的器件评估过程中,可用的评估方法包括力学分析方法、相似性方法、力学试验验证法以及其中两种方法相结合进行评估的方法。力学分析方法,特别是有限元仿真分析方法的应用,使得我们可以基于工程样机的设计模型,建立虚拟样机。在虚拟样机上施加振动激励,实现与真实情况十分接近的力学仿真分析,代替工程样机完成力学环境试验中复杂的试验过程,从而迅速、方便地预估振动结果,为试验验证提供参考和支持。评估试验结果可以验证力学分析结果的准确性,完善力学分析模型,从而获得更加详细、丰富的有效数据;对试验数据进行归纳分析,可以确定器件的力学环境适应能力。大规模集成电路力学环境适应性评价流程如图 8-5 所示。

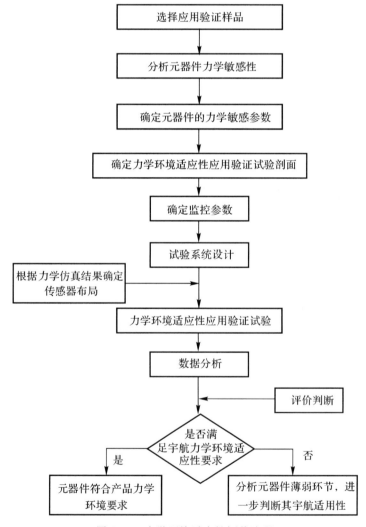

图 8-5　力学环境适应性评价流程

4. 空间环境适应性验证

对于大规模集成电路,空间环境适应性验证主要包括单粒子效应、电离总剂量效应和位移效应适应性验证。在应用状态下,按照 Q/QJA 20054《宇航元器件空间辐射环境适应性评价指南》的要求开展空间环境适应性验证。

(1) 单粒子效应验证试验方法。单粒子效应验证试验,应针对宇航应用的实际工作状态,一般按照 QJ10005《宇航用半导体器件重离子单粒子效应试验指南》等标准进行。典型的试验系统一般由试验板、测试设备和测试软件构成,试验板的核心为包括被测器件的最小应用系统,被测器件在试验板上运行测试软件。测试设备系统的硬件主要包括电源、信号激励源、通信接口卡、电缆和支架等,要求所有长线电缆(包括数据通信电缆和电源线)均使用高品质线缆,以确保数据通讯的可靠性,可把现场电磁干扰的影响降到最小。测试软件包括两部分:被试大规模集成电路的应用程序以及试验结果的监测软件。应用程序执行预定应用的特定功能;监测软件一般通过多通信接口卡实时接收被测器件的运行结果和电流监测数据。在试验结束后根据重离子 LET 值以及试验过程器件发生翻转/锁定事件的次数,计算出器件的翻转饱和截面,以及锁定时的 LET 阈值,从而得到器件在应用状态下的抗单粒子效应能力。

(2) 低剂量率效应验证试验。对于双极工艺集成电路,一般应评估器件的低剂量率效应。根据宇航型号应用的实际情况,选取尽可能模拟空间环境的低剂量率开展试验。辐照时器件处于应用偏置状态,测试项目一般按照规范的规定,根据试验结果分析器件空间环境应用的适应性。

(3) 位移效应验证。对于双极工艺或具有光电功能的器件,需要开展位移效应的验证试验。试验一般按照 Q/QJA 20009《宇航用元器件位移损伤试验指南》开展。位移效应试验源一般选择质子或中子。对器件未来应用的空间环境进行分析,计算出等效的中子和质子辐射注量,根据注量选取辐射试验的注量测试点,一般选取 5 个注量测试点,注量测试点应覆盖空间等效的辐射注量,根据等效结果选取辐照质子或中子的能量(如 1MeV 或 10MeV 等)。采用原位测量法对样品进行测试,测试项目和测试条件及判据按照器件规范进行;对不同注量测试点的测试结果进行分析,判断器件在空间环境实际应用时的抗位移效应能力。

5. 空间综合应力环境适应性验证

空间综合应力环境适应性验证,是对器件的空间综合环境适应能力进行验证,一般采用在轨飞行试验的方式进行。宇航型号在轨运行期间,将遭遇太阳电磁辐射、空间带电粒子辐射、原子氧、真空、温度交变等空间环境,这些空间环境要素,与宇航型号选用的器件和材料发生相互作用,产生各种空间环境效应,可对宇航型号造成一定程度的损伤与危害,甚至威胁整个型号的安全。同时,型号发射时,经历冲击、振动等力学环境。这些应力均对器件可靠性提出苛刻的要求。器件在地面模拟试验时往往采用单一应力,相对空间综合环境来说是不充分的。针对复杂的新型大规模集成电路,可考虑开展空间综合环境应用验证。

8.5.3 可装联能力及装联可靠性验证技术

可装联能力及装联可靠性验证,包括装联工艺适应性和装联可靠性验证。可装联能力验证,主要验证器件封装结构是否与现行的宇航电子产品装联要求相匹配,是否满足宇航装联的相关技术要求;装联可靠性验证,是指在满足现行工艺装联适配性的基础上,器件装联后可靠性是否满足宇航应用要求。

1.可装联能力

按照航天型号规定的工艺要求,对器件进行装联,验证器件的可装联能力。

2.装联可靠性验证

装联可靠性验证,主要针对装联后的器件开展环境可靠性试验和分析,判断器件装联可靠性是否满足宇航应用的要求。主要采用下述方法。

(1)装联后进行环境试验,通过试验对装联可靠性进行验证,可结合验证单机进行,主要进行温度循环、机械冲击、振动等环境试验项目;

(2)金相分析:对电装结果进行评价;

(3)对以上试验或分析结果进行综合分析,给出结论。

对于 CCGA,CBGA 等表面贴装结构的器件,装联可靠性可根据 IPC－9701《表贴焊接试验和鉴定要求》进行。

针对宇航用手持式电子产品,如空间站宇航员电子产品,应用的可装联能力与装联后可靠性验证试验,可以参考 JESD22B113A《Board level cyclic bend test method for interconnect reliability characterization of SMT ICs for handheld electronic products》进行,该板级循环弯曲试验方法可以用来评估尺寸在 15mm × 15mm 及其以下的 BGA,LGA,TSOP,CSP 和 QFN 等 SMT 封装的集成电路。该试验方法介绍如下:

SMT 封装集成电路的板级弯曲试验采用四点弯曲方法。如图 8-6 所示,被试器件焊装在印制板上,印制板平放在两端支撑的"固定砧"上,通过移动两端的"移动砧"负载对印制板产生压力,使印制板发生弯曲位移,从而验证 SMT 封装的集成电路是否在这种弯曲作用下还能保证装联的可靠性。四点弯曲试验方法推荐的几何参数见表 8-4。

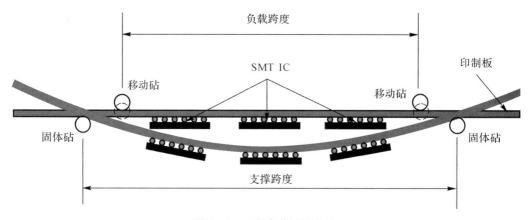

图 8-6 四点弯曲试验方法

表 8-4 四点弯曲试验方法推荐的几何参数

序　号	参数名称	推荐参数	可　选
1	"固定砧"之间的支撑跨度/mm	110	N/A
2	"移动砧"之间的负载跨度/mm	75	N/A
3	"移动砧"到 SMT IC 封装的最小距离/mm	10	N/A
4	砧最小的直径/mm	3	N/A

续 表

序 号	参数名称	推荐参数	可 选
5	"移动砧"垂直位移/mm	2	≤4
6	加载信号	正弦	三角
7	循环频率/Hz	1	≤3

试验板按照 JESD22－B111 的规定制作,其尺寸为 $132 \times 77 \ mm^2$,该标准规定以 3 行 5 列方式放置 15 个 SMT 封装集成电路。但是,为了满足采用两个固定砧和两个移动砧实施四点弯曲的要求,为了留出固定砧和移动砧的位置,采用 3 行 3 列器件的安装方式,如图 8－7 所示虚线的矩形框区域,该试验板上器件位置尺寸见表 8－5,表中坐标原点位置在如图 8－7 所示的板的左下角。

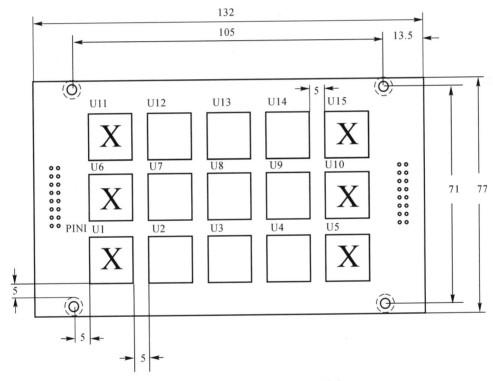

图 8－7 试验板尺寸和被试器件布局(单位:mm)

表 8－5 每个器件中心的位置坐标

器件编号	X 坐标/mm	Y 坐标/mm
U2	42.25 ＋ CompX/4	11 ＋ CompY/2
U3	66	11 ＋ CompY/2
U4	89.75 － CompX/4	11 ＋ CompY/2
U7	42.25 ＋ CompX/4	38.5

续 表

器件编号	X 坐标/mm	Y 坐标/mm
U8	66	38.5
U9	$89.75 - CompX/4$	38.5
U12	$42.25 + CompX/4$	$66 - CompY/2$
U13	66	$66 - CompY/2$
U14	$89.75 - CompX/4$	$66 - CompY/2$

CompX 和 CompY 是器件的长和宽

试验步骤：

1）安装用来监测试验板的应变仪及监测器件焊盘连续性的菊花链线缆，同时测量线的另一端安装到测试设备上。试验前校准应变仪的读数，在未发生偏移时应校准为 0；应变仪安装位置如图 8-8 所示；

2）拧"十"字头螺钉使其抬高，使支撑板与固定砧之间具有一定的距离，便于试验板的安装；

3）放置试验板在支撑的固定砧上，其中器件面朝下；

4）对齐好试验板与支撑装置后，拧紧"十"字头螺钉，直到负载砧接触到试验板的表面；

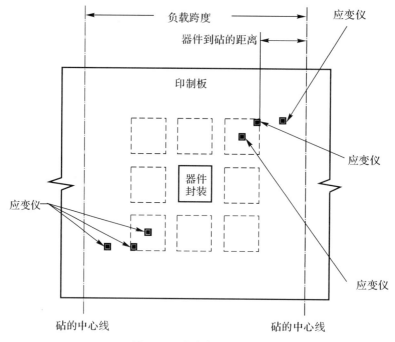

图 8-8　应变仪安装位置

5）根据表 8-4 所示的几何参数编程弯曲测试仪；

6）启动在线监测；

7)按编好的程序启动板的弯曲。试验板上的应变值应 10 倍于弯曲频率的次数进行测量,数据采集速率应达到 500 次/s。试验弯曲次数达到 20 万次或者 60% 的器件发生失效;

8)完成弯曲次数的试验后,对试验结果进行分析,给出试验结论。

失效判据如下:

焊盘失效的判据以测试的连续性来判断,若电阻超过 1kΩ 或 5 倍的初始阻抗,则视为受弯曲影响焊盘发生失效。

8.5.4　开发环境适应性验证技术

开发环境适应性验证,主要包括开发软件的适应性以及仿真器等开发硬件适应性的验证。这类验证主要针对 SoC、中央处理单元(CPU,Central Process Unit)、FPGA 和 DSP 等需要开发软件应用的大规模集成电路。处理器开发的一般流程:

(1)准备宿主机环境:用于安装平台软件;配置宿主机环境;下载安装设置交叉编译环境及开发用所需的源代码;

(2)准备代码下载、烧写、硬件检测软件工具;

(3)利用上述的工具软件检测硬件核心部件:主要包括对 RAM 和 Flash 存储器的测试,并检测与宿主机环境的通信是否正常;

(4)移植处理器所需的程序,用于初始化处理器所需的通信程序;

(5)编译下载处理器初始化程序,并使处理器能够正常运行;

(6)编辑应用程序,并对其进行编译;

(7)多次仿真调试,完成整个软件的开发。

完成上述开发流程,所需的软件包括编译软件、汇编软件、链接软件、调试软件、实时操作系统、函数库、评估板、JTAG 仿真器、在线仿真器等。开发环境适应性验证的具体内容:

(1)指令集模拟器。部分集成开发环境提供了指令集模拟器,可方便用户在 PC 机上完成一部分简单的调试工作,但是由于指令集模拟器与真实的硬件环境相差很大,即使用户使用指令集模拟器调试通过的程序,也有可能无法在真实的硬件环境下运行,用户最终必须在硬件平台上完成整个应用的开发。通过采取运行所验证器件指令的方法对指令集模拟器进行验证。

(2)驻留监控软件。驻留监控软件是一段运行在目标板上的程序,集成开发环境中的调试软件通过以太网口、并行端口或串行端口等通信端口与驻留监控软件进行交互,由调试软件发布命令通知驻留监控软件控制程序的执行、读写存储器、读写寄存器、设置断点等。驻留监控软件的验证主要通过运行目标板的程序,使其通信端口工作,通过判断其通信是否稳定可靠来验证。

(3)编译器。编译器对源程序进行编译,形成可执行的代码程序。对编译器开展验证,验证编译器是否存在缺陷;发布编程应用指南,在使用时避免这些缺陷,确保编译器的使用可靠性。

(4)仿真器。仿真器也称为调试器,是一种模拟目标环境的硬件,通过它来调试目标环境的程序运行。仿真更接近于目标的硬件,许多接口问题,如高频操作限制、AC 和 DC 参数不匹配、电线长度的限制等均可暴露,从而得到解决。使用集成开发环境配合仿真器进行开发是目前采用最多的一种调试方式。

8.6 本 章 小 结

本章对大规模集成电路应用于宇航型号前,需要开展的应用验证项目以及应用验证的相关技术进行了详细介绍,包括大规模集成电路应用验证的概念、国内外研究现状及趋势、应用验证的实施流程等内容,为开展大规模集成电路的应用验证提供技术支撑。

第9章 大规模集成电路抗辐射保证

9.1 概　述

宇航型号工作在空间辐射环境中,空间辐射粒子会引起宇航型号电子系统大规模集成电路发生单粒子、电离总剂量和位移等辐射效应,造成大规模集成电路电参数退化、性能降低,甚至功能失效,导致电子系统性能下降甚至功能丧失。

据统计,由空间辐射引起的单粒子效应导致的电子系统故障占了宇航型号异常原因的40%左右。表9-1为美国国家地球物理数据中心统计的39颗地球(准)静止轨道卫星在轨异常数据。

表9-1　39颗地球(准)静止轨道卫星在轨异常数据

故障类型	出现次数	百分比
电子诱发的电磁脉冲	293	18.44%
静电放电	215	13.53%
单粒子效应	621	39.08%
其他因素	460	28.95%
总计	1 589	100%

宇航用大规模集成电路抗辐射保证技术的内涵,是确保电路在空间辐射环境中、在全任务寿命期内,执行其设计性能的活动总称;目标是避免宇航型号在轨正常工作因电路辐射效应而受到影响。大规模集成电路抗辐射保证技术是宇航元器件可靠性保证的关键技术之一,是宇航型号研制的重要支撑。

随着微电子技术的发展,大规模集成电路的性能指标不断提高,新型大规模集成电路的容量更大、运行速度更快。具有更高的精度和灵敏度以及更低功耗的新型大规模集成电路应用于宇航型号研制,有利于促进宇航型号性能指标的提高,因此,宇航型号对大规模集成电路的应用需求日益迫切。大规模集成电路具有特征尺寸小、结构复杂、性能先进等特点,新型大规模集成电路辐射效应机理和评估技术的研究在持续进行中,因此,宇航用大规模集成电路抗辐射保证技术是不断发展和完善的。

大规模集成电路抗辐射保证贯穿在宇航型号研制的全过程中,包括系统级、子系统/单机级、模块/器件级。在系统级,工作重点是根据宇航型号性能指标、成本、研制周期及可靠性等要求,从顶层给出大规模集成电路的选用原则,并通过指标分配,给出大规模集成电路的抗辐射指标要求。子系统/单机级的工作重点是合理选择和应用大规模集成电路,综合考虑宇航型号性能指标要求和抗辐射要求、大规模集成电路辐射效应敏感性、抗辐射加固成本和辐射效应风险,进行大规模集成电路选择,并根据大规模集成电路抗辐射能力,进行针对性应用加固设计。模块、器件级的工作重点是在大规模集成电路研制、生产、质量保证过程中,正确评价其抗辐射能力,为型号选用和应用加固设计提供支持数据。

宇航型号用大规模集成电路的抗辐射保证工作内容包括大规模集成电路需求分析、抗辐射指标确定、选用、抗辐射能力评估和应用加固设计5个方面。

(1)大规模集成电路需求分析。根据宇航型号任务和成本及可靠性等要求,从顶层给出大规模集成电路的选用原则,对大规模集成电路的抗辐射保证工作提出基本要求。

(2)抗辐射指标确定。抗辐射指标通常在系统级分析给出,根据宇航型号的空间辐射环境和应用要求两方面因素制定。首先是由空间辐射环境决定,根据宇航型号轨道高度和倾角以及发射时间等,可计算出不同轨道的空间辐射环境;其次,根据宇航型号设计结构、寿命、可靠性要求,给出通用的元器件抗辐射指标;对于具体的分系统或单机用大规模集成电路,可根据大规模集成电路所在部位的关键程度、抗辐射加固费效比等,给出具体的抗辐射指标要求。宇航型号抗辐射指标分析确定是个迭代过程。

(3)选用。综合考虑宇航型号性能指标要求和抗辐射要求、大规模集成电路辐射效应敏感性、器件加固成本和生产周期、应用加固成本和周期等,进行大规模集成电路选用。

(4)抗辐射能力评估。包括电离总剂量、单粒子、位移等效应评估;需要时,应结合应用进行试验评估。

(5)应用加固设计。采用屏蔽、冗余、检错纠错等系统级加固措施,是一种费效比合理的辐射加固手段。根据资料,"仅利用抗辐射加固元器件根本不可能达到所有的任务要求,不管这些元器件是真空管还是最新款的抗辐射加固元器件,包括设计的抗辐射加固(RHBD,Radiation Hardened by Design)专用集成电路和现场可编程门阵列(FPGA)设计"。由于研制成本和使用数量相对有限,抗辐射加固的大规模集成电路品种不多,有时无加固器件可用,需要选用一些非加固器件,因此需要采用应用加固设计。

经过近半个世纪的发展,我国大规模集成电路抗辐射保证技术不断发展,已建立了比较完整的抗辐射保证技术体系,形成了覆盖宇航型号大规模集成电路选用、抗辐射能力评估和应用加固设计等内容的抗辐射保证流程和方法,为我国宇航型号研制水平达到国际先进水平提供重要的支撑作用。

9.2　空间辐射环境

宇航型号空间辐射环境主要来自地球辐射带、银河宇宙射线、太阳宇宙射线等,主要成分是电子、质子及少量重离子,它们构成了宇航型号的空间带电粒子辐射环境,使宇航型号电子系统使用的大规模集成电路产生电离总剂量效应、单粒子效应和位移损伤效应。

9.2.1　地球辐射带

地球辐射带是被地球磁场捕获的高强度带电粒子区域。在地磁场磁力线作用下,带电粒子沿磁力线向地球两极运动,在近地空间形成环绕地球的由密集带电粒子组成的捕获辐射带。辐射带按照距离地面的高度分为内带和外带,内辐射带由质子和电子组成,还有少量的重离子;外辐射带主要由电子组成,还有一些能量较低的质子。每个带的中心粒子通量最大。内辐射带下边界高度为 $600\sim1\,000$ km,中心位置高度为 $3\,000\sim5\,000$ km,上边界高度约 $10\,000$ km。纬度范围在南北纬 $40°$ 以内。南大西洋地磁异常区因磁场减弱,内辐射带下边界可低达 200km 左右。外辐射带的下边界在赤道面内约 10 000km，上边界约 60 000km，中心位置 20 000～25 000km，纬度范围在南北纬 70°以内。整个辐射带分布如图 9-1 所示；带电粒子在磁力线作用下向两极运动如图 9-2 所示。

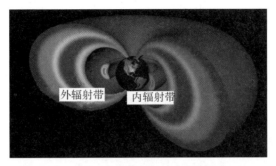

图 9-1　地球辐射带分布示意图

图 9-2　带电粒子在地磁场作用下运动示意图

辐射带中，电子的能量最高达 7MeV，位于外辐射带。电子辐射在内带和外带中心通量最大。图 9-3 所示为能量大于 1MeV 电子通量的等值线。质子能量高达几百 MeV，最高能量的质子分布在高度相对较低的位置。图 9-4 所示为质子辐射环境的通量分布。

NASA 根据卫星探测数据，开发了辐射带质子环境模型和辐射带电子环境模型，质子辐射带模型简称 AP，电子辐射带模型简称 AE。AE 和 AP 辐射带模型不断被更新，分别从 AE1 和 AP1 发展到 AE8 和 AP8。AE8 提供了能量 40kV～7MeV 电子的全方向通量密度。AP8 提供了能量 100keV～400MeV 质子的全方向通量密度。AE8 和 AP8 模型仅提供了太阳高年和低年的平均静态数据，不能反映瞬间的活动变化数据。2011 年 NASA 发布了 AE9 和 AP9（展示版本），同 AE8 和 AP8 相比，主要的差异是给出了辐射带电子和质子随时间变化的动态模型。

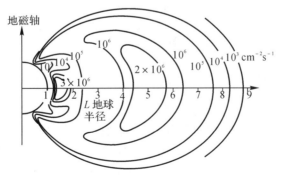

图 9-3　辐射带电子通量分布示意图

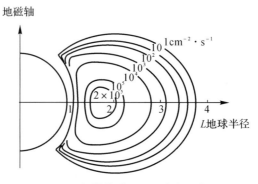

图 9-4　辐射带质子通量分布示意图

9.2.2　银河宇宙射线

银河宇宙射线是来自于太阳系外宇宙空间的各种高能带电粒子,包含了原子序数从 1~92 的所有原子成分,如图 9-5 所示。主要成分包括 87% 的质子、12% 的 α 粒子和 1% 其他较重的离子。重离子通量虽然较低,但是包含铁元素等能量从几十 MeV 到几百 GeV 的重离子;银河宇宙射线的能量很高,穿透力极强,很难用屏蔽方法排除其影响,因此,银河宇宙射线虽然通量较低,但它是诱发微电子器件单粒子效应的主要辐射源之一。

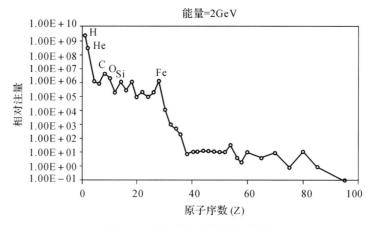

图 9-5　银河宇宙射线粒子组成

银河宇宙射线在太阳系外是各向同性的。银河宇宙射线进入太阳系后,基本上仍是各向同性的。银河宇宙射线强度受太阳活动调制,在太阳活动峰年,太阳磁场增强,银河宇宙射线在入射地球的过程中,遇到更多太阳磁场的屏蔽作用,因此,银河宇宙射线强度降低;反之,在太阳活动谷年,地球周围的银河宇宙射线强度最大。

9.2.3　太阳宇宙射线

太阳宇宙射线是太阳活动产生的高能粒子流。太阳光球中非常高的强磁场达到临界不稳定状态时,强磁场会突然调整、释放以便消除这种不稳定状态,发生太阳耀斑。太阳耀斑爆发时释放出高能质子、电子和重离子,称为太阳宇宙射线。太阳宇宙射线绝大部分由质子组成,又称太阳质子事件。太阳活动周期平均 11 年,其中 4 年耀斑数量较少,较为平静;7 年耀斑数量较多,活动较为频繁。在太阳峰年可能会爆发多次大的太阳耀斑,一次大的耀斑可持续几个小时到几天不等。在 1989 年 10 月,太阳发生了特大太阳耀斑,其喷发的带电粒子严重影响在轨宇航型号的正常运行。例如,GOES - 7 卫星在 1989 年太阳耀斑期间发生了上百次单粒子锁定。

9.2.4 人工辐射环境

空间人工辐射环境的来源主要是高空核爆炸和宇航型号上用的核电源。高空核爆炸时,产生中子、X 射线、γ 射线、α 粒子、β 粒子和二次辐射粒子等。核爆产生的辐射粒子被地磁场俘获,形成人工辐射带,人工辐射带的成分主要是电子,位于地球内辐射带内。

宇航型号携带的核能源进行核衰变或裂变时,产生高能中子和广谱的伽马射线。

人工辐射除产生电离总剂量效应、单粒子效应和位移效应外,还产生瞬时剂量率效应。

9.3 大规模集成电路辐射效应

9.3.1 电离总剂量效应

1. 电离总剂量效应机理

电离总剂量效应的基本机理是带能量的粒子或光子,与器件材料作用,产生电子-空穴对,空穴被陷阱俘获,形成陷阱电荷;同时,带能量的粒子或光子,在器件绝缘层与硅界面处,产生新的化学键或断键,形成新的界面态。陷阱电荷和界面态均带电荷。陷阱电荷和界面态的产生,使器件电参数发生漂移,导致器件参数超差,甚至功能失效。带能量粒子或光子产生的陷阱电荷和界面态的作用是累加的,因此,电离总剂量效应是累积效应。

以 MOS 结构为例,介绍氧化物陷阱电荷和界面态的产生过程。当 MOS 结构受到光子或带电粒子辐照时,只要光子或带电粒子在其内部沉积的能量大于器件材料的禁带宽度(对于 SiO_2,产生电子-空穴对需要的能量约为 17eV),一些束缚在价带上的电子吸收入射粒子能量后可以从价带激发至导带,在价带上则产生一个空穴,即通过电离作用产生了电子-空穴对。这些电子-空穴对在 SiO_2 层内输运。在靠近 Si/SiO_2 界面附近的特定 SiO_2 区域内存在电荷陷阱,空穴被氧化层陷阱俘获,形成陷阱电荷;Si/SiO_2 界面存在不稳定的化学键,光子或高能带电粒子辐照时,会破坏不稳定的键,形成新的界面态。图 9 - 6 所示为 MOS 结构的栅极施加正向偏压情况下,MOS 表面 SiO_2 层内部辐照产生的电子-空穴对输运过程,这个过程也是电离总剂量效应在 SiO_2 层内产生缺陷的过程。SiO_2 层吸收辐射粒子或光子的能量发生电离,产生大量电子-空穴对(过程 1)。部分电子-空穴对在 10^{-12} s 时间内即重新复合(过程 2)。逃离初始复合的电子-空穴对在电场作用下发生分离(过程 3)。在正向偏压作用下,未被复合的电子在 ps 时间内即被扫出 SiO_2 层($T = 300K$ 时,电子在 SiO_2 层内的迁移率约为 $2 \times 10^{-3} \, m^2/V \cdot s$),流向栅极。未被复合的空穴在该时间内停留在其产生位置附近处($T = 300K$ 时,空穴在 SiO_2 层内的迁移率约为 $2 \times 10^{-9} \, m^2/V \cdot s$)。由于空穴的迁移率要远低于电子迁移率,因此 SiO_2 层中会出现过剩空穴。这些空穴在外加正向偏压的作用下开始缓慢向 Si/SiO_2 界面输运,其输运速度与电场、温度和氧化层厚度等因素有关(过程 4)。空穴向 Si/SiO_2 界面处缓慢运动过程中,一部分空穴会在靠近 Si 一侧的深层陷阱中被俘获(过程 5),形成正电性的氧化物陷阱电荷(过程 6)。部分陷阱电荷会被自由电子再次复合掉,即发生退火(过程 7)。在 H^+ 参与情况下,SiO_2/Si 界面处的弱键被打断,产生悬挂键,形成界面态(过程 8、过程 9)。

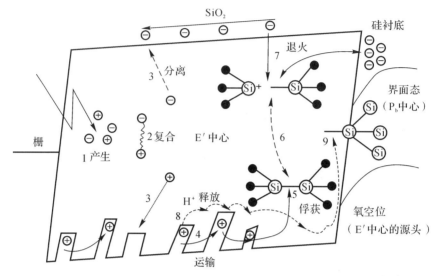

图 9 - 6　辐照产生的电子-空穴对在 SiO_2 内的输运过程

2.电离总剂量效应引起器件性能退化

高能离子或光子在 SiO_2 层和 Si/SiO_2 界面处产生的大量氧化物陷阱电荷和界面态,会引起器件的参数特性发生变化,如 MOS 管的阈值电压漂移、漏电流增大等,严重时会导致器件功能失效。

(1)电离总剂量引起阈值电压漂移。阈值电压是研究 MOS 结构电离辐射效应的重要参数之一,它是使表面沟道达到强反型时栅极所加的电压,是 MOS 器件进入工作状态的起始电压。电离辐射产生的氧化物陷阱电荷和界面态电荷共同作用导致 MOS 器件的阈值电压发生漂移。氧化物陷阱电荷为正电荷,对于 NMOS 晶体管和 PMOS 晶体管的作用是相同的,均导致阈值电压负漂移。而界面态对 NMOS 晶体管和 PMOS 晶体管的作用是不同的,对于 NMOS 管,界面态带负电荷,带负电荷的界面态导致其阈值电压正漂移;对于 PMOS 晶体管,界面态带正电荷,带正电荷的界面态导致阈值电压负漂移。

总剂量效应引起的 MOS 器件阈值电压的漂移量 ΔV_{th} 如式(9-1)所示,式(9-2)表示氧化物陷阱电荷引起的阈值漂移,式(9-3)表示界面态陷阱电荷引起的阈值漂移。

$$\Delta V_{th} = \Delta V_{ot} + \Delta V_{it} \tag{9-1}$$

$$\Delta V_{ot} = -t_{ox} Q_{ot} / \varepsilon_{ox} \tag{9-2}$$

$$\Delta V_{it} = -t_{ox} Q_{it} / \varepsilon_{ox} \tag{9-3}$$

上式中,ΔV_{th} 是电离总剂量辐照后阈值电压的漂移量,一般是时间的函数;ΔV_{ot} 是氧化物陷阱电荷引起的阈值电压漂移量;ΔV_{it} 是界面态陷阱电荷引起的阈值电压漂移量;ε_{ox} 表示栅氧化层介电常数;t_{ox} 表示栅氧化层厚度;Q_{ot} 表示氧化物陷阱电荷数量;Q_{it} 表示界面态陷阱电荷数量。对于 NMOS 晶体管和 PMOS 晶体管,由于辐射产生的氧化物陷阱电荷均为正电荷,因此由式(9-2)可推导得出氧化层陷阱导致的阈值电压的漂移都为负值。而对于公式(9-3),由于

NMOS 晶体管中辐射产生的界面态电荷为负电荷,PMOS 晶体管中的界面态电荷为正电荷,所以界面态电荷导致的阈值电压漂移对于 N 管为正,而对于 P 管为负。

(2)电离总剂量引起器件漏电流增加。总剂量辐射环境下,MOS 器件的工作电流随辐照累积剂量的增加而变大,这是除阈值电压漂移外,总剂量效应对 MOS 器件的另一个重要影响因素。

器件漏电流主要由辐射感生栅氧化层漏电流、场氧区漏电流、沟道泄漏电流等组成,随着辐照剂量的增加,器件的漏电流增加。

1)栅氧化层漏电流。栅氧化层漏电流是从 MOS 器件的栅极(CMOS 器件的输入端)通过 SiO_2 流向衬底(或源、漏)的电流。在总剂量辐照的情况下,MOS 器件的栅氧化层会积累氧化物陷阱电荷,但是它并不会影响栅氧化层的绝缘性并提高电子隧穿栅氧化层的概率,所以总剂量对栅氧化层漏电流的影响很小,不足以影响器件的正常功能。

2)场氧化层漏电流。在 CMOS 器件的 P 阱隔离环内的 N 沟管边缘处存在一个与正常 N 沟管平行的寄生 N 沟管,这个寄生的 N 沟管以铝栅或硅栅下的场氧为栅氧化层,以正常管的源漏区为源漏。由于场氧层一般要比栅氧化层厚很多,而且生长工艺控制不如栅氧化层严格,因此场氧相对栅氧化层非常"软",在较低的辐照剂量下,场氧层就可以积累足够多的氧化物陷阱电荷使寄生 N 沟管导通,导致器件静态功耗电流急剧增加。

辐射诱生场氧漏电流路径示意图如图 9-7 所示。

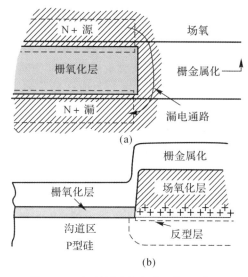

图 9-7　辐射诱生场氧化层漏电路径
(a)氧化物陷阱电荷引起的漏电路径;　(b)场氧化层与衬底界面

N 沟边缘场氧漏电流大小与器件的集成度有很大关系,集成度越高,寄生的 N 沟管也越多,场氧漏电也越明显。因此,对结构复杂的集成电路,场氧漏电流就显得较为突出,成为导致集成电路失效的主要原因。

3)亚阈值泄漏电流。对于 MOS 管,栅极电压使表面反型,但当表面尚未达到强反型的范围时,也就是 $V_G < V_{th}$ 时,随着漏极电压的增大,漏源电流也会相应增大,这时的电流称为亚阈值电流。由于总剂量效应使器件的阈值电压发生漂移,为此可推导得出总剂量效应也将影响

器件的亚阈值泄漏电流。对于 NMOS 器件,总剂量效应会使其阈值电压减小,进而使其亚阈值电流增加。同理,总剂量效应会使 PMOS 器件的阈值电压绝对值增大,使其亚阈值电流减小,如图 9-8 所示为亚阈值电流随入射剂量的变化。

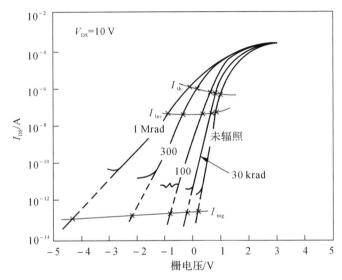

图 9-8 亚阈值电流随入射剂量的变化

分析得出,总剂量效应引起的栅氧化层漏电和 P 沟道截止漏电并不足以对器件性能产生较大的影响,即使在高剂量下,这些电流也很小。导致 CMOS 器件失效的辐射感生漏电流主要是 N 沟截止漏电流和场氧化层漏电流,电离辐射感生的 N 沟漏电流大小与器件栅氧化层的厚度和质量有极大的依赖关系,因此该种漏电流的克服依赖于栅氧化层的有效加固。集成电路的特征尺寸发展到深亚微米阶段,栅氧化层厚度将减小到几纳米,此时栅氧化层的厚度非常薄且质量越来越好,其中的缺陷密度很小,大大增加了器件的抗电离总剂量性能。深亚微米器件电离辐射总剂量效应的主要区域不再是传统的栅氧化层,而是场氧化层,辐射导致的场氧区漏电将成为辐照感生泄漏电流的主要组成部分,并成为总剂量效应导致器件失效的主要原因。

(3)电离总剂量引起器件跨导退化。MOS 器件的跨导 g_m 直接反映了 Si-SiO$_2$ 界面或附近缺陷的散射作用对载流子有效迁移率的影响,是表征 MOS 电路线性区特性的重要参数。电离总剂量产生的两种缺陷电荷对沟道载流子具有一定的散射作用,使 MOS 器件的沟道载流子有效迁移率下降,从而影响跨导。通常界面态电荷的散射作用是影响载流子迁移率的主要原因。这是由于界面态陷阱电荷位于栅氧化层与沟道界面附近,而氧化物陷阱电荷一般位于离界面 5nm 处,所以相比之下它对载流子迁移率的影响比较小。MOS 器件的迁移率降低会引起跨导和电流驱动能力显著降低,从而严重影响电路的性能。

3.先进工艺器件电离总剂量效应

(1)SOI 工艺器件电离总剂量效应。SOI 技术已经成为解决现代集成电路可靠性问题的方案之一,已开发出基于 SOI 架构的新型器件,包括全耗尽单栅及多栅器件。这些新的结构器件由于 SEL 免疫,在空间辐射环境中已得到应用。但是,由于有源区域被氧化层包围(栅氧化层、横向隔离层以及埋氧层),如图 9-9 所示,SOI 器件中仍然存在总剂量效应问题,基于 SOI 工艺器件的总剂量效应远比体硅器件复杂,对于 SOI 器件,掩埋氧化层和沟槽隔离区比栅氧化层厚很多,成为总剂量效应的敏感区。

SOI 器件和体硅器件比较而言,在栅氧化层和场氧化层中用的是相同的氧化物,辐射在这两个位置建立的电荷是类似的。由于栅氧厚度已经小于 5nm,因此栅氧化层中的电荷俘获不是电离总剂量效应首要考虑的因素。而厚的横向隔离层和埋氧层,则成为 SOI 器件总剂量效应需考虑的首要因素。SOI 器件和体硅器件主要的区别在于 SOI 器件中存在埋氧层。在这些厚的氧化层中,总剂量效应响应随着被俘获的电荷增多而明显。埋氧层中的电荷俘获造成了 SOI 器件与体硅器件在总剂量效应方面的差异。被俘获的正电荷能够引起背栅界面的改变,导致部分耗尽和全耗尽晶体管的泄漏电流显著增大。为此人们采取了很多措施来减缓这些效应,使得这些器件能达到较高的抗辐射能力。

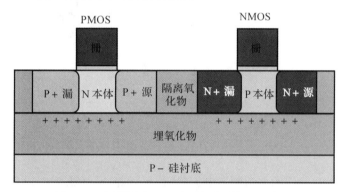

图 9-9　辐射诱生 SOI 掩埋氧化层漏电示意图

如图 9-10 所示,在全耗尽 SOI 器件中,埋氧层中的俘获电荷将通过前栅和背栅的界面影响到前栅晶体管的开启特性,80nm 的全耗尽 SOI NMOS 的前栅晶体管阈值电压出现了一定的漂移,它与埋氧层中的俘获电荷呈现一定的函数关系。从 $I-V$ 特性曲线可以看出来,随着累积剂量的增加,曲线负向漂移愈加明显。

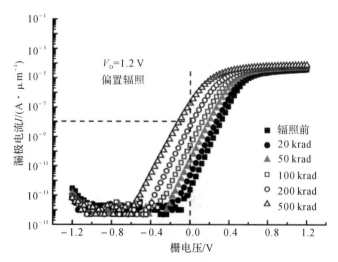

图 9-10　80nm 全耗尽 SOI NMOS 辐照后归一化的漏电流变化曲线

(2)纳米工艺器件总剂量效应。一般认为,随着集成度的提高,特征尺寸的减小,栅氧化层减薄,辐射在氧化层中产生的电荷由于隧穿效应而容易复合掉,因此总剂量效应减弱,器件抗总剂量能力提高。如今 $0.13\sim0.25\mu m$ 特征尺寸的 CMOS 工艺能够承受 $100\sim300krad(Si)$ 的总剂量,抗电离总剂量能力与器件沟道尺寸的关系如图 9 − 11 所示。

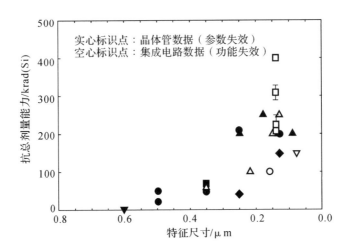

图 9 − 11　总剂量失效与 CMOS 工艺特征尺寸的关系

场氧化层主要影响器件的关态泄漏电流,特征尺寸越小,关态泄漏电流的增加越大,纳米尺度下,场氧化层成为影响器件电离总剂量效应的主要因素。当特征尺寸小于 $0.25\mu m$ 以后,浅槽隔离技术(STI, Shallow Trench Isolation)成为场氧隔离的主流技术。场氧化物/硅界面附近陷阱电荷导致漏电流增大的现象成为必须考虑的损伤因素。辐照在浅沟槽隔离氧化物引入的陷阱正电荷,引起衬底耗尽甚至反型,形成漏极至源极的漏电路径,是导致器件漏电的主要原因。

32nm 以下不能用传统的平面晶体管结构,因为短沟道效应和异常大的阈值电压漂移。鳍式场效应晶体管(FinFET, Fin Field Effect Transistor)是一种解决方案,FinFET 场效应管的基本结构如图 9 − 12 所示。FinFET 可以做成多栅结构,被认为是大规模电路集成度进一步提高的最有发展前景的电路结构,多栅 FinFET 场效应管的基本结构如图 9 − 13 所示。

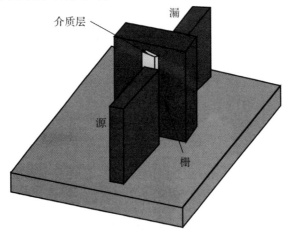

图 9 − 12　柱栅 MOS 器件(FinFET)基本结构示意图

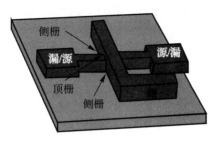

图 9 - 13　三栅 FinFET 器件结构示意图

由于多栅器件具有克服短沟道效应以及可持续减小的潜力,在纳米尺度可能成为传统单栅器件的替代选择之一。研究表明,单栅器件中界面态和氧化物陷阱电荷对阈值电压漂移的影响比在双栅器件中更为严重。多栅器件由于具有薄的栅氧化层,更小的灵敏体积以及更好的栅控能力,因此对总剂量的耐受能力比单栅器件更强。研究表明,FinFET 的总剂量耐受能力已经超过 500krad(Si),如图 9 - 14 所示,较小 Fin 宽的 FinFET 具有更小的亚阈值摆幅。

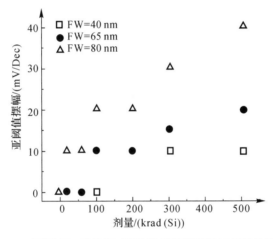

图 9 - 14　不同 Fin 宽的 FinFET 的亚阈值摆幅与总剂量的关系

9.3.2　单粒子效应

1. 单粒子效应机理

单个高能离子穿过器件时,通过能量沉积,电离出大量电子-空穴对,如图 9 - 15 所示。在数字集成电路中,这种由单个高能离子电离出来的电荷被关键节点收集,引发器件发生单粒子翻转（SEU,Single Event Upset）、单粒子锁定（SEL,Single Event Latchup）、单粒子功能中断（SEFI,Single Event Function Interrupt）,单粒子瞬态（SET,Single Event Transient）等单粒子效应。

（1）SEU。具有双稳态触发器结构的 RAM 是 SEU 敏感电路,其存储信息的原理是通过在电路关键节点储存一定的电荷,保持电路的一种状态,达到储

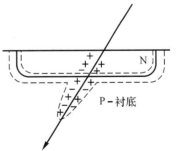

图 9 - 15　重离子引发器件材料
电离示意图

信息的目的,在关键节点处维持储存信息最少的电荷被称为临界电荷。在单粒子效应作用下,重离子电离产生的电荷被关键节点收集,当收集到的电荷数量足够大,且中和掉关键节点原有维持逻辑状态的电荷时,电路发生逻辑翻转,如图 9-16 所示。在空间飞行过程中,这种逻辑翻转将导致系统出现功能错误,严重时导致系统甚至整个宇航型号出现严重故障。随着微电子技术的进步,电路集成度越来越高,临界电荷越来越小,对 SEU 效应更加敏感。

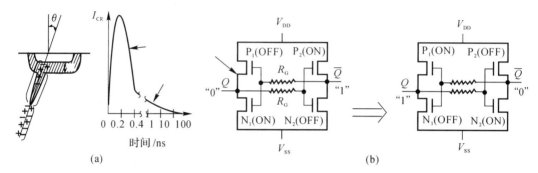

图 9-16 SRAM 存储器单元电路 SEU 示意图

(a)重离子电离产生电荷; (b)电荷脉冲使 SRAM 输出 Q 端由"0"变"1"

(2)SEL。在 CMOS 逻辑电路中,存在着大量反相器组成的逻辑开关。一个由 NMOS 管、PMOS 管组成的反相器中,在电路内部构成一个寄生的 PNPN 可控硅电路结构。在重离子轰击下,有可能触发 CMOS 器件特有的可控硅效应,这个效应被称为 SEL,如图 9-17 所示。SEL 发生时,器件会出现大电流、低阻状态,不仅可能导致器件出现永久性电应力损伤,还可拉低单机的电源电压,对单机系统带来危害,因此,SEL 是宇航型号选用超大规模集成电路时需重点关注的问题之一。

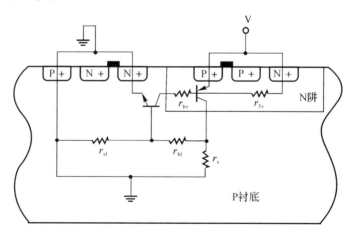

图 9-17 SEL 示意图

一旦出现 SEL,四区结构将切换到导电模式,直到解除电源电压。在 SEL 发生期间,电流可能会很高。在大部分电路中,触发锁定的局部区域会出现几百毫安或更高的电流,致使该区域的温度迅速上升。这种局部高温不仅可能造成硅和金属化局部损坏,还可能使锁定发展到其他区域。

SEL 可能产生永久性器件损伤,虽然有些情况下,SEL 后未呈现永久性器件损伤,但需要电源重启以恢复器件正常工作,影响单机的正常持续稳定工作。

由于可能造成灾难性损坏,SEL 对于空间系统来说是非常严重的问题。最保守的方法是不允许使用任何易出现 SEL 的电路。在系统或子系统级有一些克服 SEL 问题的方法,主要是通过测量过载电流(这是出现锁定的标记)并临时断开电源。但是为防止出现灾难性后果,必须在出现锁定后的几毫秒内断开电源。确保锁定检测电路完全有效是非常困难的,因为复杂电路中存在很多不同的锁定路径,具有不同的电流范围。

器件特征尺寸减少通常使器件变得更易受锁定影响。

SEL 对温度敏感。有试验数据表明,与室温相比,125℃ 下 SEL LET 临界值会减少 3 倍。所以,SEL 试验应覆盖高温环境,至少应在使用中可能出现的最高温度下进行。法国 Atmel 公司对 90nm 大规模集成电路 SEL 特性进行了研究。给出的结论是,大规模集成电路 SEL 敏感性与维持电压有关,如图 9 - 18 所示,维持电压随温度升高而降低(-1.8mV/K),对 90nm 外延 CMOS 大规模集成电路在 80MeV·cm^2/mg 下进行 SEL 评估试验,在 300K 下 SEL 免疫,但 420K 下发生 SEL。

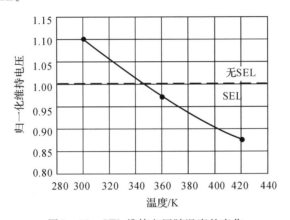

图 9 - 18　SEL 维持电压随温度的变化

(3)SEFI。单个粒子入射引起的器件暂时功能丧失,或正常工作中断,称为 SEFI。一般需要复位或重新加载程序使器件恢复正常工作,但对某些器件,必须通过电源重启恢复器件正常工作。

Xilinx 公司对于 SRAM 型 FPGA 的功能中断有单独的定义,是指发生在特定部位的 SEU 引起器件功能暂时中断。其主要包括 3 类中断:上电复位功能中断、Selectmap 功能中断和 JTAG 功能中断。

(4)SET。单个粒子引起集成电路输出端的电压瞬间尖峰,或者单个粒子引起组合逻辑集成电路的电压瞬间变化。与这些组合逻辑集成电路的应用有关,单粒子瞬态会引起 SEU。

运算放大器、比较器、A/D 和 D/A 转换器以及脉宽调制器等模拟器件和线性器件存在单粒子瞬态效应。单个粒子引起的瞬态电压/电流脉冲可能影响下一级电路的输出,使电路逻辑功能发生错误,造成严重影响。SoC,SiP 等复杂大规模集成电路内部可能含有运算放大器、比较器、A/D 和 D/A 转换器以及脉宽调制器等功能单元。因此,需要关注单粒子瞬态的影响。典型模拟集成电路单粒子瞬态的表现形式如下:

1)电压比较器的 SET。在电压比较器中,SET 效应会使器件的输出端产生一个瞬态的脉冲,这个脉冲可能会使比较器输出端产生一个轨到轨状态变化,脉冲持续时间可能几微秒。一般而言,比较器的微分输入电压越低,器件的敏感性越高。图 9-19 所示为 LM111H 比较器发生单粒子瞬态效应时的负脉冲。

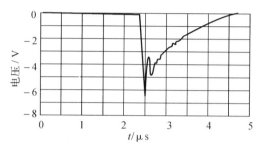

图 9-19　LM111H 比较器单粒子瞬态效应负脉冲

2)运算放大器的 SET。SET 效应对运算放大器的影响是输出端产生毛刺。已经观察到多种形式的瞬态毛刺波形(趋向正方向、趋向负方向、或者双方向,并且持续时间可长、可短)。图 9-20 所示为运算放大器发生单粒子瞬态效应时的瞬态毛刺脉冲。发生毛刺脉冲的最坏情况是输出电压的幅值到达电源电压量级,并且持续数十微秒的时间。这些效应在模拟通路中很难消除,需要对潜在的破坏性影响进行仔细分析。如果运算放大器用于触发一个安全信号,则须使用表决技术或者滤波来消除该效应的影响。

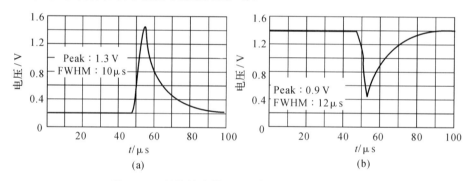

图 9-20　运算放大器 OP15 产生的瞬态毛刺脉冲

3)基准电压源的 SET。SET 效应对基准电源的影响是产生输出毛刺。最好的削弱方式是在器件输出端增加滤波器。

4)稳压器的 SET。SET 效应对稳压器的影响是产生输出毛刺。但通常应用中,这类器件一般会在输出端加一个大电容滤波,因此没有必要再采取特殊手段消除该效应的影响。

5)A/D 和 D/A 转换器的 SET。对于 A/D 转换器,有两种可能的 SET 效应机理。第一种很容易被掩盖在 SEU 效应下,因为通常看到的影响就是对于一个给定的模拟输入,数字输出端出现离散分布。第二种影响是转换器中的比较器被撞击后输出码出现移位。如果模拟输入端快速变化(在一个瞬时的时间量程内),模拟输入端的 SET 影响将在整个通路中传播下去,并且该影响将在数字输出端出现。

对于 D/A 转换器,SET 现象较为简单,可观察到的 SET 效应是在器件模拟输出端产生一个输出瞬变。应该注意的是,SEU 可能发生在数字输入的锁存端,翻转会改变锁存器的状态,因此模拟输出端的变化包含了 SEU 的影响。

6)线驱动器/接收器/收发器的 SET。这类器件一般用于两地之间的数据传输。在数据传送的任一端,数据传输的瞬态信号以干扰毛刺的形式出现在数据线上。产生 SET 效应的发送端将瞬态信号通过数据线发送,接收器将该信号视为正确信号而进行的错误传输。接收器可能在输入端存在 SET 效应,然后毛刺可能被当作正确的数据进行处理。对于这类器件 SET 的缓解措施是采用数据检测与更正软件。

7)采样保持放大器的 SET。这类器件用于实现对模拟输入端进行采样,并将采到的信息保存到下一时刻使用。典型的 SET 响应是在模拟输入端产生一个瞬态形式的信号,而采样保持电路并不能从实际信号中区分出该瞬态信号。因此任何在输入端产生的瞬态信号将被锁定在输出数据中。过采样电路,冗余采样电路与表决电路可用于处理这些效应。

8)计时器的 SET。计时器用于在指定的时间间隔内产生输出脉冲。SET 对输出脉冲队列产生干扰,从脉冲队列中增加或移除脉冲。这种干扰影响的严重性取决于计时器的速度。如果设计时不处理这些效应,增加或丢失的脉冲信号将对系统性能产生影响。

9)脉宽调制器的 SET。对于该类器件,目前已经识别出 3 种类型的 SET 效应。它们是:

a.与软开启或锁定相关联的一个周期内,两个输出均回到了低输出状态。

b.短时间内的扰动。这些短扰动表现为两种形式。第一种是互补输出均变成低的基准值。这个现象持续时间小于一个时钟周期,之后他们又回到了正常的幅值与频率。第二种是与时钟无关的翻转锁定了输出,正常功能在下一个时钟周期开始时恢复。

c.时钟电路的相移。输出也跟着时钟的相移发生改变。这类现象影响器件的输出频率。

通常来说,由于该效应的持续时间很短,最后两种形式的 SET 并不影响脉宽调制器的应用。与此相对,第一种形式的 SET 效应能够影响依靠软开启电路的特定应用。软开启的时间越长,对该种应用的影响越大。该种效应非常危险,例如 UC1846 不允许用户使用软开启电路。锁定后,器件将不再开启。没有软开启、开启或者关闭功能的脉宽调制器对此种效应不敏感。图 9-21 所示为典型脉宽调制器单粒子瞬态波形。

(5)多位翻转。多位翻转(MBU,Multiple Bit Upset)是由一个高能粒子如宇宙射线或质子引起的事件,它穿过一个器件或系统时导致多位翻转。

(6)单粒子烧毁和单粒子栅穿。MOS 器件存在寄生的 NPN 双极晶体管结构,重离子穿过时,在基区产生一个额外的电流,使基区电位升高。当电位足够高时,可使寄生的 NPN 晶体管导通。在导通情况下,外延层与衬底之间 PN 结的雪崩击穿会导致晶体管进入二次击穿状态,如果外电路能够提供足够大的电流,局部过热会损坏器件,该现象称为单粒子烧毁(SEB,Single Event Burnout)。

当重离子穿过栅绝缘层时,有时会引起致命的栅击穿现象,称为发生了单粒子栅穿(SEGR,Single Event Gate Rupture)。它的基本机理是,高能离子电离产生的电荷在绝缘栅下聚集,导致绝缘栅两边的电压差升高,如果超过一定值,则绝缘栅会发生击穿。栅击穿现象一般发生在高电场存在的情况下,如非易失性 RAM 或 EPROM 的写操作或清"0"操作过程。当重离子通过由栅极导体、栅绝缘体和硅衬底形成的电容器时,栅击穿在绝缘体中形成一个高导通的等离子体通道,使电容器产生放电。如果电容器储存了足够的能量,放电过程产生的热量会造成"热奔",产生的热量足以使绝缘体熔化,使覆盖其上的导体蒸发。

占空比改变

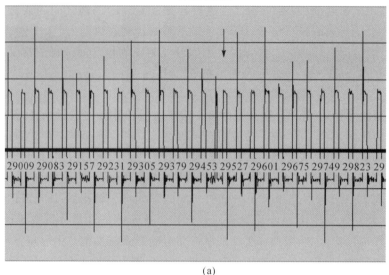

(a)

移相

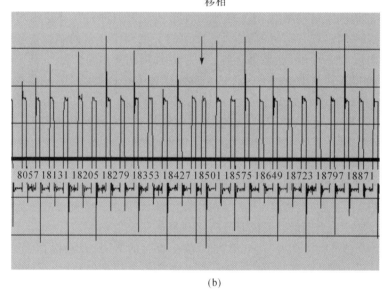

(b)

图 9-21 典型脉宽调制器 SET 现象

(a)脉宽调制器 SET ——占空比改变; (b)脉宽调制器 SET ——移相

2.典型大规模集成电路单粒子效应

集成电路单粒子效应主要有 SEU,SEL 以及由于 SEU 引起的 SEFI。大规模集成电路的单粒子效应敏感性与其设计结构和制造工艺有关。

(1)Flash 存储器单粒子效应。Flash 存储器单粒子效应试验结果表明,高能离子入射会造成浮栅结构中的电荷泄放,全"0"模式是 Flash 存储器最敏感的模式,器件浮栅结构的存储单元,只会发生从"0"到"1"的翻转,不会发生"1"到"0"的翻转。单粒子效应可能导致器件的存储单元出现错误,包括位和页/块错误(页或者块中的全部或者大部分位发生错误);Flash 存储器在"擦/写"状态下,擦除电压产生器/编程电压产生器会对存储单元(浮栅介质)施加高压,此时入射粒子可能导致存储单元击穿,出现单粒子栅穿导致的固定位错误;如果粒子入射导致命令寄存器、地址锁存器、数据锁存器等出错,会导致器件发生 SET 或 SEFI。

（2）SRAM 型 FPGA 单粒子效应。SRAM 型 FPGA 中有大量可翻转单元,包括配置寄存器(CM)、BRAM、可编程逻辑功能模块(CLB)中的用户触发器(Flip-Flop)、控制寄存器、时钟管理器及 I/O 模块中的翻转;存在 3 种主要的器件级 SEFI:一种导致部分或全部"上电复位"(POR)电路启动,另两种会使 SelectMap,JTAG 端口因发生 SEFI 导致通讯中断,必须通过复位才能使器件功能恢复正常;除此之外,SRAM 型 FPGA 在实际使用中,还会发生由于 SEU 导致的功能级 SEFI。

以 Xilinx 公司 SRAM 型 FPGA 为对象,进行分析。

1)SEU 发生在配置存储器。

a. SEU 发生在作为查找表 LUT 的配置存储单元,将改变查找表 LUT 的值,如图 9-22 所示。

b. SEU 发生在布线单元,可造成电路开路,如图 9-23 所示。

c. SEU 发生在布线单元,可造成电路短路,如图 9-24 所示。

2)SEU 发生在用户逻辑,可改变触发器的输出状态,如图 9-25 所示。这些触发器可以是 BRAM、CLB 触发器和输入/输出触发器。这些位置的翻转探测是不可行的,因为每个比特的状态需要预先知道,并且这些位置的数据在用户执行正常逻辑功能时会改变状态。翻转只有在用户采用冗余设计时才能得到减缓。

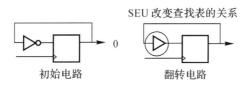

图 9-22　SEU 发生在作为 LUT 的配置存储单元

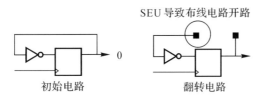

图 9-23　SEU 发生在布线单元造成开路

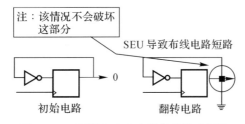

图 9-24　SEU 发生在布线单元造成短路

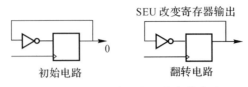

图 9 - 25　SEU 发生在用户存储单元

3）SEFI 的失效模式。单粒子击中 FPGA 的某些关键部位（控制逻辑）时会引起功能中断，这些关键部位有：

a. 上电复位电路（POR，Power on Reset），负责内部逻辑的全局复位，SEU 导致配置丢失，通过监测 DONE 引脚可以探测到这种错误；

b. SelectMap 接口，SEU 使配置端口失去功能，通过读写 FAR（Frame Address Register）可以探测到这类错误；

c. JTAG 接口，SEU 使配置端口失去功能，通过回读并与已知的 CRC 数据比较可以探测到这类错误。

所有的 SEFI 错误可以通过在 PROG 引脚加脉冲对 FPGA 进行重新全配置得到恢复。

4）SET 的失效模式。SET 效应是由于粒子击中器件敏感节点，形成多余电荷，产生电脉冲，由于器件尺寸的缩小和时钟频率的提高，产生的脉冲在组合电路中传播并被锁存器/触发器锁存导致电路翻转，出现错误，这种情况如图 9 - 26（a）所示，或是产生的脉冲在时钟端，导致电路的误动作，如图 9 - 26（b）所示。

SET 发生的概率随工作频率而增加。

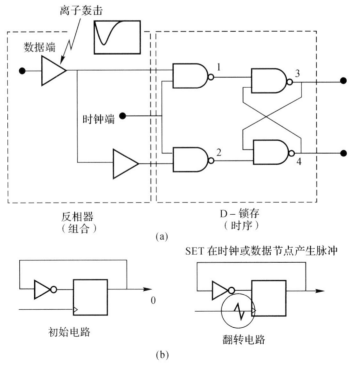

图 9 - 26　单粒子瞬态脉冲示意图
（a）产生的脉冲在数据端；　（b）产生的脉冲在时钟端

5)SEL。单粒子触发器件内部寄生可控硅结构,突然出现持续的大电流状态,目前 SRAM 型 FPGA 单粒子试验很少发现 SEL 现象。但单粒子试验中多次发现电源电流随入射粒子注量增加而持续增加的现象,分析认为是某些门电路发生翻转,导致电源和地之间导通所致,不认为是发生了 SEL。

(3)DSP 和 SoC 单粒子效应。DSP 和 SoC 的单粒子效应主要是 SEU,SEFI,SEL。SEU 主要发生在 DSP 和 SoC 内部的存储器和寄存器中;DSP 内部存储器如果当作数据存储器或 CACHE 使用,则其发生的 SEU(除非关键数据发生翻转),通常只会导致器件输出发生瞬时错误,而不会直接导致器件发生 SEFI;SEFI 主要是由于 DSP 的存储器、寄存器、指令/地址译码单元、中断控制器、运算单元的关键部位发生翻转,引起器件功能失效,通常可以通过软复位恢复器件正常功能;体硅 CMOS 工艺 DSP 和 SoC 可能发生 SEL。

9.3.3 位移效应

1.位移损伤机理

当辐射粒子如电子、质子、重离子、中子等,穿入靶材料时,主要通过两种过程损失能量,即:①与靶电子碰撞并导致靶原子电离和电子激发;②与靶核碰撞并导致原子的位移。后者通过碰撞,将一部分能量交给晶格原子,当这部分能量超过原子晶格位移损伤阈能时,原子核离开原来正常的晶格位置成为间隙原子,又称初级反冲原子,在原来晶格位置留下一个原子空位,如图9-27所示。这种损伤称为位移损伤。硅的位移损伤阈能为 13eV,GaAs 的位移损伤阈能为 9eV。

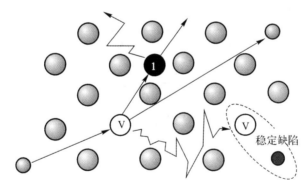

图 9-27　入射粒子产生位移损伤缺陷的示意图

间隙原子和空位在材料内移动,会形成稳定的间隙原子-空位对,称为点缺陷。如果初级反冲原子能量足够高时,会继续碰撞产生间隙原子和空位。几个间隙原子、空位级联在一起形成相对稳定的缺陷团,如双空位、三空位、空位和杂质的复合物等。甚至形成缺陷团簇,每个团簇包含 200~1 000 个点缺陷,团簇中心是直径约为 500Å 的无序原子区并带有电荷,周围是一层直径约为 2 000Å 的耗尽层区,带有相反的电荷。

国内外对粒子与材料作用产生位移损伤进行了大量的研究,建立了基于非电离能损失(NIEL, Nonionizing Energy Loss)表征参量的位移损伤评估方法。非电离能损为入射粒子通过非电离方式在单位距离内传递给晶格的能量。计算非电离能损主要有解析法和蒙特卡罗法。解析法是基于粒子与材料作用机理,通过散射截面、反冲核动能和配分函数等关系式得到。具有代表性的有 Messengenger 法。蒙特卡罗法采用统计学原理计算粒子输运过程,比较典型的蒙特卡罗程序有 TRIM,MCNPX,GEANT4,SHIELD 等。

计算非电离能损的经典解析公式为

$$\text{NIEL}(E) = \frac{N_A}{A} \int_{\theta_{min}}^{\pi} \left[\frac{d\sigma(\theta, E)}{d\Omega} \right] T(\theta, E) L[T(\theta, E)] dT \qquad (9-4)$$

式中,N_A 是阿伏伽德罗常数;A 是原子量;θ_{min} 是反冲能等于位移损伤阈能的散射角;$d\sigma/d\Omega$ 是原子位移的总微分截面(弹性和非弹性);T 是靶原子的反冲能;$L(T)$ 是发生电离与非电离的比例。

高能辐射产生的位移缺陷与入射粒子的种类、能量和被辐照材料有关。带电粒子入射,传递给晶格原子的能量最大为

$$E_{max} = 4E_i m_i M_A / (m_i + M_A)^2 \qquad (9-5)$$

式中,E_i 为入射粒子的能量;m_i 和 M_A 分别为入射粒子和靶原子的质量。

(1)质子位移损伤。入射质子与靶材料相互作用包括弹性和非弹性物理过程。质子与原子的弹性物理过程包括与原子核发生卢瑟福(库仑)散射和弹性碰撞(核力),上述两种物理过程都会使晶格原子获得足够大的能量发生移位,被移位的晶格原子称为初始反冲晶格原子。原子的非弹性物理过程包含与原子核非弹性碰撞和核反应,非弹性碰撞过程(p,p)是晶格原子核首先俘获质子,经过一定的核内过程后释放此质子,原子核则处于激发状态,并通过释放 γ 射线回到基态;核反应过程是原子核俘获质子,并释放其他粒子,剩余核发生嬗变生成相应的核素,例如(p,α)反应,上述两种过程产生的反冲原子会继续电离或使晶格原子发生移位。此外,卢瑟福散射还会激发和电离核外的电子。

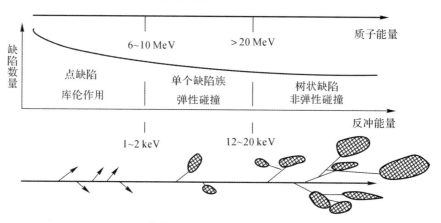

图 9-28　入射质子能量与位移缺陷大小的关系示意图

不同能量质子产生的缺陷不同,如图 9-28 所示。在硅中入射质子能量小于 6~8MeV,主要发生库仑相互作用,反冲核能量低于 2keV,只能产生点缺陷;入射质子能量小于 20MeV,主要发生弹性碰撞,反冲核能量小于 12keV,产生单个缺陷簇;入射质子能量大于 20MeV,非弹性碰撞成为主要作用机制,反冲核能量大于 20keV,能够形成树状缺陷结构。

辐照试验结果表明,不同能量质子,造成的器件退化不同。对光电耦合器 GH302 进行了不同能量质子辐照试验,试验分 3 组样品,辐照偏置相同(均不加电),辐照注量率相同,注量率均为 $1 \times 10^{-8}/cm^2 \cdot s$。分别采用 20MeV,40MeV,70MeV 质子辐照,获得了不同能量质子辐

照至相同注量下 CTR 变化数据,如图 9 - 29 所示。

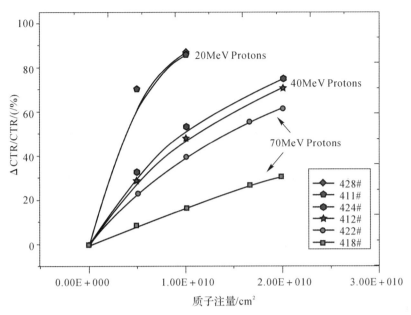

图 9 - 29　不同能量质子辐照 GH302 CTR 变化情况

　　从试验数据可以看出,不同能量质子辐照,器件 CTR 退化程度不同。辐照至同样注量,低能质子引起的退化大于高能质子。分析原因:这主要由于低能质子的非电离能损大,辐照到相同注量,低能质子产生的位移损伤严重。

　　质子的非电离能损是质子能量的函数,不同能量质子在硅中的非电离能损如图 9 - 30 所示。图中还给出了 1MeV 中子的非电离能损。

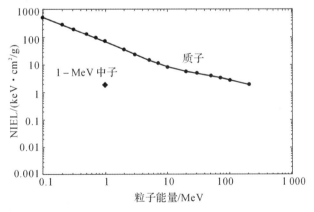

图 9 - 30　不同能量的质子和 1MeV 中子在硅中的非电离能量损

　　(2)电子位移损伤。带电粒子入射材料产生的相互作用主要是卢瑟福(库伦)散射。电子为带电粒子,当电子与物质通过卢瑟福散射作用传递足够的能量给原子时,会导致原子离开正常晶格位置,产生位移。由入射电子引起的原子位移会导致较为孤立的简单缺陷。电子非电离能损可由下式计算,即

$$\text{NIEL} = \left(\frac{N}{A}\right)\left[\sigma_e T_e + \sigma_i T_i\right] \tag{9-6}$$

式中，σ_e，σ_i 为总的弹性和非弹性截面；T_e，T_i 为弹性和非弹性非电离能损；N 为阿伏伽德罗常数；A 为靶材料的原子量。NIEL 的单位为 $\text{MeV} \cdot \text{cm}^2/\text{g}$，与表征电离的阻止能或线性能量传输（LET）的单位相同。

入射电子传递给晶格原子的能量最大为

$$E_{\max} = 4E_i m_i/m_A\left[1 + E_i/2m_0 C^2\right] \tag{9-7}$$

式中，E_i 为入射电子的能量；m_i 和 m_A 分别为入射粒子和靶原子的质量；$m_0 C^2$ 为电子静止质量的能当量。

由式（9-7）可得出，1MeV 能量电子可以给予硅原子的最大能量为 142eV。硅原子产生位移的能量只需 15eV，因而电子可引起位移。使硅原子产生位移的入射电子阈能为 200keV。

（3）中子位移损伤。中子与材料相互作用主要有散射和嬗变两类物理过程。前者有弹性散射和非弹性散射。在中子弹性散射碰撞中，将传递给靶材料一部分能量。如果这部分能量大于位移阈能，则造成原子离开晶格位置。位移原子称为初级反冲原子，随后它将通过电离而损失能量，也能够使其他晶格原子位移。非弹性散射是能量较高的中子首先产生的过程，这时入射中子在被靶原子核俘获后发射较低能量的中子，并使靶核处于激发态。该激发核又通过发射 γ 射线而恢复到它的初始态。入射中子损失的能量等于 γ 射线能量。往往在多次非弹性散射碰撞后，中子能量不再大于靶原子核最小激发能级时，便只能是进行弹性散射碰撞。

不同能量中子反应截面如图 9-31 所示。从图中可看出，中子和质子非电离能损呈现相似的随能量变化规律。

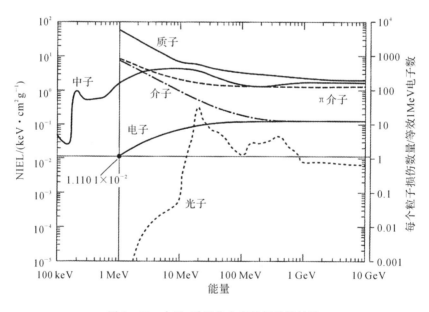

图 9-31　中子、质子非电离能损计算结果

（4）器件位移效应。辐射粒子入射造成材料的晶格缺陷，晶格缺陷是对晶体结构完整性的

偏离,根据量子力学理论,在相对于周期性场发生偏离处,将要产生新的能级,因此晶体缺陷在导带和价带间形成新的能级。根据能级的位置以及器件载流子浓度、温度和缺陷在器件内部所处位置的不同,这些能级可能通过不同的机制影响器件的光电性能。如图9-32所示,主要有下述5种机制。

第一种机制是作为载流子产生中心。作为一个中间能级,使价带电子更容易跃迁到导带,产生额外的电子-空穴对,其中位于器件耗尽区中的中间能级的作用最重要。这些能级使热载流子产生率增加。

第二种机制是作为载流子的复合中心。与载流子产生中心的作用相反,复合中心俘获位于价带和导带中符号相反的电荷,使其复合,因此导致载流子寿命缩短。

第三种机制是作为载流子陷阱。比较接近导带的陷阱能级,可以俘获载流子,过一段时间后将其释放,这种机制导致器件电荷转移效率的降低。

第四种机制是作为补偿受主或施主。产生所谓的载流子去除效应,使平衡态多数载流子浓度降低,引起器件或电路参数的改变,如使三极管基极电阻增大。

第五种机制是引起缺陷辅助隧穿效应。对PN结二极管的反向电流产生贡献。

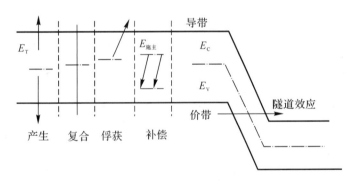

图9-32　位移损伤形成的缺陷能级及其对器件性能的影响

对于半导体材料,最重要的参数是载流子浓度n,迁移率μ和寿命τ,它们与辐照注量Φ的关系为

$$1/\tau(\Phi) = 1/\tau(0) + K_{\tau}\Phi \tag{9-8}$$

$$\mu(\Phi) = \mu(0) - \Phi \mathrm{d}\mu/\mathrm{d}\Phi \tag{9-9}$$

$$n(\Phi) = n(0) \pm \Phi \mathrm{d}n/\mathrm{d}\Phi \tag{9-10}$$

式中,$\tau(\Phi)$,$\tau(0)$,$\mu(\Phi)$,$\mu(0)$,$n(\Phi)$,$n(0)$分别代表辐照后及辐照前的载流子寿命、迁移率及浓度。K_{τ}为材料寿命损伤常数。$\mathrm{d}n/\mathrm{d}\Phi$,$\mathrm{d}\mu/\mathrm{d}\Phi$,$K_{\tau}$都与辐射的种类、能量有关。辐照使载流子迁移率和寿命退化,多子浓度减少,因而引起半导体器件参数变化,导致器件产生位移损伤效应。

位移损伤效应机理为器件的晶格原子被入射离子或反冲核撞出其位置时产生的空位型缺陷。位移损伤影响少数载流子寿命,因此,以少数载流子工作模式的器件,位移效应敏感,光电器件因位移损伤导致的退化见表9-2。

表 9 - 2   光电器件因位移损伤导致的性能退化

器件类别	效应影响
CCD	CTE 下降 暗电流增大 热点增加 随机电报码信号增加
APS	暗电流增加 热点增加 随机电报码信号增加 响应度降低
光敏二极管	暗电流增大
光敏三极管	增益下降 响应度降低 暗电流增大
发光二极管	光功率输出降低
光耦	电流传输比降低
太阳电池	短路电流降低 最大功率降低

2. 典型大规模集成电路位移效应

(1)电荷耦合器件 CCD 位移效应。CCD 由光敏区、转移栅、移位寄存器以及输出电路组成。CCD 光敏区由一系列像素单元组合而成,每一个像素单元实际上是一个 MOS(金属-氧化物-半导体)结构。CCD 的特点是以电荷作为信号,而不同于其他大多数器件以电流或电压作为信号。CCD 最主要的功能是信号电荷的产生、存储、传输和输出。为了降低界面态的影响,新型 CCD 大都采用埋沟结构。

高能粒子辐照在 CCD 像素单元内产生位移损伤,如图 9 - 33 所示,导致暗信号增加、电荷转移效率下降。

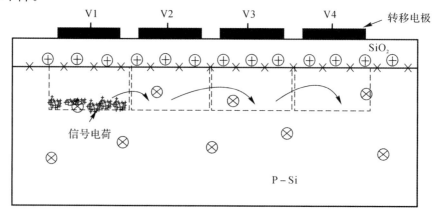

⊕ 电离总剂量效应在氧化层中产生的氧化层陷阱电荷
✕ 电离总剂量效应在SiO₂/Si界面产生的界面态
⊗ 位移效应在体内产生的晶格缺陷

图 9 - 33   CCD 辐射诱生位移缺陷影响

CCD 的电离总剂量和位移试验研究结果表明,位移效应对 CCD 的影响超过电离总剂量效应。试验样品为 TDI CCD。用钴 60γ 射线和 10MeV 质子对 CCD 进行辐照试验。γ 射线辐照累积剂量为 70krad(Si) 时,器件电参数超差。10MeV 质子辐照到累积注量 10^{10} 个质子/cm^2 时,产生的电离总剂量为 5.57krad(Si),器件电参数超差。试验结果表明,10MeV 质子辐照器件失效是位移效应所导致。

位移效应产生的晶格缺陷在 CCD 器件中起到了载流子产生、复合中心的作用,这些缺陷也是产生暗电流的局部"热点",在注磷埋沟道 CCD 中,位移损伤产生的空位和磷杂质形成的复合物(E 中心)是降低电荷传输效率最重要的原因。电荷传输效率的降低导致图像模糊,暗电流尖峰引起图像局部白点。

电荷转移效率(CTE)是表征 CCD 性能优劣的一个重要参数。CCD 受到位移损伤后,电荷转移效率将会降低,引起信号电荷衰减,导致 CCD 的性能降低。图 9 - 34 所示为不同注量的中子辐照下典型商用线阵埋沟 CCD 的电荷转移效率变化情况。从图中可以看出,随着中子注量增加,CCD 的电荷转移效率从辐照前的 0.999 95 减小至 0.999 50。

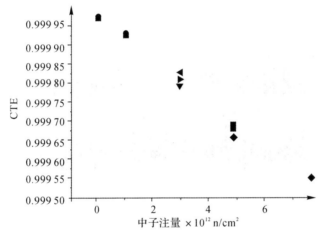

图 9 - 34 　 不同中子注量下典型线阵埋沟 CCD 的电荷转移效率变化情况

位移损伤导致暗电流增加,如图 9 - 35 所示。

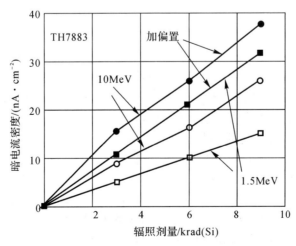

图 9 - 35 　 CCD 分别在 10MeV 和 1.5MeV 质子辐照后暗电流变化

(其中,一组加偏置电压,一组不加偏置电压)

位移损伤影响 CCD 响应度非均匀性。表 9-3 给出了不同注量的中子辐照后 CCD 的响应度非均匀性变化情况。从表中可以看出,随着中子注量增加,CCD 的响应度非均匀性逐渐增大,表明 CCD 性能受到了位移效应的影响。

表 9-3　线阵埋沟 CCD 响应度非均匀性与中子注量关系

中子注量	响应度非均匀性
辐照前	1.22%
$1 \times 10^{12}\,\mathrm{n/cm^2}$	2.13%
$3 \times 10^{12}\,\mathrm{n/cm^2}$	5.49%

高能辐射粒子与 CCD 通过弹性碰撞、非弹性碰撞等形式发生相互作用,其中弹性碰撞导致像元中产生随机电报信号(RTS,Random Telegraph Signals)缺陷。RTS 是指图像传感器的暗电流呈现出一系列瞬态分离的波动。如图 9-36 所示为 CCD 辐照后典型随机电报信号。

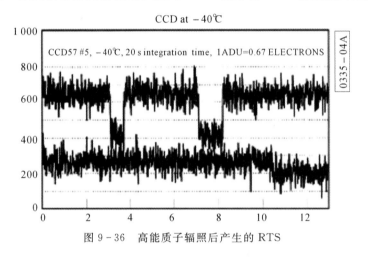

图 9-36　高能质子辐照后产生的 RTS

(2)CMOS APS 位移效应。近年来 CMOS 有源像素图像传感器(CMOS APS,CMOS Active Pixel Sensor)已经开始应用于空间成像领域,相比于 CCD 器件,具有功耗低、集成度高、体积小、抗干扰能力强、只需要单一电源等优点,在天文观测等应用领域表现出极大的应用潜力。

1)CMOS APS 基本结构和工作原理。一个典型的 CMOS 图像传感器通常包含图像传感器核心、相应的时序逻辑和控制电路、A/D 转换器、存储器、定时脉冲发生器和译码器等。时序控制电路用于设置传感器的工作模式,产生工作时序,控制数据的输出等。像素采集到的信号在芯片内部经过放大、A/D 转换和存储等处理。

典型 CMOS APS 的像元电路结构如图 9-37 所示,其中感光结构由光电二极管(PD, Photo Diode)和传输门 TX 构成。光栅输出端为悬浮扩散端 FD,它与光电二极管 PD 被传输门 TX 隔开。像素单元还包括一个复位晶体管 T_1,一个源跟随器 T_2 和一个行选通晶体管 T_3。工作时,打开 TX 和 T_1,对 FD 和 PD 复位;接着关上 TX,当光照射在像素单元时,在光电二极管 PD 处产生电荷;然后,复位管 T_1 关闭,行选通关 T_3 打开,读出第一个取样 V_2,之后传输门 TX 打开,光照产生的电信号通过势阱并被读出,即为 V_4,前后两次的信号差就是真正的图像信号。

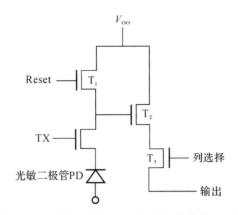

图 9 - 37　晶体管结构 CMOS APS 像素单元电路

2)CMOS APS 位移效应分析。对于 CMOS APS,空间环境中存在的高能质子和电子与器件材料的靶原子相互作用,使其离开正常晶格位置,产生缺陷或缺陷簇。这些缺陷在禁带中形成中间能级,导致 CMOS APS 图像传感器暗电流增大、暗电流尖峰和随机电报信号 RTS 产生等现象出现。

位移损伤诱发 CMOS APS 图像传感器体暗信号增大。位移损伤诱发 CMOS APS 图像传感器体硅中产生体缺陷,这些体缺陷在像元光敏二极管的空间电荷区中充当载流子产生中心,使体暗信号增大。

位移损伤诱发 CMOS APS 图像传感器暗信号尖峰的产生。暗信号尖峰是指在图像传感器的空间电荷区因位移损伤而诱发产生的比平均暗信号大 3 倍以上的信号,在黑屏图像显示时呈白斑或亮点,又称为热像元(hot pixels)。暗信号尖峰出现主要有两种产生机制:一种是由入射粒子与 CMOS APS 图像传感器体硅发生相对稀少的非弹性碰撞引起;另一种机制是像元高场区频繁发生的弹性碰撞引起。

图 9 - 38 所示为在 1×10^{11} 质子$/cm^2$ 的 11.7MeV 辐射下,STAR250 中某一行像素的暗电流密度。试验结果表明,高能质子的轰击会导致器件暗电流增大。

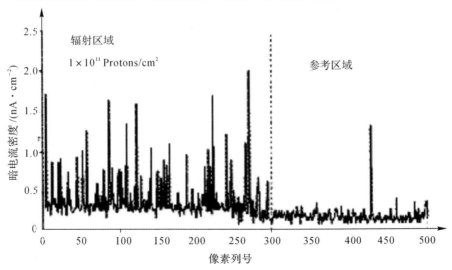

图 9 - 38　质子辐照下 CCD 的暗电流密度

图 9-39 所示为位移损伤诱发 CMOS APS 图像传感器暗电流随位移损伤导致的非电离能量沉积(NIEL)增大而增大的变化关系曲线。Bogaerts 等人还给出位移损伤诱发体暗电流 I_{DD} 增大的经验公式:

$$I_{DD} = K_D \rho F V_m \text{NIEL}$$

式中,K_D 为位移损伤系数;ρ 为 Si 的密度;F 为粒子辐照注量;V_m 为灵敏区体积;NIEL 为辐射粒子的非电离能量沉积。

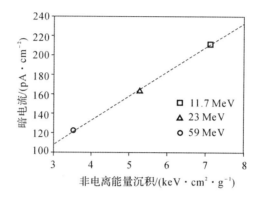

图 9-39 CMOS APS 暗电流随非电离能量沉积增大而增大

辐射粒子与 CMOS APS 图像传感器通过弹性碰撞、非弹性碰撞等形式发生相互作用,其中弹性碰撞导致像元中产生 RTS 缺陷。RTS 是指图像传感器的暗电流呈现出一系列瞬态分离的波动,这种波动在两个和多个台阶上随机出现。RTS 缺陷必须位于高电场区域或缺陷自身能形成增强载流子产生概率的区域,如由相邻缺陷影响而形成的内建电场增强的区域。图 9-40 所示为能量为 11.7MeV 的质子,辐照注量为 $1 \times 10^{11} \text{cm}^2$ 时诱发 CMOS APS 图像传感器产生的 RTS 现象。

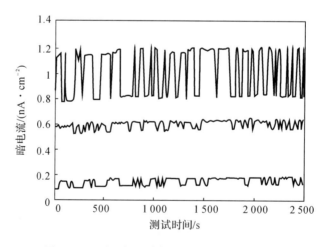

图 9-40 质子辐照诱发 CMOS APS 产生 RTS

9.3.4　大规模集成电路辐射效应变化趋势

大规模集成电路辐射效应变化的基本趋势如下：

1. SEU 更加敏感

大规模集成电路特征尺寸减少，集成度增加，单粒子敏感度增加，如图 9-41 所示。原因是大规模集成电路特征尺寸减少，改变状态所需的临界电荷减少。

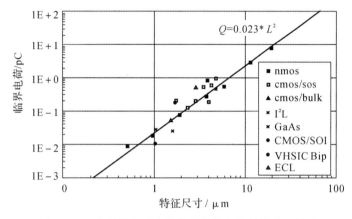

图 9-41　大规模集成电路临界电荷与特征尺寸的关系

须指出的是，大规模集成电路 SEU 敏感性并不是伴随着特征尺寸降低而不断增加。有研究表明，随着特征尺寸降低，纳米工艺大规模集成电路的 SEU 饱和截面下降，但 SEU LET 阈值未显著下降，这意味着大规模集成电路 SEU 的敏感性并不像从前人们预料的那样愈来愈严重。随着特征尺寸降低，敏感节点收集的电荷也相应减少，因而 SEU 敏感性并未显著增加。图 9-42 所示为不同文献的不同特征尺寸大规模集成电路的 SEU 率。可看出，随着特征尺寸减少，翻转率未明显变化。图 9-43 所示的试验曲线表明，随着特征尺寸减少，大规模集成电路饱和翻转截面降低，图 9-44 所示给出的试验曲线表明，特征尺寸降低，SEU 阈值未显著减少。因此，基于已有的研究结果推断：特征尺寸降低到一定程度后，纳米器件 SEU 阈值不再随特征尺寸降低而明显降低。

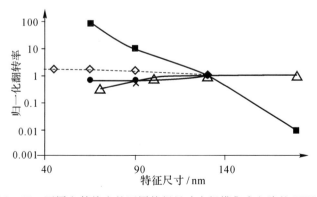

图 9-42　不同文献给出的不同特征尺寸大规模集成电路的 SEU 率

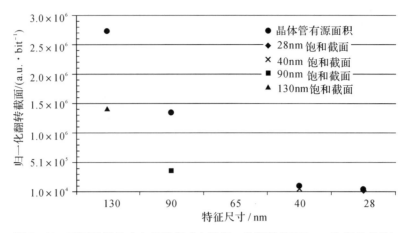

图 9-43 不同特征尺寸大规模集成电路归一化翻转截面(a.u.为相对单位)

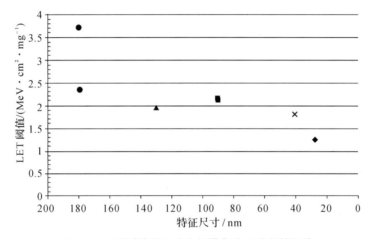

图 9-44 不同特征尺寸大规模集成电路翻转阈值

2.质子引起 SEU 增加

质子 LET 最大约 $0.45\text{MeV} \cdot \text{cm}^2/\text{mg}$,难以引起中小规模电路发生 SEU,由于大规模电路 SEU 阈值会很低,可能低于 $0.45\text{MeV} \cdot \text{cm}^2/\text{mg}$,质子直接电离会引起 SEU。如图 9-45 所示,低能质子的直接电离作用导致 SEU 截面高两个量级。

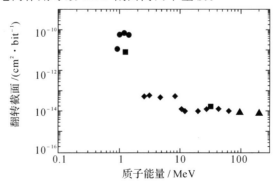

图 9-45 低能质子引起的 SEU 截面增加 2 个数量级

质子与硅核反应产物 LET 可达 15MeV·cm²/mg。可引起单粒子效应。

质子与钨核反应产物 LET 可达 40MeV·cm²/mg。新型大规模集成电路金属化接触窗口可能使用钨。虽然需要 200MeV 以上能量的质子才可发生该形式核反应,但有必要关注该核反应产物引起的单粒子锁定。

对 65nm SRAM 器件进行重离子试验,其 SEU 的 LET 阈值低于 0.45MeV·cm²/mg,因此,不仅质子核反应可引起 SEU,质子直接电离也可导致 SEU。

3.多位翻转比例增加

随着特征尺寸减少,电荷共享机制发生。电荷共享的机理是粒子轨迹上电离产生的电荷扩散到多个 PN 结,在几个微米的距离上扩散的电荷可以达到直接电离产生的总电荷的15%。离子径迹的横向分布大于大规模集成电路的特征尺寸,导致大规模电路多位翻转概率增加。

意大利 Bagatin 等人研究了 25nm NAND Flash 存储器单粒子效应,研究了不同角度入射引起的集成电路多位翻转,如图 9-46 所示。从理论上,超深亚微米大规模集成电路,单粒子翻转敏感体积减少,一个粒子入射引起多位翻转的概率增加,这是应用大规模集成电路须关注的问题。

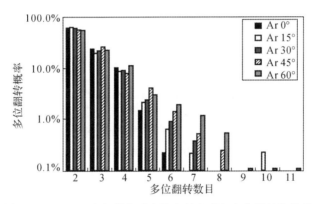

图 9-46　25nm 大规模集成电路入射角度与多位翻转的关系

4.单粒子瞬态对大规模集成电路的影响

大规模集成电路特征尺寸减少,工作频率提高,单粒子瞬态的影响逐渐显著,如图 9-47所示。随着特征尺寸的降低,SET 临界脉冲宽度降低,器件更容易受 SET 影响。

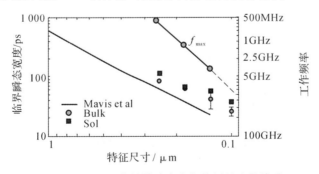

图 9-47　SET 临界脉冲宽度与特征尺寸的关系

5. 大规模电路固有抗电离总剂量水平提高

理论上,对于大规模集成电路,随特征尺寸的减小,栅氧化层厚度减少,辐射诱生的氧化层陷阱电荷减少,因而阈值电压漂移减少。氧化层陷阱电荷导致的阈值电压漂移与氧化层厚度的平方呈线性关系,即

$$\Delta V_T = \frac{q}{\varepsilon_{ox}\varepsilon_o}\left[b_h(t_{ox} - \alpha h_1)\right]\frac{t_{ox}}{2} \tag{9-11}$$

式中,b_h 为 SiO_2 中产生的空穴体密度,它被陷阱俘获形成固定正电荷(空穴产额);h_1 是离 Si-SiO_2 界面指向 SiO_2 的距离,在此处距离内,俘获的空穴可以通过衬底或栅向 SiO_2 隧穿并同电子复合。

因此,大规模集成电路固有的抗电离总剂量能力提升,如图 9-48 所示。但随着大规模集成电路敏感体积的减少,一个粒子产生的剂量可能导致大规模集成电路电参数退化,因此,大规模集成电路可能存在微剂量效应,另外,新型器件采用一些新的结构和材料,如用高 k 介质材料,新结构、新材料的使用对器件总剂量效应带来的影响尚须研究。

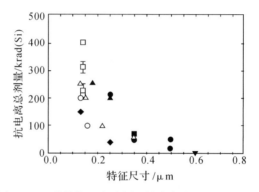

图 9-48　器件抗电离总剂量能力与特征尺寸的关系

随着特征尺寸的减少,大规模集成电路辐射效应变化趋势是,单粒子效应趋向敏感,包括 SEU 敏感性增加,多位翻转比例增加;固有的抗电离总剂量能力提高。

9.4　宇航大规模集成电路抗辐射保证要求

辐射效应可引起大规模集成电路性能退化,或引起信息丢失,甚至功能失效。大规模集成电路抗辐射保证是宇航型号成功研制的基础。大规模集成电路抗辐射保证需要在系统层面上进行设计,基本原则是,合理选用大规模集成电路,优化器件加固和应用加固策略,以减小航天器研制和应用整个周期的总成本为目标,确保大规模集成电路抗辐射能力满足宇航型号的要求。

9.4.1　大规模集成电路抗辐射保证流程

根据宇航型号任务的性能指标要求,提出大规模集成电路的选用需求;根据宇航型号运行的辐射环境和可靠性要求,给出大规模集成电路的抗辐射指标要求;对选用的大规模集成电路进行辐射效应分析,对缺乏数据的大规模集成电路,进行抗辐射能力评估,给出抗辐射能力数据;根据大规模集成电路抗辐射能力数据,进行系统抗辐射加固设计。

宇航用大规模集成电路抗辐射保证一般流程如图 9 - 49 所示。

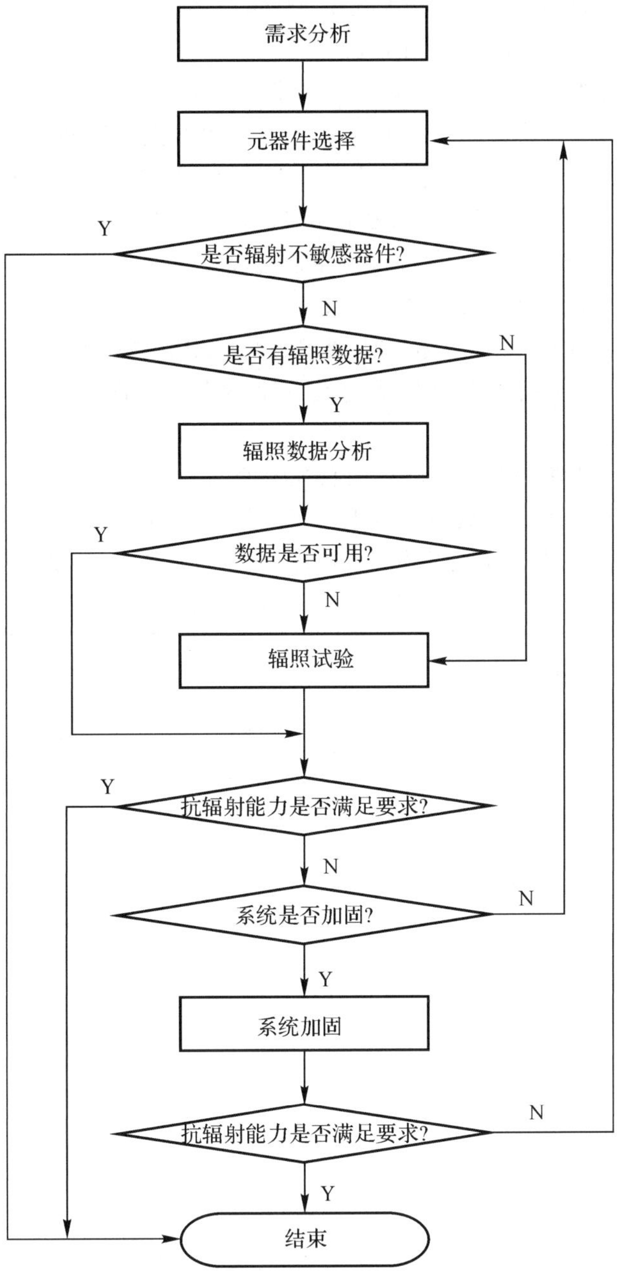

图 9 - 49　大规模集成电路抗辐射保证流程

1. 宇航用大规模集成电路需求分析

根据宇航型号不断提高的性能指标要求,以及降低分系统的质量和功耗的要求,迫切需要选用大规模集成电路。宇航型号选用大规模集成电路,一方面存在辐射效应导致的应用可靠性风险,另一方面存在无法按时获得满足要求器件的风险,特别是抗辐射加固器件的可获得性存在不确定性,给宇航型号按期完成研制和在轨可靠稳定工作带来隐患。应根据宇航型号任务特点和可靠性要求以及宇航型号性能指标要求，综合考虑成本、收益和风险，优化大规模集成电路生产加固和应用加固策略，指导大规模集成电路的选用。

2. 宇航用大规模集成电路抗辐射要求

首先，宇航用大规模集成电路抗辐射指标要求是由空间环境所决定的。应分析宇航型号运行的空间辐射环境，考虑轨道高度和倾角、发射时间以及太阳活动情况等因素，给出空间辐射环境量化的分析结果，为制定大规模集成电路抗辐射指标提供基础数据。

宇航用大规模集成电路抗辐射指标要求还与应用条件有关。需要根据宇航型号的特点，包括宇航型号外壳屏蔽厚度、寿命、系统和分系统抗辐射指标要求等，基于空间辐射环境分析数据，进行宇航用大规模集成电路抗辐射要求分析。

另外，宇航用大规模集成电路的抗辐射要求还与应用的具体电路设计有关。需要基于可靠性降额设计、最坏情况分析等手段，进行电路设计，根据设计需求，提出具体的大规模集成电路抗辐射需求。

3. 宇航型号用大规模集成电路的抗辐射能力分析

大规模集成电路辐射效应敏感性与其生产工艺、结构有关。基于现有典型生产工艺（$0.18\mu m$）和辐照数据，几类典型大规模集成电路须考虑的主要辐射效应见表 9-4。

表 9-4 不同类型器件需考虑的辐射效应

器件种类	电离总剂量	单粒子效应						位移效应
		SEU	SEFI	SET	SEL	SEB	SEGR	
SRAM	√	√	√	√	√	×	×	×
EEPROM	√	√	√	√	×	×	√	×
PROM	√	×	√	√	×	×	×	×
Flash	√	√	√	√	√	×	√	×
SRAM FPGA	√	√	√	×	√	×	×	×
A/D	√	×	√	√	√	×	×	×①
D/A	√	×	√	√	√	×	×	×①
DDS	√	√	√	√	√	×	×	×
SiP	根据内部包含的元器件种类，确定需评估的辐射效应							
DC/DC	√	×	×	√	√	√	√	×②
SoC	√	√	√	√	√	×	×	×
数据总线	√	√	√	√	√	×	×	×
CCD	√	×	×	×	×	×	×	√
CMOS APS	√	√	√	√	√	×	×	√

注：√表示须考虑，×表示不须考虑。

①若 A/D、D/A 采用双极工艺，则需评估位移效应；

②若有 DC/DC 内部含光电器件，则需评估位移效应。

大规模集成电路抗辐射能力分析的基本原则：

（1）根据大规模集成电路的工艺、结构，进行抗辐射能力分析；

（2）尽可能利用已有的辐照数据，评估大规模集成电路的抗辐射能力是否满足要求，可以节省经费和时间。国内外已有的辐射效应数据库可用于查找相关大规模集成电路的辐照试验数据。

（3）使用已有数据进行抗辐射能力分析时，应分析已有数据的可用性。需要分析其所用的辐照试验方法和试验条件是否满足要求。

（4）对于电离总剂量试验，应按 Q/W809 的规定，结合大规模集成电路在实际线路中的使用条件，分析所用的辐照试验条件和试验判据是否合适。至少应该考虑：

1）试验样品数量、筛选试验经历是否满足要求。

2）辐照试验条件是否满足要求：

a. 剂量率是否合适，对于双极器件，是否考虑了低剂量率增强效应；

b. 应分析已有数据是否在最劣偏置条件或者相当于应用时的偏置条件下获得；

c. 测试数据是否足够全面；

d. 试验判据是否符合当前需求；

e. 室温退火和高温退火试验是否满足要求；

f. 辐照剂量是否满足宇航型号要求等。

当上述各方面能为评估电路抗辐射能力提供足够依据时，可将已有的数据作为电路的抗电离总剂量辐射能力数据。如已有数据不能为判断当前电路抗电离总剂量辐射能力提供足够信息时，应重新进行辐照试验。

使用不同批次非加固大规模集成电路的辐照试验数据时，应考虑以下因素：

a. 不同批次间电路抗辐射能力的差异性；

b. 工艺改变对电路抗辐射能力的影响；

c. 辐照试验方法和条件对电路辐照试验结果的影响；

d. 试验判据对电路辐照试验结果的影响。

如果有足够的信息证明同一生产厂的两批电路在设计结构、生产工艺控制等方面未发生变化，且辐照试验方法和试验条件符合当前使用需求，则已有的辐照试验数据可用作电路的抗辐射能力数据；否则，建议重新进行辐照试验。

4. 抗辐射能力评估试验要求

辐照试验前，应制定试验规范。根据电路的设计结构、工艺和材料，分析电路的辐射效应特点，分析总结国内外相关辐照试验结果。在此基础上，结合宇航型号使用情况，制定针对性的抗辐射能力评估试验规范。

辐照试验应由有资质的专业机构实施。

5. 应用加固要求

应用加固设计是针对不同辐射效应采取的针对性措施。

主要手段包括屏蔽加固设计、容差设计、冷热备份设计等。

（1）屏蔽加固设计。对辐射敏感电路进行局部屏蔽，可降低电路受到的累积辐射剂量。可选用铝、钽或多种成分合金等有较好吸收辐射能量且不会发生较严重韧致辐射的材料作为屏蔽层。局部屏蔽加固的效果通常用理论计算的方法进行评估。屏蔽加固的缺点是增加了宇航型号的重量和体积，且屏蔽厚度增加到一定程度后，屏蔽效果不再显著增加。

（2）容差加固设计。线路设计师在容差设计时,应考虑空间辐射效应导致大规模集成电路性能漂移的因素。根据辐照敏感参数变化范围调整电路设计,使其工作在变化范围以内,防止电参数变化导致系统工作异常。容差设计是容易实现且代价最小的抗辐射加固方法。

（3）冷热备份设计。通常,MOS 器件不通电时,其电离辐射损伤比通电时要小。因此,可采用冷备份(冗余设计)增加系统在轨间歇时间,提高电路在辐射环境中的工作寿命。但是,部分双极器件不通电时,其电离辐射损伤比通电时严重,对于这样的双极器件,不宜采用冷备份加固。应分析系统中的关键大规模集成电路的辐射效应和辐照试验数据,综合考虑系统备份状态的间歇、工作时间比例,取得最佳的系统抗辐射加固效果。

9.4.2 大规模集成电路抗辐射保证面临的挑战

在我国卫星发生的在轨故障事件中,有多起故障经过分析,疑似是大规模集成电路辐射效应引起的。如某卫星用 300 万门 SRAM 型 FPGA 在轨发生 SEU,导致有效载荷分系统产生 SEFI,严重影响了卫星有效载荷功能;某卫星 CTU 内存中数据区频繁发生单粒子双位翻转错误,导致功能中断,引起多次数管中心计算机软件自主复位,对用户的使用造成影响。大规模集成电路技术飞速发展,开展大规模集成电路抗辐射保证工作还面临许多挑战,主要内容包括:

1. 纳米工艺器件辐射效应机理和评估技术

大规模集成电路的特征尺寸已达到纳米量级,如 65nm 甚至更先进的大规模集成电路即将在宇航型号中应用,随着特征尺寸的减少,纳米器件 SEU 阈值减少,质子引起的单粒子效应会显著,甚至超过重离子引起的效应;纳米器件多位翻转的比例增加;另外,纳米器件采用一些新结构和新材料,如高 k 介质材料,对其辐射效应机理研究还不足。国内外对于纳米器件的辐射效应机理和评估技术的研究还在进行中,包括质子单粒子效应检测和试验技术、质子 SEU 率预计技术等。

2. IP 核辐射效应评估

信号处理类器件的发展趋势之一是多核并行处理能力,片上资源的集成度得到进一步提高,可集成更多 IP 核,如多核 SoC,结构复杂,对辐射效应检测和评价技术提出了严峻挑战。需要建立复杂器件的测试方法,确保测试覆盖性,并建立评价系统级芯片的判据。

3. 新材料、新结构、新工艺器件的辐射效应评估

如铁电介质存储器(FRAM)、磁介质存储器(MRAM)、相变存储器(PCM)以及阻变式存储器(RRAM)等新型器件的辐射效应机理和评估技术需要研究。

4. 辐射效应仿真技术

微电子技术迅猛发展,出现了许多新型器件,通过辐照试验评估其抗辐射能力,不仅试验周期长、费用高,并且无法获得辐射效应在器件内部产生故障及其传输和影响的细节,需要建立辐射效应仿真技术,目前,辐射效应仿真技术的发展不能完全满足工程应用需求。

5. 应用加固技术

对于纳米级大规模集成电路,由于敏感体积减少,SEU 阈值减少,多位翻转和 SET 的影响将趋向严重,以往的应用加固技术不完全适用,需要建立新的应用加固技术。

9.5　宇航大规模集成电路抗辐射需求分析

为了确保宇航型号不因辐射效应发生故障,电子系统用大规模集成电路需要有明确的抗辐射指标。抗辐射指标与宇航型号工作的辐射环境有关,不同轨道和寿命的宇航型号对大规模集成电路抗辐射指标要求不同,加固指标还与应用状态有关。需要在空间辐射环境分析的基础上,结合型号应用,考虑可实现性和可考核性,分析制定宇航用大规模集成电路抗辐射加固指标,加固指标应科学、合理、可行。抗辐射加固指标的分析流程如图 9-50 所示。

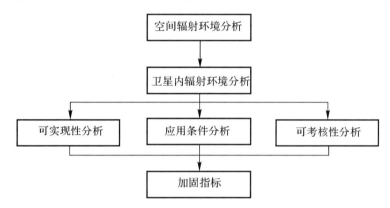

图 9-50　抗辐射指标分析流程

宇航用大规模集成电路抗辐射加固指标包括电离总剂量加固指标、单粒子加固指标和位移损伤加固指标等 3 个。

9.5.1　电离总剂量加固指标需求分析

空间辐射环境主要由地球辐射带、太阳宇宙射线、银河宇宙线构成,宇航型号工作在不同轨道上,受它们影响的程度不同,如低地球轨道,重点应考虑地球辐射带的影响,而星际探测任务,则不受地球辐射带影响。

应根据宇航型号的轨道和寿命,进行空间辐射环境分析。宇航型号按轨道可划分为低地球轨道(LEO)、太阳同步轨道(SSO)、中地球轨道(MEO)、地球静止轨道(GEO)、星际探测轨道。宇航型号设计寿命一般为 1~15 年。代表性宇航型号的轨道和寿命参数见表 9-5。

表 9-5　7 种典型宇航型号轨道环境参数

序　号	轨道类型	远地点/km	近地点/km	倾角/(°)	寿命/年
1	LEO	400	400	43	10
2	SSO	500	500	98	5
3	SSO	750	750	98	8
4	MEO	24 000	24 000	55	10
5	GEO	36 000	36 000	0	12
6	GEO	36 000	36 000	0	15
7	探月轨道	距地球 3.8×10^5 km,环月飞行			1

计算了7种典型宇航型号轨道辐射环境。所采用的空间辐射环境模型见表9-6。

表9-6 空间辐射环境模型

辐射环境	环境模型
地球辐射带	AP8,AE8
银河宇宙射线	CREME 96
太阳宇宙射线	ESP

一维剂量分析。首先采用一维剂量分析方法,计算出7种宇航型号内部电离总剂量见表9-7。一维剂量分析方法是一种简单的计算方法,把航天器近似成实心球,各方向的屏蔽厚度相同,实心球的半径就是屏蔽厚度。

表9-7 不同宇航型号电离总剂量 单位:rad(Si)

轨道屏蔽 厚度/mm	LEO/10年	SSO/5年	SSO/8年	MEO/10年	GEO/12年	GEO/15年	探月1年
0.04	4.75×10^6	2.31×10^6	8.72×10^6	5.01×10^8	7.57×10^8	9.46×10^8	—
0.1	1.98×10^6	1.05×10^6	4.16×10^6	2.87×10^8	3.89×10^8	4.86×10^8	2.61×10^5
0.5	8.04×10^4	9.22×10^4	3.25×10^5	6.23×10^7	4.81×10^7	6.01×10^7	3.60×10^4
1	1.17×10^4	3.06×10^4	9.76×10^4	2.24×10^7	1.21×10^7	1.51×10^7	1.37×10^4
2	3.28×10^3	1.08×10^4	3.33×10^4	6.03×10^6	2.07×10^6	2.58×10^6	5.36×10^3
3	1.92×10^3	4.94×10^3	1.54×10^4	1.93×10^6	5.36×10^5	6.69×10^5	2.91×10^3
4	1.37×10^3	2.57×10^3	8.35×10^3	6.70×10^5	1.57×10^5	1.95×10^5	1.79×10^3
5	1.08×10^3	1.50×10^3	5.11×10^3	2.46×10^5	5.34×10^4	6.62×10^4	1.24×10^3
6	9.51×10^2	1.01×10^3	3.66×10^3	9.48×10^4	2.58×10^4	3.18×10^4	9.65×10^2
7	8.75×10^2	7.67×10^2	2.97×10^3	3.78×10^4	1.46×10^4	1.79×10^4	7.69×10^2
8	8.38×10^2	6.60×10^2	2.67×10^3	1.74×10^4	9.75×10^3	1.19×10^4	6.59×10^2
9	7.91×10^2	5.85×10^2	2.44×10^3	1.07×10^4	7.49×10^3	9.09×10^3	5.51×10^2
10	7.52×10^2	5.33×10^2	2.27×10^3	8.53×10^3	6.43×10^3	7.81×10^3	4.65×10^2
11	7.35×10^2	5.07×10^2	2.20×10^3	7.72×10^3	5.81×10^3	7.06×10^3	4.14×10^2
12	7.03×10^2	4.74×10^2	2.09×10^3	7.23×10^3	5.29×10^3	6.43×10^3	3.64×10^2
13	6.59×10^2	4.37×10^2	1.96×10^3	6.83×10^3	4.82×10^3	5.88×10^3	3.10×10^2
14	6.39×10^2	4.20×10^2	1.91×10^3	6.50×10^3	4.46×10^3	5.43×10^3	2.81×10^2
15	6.24×10^2	4.04×10^2	1.86×10^3	6.21×10^3	4.14×10^3	5.05×10^3	2.55×10^2
16	5.85×10^2	3.74×10^2	1.75×10^3	5.94×10^3	3.85×10^3	4.70×10^3	2.20×10^2
17	5.64×10^2	3.59×10^2	1.69×10^3	5.71×10^3	3.63×10^3	4.44×10^3	2.05×10^2
18	5.67×10^2	3.58×10^2	1.69×10^3	5.51×10^3	3.48×10^3	4.25×10^3	2.02×10^2
19	5.31×10^2	3.38×10^2	1.61×10^3	3.45×10^3	3.33×10^3	4.07×10^3	1.80×10^2
20	4.98×10^2		1.28×10^1		1.78×10^3	2.23×10^3	1.62×10^2

从计算结果可看出,不同轨道宇航型号内部吸收的总剂量不同:LEO 总剂量最小,MEO 和 GEO 总剂量最大;不同屏蔽厚度下总剂量不同,随屏蔽厚度增加,总剂量减少。

工程上,通常基于一定屏蔽厚度下的总剂量计算数据,确定总剂量指标要求。屏蔽厚度的选择与宇航型号要求有关,大多数情况是取等效屏蔽厚度 3mm 铝,进行抗辐射指标要求分析。

抗总剂量加固指标由宇航型号内部辐射环境计算值和辐射设计裕度(RDM)形成,辐射设计裕度是根据型号任务特点和可靠性要求确定的,RDM 通常取 2。根据空间辐射环境计算结果和 RDM 值,可以确定电离总剂量指标。

一维分析方法仅考虑宇航型号外壳加上设备外壳的屏蔽效果,未考虑周围单机之间的屏蔽作用,计算结果比较保守。实际上周围单机和单板也产生屏蔽作用。当一维分析结果不满足要求时,需要采用三维分析方法进一步进行内部剂量计算。

表 9-8 为根据空间环境计算结果,考虑不同宇航型号器件通用性,给出的宇航用器件抗电离总剂量加固指标。

表 9-8　宇航用器件电离总剂量加固指标要求

加固指标	适用范围
300krad(Si)	所有轨道宇航型号
100krad(Si)	在研高轨长寿命宇航型号
30krad(Si)	适用 LEO,SSO 所有单机 GEO,MEO 须评估,并可能需要应用加固

9.5.2　抗位移损伤加固指标需求分析

位移损伤是由高能粒子入射的非电离能量损失引起的累积损伤过程。

在航天工程实践中,常用 10MeV 质子或 1MeV 中子等效注量来描述器件的位移损伤剂量。

不同轨道参数下一维质子位移损伤剂量计算结果见表 9-9。所采用的轨道参数、辐射环境模型和电离总剂量的相同。

由表 9-9 可知,LEO 10 年、SSO 5 年位移损伤剂量不大于 4×10^{10}(等效 1MeV 中子)/cm^2,中高轨道 15 年以下宇航型号内部位移损伤剂量不大于 2×10^{11}(等效 1MeV 中子/cm^2)。

表 9-9　不同宇航型号内部位移损伤剂量

序　号	轨道类型	轨道参数	寿　命	位移损伤剂量 (等效 1MeV 中子/cm^2)
1	LEO	400km/400km,43°	10 年	9.15×10^9
2	SSO	500km/500km,98°	5 年	2.89×10^{10}
3	SSO	750km/750km,98°	8 年	9.29×10^{10}
4	MEO	24 000km/2 400km,55°	10 年	1.14×10^{11}
5	GEO	36 000km/3 600km,0°	12 年	1.63×10^{11}
6	GEO	36 000km/36 000km,0°	15 年	1.88×10^{11}
7	探月轨道	距地球 380 000km,环月飞行	1 年	6.5×10^{10}

根据不同宇航型号空间辐射环境计算结果和 RDM 要求,考虑不同宇航型号间器件通用性,给出的宇航用器件抗位移损伤指标,见表 9 - 10。

表 9 - 10　宇航用器件抗位移损伤剂量指标

抗位移损伤指标 （等效 1MeV 中子/cm²）	适用宇航型号
2×10^{10}	LEO 10 年,探月 1 年
4×10^{10}	SSO 5 年,探月 1 年
2×10^{11}	SSO 8 年,MEO 10 年
4×10^{11}	GEO 12 年,GEO 15 年

9.5.3　单粒子效应指标需求分析

通常用线性能量转移(LET, Linear Energy Transfer)谱描述空间单粒子辐射环境,用 LET 阈值和单粒子效应截面(如翻转截面)描述器件的单粒子效应特性。LET 值描述了入射粒子在器件中能量沉积的特性,高能重离子在材料中的 LET 值,与离子能量和材料类型有关,LET 值的物理含义是:高能离子在材料中输运时,在单位路径上沉积的能量,即 $LET = \mathrm{d}E/\mathrm{d}x$,量纲为 $\mathrm{MeV} \cdot \mathrm{cm}^2/\mathrm{mg}$ 或 $\mathrm{MeV} \cdot \mathrm{cm}^2/\mathrm{g}$。

不同轨道重离子 LET 谱如图 9 - 51 所示。

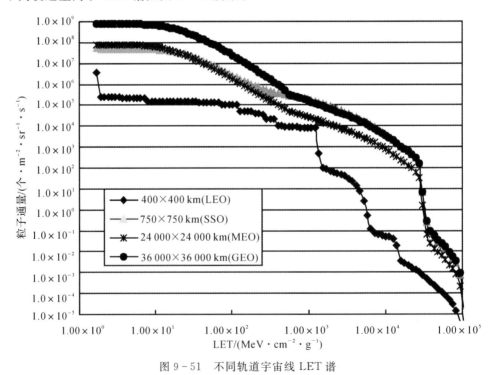

图 9 - 51　不同轨道宇宙线 LET 谱

(1)根据空间环境进行单粒子软错误指标分析。单粒子软错误是指 SEU,SEFI 等单粒子事件,可通过复位或重新加载程序恢复,该类单粒子错误对器件本身不会造成致命的损伤。

空间离子最大 LET 为 120MeV·cm²/mg。若器件单粒子效应 LET 阈值大于 120MeV·cm²/mg,则该器件单粒子效应免疫,在空间辐射环境,不会发生单粒子效应。把所有器件抗单粒子效应 LET 阈值指标规定为 120MeV·cm²/mg,对于器件研制方有相当大的难度,是不现实的。由图 9-51 可以看出,随 LET 增加,空间高能粒子通量呈下降趋势,并且大于 37MeV·cm²/mg 的粒子数很少,因此,通常把 37MeV·cm²/mg 作为 SEU 指标之一。空间辐射环境中,绝大部分是质子,质子与硅核反应产物 LET 可达 15MeV·cm²/mg。SEU 的 LET 阈值小于 15MeV·cm²/mg 的器件,在空间发生 SEU 的概率相对较高,因此,通常也把 15MeV·cm²/mg 定义为一个单粒子指标。

(2)根据应用进行单粒子软错误指标需求分析。从应用角度,对器件抗单粒子软错误指标也有要求。

系统总的单粒子错误率 P 为

$$P = \sum Y_i P_i \tag{9-12}$$

式中,P_i 为第 i 器件的单粒子错误率;Y 为影响因子。

如果系统确定了总的单粒子错误率要求,通过指标分配,可推导出器件的单粒子错误率指标要求。

不同的宇航型号对单粒子指标的要求不同。例如某卫星单机分配的单粒子事件指标为 1×10^{-5} 次/天,假设单机单粒子事件由最敏感器件决定,器件的单粒子指标至少应为 1×10^{-5} 次/器件·天。某卫星系统可接受的存储器类器件的 SEU 指标为 1×10^{-10} 次/位·天。因此,从应用角度提出的器件抗 SEU 指标为:

不大于 1×10^{-5} 次/(器件·天)(处理器类器件),或不大于 1×10^{-10} 次/(位·天)(存储器类器件)。

对低于以上指标的器件,若拟用于卫星型号,须进行应用加固设计,并根据设计重新分析提出器件抗辐射指标要求,确保器件抗辐射能力满足系统要求。

对低于以上指标的器件,或用于其他卫星时,须进行具体分析,判断是否满足卫星要求。分析总结,给出的器件单粒子软错误指标见表 9-11。

表 9-11　宇航用器件单粒子软错误指标

级　别	指　标	适用宇航型号
1	LET 阈值≥37MeV·cm²/mg	所有宇航型号
2	LET 阈值≥15MeV·cm²/mg;或不大于 1×10^{-5} 次/(器件·天)(处理器类器件),或者不大于 1×10^{-10} 次/(位·天)(存储器类器件);或满足型号要求	所有宇航型号

(3)单粒子硬错误指标需求分析。相对于属于软错误的 SEU 和 SEFI,SEL、SEB 和 SEGR 等对器件有破坏性作用,称为单粒子硬错误,器件发生单粒子硬错误对系统有不利影响,轻则需要断电重启,严重时会导致系统中关键大规模集成电路烧毁,对系统性能产生致命影响,因此从保证宇航型号可靠性出发,要求选用的器件不能发生单粒子硬错误。将器件单粒子硬错误的 LET 阈值定为 75MeV·cm²/mg。这是考虑空间 LET 值为 37MeV·cm²/mg 的

粒子存在,RDM 取 2,单粒子硬错误 LET 阈值定为 75MeV·cm²/mg,另外考虑 LET 值为 37MeV·cm²/mg 空间粒子 60°倾斜入射,有效 LET 值为 75MeV·cm²/mg。

器件单粒子硬错误指标需要在加速器上考核。目前,我国加速器不能提供满足要求的粒子,即 LET 值为 75MeV·cm²/mg,射程大于 30μm,可提供 LET 值为 65MeV·cm²/mg 的粒子。

给出的器件单粒子硬错误指标见表 9 - 12。

表 9 - 12　单粒子硬错误指标

级　别	抗 SEL,SEB,SEGR 指标	适用宇航型号
1	LET 阈值≥75MeV·cm²/mg,通过 65MeV·cm²/mg 考核,可接受	所有宇航型号

9.6　电离总剂量辐照试验

9.6.1　电离总剂量试验原理

研究发现,在工程上可接受的近似情况下,器件因电离总剂量效应而出现的性能退化与吸收的累积电离总剂量有关,与辐射粒子的种类无关。在实验室采用一种辐射粒子或射线进行辐照试验,来等效模拟空间辐射环境中的电离总剂量损伤。这就是电离总剂量试验的等效性原理。

9.6.2　电离总剂量辐照试验流程和方法

1. 试验流程

电离总剂量辐照试验一般流程如图 9 - 52 所示。

2. 试验样品抽样

电离总剂量辐照试验为破坏性试验,因此,电离总剂量辐照试验是抽样进行的。

器件的电离总剂量效应与生产工艺有关,任何工艺的改变均可能对总剂量效应产生影响。因此,总剂量试验是按晶圆批考核的试验项目。国家军用标准 GJB 597《半导体集成电路总规范》,将辐照试验定义为 S 级微电路质量一致性检验的 E 组检验项目。

试验样品抽样方案与试验目的有关。对于鉴定试验,GJB 597 规定抽样样品的数量为 22 只/批(B 级),或 4 只/晶圆(S 级)。

对于评估试验,航天行业标准 QJ10004《宇航用半导体器件总剂量辐照试验方法》规定抽样样品数量至少为 5 只。要求有对比测试样品,对比样品不进行辐照,每次和辐照样品一起进行测试。

试验样品必须是合格品。并且,试验样品应经过高温老炼试验。这是因为有的器件存在"辐照前高温老炼效应",即器件经过高温老炼后辐照,产生的辐射损伤更大。

3. 辐射源及剂量率选择

空间辐射环境是由电子、质子和重离子等组成的,空间重离子的总注量相对较低,对电离总剂量效应的贡献少,可以忽略不计。空间电离总剂量效应主要是由电子和质子引起的。

在实验室通常采用 Co-60γ 射线作为辐射源,进行元器件电离总剂量辐照试验。

Co-60 为放射性元素,它发射出能量为 1.73MeV 和 1.332MeV 的光子(称为 γ 射线),半衰期为 5.27 年。

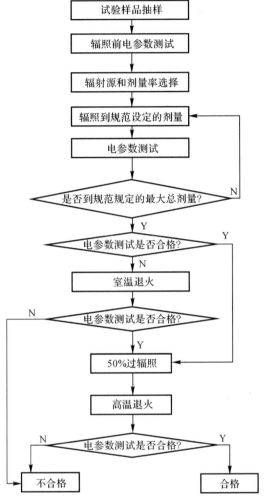

图 9-52　器件辐照试验一般流程

说明:对于双极器件,无 50%过辐照和高温退火过程

利用 Co-60γ 射线进行总剂量辐照试验的示意图如图 9-53 所示。

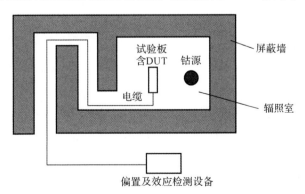

图 9-53　利用 Co-60γ 射线进行总剂量辐照试验的示意图

空间天然辐射环境中,辐射剂量率约为 0.000 3～0.003rad(Si)/s。在地面用这样低的剂量率进行辐照试验,试验时间很长,工程上不可行。通常采用高剂量率进行辐照试验。但是,不同剂量率辐照,试验结果存在一定的差别,这是辐射效应机理决定的。图 9-54 所示为 NMOS 微处理器 Z80 不同剂量率试验结果。对于该器件,在高剂量率下,辐射产生的氧化物陷阱电荷导致阈值电压负漂移,引起器件失效;在中等剂量率情况下,辐射产生的氧化物陷阱电荷减少,而界面态相对增多,在 1rad(SiO$_2$)/s 剂量率下,从阈值电压的漂移量可以看出,两者作用接近抵消,因而失效剂量相对较高;在低剂量率下,界面态引起阈值电压正漂移,导致器件失效。

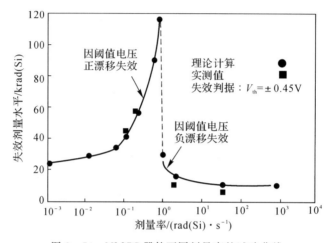

图 9-54　NMOS 器件不同剂量率的试验曲线

鉴于不同剂量率辐照得到的失效剂量可能不同,必须规定辐照试验剂量率。规定辐照剂量率,还有利于对来自不同机构的辐照试验数据进行比较。

QJ10004 给出的剂量率范围见表 9-13。

表 9-13　QJ10004 规定的总剂量辐照剂量率范围

条　件	剂量率	适用的器件类型
条件 A	0.01～0.1Gy(Si)/s 0.5～3Gy(Si)/s	MOS、双极器件
条件 B	0.000 1～0.001Gy(Si)/s	MOS、双极器件
条件 C	不大于 0.000 1Gy(Si)/s	双极器件
条件 D	参与试验各方均同意的剂量率	MOS、双极器件

器件的剂量率效应与制造工艺有关。对于非加固器件,通常氧化物陷阱电荷主导器件辐射响应,失效模式主要是静态功耗漏电流超差,对于这样的非加固器件,存在明显的剂量率效应,即高剂量率辐照失效剂量小于低剂量率辐照。非加固商用器件 ID82C55A-5 静态功耗电流随累积剂量和剂量率的变化曲线如图 9-55 所示。从试验数据可看出,被试器件在高剂量率下静态功耗电流的上升要明显高于低剂量率下电源电流上升。

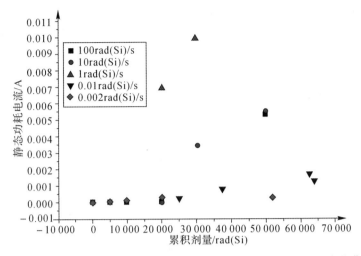

图 9-55　ID82C55A-5 静态功耗电流随不同剂量率和累积剂量的变化曲线

经过有效加固的器件,辐射诱生的氧化物陷阱电荷和界面态均比较少,因此,加固器件剂量率效应不显著。加固 CC4007 的 P 管阈值电压随辐照剂量率及累积剂量的变化如图 9-56 所示。从试验数据可看出,该器件 P 管阈值电压在高剂量率和低剂量率下变化趋势基本相同,不存在明显的剂量率效应。

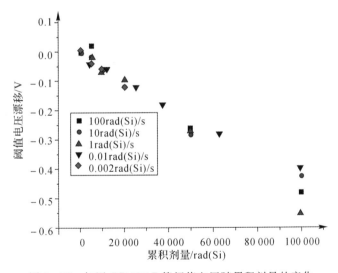

图 9-56　加固 CC4007 P 管阈值电压随累积剂量的变化

须特别指出的是,部分双极器件在低剂量率下辐照,造成的辐射损伤比高剂量率辐照严重,即存在低剂量率增强效应。对存在低剂量率增强效应的器件,无法采用高剂量率辐照到一定剂量后,再施加高温或室温退火的办法来等效模拟,根据高剂量率辐照试验得到的评估数据进行双极器件选用和加固设计,对宇航型号存在安全隐患。双极运算放大器 LM108H(生产厂:NS,批次 H06AD)不同剂量率辐照试验结果证明这一点。辐照剂量率为 0.002rad(Si)/s,0.01rad(Si)/s,1rad(Si)/s,10rad(Si)/s,100rad(Si)/s。LM108H 的反相输入端偏置电流随剂量率和累积剂量的变化曲线如图 9-57 所示。由试验结果可见,在低剂量率下辐照,运算放大器 LM108H 的反相输入端偏置电流退化比高剂量率下的严重,即存在低剂量率增强效应,当累积剂量达到 100krad(Si)时,低剂量率 0.01rad(Si)/s 下辐射导致的反相输入端偏置电流减小量是高剂量率 100rad(Si)/s 下辐射导致的反相输入端偏置电流减小量的 4 倍,低剂量率 0.002rad(Si)/s 下辐射导致的反相输入端偏置电流减小量是高剂量率 100rad(Si)/s 下辐射导致的反相输入端偏置电流减小量的 4.4 倍。

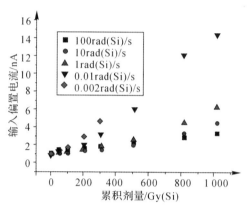

图 9 - 57　LM108H 负偏置电流随剂量率和累积剂量的变化曲线

对于双极器件低剂量率增强效应的加速评价方法,国内外正在研究开发中,已经提出一些对部分器件有效的办法,如高温辐照、变剂量率辐照等。目前,优先推荐在低剂量率下进行辐照试验。

4. 辐照偏置选择

辐照偏置指辐照过程中器件的加电情况。辐照偏置对辐射产生的退化有很大影响,这是由总剂量效应机理决定的。如图 9 - 58 所示,一个多晶硅栅 MOS 管辐照 500krad(SiO₂)由氧化物陷阱电荷和界面态引起的阈值电压漂移。在高的电场下,随电场强度增加,氧化物陷阱电荷和界面态引起的阈值电压漂移降低,因为随着电场强度增加,空穴的俘获截面降低。在低电场下,氧化物陷阱电荷和界面态引起的阈值电压漂移小,因为辐射产生的电子—空穴对复合的多,电荷产额少。在中等电场强度下,氧化物陷阱电荷和界面态产生的阈值电压漂移最大。

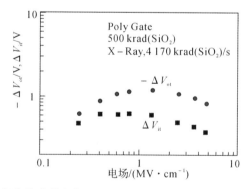

图 9 - 58　氧化物陷阱电荷和界面态引起的阈值电压漂移与电场的关系

为了确保辐照试验结果适用于所有应用状态,通常要求在最劣偏置下进行辐照试验。使器件产生最大辐照退化的偏置为最劣偏置。在实际操作中,选择最劣偏置通常是困难的。这是因为栅氧化层和场氧化层的厚度不是理想的单一厚度,是在一个厚度范围内变化,产生最大漏电流的薄弱位置会有所不同,且随外加电压变化,因此,很难给出具有普适性的最劣偏置条件。

对于 MOS 器件,对于场氧化层寄生漏电流为主的器件,最劣偏置是使场氧化层漏电流最大的偏置,即最高工作电压。因此,对于 MOS 器件,通常选择加偏置辐照。

对于双极器件,有时不加偏置辐照时,器件退化更严重。这是因为不加电时,输入管 PN 结耗尽区比加电(正偏)时大。图 9-59 所示为 CMOS 工艺的 CAN 总线器件 SJA1000 不同偏置辐照试验结果,该器件不加偏置辐照,器件静态功耗电流几乎没有变化;加偏置辐照,器件静态功耗电流随累积剂量增加,退化严重。图 9-60 所示为双极器件 X1525 总剂量辐照试验结果,该器件不加偏置辐照,失调电压 V_{os} 电参数退化更严重。工程上,通常采用两种偏置对双极器件进行电离总剂量辐照试验,分别是加电和不加电,即双极器件采用加电和不加电两种辐照偏置。

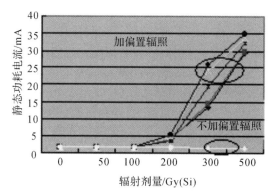

图 9-59　SJA1000 加偏置和不加偏置辐照中静态功耗电流变化

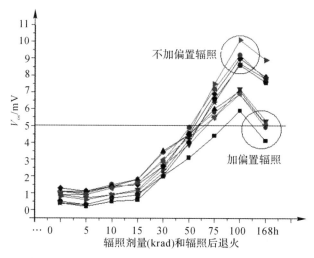

图 9-60　X1525 不同偏置辐照失调电压 V_{os} 退化情况

为了确保评估试验结果具有针对性和普适性,若无法确定最劣偏置,一般要求基于应用电路进行辐照试验,或通过摸底试验确定最劣偏置条件。

5.辐射效应测量

总剂量试验中,可采用两种方法进行器件响应特性的测试,分别是移位测试和辐照过程中测试。

(1)移位测试。将器件从辐照位置移开后进行电参数和功能测试。辐照前先测试器件电性能,然后将器件放置在电离辐射环境中辐照到要求的累积剂量后,将器件从辐射位置取出,再进行电性能测试,以确定器件的电性能变化。为确定器件在不同累积剂量的响应,需要多次将试验样品从辐射场中取出进行测试。

移位测试可以利用大规模集成电路全参数自动测试系统进行,实现对器件的全参数和功能测试,测试参数全、测试精度高,且不需要单独开发测试系统。

移位测试存在辐射损伤退火现象。辐射产生的缺陷经过一定时间后,会再次复合、消失。为了降低退火效应的影响,对于移位测试,须限制为测试目的而中断的辐照时间,目前的标准规定,从停止辐照到开始测试的时间应小于1h,从完成测试到再次辐照的时间应小于1h,从停止辐照到完成测试又重新开始辐照的时间应在2h内。大规模集成电路全参数测试需要专门的测试系统,而辐照试验现场通常难以实现,需要将试验样品移到远离辐射源的大规模集成电路测试系统上进行测试。考虑到工程可行性,新的标准允许用干冰环境,使试验样品温度不高于−60℃,从停止辐照到开始测试的时间可延长到72h,从完成测试到再次辐照的时间可延长到72h,但从停止辐照到再次辐照的总时间间隔不允许超过120h。

(2)辐照过程中测试。在器件被辐照过程中,持续进行电参数或功能测试。

辐照过程中测试,可以实时测量器件的辐射响应,解决移位测试存在辐射损伤退火的问题。但原位测试通常难以实现全参数测试。原位测试应对系统中的辐射敏感器件进行充分屏蔽,避免非被试器件受到辐射损伤,影响对被试器件的测试。

需要根据试验对象和试验目的,选择合适的测试方式。

6.退火效应及退火处理

许多器件辐射响应呈现与时间有关的特性,有时也称为退火效应。用远高于空间环境辐射的高剂量率辐照,辐照试验结束后,即使在存储条件下,器件辐射损伤在相当长的时间内可能恢复或进一步退化。如果不充分考虑退火效应,会得出错误结论。

考虑到退化效应机理的存在,目前的辐照试验标准规定了器件辐照后进行室温退火试验的要求;对于 MOS 器件,还规定了辐照后高温退火试验的要求。现在给出辐射效应退火的机理。

(1)室温退火的机理。从理论上讲,辐射产生的氧化物陷阱电荷具有产生速率较快、退火也较快的特点,辐照相同的累积总剂量,低剂量率辐照时间长,而高剂量率辐照时间短。低剂量率辐照,由于辐照时间长,部分氧化物陷阱电荷发生退火而消失。高剂量率辐照,由于辐照时间短,与低剂量率辐照比,氧化物陷阱电荷退火相对少些。对于一些非加固器件,氧化物陷阱电荷主导辐射效应,对于这样的器件,高剂量率辐照,氧化物陷阱电荷的影响显著,用高剂量率辐照试验结果代表低剂量率辐照试验结果,存在高估氧化物陷阱电荷在空间低剂量率环境下作用的可能,为了减少高剂量率辐照高估氧化物陷阱电荷的影响,对这样的器件进行高剂量率辐照后,应进行室温退火,减少氧化物陷阱电荷的影响,以便达到接近空间低剂量率辐照的效果。

理论上,室温退火时间可以等于实际应用的时间。

室温退火对 MOS 器件和双极器件均适用。

(2)高温退火的机理。与氧化物陷阱电荷产生和退火速率不同,界面态产生速率慢,消失的也慢。有试验表明,停止辐照后,界面态仍可长时间生长,甚至 10 年后仍有界面态的生长。在高剂量率辐照条件下,由于辐照时间短,界面态可能还未完全生长出来,用高剂量率辐照试验结果,代表低剂量率辐照试验结果,可能低估界面态的影响。研究表明,高温退火处理可加速界面态的生长。图 9-61 所示为 CMOS 器件 CC4082 辐照中及辐照后高温退火过程中 N 沟管阈值电压变化情况。从图可以看出,随辐照剂量增加,阈值电压负漂移,但高温退火后,阈值电压正漂移。原因是高温退火,促进界面态的产生,界面态使 N 沟管阈值电压正漂移。界面态引起的阈值电压正漂移可能超过电源电压,导致器件因阈值电压过大而无法开启,造成器件功能失效。

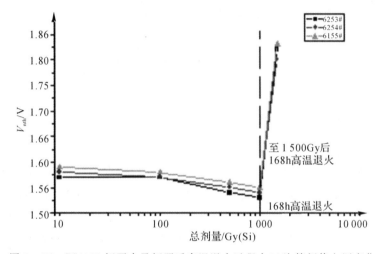

图 9-61 CC4082 辐照中及辐照后高温退火过程中 N 沟管阈值电压变化

因此,对于高剂量率辐照试验样品,还应进行高温退火处理,评估界面态的影响。

试验研究表明,100℃,168h 的退火,大致等效室温 10 年时间界面态生长情况。目前国内外标准均规定 MOS 器件应进行 100℃,168h 高温退火处理。

7.辐照后电参数测量判据

器件辐照后应进行参数测试和功能测试。

对于器件鉴定试验,应根据产品详细规范规定的电参数测试条件和判据进行辐照前后的电参数测试,同时进行功能测试。

辐照后允许器件电参数发生的漂移量即为辐照失效判据,失效判据与电路设计有关,应根据试验目的,确定辐照失效判据。

针对应用系统的辐照评估试验,可根据电路使用要求,确定失效判据。

9.6.3 总剂量辐照试验标准

国内外制定了一些电离总剂量辐照试验标准,见表 9-14。这些标准的试验原理相同,其主要不同点是面向的服务对象不同,如 GJB 548 和 MIL-STD-883 方法主要面向元器件生产厂,而 QJ10004 和 ESCC 22900 主要面向工程型号以及考虑可操作性,在试验流程和试验条件上稍有差别。

对于宇航用元器件抗辐射保证,建议采用面向工程型号的宇航或航天行业标准。

表 9 - 14 国内外相关电离总剂量辐照试验标准

标准号	标准名称
GJB 548 方法 1019	电离辐射(总剂量)试验程序
GJB 5422	军用电子元器件 γ 射线累积剂量效应测量方法
GJB 762.2	半导体器件辐射加固试验方法 γ 总剂量辐照试验
QJ10004	宇航用半导体器件总剂量辐照试验方法
Q/W809	航天器用半导体集成电路总剂量辐照试验方法
MIL - STD - 883 方法 1019	电离总剂量辐照试验方法
ESCC 22900	稳态总剂量辐照试验方法
MIL－HDBK－814	微电路离子剂量和中子加固保证指南

9.6.4 典型大规模集成电路总剂量辐照试验

1. Flash 存储器总剂量辐照试验

电离总剂量效应会造成 Flash 存储器漏电流增大、存储信息丢失等,甚至产生部分坏块。NASA JPL 实验室 D. N. Nguyen 等对 2G Flash 存储器(K9F2GO8UOM)进行的辐照试验表明,器件在累积剂量达到 20krad(Si)后出现一些坏块,并随累积剂量的增大逐渐增多;T. R. Oldham 等对 4GFlash 存储器(K9F4G08U0A)进行的辐照试验表明,器件在累积剂量达到 75krad(Si)后出现部分数据丢失,重新配置刷新后,没有错误产生,100krad(Si)后出现功能失效;ESA ESTEC 在 2004 年发布的一项辐照试验报告中显示 Flash 存储器抗辐射性能存在差异性,抗电离总剂量能力从 10krad(Si)－20krad(Si)不等。

为了解 Samsung Flash 存储器 K9XXG08UXA 系列产品的抗电离总剂量辐射能力,对 Samsung 生产的大容量 Flash 存储器 K9XXG08UXA 进行了电离总剂量辐照试验,相关信息如下:

(1)试验样品。K9K8G08UOA(8G)和 K9WAG08U1A(16G)各 3 只。

(2)辐射源、剂量率。采用钴-60γ 射线源,在 0.1rad(Si)/s 的剂量率对样品进行辐照。

(3)辐照偏置和电测试。辐照试验前器件写入代码"AA",试验过程中器件采用静态偏置,采用电流表监测静态功耗电流,定期进行读写测试,判断存储单元信息是否丢失和读写功能是否正常。

(4)试验结果。

1)当辐照累积剂量为 30 krad(Si)时,所有样品静态电流没有显著变化,存储器数据完整,没有新的坏块产生,读取和写入功能正常。

2)当辐照累积剂量为 50 krad(Si)时,所有样品静态电流没有显著变化,K9K8G08U0A 存储器数据完整,没有坏块产生,读取和写入功能正常,K9WAG08U1A 存储器中有 1 只样品部分数据丢失,重新配置刷新后,数据读取无误,没有新的坏块产生,读取和写入功能正常;其他

2 只样品数据完整,没有新的坏块产生,读取和写入功能正常。

对于辐照累积剂量达到 50 krad(Si)时,1 只 16G Flash 存储器部分存储单元数据"1"被改写为"0"。分析认为原因之一是存储单元漏电导致。Flash 存储器的使用寿命决定于其存储单元的数据保持力,即浮栅结构的漏电特性。电离辐射可以致使器件浮栅结构中氧化层的正电荷缺陷增多,从而可以俘获更多电荷,使浮栅结构中隧道氧化物的绝缘性能下降,漏电流增大,从而形成浮栅内电荷泄漏的路径。

2. SRAM 型 FPGA 总剂量辐照试验

电离总剂量效应会引起 SRAM 型 FPGA 功耗电流增大,时间延迟增加等。试验表明,部分器件可能存在电源启动异常现象。对来自五个研制单位的 30 万门 SRAM 型 FPGA 进行了电离总剂量试验。试验结果证实了这一点。试验信息如下:

(1)试验样品。试验样品分别来自 A,B,C,D,E 5 个生产厂生产的 30 万门 SRAM 型 FPGA,样品信息详见表 9－15。

表 9－15　试验样品基本信息

研制单位	型号规格	特征尺寸	制造工艺	内核,I/O 电压	样品数量
A	XA300	$0.25\mu m$	外延 CMOS	2.5V/3.3V	12[①]
B	XB300	$0.22\mu m$	外延 CMOS	2.5V/3.3V	12[①]
C	XC300	$0.25\mu m$	体硅 CMOS	2.5V/3.3V	12[①]
D	XD300	$0.18\mu m$	外延 CMOS	1.8V/3.3V	12[①]
E	XQVR300	$0.22\mu m$	外延 CMOS	2.5V/3.3V	1

注[①]:11 只样品进行辐照试验,1 只样品不辐照,用于对比电测试。

(2)辐射源。辐射源为 ^{60}Co γ 射线源,剂量率 0.1rad(Si)/s。

(3)辐照偏置条件。辐照前,对器件进行了配置,配置后内部资源使用率情况如下:可编程逻辑模块使用率为 90%;块存储器使用率为 50%;输入输出管脚使用率为 100%;延时锁定环路模块使用率为 100%。I/O 端口信号设定为 LVTTL 模式;电源端连接规定的电源电压(V_{CCO},V_{CCINT}),地端接地,输入端串联 1kΩ 电阻后,依次交替连接电源 V_{CCO} 和地端,输出端悬空。

(4)电测试。采用移位测试方式对试验样品进行辐照前、辐照后及退火后电测试。利用测试系统进行全参数和功能检测。

(5)试验结果及分析。

1) XA300 试验结果。

a. 辐照累积剂量 30krad(Si)后,1 只样品低电压数据保持测试未通过,其他样品均合格。

b. 辐照累积剂量 50krad(Si)后,样品的输入漏电流、Vref 管脚电流、静态功耗等参数超差;上电启动电流增加,将内核电流限定值由 1A 改为 1.5A,可配置成功。

c. 辐照累积剂量 50krad(Si)后进行室温退火,样品漏电流、静态功耗电流等参数有所恢复。

d. 辐照累积剂量 100krad(Si)后,电参数超差,内核电源电流限定值放宽至 3A,不能配置成功。室温退火后,测试结果与退火前相同。XA300 试验结果详见表 9－16。

表 9 - 16   XA300 试验结果

序　号	试验步骤	参数测试结果	配置功能检测
1	辐照前	全部参数合格	配置成功
2	30krad(Si)	样品参数超差	配置成功
3	50krad(Si)	样品参数超差	内核电源电流最大限定为 1.5A 时,配置成功
4	室温退火	样品参数超差	内核电源电流最大限定为 1.5A 时,配置成功
4	100krad(Si)	无法测试	内核电源电流最大限定为 3A 时,不能配置成功
5	室温退火	无法测试	内核电源电流最大限定为 3A 时,不能配置成功

2) XB300 试验结果。器件辐照累积剂量 30krad(Si),50krad(Si),100krad(Si)以及增加 50%累积剂量高温退火后,XB300 全部样品测试合格。试验结果详见表 9 - 17。试验过程均配置成功。

表 9 - 17   XB300 试验结果

序　号	试验步骤	全参数检测和功能检测
1	辐照前	全部参数合格,功能正常
2	30krad(Si)	全部参数合格,功能正常
3	50krad(Si)	全部参数合格,功能正常
4	100krad(Si)	全部参数合格,功能正常
5	室温退火	全部参数合格,功能正常
6	高温退火	全部参数合格,功能正常

3)XC300 试验结果。器件辐照累积剂量 30krad(Si)/50krad(Si)/100krad(Si)后,全参数测试和功能测测合格。

4)XD300 试验结果。器件辐照累积剂量 30krad(Si)/50krad(Si)/100krad(Si)以及增加 50%累积剂量高温退火后,样品测试合格。内核电源电流最大限定为 1A 时,均配置成功。

5)XQR300 试验结果及分析。XQVR300 辐照累积剂量 30krad(Si)后,全参数测试和功能测试均合格;辐照累积剂量 50krad(Si)/100krad(Si)以及室温退火后,参数超差,内核电源电流限定值放宽后,可配置成功。XQVR300 试验结果见表 9 - 18。

表 9 - 18　XQVR300 试验结果

序　号	试验步骤	测试测试	配置功能检测
1	辐照前	参数合格	配置成功
2	30krad(Si)	全部参数合格	配置成功
3	50krad(Si)	参数超差	内核电源电流最大限定为 1.5A 时,配置成功
4	100krad(Si)	参数超差	内核电源电流最大限定为 3A 时,配置成功
5	室温退火	参数超差	内核电源电流最大限定为 2.5A 时,配置成功

　　辐照试验结果表明,部分 SRAM 型 FPGA 随辐照累积剂量增加,器件上电电流可能增加,需要的配置电流更大,如果系统供电能力不足,器件将无法配置到所需的功能状态。

9.7　位移辐照试验

9.7.1　试验原理

　　研究表明,在工程可接受的近似情况下,不同种类的粒子辐照至相同位移损伤剂量时,对器件造成的位移损伤相同,与粒子的种类和能量无关。对空间连续谱辐射粒子产生的位移损伤,在地面实验室可用一种能量的粒子辐照试验来等效模拟。这是位移损伤等效试验的原理。

　　空间连续谱粒子的位移损伤剂量由下式计算得出:

$$\text{DDD} = \int_{E_{\text{MIN}}}^{E_{\text{MAX}}} \text{NIEL}(E) f(E) \, \text{d}E \qquad (9-13)$$

式中,DDD 为空间粒子产生的位移损伤剂量;$\text{NIEL}(E)$ 为能量为 E 的粒子非电离能损;$f(E)$ 为空间粒子微分能谱;E_{MAX} 和 E_{MIN} 分别为空间粒子最大能量和最小能量。

　　对连续谱空间粒子产生的位移损伤,在地面实验室采用一种能量的质子或中子进行模拟试验,试验用粒子注量为 $\Phi(E_1)$,有

$$\Phi(E_1) = \text{DDD}_{\text{spec}} / \text{NIEL}(E_1) \qquad (9-14)$$

式中,DDD_{spec} 为宇航型号用器件位移损伤指标要求;$\text{NIEL}(E_1)$ 为能量为 E_1 的试验用粒子的非电离能损。

9.7.2　位移试验流程和方法

1. 位移试验流程

典型位移试验流程如图 9 - 62 所示。

2. 试验样品准备

位移试验为破坏性试验项目,因此,位移试验是抽样进行的。应根据试验目的或相关标准或详细规范的规定,确定试验样品数量。

为了定量评估位移损伤,辐照试验前,应对试验样品开帽。如果试验粒子能量足够高,具有足够长的射程,入射粒子在穿过器件封装材料过程中的能量降低可以忽略,如少于10%,则试验样品可以不开帽。选用中子作为辐射源时,通常不需要开帽。选用质子作为辐射源时,通常需要开帽。

3. 辐射源选择

(1) 辐射源种类和粒子能量的选择。可以选择质子和中子进行位移试验。宇航型号内部器件的位移损伤剂量主要是质子引起的,推荐选择质子源,可以用中子源。

在空间环境中,质子是连续能谱,大部分质子能量在0.1～400MeV范围。试验发现,位移损伤剂量等效试验原理不总是成立的,原因是,对于有的材料,在一定的能量范围内,位移损伤剂量和造成的位移损伤呈现非线性变化关系,并且该非线性变化规律不仅与入射材料有关,还与入射粒子种类有关。

质子在硅中的非电离能损和位移损伤因子与质子能量的关系如图9-63所示。可以看出,对于硅器件,在4～200MeV,非电离能损与器件损伤因子基本呈线性变化关系,因此,对于硅器件,理论上可以选择该范围内任意能量的质子进行辐照试验。

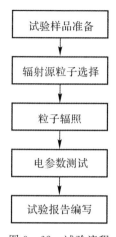

图9-62　试验流程

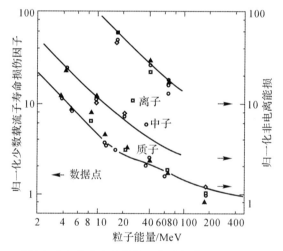

图9-63　质子在硅中的非电离能损和位移损伤因子与质子能量的关系

质子在GaAs中的非电离能损和损伤因子的关系如图9-64所示。可以看出,对于GaAs器件,在5～50MeV,非电离能损和损伤因子呈线性关系,高于该能量范围,非电离能损和损伤因子偏离线性关系,因此,对于GaAs器件,选择50MeV以下质子进行位移试验比较合适。

HgCdTe非电离能损和扩散长度损伤系数与入射质子能量的关系如图9-65所示。可以看出,对于HgCdTe器件,在7～50MeV,非电离能损和器件损伤因子基本呈线性关系变化,高于该能量范围,非电离能损和损伤因子偏离线性关系,因此,选择50MeV以下的质子进行位移试验较为合适。

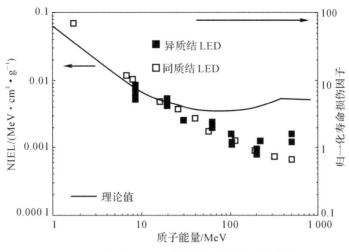

图 9 - 64　质子在 GaAs 中的非电离能损和损伤因子

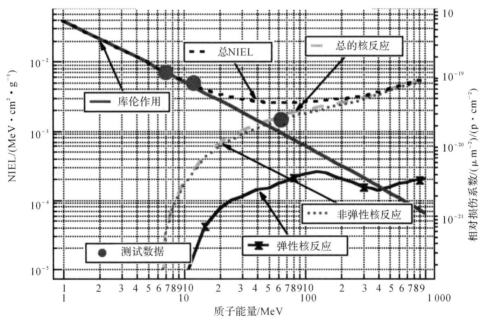

图 9 - 65　HgCdTe 非电离能损和扩散长度损伤系数与入射质子能量的关系

　　另外,还需要根据宇航型号内部质子能谱分布,选择合适能量的质子进行位移试验。图 9 - 66所示为低地球轨道和地球同步轨道宇航型号内部质子微分能谱。应根据宇航型号内部质子能谱分布,在 10～100MeV 能量范围选择质子进行位移损伤试验比较合适,推荐选择 60MeV 质子进行试验。

　　(2)辐照注量和注量率选择。辐照总注量是由器件抗位移损伤指标决定的,器件抗位移损伤指标根据轨道参数、寿命及任务要求确定,常用 10MeV 质子或 1MeV 中子等效注量描述器件的位移损伤指标。

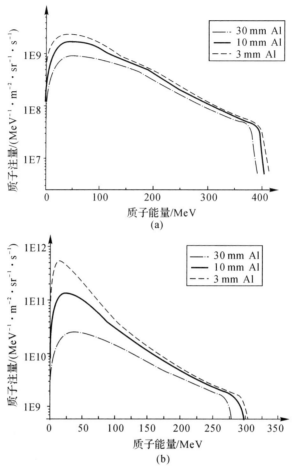

图 9-66　宇航型号内部的质子微分能谱

(a)低地球轨道(400km/43°)1 年；　(b)地球同步轨道(3 600km/0°)10 年

根据粒子的非电离能损,可以进行不同种类粒子或不同能量粒子等效注量的转换,有

$$\Phi(E_2)=\Phi(E_1)\times \mathrm{NIEL}(E_1)/\mathrm{NIEL}(E_2) \qquad (9-15)$$

式中,$\Phi(E_1)$,$\mathrm{NIEL}(E_1)$ 为能量为 E_1 的粒子的辐照注量和非电离能损;$\Phi(E_2)$,$\mathrm{NIEL}(E_2)$ 为能量为 E_2 的粒子的辐照注量和非电离能损。

辐照注量率对位移损伤效应影响不大。建议在 $10^6 \sim 10^8$ 个/(cm²·s)注量率范围内进行辐照。

4.粒子辐照

从理论上讲,位移损伤与加电偏置条件无关。因此,位移损伤试验不要求加电偏置。

试验数据也证实了这一点。在加电和不加电条件下,对光电耦合器 GH302 用 20MeV 质子辐照,电流传输比 CTR 变化如图 9-67 所示。可以看出,加电辐照与不加电辐照,器件电参数变化无明显差别。

5.电参数测试

辐照前后的电参数测试应在同一测试系统上进行,且测试项目的顺序和测试条件应保持不变。

可采用移位测试,或原位测试。

若采用移位测试,只有在对试验样品进行放射性检查合格后,才能将样品移走进行测试。

在电参数测量时,先用对比样品进行测量系统检查,测试数据和被试样品的测试数据一起保存。

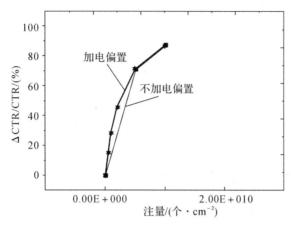

图 9-67　加电和不加电下用 20MeV 质子辐照 GH302 光电耦合器 CTR 变化

9.7.3　位移试验标准

国内外编制了一些有关位移损伤试验规范或指南,主要有:

(1)GJB 548 方法 1017 中子辐照;

(2)Q/QJA20009-2012 宇航用光电器件位移试验方法;

(3)MIL-STD-883 方法 1017 中子辐照;

(4)NASA/GSFC《质子试验指南的制定教程》;

(5)NASA/GSFC《卫星设计师用 CCD 辐射效应和试验方法》。

9.7.4　位移试验装置

国内常用的位移试验装置有以下几种。

1.加速器

中国原子能科学研究院的 $2\times13MV$ 串列静电加速器,可提供 $5\sim25MeV$ 质子。注量率范围为 $10^3\sim10^{10}/(cm^2 \cdot s)$。

北京大学重离子物理研究所的 $2\times6MV$ 串列静电加速器,可提供 $2\sim10MeV$ 质子。注量率范围为 $10^6\sim10^8/(cm^2 \cdot s)$。

2.中子源

(1)总装 21 试验基地研究所脉冲反应堆。总装 21 试验基地研究所脉冲反应堆可提供等效 1MeV 中子,其主要指标:

1)中子/γ 比:$6.1\times10^9 cm^{-2} \cdot rad^{-1}$。

2)注量率范围:$10^8\sim10^{13}/(cm^2 \cdot s)$。

(2)中国工程物理研究院脉冲反应堆。中国工程物理研究院脉冲反应堆可提供等效 1MeV 中子,其主要指标:

1)中子/γ 比:$1.1 \times 10^{10} \text{cm}^{-2} \cdot \text{rad}^{-1}$。

2)注量率范围:$10^6 \sim 10^{12}/(\text{cm}^2 \cdot \text{s})$。

国内可选择的辐射源见表 9-19。

表 9-19 国内辐射源

辐射源单位	辐射源类型	粒子	粒子能量
中国原子能科学研究院	串列静电加速器	质子	$10 \sim 25\text{MeV}$
北京大学	串列静电加速器	质子	10MeV
总装 21 基地研究所	反应堆	中子	等效 1MeV 中子
中国工程物理研究院	反应堆	中子	等效 1MeV 中子

国外可选择的质子加速器:瑞士圣保罗研究所回旋加速器,可直接获得的质子能量范围为 $60 \sim 260\text{MeV}$,用降能器可获得能量低于 60MeV 的质子。

9.7.5 CCD 不同辐射源辐照试验

位移效应会导致 CCD 转移效率下降、暗信号增加。以 TDI CCD 为对象,进行了不同辐射源辐照试验,包括质子、γ 射线,试验获得了被试器件的辐照试验数据,分析讨论了位移损伤效应对 CCD 的影响。

1. 试验样品

试验样品为 TDI CCD IL-E2-0512B,有 512 个像元,96 级。像元尺寸为 $13\mu\text{m} \times 13\mu\text{m}$。器件最高输出频率为 20MHz,采用埋沟 CCD 移位寄存器。器件封装形式为陶瓷、双列直插、玻璃窗口。

为了消除 CCD 顶盖上的玻璃窗口对入射粒子能量的吸收,保证照射到芯片上的质子能量,质子辐照试验前去掉了 CCD 顶盖上的玻璃窗口。

2. 辐照偏置

质子辐照中,器件不加偏置,各引出脚短接。

γ 射线辐照时,器件加偏置。样品偏置状态如下:V_{DD} 接 14V,V_{SET} 接 7V,所有的 C,T_{CK},C_R,V_{SS},R_{ST} 通过 $10\text{k}\Omega$ 电阻接 0V,所有的 V_{OV},V_{BB},C_{SS} 通过 100Ω 电阻接 0V。

3. 辐射源和辐照剂量

质子辐照试验在中国原子能院串列静电加速器上进行,质子能量为 10MeV。注量率约为 10^6 个/$\text{cm}^2 \cdot \text{s}$。

辐照到 10^9 质子/cm^2,3×10^9 质子/cm^2,10^{10} 质子/cm^2,3.4×10^{10} 质子/cm^2,10^{11} 质子/cm^2 累积质子注量时,进行参数测试。

γ 射线电离总剂量辐照试验在北京师范大学钴源进行,剂量率为 10rad(Si)/s。辐照到 0krad(Si),7krad(Si),20krad(Si),50krad(Si),70krad(Si),100krad(Si) 累积剂量时,进行参数测试。

4. 试验数据

质子辐照到 10^{10} 个质子/cm^2 时,CCD 参数超差失效,失效参数为暗信号;质子辐照到 10^{11} 个质子/cm^2 时,CCD 功能失效。

γ射线辐照累积剂量 70krad(Si)时,CCD 参数失效;辐照累积剂量 100krad(Si)时,CCD 功能失效。

5. 试验数据分析

计算低地球轨道(500km/500km/28°)和地球同步静止轨道(35 780km/0°)一年的电离总剂量和位移损伤剂量,计算结果见表 9－20。计算中,辐射环境模型取 AE8MIN,AP8MIN 和 JPL1991 年太阳耀斑质子。卫星屏蔽厚度取 3mm 铝。

表 9－20　低地球轨道(500km/500km/28°)和地球同步静止轨道(35 780km/0°)一年的辐射剂量

轨　道	位移损伤注量 等效 10MeV 质子数/(cm² • 年)	电离总剂量 krad(Si)/年
500km/500km/28°	4.9×10^9	1.2
35 780km/0°	1.0×10^{10}	52

根据计算结果,在低地球轨道,对于位移损伤,2.04 年可累积位移损伤剂量 10^{10}(等效 10MeV 质子/cm²),导致 CCD 器件参数失效,但对于电离总剂量效应,需要 58.3 年累积剂量 70krad(Si),导致器件参数失效;在地球同步静止轨道,对于位移损伤,1 年可累积位移损伤剂量 10^{10}(等效 10MeV 质子/cm²),导致器件参数失效,但对于电离总剂量效应,1.3 年才累积剂量 70krad(Si),导致器件参数失效。通过分析得出,对于试验的 CCD,相对于电离总剂量效应,位移损伤会首先导致器件失效。因此,对于宇航型号用 CCD,进行辐射效应评估时,不仅要评估电离总剂量效应的影响,更要评估位移效应的影响。如果不进行位移效应评估,存在高估器件抗辐射能力的风险。

9.8　单粒子效应辐照试验

空间中的带电粒子主要通过两种方式在半导体器件中释放电荷。一是通过入射粒子的直接电离;二是通过入射粒子和器件的原子碰撞后产生的二级粒子的间接电离,这些能量沉积是导致半导体器件单粒子效应的根本原因。

高能粒子在半导体材料中传输时,由于电离和激发作用不断损失能量,最后停留在材料中。重离子在单位路径上损失的能量用$(-dE/dx)$表示,在单粒子效应研究中,常用线性能量传输(LET)表示重离子在单位路径上的能量损失,有

$$LET = \frac{dE}{dx \cdot \rho} \tag{9-16}$$

式中,ρ 为材料密度,单位是 mg/cm³;LET 单位为 MeV • cm²/mg。

质子可以通过两种方式引起 SEU。首先直接电离引起 SEU,质子的最大 LET 值较低,约为 0.45MeV • cm²/mg,中小规模集成电路的 SEU LET 阈值通常大于该值,因而质子直接电离不足以引起器件 SEU,但是,对于大规模集成电路,SEU LET 阈值会低于 0.45MeV • cm²/mg,质子直接电离也可引起 SEU。质子主要是通过第 2 种方式引起 SEU,即核反应产物引起 SEU,质子在材料中传输时,会与材料发生核反应,核反应产生的次级重离子在材料中沉积能量,质子与硅核反应产物的 LET 值可达 15MeV • cm²/mg,可诱发单粒子效应,虽然质子与材料发生

核反应的概率很小,但是空间辐射环境中高能质子通量水平较重离子高出很多,因此高能质子引起单粒子效应不可忽视。

单粒子效应的地面模拟试验是单粒子效应研究和工程加固设计的重要支撑。单粒子效应的模拟试验研究涉及许多学科领域,如高能物理、集成电路设计和电子系统结构设计等。从基本的带电粒子与材料相互作用到复杂的混合信号电路测试都是单粒子效应模拟试验研究需要解决的问题。

一般来讲,单粒子效应模拟试验研究的主要目的有以下三方面。

(1)了解高能带电粒子和半导体器件材料相互作用机理。

(2)了解单粒子效应引起器件或电路发生失效或故障的机理。

(3)加固设计评估和验证试验。主要考核单个器件或电路在辐射环境中的可用性和加固设计指标是否达到,以便确定电子设备或系统在辐射环境中的使用寿命和发生故障的概率大小等。

9.8.1 试验原理

空间辐射环境由多种带电粒子构成,且是宽能谱。在实验室不可能完全模拟出空间辐射粒子谱。

研究发现,器件单粒子效应与入射粒子的 LET 密切相关,与粒子种类关系不大,具有相同 LET 的重离子,产生的单粒子效应相同。空间离子的 LET 范围在 $0 \sim 120 \mathrm{MeV} \cdot \mathrm{cm}^2/\mathrm{mg}$ 之间。在地面实验室利用较低能量的离子,但 LET 覆盖空间离子范围,进行单粒子试验,评估空间高能量离子的单粒子效应,这是空间单粒子效应地面等效模拟试验的理论基础。

重离子直接电离引起的 SEU 的试验原理是:用 i(通常要求 $i \geqslant 5$)种不同 LET 的离子,离子的有效 LET 应能覆盖被试器件从刚开始出现单粒子事件到单粒子事件达到饱和截面所相应的 LET 范围,以倾角 $\theta_{(i)}$ 入射到芯片表面,入射到芯片表面的离子总数为 $\Phi_{(i)}$,检测器件发生的单粒子事件数 $N_{(i)}$,通过试验获得器件单粒子事件 LET 阈值和饱和截面。

利用公式(9-17)和(9-18)计算 $\mathrm{LET}_{(i)\mathrm{eff}}$ 的离子照射下器件的单粒子事件截面 $\sigma_{(i)}$ 和有效 $\mathrm{LET}_{(i)\mathrm{eff}}$,有

$$\sigma_{(i)} = N_{(i)}/(\Phi_{(i)} \times \cos\theta_{(i)}) \qquad (9-17)$$

式中,i 为不同 LET 离子的种类数;$\sigma_{(i)}$ 为第 i 种 LET 离子的单粒子事件截面,单位为(cm²/位);$N_{(i)}$ 为第 i 种 LET 离子测得的单粒子事件数;$\Phi_{(i)}$ 为第 i 种 LET 离子的总注量;$\theta_{(i)}$ 为第 i 种 LET 离子的入射角,单位为度(°),有

$$\mathrm{LET}_{(i)\mathrm{eff}} = \mathrm{LET}_{(i)}/\cos\theta_{(i)} \qquad (9-18)$$

式中,$\mathrm{LET}_{(i)\mathrm{eff}}$ 为以 θ 角入射的第 i 种 LET 离子的有效 LET 值;$\mathrm{LET}_{(i)}$ 为第 i 种 LET 离子的 LET 值。

作出单粒子事件截面 $\sigma_{(i)}$ 和入射离子 $\mathrm{LET}_{(i)\mathrm{eff}}$ 的关系曲线,如图 9-68 所示。由 σ-LET 曲线得出反映器件单粒子事件敏感性的两个关键参数:单粒子事件饱和截面 σ_{sat} 和 LET 阈值 $\mathrm{LET}_{\mathrm{th}}$。

由单粒子事件饱和截面 σ_{sat} 和 $\mathrm{LET}_{\mathrm{th}}$,结合空间辐射环境模型,可预示器件在各种空间环境中的单粒子事件率。

质子核反应产物引起的单粒子事件,与质子的能量有关,试验原理是:用 i(通常要求 $i \geqslant 5$)

种不同能量的质子,质子的能量应能覆盖被试器件从刚开始出现单粒子事件到单粒子事件达到饱和截面所相应的能量范围,获得器件单粒子事件质子能量阈值和饱和截面。

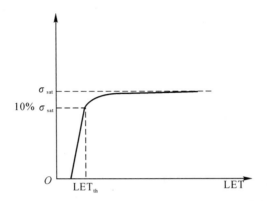

图 9 - 68　单粒子翻转截面与入射粒子 LET 关系曲线

计算不同能量质子照射下器件的单粒子事件截面 $\sigma_{(i)}$,有

$$\sigma_{(i)} = N_{(i)}/\Phi_{(i)} \tag{9-19}$$

式中,$\sigma_{(i)}$ 为第 i 种能量质子的单粒子事件截面,单位为 cm^2/器件或 cm^2/位;$N_{(i)}$ 为第 i 种质子能量测得的单粒子事件数;$\Phi_{(i)}$ 为第 i 种能量质子的总注量。

作出单粒子事件截面 $\sigma_{(i)}$ 和入射能量的关系曲线。由 σ-能量曲线,结合空间辐射环境模型,可预示器件在各种质子空间环境中的单粒子事件率。

9.8.2　单粒子试验流程和方法

1.试验流程

单粒子试验的一般流程如图 9 - 69 所示。

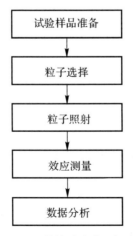

图 9 - 69　单粒子试验一般流程

2.试验样品准备

单粒子试验为破坏性试验,因此,单粒子试验是抽样进行。一般单粒子试验样品数要求不少于 3 只。单粒子试验样品辐照前须开帽,并照相记录芯片版本号。开帽后,测试合格的样品

方可进行后续试验。开帽后的样品,应注意防机械冲击、防静电等措施。

(1)样品开帽。空间辐射粒子能量极高,有很强的穿透能力,可以穿过卫星蒙皮,进入卫星内部作用于器件(敏感区),产生单粒子效应。但是,地面实验室产生的高能粒子的能量远低于空间粒子的能量,其穿透能力低,不能穿透厚的器件外壳,因此,地面单粒子模拟试验样品必须开帽,以便准确掌握射到芯片表面粒子的能量,并基于不同能量粒子的试验结果,预计空间环境的单粒子事件发生率。

目前采用的开帽方式主要有3种:①机械开帽方法,适用于陶瓷封装或金属封装的样品开帽。②强酸腐蚀法,适用于塑封器件的开帽。③背面减薄法,适用于倒装芯片单粒子试验样品制备。

1)机械开帽方法。GJB 548方法5009给出了不同陶瓷或金属封装器件的机械开帽方法:①对于焊料密封:将顶盖研磨到足够薄,再用一锐利的工具就可将顶盖切割开;②对于金属圆形封装:可用专用工具将管帽打开;③焊边封装:磨去边缘,一直到封盖足够薄,采用一锐利的工具就可将顶盖切割开;④管状封装:用锉刀或干磨法磨去卷边,以保证已恰当地靠近导体,把中心导体从卷边中松开,然后再用开帽器或磨机把器件外壳去掉;⑤焊料密封的扁平封装或双列直插封装:把样品盖板对着干式磨轮(180号砂纸),将盖板磨至足够薄,使之见到腔体凹痕,清洁样品后,用锋利工具戳破盖板并将其剥去;⑥陶瓷扁平封装推荐方法:用专用的盖板去除夹钳的刀口对盖板轻轻加压,再使氧气/丁烷火焰在样品盖板上方通过;替代方法:用锋利的刀片对准引线框架上方的密封缝,并用小榔头轻敲刀片,连续在封装四周重复这种操作,直到使密封边缝开裂,盖板松动;⑦双列直插封装推荐方法:把封装放在盖板去除夹钳的平口刀刃之间,施加适当的压力夹住密封缝区,用氧气/丁烷微火焰对封装盖板加热约5s,移开热源,并慢慢地增加对封装焊缝的压力。重复加热—施压处理,直到整个盖板完整地从密封处脱开;替代方法:在砂纸上反复地研磨盖板样品,不断研磨,并且经常用肉眼检查,直到盖板几乎已全部被磨去,再用一条胶带粘在盖板上,然后拉起胶带就可将腔体上盖板的剩余部分移去。

许多大规模集成电路采用陶瓷/金属柱栅(BGA)封装结构,其剖面如图9-70所示。该封装结构的柱栅引出端与金属盖板位于同侧,并且紧密相连,金属盖板上还覆盖与柱栅相连的陶瓷薄层。针对BGA封装结构特点,设计加工了陶瓷柱栅封装器件开帽夹具,并经过试验,对开帽流程进行优化,形成了《陶瓷柱栅封装FPGA器件开帽夹具及开帽方法》专利技术,可以完成陶瓷柱栅封装器件的无损开帽,解决了开帽过程中易对器件引出端产生损伤的问题。

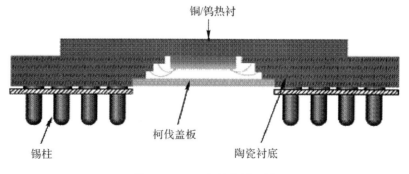

图9-70 BGA封装剖面图

2)强酸腐蚀法。一般采用化学法进行塑封器件开帽。由于单粒子效应试验样品需要器件电特性完全不受影响,因此,不能按照通常的标准进行塑封器件样品制备。塑封器件单粒子效应试验样品精细开帽技术需要从以下几方面考虑。

a. X 射线检查器件结构;

b. 开帽窗口位置、尺寸选择;

c. 化学腐蚀溶液选择;

d. 化学腐蚀时间选择;

e. 样品清洗。

3)背面减薄法。倒装焊器件需要采用背面减薄技术。倒装焊技术是在整个芯片表面按栅阵形状布置 I/O 端子,芯片直接以倒扣方式安装至布线板上,通过栅阵 I/O 端子与布线板上的电极焊盘实现电气连接,典型结构如图 9 - 71 所示。倒装焊具有焊点牢固、信号传输路径短、I/O 密度高、封装尺寸小、可靠性高等优点,成为集成电路封装领域最具发展前途的一种封装形式。越来越多的新型器件采用倒装焊封装形式。由于倒装焊器件芯片背面较厚(一般在 $600 \sim 900 \mu m$ 之间),而一般试验用粒子的射程很小,因此,在进行单粒子效应试验时,应将芯片背面减薄至 $100 \ \mu m$ 以下。倒装焊器件芯片背面减薄时,应考虑以下几方面的因素。

a. 芯片厚度的准确测量(台阶仪等);

b. 芯片减薄厚度确定(考虑试验用离子能量、射程);

c. 磨抛工具选择;

d. 芯片减薄均匀性控制。

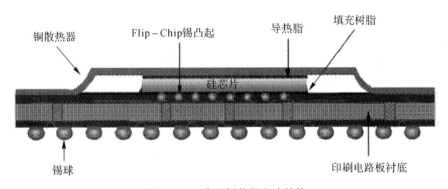

图 9 - 71 　典型倒装焊芯片结构

(2)器件芯片"死层"厚度测量。新型器件趋向于浅结工艺,但并不意味着进行单粒子效应试验用粒子的射程可以缩短。新型器件内部通常采用多层金属布线,有的器件表面有聚酰亚胺保护膜。试验粒子能量若不高,多层金属化层及聚酰亚胺膜组成的"死层"可有效阻挡试验粒子,使之无法穿越"死层"进入内部敏感区,至少可能导致 LET 发生显著变化。图 9 - 72 所示为 SRAM EDI88512(0524 批)芯片表面及剖面形貌。可以看出芯片表面有聚酰亚胺保护膜,剖面测量聚酰亚胺膜厚度为 $10 \mu m$,内部多层金属化约 $5 \mu m$(为计算方便,未考虑中间的绝缘层厚度),其中 $2.5 \mu m$ 为钨(引线孔为钨,为计算方便,将引线孔层均计算为钨)。聚酰亚胺膜加上金属化层布线厚度总计约 $15 \mu m$。

从剖面测量结果可以得出,射程短的粒子根本无法穿透该器件的"死层",因此,对该类型器件进行单粒子试验时,应分析器件结构,根据"死层"厚度选择足够射程的粒子。

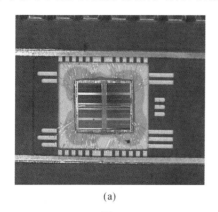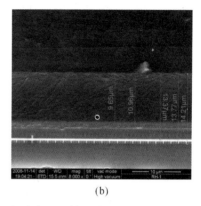

(a)   (b)

图 9 - 72   SRAM EDI88512 芯片表面及剖面图

(a)芯片表面形貌(有聚酰亚胺膜); (b)芯片剖面结构(聚酰亚胺膜 $10\mu m$,多层金属化层约 $5\mu m$)

3.辐射源和束流条件选择

(1)辐射粒子种类和能量的选择。地面单粒子效应模拟实验主要依赖于辐射模拟源进行,常用模拟源包括重离子加速器、高能质子加速器、锎源裂变碎片源、脉冲激光模拟源等。

空间辐射环境中的质子和重离子的能量可高达几个 GeV/核子,在硅中具有很长的射程(如 $100g/cm^2$ 量级,即约 40cm 的距离)。单粒子效应模拟试验是用具有较低能量、但 LET 值相近的离子来进行。图 9 - 73 所示为氪(Kr)在硅材料中 LET 值与能量的关系曲线,LET 值的最大值被称为布拉格峰。离子布拉格峰的位置与其入射离子的质量有关,当入射离子的质量增加时,布拉格峰向高能方向移动。

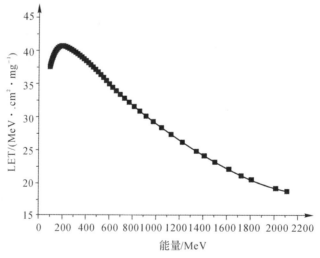

图 9 - 73 不同能量 Kr 离子的 LET

理论上,要求选择粒子 LET 值覆盖空间范围,即 $0\sim120MeV\cdot cm^2/mg$,但是,考虑到工程可行性,通常要求粒子的 LET 范围覆盖被试器件从刚开始出现单粒子事件到单粒子事件达到饱和截面所相应的 LET 范围。

通过改变入射粒子的角度可以获得更大等效 LET 值,如图 9-74 所示。但是,对于超深亚微米、纳米器件,由于敏感体积的纵向尺寸几乎和横向尺寸相当,采用变换角度的方法并不一定适用。

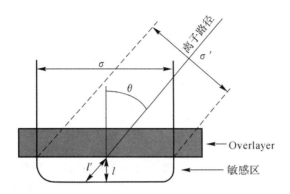

图 9-74　改变入射角度时离子路径示意图

根据被测器件的特点和测试要求,选取重离子种类。一般情况下,为了获得单粒子错误阈值和饱和截面,应至少选择 5 种不同 LET 的粒子进行试验。

要求选择的粒子有合适的能量,使得粒子在硅中有足够的射程,通常要求粒子射程大于 $30\mu m$。通常选择重离子加速器进行鉴定试验。一般不用锎源裂变碎片源进行鉴定试验,因为其粒子的射程短。脉冲激光一般用于单粒子效应的定性评估。

(2)辐照注量率要求。理论上讲,单粒子事件是概率事件,与辐照注量率无关。空间粒子的注量率很低,在 $10^{-3}\sim10/(cm^2\cdot s)$ 范围,地面单粒子试验通常在高注量率下进行,注量率一般在 $10\sim10^4/(cm^2\cdot s)$ 范围,比空间注量率至少高 3 个数量级。试验表明,对于新型大规模集成电路,不同注量率辐照,得到的试验结果可能不同,需要根据器件结构设计和应用加固以及单粒子效应测试方法,分析注量率对测试结果的影响,选择合适的注量率。首先,应分析测试器件错误及复位器件的时间对注量率大小的影响。如果注量率过高,存在无法及时完成所有敏感单元测量的可能,并存在某位翻转在被检测到之前可能发生再次翻转的可能。注量率高,如果器件出现了单粒子错误而不及时复位,存在错误统计辐照离子数的可能,给试验结果带来统计误差。当然,如果注量率过低,试验时间长,存在试验源成本问题,一般经验认为使器件每秒发生 $1\sim4$ 次错误的注量率大小比较合适,注量率通常在 $10^2\sim10^5/(cm^2\cdot s)$ 选择,总注量为 10^7 离子为宜。

内部采用嵌入式加固设计的集成电路,需要考虑注量率对 SEU 率的影响。为了克服 SEU 影响,有的大规模集成电路内部嵌入检错纠错机制,如 TMR,EDAC 设计等。对于采用这样设计的电路,试验数据证明,不同注量率辐照,单粒子错误发生率不同。表 9-21 为 SRAM 型 FPGA 不同注量率试验结果。在 3 个不同程序下进行了辐照试验,其中程序 1 和程序 2 未使用 TMR 和刷新,程序 3 使用了 TMR 和刷新。

表 9-21　FPGA 不同注量率单粒子试验结果

测试程序	注量率/(cm² · s)	注量/cm²	SEFI/次	$\dfrac{截面}{cm^2/器件}$	备　注
程序 1	3	5.9×10^3	11	1.9×10^{-3}	未使用 TMR 和刷新
	36	4.7×10^3	10	2.1×10^{-3}	未使用 TMR 和刷新
程序 2	3	3.4×10^3	11	3.2×10^{-3}	未使用 TMR 和刷新
	33	5.0×10^3	10	2.0×10^{-3}	未使用 TMR 和刷新
程序 3	2	1.2×10^5	20	1.67×10^{-4}	使用 TMR 和刷新
	32	2.85×10^5	112	3.93×10^{-4}	

从表 9-21 的试验结果可看出,在两个无 TMR 措施的程序下,入射离子注量率由 3 个/cm² · s 变为 36 个/cm² · s,注量率增加一个数量级,单粒子错误截面无明显增加。对于采用 TMR 的程序 3,注量率由 2 个/cm² · s 变为 32 个/cm² · s,单粒子错误截面由 1.67×10^{-4} cm²/器件增加为 3.93×10^{-4} cm²/器件,注量率增加一个数量级,单粒子错误截面增加了 1 倍以上。

表 9-22 为某 DSP 不同注量率辐照试验结果。试验 DSP 的 RAM 区采用硬件 EDAC 设计。在两个不同注量率下进行了 SEFI 测试。从表 9-22 可看出,注量率由 1 300 个/(cm² · s) 变为 13 000 个/cm² · s,单粒子错误截面由 2.50×10^{-6} cm²/器件增加为 6.02×10^{-6} cm²/器件,注量率增加一个数量级,错误截面增加一倍以上。

表 9-22　DSP 单粒子试验结果

注量率/(cm² · s)	注量/cm²	SEFI/次	$\dfrac{截面}{cm^2/器件}$
1 300	4.40×10^6	11	2.50×10^{-6}
13 000	1.66×10^6	10	6.02×10^{-6}

因此,对于采用 EDAC 或 TMR 加刷新技术的大规模集成电路,其单粒子错误截面与注量率有关。对于这类器件,推荐采用低注量率进行单粒子辐照试验,或者需要对高注量率试验数据进行处理,以便准确分析预计低注量率下的 SEU 率。

4.单粒子效应测量要求

不同种类的器件,需要采用的单粒子效应测量方法不同;试验目的不同,对单粒子效应测量的要求也不同。需要根据试验目的和试验对象,选择适合的测量方法。

(1)存储器类电路的单粒子效应测量。存储器和锁存器类电路的 SEU 测试一般采用静态测试或动态测试。

在静态模式下,器件先装入特定图形,然后进行离子辐照,辐照到一定注量后,再对器件进行读操作,将读出的数据与先前写入的数据进行比较,判断 SEU 是否发生。

在动态模式下,器件在辐照过程中周期性地进行图形的写入、等待、读出比较的操作过程,单粒子错误在读过程中被发现,在写过程中被更正。

根据器件 SEU 敏感性特点和试验需要,选择测试向量,如全"0"、全"1"、乒乓、下雨、棋盘格、走步或其他方式等。

(2)微处理器类集成电路单粒子效应测量。微处理器类集成电路单粒子效应测试有多种方法,包括:

1)单机自测试法:被试器件是系统的一部分,辐照过程中进行自测试,运行中出现的错误被统计为器件单粒子错误导致。

2)单机辅助控制法:外部控制器检测被试验器件的输出,并将结果与保存在外部存储器中的真实数据进行比较。

3)辅助控制金片法:两个相同的微处理器同时工作,一个被辐照,另一个不辐照。用外部的控制器比较并记录两个微处理器的运行结果。

4)单机控制法:控制器用于给器件提供输入,控制分步运行,检测其输出,并与预期值相比较。

5)单机控制金片法:控制器给两个相同的器件提供相同的输入信号,一个被辐照,另一个不辐照,两个器件在相同输入条件下工作,控制器分步控制两个器件运行,检测并比较两者的输出。

微处理器具有不同的功能模块,需要分别进行测试。例如:微处理器一个很重要的功能就是"Cache"功能,当打开"Cache"功能时,微处理器的执行速度会比"Cache"功能不打开时要快,但 Cache 容易发生 SEU。对微处理器进行单粒子试验时,要分别执行 Cache 功能关、开程序,并分别计算单粒子错误数量。

(3)SRAM 型 FPGA 单粒子效应测量。基于 SRAM 配置的 FPGA 芯片,其功能的实现依赖于其内部的配置数据,只有正确加载配置数据才能正常工作。空间辐射会对 SRAM 型 FPGA 带来影响,如某卫星型号因 SRAM 型 FPGA 出现 SEU 导致分系统功能中断,影响正常的工作性能。SEU 事件发生在 FPGA 配置 SRAM 上,会造成逻辑错误,同时有可能引起故障耦合和传递,进而导致电子系统工作异常,严重时可导致用户不能使用或性能严重下降。

SRAM 型 FPGA 单粒子效应检测包括静态测试和动态测试。

静态测试,即器件不加时钟信号,单独测试器件各个功能模块的 SEU 敏感性,如配置存储器 SEU 敏感性,SEFI 敏感性。

动态测试,即器件加时钟信号,器件运行功能,测试器件的单粒子翻转敏感性。

1)SRAM 型 FPGA 静态测试。

a. 配置存储器 SEU 测试。用配置软件回读配置存储器位流,通过比对,获得翻转数据。配置存储器测试时,一般要求累计 1 000 个左右的翻转数目,典型注量范围在 $5 \times 10^3 \sim 10^5$ 离子/cm^2 之间。测试程序中"0"和"1"均应用到。

b. 块 RAM SEU 测试。用配置软件回读配置 BRAM 位流,通过比对,获得翻转数据。BRAM 截面测试时,应累计 1 000 个左右翻转,典型注量范围在 $5 \times 10^3 \sim 10^5$ 离子/cm^2 之间。测试程序中"0"和"1"均应用到。

c. 用户触发器 SEU 测试。用户触发器的静态测试应避免配置单元翻转的影响。尽量使用多的触发器,建议将用户触发器设计成包括多个移位寄存器链。读出、比对寄存器内的数据,判断 SEU。测试程序中"0"和"1"均应用到。累积 1 000 个 SEU 可结束试验。

d. SEFI 测试。检测配置控制逻辑、通信(JTAG 或 Select MAP)逻辑以及各种其他全局逻辑控制电路 SEU 引起的 SEFI。通过监测 DONE 引脚可以探测上电复位电路(POR:Power On Reset)SEFI;通过读写 FAR(Frame Address Register)可以探测 SelectMap 接口 SEFI;通过回读和与已知的 CRC 数据比较可以探测 JTAG 接口 SEFI。

在 SEFI 探测过程中,注量设置应尽量高,达到 10^7 离子/cm² 数量级,只要不使 SEFI 重叠(大约每 30s 一个 SEFI 的速率较为合适)。应注意总剂量效应的影响,如果高能离子产生的累积剂量接近器件的失效剂量,则需要更换被测器件。

e. SEL 测试。SEL 测试时,累积注量应不小于 10^7 离子/cm²。

当器件功耗电流突然显著增大、且功能失效时,须断电重启,认为发生了 SEL。

对于 SRAM 型 FPGA 存在离子辐照过程中器件功耗电流会逐渐增大,但不断电、重新配置,电流恢复正常的现象,目前认为这是内部单管被异常打开导致的对地短路引起的,不是触发内部可控硅结构导致的 SEL。对于这种情况,也应记录下来。

2)SRAM 型 FPGA 动态测试。为了评估单粒子瞬态的影响,器件应工作在不同的频率下,应包括最高工作频率。

动态测试应选择合适的入射离子注量率。对于刷新加固设计电路,应确保刷新速度 10 倍于 SEU 率。

对比验证加固效果,要求至少在 3 个不同的注量率下进行辐照,测试并记录单粒子错误数。

(4)模拟电路单粒子效应测量。对于模拟电路,如电压比较器和运算放大器,单粒子效应可能会表现为输出电平的波动,检测时应连续检测输出电压,与未辐照时相比,如出现偏离则视为发生了单粒子效应。输出电平的波动可以用采样-保持电路检测,也可以用存储示波器将波形存贮之后进行分析。

(5)数-模混合电路单粒子效应测量。模/数转换器可检测数字输出。对于静态检测,检测输出的信号、幅度。对于动态检测,可以采用"金片"比较的方法。还可以给输入加一个特定的波形,将数字输出存储下来,在辐照过程或辐照之后,给器件施加同一组输入信号,比较其输出信号的变化,有偏离时认为发生了单粒子效应。

(6)SEL 的测试。用监测电源电流突然增加的方法测试集成电路的"锁定"现象。用计算机控制的可编程电源,实现 SEL 的测试,或者采用图 9-75 的线路,通过测量采样电阻的压降监视流过的电流,当电流超过规定值时,电压比较器通过与参考电压比较,发出信号,切断电源开关,保护被试器件。

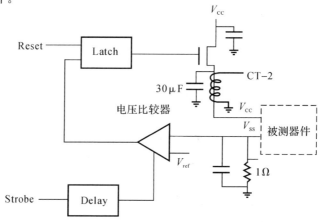

图 9-75 SEL 测试电路示意图

当温度和电源电源升高时,发生"锁定"的阈值下降,"锁定"敏感度增加。因此,SEL 试验通常在最大电源和最高工作温度的最劣条件下进行。

SEL 测试系统应能够检测和记录锁定状态,并根据需要采取保护措施,锁定保护的响应时间要短,确保被试器件不出现损伤。

(7)专用集成电路(ASIC)单粒子效应测量。应根据 ASIC 内部结构、实现的功能,确定单粒子效应测量方法。ASIC 内部可能包括组合逻辑、时序逻辑(包含锁存器/触发器)、存储器、模拟单元等。ASIC 单粒子效应主要有 SEU、SEL、单粒子瞬态以及 SEFI 等,具体分析见表9-23。

表 9-23　ASIC 内部单元单粒子效应分析

单粒子效应类型	器件内部单元	
SEU	存储器	存储单元
	存储器(控制逻辑)	时序逻辑单元
	时序逻辑	时序逻辑单元
SEL	整个体硅 CMOS 工艺器件	
SET	存储器(控制逻辑)	组合逻辑单元
	组合逻辑	组合逻辑单元
	模拟单元	线性放大部分
SEFI	器件 SEFI 包括内部程序存储器、寄存器等翻转导致器件功能中断,器件外部功能控制端功能错误引起的器件功能中断等	

ASIC 内部存储器控制单元或者组合逻辑可能发生 SET,但是从器件功能及实现方式分析,SET 可能导致器件通信链路数据错误或者控制寄存器翻转,在对器件进行 SEU 和 SEFI 检测时能够兼顾,因此不单独进行 SET 检测。

器件内部组合逻辑、时序逻辑(包含锁存器/触发器)、存储器等可能发生单粒子效应,根据分析结果和 ASIC 检测特殊性要求,对器件单粒子效应检测采用表 9-24 的方式进行。

表 9-24　器件 SEE 检测方式

检测的效应	检测方式
SEU	D 触发器组成寄存器链、SRAM 由内建自测试(BIST,器件级)完成
SEFI	运行典型功能测试
SEL	D 触发器组成寄存器链、SRAM 的 BIST; 运行典型功能测试

(8)单粒子效应检测系统基本构成。一般情况下,单粒子效应测试系统主要由被测器件单元(DUT)、测控器、主控计算机及相关的附助设备等部分组成,其构成简图如图 9-76 所示。

在测试系统中,DUT 是放置在重离子环境下的被测器件单元,该单元主要由被辐照器件和相关电路(如开关选样电路)组成,原则上 DUT 应仅为被辐照器件,但有些复杂集成电路测试时,须辅加其他器件,如模拟器件测试中抑制信号的电容或电阻设计。在 DUT 设计时,应尽量多放置被照器件以便试验能够取得较多的有效数据并节约时间。测控器设计是比较关键的部分,不同的测试要求,其组成部分有很大差异,很难有一个一般形式对其进行说明,但其功能主要是进行有关命令的操作、测试数据的获取、存储和向主控计算机进行数据传输等,一般放置在辐照终端附近,对可靠性设计也有一定的要求。主控计算机是整个测试系统的操作控制台,主要功能是测试过程控制的实现、数据存储、处理等,一般常用计算机,其通信方式一般为远距离的串口通信,测控软件一般采用高级语言和汇编语言结合的方式编写。

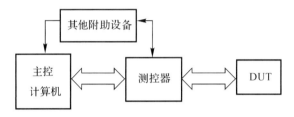

图 9-76 单粒子效应测试系统基本构成图

在进行单粒子效应模拟试验前,应首先进行测试电路的调试,如果试验在大型加速器上进行,建议先采用 Cf-252 源或脉冲激光单粒子效应模拟系统进行初步调试,以便尽早发现存在的问题,这样可以利用加速器设备获得较多的数据,节约经费和时间。一般要求主控计算机和测控器之间的距离在 50m 以上,远距离通信方式的优劣是测试系统性能好坏的重要标志。另外在测试系统调试中,DUT 一般置于真空环境下,与测控器之间的电连接方式是需要特别关注的重点之一。

5. 数据分析处理

测试数据分析处理的主要目的是得到诸如翻转截面 σ-入射离子 LET 曲线等。

通常采用威布尔方程对地面试验得到的单粒子翻转截面与重离子 LET 值的关系进行拟合,威布尔拟合方程为

$$y = A(1 - e^{-(k(x-x_c))^d}) \tag{9-20}$$

式中,y 为单粒子翻转截面;A 代表饱和截面 σ_s;x 为 LET 值;x_c 为可以导致翻转发生的 LET 最小值;k 和 d 为曲线形状参数。

通过获得的翻转截面 σ-入射离子 LET 曲线,结合空间辐射环境模型,可预计被测器件在空间辐射环境中发生 SEU 的概率。

9.8.3 在轨 SEU 率预计

空间环境引起集成电路 SEU 有两种原因,一种是重离子直接电离引起的,另一种是质子核反应产物引起的。因此,SEU 率预计方法包括重离子直接电离引起的 SEU 率预计方法和质子核反应引起的 SEU 率预计方法。

1. SEU 率预计原理

空间轨道半导体器件的 SEU 率是指器件每天每位发生 SEU 的概率(次/(天·位))。目前工程上采用的在轨预示方法,建立在带电粒子入射产生的电子-空穴对在器件的灵敏区内积累并被收集的电荷大于等于阈电荷(临界电荷)时发生翻转的理论基础上,如图 9-77 所示。

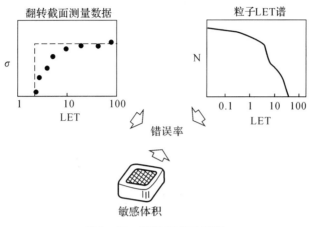

图 9-77　SEU 率预示原理

　　器件在轨翻转率预计的基础是空间带电粒子辐射环境模型、地面模拟试验数据和敏感体积模型。

　　(1)空间带电粒子辐射环境模型。主要用于对宇航型号在飞行轨道上将会经受的带电粒子(质子和重离子)的通量水平进行计算。

　　(2)地面模拟试验。主要用于对器件的单粒子敏感性进行评估,根据其试验数据可以依照一定的假设和方法给出粒子与器件相互作用模型所需要的敏感参数,如敏感区体积和临界电荷等参数。

　　(3)敏感体积模型,即粒子与器件相互作用的模型。主要描述器件单元电路的敏感区域和电荷收集过程。

　　因此,进行器件在轨 SEU 率预计,需要通过地面模拟试验获得其 SEU 截面随质子能量或重离子线性能量传输(LET)的变化关系曲线,进而获得器件单粒子敏感参数,再结合空间质子和重离子环境以及粒子与器件相互作用模型进行计算,获得器件的在轨 SEU 率预计值。

　　2.空间辐射环境模型

　　空间辐射环境主要由 3 部分构成:银河宇宙射线、太阳宇宙射线、地球辐射带。

　　基于卫星收集的空间环境数据,运用不同的数据分析和建模方法,针对不同的粒子来源,建立了描述空间高能粒子强度水平的模型。

　　(1)银河宇宙射线模型。

　　1) CREME 86 模型。针对银河宇宙射线的粒子通量水平预估,Adams 等研究者建立的星载微电子器件在轨单粒子效应预计程序 CREME86 中集成的银河宇宙射线模型,可以对空间轨道上存在的原子序数 $Z=1\sim92$ 的元素粒子的通量水平进行预计。其中质子(H)、氦(He)、铁(Fe)等元素粒子的微分谱根据实际观测数据以数学模型方式给出,而其他元素的微分谱根据银河宇宙射线中这些元素相对 He 或 Fe 的丰度比分别给出。模型描述了 12 种不同空间天气情况下的重离子通量水平,通过 M 参数选择。$M=1,2,4$ 三种模式是银河宇宙射线环境模型,其中 $M=1$ 反映了太阳活动低年时(平静期)的辐射环境;$M=2,4$ 考虑了异常宇宙射线成分的影响;$M=3$ 是 90%最坏情况模型,考虑了所有的不确定性,包括太阳活动、数据的不确定性等;$M=5\sim12$ 是银河宇宙射线和太阳粒子事件综合作用的模型。

通常用 $M=1(Y=1975.144)$ 的太阳低年平静期银河宇宙射线模型进行一般情况估计,尤其对于长寿命卫星;选用 $M=3$ 的 90% 最坏情况模型进行比较严酷情况估计,即实际飞行中接受的重离子通量水平仅有 10% 的概率高于预计水平。

2) CREME96 模型。CREME96 中的银河宇宙射线模型是基于 R. Nymmik 1992 年的半经验模型。此模型将银河宇宙射线的强度和太阳黑子数量联系起来,描述太阳活动周期内银河宇宙射线随时间的变化。

(2)太阳宇宙射线模型。太阳宇宙射线是太阳耀斑爆发时释放的高能粒子流。其能量范围从 $10MeV \sim 10GeV$,绝大部分是质子,有少量重粒子。不同太阳耀斑,其成份和强度不同。

1)CREME86 模型。Adams 等人把小的太阳耀斑作为银河宇宙射线 10% 最坏情况的增强部分,10% 最坏情况表示宇宙射线强度超过它的可能性小于 10%,把大耀斑(一周内 $10MeV$ 以上的质子积分通量超过 $0.5 \times 10^7/m^2$)分为普通太阳耀斑(OR)和特大太阳耀斑(AL),并给出相应的模型。对普通太阳耀斑,质子的峰值通量率为

$$F_{OR} = 2.45 \times 10^4 [\exp(-E/27.5) + 173\exp(-E/4)] \tag{9-21}$$

按 90% 置信度,有

$$F_w = 2.06 \times 10^5 [\exp(-E/24.5) + 63.6\exp(-E/4)] \tag{9-22}$$

即普通太阳耀斑质子微分谱峰值通量率不超过式(9-22)的概率为 90%,所以又称为 90% 最坏情况。

对特大太阳耀斑,利用 1972 年 8 月 4 日的数据可得

$$F_{AL} = \begin{cases} 9.3 \times 10^9 (dp/dE)\exp(-p/0.10) & E < 150MeV \tag{9-23} \\ 1.76 \times 10^5 (dp/dE)p^{-9} & E \geqslant 150MeV \tag{9-24} \end{cases}$$

其中,$p = [(E/1\,000)^2 + 1.86 \times 10^{-3}E]^{1/2}$。

对太阳质子峰值通量水平的预估,Adams 等研究者建立的星载微电子器件在轨单粒子效应预计程序 CREME86 中集成的太阳质子峰值通量模型($M=5 \sim 12$)。

该模型可以计算包括:

· $M=5$ 普通太阳耀斑峰值通量,平均构成组分;
· $M=6$ 普通太阳耀斑峰值通量,最坏构成组分;
· $M=7$ 特大太阳耀斑峰值通量(90%置信区间最坏情况),平均构成组分;
· $M=8$ 特大太阳耀斑峰值通量(90%置信区间最坏情况),最坏构成组分;
· $M=9$,1972.8.4 特大太阳耀斑峰值通量,平均构成组分;
· $M=10$,1972.8.4 特大太阳耀斑峰值通量,最坏构成组分;
· $M=11$ 综合最坏情况特大太阳耀斑峰值通量,平均构成组分;
· $M=12$ 综合最坏情况特大太阳耀斑峰值通量,最坏构成组分。

由于太阳粒子事件的随机性,一般在考虑最严酷情况时需要考虑太阳质子成分,因此一般选用 $M=3$ 的 90% 最坏情况模型,即实际飞行中发生太阳耀斑爆发情况下将要经受的太阳质子峰值通量水平仅有 10% 的概率高于预计水平。选用 $M=6$ 1972 年特大太阳耀斑模型进行最严酷情况估计,实际上,1972 年特大太阳耀斑模型是未发生过的最大太阳耀斑,该模型计算结果偏向保守。

2)CREME96 模型。CREME96 中的太阳宇宙射线模型是基于 GOES 卫星和 IMP 卫星观测到的 1989 年 10 月 19 日－27 日太阳耀斑质子和重离子数据,拟合得到的模型,该模型提

供了三种选项：

· 最坏一周；

· 最坏一天；

· 最坏 5min。

（3）地磁俘获质子通量模型

对于地磁捕获带质子通量水平的预估，国际上普遍选用美国国家空间科学数据中心的捕获带质子通量模型，简称 AP。目前用的是 AP8 模型，已有更新的 AP9 模型，但尚未正式发布。模型假设地磁捕获质子为各向同性，描述的地磁捕获质子能量范围为 $0.1 \sim 400\mathrm{MeV}$。模型在理想偶极子地磁场坐标系中给出对应的质子注量率，用户定义和生成一个特定轨道，利用地磁场模型转换为地磁场坐标系，从而计算轨道平均注量率。该模型分为两部分，分别对应于 1964 年太阳活动低年的 AP8MIN 和对应于 1970 年太阳活动高年的 AP8MAX。当飞行任务周期处于太阳活动低年时，选用 AP8MIN 模型；当飞行任务周期处于太阳活动高年时，选用 AP8MAX 模型；更多情况下飞行任务周期部分处于太阳活动低年和高年，这种情况下选用 AP8MIN 模型进行保守估计。

（4）地磁场屏蔽作用

在太阳宇宙射线和银河宇宙射线中的带电粒子接近地球时，其轨迹会在地磁场作用下发生弯曲。较低能量的带电粒子，无法穿过地磁场，只有部分高能粒子能够穿过地磁场到达低轨道，因此在考虑来自地磁场外的银河宇宙射线和太阳质子成分到达飞行轨道的情况时，应考虑地球磁场的屏蔽作用。

（5）宇航型号外壳材料屏蔽作用

空间高能粒子需要穿过飞行器外壳屏蔽层，才能到达半导体器件的有源区，引起 SEU。高能粒子在宇航型号外壳材料中输运，屏蔽层可以降低粒子的能量，甚至将粒子阻止在其内部，因此在考虑空间带电粒子到达器件的情况时，应考虑宇航型号外壳屏蔽的作用。

CREME86 采用基于微分方程的确定性方法，将宇航型号外壳的屏蔽作用等效为一维单层均匀铝板进行，并假设其阻止能在穿越屏蔽层过程中变化不大，经过厚度 t 铝屏蔽后的微分能谱由下式给出，有

$$\left. \begin{array}{l} f(E) = f'(E')(S(E')/S(E))\exp(-ct) \\ E' = R^{-1}(R(E)+t) \\ c = 5 \times 10^{-26} \eta (A^{1/3} + 8.6)^2/27 \end{array} \right\} \tag{9-25}$$

其中，$f'(E')$ 为卫星外表面的微分能谱；E 为卫星内部粒子能量；$R(E)$ 为具有能量 E 的粒子射程；$S(E)$ 为具有能量 E 的粒子的阻止能；A 为粒子的质量；η 为阿伏加德罗常数。

GEANT4 支持三维复杂物体的建模，ESA 基于 GEANT4 专门为太空辐射环境开发三维 MC 模拟软件包。

3. 重离子 SEU 率计算模型

当一个高能粒子射入半导体时，会通过与电子和核碰撞损失能量，同时电离出大量电子-空穴对。若电离发生在电路的敏感区，其电离产生的大多数电子-空穴对被电场分离，当这些自由载流子被收集，收集的电荷超过电路节点逻辑状态变化所需的最小电荷（临界电荷）时，SEU 就会发生。

计算 SEU 率的经典模型为平行六面体（RPP）模型，在其基础上改进的考虑单元敏感性差

异的 IRPP 模型,以及结合 TCAD 器件仿真和 GEANT4 粒子仿真的复合灵敏体积模型。计算 SEU 率的模型还有有效通量模型和经验模型。下面分别介绍。

(1) SEU 率预计 RPP 模型。高能粒子与半导体器件的相互作用及其电荷收集引起 SEU 是一个复杂的过程。为计算器件的 SEU 率,人们在基于假设的基础上,建立简化的 RPP 模型。将器件的敏感区近似为一个长方体,SEU 率 RPP 预计模型在近似为长方体的敏感区路径分布模型的基础上建立起来。

假设 1 电路单元的敏感区能有效收集高能粒子在其中电离产生的电荷,即收集的电荷等于粒子电离产生的电荷;

假设 2 在敏感区中粒子沉积的能量,等于根据其初始 LET 和路径长度计算的能量损失;

假设 3 具有相同 LET 的粒子对器件有相同的作用;

假设 4 粒子的 LET 沿敏感区路径中的变化可以忽略不计;

假设 5 敏感体为一凸面体,产生电荷的有效路径长度等于在由耗尽区、漏斗区及扩散区长度所确定的敏感区的弦长;

假设 6 作用于器件上的粒子是各向同性的。

根据上述假设,SEU 率预计模型在敏感区路径分布模型的基础上建立起来。在一个长方体敏感区内,各向同性的粒子以路径长度 s 通过该敏感区的分布密度函数为

$$f(s) = \int_0^{2\pi} \int_0^\pi A f(s, \theta, \psi) \sin\theta \mathrm{d}\theta \mathrm{d}\psi / (4\pi A_P) \qquad (9-26)$$

式中,A 为粒子质量;A_P 为粒子的平均入射截面;$f(s, \theta, \psi)$ 为以 (θ, ψ) 方向入射、经过路径长度 s 的粒子分布密度。

一个器件是否发生 SEU 取决于其收集的电荷是否超过器件翻转所需的临界电荷 Q_C。根据上面所作假设,对临界电荷为 Q_C 的 Si 器件,粒子在其中引起翻转需沉积的最小能量为

$$E_C = 3.6 \times Q_C / q = 22.5 Q_C \qquad (9-27)$$

式中,q 为电子电荷;Q_C 单位为 pC,E_C 单位为 MeV。

LET 值为 L 的粒子经过路径 s 所沉积的能量为

$$\Delta E = s L \rho \qquad (9-28)$$

式中,ρ 为材料密度。

于是,粒子在敏感体(abc)中引起 SEU 的最小路径长度为

$$s_{\min} = 22.5 Q_C / (L_{\max} \rho) \qquad (9-29)$$

式中,$L_{\max}$ 为所有宇宙射线粒子可能有的最大 LET 值,等于 $1.2 \times 10^5 \, \mathrm{MeV \cdot cm^2/g}$。

对所有路径大于 $s_{\min}$ 的粒子积分即可得到器件在 LET 谱为 $\Phi(L)$ 的环境中的 SEU 率,有

$$R = A_P \int_{s_{\min}}^{s_{\max}} \Phi(L) f(s) \mathrm{d}s \qquad (9-30)$$

式中,$s_{\max}$ 为敏感体的对角线长。

SEU 率计算的特征参数提取方法:

1) 器件翻转临界电荷 Q_c。地面模拟试验得到器件的翻转阈值 L_c,则认为具有翻转阈值 L_c 的带电粒子垂直入射,即路径长度为敏感区厚度 h 的情况下产生的电荷可作为临界电荷 Q_c,由下式计算得出:

$$Q_c = L_c h \rho / 22.5 \tag{9-31}$$

2）器件敏感体横向尺寸，即长度 a 和宽度 b。以前，对于结构简单的中小规模器件，器件的敏感体积横向尺寸由工艺尺寸获得。即长度 a 和宽度 b 由扩散漏区的长度和宽度获得。

对于结构复杂的器件，很难由工艺参数确定敏感体积横向尺寸。通常，由地面模拟试验获得的饱和截面近似得到：

$$a = b = \sqrt{\sigma_s} \tag{9-32}$$

3）器件敏感体厚度 h。一般根据器件生产工艺来选定。通常对特定的器件选用特定的灵敏区厚度参数，对体硅 CMOS 及双极器件敏感体厚度常取 $4\mu m$，对外延 CMOS 器件取 $2\mu m$，对 SOS 和 SOI 器件取 $0.5\mu m$。

RPP 模型采用单一的 LET 翻转阈值进行 SEU 计算存在不足。实际获得的 SEU 截面-LET 曲线存在缓慢上升阈值区，原因在于器件内部的 SEU 敏感性不同，具体原因包括电荷收集（临界电荷）的不同、敏感体厚度的不同或者电荷收集效率的不同。

在 RPP 模型的基础上，通过改进，形成了积分 RPP 模型，即 IRPP（Integral RPP）模型。

（2）SEU 率预计 IRPP 模型。IRPP 模型是针对 RPP 模型单一阈值的不足建立的。IRPP 模型假设器件存在多个阈值。根据翻转截面-LET 曲线和空间辐射环境的粒子 LET 通量谱，计算不同 LET 点对应的 SEU 率，得到 SEU 率随 LET 的分布曲线，通过将其与翻转截面-LET 曲线进行积分完成 SEU 率计算。

将翻转截面-LET 曲线取点简化为多重阶跃曲线，代表着一系列 LET 临界值如图 9-78 所示。曲线每一部分对应的临界电荷 Q_c，由此处对应的 LET 临界值与敏感体厚度乘积获得。对每一部分采用 RPP 模型的计算方法。

IRPP 计算翻转率 SER 的计算公式为

$$R = \int R(L) f(L) \mathrm{d}L \tag{9-33}$$

其中，$R(L)$ 为利用 RPP 模型计算的阈值为 L 的翻转率；$f(L)$ 为 LET 为 L 的翻转截面的微分分布函数。

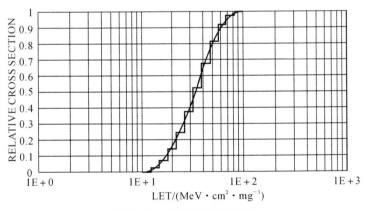

图 9-78　IRPP 模型示意图

（3）复合灵敏体积模型。对于深亚微米及纳米器件（130nm 工艺节点以下），RPP 模型的基本假设存在适用性问题，例如，RPP 模型的假设 1 是电路单元的敏感区能有效收集高能粒子在其中电离产生的电荷,即收集的电荷等于粒子电离产生的电荷。随着工艺尺寸的不断减小,漏斗收集深度不断减小,电荷共享效应逐渐占据优势,基于单一灵敏体积模型预计的结果存在较大误差,人们提出了改进的复合灵敏体积模型。

复合灵敏体积方法的基本原理是假设灵敏体积随入射粒子 LET 是可变的。

图 9-79 是利用 TCAD 仿真获得的不同 LET 的粒子入射位置示意图,其中图(a)为 LET 较小时,图(b)为 LET 较大时。黑色方块表示在此位置入射的粒子引起翻转。越深的颜色代表更接近翻转。

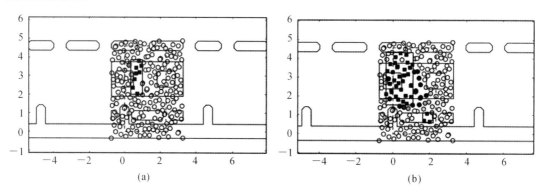

图 9-79　不同 LET 粒子垂直入射发生翻转的位置分布图
(a)C 离子 LET 为 1.7MeV・cm²/mg；　(b)Ge 离子 LET 为 37.3MeV・cm²/mg

复合灵敏体积方法建立在这一现象的分析上。与经典 RPP 模型和 IRPP 模型的存在单一的敏感体积的假设不同,复合灵敏体积方法认为单元中存在多个大小不同的敏感体积,可以互相嵌套,并有不同的深度。认为越靠近内层的敏感体积具有越大的敏感系数 α,也可以理解为电荷收集效率。

(4)有效通量模型。Binder 在 1988 年引入了有效通量模型。该模型基于能够导致 SEU 的入射角度范围进行考虑,并考虑这个范围内的粒子通量。模型假设:各向同性的通量作为 LET 的函数,入射在很薄的层上。L_c 为重离子 SEU LET 阈值。当 $L > L_c$ 时,所有方向入射的粒子都会导致 SEU;当 $L \leqslant L_c$ 时,存在一个临界角 $\theta_c = \arccos(L/L_c)$,入射角 $\theta > \theta_c$ 时,才会导致 SEU。对于假设的临界角 θ_c,将空间环境中的粒子通量转换成有效通量,对其与地面模拟试验获得翻转截面-LET 曲线进行积分,计算 SEU 率。

有效注量法的计算公式为

$$R_{\mathrm{H}} = \int_0^\infty \Phi_e(L)\sigma(L)\mathrm{d}L \qquad (9-34)$$

式中,R_{H} 为重离子 SEU 率;L 为重离子 LET 值;$\Phi_e(L)$ 为等效重离子微分 LET 谱。$\sigma(L)$ 为 LET 值为 L 的重离子的 SEU 截面。

获得 $\Phi_e(L)$ 的方法为

$$\Phi_e(L) = \begin{cases} \dfrac{\Phi(L)}{2\pi}\displaystyle\int_{\theta_c}^{\pi/2}\cos\theta\mathrm{d}\theta = \dfrac{\Phi(L)}{2}\cos^2\theta_c = \dfrac{\Phi(L)}{2}\left(\dfrac{L}{L_c}\right)^2, & L \leqslant L_c \\[4mm] \dfrac{\Phi(L)}{2}, & L > L_c \end{cases} \qquad (9-35)$$

式中,$\Phi(L)$ 为重离子微分 LET 谱,L_c 为重离子 SEU LET 阈值。如果敏感体积的厚度比其横向尺寸要小($<10\%$),有效通量模型与弦长模型预测相符合。

(5)经验的 FOM (Feigure of Merit)模型。Petersen 提出,参数 F 比 LET 阈值和临界电荷更能准确地反映器件的 SEU 敏感度。F 可以由重离子和质子实验数据计算得到:

$$F = \sigma_h / L_{0.25}^2 \tag{9-36}$$

式中,σ_h 为重离子 SEU 饱和截面;$L_{0.25}$ 为 SEU 饱和截面的 25% 处所对应的重离子 LET 值。

参数 F 可用来估计不同轨道上的 SEU 率,有

$$R = C \times F \tag{9-37}$$

式中,R 为 SEU 率;F 为无量纲的参数;C 为轨道翻转率系数,单位为次/(天·位)。

4. 质子 SEU 率计算模型

空间辐射环境中,存在地磁俘获质子带,其中绝大部分是高能质子;太阳耀斑或太阳质子事件主要成分也是高能质子。随着大规模器件集成度的提高,特征尺寸降低,SEU 阈值降低,质子引起单粒子效应的影响日益显著。分析认为,质子引起的单粒子翻转率可能超过重粒子。

质子不仅直接电离可以引起 SEU,质子核反应产物也可引起 SEU。前面介绍的重离子直接电离引起的 SEU 率预计方法,从理论上讲,适用于质子直接电离引起的 SEU 率计算。下面主要介绍质子核反应引起的 SEU 率计算方法。

计算由空间质子产生的 SEU 率,可将空间质子微分能谱和不同能量质子的 SEU 截面两者积分获得:

$$R_p = \int_{E_0}^{E_{max}} \Phi(E)\sigma(E)\mathrm{d}E \tag{9-38}$$

式中,R_p 为质子 SEU 率,$\mathrm{d}^{-1}\mathrm{bit}^{-1}$,$\Phi(E)$ 为质子微分能谱,$\mathrm{cm}^{-2}\mathrm{d}^{-1}\mathrm{MeV}^{-1}$;$\sigma(E)$ 为 SEU 截面,$\mathrm{cm}^2/\mathrm{bit}$;$E$ 为质子能量,MeV;E_0 为 SEU 质子能量阈值,MeV;E_{max} 为空间质子最大能量,MeV。

其中,质子微分能谱 $\Phi(E)$ 由空间环境模型给出,预计质子引起 SEU 需要获得 SEU 截面 $\sigma(E)$。描述质子 SEU 截面与质子能量的关系的模型有基于半经验公式的 Bendel 模型(包括单参数和双参数模型)和基于质子核反应沉积能量模拟的方法。

(1)Bendel 模型。Bendel 和 Petersen 在核反应能谱学的基础上,提出了单参数公式和改进后的双参数公式,描述质子 SEU 截面与质子能量的关系。

Bendel 模型是基于一个半经验公式:

$$\sigma(A,E) = (24/A)^{14}(1-\exp((-0.18Y^{0.5})))^4 \tag{9-39}$$

其中,$Y=(18/A)^{0.5}(E-A)$。式中,σ 为质子 SEU 截面;E 为质子能量,MeV;A 为对应于发生 SEU 所需的能量阈值,MeV,由试验得到。知道 A 值可以得到不同质子能量下的翻转截面。

该模型只有一个参数 A,所以又称为单参数的 Bendel 模型,这个模型的预估精度较差,改进后的模型为双参数 Bendel 模型,双参数模型公式为

$$\sigma_p(E) = \sigma_p(\infty)[1-\exp(-0.18Y^{0.5})]^4 \tag{9-40}$$

其中,$Y=(18/A)0.5(E-A)$。式中,σ 为质子 SEU 截面;E 为质子能量,MeV;A 为对应于发生 SEU 所需的能量阈值,MeV;$\sigma_p(\infty)$ 为质子能量 ∞ 时 SEU 截面(极限截面)。

确定了 Bendel 模型参数 $\sigma_p(\infty)$ 和 A,可以确定拟合质子 SEU -能量关系的解析函数,根据此解析函数即可获得其他能量点的 SEU 截面。Bendel 模型参数 $\sigma_p(\infty)$ 和 A 确定有以下几

种方法。

1)数值求解法。原理上,根据两个能量点的实验数据,通过数值求解方程组,可以得到参数 $\sigma_p(\infty)$ 和 A。但实际计算可能得不到收敛解。

2)作图法。采用作图法,根据实验数据初步选取不同的参数 $\sigma_p(\infty)$ 和 A,根据双参数模型公式绘出 SEU 截面与质子能量的关系曲线。曲线与实验数据符合最好时的参数 $\sigma_p(\infty)$ 和 A,即为该器件的 SEU 极限截面和能量阈值。进行实验的两个能量点最好一个在翻转阈值附近,一个大于 100MeV,这样得到的参数可靠性较高。

3)重离子单粒子效应数据推算法。由于高能质子试验源所限,质子 SEU 地面模拟试验数据很少,大量的单粒子效应数据是由重粒子试验得到的。另一方面,质子单粒子效应与重离子单粒子效应具有许多相同的特性。人们通过研究,将质子翻转极限截面 $\sigma_p(\infty)$ 和翻转能量阈值 A 与重离子的测试数据联系起来,提出用重离子单粒子效应数据来预计高能质子引起的 SEU 率。

a. Rollins 通过分析大量器件的质子和重离子单粒子效应实验数据,得到了一个经验公式来描述质子 SEU 极限截面 $\sigma_p(\infty)$ 和重离子 SEU 饱和截面 σ_h、器件灵敏区厚度 t 及重离子 LET 阈值 $L_0(\mathrm{MeV \cdot cm^2/mg})$ 之间的关系,即

$$\sigma_p(\infty)/\sigma_h t = 1.27 \times 10^{-5} \exp(-0.383 L_0^{1.41}) \tag{9-41}$$

通过测量重离子 SEU 截面,得到 LET 阈值 L_0。重离子 LET 阈值 L_0 被定义为 SEU 饱和截面的 10% 处所对应的重离子的 LET 值。根据器件灵敏区的厚度 t,通过式(9-41),可求得质子 SEU 的极限截面 $\sigma_p(\infty)$。

b. Barak 等人提出了另外一种利用重离子 SEU 试验数据计算质子 SEU 的极限截面 $\sigma_p(\infty)$ 的方法,即

$$\sigma_p(\infty) = 2.22 \times 10^{-5} \sigma_h / L_{0.25} \tag{9-42}$$

式中,$L_{0.25}$ 为 SEU 饱和截面的 25% 处所对应的重离子的 LET 值。该方法和 Rollins 的计算结果有倍数差异,但是在数量级上是一致的,且器件灵敏区的厚度难以准确获取,该方法较 Rollins 方法未涉及灵敏区厚度,工程上更为适用。

c. Petersen 提出了一个简单的由重离子 SEU 阈值推算质子 SEU 阈值的公式,有

$$A = L_0 + 15 \tag{9-43}$$

重离子单粒子效应数据推算法是根据式(9-41)或式(9-42)得到 Bendel 公式中的参数 $\sigma_p(\infty)$,根据式(9-43)得到 Bendel 公式中的参数 A,根据式(9-40)得到不同能量下的质子 SEU 截面,应用式(9-38)预估质子引起的 SEU 率。

(2)基于质子核反应沉积能量模拟的方法。质子核反应产生的次级粒子的径迹结构复杂,但质子与重离子触发 SEU 的物理机制相同,最终都是通过重离子的电离作用沉积能量,产生电荷,在电场的作用下形成瞬态电流脉冲,造成 SEU。因此可以利用重离子地面模拟试验得到的重离子 σ-LET 曲线,结合粒子输运模拟软件(如 Geant4)获得质子的翻转截面。

质子的单粒子效应是通过核反应引起的,质子核反应产生次级粒子的径迹结构复杂,用高能质子与衬底材料的核反应可以预计质子的单粒子效应,因此可以用粒子输运模拟软件(如 Geant4)获得质子的翻转截面。采用 Monte-Carlo 计算机模拟技术,模拟计算质子在灵敏体积内的能量沉积,进一步得到不同能量质子的 SEU 截面 $\sigma_p(E)$。在已知 $\sigma_p(E)$ 基础上,计算空间质子的 SEU 率。CUPID 和 HETC 程序就是采用这种方法计算空间质子的 SEU 率。

Miroshin 和 Trerskoy,结合 Monte Carlo 计算与实验结果,提出一个双参数模型用于质子 SEU 截面计算,有

$$\sigma_{\mathrm{p}} = nV\sigma_i\varepsilon(E) \tag{9-44}$$

式中,n 为单位体积(cm^3)的硅原子核数;V 为存储单元灵敏体积;σ_i 为质子与硅非弹性作用截面;$\varepsilon(E)$ 表示在体积 V 内沉积的能量大于翻转阈值的相互作用的比例系数。其中 V 和 $\varepsilon(E)$ 为参数。函数 $\varepsilon(E)$ 根据能量沉积积分谱求得。根据两个或多个能点的 SEU 截面实验值,通过 Monte Carlo 迭代计算两个未知参数 V 和 E。

9.8.4　单粒子试验标准

国内外制定了半导体器件单粒子效应试验相关标准或指南,主要包括:

QJ 10005 宇航用半导体器件重离子单粒子效应试验指南;

ASTM F1192 重离子辐射诱发半导体器件单粒子现象测量方法;

EIA/JEDEC 57 半导体器件重离子单粒子效应测量程序;

ESCC 25100 单粒子效应试验方法指南;

MIL-STD-750 方法 1080 单粒子烧毁和单粒子栅穿试验方法;

NASA 线性器件单粒子瞬态试验指南;

NASA/GSFC 质子试验指南(教程);

NASA/JPL 空间辐射环境用微处理器地面辐照试验指南;

NASA/JPLXilinx FPGA 辐射效应评估和加固措施。

9.8.5　单粒子试验装置

1. 重离子加速器

重离子模拟源主要包括回旋加速器和直线加速器,它们能够产生不同能量的高能重离子。

目前,国内常用的单粒子效应模拟试验辐射源有中科院近代物理研究所回旋加速器 HIRFL、中国原子能科学研究院串列静电加速器 HI-13。

回旋加速器 HIRFL 可将离子加速到很高的能量,加速后离子的 LET 值可超过 $95MeV \cdot cm^2/mg$,加速离子的射程长,可在大气环境进行试验,注量率在 $1\sim10^4$ 粒子$/cm^2 \cdot s$ 快速连续可调,但改变离子种类的时间较长,一般需要 $3\sim4d$ 时间,回旋加速器加速后的离子特性详见表 9-25。

表 9-25　回旋加速器 HIRFL 典型的离子

离　子	总能量 MeV	Si 中射程 μm	Si 中 LET MeV/(mg/cm^2)	Si 中 LET_{max} MeV/(mg/cm^2)	LET_{max}对应能量/MeV
^{12}C	960	9 560	0.243 7	5.128	3
^{14}N	1 120	8 050	0.337 4	6.036	4
^{16}O	1 200	6 300	0.462 0	7.165	5

续 表

离 子	总能量 MeV	Si 中射程 μm	Si 中 LET MeV/(mg/cm^2)	Si 中 LET$_{max}$ MeV/(mg/cm^2)	LET$_{max}$对应 能量/MeV
^{20}Ne	1 600	5 700	0.683 8	8.949	14
^{24}Mg	156.96	81.24	6.097	11.49	16
^{26}Mg	170.04	88.02	6.095	11.49	18
^{32}S	171.2	54.15	11.12	16.57	32.5
^{35}Cl	210	63.63	11.52	17.35	40
^{36}Ar	2 952	3 260	2.267	18.65	40
^{40}Ar	2 320	2 010	2.945	18.65	45
^{40}Ca	244	58.28	15.08	21.54	65
^{56}Fe	1 232	317.54	11.21	29.31	110
^{58}Ni	2 900	1 040	7.360	31.39	120
^{84}Kr	2 100	335.33	18.77	40.92	180
^{129}Xe	1 032	75.81	62.58	69.23	450
^{136}Xe	2 053.6	154.41	50.24	69.26	500
Bi		53.7		99.8	923.2

HIRFL 单粒子试验装置示意图如图 9-80 所示。

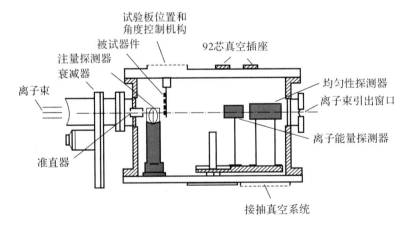

图 9-80　HIRFL 单粒子试验装置示意图

　　串列静电加速器 HI-13 可以相对快速地改变离子的种类和能量、注量率,但提供的离子能量相对较低,离子射程一般较短;满足最小射程(大于 $30\mu m$)要求的离子,最大 LET 仅为 $37.2MeV \cdot cm^2/mg$ 左右,串列静电加速器加速后的离子特性详见表 9-26。

表 9 – 26　HI – 13 串列静电加速器单粒子效应试验常用的离子

离子种类	能量 MeV	Si 中 LET 值 MeV/(mg/cm²)	Si 中射程 μm
$^{12}C^{6+}$	80	1.73	127.1
$^{16}O^{8+}$	104	3.03	100.8
$^{19}F^{8+}$	104	4.33	76.6
$^{28}Si^{10+}$	126	9.6	46.6
$^{35}Cl^{11+}$	138	13.9	38.9
$^{48}Ti^{12+}$	149	22.6	30.8
$^{63}Cu^{13+}$	161	33.4	26.4
$^{79}Br^{14+}$	172	42.0	25.5
$^{79}Br^{19+}$	210	42.0	29.4
$^{127}I^{16+}$	195	59.0	24.0
$^{127}I^{22+}$	238	62.8	27.0

真空室尺寸为 $2m \times 1m \times 1m$，试验板可移动范围为 $100mm \times 70mm$，典型辐照面积为 $20mm \times 20mm$。

2.锎源裂变碎片源

锎源 Cf – 252 是放射同位素源，裂变产生的碎片能量分别为 110MeV 和 80MeV，平均 LET 值 43MeV·cm²/mg，在硅材料中的射程为 $6 \sim 16.5 \mu m$。

Cf – 252 源的裂变碎片在空气中极易衰变或被阻挡住，通常 Cf – 252 单粒子效应模拟源置于真空系统中进行试验。在 Cf – 252 源配备真空系统的条件下，利用金属箔可以获得不同 LET 值的裂变碎片，这些碎片在硅材料中的 LET 值范围可在 $28 \sim 43$ MeV·cm²/mg 之间。锎源裂变产生的碎片在 Si 中的射程较短，多用于敏感区较浅器件的单粒子效应研究和加速器试验前的摸底。

3.脉冲激光单粒子效应模拟试验系统

由于光子和离子与半导体材料相互作用均可以产生电荷，可利用激光模拟研究单粒子效应。激光单粒子模拟系统是一种简便、经济、安全的实验室模拟单粒子效应试验设备。激光单粒子效应模拟系统可以用于单粒子效应机理研究、单粒子效应导致的错误在逻辑电路中的传递规律研究、单粒子效应的分析和测试、SEU 敏感区的确定，以及星用电子线路加固性能的无损评估。与加速器及放射性同位素锎源相比，激光模拟实验简便、经济、安全，但激光试验不能穿透隔光材料，其与加速器重离子间的模拟等效性还需深入研究。

9.8.6　典型大规模集成电路单粒子效应试验评估

1.微处理器和 SRAM 重离子和质子单粒子效应评估

以 $0.18 \mu m$ 和 65nm 工艺大规模集成电路为对象，进行重离子和质子单粒子试验，根据试验数据，进行空间环境重离子和质子引起的 SEU 率预计，并进行了比较。试验信息如下：

(1)试验样品。试验样品包括 1 款微处理器，2 款静态存储器。微处理器采用 $0.18 \mu m$ 4 层金属的硅栅 CMOS 工艺制造；2 款静态存储器，分别采用 $0.18 \mu m$ 四层金属的硅栅 CMOS 工艺和 65nm CMOS 工艺制造。试验前，样品均开帽。

（2）辐射源。重离子试验在回旋加速器和串列加速器上进行。质子试验在瑞士圣保罗研究所回旋加速器上进行。

（3）单粒子效应检测

1）微处理器测试。微处理器采用常用指令集测试程序,覆盖所有的算术与逻辑运算指令、分支跳转指令和存储器操作指令等,处理器运行程序时,若没有错误发生,则间隔若干指令发回 2 个正常标志。根据异常死机的次数和死机前接收的数据判断单粒子错误的发生。

2）静态存储器测试。辐照前对存储器写入初始数据（例如"55H"）,辐照过程中周期性地对器件中的数据进行读出,并与上次读出的数据按位比较,如果不一致,则判为出现一位 SEU,记录错误地址和数据。

（4）试验结果。所有试验均在室温下进行。

1）重离子单粒子试验结果。$0.18\mu m$ 微处理器、$0.18\mu m$ 和 65nm 存储器的重离子单粒子试验结果如图 9-81、图 9-82、图 9-83 所示。图中黑点为试验数据,曲线为采用威布尔方程拟合得到。

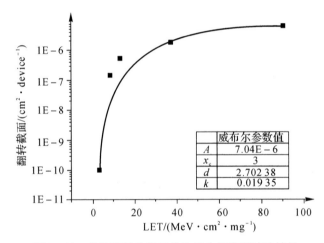

图 9-81　微处理器重离子单粒子功能错误试验结果

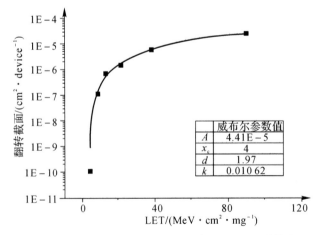

图 9-82　$0.18\mu m$ 静态存储器重离子 SEU 试验结果

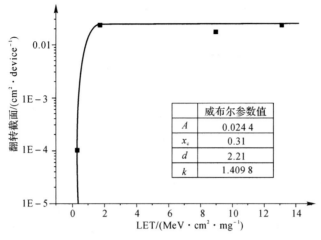

图 9-83　65nm 静态存储器重离子 SEU 试验结果

2)质子单粒子试验结果。0.18μm 微处理器、0.18μm 和 65nm 存储器的质子单粒子试验结果如图 9-84、图 9-85、图 9-86 所示。图中黑点为试验数据,曲线采用威布尔方程拟合得到。

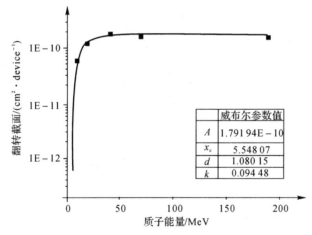

图 9-84　0.18μm 微处理器单粒子错误截面与入射质子能量的关系曲线

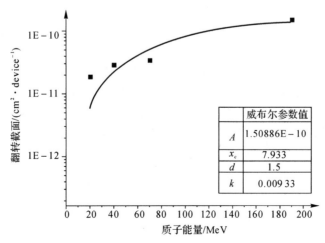

图 9-85　0.18μm 存储器 SEU 截面与质子能量关系

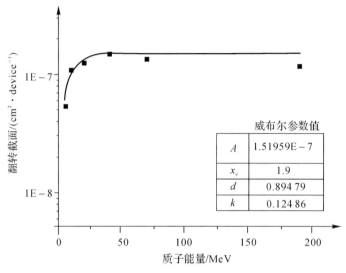

图 9-86　65nm 存储器 SEU 截面与质子能量关系曲线

（5）在轨 SEU 率预计。对器件在 3 种典型轨道上的单粒子错误率进行预计，典型轨道参数见表 9-27。

表 9-27　3 种典型轨道参数

轨道名称	轨道高度/km	轨道角度/℃
低地球轨道 LEO	400	43
太阳同步轨道 SSO	750	98
地球同步轨道 GEO	35 786	0

采用 ForeCast 软件对器件进行在轨 SEU 率预计。ForeCast 软件为中国空间技术研究院组织开发的具有自主知识产权的空间辐射效应计算软件，内部集成了当今主流的空间环境模型和粒子与材料作用模型。

采用 IRPP 模型进行计算，航天器屏蔽厚度取等效 3mm 铝。计算中，使用的辐射环境模型如下。

1）地磁捕获质子：AP-8。

2）银河宇宙射线重离子：太阳活动最小。

3）太阳质子：CRÈME 86 90% 最坏情况太阳质子峰值通量。

$0.18\mu m$ 微处理器、$0.18\mu m$ 和 65nm 存储器在典型轨道的重离子和质子 SEU 率预计结果见表 9-28、表 9-29、表 9-30。

表 9-28　0.18μm 微处理器单粒子错误率预计结果　（单位：次/（器件·d））

轨　道	重离子直接电离引起	辐射带质子核反应产物引起	太阳质子核反应产物引起
GEO	2.75×10^{-6}	0	2.29×10^{-2}
SSO	8.01×10^{-7}	1.43×10^{-3}	5.86×10^{-3}
LEO	8.01×10^{-7}	1.74×10^{-4}	8.86×10^{-10}

表 9 - 29　0.18μm 存储器 SEU 率预计结果　　　（单位：次/（位·d））

轨　道	重离子直接电离引起	辐射带质子核反应产物引起	太阳质子核反应产物引起
GEO	1.04×10^{-16}	0	4.42×10^{-3}
SSO	2.61×10^{-17}	6.65×10^{-4}	1.10×10^{-3}
LEO	6.17×10^{-21}	7.74×10^{-5}	7.56×10^{-10}

表 9 - 30　65nm 存储器 SEU 率预计结果　　　（单位：次/（位·d））

轨　道	重离子直接电离引起	辐射带质子核反应产物引起	太阳质子核反应产物引起
GEO	8.07×10^{-7}	0	21.9
SSO	2.63×10^{-7}	1.29	5.69
LEO	5.83×10^{-8}	1.58×10^{-1}	7.63×10^{-7}

从表 9 - 28～表 9 - 30 可看出，这 3 款器件在 GEO，SSO，LEO 中，质子引起的 SEU 率超过重离子引起的 SEU 率，至少超过 4 个数量级以上。在低地球轨道，主要是辐射带质子引起的 SEU，在地球同步轨道，主要是太阳质子引起的 SEU。

目前，国内比较重视重离子引起的 SEU，对质子单粒子效应的严重性不够重视，另外，由于国内缺乏合适的质子加速器，质子单粒子效应评估严重不足。从前面的比较结果可得出，对于深亚微米、纳米器件，如果仅用重离子评估单粒子效应，将低估器件在轨的 SEU 率，因此，必须进行质子单粒子效应评估。

2.Flash 存储器单粒子效应试验评估

Flash 存储器的基本存储单元结构如图 9 - 87 所示，在栅极与漏极/源极之间存在浮栅，浮栅周边采用氧化膜进行了绝缘处理，当编程为"0"时，电荷通过隧穿效应（Fowler－Nordheim）被注入到浮珊中存储起来；当编程为"1"时，浮珊中的电荷被释放至沟道中，根据浮栅中是否积累了电荷判断"0"还是"1"。单元之间按顺序相连，末端连接分别为位线和源线或选择线，读写方式必须按顺序进行。

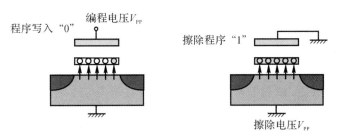

图 9 - 87　Flash 存储单元结构示意图

受到空间宇宙射线辐照时，Flash 存储器栅源以及 PN 结之间会形成电流脉冲，当其注入的电荷超过改变存储单元所需的临界电荷时，浮栅存储信息即发生改变，及产生 SEU（SEU）现象，若电流脉冲触发内部可控硅结构保持开启状态，即发生 SEL 现象。

选取了具有浮栅结构的 Samsung 公司生产的大容量 Flash 存储器作为研究对象，进行单粒子效应辐照试验研究。

（1）试验样品。试验样品为 8G Flash K9K8G08U0A，它是采用 2 块 K9F4G08U0A（4G）

芯片正反面组装工艺,如图 9-88 所示。器件为塑封。

试验前,采用化学方法开帽。

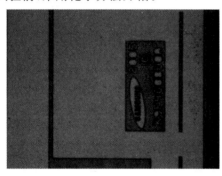 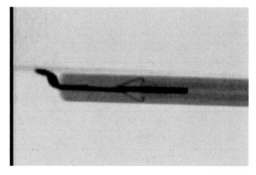

图 9-88　8GFlash 存储器芯片表面形貌和侧面 X 光照片

(2)辐射源。采用回旋加速器和串列静电加速器,利用不同能量的 Kr,Ti,Cl 和 F 离子产生不同 LET 值,试验离子特性见表 9-31。

表 9-31　试验用的离子

离　子	能量 MeV	入射角度	LET 值 MeV·cm²/mg	在硅中射程 μm	加速器
F	110	0°	4.17	82.6	串列静电加速器
Cl	145	0°	13.6	41	串列静电加速器
Ti	160	0°	22.3	33	串列静电加速器
Kr	1200	0°	26	158	回旋加速器
Kr	450	0°	38	55	回旋加速器

(3)辐射效应检测。实时监测被测器件电源电流。对进行 Flash 存储器的读写操作和数据比对,并将检测结果通过串口通信上传至上位机进行存储和显示,检测装置示意图如图 9-89所示。器件工作模式包括以下 3 种模式。

1)动态读取模式:辐照前对器件进行性能和功能测试,并将指定数据写入 Flash 存储器,辐射试验过程中进行数据读取比对,记录器件工作电流和 SEU 位数。

2)静态模式:试验前对器件进行性能和功能测试,并将指定数据写入 Flash 存储器,不加电状态下进行辐射试验,试验完毕后关闭辐射源,对所存储数据进行读取比对,记录 SEU 位数。

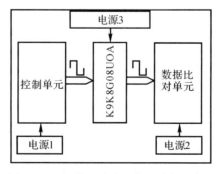

图 9-89　辐射试验检测装置功能示意图

3)动态读写模式:试验前对器件进行性能和功能测试,辐射过程中对器件进行数据擦除、写入和读取比对,记录器件工作电流和 SEU 位数。

(4)辐照试验结果。试验在室温环境下进行。分别在静态、动态读取和动态读写 3 种工作模式下进行单粒子效应测量。辐照试验结果如下:

静态模式检测时,器件辐照过程没有加电,辐照后进行读取比对,结果显示部分存储单元发生翻转。SEE 试验静态模式器件翻转截面与 LET 关系曲线如图 9-90 所示,随 LET 值的增大,翻转截面逐渐增大,当 LET 值为 26MeV·cm²/mg 时,曲线逐渐趋于平缓,当 LET 值为 38MeV·cm²/mg 时,翻转截面达到最大 1.15cm²/器件,取截面最大值为饱和截面,10%饱和截面对应的 LET 值为阈值,利用在轨预计软件预计在轨单粒子事件发生率,空间辐射环境采用 Adams 90%最坏情况模型,太阳同步轨道(SSO)965km 高度,单粒子事件发生率为 $2.69×10^{-2}$ 次/(d·器件)。

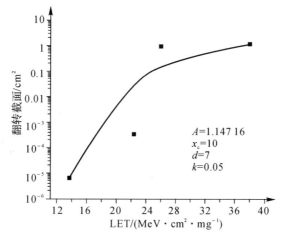

图 9-90 静态模式器件翻转截面与 LET 关系曲线

动态读和动态读写模式检测时,辐照过程中器件功耗电流保持不变,功能正常,结果显示部分存储单元发生翻转,没有发现 SEL 和功能中断。

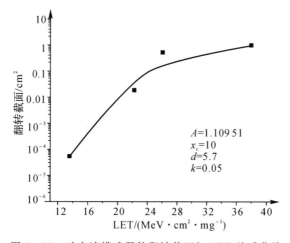

图 9-91 动态读模式器件翻转截面与 LET 关系曲线

动态读取模式器件翻转截面 LET 曲线如图 9-91 所示。随 LET 值的增大，翻转截面逐渐增大，当 LET 值为 26MeV·cm²/mg 时，曲线逐渐趋于平缓，当 LET 值为 38 MeV·cm²/mg时，翻转截面达到最大 1.11cm²/器件。辐照过程中器件功耗电流保持不变，读取和写入功能正常，没有发现 SEL 和功能中断。取截面最大值为饱和截面，10%饱和截面对应的 LET 值为阈值，利用在轨预计软件预计在轨单粒子事件发生率，空间辐射环境采用 Adams 90%最坏情况模型，太阳同步轨道（SSO）965km 高度，单粒子事件发生率为 2.95×10^{-2}次/（d·器件）。

动态读写模式器件翻转截面与 LET 曲线见图 9-92 所示。随 LET 值的增大，翻转截面逐渐增大，当 LET 值为 26MeV·cm²/mg 时，曲线逐渐趋于平缓，当 LET 值为 38 MeV·cm²/mg 时，翻转截面达到最大 3.6×10^{-1}cm²/器件。辐照过程中器件功耗电流保持不变，功能正常，没有发现 SEL 和功能中断。取截面最大值为饱和截面，10%饱和截面对应的 LET 值为阈值，利用在轨预计软件预计在轨单粒子事件发生率，空间辐射环境采用 Adams 90%最坏情况模型，太阳同步轨道（SSO）965km 高度，单粒子事件发生率为 1.17×10^{-2}次/（d·器件）。

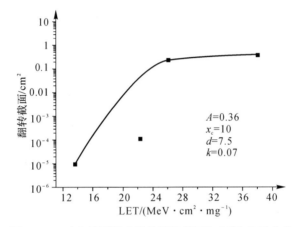

图 9-92　动态读写模式器件翻转截面与 LET 关系曲线

试验发现器件单粒子效应与所存储内容相关。当写入代码为"55"时，辐照后检测发现部分存储单元信息"0"被改写为"1"，发生了 SEU；而当写入状态为"FF"时，辐照后却发现存储单元的信息没有被改写，未发生 SEU。

器件单粒子效应与所存储内容相关，分析认为由于 Flash 存储器存储单元为浮栅结构，Flash 存储器在写入状态为"FF"时，器件存储二进制数据为"11111111"，所有浮栅内电荷被挤出，浮栅内没有存储电荷，器件不易受重离子影响而向浮栅内"充电"；当写入状态为"55"时，器件存储二进制数据为"01010101"，部分浮栅俘获电荷，即为"0"，此时，器件容易受重粒子影响而驱使浮栅"放电"。

3.SRAM 型 FPGA 单粒子效应评估

对 100 万门 SRAM 型 FPGA 进行了辐照试验，试验信息如下：

（1）试验样品。试验样品为 Xilinx 公司 SRAM 型 100 万门 FPGA XQV1000-4CG560BFQP，批次为 0C0449A。试验前，样品被开帽。

（2）辐射源。试验源为回旋加速器和 HI-13 串列静电加速器。试验用粒子见表 9-32。

表 9－32　试验用粒子

离　子	能量 MeV	入射角度	$\dfrac{\text{LET 值}}{\text{MeV} \cdot \text{cm}^2/\text{mg}}$	在硅中射程 μm	备　注
C	85	0°	1.66	140	HI－13 串列加速器
Ne	467	0°	1.77	659.7	HIRFL 回旋加速器
F	110	0°	4.17	82.6	HI－13 串列加速器
Cl	145	0°	13.6	41	HI－13 串列加速器
Kr	1 700	0°	21.4	249	HIRFL 回旋加速器
Kr	900	0°	30.3	112	HIRFL 回旋加速器
Kr	500	0°	37	60.7	HIRFL 回旋加速器
I	265	0°	64.8	28.8	HI－13 串列加速器

(3)单粒子效应检测。单粒子效应检测系统由测试机(含被测器件)和监视计算机两部分构成。测试机放在真空靶室中,高能离子对上面的被测器件进行照射。监视计算机通过 50m 电缆对测试机进行监测和控制。检测系统原理如图 9－93 所示。

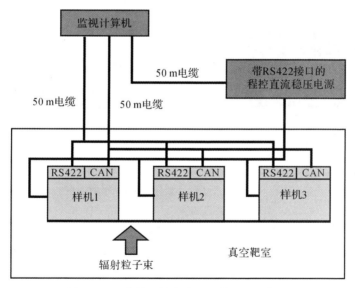

图 9－93　单粒子效应检测系统原理示意图

单粒子效应检测包括 SEU 检测、SEFI 检测、SEL 检测。

FPGA 单粒子效应检测系统由 ARM 处理器、桥接 FPGA、被测 FPGA、存储单元以及外围接口电路等组成。将被测 FPGA 配置成 LEON3 处理器,如图 9－94 所示。单粒子效应检测包括对 FPGA 内部配置存储器测试和用户逻辑资源测试。

通过远程重构实现这两个 FPGA 配置内容的在线转换。

电流检测电路实时监测被测器件的接口电路电流和 2.5V 电源电流。

通过对 FPGA 内部配置存储器测试和用户逻辑资源测试,检测 SEU 和 SEFI。通过监测器件电源电流,判断 SEL。

FPGA 内部配置存储器的测试采用 FPGA 配置信息回读＋比较的方法,即将 FPGA 的配置位流信息进行实时的回读,并与预先生成的配置位流文件进行比较,从而得到 FPGA 内部配置存储器的翻转情况。

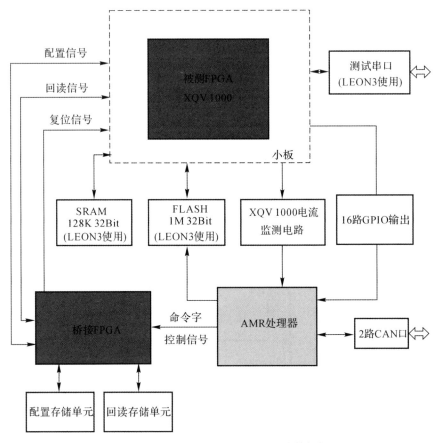

图 9-94 FPGA 单粒子效应检测系统结构框图

用户逻辑资源测试:器件实现用户实际使用算法,同时还配置生成了 4K RAM。用户逻辑测试程序循环运行,检测内部存储器及寄存器的翻转状态,并通过串口和 CAN 总线把翻转监测结果发回监测计算机。

a.SEU 检测。检测数据与预计数据不一致时,判断发生一次 SEU,记录数据。

b.SEFI 检测。如果发生死机或程序跑飞,判断发生 SEFI。由看门狗自动复位,并在外部记录复位一次。

c.SEL 的检测。在试验的过程中,对器件 3.3V,2.5V 电源电流进行实时检测。如果电流出现明显上升,达到正常工作电流 1.5 倍,并且功能不正常,则认为发生了锁定。

测试软件共分两部分,一部分是 XQV1000 内部配置存储器的测试软件,流程图如图 9-95所示。另一部分是 XQV1000 用户逻辑资源的测试软件,流程图如图 9-96 所示。

监视计算机负责接收被测器件通过 CAN 总线和 RS422 串口发回的测试结果,进行实时显示和记录存盘。

在测试 XQV1000 时,监测软件通过多串口卡和 CAN 总线卡实时接收被测器件的测试结果和电流监测数据,监测软件将测试结果显示到计算机的屏幕上,同时将数据存盘。监测软件主要包括两部分:监测 FPGA 内部配置存储器和监测用户逻辑资源的正确性。

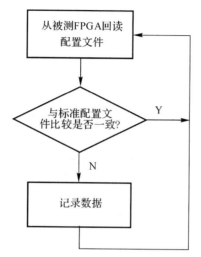

图 9-95　内部配置存储器的测试软件流程图

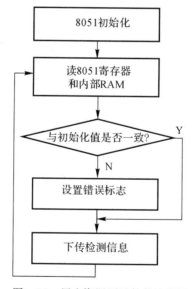

图 9-96　用户资源测试软件流程图

(4)试验结果。试验用粒子 LET 值为 1.66MeV·cm²/mg,配置区、逻辑区出现 SEU;LET 为 4.17MeV·cm²/mg 时,出现 SEFI,通过重新配置,系统功能恢复正常。LET 在 1.66～64.8MeV·cm²/mg 范围内,未出现 SEL;试验发现,随 SEU 数量的累积,器件功耗电流随之增加,停止辐照,大电流状态保持,重配置后,电流值恢复到正常。

根据单粒子地面试验数据,获得的配置区 SEU 截面与入射粒子 LET 关系曲线如图9-97所示。

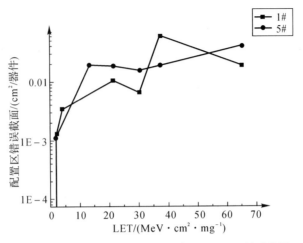

图 9-97　配置区 SEU 截面与入射粒子 LET 关系曲线

根据地面试验数据得出,配置区饱和翻转截面为 $4.01 \times 10^{-2} cm^2$/器件,10%饱和翻转截面对应的翻转阈值为 $1.8 MeV \cdot cm^2/mg$。

利用在轨预计软件,计算 FPGA 配置区在典型轨道的银河宇宙射线重粒子引起的 SEU 率,结果见表 9-33。

轨道分别取地球同步轨道(35 786km/0°)和低地球轨道(645km/97.9°),卫星屏蔽厚度取 3mm 铝,空间辐射环境取 90%最坏情况($M = 3$)。

表 9-33　配置区在轨道中的银河宇宙射线重粒子引起的 SEU 率

轨　道	配置区翻转率
645km/97.9°	2.55 次/(器件 · d)
35 786km/0°	7.96 次/(器件 · d)

4. 有源图像传感器单粒子效应试验评估

对有源图像传感器 CMOS APS 进行单粒子效应试验评估,相关信息如下:

(1)试验样品。试验样品为 CYPRESS 公司生产的有源图像传感器,器件型号为 CYII5SM1300AB - QDC,CYII5SC1300AB - QDC。试验前,样品开帽,去除玻璃顶盖。

(2)辐射源。采用回旋加速器产生的 Kr 离子,通过降能片改变粒子能量获得不同的 LET 值。采用串列静电加速器产生的 F,Cl,Ti,Br 离子。

回旋加速器试验在大气环境中进行。高能离子从真空穿过镍窗入射到放置在大气环境中的试验样品敏感区,束斑尺寸为 25mm×25mm。串列静电加速器试验在真空环境中进行,束斑尺寸为 2cm×2cm。

试验用离子特性见表 9-34。

(3)单粒子效应检测。基于应用线路开发单粒子效应检测系统,如图 9-98 所示。该检测系统主要由试验电路板、光源、稳压电源、串并转换板、图像采集设备和测试电缆组成。试验电路板、光源放置在真空罐内,稳压电源、串并转换板、图像采集设备通过 30m 测试电缆与试验电路板进行连接。通过检测图像,判断单粒子效应的发生及对系统的影响。辐照过程中,实时监测被测线路板电源电流。试验电路板由被试器件及其外围电路、时序电路和配电电路组成。被试器件配电独立，共用一个数传通道。稳压电源放置在控制室，手动控制电源的加电和断电并进行电流监测。图像数据采用 LVDS 接口通过 30m 线传输。

表 9 - 34　试验用离子

离子	能量 MeV	入射角度	LET 值 $MeV \cdot cm^2/mg$	在硅中射程 μm
F	110	0°	4.17	82.6
Cl	145	0°	13.6	41
Ti	160	0°	22.3	33
Kr	1 200	0°	26	158
Kr	450	0°	38	55
Br	220	0°	42	30.4

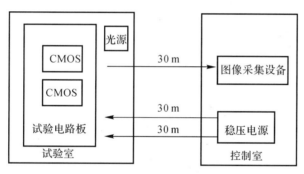

图 9 - 98　单粒子效应检测系统结构框图

(4)试验结果。试验在室温环境下进行。辐照到一定注量后，出现以下几种现象：

1)图像出现亮斑，随着注量率的增大，亮斑数量明显增加。

2)图像全黑或全白，无需任何操作功能可重新恢复，判断发生单粒子功能错误。

3)LET 值大于 $26MeV \cdot cm^2/mg$ 时，器件电源电流由 0.154A 增大 0.5A，达到设定的最大电源值，同时图像采集功能错误，需要重启后恢复正常，判断发生了 SEL。

试验获得器件错误截面和单入射离子 LET 关系如图 9 - 99 所示。根据器件饱和错误截面和单粒子错误 LET 阈值，利用在轨预计软件计算在轨错误率，得出以下结果：

CYII5SC1300AB - QDC 功能错误饱和截面为 1.86×10^{-5} cm^2/器件，阈值为 $12.57MeV \cdot cm^2/mg$，计算得出在轨错误率为 7.4×10^{-5} 次/(器件 · d(Adams 90% 最坏情况，3mm 等效 Al 屏蔽)。

CYII5SM1300AB - QDC 功能错误饱和截面为 2.78×10^{-5} cm^2/器件，单粒子错误 LET 阈值为 $11MeV \cdot cm^2/mg$，计算得出在轨错误率为 1.47×10^{-4} 次/(器件 · d(Adams 90% 最坏情况，3mm 等效 Al 屏蔽)。

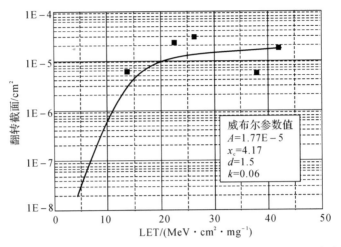

图 9 - 99　CYII5SC1300AB－QDC 功能错误截面与入射粒子 LET 关系曲线

5. CCD 信号处理器单粒子效应试验评估

对 CCD 信号处理器进行单粒子效应试验评估,信息如下:

(1)试验样品和辐射源。试验样品为高集成度双通道 CCD 信号处理器 AD9942。内部包含 ADC、CDS、VGA、寄存器、精密时钟电路、驱动器等。利用串列静电加速器和回旋加速器进行单粒子效应试验评估。

(2)试验结果。获得的试验数据如图 9 - 100 所示。

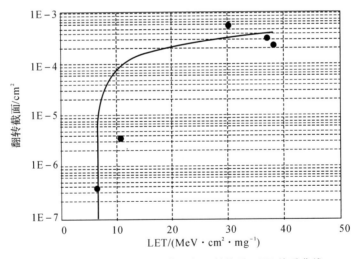

图 9 - 100　AD9942 SEL 截面与入射粒子 LET 关系曲线

得到如下结果:

1)器件在 LET 值为 6.6MeV·cm²/mg 时发生 SEL,属于 SEL 敏感器件。

2)发生 SEL 时,功耗电流从 80mA 增大到 140~1 750mA。

3)发生 SEL 后,对器件重新进行配置,大电流维持;断电重启,部分器件功能恢复正常,部分器件功能无法恢复。

4)根据试验数据预计在 GEO 轨道的 SEL 率为 $1.13×10^{-3}$ 次/(器件·d),辐射环境取

Adams 90%最坏情况,3mm 等效 Al 屏蔽。发生 SEL 烧毁的概率为 2.35×10^{-5} 次/(器件·d)。

5)试验未发现限流保护电阻对防止单粒子锁定烧毁器件有明显作用。

6.ARM 处理器单粒子效应试验评估

对一款 ARM 处理器进行单粒子试验,信息如下:

(1)试验样品和辐射源。试验样品为 ATMEL 公司生产的 ARM 处理器 AT91RM9200。试验前样品开帽。

采用串列静电加速器产生的 Cu,S,Br,Au,F,C 离子进行试验,试验用离子特性见表9-35。

表 9 - 35　试验用的离子

离　子	能量 MeV	入射角	LET 值 $\overline{\text{MeV} \cdot \text{cm}^2/\text{mg}}$	在硅中射程 μm
C	81.32	0°	1.7	130.39
F	105	0°	4.1	80
S	145	0°	12.03	44.39
Cu	210	0°	32.2	32.8
Br	215	0°	42	30.4
Au	262	0°	78	25

(2)试验结果。利用基于实际应用的单粒子效应试验系统,对两只器件分别进行试验,通过系统监测,判断单粒子效应的发生及对系统的影响。

辐照过程中,实时监测器件电流。

试验在室温环境下进行。单粒子辐照试验过程中,检测到的单粒子现象是系统功能错误,发生时检测系统需要重新断电加电才能恢复正常。试验过程中,未发现器件电流明显增加,判断未发生 SEL 现象。

单粒子功能错误试验结果如图 9 - 101 所示。

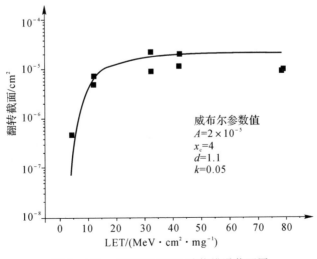

图 9 - 101　AT91RM9200 功能错误截面图

根据试验的拟合曲线结果,得到器件的饱和错误截面为 2.28×10^{-5},阈值为 $8.5\mathrm{MeV \cdot cm^2/mg}$(饱和截面 10%)。

利用在轨预计软件计算器件在 GEO 单粒子功能错误率为 1.97×10^{-4} 次/(器件·d)。计算中辐射环境取 Adams 90% 最坏情况,3mm 等效 Al 屏蔽。

9.9 大规模集成电路应用加固技术

常用应用加固技术包括屏蔽加固技术、冗余技术、检错纠错技术等。

9.9.1 屏蔽加固设计

屏蔽加固主要用于器件电离总剂量效应加固。屏蔽加固一般不用于器件单粒子效应加固。

屏蔽作用的基本机理是,辐射粒子或射线穿过屏蔽材料时,通过与屏蔽材料发生碰撞(包括弹性碰撞、非弹性碰撞)等方式,将能量传递给屏蔽材料,减低入射粒子的能量,使能量低的辐射粒子无法穿过屏蔽材料进入单机设备内部,从而减少单机设备内部的吸收剂量。

根据屏蔽作用的基本机理,屏蔽不同的辐射粒子,需要选择的最佳屏蔽材料不同。比如,电子占据主导地位的轨道辐射环境,如地球同步轨道,应选择较重的材料,如合金、钽等比较合适;对于质子占主导地位的环境,如低地球轨道,较轻的材料,如氧化铝等,将会起到更好的屏蔽效率。较好的屏蔽效率意味着可以用较少的屏蔽材料提供同样的屏蔽效果。有些采用较重材料和较轻材料制成多层"加固封装",用于对辐射敏感的器件进行屏蔽加固,效果更佳。

须说明的是,屏蔽加固对降低电离总剂量效应的作用是有限的。屏蔽厚度增加到一定程度后,屏蔽效果不再显著增大,因为初级辐射粒子在屏蔽材料内产生的韧致辐射(如 γ 射线)形成的背景辐射很难被屏蔽。图 9-102 所示为 GEO 剂量深度曲线,从图中可看出,当屏蔽厚度增加到大约 6mm 时,再增加屏蔽厚度,吸收剂量的下降速率变缓,继续采用增加屏蔽加固带来的效益不理想。

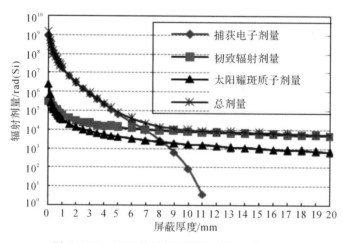

图 9-102　GEO 轨道剂量深度曲线(在轨 15 年)

设备本身的固有质量起到屏蔽辐射的作用。设备外壳材料,可吸收一定的辐射剂量,减少到达设备内部的辐射剂量,因此,可以采用增加设备外壳屏蔽材料厚度的方法进行总剂量效应加固。如果只对敏感器件进行屏蔽,即专门给器件贴一个紧凑的屏蔽层,代替在机箱外加相同厚度的屏蔽层,能以最低的质量代价获得相同的屏蔽效果。

一般情况下,屏蔽对降低单粒子效应的影响不大,这是因为屏蔽对低能辐射粒子有效,导致器件发生单粒子效应的宇宙射线能量极高,难以被屏蔽。图 9-103 所示为不同屏蔽厚度下的质子微分能谱,可见,增加屏蔽后,低能质子被屏蔽掉,但高能质子受到的影响不大。而单粒子效应主要是高能粒子引起的。

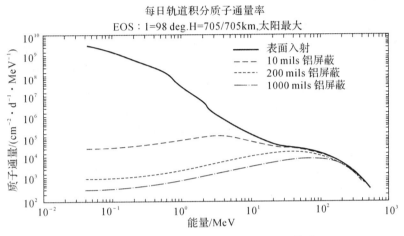

图 9-103　不同屏蔽厚度下的质子微分能谱

屏蔽加固的缺点是增加宇航型号重量,增加发射成本。

9.9.2　冗余加固设计

冗余加固设计主要用于单粒子效应加固,针对单粒子效应的冗余加固设计有多种。

1)两台设备同时进行计算、比对。对于重要数据,用两台设备同时进行计算,然后比对计算结果,若比对结果不一致,则该数据不用。

2)重要数据两次计算、比对。一台设备对同一输入条件先后进行两次计算,比对两次计算结果,若比对结果不一致,则不用该计算结果。

3)三取二表决。重要的数据,放在三处,使用时,取出进行三取二表决;重要的电路,采用三个电路执行,对结果进行三取二表决。

4)冷热备份。当主份电路因为单粒子效应导致功能不正常时,系统自主或人工切换到备份电路;当主份电路因为 SEL 导致系统不正常工作时,切换到备份并主份电路断电,确保系统工作正常,同时使主份电路退出 SEL 的大电流维持状态。

冗余加固设计对电离总剂量效应也有一定效果,因为大部分器件在不加电情况下辐射损伤较轻,采用冗余加固设计,增加器件间隙工作时间,可延长整个系统总的工作时间。

9.9.3　最坏情况分析

考虑器件辐射后电参数退化,在设计时对器件进行一定的降额使用,保证在设备寿命末期电路性能不超过正常工作范围。如考虑运算放大器增益下降,适当增加增益的设计裕度。

9.9.4　检错纠错(EDAC)技术

存储器,尤其是 SRAM 中的程序或数据很容易发生 SEU,导致系统无法正常使用。最简单的解决办法是在读写电路中增加海明码校验即 EDAC 设计,数据存储时,先进行海明码编码再存入存储器,数据读取时,进行解码。EDAC 设计可以纠正由 SEU 引起的一位错误,检测两位错误。

9.9.5　SEL 防护

SEL 防护只能在一定程度上防止发生 SEL 的器件持续处于大电流状态,降低器件烧毁的风险,而不能从根本上杜绝 SEL 事件的发生。SEL 防护分为有源和无源两种方式,有源方式是设计一个电源电流监测电路,当监测到电流达到设定的电流值时,自动切断电源,待器件退出锁定状态时,再重新给器件加电;无源方式是直接在器件电源端加限流保护电阻,当锁定发生时,能够把电流限制在一定范围内,防止大电流对电源系统的损伤,同时对发生锁定的器件也起到一定的保护作用。器件电源端串联限流电阻的选择与器件正常功耗电流、器件工作状态等密切相关,需要统筹考虑。

应根据具体器件特性设计针对性的 SEL 防护措施,不同器件需用采取不同的 SEL 防护措施,如不同的电源串联电阻等方式。

9.9.6　看门狗设计

当单粒子效应导致程序跑飞或进入死循环时,可采用看门狗能进行系统复位。

9.9.7　定时刷新

对程序存储器等内容进行周期性的读出/写入操作。

9.9.8　主动关机

当预测到有危害的太阳耀斑爆发时,主动提前关闭辐射敏感电路,防止大的太阳耀斑对系统带来的严重辐射损伤。

9.9.8　SET 减缓技术

很多方法可以减缓 SET 效应。最简单,通常也是最有效的就是在线性器件的输出端增加滤波器。在一些应用中,可能不能选择使用滤波器,而需要采用其他的技术。如使用同步设计,采用表决电路,或过采样电路。

9.10　本章小结

针对宇航型号用大规模集成电路抗辐射保证需求,首先介绍了空间辐射环境,分析空间辐射粒子引起的电离总剂量、单粒子和位移效应效应及其评估技术,给出了典型器件辐照数据,简单介绍了主要的应用加固技术,为相关器件的选用和抗辐射能力评估及应用加固提供参考。

第10章 测 试

10.1 概 述

测量是人类认识和改造世界的一种重要手段。人们对客观事物的认识过程,需要进行定性、定量分析,定量分析就需要进行测量。电子测量是测量领域的重要组成部分,泛指以电子技术为基本手段的测量技术。元器件测试是电子测量的重要领域之一,以电子技术理论为依据,以电子测量仪器和设备为手段进行检测,通过测量一定条件下的电学特性(电参数)和(或)对在一定激励条件下的输出响应和预期做比较,以确定或评估元器件功能和性能的过程,是验证设计、监控生产、保证质量、失效分析以及指导应用的重要手段。

集成电路测试技术伴随着集成电路的飞速发展而发展,对促进集成电路的进步和广泛应用做出了巨大的贡献。在集成电路研制、生产、应用等各个阶段都要进行反复多次的检验、测试,以确保产品质量并符合系统要求。集成电路测试的目的有两个,一个是检查器件设计是否正确,提供有关设计方面薄弱环节的信息;另外一个是检查器件在制造过程中是否产生了缺陷,有利于提高器件成品率。测试过程一般可以描述为先建立待测器件"好"或者"坏"的验证模型,然后设计出能检验此器件"好"或"坏"的测试数据,再把设计好的测试数据施加在待测试的器件上,观察被测试器件的输出结果,最后分析与理想的结果是否一致,从而判断待测器件的好坏。测试是成本控制的重要组成部分,可以提前识别不可靠的器件,减少不必要的损失,降低经济和时间成本。

随着系统集成度与加工技术的飞速发展,大规模集成电路测试已经成为一个越来越困难的问题,测试的理论与技术已经成为大规模集成电路领域的一个重要研究方向。

10.2 测试技术面临的挑战

随着现代微电子技术的迅猛发展,纳米级工艺集成电路的出现,器件集成度越来越高,集成电路已经步入基于 IP 核设计的 SoC 时代。与常规元器件的测试相比,大规模集成电路由于具有芯片复杂度和集成度高、运行速度快等特点,其测试也面临着较大的技术挑战,主要包括不断延长的测试时间、不断增长的海量测试数据以及对新型测试设备的要求,需要通过测试压缩、低功耗测试和测试调度等测试优化方法以减少测试数据量、降低测试功耗并缩短测试时间。依据国际半导体技术路线图(ITRS, International Technology Roadmap for Semiconductor),关键测试技术的驱动因素、挑战和机遇,见表 10-1 及本章后续的描述。

表 10 - 1　关键测试技术的驱动因素、挑战和机遇

驱动因素、挑战和机遇	方　面	内　容
关键驱动因素	器件的发展趋势	器件接口带宽不断提高,包括信号通道数量与信号数据速率等
		器件集成度提高,包括系统级器件、系统级封装、多芯片封装以及三维集成(3D,Three-Dimensional)封装等
		非数字 CMOS 技术的集成
		复杂封装的电、机械和热特性
		确定性激励和响应之外的器件特性
		3D 器件-多芯片与多叠层
		光学器件、MEMS 等非电气器件的异构集成
		容错架构和协议
	测试过程的复杂性	器件测试阶段的定制化
		通过测试数据的反馈对制造过程进行调整
		通过"适应性测试"实现动态测试流程
		IP 核的并发测试
		作为生产测试组成部分的系统测试
		维持单元级别的可追溯性
	持续扩充的测试成本	物理和经济方面对并行测试的限制
		对(逻辑)测试数据和反馈测试数据容量的管理
		控制接口硬件和(测试用)插座成本
困难和挑战	测试成本和设备的综合效率	接口硬件、测试环境建立、测试容量
	利用测试技术的发展作为量产的机遇	持续增加的器件复杂度,推动了更多复杂测试技术的发展
	系统级缺陷的检测	不仅是硬缺陷的局部非一致性测试
		不稳定、非确定性和间歇性的器件行为
		测试过程的机械损伤
		多芯片堆叠/硅通孔(TSV,Through Silicon Vias)
未来机遇	有别于自动测试向量生成(ATPG,Automatic Test Pattern Generator),测试程序的自动化	自动化测试设备(ATE,Automatic Test Equipment)测试程序生成的自动化

10.2.1　器件发展趋势

1. 接口带宽

大规模集成电路 I/O 速度的快速增长,为用户提供了更高的系统性能。高达 Gb/s 的高速接口已经遍布于半导体器件领域,如存储器、CPU、芯片组等。高速串行接口和差分 I/O 协议速度的不断提升,将持续推动可测性设计(DFT,Design For Testability)技术、高容量生产所需要的测试技术的不断创新,从而降低随器件复杂度增加而不断提高的测试成本。

2. 器件集成度的提高

SoC 和 SiP 集成度的不断提高,促进了测试技术的不断创新发展,以维持测试成本和器件质量之间的平衡。针对存储器、内嵌模块和内核的测试解决方案,通常不会随器件复杂度提高而自动调整。为了对内嵌模块和内核进行访问和测试,芯片或封装内还应进一步采用 DFT 等技术,同时需要对测试系统进行集成和开发,以满足高容量生产(HVM,High Volume Manufacturing)的需求。另外,为多芯片封装提供已知合格芯片(KGD,Known Good Die)的技术非常重要,已成为测试技术和测试成本取得平衡的关键支撑。

3. 非数字 CMOS 技术的集成

混合信号器件越来越多地和数字 CMOS 器件集成在同一芯片上,对 ATE、测试仪器、测试和生产流程提出了严峻挑战,同时还给 DFT 技术创新带来了新的挑战和机遇。与数字逻辑和存储器不同,混合信号领域较少采用 DFT 技术。RF 器件集成正在开始经历类似的技术创新过程。更多不同技术的半导体器件类型,如 MEMS 和光学器件,与 CMOS 逻辑集成到同一硅片上的趋势不断增加。这些器件关键的测试技术,包括对内嵌模块的访问,以及将截然不同的测试方法集成到成本效益要求很高的生产过程中。

4. 复杂封装的电气、机械及热特性

封装技术不断发展的同时,封装本身具有多功能的趋势不断增加,不仅包括散热器和均热片,甚至还包括电压调节和电源管理功能。随着功率增加,热管理成为重要的关注方面,封装因素的热传递特性和均匀性(结到环境、结到器件外壳的热梯度系数等)成为测试需要关注的重要因素,测试过程对功率的要求通常比器件最终应用对功率的要求更高。封装技术的不断发展,使测试系统与被测器件(DUT,Device Under Test)之间硬件接口的设计和实现成为关键技术,包括欧姆接触技术和测试插座技术等多方面。

5. 确定性激励和响应之外的器件特性

半导体器件测试和 ATE 架构的历史,建立在确定性器件特性的基础上。另外,数字 CMOS 测试,在历史上一直基于简化的电压、温度和频率效应模型;通过最坏情况下的测试,可以保证在更大且连续条件范围内的器件性能。当仅由两个或三个变量驱动时,测试过程及结果易于管理。然而,当器件特性威胁了这种基本的测试模式时,测试开发的难度将大大增加。器件的自修复和校正功能以及内置的可变多电源管理模式等特性,为器件测试条件的设置增加了复杂性。非确定性的器件行为,如异步逻辑架构和容错器件,会打破原有的在同一同步过程中实现确定性激励和相应测试模型的方式。这些器件的结构和特性,将带来半导体器件测试模式的重大转变。

6. 3D 器件

随着 TSV 技术的发展,业界逐步具备了通过数百、数千甚至数百万的引线将芯片连接起来的能力。将电路板上的多个元器件重新进行系统设计,通过 3D 互连获得性能的改善。为确保 3D 器件的质量和可靠性,组成 3D 器件的每个芯片应能够在晶圆级进行测试,单个芯片的测试必须完整。对于 3D 器件测试,芯片采用垂直堆叠结构,芯片之间的连接通过 TSV 实现,多芯片封装可通过测试插入点实现集成过程的测试,因此,测试向量和路径有可能与单芯片测试不同。TSV 可能没有任何静电保护,这将导致易发生静电损伤的严重问题。为了防止静电损伤,在测试过程中不应直接接触 TSV,可使用替代方法;如边界扫描或其他非接触方式对 TSV 焊盘进行评估。

7. 非电气器件的集成

随着半导体器件终端应用的多样化发展,器件测试激励和测试响应的类型和种类也有所增加。某些器件的测试可以采用将器件输出反馈到输入的方法实现,特别是对于非电气类器件的激励和响应,如光学器件、MEMS 等。

一些器件需要进行非电气外部激励和响应测试。例如 CMOS 图像传感器,需要均匀的可校准光源输入,以进行性能的验证和校准;3 轴 MEMS 加速度计,需要在 3D 活动范围内移动。非电气激励和响应包括但不限于:光学通信和接触;压力,包括声音;旋转;重力;化学、分子或蛋白传感,包括拉曼光谱、荧光和其他技术;温度;湿度;磁场;加速度,包括振动和冲击;流体流动。

8. 容错器件

业界正在开发确保器件或系统永远不会发生故障、或者只会渐渐发生故障的器件结构。这些结构通过对器件操作状态的连续检测,执行多种形式的错误检测和纠正。如果检测到故障发生,系统可以通过以下方式对故障进行修正:

(1)基于校正算法对错误进行纠正后,继续执行操作;

(2)改变出现故障功能模块的工作条件,使功能模块开始正常运行并生成正确的结果;

(3)禁用发生故障的功能模块并将信息发送到其他地方进行处理。

容错器件的结构决定了器件真正发生故障的概率很小,这给测试技术提出了挑战。为了确定器件能够正常工作,对器件或功能模块的纠错能力进行评估,器件应具备在测试时能够禁止或部分禁止应用容错结构的能力。

10.2.2 测试过程的复杂性

1. 器件测试阶段定制化的复杂性

器件定制的程度和项目复杂性的不断提高使测试过程越来越复杂。测试过程从"这是否是一个好芯片"的测量学范围的问题,逐步扩充为包括修复、区分或定制特定芯片功能的实际处理过程。例如存储器块冗余或修复、芯片配置熔丝的烧制、只读存储器(ROM, Read Only Memory)编程或其他产品功能的编程。此外,对芯片进行分类和分离成为生产测试的一部分。所有这一切对生产过程的测试提出了更高的要求。

2. 通过"适应性测试"实现动态测试流程

"适应性测试(adaptive test)",是指可以根据已经进行的器件或单元的测试结果,判断后续是否还需要进行更加详细的测试。统计学上讲,如果一个或一组测试被认为是"很重要"的概率很低,那么这个(些)测试可被暂时丢弃或被其他测试所取代。概率触发因素还可用于测试项目增加的控制。这种方法打破了固定测试流的运行模式,可以降低总体测试成本。

3. DUT 内的并发测试

并行测试技术发展的下个阶段,是对同一个 DUT 的多个功能模块进行并发测试,与此同时,进行多站点执行同一测试内容的并行测试。这种能力主要通过 DUT 自身的 DFT 技术实现。SoC 并发测试已经逐步得以实施。多芯片 SiP 应用的增加加速了这一趋势的发展,因为内部集成多个芯片的结构自然具备了可进行隔离测试的能力。测试领域的两个主要需求是：测试系统硬件具备可分离为独立功能模块的能力,以及测试软件具备可以对每个硬件功能模块单独管理,能够将其联合起来构建成为完整测试程序的能力。DUT 的信号通路、串扰问题和电源管理方面的具体性能使后一需求的实现更加复杂化。

4. 作为生产测试组成部分的系统级测试

在最终应用时进行器件功能验证是最直接、有效的方法。由于 ATE 不能对最终工作环境进行完全复制,可使用能够尽可能模拟应用环境的系统级测试作为测试的一部分。系统级测试可以作为生产流程的一个环节,全部或者抽样进行。不同生产厂或生产线测试的策略不同,最终的测试流程是使用 ATE、系统级测试或两者的组合,需要基于经济成本并进行可行性分析后决定。

10.2.3 测试的经济成本压缩

1. 物理和经济方面对并行测试的限制

近几十年来,在器件具有更多晶体管、更多功能、更高 I/O 通道数和内核速度的背景下,并行测试(同时测试多个 DUT)的能力持续增长,特别是对于存储器以及数字逻辑,成为测试经济成本继续压缩的主要方式。在当前的测试仪器和硬件接口的集成模式中,DUT 测试并行性的进一步增长受到多方面因素的限制,包括 DUT 和测试系统之间物理空间的限制,通道间距离的不断缩小。这些近似极限的物理限制提出了开发新技术的需求,以满足持续的测试成本压缩需求;同时,需要开发 DUT、测试插座和测试系统之间新的集成模式,能够进一步增加DUT 的并行测试能力。

2. 测试数据量管理

数字逻辑器件的复杂性越来越高,导致测试数据量(向量的数量和宽度)成比例增长。不加限制的话,这些增加的测试数据量,将要求测试系统持续增加数字通道的向量存储深度,并增加器件测试时间,导致测试成本持续增加。目前,业界正在开发适用的逻辑测试向量压缩技术,受越来越高的器件复杂性和集成度水平的驱动,数据压缩技术将发挥重要作用,并且最终要求提高压缩率。

3. 硬件接口成本管理

基于测试系统、探针和测试插座等硬件接口的成本,占据测试总成本的比例在不断提高。这是由更高的速度、更复杂的器件 I/O 协议、更高的 DUT 并行能力、更多的信号和电源引脚数量、更高的功率传递以及更高的信号通道保真度要求所致。

10.2.4 困难和挑战

1. 测试成本

测试成本是测试系统创新的主要驱动因素。对于大批量、小批量混合的器件,测试成本通常受到测试系统之外因素的限制。对于批量较小的器件,减少测试时间或增加同时测试的器件数量不一定明显降低测试成本。器件的复杂性带来了测试向量开发的复杂性,特别是 SoC、模拟器件、非确定性行为和多芯片封装器件,使得测试开发的复杂性不断增加,提高了测试开发的成本。

降低测试成本的需求见表 10 - 2,降低测试成本的措施见表 10 - 3。

表 10 - 2 降低测试成本的需求

阶　段	降低测试成本的需求
近期	ATE 容量和接口支出
	提高 ATE 利用率(特别是对于低容量器件)
	降低测试程序开发的成本
	在考虑 KGD,3D 和 TSV 测试覆盖的基础上,减少测试时间
远期	新的缺陷和可靠性问题
	测试系统要求
	接口成本
	数据量、故障诊断、良率和可追溯性

表 10 - 3 降低测试成本的措施

阶　段	措　施
近期	多站点和减少器件引脚数
	结构测试和扫描
	数据压缩、BIST、DFT 技术
	适应性测试
	并发测试
	晶圆级全速测试
远期	数据处理技术
	新的接触技术
	在线系统级测试、检测潜在的缺陷、进行潜在可能的修复
	内置容错结构
	同一测试系统同时对多个晶圆进行测试
	先进的嵌入式仪器

2. 系统性缺陷的检测

业界面临着新的制造缺陷所引起的测试技术和良率的挑战,这是由不断变化的制造技术、器件灵敏度以及设计模型的限制所造成的。设计与制造之间的关联日趋紧密,增加了系统性缺陷发生的可能性。这种缺陷可能仅在器件或布局布线的某点发生,由图形密度、图形相近性、光学修正不完善等原因引起。尽管这些缺陷是系统性的,但由于其较为罕见,且需要复杂的环境才能出现,因此,这些缺陷可能是随机的。

材料变化、金属栅和 3D 晶体管结构等制造工艺技术的进步改变了物理缺陷的发生概率。器件灵敏度发生变化,使过去不存在危害的缺陷变成致命缺陷。例如,较短的时钟周期意味着皮秒级的延迟缺陷可能导致器件失效。噪声效应增加,如串扰、电源及地间弹,使器件对噪声和时序的冗余度减小,增加了器件对缺陷的敏感度。辐射引起的软错误率逐渐增加,除 SRAM 外,锁存器和触发器也需要采取保护措施。目前越来越多的数据表明,由于较低工作电压的不稳定,导致 SRAM 易发生多位翻转,给低功耗应用带来了困难。

测试过程涉及的所有方面,包括故障模型、测试向量开发、测试覆盖性评估、DFT 解决方案等,均应对这些实际发生、不断变化的缺陷进行处理,主要的策略包括进行超出器件规范之外条件的测试、采用统计学方法进行数据分析、通过适应性测试实现动态测试流程和精确的基于缺陷模型的测试解决方案。

10.3　测试的实施流程

大规模集成电路测试的实施流程包括需求分析、测试程序和测试向量生成、硬件设计、软件和硬件协同调试、软件和硬件固化、测试实施、测试数据分析处理等步骤,如图 10-1 所示。

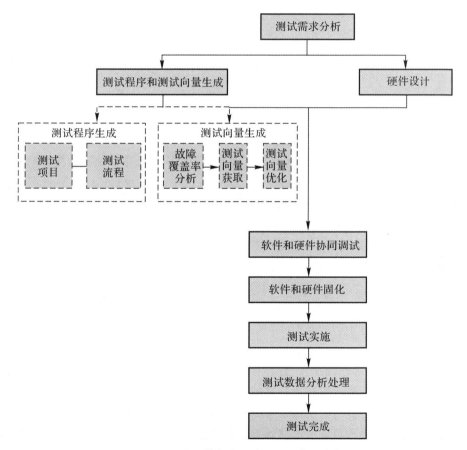

图 10-1　大规模集成电路测试的实施流程

10.3.1　测试需求分析

不同的测试目标可采取不同的测试方法,不同的测试解决方案之间可能存在较大差异,全面的需求分析是制定合理测试解决方案的前提。对大规模集成电路进行测试前,首先进行需求分析,确定测试目标,基于需求开发相应的测试软件和硬件。需求分析的内容包括但不限于以下几方面。

1. 根据不同的测试目标,确定适合的测试方法

(1)验证测试、特性测试或设计诊断测试,用于检查设计和制造过程的正确性。验证测试一般应在大规模生产之前进行,以确保器件设计的正确性,测试应覆盖器件所有的功能和参数。特性测试是对被测器件在不同工作条件下所作的测试,按统计规律选取足够多的测试样品,对测试样品进行重复测试,对测试结果进行分析,依据测试结果对器件参数的分布规律进行分析,确定器件的参数取值范围。诊断测试是面向故障定位的测试,需要针对具体的失效现象,定制开发测试向量、测试程序和测试流程;诊断测试也可用于器件质量保证或应用过程的失效分析。

(2)生产测试,用于检测生产过程的故障和随机缺陷。器件设计完成后投入生产运行,批量产品应进行生产测试,目的是判定器件是否合格。通常情况下,为了节约成本,测试不会覆盖所有的器件功能和数据类型,只需做通过或不通过的判别即可。

(3)器件保证过程的测试,目的是剔除早期失效和确保器件生产工艺的质量一致性。不同的保证项目,对测试的要求有所不同。即使通过生产测试合格的器件在实际应用中有些也会出现失效,这时就需要进行筛选试验、质量一致性检验等,试验过程需要进行多次测试,例如老炼试验后测试、不同应力条件下的测试等。器件抗辐射能力评估试验、针对应用需求的应用验证试验,也需要开发相应的测试程序和测试向量。

2. 根据被测器件的状态,确定测试的级别

相同的器件故障,在不同级别检测所需的代价大不相同。通常认为要检测相同故障,在晶圆级(wafer level)、器件级(chip level)、板级(board level)、系统级(system level)及现场应用级(field level)的测试代价以一个数量级倍数增长,而且随着集成电路输入管脚数及其时钟频率的增加成指数增长。5种测试又可分为"由器件生产厂完成"和"由用户完成"两部分,但两者又不是完全独立的。对于器件生产厂而言,为了确保出厂的所有器件都是合格品,晶圆级和器件级测试是必不可少的环节;而对于用户来说,器件级测试是具有可选择性的。目前,由于器件销售渠道的复杂,以及对器件性能要求的提高,器件级测试作为用户可选择的一种测试变得越来越重要,通过把好器件级测试这一道关,可以为板级测试、系统级测试、现场应用级测试节省大量的时间以及人力物力的耗费。

3. 对器件特性进行分析,确定测试的参数项目以及测试向量的生成方法

器件特性分析,指针对器件工艺、设计、结构、功能等方面开展全面分析,为设计测试方案、确定测试项目及测试向量生成方法奠定基础。

器件的制造工艺和功能特性决定了需要测试的参数项目。器件参数主要包括直流和交流参数。直流参数测试主要测量集成电路的静态直流参数,一般为对电压和电流信号的测量,测试原理为加压测流或者加流测压,例如,输入漏电流测量是在集成电路的输入端施加一定的电压,然后测量流过该管脚与地或电源之间的电流。交流参数测试是测试器件内部节点状态转换的时序关系,目的是保证器件在正确的时间发生状态转换,在实际操作中,通常情况下生产测试时将输入、输出时序参数设置为适当的条件与功能测试一并执行,逐一对各个交流参数进行验证测试,确认其是否满足技术指标要求。

大规模集成电路的测试与其设计方法密不可分,应深入了解设计采用的方法,尤其是

DFT 方法。如果设计采用了 IP 核或内嵌核,还应掌握可以对这些核进行测试存取的方法。

器件的结构对测试实施的方式也有重要影响,多芯片封装等复杂器件,应考虑内部元器件测试、集成过程的测试以及集成后器件的最终测试。器件的封装形式,确定了测试用插座的方式。

器件功能是测试的重要方面,进行功能测试时,应考虑器件的输入和输出特性、工作频率和热特性等方面。针对器件功能的特性验证是测试的重要内容。

4.型号任务需求分析

型号任务分析,是对大规模集成电路的应用环境、系统功能需求、工作寿命等要求进行研究和分析。对于定制或专用大规模集成电路,还应考虑其特定工作状态下的测试。

10.3.2　硬件设计

根据大规模集成电路的特点,结合需求分析结果,搭建测试系统平台,设计相应的探针卡、测试板和测试插座。主要的硬件包括以下几部分。

1.测试系统平台

测试系统为测试实施提供基本的硬件和软件平台,与测试接口板、测试插座结合在一起,构建完整的测试环境。一般采用 ATE 作为测试系统平台;必要时,也可根据实际需求,自行设计测试系统平台。ATE 是一种由高性能计算机控制的测试仪器的集合体,是由测试仪和计算机组合而成的测试系统,计算机通过运行测试程序的指令控制测试硬件。针对不同的器件类型,ATE 通常分为不同的系列,包括数字电路测试系统、模拟电路测试系统、数模混合电路测试系统、存储器测试系统等类型,不同系列的 ATE 系统构架通常有所不同。在同一系列中,根据其最高测试频率、测试向量内存大小等性能不同也有高端、低端之分。典型的数字电路测试系统包括控制处理器、时序模块、格式模块和 PMU 模块。控制处理器作为主机控制整个测试流程,并维持与其他系统模块的通信;时序模块定义芯片所需的时钟边沿;格式模块定义测试向量时序和格式信息;PMU 模块为芯片提供电源信号以及用于电流和电压的精确测量。

2.探针卡

进行晶圆级测试时需要设计探针卡。探针卡是连接探针台和芯片的测试接口,是测试过程中非常重要且非常精密的工具,通过卡上的探针与芯片的焊垫直接接触,利用探针台进行测试,从而筛选出不合格芯片,降低封装的成本。按照探针排列方式可将探针卡分为悬臂式和垂直式。随着半导体芯片与焊垫面积的越来越小、管脚数量的越来越多、时间成本的越来越高等因素,能应用于并行测试的高密度垂直式探针卡在市场上的需求量随之增加。探针卡的设计应综合考虑技术参数、维护难度和成本,探针卡的重要特性参数包括:

(1)探针的排列校准(alignment):防止探针扎出焊垫区域外而降低芯片的可靠性。

(2)探针的平面度(planarity):防止针位过高时,探针接触不到焊垫,造成接触不良;或针位过低时扎穿焊垫,对后期封装及芯片质量造成影响(容易出现短路)。

(3)接触电阻(contact resistance):影响测试结果。

(4)针压(needle force):针压过大会造成针痕大或深,影响封装及芯片质量;针压过小,会引起针与芯片的接触不良。

(5)漏电流(leakage):影响测试结果。

(6)探针针尖参数(tip parameters):影响测试结果、针痕,甚至会对封装及芯片可靠性造成影响。

3.测试板

测试板(load board),即连接DUT与测试系统的接口电路板,根据被测器件不同的特性以及测试要求而有不同的设计。设计测试板应重点考虑信号完整性、信号通道之间的干扰等因素。

4.测试插座

测试插座(test socket)是一个电性能和机械性能接口,负责在DUT信号测试板以及测试系统之间提供良好的电路连接,实现高完整性信号的传送,通过机械接触结构,以获得DUT的电性能。近年来,由于大规模集成电路设计和制造能力的不断提高,为实现先进大规模集成电路的测试,对测试插座提出了越来越高的要求,包括测试插座的电气和机械要求。在更高的功率/电压/电流、日益减小的封装尺寸、更窄的间距、更多的引脚数以及更小的接触阻抗等方面的驱动下,插座技术对于测试实施越来越重要。电性能不仅和电气要求有关,而且和机械要求有关。多物理问题使插座设计受到更高要求的挑战。

10.3.3　测试程序和测试向量生成

1.测试程序生成

在不同的测试目的、测试级别以及不同的测试阶段,测试的项目和流程有所不同。需要基于需求分析的结果,结合不同的测试目标,确定测试项目并生成测试流程,测试流程一般采用软件形式实现。区别于常规的固定流程测试,对于复杂器件,还应考虑通过"适应性测试"实现动态测试流程。

2.测试向量生成

大规模集成电路的测试向量生成,首先需要结合器件的设计及应用情况对故障覆盖率进行分析,再对测试向量进行获取,之后对测试向量进行优化,进而完成测试向量生成。测试向量获取主要包括基于故障模型的测试向量获取及基于功能性能的测试向量获取。考虑测试成本和可行性,对测试向量进行优化,最终确定用于测试的测试向量。

10.3.4　软件和硬件固化

完成测试硬件设计及测试程序生成后,对软件和硬件进行协同调试,调试完成后对软件、硬件进行固化。

10.3.5　测试实施

利用调试通过的软件和硬件开展大规模集成电路测试。主要分为参数测试以及功能测试,根据具体器件的特点开展测试。

10.3.6　测试数据分析

测试得到的数据不仅用于判断被测器件是否合格,还可从中获取器件制造过程的信息,以及提供有关设计薄弱环节的相关信息。对器件关键参数的测试结果进行统计,以分析产品批次内及批次间的一致性水平。对测试发现的参数、功能、延迟等故障进行分析,可以得到故障分布参数,确定缺陷种类和级别,达到改进设计和工艺的目的。

利用统计数据分析,识别微妙和潜在的缺陷是在业界赢得青睐的技术,特别是对量产低、品种多、寿命短、老炼试验难以维持的器件,由于决定器件固有可靠性的工艺不断发生变化,采用传统的由测试系统按照设置条件进行结果判别的方法很难区分器件的好坏。可以采用不同于测试系统自动判别的统计方法,在不同测试条件下,如试验前和试验后的应力测试、不同的温度等对 IDDQ、最大电源电压和最高频率等参数进行测试;记录测量结果,代替测试系统的自动分类。基于上述测试数据进行统计分布分析,确定通过或失效的判据;对于统计分布之外的器件,对失效的可能性进行分类。使用统计方法测试面临的挑战,是找到一个潜在错误和固有良率损失之间的平衡点。

10.4 相 关 技 术

10.4.1 测试向量生成

大规模集成电路的测试生成方法是一个需要不断深入研究的领域。对大规模集成电路进行测试的基本方法,是从输入端施加若干激励信号观察由此产生的输出响应,并与预期的正确结果进行比较,一致则表示器件正常,不一致则表示器件有故障。这里关键是对器件加什么样的输入激励可对器件进行准确判断。测试向量生成的主要目的,是依据一定的算法,产生可满足故障覆盖率要求的测试向量。生成测试向量前,要先研究确定故障模型,确定测试向量生成的算法,进行故障模拟,分析确定故障覆盖率。故障模拟常用的方法有串行故障模拟、并行故障模拟、同时故障模拟以及随机故障模拟等。故障模拟常用的故障模型有:固定故障模型、延迟故障模型、暂态故障模型以及桥接故障模型等。数字集成电路故障覆盖率的相关要求可参考 GJB 548 方法 5012。

1.测试向量自动生成的算法

对于经典的测试方法,自动测试生成是指针对一种故障类型,采用专门算法产生测试向量的过程。组合电路的测试生成算法中比较有代表性的有 D 算法、PODEM(Path Oriented Decision Making)算法、FAN(FAN,Fan Out-Oriented)算法等。这类算法的基本原理为:首先确定一个故障,然后对电路拓扑结构进行搜索,最后找出故障电路与正常电路存在差异的原始输出。现对 D 算法、FAN 算法和 PODEM 算法做下述简要介绍。

(1)D 算法。D 算法是第一个完全的测试生成算法,基于集合论的多路径算法,对于任意非冗余的组合电路,均能找到故障的某个或某些测试向量,计算工作量小且很容易用计算机来实现。D 算法的基本思想就是找到这样一个测试向量,使得故障点处的逻辑值在电路正常状态与故障情况不同,且这个测试向量能使这个逻辑值顺利地传输到输出端。采用故障 D 立方的概念来激活故障,利用 D 驱赶的思想逐段敏化从故障点到可观察端的通路。D 算法是完全算法,是通路敏化的代表,计算复杂度随电路规模呈指数增长。

(2)PODEM 算法。PODEM 算法吸收了穷举法的优点,对 D 算法进行了有益的改进,减少了返回操作的次数,提高了算法的运算速度。算法搜索可能的向量,只要找到一个符合的测试向量即可。PODEM 算法可以解决误差校正与传输电路的测试生产问题,而且对于一般的组合电路,也比 D 算法有效得多。

（3）FAN 算法。FAN 算法是面向扇出源的测试产生算法。FAN 算法在 PODEM 算法的基础上，大大降低了回退次数，减少回退间的执行时间，因而执行效率要远高于 PODEM 算法。FAN 算法对电路中的信号线进行了重新定义，通过采用反向蕴含至主导线，前后向同时蕴含，多通路同时蕴含等方法降低了测试产生的开销。

2. 内建自测试

内建自测试（BIST，Built in Self Test）是指将测试向量产生及测试响应分析逻辑置入电路的测试方法，包括产生测试向量的策略、分析测试响应的策略以及实现上述策略的结构。比较有代表性的 BIST 测试向量产生方法有伪随机测试和穷举测试。伪随机测试适合组合电路和时序电路，与故障模拟相结合以确定测试长度和故障覆盖率；穷举测试可用于将电路分块后的测试，这也被称作伪穷举测试。随机测试向量一般用线性反馈移位寄存器（LFSR，Linear Feedback Shift Register）来产生，利用多输入特征寄存器（MISR，Multiple Input Signature Register）压缩测试响应，其本质就是利用 BIST 完成扫描测试方法中的 ATE 功能。采用 LFSR 产生的序列不完全是随机的，只能称为伪随机。伪随机序列比随机序列具有更多优点，这是因为：①伪随机序列可以重复产生以便模拟；②伪随机序列在 $2n-1$ 个码以内不会重复。伪穷举测试将电路划分成许多子电路，然后对各个子电路分别采用穷举测试，这种划分子电路的方法适应多输出电路的每个输出只和一部分输入相关的情形。存储所有测试的正确测试响应要占很大的存储空间，最简单的解决办法就是采用两个完全一致的电路，假设一个是正确的，通过比较两个电路输出的测试响应结果确定电路是否有故障。通常很难找到一个正确且结构完全一致的电路，因此，必须采用压缩技术分析测试响应。实际的 BIST 方法均采用和 LFSR 有关的响应压缩方法。

大规模集成电路通常包含多处难以测试的逻辑部分，需要耗费大量的测试生成时间、占用大量的 ATE 存储器和 ATE 测试时间，这些资源都是非常昂贵的，但对于采用 ATPG 方法进行测试而言又是必需的。BIST 技术发展迅速，其中很大的原因是由于居高不下的 ATE 成本和器件的高复杂度。BIST 技术可以通过实现自身测试从而减少对 ATE 的需求，也可以解决很多器件无法直接测试的问题，因为它们没有直接的外部引脚，比如嵌入式闪存存储器。可以预见，在不久的将来，即使最先进的 ATE 也无法完全测试最快的电路，这也是采用 BIST 的原因之一。BIST 结构可以测试多种类型的电路，包括随机逻辑器件和具有规整电路结构的器件如存储器等。BIST 电路因应用对象不同，其实现方式存在显著差异，但任何类型的 BIST 都有共同的用途。BIST 结构可以针对目标电路自动生成各种测试向量，并对输出响应进行比较。目标电路的类型也呈现多样化特征，它可以是整个芯片设计，也可以是设计模块或设计模块中的某个结构。此外，测试向量生成以及输出比较电路也可能存在差异。

BIST 技术大致可以分两类，逻辑 BIST（LBIST，Logic BIST）和存储器 BIST（MBIST，Memory BIST）。LBIST 通常用于测试随机逻辑电路，一般采用伪随机测试图形生成器产生输入测试图形，应用于器件内部机制；而采用 MISR 作为输出信号产生器。MBIST 只用于存储器测试，典型的 MBIST 电路包括测试向量产生电路、BIST 控制电路、响应分析电路 3 部分。

随着亚微米技术的飞速发展，芯片内部连线的长度决定了芯片的大小和延时，例如，采用 $0.1\mu m$ 工艺，一根 $12\mu m$ 长的线延时是逻辑门延时的 10 倍。于是，人们又提出了一种所谓自动控制单元的结构以满足制造工艺的进步，在反馈通路很多的情况下，它比 LFSR 更具有吸引力,具有更快的处理速度。测试规模的增大使得测试时间迅速增加,进而增加了测试费用,随着集成电路设计的复杂度和产品产量的增加,测试时间成为决定测试效率的关键因素,所以如何减少测试时间具有重要的实际意义。基于扫描的内建自测试的主要结构包括单扫描链和多扫描链设计,基于多扫描链的设计是解决测试时间过长的主要方法,但是在基于多扫描链的内建自测试中,由于不同扫描链间的相关性影响了电路的故障检测。因此,为了获得较高的故障覆盖率,测试向量生成结构是十分重要的。

3.扫描测试

扫描测试是 DFT 技术最典型和成熟的测试方法,该方法是在芯片设计中加入扫描电路,以提高器件可测性。时序电路的故障检测比组合电路要困难得多,扫描设计将器件中的时序电路替换为相应的可扫描的触发器,然后把这些触发器串起来,形成一个从输入到输出的测试串行移位寄存器,即扫描链;将时序电路转化为组合电路后,使用成熟的组合电路测试生成算法完成测试向量生成。采用扫描设计技术,通过扫描输入端,可以把需要的数据串行移位到扫描链的相应单元中以控制各个单元。同时,通过扫描输出端观测其串行输出。这样就消除了时序电路的不可控制性和不可观测性,提高了器件的可测性。需要注意的是,可测性设计的前提是不能改变原始设计的功能。

超深亚微米工艺和基于 IP 核的设计,给 DFT 技术带来了新的问题和挑战。DFT 技术面临的挑战主要体现在两个方面:一是大规模集成电路可测试性设计需要 ATPG 和 BIST 技术相结合;二是 $0.13\mu m$ 以下的制造工艺需要处理更多的失效故障模型,进行实际工作频率的测试非常困难。当今大规模集成电路设计往往具有部分或全部 SoC 设计的特征,既存在逻辑电路,也存在存储器单元,甚至包括一些设计重用的宏模块和嵌入式的处理器内核。DFT 是一种基于结构化的测试技术,针对不同的器件结构,对应的 DFT 技术也呈现多样化趋势。针对基于 IP 核设计、多时钟域、多用异步逻辑、时钟门控、系统集成等特点的大规模集成电路,层次化的扫描测试结构可以极大程度地提高器件的可测试性,保证其测试覆盖率,也节约了产品开发时间和开发成本。$0.13\mu m$ 和 90nm 以下的深亚微米制造工艺,其加工线宽引发的失效故障往往与器件的工作速度相关;对采用深亚微米制造工艺的器件,必须生成实际工作频率的测试向量进行测试,才能够保证器件质量。然而,实际工作频率测试向量的引入,一方面增加了故障覆盖率,另一方面也增加了测试向量的数目。为了解决这个问题,可以采用嵌入式压缩的 ATPG 工具,通过牺牲芯片面积换取测试成本。

10.4.2 测试向量压缩

1.测试向量压缩的需求

如果对输入激励不进行任何方式的选择,对具有 N 个输入的系统则需加 2^N 组不同的输入激励,才可实现对器件的完全测试。如果对一个有 32 个输入端的器件进行测试,加一组向量也需要几年时间,这是很不现实的。由此提出了如何施加最少的输入激励达到完全测试的效果,即测试序列长度最小化问题,这也正是测试向量生成需研究和解决的问题。复杂集成电路的测试向量规模不断增大,不仅增加了对 ATE 带宽和容量的要求,而且会导致测试时间过长和测试功耗过大。如何减少测试向量规模是集成电路测试的挑战之一,在不影响测试质量的前提下,对测试向量的压缩进行研究意义十分重大。

2.测试向量压缩的原理

测试向量压缩算法可以从数学基础、压缩对象、编码长度等方面分为不同的类型,因而具有自身的有效应用范围。激励压缩是指对器件的测试激励进行压缩,也指对器件原始测试向量的压缩,压缩后的数据存储在 ATE 中,测试响应压缩是指对被测器件进行测试后的输出响应进行压缩。

测试向量压缩方法不同于一般的数据压缩,普通的数据压缩是有损压缩,而测试向量压缩要在满足测试生成过程中的测试向量可以测试的故障覆盖率的前提下进行压缩,也就是说测试向量压缩是一个无损压缩过程。测试向量分为测试激励和测试响应,测试压缩相应的分为测试激励压缩和测试响应压缩。

测试激励压缩是指通过一定的压缩策略使需要存储的测试激励规模减小,针对测试激励的压缩包括基于编码的压缩策略、基于测试结构优化的测试压缩方法和其他混合的测试压缩方法。测试激励压缩方法可以分为两类,一类是在测试生成之后,对已生成的测试向量进行测试压缩,并在芯片上设计相应的解压缩电路;另一类是在测试生成过程中协同进行测试压缩,即在产生测试向量的时候,就考虑解压缩电路的结构,分析所产生的测试向量能否由解压缩电路产生。

测试响应压缩是指通过一定的压缩策略减少须比较的压缩响应的规模,主要包括时间压缩和空间压缩两类压缩方法。测试响应压缩根据不同的划分原则,可以将响应压缩按照时间与空间、器件功能相关与器件功能无关、线性与非线性、组合与时序来划分。测试响应压缩在尽量满足故障覆盖率的要求下,采用较为有效的测试响应压缩方法,比测试激励压缩有更高的压缩效率,分类方法包括时间和空间(时间维度和空间维度)、线性与非线性(与变换函数有关)、器件功能有关和器件功能无关、组合与时序等。

3.测试向量压缩的基本方法

统计编码是将原始测试数据以固定的长度划分为若干数据块,统计出每个数据块的出现频率,按照频率的高低逆序分配码字,即将出现频率最高的数据块以最短的码字代替,出现频率次高的数据块以次短的数据块代替,依次类推,最长的码字代表频率最低的数据块,以此使得数据块的平均码字长度最短,达到最佳的压缩效率。

游程类压缩方法是测试压缩领域内久负盛名的一类压缩方法,游程是指测试码中连续的"1"或连续"0"的个数。Golomb 编码是游程类压缩方法的典型代表,对 0 游程进行编码,提高测试向量中 0 的比例可以提高测试数据压缩效果。游程类压缩方法打开了基于数据块数据压缩游程编码研究的大门,仅仅使用计算机软件就可以对测试向量进行压缩,不需要了解器件内部的结构,而且不需要考虑硬件资源的存储容量。

字典类方法是综合整个测试向量进行压缩,充分利用硬件资源,使软件和硬件很好的结合实现字典类方法的压缩;字典类编码方法通过简单的索引查找到原始的条目长度。

基于数据块相容及字典的测试向量压缩方法,采用数据块前向相容的方法,使压缩效率有了一定程度的提升,并使数据压缩的横向划分压缩有了一定程度的发展。数据块相容压缩是将测试模式以固定的长度划分为若干数据块,由于测试向量中存在大量无关位,数据块间往往存在相容(两数据块对应相同或至少有一位无关位)或反相相容(两数据块对应相反或至少有一位无关位)的情况,将相容或反相相容的数据块进行合并,达到压缩的目的。

基于重播种的编码压缩的基本思想,是将原始测试向量中各测试向量编码为定长的种子存储在 ATE 中,测试时利用嵌入在芯片内的 LFSR 或折叠计数器的重播种技术展开生成测试模式,实施测试时只须存储和传送种子向量。

各种方法均有各自的优势和使用的局限性,在实际测试过程中,应根据测试向量的具体特点及测试环境的要求,统筹兼顾压缩率、硬件开销以及功耗等因素的相互制约,有选择地使用,有时还需要将多种编码压缩方法并用。不论使用什么样的压缩方法,目标都是为了得到压缩效率高而且解码硬件消耗少的测试向量。随着大规模集成电路测试向量的增加,各种方法相结合的压缩方法研究,已经成为目前测试向量压缩领域有价值的研究方向。

10.4.3　IDDQ 测试

IDDQ 测试的基本理论是 CMOS 器件只有在转换状态才会消耗较大的电流,器件处于稳定状态时,其漏电非常小,这个电流称之为 IDDQ。对 CMOS 器件,无故障情况下,器件的静态电流非常小,仅包括结漏电流。如果存在故障或物理缺陷,如栅氧缺陷、桥接、开路、泄露、延迟或伪固定等,器件会具有较大的 IDDQ 电流,有时会提高几个数量级。IDDQ 测试的目的,从功耗测试转到了测试制造过程中所产生的缺陷,正确使用 IDDQ 测试可以发现其他功能测试不能发现的故障,包括可能降低可靠性的故障。

1. IDDQ 测试电路

有多种方法可以实施 IDDQ 测试。第一种方法是利用测试系统的 PMU 进行 IDDQ 测试,这种方法最大的缺点是 IDDQ 测试速度较慢,在进行 IDDQ 测试之前,可能要等待数毫秒的时间,由于测试系统还需要时间完成测试向量的改变和 IDDQ 测试环境的建立,实际上 IDDQ 的测试速度还要慢。进行 IDDQ 测试的另外一个方法是使用外部电流监视器,因为并没有执行实际的 IDDQ 电流测试,因而,这种办法的测试速度要快得多。第三种办法是利用运算放大器电路作为阈值检测器,阈值电压检测器的输出,接到具有较高比较器速度的测试系统的接收通道,较之使用测试系统大大提高了测试速度,缺点是 IDDQ 测试的判别值是固定的,只能通过改变运放器件中的电阻值来改变。

有些测试系统通过硬件之间的通信协议利用 PMU 进行 IDDQ 测试以提高测试速度,这种测试系统在向量产生器和 PMU 之间有一条控制线,在施加测试向量的同时,向量产生器通知 PMU 进行 IDDQ 测量,测试完成之后 PMU 通知测试向量产生器继续进行后续的向量测试。利用这种方法,可提高 IDDQ 测试速度。有些测试系统具备单独的 IDDQ 测试单元,同样,在向量产生器和 PMU 单元之间有一种通信协议,使得 IDDQ 测试可在向量测试之间运行以增加 IDDQ 测试速度。IDDQ 测试单元置于测试头上尽量离 DUT 近的位置,以减少噪声的影响,保证测试的可靠性。

由于外部设备测试存在诸多问题,于是提出了采用嵌入式电流传感器(BICS,Build-in Current Sensor)的内建 IDDQ 测试方法,可有效解决这些问题;BICS 在芯片内被串接在电源和被测器件之间或被测器件和地之间,对流过其中的被测器件电源电流进行处理,然后输出一个信号,指出该被测器件是否存在故障。BICS 须占用一定的芯片面积,但能大大提高 IDDQ 测试的速度和精度,不失为大规模集成电路 IDDQ 测试一种好的解决方案。

2. IDDQ 测试向量生成

需要考虑采用哪些测试向量进行 IDDQ 测试。首先,用于 IDDQ 测试的向量必须能够敏化使 IDDQ 增加的故障;其次,需要考虑失效机制以及测试所需要的时间。同传统的功能测试向量产生不同的是,IDDQ测试不需要把故障效应传播到原始输出端,因为IDDQ的测试结果并不在原始输出端,所以并不需要专门的测试输出,这是IDDQ实际应用时的方便之处。

由于IDDQ测试需要的时间较长,欲使得IDDQ测试有效,必须尽量减少IDDQ测试的向量数量。幸运的是,有效的IDDQ测试并不需要大量的测试向量,测试向量的数目只是正常功能测试数目极少的一部分。有两种类型的IDDQ测试向量:①选少于1%的逻辑测试,进行IDDQ测试;选择测试向量,使得IDDQ测试能检测每个晶体管栅、漏、源和体之间的所有桥接故障;②针对IDDQ,考虑特定的失效机制,专门产生新的测试向量,这种方法正在研究中。将功能测试向量与少量IDDQ测试向量相结合,可大大提高测试效率,减少测试时间和费用,并对改善大规模集成电路的可靠性有很大帮助。

3.IDDQ测试的判据

对于成熟的大规模集成电路,可根据被测器件的指标确定IDDQ的测试判据。对于ASIC器件,可取数只器件,对功能测试的每一条向量进行IDDQ测试,以获得正确的IDDQ测试判别值,同时,也可以进行统计分析,把IDDQ与取样中等于或小于特定IDDQ值所占的百分数之间的对应关系用曲线画出来,根据图中的对应关系选择一个合适的IDDQ判别值,此值的选择依赖于许多因素,包括可靠性要求以及测试系统指标等。IDDQ测试之所以成为检测CMOS器件缺陷的有效方法,是基于CMOS器件的无缺陷静态电流比有缺陷静态电流小得多的缘故,也就是说要求能够明确区分两者太小。

随着MOSFET尺寸进入亚微米领域,阈值电压缩小和短沟道效应,引起了漏感应势垒降低,导致亚阈值电流升高,这些现象引起了无缺陷器件IDDQ电流的升高。另外,单个芯片集成的晶体管数增大也升高了无缺陷IDDQ电流。随着器件特征尺寸的缩小和芯片规模的增大,漏电流呈几何级数地增长,接近甚至超过故障电流,传统的IDDQ测试面临着巨大挑战。

无缺陷器件的IDDQ显著增大,使得区分有缺陷和无缺陷IDDQ变得越来越困难,严重削弱了IDDQ测试的有效性。无缺陷IDDQ是由不同的物理现象引起的,如亚阈值漏电、反偏PN结漏电流和其他寄生漏电等。深亚微米领域IDDQ测试判据确定的改进方法包括差值法、斜率法和统计法。

(1)差值法。针对有较大漏电流的器件,Delta IDDQ和Differential IDDQ都是基于对IDDQ本身进行处理的方法。其基本方法是通过在测得的IDDQ中减去一些固有值以滤去背景噪声,从而得到较纯的由故障引起的IDDQ值。其判别的思想仍是将待测器件的IDDQ与无故障器件的IDDQ进行处理后做比较。

(2)斜率法。电流比率法和IDDQ-V_{DD}测试方法则是利用无故障器件中某些电流或电压成线性关系来提取一些参数,并通过比较这些参数,用模式识别的方法进行检测判断。

(3)统计法。利用大量测试IDDQ的统计特征,采用集群技术,最近邻残余法等辅助IDDQ测试的判别。比如一种把不同测试向量的IDDQ值组成一个IDDQ波形判断器件是否有故障。

上述方法都有着各自的优缺点:差值法是将测得的IDDQ值中去掉噪声部分后再进行比较,在一定程度上减少了漏电流的影响,但由于对噪声值大小的确定不够精确,并且不同器件间的差异较大,使得这种方法有较大的局限性,仅在器件规模不是特别大时有较好的效果。斜率法是从线性关系中提取斜率、截距等参数进行比较,对于实际器件,这些线性关系本身就是近似的,因此增加了检测的误差,不能从根本上提高IDDQ测试的准确度。统计法则是利用

IDDQ 的统计特性和近似的正态分布,去掉一些很可能引起错判误判的 IDDQ 值。这些方法虽可以从一定程度上提高判别准确度,但并不能从本质上提高 IDDQ 测试方法的准确性。如何克服较大的漏电流是 IDDQ 测试发展中必须解决的问题,差值法是比较有希望的解决办法。在深亚微米领域内继续使用 IDDQ 测试方法,必须分析大规模集成电路在深亚微米技术下的各种漏电流机理,研究减小无缺陷静态电流的方法,结合器件漏电流的产生机制,分析静态电流的情况,从而得到更精确的 IDDQ 测试结果。

10.4.4　SoC 和 SiP 测试

大规模集成电路测试技术的发展,主要来自于器件性能和晶体管数量提高所带来的技术驱动。SoC 与 SiP 本身技术的不断发展,大大增加了测试的复杂程度。SoC 与 SiP 虽然理论上很相似,但两者的测试解决方案有很大不同。

1. SoC 测试技术

SoC 是当今超大规模集成电路的发展趋势之一。SoC 技术以嵌入式系统为核心,以 IP 核复用技术为基础,采用先进的超深亚微米 CMOS 工艺,将处理机制、模型算法、嵌入式软件以及各层次电路设计紧密结合在单个芯片上,完成整个系统的功能。超深亚微米工艺和基于 IP 核设计 SoC 的测试难点体现在以下几方面。

(1)通常 IP 核供应商与 SoC 集成商是不同的企业,为了保护知识产权,IP 核供应商一般不愿意向 SoC 集成商提供 IP 核的结构信息;但是 IP 核的测试是由 SoC 集成商完成的,对 SoC 集成商来说,IP 核测试是黑盒测试,很难对测试进行优化。

(2)IP 核的多样性带来了测试的复杂性。就 IP 核的设计形式而言,有软核、固核、硬核 3 种;就电路类型而言,有数字逻辑核、存储器核、模拟/混合核;就功能而言,有处理器核、DSP 核、多媒体核等;就电路可测试性设计方法而言,有 BIST、扫描测试、测试点插入等;就时钟而言,处理器核、DSP 核等需要高频时钟的 IP 核,而外设控制器等只需要低频时钟的 IP 核。SoC 集成商必须考虑对多样化 IP 核的支持。

(3)测试资源是有限的,外部测试设备所能提供的测试通道数、ATE 的测试通道深度和测试时间都是稀少资源。SoC 测试应考虑所有与此有关的细节,因而测试日渐成为 SoC 设计流程的重要环节。

SoC 的设计和测试是紧密相关的,测试贯穿于 SoC 的整个开发流程。采用 IP 核复用设计思想的开发流程,主要涉及测试访问和测试优化两个方面的问题。IP 核被集成到 SoC 后,其输入输出端口也嵌入到 SoC 设计中,所有 IP 核的端口不可能直接和 SoC 引脚相连。因此,如何通过 SoC 外部管脚实现对单个 IP 核的测试存取和测试访问成为首要问题。测试优化涉及测试成本和测试资源等问题。

SoC 可能包括多个 IP 核,每个 IP 核均为独立模块,设计时需要综合考虑每个 IP 核嵌入的测试解决方案、与其他 IP 核的接口和集成方式。不同类型的 IP 核,如逻辑、存储器、模拟、高速 I/O 接口、射频等,使用不同的设计技术。针对 IP 核形式的不同,测试方法也不尽相同,由于软核和固核向 SoC 集成商开放内部电路设计,因此,对其测试的灵活性较大,SoC 设计者可从整体上考虑,根据测试需要,调整 IP 核内部的部分组成和连接关系,通过在适当位置增加扫描单元等 DFT 方法,提高 IP 核的测试效率。硬 IP 核的原理组成是不公开的,对于 SoC 设计者来说是一个黑盒子,无法对其内部电路进行任何形式的修改。根据 IP 核的不同,应采用不同的测试策略,才能实现采用不同嵌入式内核技术的 SoC 测试。因此,SoC 测试,是通过高度结构化 DFT,对每个内核进行单独控制和观察的测试解决方案。SoC 测试应包括针对每个独立内核存取的测试,以及关注于内核之间接口关系的系统级测试;需要采取有效的分块或并发访问技术,以及测试向量压缩技术,并对所采取的技术进行评估,分析 SoC 的整体测试质量和成本,使其为可接受的水平。

(1)DFT 方法的采用。DFT 方法是 SoC 测试的重要支撑,需要深入理解 SoC 设计所采用的方法。例如,对于采用低功耗设计方法的 SoC,如果不能深刻理解其功能特性和物理结构,则不能解决针对低功耗设计的测试问题。复杂的 DFT 技术,例如随机向量模式的 BIST、向量压缩等,其目的在于减少逻辑内核所需要的测试向量。采用 DFT 技术应考虑其利弊,对于 DFT 的弊端,体现在设计规则的限制,以及相关的 ATE 成本;采用 DFT 会增加芯片面积,主要包括电路的测试控制和测试存取部分。

为了使测试成本不随器件规模显著增加,应关注 DFT 方法的覆盖性和有效性。如果 SoC 包含多个可复用内核,设计时应考虑可实现内核的并行测试、内核间的互相测试;如果设计包括一个或多个冗余内核,在测试或最终应用时,应能够禁用存在缺陷的内核;对于通用内核,应具备片内自动测试生成功能。DFT 方法应考虑以下几方面的问题。

1)SoC 设计包含多个相同内核时,能够对这些内核进行并发测试,并且能够分享扫描数据。

2)内核设计具有自测试和数据压缩功能。当与其周围逻辑进行隔离测试时,可以执行自测试和测试数据压缩功能,以解决测试数量和器件 I/O 接口增加带来的问题。

3)能够有助于实现局部故障定位。

4)通过 DFT 技术,降低内核测试技术的复杂性。例如,可将存储器 BIST 集成到器件内部,以降低对外部算法图形发生器的需求程度。同样,I/O 的 DFT 技术(如内部反馈 BIST)可用于降低 I/O 测试的复杂性。

IEEE 计算机学会的测试技术学会针对嵌入式内核的测试问题,制定了 IEEE 1500 标准,目标是除了测试 SoC 的系统功能、边界控制电路外,主要对各个 IP 核进行测试。IEEE 1500 测试外壳提供了正常功能测试、内部测试(INTEST)、外部测试(EXTEST)和旁路测试(Bypass test)等测试模式。针对这些不同的测试模式,IP 核设计者只需提供在此模式下的测试向量,并由 SoC 设计者将各个 IP 核的测试向量转换成 SoC 相对应的测试向量。包括 IEEE 1500 测试外壳的 IP 核电路架构如图10-2所示。外壳边界寄存器(WBR,Wrapper Boundary Register)负责存储施加的测试激励和捕获的测试响应,外壳指令寄存器(WIR,Wrapper Instruction Register)负责存储测试指令。当 IP 核不被测试时,可以使用外壳旁路寄存器(WBR,Wrapper Bypass Register)提供旁路功能。IEEE 1500 所定义的硬件结构为环绕在 IP 核周围的一个外壳(wrapper),给 IP 核测试提供了标准的测试平台,该标准定义的软件结构即 IP 核测试语言,给 IP 核的测试信息交流提供了标准的载体。IEEE 1500 标准是 IP 核设计者与 SoC 设计者联系的纽带,IP 核外壳是二者交流的界面,而 IP 核测试语言是二者交流的方式。

单个 IP 核的扫描测试结构,可采用图 10-3 所示的结构。假设每个内核的扫描测试包括扫描测试向量压缩和解压缩电路,将小数量的扫描输入数据,扩展为庞大数量的扫描链数据;将扫描链的输出数据,压缩为小数量的输出数据。

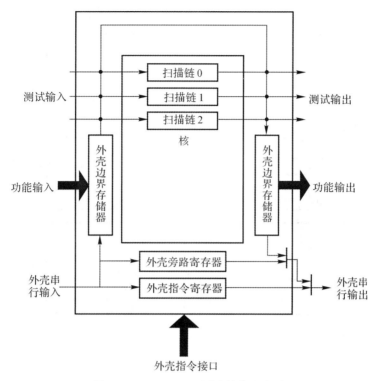

图 10-2 IEEE1500 测试外壳示意图

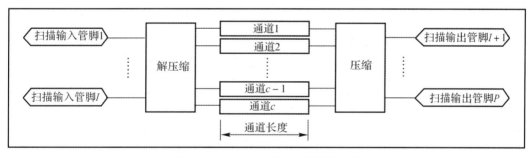

图 10-3 单个 IP 核的扫描测试结构

SoC 通常由若干个 IP 核组成,可考虑采用图 10-4 所示的测试结构。为了给内部 IP 核提供测试激励,并且观测到其响应,SoC 引脚必须与 IP 核的扫描输入和扫描输出端口相连接。有大量相关技术应运而生,包括使用专门的测试引脚;在测试模式时,使用复用的功能管脚;或上述方法的组合。图 10-4 中,在 SoC 外部引脚和 IP 核之间的电路网络,负责将外部引脚映射到 IP 核的扫描端口。如果需要连接到内核扫描端口的外部引脚很多,则网络会很复杂。为解决 SoC 外部引脚不足的问题,可以通过分享、多路复用、序列、合并,或别的设计方式将外部管脚映射到内核;这些方法对测试时间和测试数据量会产生影响,可根据具体情况进行选择。

SoC 内部包括多个相同 IP 核(内核 2)的体系结构示意图如图 10-5 所示,为节省测试成本,可采取并行测试的方法。将输入施加到所有相同的内核,单独观测每个内核的输出,为了进行实时测试,器件需具备巨大数量的输出管脚。如果 SoC 管脚数目比内核数目少,可将内核测试分解成若干部分,这建立在器件的管脚足够多、扫描链足够长的情况下。

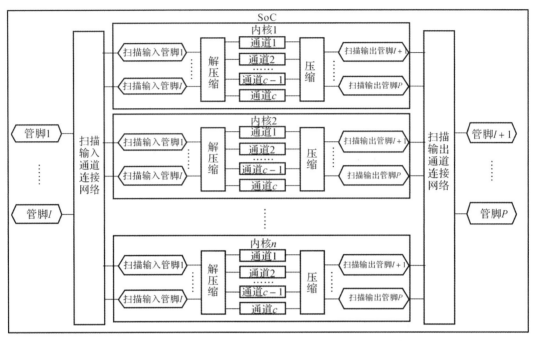

图 10-4　包含多个 IP 核的 SoC 体系结构

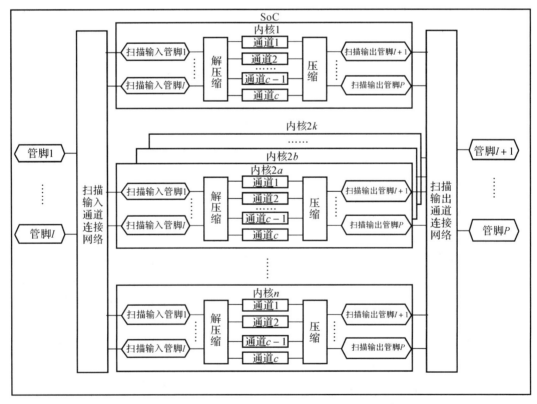

图 10-5　包括多个相同内核的 SoC 测试结构

（2）逻辑内核的测试。随着芯片集成度和复杂度的不断提高，与集成电路测试相关的问题变得越来越复杂，如测试生成、测试时间、测试速度、测试成本、测试调度、测试访问机制、输入的可控性和输出的可观察性等，越来越高的 SoC 设计复杂性对测试资源提出了更高的要求。随着 SoC 规模和工作频率的迅速增长，测试设备的测试能力，例如通道数、通道存储深度、高速通道、数据传输率、通道时钟稳定度，与 SoC 需求之间的差距越来越大，BIST 技术能把测试激励生成电路嵌入到被测 IP 核，可以进行器件最高速度下的测试，并且具有测试引脚不受 SoC 引脚数限制等优点，越来越受到关注。

嵌入式逻辑内核测试向量的施加方式，对测试时间和测试数据量有较大影响；过去所采用的方法，是把内核作为单独模块，通过 SoC 外部管脚，对内核进行激励施加与响应比较，从而避免在 SoC 系统级别对内核进行 ATPG，这可以节省 CPU 运行 ATPG 的时间，但不能降低 SoC 的测试时间。更有效的方法是采用压缩测试，在并行测试多个内核时，彼此之间不进行隔离；在对内核进行测试时，同时可以处理内核之外的信号，将扫描测试向量并行施加到多个内核，同时对多个内核的输出进行比较。

测试质量和测试成本之间的权衡是一个非常重要的问题，ATPG 不仅应支持固定型故障和瞬变故障，而且应支持小的延迟和其他基于缺陷的故障，以实现高可靠的测试。测试向量的数量将随着逻辑晶体管数量的增加而增加。为了避免测试成本的提升，需要开发不同的测试方法，如减少测试模式、减少扫描链长度以及提高扫描移位速度等。然而，提高扫描移位速度可能会增加功耗，测试功耗问题可能会因此变得更严重；应采取某些 DFT，ATPG 方法，在扫描移位时降低功耗；另外在扫描捕获时，也存在消耗过多功率的重要问题，这个问题已经提出了多种解决方法，但难以接受的是，大多数的方法除了导致测试向量增加外，也会影响测试时间；需要降低扫描捕获测试的功率消耗，以减少测试向量的增加。

测试向量的增加，导致测试数据量激增。因此，减少测试数据量，将是一个严重且必须解决的问题。多 IP 核的同步测试是一个可能的解决方案，其他方法如特定向量的压缩和 BIST 相结合，或创新的 DFT 方案等也可以针对性的解决这个问题。

电源数量的增加需要额外的测试向量，致使测试向量线性增加，可能会降低 IP 核并行测试的有效性。在设计 SoC 测试方案时，也需要对此因素进行考虑。

不同的 DFT 技术对测试数据增加的影响不同。可采用数据压缩方法，但是，由于 SoC 测试数据量巨大，需要研究更先进的压缩技术。对于扫描链测试向量，利用测试向量在扫描链上的相似性，可实现高效压缩；测试向量在时间空间上的相似性，可允许进一步压缩。因此，多维相似性将是一个潜在的解决方案。

为了使测试数据量和测试时间达到预期要求，应考虑外部提供的扫描链的多少以及数据扫描所用的时钟速率。这些参数随器件不同而发生变化，最终结果需要基于器件的特性进行调整。器件设计更多的扫描链，可以得到更有效的并行测试效率、更快的测试时间，同时占用测试系统每通道更少的向量深度。更快的扫描频率能够减少测试时间，但并不会影响所需 ATE 的向量深度。

向量压缩技术可随器件而有不同选择。向量压缩技术的影响因素非常多，包括器件集成度、ATE 向量深度等。

由于测试向量将激发 DUT 上所有可能的故障，将导致大量内部节点的状态转换，导致消耗的功率过多，使功能运行不稳定，最终可能导致测试失败。此外，由于串扰等因素引起的信号完整性问题,同样会引起器件功能运行不稳定,最终导致失效。因此,进行 DFT 设计时,需要考虑功耗增加与噪声控制所带来的影响。

(3)模拟电路内核测试。模拟/混合电路内核的结构测试技术目前还不够成熟,在数字逻辑电路中广泛应用的测试向量自动生成技术不能简单移植于模拟电路。为了提高电路的可测性,常采用以下 3 种技术。

1)功能结构重组,将电路的功能结构进行重组,与正常工作模式不同,利用输出信号判别电路是否发生错误;

2)插入测试点,例如在电路中增加电流传感器,故障电路会改变电流大小,从而观测到错误;

3)进行数模/模数转换,即在设计中加入模数转换器和数模转换器,把待测电路的模拟输出信号变成数字信号,把待测电路的数字输入信号变成模拟信号,从而实现激励和响应的传播。

在模拟电路测试时,改进电路的可测性后,也可以采用 ATPG 方法和 BIST 方法。有研究者提出了利用敏感性分析产生测试向量的方法。敏感性是指当电路中某一参数发生变化时,整个电路性能随之发生变化的程度。显然,敏感性完全决定于电路的拓扑构造。模拟电路的BIST 方法和数字电路相似,都是通过内置测试信号发生和特征分析模块,达到不需要测试设备便可以完成测试的目的。相对于传统的单模拟电路测试而言,SoC 中模拟 IP 核的测试则需要考虑利用现有的测试资源提供内建自测试,尽可能减少可测试性设计电路的开销。

(4)嵌入式存储器核的测试。由于存储器缺陷类型不同于一般逻辑的缺陷,存储器在大规模集成电路设计中层次较深,ATPG 通常不能提供完备的存储器测试解决方案,而 BIST 技术则可以解决这些问题。BIST 能够在不牺牲测试质量的前提下提供一种存储器测试解决方案,在很多情况下,BIST 结构可以彻底消除或最大限度减少对外部测试向量生成和测试时间的需求。

随着工艺技术的进步和某些特殊应用的需要,存储器类型和存储位数的增加,导致用于BIST 存储器修复和诊断电路面积的增加。随着存储器核密度和工作频率的增加,SoC 可采用下述存储器 DFT 技术。

1)为了覆盖先进工艺技术出现的新型缺陷,针对给定的存储器缺陷集,采用专用的优化算法,在某些情况下,可采用能灵活实现各种测试算法的可编程 BIST。

2)为了提升芯片良率,引入嵌入式修复技术,如可对 BIST 结果进行分析及可对冗余元素进行定位的内建冗余定位技术(BIRA,Built-In Redundancy Allocation),以及为了可实现芯片真实重配置(硬修复)的内建自我修复(BISR,Built-In Self-Repair)技术。

3)在线获得的错误信息分析是良率提升的基础。内建自我诊断(BISD,Built-In Self-Diagnostic)技术,不需要将大量的测试数据传递给 ATE,即可实现对位、行和列的错误或错误组合的诊断。实现上述诊断功能的测试算法非常复杂,须具备可结合算法、测试数据和测试条件的存储器自我诊断测试向量生成能力,但在量产测试时并不需要。

上述所有的 DFT 方法,需要在 SoC 系统工作频率下,在有限的芯片面积内实现。在存储器冗余结构越来越复杂的情况下,很难用少量的逻辑实现自我修复和分析功能。因此,迫切需要 BIST 修复和诊断架构技术的突破。将 BIST 分开,存储器核的修复和诊断逻辑分为高速和低速部分,以减少面积的消耗、缩短测试时间。高速部分,如计数器和数据比较器可嵌入在存储器核,这样可以在测试模式下放宽对系统操作速度的限制。低速部分由逻辑调度、向量编程等部分组成,可以设计为低速或多核共享内存的操作,这样将减少面积。先进 SoC 经常采用多个小容量存储器,然而,这些小容量存储器,需要比具有相同比特数的单个存储器更多的 DFT 门数量。因此,保证存储器内核使用较少的内存块,可以大幅度减少内存的 DFT 面积消耗。

(5)SoC 系统级测试。IP 核复用是提高设计效率的关键。当 IP 核由第三方供应商提供时,应采用预先设计的测试解决方案。尽管 IP 核复用的设计思想能加速 SoC 的设计过程,但其测试仍然面临许多亟待解决的问题,例如如何实现 SoC 内部测试信息的有效传递,如何通过 SoC 的输入输出端口对 IP 核施加测试激励并获取其测试响应;更为复杂的是,SoC 采用的设计方法各异,类型不同且来自不同供应商的 IP 核,所产生的差异性使 SoC 测试变得复杂。如何通过 SoC 系统级输入输出端口实现对各个 IP 核的测试访问是 SoC 测试所必须解决的核心问题。目前国际上常采用的方法是在 IP 核上加载一个测试外壳,该测试外壳不仅能实现 SoC 中各个 IP 核之间的测试隔离,而且能提供 IP 核测试数据的快速传输通道。IEEE 组织也为此制定了 IP 核测试标准 IEEE 1500,标准规定了一种可扩展的测试外壳结构,旨在标准化 IP 核测试接口,使得 IP 核的测试变得方便高效。同时这些格式应可扩展到其他类似 IP 核,如模拟内核。DFT 到 ATE 的接口是标准化的(例如 IEEE 14502),不仅应包括测试向量,还应包括参数测试。SoC 系统级测试,需要自动设计和测试开发环境,基于每个 IP 核的测试、设计信息,自动产生测试向量。这种环境应能实现并发测试。

标准对于 SoC 整合来说是非常重要的。因为在 SoC 中,IP 核可以是软核、固核或硬核,它可能包含了可测试性设计也可能不包含,IP 核的连接关系和方式可以多种多样。系统集成商需要根据功能需求对这些 IP 核进行集成并设计测试方案;由于 IP 核的多样性,如何建立标准的接口以简化复杂的测试流程,是各 SoC 测试标准的共同目的。每个 IP 核的测试质量,须使用不同的故障覆盖率评估,如固定型故障、桥接故障或延迟故障覆盖。通过统一的测试方法,获得集成所有内核测试覆盖率的整体测试质量。一般来说,功能测试可用来对结构测试的质量进行补偿。需要开发面向内核或内核接口的自动测试技术。SoC 系统级诊断,需要系统层次的诊断平台,发现设计或制造过程不能发现的缺陷,如系统性缺陷。

(6)并发测试。基于核的 SoC 测试所需测试数据量的不断增加使测试时间过长、ATE 的存储需求过高,从而增加了测试成本。因此,测试资源的合理使用变得尤为重要。可采用并发测试技术,减少 SoC 的测试时间。同时执行多个 IP 核的并发测试方法,是一项很有前途的技术;例如,高速 I/O 的测试时间长,如果可以同时进行其他测试,将大大减少总的测试时间。在 SoC 设计过程就需要考虑如何实现并发测试,同时需要考虑测试管脚的数目、测试过程的功率消耗以及测试过程的其他限制。这些方面分为 DFT 或 ATE 的需求,见表 10-4 和表 10-5。IP 核需要具有并发测试能力,即在不增加测试时间的基础上减少测试用管脚。由于在一个芯片上不同类型的内核具有不同的要求,需要开发把 RF,MEMS 和光学器件集成为一个 CMOS 型 SoC 的标准集成方法,包括用于 IP 核生产商、设计师、DFT 工程师和 ATE 工程师之间接口的统一、标准的测试规范,还可结合混合模拟信号或 RF 的 DFT 方法。

DFT 和 ATE 应协同考虑并发测试的要求和限制,这是一个不太容易实现的任务,因为并发测试具有多个方面的技术挑战。例如,ATE 软件需要基于每个 IP 核的设计和测试信息、芯片体系架构设计,并在分析功耗和测试过程预期的噪声信息后,能够执行并发测试计划。

表 10 - 4　并发测试对 DFT 的要求

要　　求	内　　容
外部共享的测试管脚	每个符合测试联合行动组(JTAG)标准的 IP 核,均使用 5 个 JTAG 管脚:测试复位输入(TRST)、测试方式选择(TMS)、测试时钟(TCK)、测试数据输入(TDI)和测试数据输出 TDO)。不具备 JTAG 接口的内核,需与其他核共享外部测试管脚
并发测试设计	IP 核的测试结构,应能够独立于其他 IP 核操作
并发测试限制的识别	对每个 IP 核,如果存在测试限制,必须识别出来。如由于噪声、测量精度的限制,哪些 IP 核是不可测试的
动态测试结构	对每个 IP 核,测试的顺序以及每次的测试组合,是可以改变的
测试数据容量	所有 IP 核的测试数据容量,可存储在 ATE 中
测试计划	掌握每个 IP 核的以下关键信息: (1)每个 IP 核的测试时间; (2)每个 IP 核的最大电流和平均功耗; (3)每个 IP 核的测试频率
共用核接口	IP 核的测试存取接口,对所有 IP 核均是共用的,如 JTAG 接口
有缺陷 IP 核的识别	在测试之前和测试过程中,建立有缺陷 IP 核的识别机制

表 10 - 5　并发测试对 ATE 的要求

要　　求	内　　容
具备频率可编程的测试通道数量	(1)具有较大数量的频率可编程的测试通道数量,能够满足并发测试的需求; (2)测试通道能够为诸多 IP 核提供信号,如时钟、复位、数据或控制信号等; (3)可以对通道进行灵活控制,以实现动态测试的改变
支持复用数据类型	具有能够加载和卸载数字、模拟或混合信号以及高速 I/O 数据的能力
IP 核块测量精度	满足并发测试要求的测试精度(高速测试)
测试数据处理有效性	非并发测试时,能够精确、有效地将测试数据分发到各个测试通道
电源供给能力	具有大量的电源管脚,能够实现具有多个 IP 核的 SoC 并发测试
多区测试能力	具备能够有效的同时执行多区和多个 IP 核同时测试的能力
软件能力	需要考虑多方面限制时,软件能够制定合理的测试计划

2. SiP 测试技术

在 SiP 设计时需要考虑的不仅是生产过程,更重要的是如何解决测试问题。例如,一个由 3 种不同芯片集成的 SiP 往往需要 3 种不同类型的测试方案,而且很可能需要 3 种不同类型的测试系统,不同的测试系统需要不同的测试接口、测试程序和操作环境,因此,现实中 SiP 测试往往无法在一个测试系统上完成。由于成本和测试系统性能、指标、并发测试能力和程序开发等问题,往往选择采用多个测试系统平台、更换多个测试接口、选择多次插入测试点的方法实现 SiP 测试。

与 SoC 相反,SiP 可在集成前对拟集成在 SiP 中的元器件进行测试,通常应在晶圆级对芯片进行探针测试。对于 SiP 的可靠性,一个关键的挑战是封装前如何确定芯片的好坏。KGD最初是在 20 世纪 90 年代中期出现的,意思是与封装后具有同等质量与可靠性的芯片。大多数情况下,芯片在封装后进行测试和筛选,以确认其质量和可靠性是否满足要求。KGD 意味着需要对芯片进行附加的测试和可靠性试验,以达到可接受的质量和可靠性水平。KGD 的短期挑战,是根据用户的具体需求,开发有效的晶圆级测试和可靠性试验方法,确保芯片质量和可靠性满足要求;KGD 的长期挑战,是开发最终应用时能够有效进行错误检测和校正的自测试策略。

(1)叠层芯片测试。采用叠层芯片结构(如 SiP、TSV)的器件,可能包含不同供应商提供的芯片,存在以下难点:①对封装后器件进行测试,将面临测试成本和良率控制的平衡问题;②为解决质量和 SiP 良率问题,需要开发面向故障定位的失效分析方法。

叠层芯片结构器件的测试,类似于测试包含多个 IP 核、各自有专门测试要求的复杂 SoC器件。SoC 测试时,所有 IP 核、模块均设计在同一个芯片上,可以通过测试外壳等方式统一测试策略,实现 SoC 系统级测试。对叠层芯片结构的器件,芯片供应商一般未提供测试模式时芯片的访问信息,这些信息有时被认为是机密的,特别是对存储器。对 SiP 内每个单独的芯片,缺乏诸如 SoC 的统一测试策略,故难以实现全局测试。

即使在使用 KGD 的情况下,为确保封装后芯片已正确组装,也应进行适当的测试。因为封装过程,如芯片减薄和叠层工艺,可能会损害或改变 KGD 的特性。对需要进行故障定位的测试需求,应考虑将失效定位到一个特定的芯片,可能时进一步定位到芯片的某个小区域,因此需要充分了解芯片的详细测试策略,这样的测试方法在正常生产中是不必要的。

不同类别芯片组装成为多芯片封装后,为了对组装后的器件进行完整的测试,需要引入不同平台的测试。需要注意,由于机械损伤,多个测试平台的引入可能会产生测试误差或降低测试效率。

(2)晶圆测试。大部分基于频率、射频、延迟和模拟信号的性能测试是在封装后进行的,KGD 生产过程中的挑战,是开发效费比高、有生产价值、可靠并且正确的方法,在器件送入下一个组装环节前,对器件是否存在缺陷或可能在早期应用中失效进行识别。

某些器件的测试时间非常长,如显示驱动器或 DRAM 测试。由于晶圆探针测试的局限性,测试能力相比于封装后器件低很多。对 DRAM 进行经济、实用、全面的晶圆级测试需要考虑的因素,包括在晶圆上进行多芯片测试时,不重复前面已经测试过的芯片,避免探针移出晶圆边界浪费测试时间,避免对前面测试已经判定为失效的芯片上电等。

(3)射频器件的晶圆测试。RF 器件 KGD 生产的一个关键技术,是高性能小间距探针卡的开发。射频芯片尺寸小,焊盘间距很小。如一些产品的焊盘间距在 $75\mu m$ 以下,而这是当前探卡技术的极限。为了在射频器件探针测试时获得良好的信号完整性,需要合理设计射频信号的"地线—信号—地线"网络。射频器件 KGD 测试的关键技术是针对特定的射频探针卡和探针技术,确保芯片"地线—信号—地线"的网络设计能够保证 RF 通路阻抗在可控范围内。

(4)封装过程对芯片质量的影响。封装过程对芯片的不适当处理,会使芯片受到损害。晶圆减薄就是一个例子,如当对 DRAM 晶圆进行减薄时,可能会观察到刷新特性发生的位移现象。晶圆级已通过完整测试的芯片，在减薄并组装成 SiP 或 MCP 后，进行相同的测试时可能会发生错误。封装过程的热处理步骤，也可导致个别位刷新特性的变化，这种现象称为 DRAM 可变的保持时间，在封装之前是不可能进行筛选的。

为确定封装过程对芯片质量是否产生影响，关键技术是证明芯片供应商提供的可靠性数据在封装后依然有效，这可以通过对封装后器件进行附加测试完成。

10.4.5　3D 器件测试

3D 器件实现了芯片层在垂直方向的堆叠，并且通过 TSV 实现上下层芯片的垂直互连。TSV 提供了最大的垂直互连密度，垂直互连方式降低了总线长度和互连线功耗，减少了信号的传播延迟。3D 是 SiP 的下一代发展趋势，随着以 TSV 为基础的芯片堆叠复杂程度的提高，测试的实施也将变得更加困难。由于在同一封装内含有多个不同的芯片，测试复杂度大大增加，需要采用新的 DFT 方法解决测试资源和测试时间等问题。3D 器件测试应考虑以下六方面的要素。

（1）测试流程、成本和测试所用资源；

（2）可测性设计、成品率和成本（DfX，Design for Test/Yield/Cost）的综合考虑；

（3）测试访问的实现；

（4）异构芯片处理；

（5）堆叠或封装内故障芯片的调试和诊断；

（6）功耗的影响。

需要注意，3D/TSV 技术正在逐步开发过程中，尚难以形成统一的 3D/TSV 器件的测试流程。目前，2.5D 和存储器芯片堆叠（多 I/O、高带宽存储器和混合存储立方体）技术应用较为广泛；针对这两种技术，采用 BIST 和边界扫描的可测试性解决途径，并考虑一定的容错设计，可以获得较高的器件成品率。随着 2.5D 和存储器芯片堆叠技术的日益成熟，3D 技术的应用将越来越广泛，需要研究、制定 3D 器件的测试流程。3D 技术的发展，为测试技术提供了更广阔的发展空间。

1. 测试流程、成本和测试所用资源

3D 器件的测试流程包括键合前测试、键合过程测试、键合后测试和最终测试 4 个步骤，如图 10 - 6 所示，不同测试阶段测试的重点不同，分别进行以下介绍。

1）键合前测试，对单个芯片和 TSV 进行测试。其中，TSV 的测试应考虑短路、开路、制造缺陷等情况。芯片测试主要包括功能测试和参数测试，很多情况下这些测试难以实施。为了解决芯片难以测试的问题，3D 器件设计者需要确保芯片在键合之前都是可测的。测试实施的难点在于在键合前，每层上的芯片可能只能实现全部 3D 器件系统功能的一部分，因此，对每一层芯片进行键合前测试时，需要在芯片层重新考虑 DFT 策略。

2）键合过程测试，对部分芯片堆叠结构进行测试，因为在芯片间进行键合的过程中，也可能会引入缺陷。在键合多层芯片的过程中，采用逐层堆叠制造 3D 器件的方式，假如其中某一层发生故障，如未经测试发现，将导致键合完成后形成的大规模多层 3D 器件失效，降低成品率，大大增加制造成本。因此，在 3D 器件制造过程，在对未键合前芯片单独测试的基础上，还应对堆叠过程的 3D 器件反复进行测试，确保每堆叠一层后产品的可靠性。如何确定堆叠过程的测试点，需要基于器件和芯片的设计以及 3D 器件的系统功能，并考虑测试成本确定。

3)键合后测试,对完整的芯片堆叠器件进行测试。键合后,TSV 的热力学特性引起的应力问题、基于 TSV 的互连以及可等效为电阻开路的未对准的 TSV 均为键合后测试应重点关注的问题。一般采用扫描链实现 TSV 的故障诊断,一方面可以获得 TSV 两端的电平数值;另一方面通过扫描链实现状态的可控制性和可观察性。如果输入 TSV 一端的电平值在另一端发生改变,则证明 TSV 存在故障。同时,键合过程微凸块的裂缝等缺陷也是常见的问题。从功能测试的角度,连线之间的时序关系、各芯片之间的接口、时钟域交叉等因素均需在此测试过程考虑。

4)最终测试,对封装后的器件进行测试。需要对封装后的 3D 器件进行系统级测试。

相对于传统的测试流程,键合过程和键合后的测试是全新的测试环节。此外,实施上述这些测试步骤时,需要考虑成本、工艺复杂性和可能对三维堆叠带来的潜在损伤。例如,表面上看,键合前和键合后测试有很多技术和方法是相同的,如扫描测试、内核测试等,但是重复的布置扫描链会造成资源的浪费和测试成本的提升。因此,应对键合前和键合后的测试进行综合考虑,合理利用资源。与 3D 封装有关的工艺,如晶圆减薄及裸芯片堆叠过程,带来了新的缺陷和失效模式。掌握 TSV 相关的缺陷和故障模式,对帮助确定 TSV 器件的测试要求和流程至关重要。

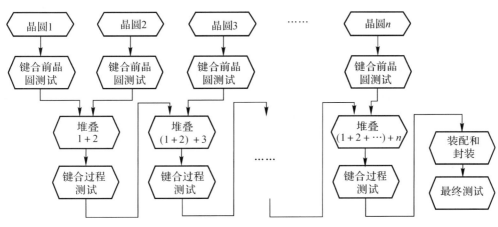

图 10-6 3D 器件测试流程

学术界和业界对堆叠芯片的测试流程建模开展了广泛研究。许多测试模型考虑了整体测试时间的优化,然而还需要开发新的测试模型,进一步对资源利用率、成本和成品率进行优化。"与测试成本相关的成品率"模型(该方法和测试步骤对产品的成本影响最大化)需要将封装工艺和测试流程的建立结合在一起,确定芯片堆叠过程的最佳测试流程,以及芯片级的测试和成品率要求。"堆叠成品率设计"需要开展大量的工作。3D 封装更容易实现冗余(如芯片、逻辑、存储器和 TSV)技术,这种冗余可以通过"容忍"任一芯片或堆叠中一定程度的缺陷,以增加键合前、键合过程和键合后的成品率。

影响测试成本的因素包括测试资源需求、总测试时间和与测试成本相关的器件成品率。制造过程中期和后期的键合测试会明显增加测试时间。单个芯片的故障可能危及整个堆叠器件,但是对每个芯片进行测试将增加测试的复杂性和测试时间,增加了测试资源和成本。因此,需要考虑对所有单个芯片进行测试的必要性和可行性分析。为了解决庞大的测试数据量问题,可考虑采用并行测试的方法。

对于键合过程和键合后的测试,可按照 IEEE P1687(IJTAG)标准进行。鉴于 IEEE P1687 是利用现有 JTAG 接口访问芯片内嵌入式内核的标准,因此其又被称之为内部 JTAG (IJTAG)。JTAG 是一个获得广泛应用的标准,在大部分先进大规模集成电路中均有应用。IEEE P1687 通过构造一个灵活可变的连接 JTAG 接口和内部仪器的数据传输途径,完成 JTAG 与内部仪器之间的访问通信。

此外,芯片间内部互连的边界扫描测试相对更为直接。然而,为了简化测试向量生成,需要开发相关工具,用于局部或全芯片堆叠的可测性设计。

2. DfX 的综合考虑

DfX 作为嵌入式资源,可以提高器件的可控制性、可观察性和对缺陷/故障的裕度。芯片级 DfX 主要包括以下几个方面的考虑:

(1)对芯片访问的标准化协议、利用 BIST 手段使 ATE 具备测试堆叠芯片的能力。

(2)建立覆盖全部 I/O 的互连测试能力。

(3)通过内建调试与监测手段实现在堆叠结构中缺陷的隔离功能(包括测量与监控 TSV 连续性和性能的潜在能力)。

(4)具备一定的容错与修复的功能,从而保证堆叠结构器件具有更高的成品率。内建测试与调试的方法对于芯片堆叠结构的测试非常重要。对逻辑甚至芯片进行分区可以实现芯片级的并发测试。

在堆叠层次开展 DfX 综合分析,可以识别芯片堆叠工艺中(背面研磨、晶圆减薄和激光钻孔等)可能发生的缺陷,并据此建立可用于描述这些缺陷的故障模型。

在 DfX 综合分析的过程中,不同的测试可分别施加在同一个芯片上,可以同时开展多个芯片的测试,并实现多个芯片间的信息交换。

3. 测试访问的实现

3D 器件带来了测试技术两个重要的挑战:键合前对堆叠结构中单个芯片的访问(可采用探针访问芯片)、键合过程与键合后对堆叠结构中单个芯片的测试访问。"访问"是指对芯片的测试逻辑、芯片的 I/O(特别是 TSV)进行测试访问。芯片堆叠质量的基础是 KGD,也就是说堆叠结构中的所有芯片都已进行了充分测试。如果未对芯片的全部逻辑功能进行访问,则不能保证测试覆盖率,增加了具有缺陷芯片进入堆叠结构的概率,对整个器件的质量和成品率造成影响。

堆叠结构中底部的芯片,即外部 I/O 连接的地方,具有用于引线键合或倒装芯片微凸块的焊盘,可用于探针测试。所有的其他芯片,包括位于中间以及顶部的芯片,通常会通过 TSV 进行连接(包括电源、地线、时钟、控制、数据等)。典型的 TSV 具有 $5\mu m$ 的直径以及 $10\mu m$ 的间距。然而,在许多情况下,TSV 不是直接键合而是通过微凸块实现连接,这些微凸块可能的直径为 $25\mu m$、间距为 $40\mu m$。制造工艺的发展使器件封装内的 TSV 数量大大增加,使得 TSV 的稳定性在 3D 器件中占据了重要作用。

尚未证明电流探测技术能够可靠用于 TSV 或微凸点,3 个方面的问题影响探针与芯片接触的可靠性:

(1)对于电流探测技术,硅通孔和微凸块的间距和直径太小;

(2)电流探测可能会损坏硅通孔和微凸点;

(3)潜在的静电损伤可能会危及芯片上的逻辑单元。

因此,开发可靠的微凸块探测技术是一项关键的技术(不仅是单点的探测,应考虑实现探针与接触点的"阵列化")。非接触式探测技术的主要优点是不会产生探针造成的损伤,但仍然不能探测到所需要的尺寸或间距。

标准化测试访问协议(包括物理和逻辑两个方面)对于芯片堆叠测试至关重要。测试信号应实现垂直(从芯片到芯片)和水平(在单个芯片内)两个方向的传输。如果缺乏标准化的协议,当测试信号的传输路径为垂直方向,即穿过整个堆叠的芯片时,信号密度限制了测试信号和功能信号的传输。由于堆叠结构中不同芯片可能存在测试协议方面的差异,编程测试功能很难实现。目前,穿过堆叠的测试数据可以通过以下方案确定:

(1)在器件堆叠结构设计阶段,对全部芯片以及所有硅通孔的设计和物理排列进行规划,设计并满足测试、验证、调试和其他操作的需求,并在堆叠级别开展一体化的设计工作。

(2)采用商用货架芯片,并采用标准化的"测试访问区域",从而实现堆叠中相邻芯片测试信号的重新分布。

芯片堆叠结构的测试访问应满足 4 个基本的访问功能:

(1)能够实现访问芯片自带 DfX 资源的能力;

(2)能够通过旁路功能实现跳过堆叠结构中某一个芯片的能力;

(3)具有能够实现终止芯片测试访问的功能;

(4)具备能够直接访问当前芯片上层芯片的能力。

JEDEC 针对用于移动设备的具有堆叠结构的存储器,率先定义了一系列测试与访问方面的标准和协议。混合存储器立方体联盟(The Hybrid Memory Cube Consortium)也在研究相关标准,包括测试访问方面的内容。IEEE P1838 工作组针对 3D 芯片堆叠结构确定了标准化的电气连接、潜在的物理层连接和测试协议。上述测试访问机制在一定程度上均基于 IEEE 1149.1 标准,IEEE P1838 主要关注于提出有关测试访问的规范化要求。

显而易见的是,ATE 应具备对芯片堆叠结构中单个芯片以及芯片上特定功能模块进行测试的能力,ATE 提供的信号、信号的位置应能够满足 3D 器件的测试需求。理想的情况下,当芯片堆叠在一起时,访问机制可以适用于所有芯片,即使芯片来自不同生产厂、通过不同的工艺制造。访问机制包含基底芯片上的端口、TSV 的物理定义以及控制结构,从而实现与堆叠结构中的每个芯片 DfX 资源之间的通讯功能。访问机制允许芯片在被堆叠之前进行测试(键合前测试),并且允许芯片在完全或部分被堆叠后可以开展测试(即键合过程和键合后测试)。

4. 异构芯片处理

异构芯片具有不同的含义,例如不同功能(包括存储器、逻辑器件、模拟器件和高速光学器件与光电器件)、不同的芯片供应商。随着芯片堆叠复杂程度的不断提高,异构芯片堆叠将对测试、测试访问、测试实施和测试有效性带来显著影响。对芯片与芯片之间相互影响的测试有重要意义。由于堆叠芯片的测试需要考虑芯片级、键合前测试未发现的问题,包括以下几方面。

(1)未经测试的芯片与芯片间的功能交互问题;

(2)堆叠中的功率与信号完整性(区别于芯片级测试)问题;

(3)晶圆级测试未被发现,在装配或互连工艺过程暴露或加速的缺陷或者故障。

从测试时间与成本的角度来看,难以建立全面的、适用于完整堆叠结构的功能测试。在不同的测试阶段,可能会需要多个版本的功能测试方法,以实现堆叠结构中不同芯片的测试。

与 SiP 类似,全面的测试可以通过一系列 BIST 的组合完成。这需要灵活应用现有和即将发布的测试标准,如按照 IEEE 1149.1 - 2013,IEEE 1500,IEEE P1687,IEEE P1838 的规定,并结合有限的功能测试。然而,这需要在芯片供应商、芯片堆叠集成方和系统架构设计方之间进行协调。不论是测试芯片上的逻辑,还是测试芯片与芯片之间的相互通讯,均应考虑采用 BIST 技术。

随着堆叠的异构芯片数量的不断增加,芯片级可追踪性的作用将至关重要。实现芯片供应商和堆叠集成方之间的数据共享,对于维持堆叠器件的质量水平和单独芯片的质量水平非常重要。芯片识别码(IDcode)的访问需要以某种标准化的方式进行,无论是通过一个标准的访问协议,还是通过一个标准化的描述语言。此外,数据共享和分析工具还需要实现由芯片供应商向堆叠集成方的延伸,从而适应数据驱动过程控制的需要。应当注意,在这种情况下,测试数据的存储要求将显著增加。

异构芯片的测试是"元器件测试"的混合过程。其中,堆叠结构中的芯片需要针对故障模型、参数和合格判据进行,以确保芯片是 KGD;堆叠集成后,芯片作为一个集成的堆叠中的一部分进行测试,从而保证能够覆盖全部的互连结构和交互性能。

5.调试和诊断

调试和诊断技术的主要难度在于如何建立堆叠层次的失效与芯片缺陷和故障之间的关系。堆叠级的功能测试(键合中、键合后和最终测试)调试非常困难,特别是当失效芯片位于堆叠的中间时(这种情况往往缺乏可用于"调试"的访问接口)。该问题最复杂的地方在于几乎不可能在不造成任何严重损伤的情况下,从堆叠结构中除去一个芯片,除非在堆叠级测试时,有充分的测试、调试与失效分析的资源和手段。"系统性"缺陷的失效分析非常昂贵,并且有效性值得考虑。由于温度和电源完整性等环境因素的影响,以及无法识别的潜在的 TSV 缺陷,诊断的效果将大打折扣。需要注意的是,堆叠级测试能够判别由于装配工艺导致的芯片级缺陷或故障导致的失效,这一点是非常重要的。

无论是对于芯片级还是堆叠级,集成内建自测试和调试功能非常重要。这些功能包括内建逻辑分析与状态捕获、示波器、温度和功率监测器、信号跌落探测器(droop detectors)等。内建自测试和调试技术本身也需要不断创新和完善,如模拟信号 BIST 和功能 BIST 领域以及逻辑和存储器 BIST 等技术均需要实现显著的突破,以便于在有限的访问环境条件下,更好地实现测试和调试功能。

6.功耗的影响

由于对测试用电源的要求优于对工作电源的要求,电源也成为测试技术的一个重要挑战。电源引起的问题可能发生在受电源直接影响的功能部分、芯片级或堆叠级。设计芯片级和堆叠级的电源分布时应考虑测试时的功耗大小。正确选择针对整个堆叠电源的监控方式,对于保证测试时的信号完整性非常重要。在芯片级和堆叠级对电源进行测试,是芯片堆叠结构需要考虑的一项重要技术。

任何器件在工作和测试时都会发生电平的翻转,直接结果就是引起了功耗的增加,器件测试过程中的功耗更是不容乐观。为了缩短器件测试时间,尤其是在线测试、高速测试、或者检测器件中的小时延故障,测试速率会比较高,这会带来成倍的电平跳转和功耗增加。高功率也带来了散热相关的问题。散热问题可能会影响测试板的设计和性能。此外,温度变化不仅会影响到性能,而且还会影响到芯片堆叠自身的信号完整性。因此,应考虑热诱导产生的芯片间的故障模式,考虑温度因素对于整个芯片和堆叠结构的影响。可采用热建模和片上温度监测的方式,对堆叠结构潜在的散热问题进行分析。在对单个芯片和芯片堆叠结构进行验证以及生产前测试过程中,必须考虑潜在的温度变化所造成的负面影响,并采取防护措施。

10.5 本 章 小 结

本章分析了大规模集成电路测试技术的发展趋势和面临的技术挑战,给出了大规模集成电路测试的实施流程,介绍了测试向量生成、测试向量压缩及 IDDQ 测试等常用方法。重点介绍了 SoC,SiP 及 3D 器件测试技术。

第11章 商用器件保证

11.1 概 述

商用器件源于20世纪80年代欧美提出的"商用现成技术"这一概念,在确保质量的前提下,最大限度地使用商用产品、实践商用经验和商用工艺,以可靠性和维修性为基础进行全面设计,以过程控制替代筛选等试验,确保满足用户需求,并使费用得以降低。根据国际半导体技术发展路线图,集成电路技术发展的主要趋势包括:①继续按比例缩小;②多样化功能集成;③发展新兴材料、器件。在半导体新技术未经充分验证或军用需求有限的情况下,部分生产厂会选择优先在商业市场投放新开发产品;尤其对于高性能指标、可实现复杂功能的集成电路,这种现象尤为明显。因此,商用大规模集成电路代表了商用器件高性能和复杂功能的最新发展方向。本章中"商用器件"一词,指商用大规模集成电路。

宇航级器件,一般追求性能稳定、长期可靠工作并要求具有抗辐射能力,但推陈出新、更新换代较慢,难以满足宇航用户对集成电路性能的需求,甚至部分技术虽然在商用领域已渐成熟,却因为无相应的高等级器件,而难以用于宇航型号。这种供需之间的不平衡,导致宇航用户不得不借助商用器件技术,以实现技术突破。商用器件以其尺寸小、性能先进、品种多样和良好的可获得性等优点吸引着宇航领域设计师的目光,如果商用器件能应用于宇航领域,对设备的小型化、重量减轻、研制周期缩短都能起到很大的作用。生产厂对商用器件和宇航级器件在质量和可靠性方面的态度有很大的不同,表现为,"商用器件是用正确的方法生产"(produce-it-right),"宇航级器件是按照规则生产并按照正确的方法试验"(produce-it-to-rules plus test-it-right)。商用器件生产厂依靠内建的可靠性设计,生产后直接将产品提供给最终用户,商用器件本身在可靠性上存在很大差别,因此不能把采购来的商用器件直接使用在环境条件恶劣的宇航领域,必须进行评估、筛选及鉴定等保证工作,以降低应用风险。

11.2 商用器件宇航应用的需求和现状

11.2.1 宇航应用需求

商用器件在宇航领域的应用研究,一直是国内外研究的热点。宇航型号的低成本、短周期设计等趋势及技术指标不断提高的要求,对商用器件具有客观的需求,表现在以下方面:

1.商用器件技术先进、性能相对优越

在宇航任务中,理想情况是采用具有抗辐射能力的宇航级器件。但是,具备抗辐射能力的宇航级器件的性能,与先进的商用器件存在较大差距。商用器件一般为货架产品,其性能通常已进行了成熟度验证;另外,商用器件在汽车和工业环境已经广泛使用,其可靠性得到持续改进,给商用器件用于宇航提供了可能。商用器件大多采用高密度封装形式,集成度高,体积小,重量轻,具有满足宇航型号电子产品小型化需求的优势。

随着微电子技术的飞速发展,集成电路在商业领域的应用越来越广泛,商业领域对集成电路的投资也越来越大,但国防工业对宇航级器件的投资在逐步下降。投资比例的变化,使得半导体工业的技术进步越来越集中于商用器件领域。因此,如果把先进的商用器件应用于宇航领域,可以实现宇航型号的高性能,具有重要的战略意义。

2. 宇航级抗辐射加固器件难以获得

由于宇航级抗辐射加固器件批量小,制造周期长,市场需求量小,大大挫伤了生产厂制造和开发宇航级器件的积极性,部分器件生产厂退出了宇航市场,使得宇航级器件的成本不断提高,采购受到限制。另外,在我国的宇航型号中,关键器件(如微处理器)有时依赖于进口产品,采购受限;即使能够获得,出于信息安全的考虑,也不宜应用到肩负重要使命的军事卫星中。因此,有必要探索商用器件宇航应用的保证和应用方法,以提高宇航型号电子设备的技术水平。

3. 型号研制降低成本的需求

型号研制成本昂贵,大型卫星平台所需大规模集成电路占相当大的比例。商用器件采用"商用现成技术",采购费用相对较低,具有潜在的提高性能、降低成本的巨大驱动力。商用器件宇航应用的主要成本,来自于可靠性数据的获取过程。根据商用器件具体的应用需求,进行针对性的附加试验;在分析生产厂数据、应用经历等相关数据的基础上,优化试验流程,能够最大限度降低成本。

11.2.2　宇航应用现状

1. NASA 宇航应用现状

NASA 为了保持技术领先地位、降低成本,系统开展了商用器件宇航应用可靠性保证技术研究。NEPP 的目标之一,是针对新型商用器件,评价其可靠性和辐射敏感程度,为宇航应用降低风险;NEPAG 的工作目标,包括建立商用器件保证手段,发布商用器件保证技术要求和指南,建立和维护商用器件信息系统;NEPP 和 NEPAG 将商用器件宇航应用可靠性作为重要研究内容,通过验证、评价、表征以及开发新的试验方法等多种手段,对商用器件的制造成熟度进行评价和预测,发布关于工艺选择、应用指南等一系列技术手册,为 NASA 采用商用器件提供技术支撑。

商用器件的宇航应用,是 NASA 实现航天型号"更小、更快、更廉、更好"目标的重要举措。NASA 发布了商用器件宇航应用的白皮书,提出了商用器件宇航应用的原则,为"针对特定应用需求,在热、机械、抗辐射能力等方面,对商用器件进行评估,如确认可满足任务需求,则允许在宇航型号使用"。针对不同的应用场合,NASA 将元器件分为 3 个不同的应用等级,见表11-1。1 级应用等级的元器件,按照军用最高要求进行生产控制和试验。2 级应用等级的元器件,减少了生产控制和试验要求。3 级应用等级的元器件,其生产过程缺乏控制,也没有标准化的试验要求;生产厂设计、结构和材料可能会经常变化,因此 3 级应用等级元器件的可靠性会随生产厂、型号规格和批次的不同而有显著变化。NASA 规定根据任务要求,以及元器件的基础等级情况,采取不同严酷程度的保证工作。哥达德空间飞行中心发布的《塑封微电路选择、筛选和鉴定指南》,按照不同应用等级的潜在应用需求,给出了商用塑封器件宇航应用筛选、鉴定、DPA、辐射效应评估等多个方面的指导性建议;《EEE 元器件选择、筛选、鉴定和降额指南》，明确了商用器件宇航应用时，应按照不同应用需求，进行恰当保证的政策。

表 11 - 1 NASA 元器件应用等级与保证要求

应用等级	任务要求	保证要求
1 级	要求最高可靠性和最低风险的任务，项目典型的任务周期为 5 年或更长	满足抗辐射能力要求时，宇航级器件可直接使用。对于商用器件，应进行抗辐射能力分析和评估，按照最高要求进行筛选、鉴定等保证项目
2 级	将风险降低到低到中等水平的任务，项目典型的任务周期为 1～5 年	满足抗辐射能力要求时，标准军级器件可直接使用。对于商用器件，应进行抗辐射能力分析和评估，按照项目要求，进行筛选、鉴定等保证项目
3 级	可以使用具有较高风险元器件的任务场合，项目典型的任务周期为 1～2 年	对于商用器件，应进行抗辐射能力分析和评估，按照项目要求，进行适当的筛选、鉴定等保证项目

1995 年，NASA 开展了新千年计划研究，将"空间应用商用器件"和"低成本电子学产品"列入了研究目标。近年来，大量采用高性能商用器件的低成本宇航型号逐渐成为主流发展方向之一，尤其是科学探测、遥感测绘、通信转播、减灾救灾、应急响应、新技术验证等宇航项目。如 2009 年发射的 LCROSS(The Lunar Crater Observation and Sensing Satellite)任务中，费用仅为 100 万美元，研制周期 9 个月，项目选用了大量商用器件，部分科学探测仪器很少甚至并未进行宇航级相关的鉴定试验。NASA 针对微小卫星用商用器件的可靠性问题，持续开展研究，研究认为，针对快速发展的微小卫星，特别是低成本、尺寸和重量有限、探索研究性质的型号项目，需要考虑：①什么是适度的可靠性和合理的成本代价，需要探讨更低成本的试验评估方法，如板级试验实施方法；②如何采用软件仿真的方式替代硬件评估；③在抗辐射能力评估方面，如何对商用器件技术进行评估，而不是针对器件品种进行评估；④如何从系统角度进行单粒子容错设计。NASA 承担的 39 颗立方体卫星(CubeSat)大量采用了商用器件，部分卫星已经发射，采用的典型措施包括：①采用成熟的商用器件技术；②采用商用器件和高等级元器件混合设计的方式；③深入了解商用器件的应用和环境条件，包括辐射、寿命、温度、真空、降额原则等，确保能正确应用。

2. 欧洲宇航应用现状

欧洲持续开展了商用器件在宇航领域的应用研究，最初使用商用器件的驱动力主要基于其优异的性能，其次是重量和体积，对于商用器件的观点是"当你需要高性能器件时，不要担心使用它；不要相信通过使用商用器件，可以达到省钱的目的"；近年开始考虑通过使用商用器件降低型号研制成本。ESA 在 proba 等宇航项目上，大量验证、使用了商用器件，并获得成功。欧洲将应用商用器件作为宇航型号满足低成本、短周期设计、高技术指标等发展方向的重要实现方法。

ECSS - Q - ST - 60 - 13 给出了欧洲使用商用器件的保证要求，见表 11 - 2，其内容、要求均与 ECSS - Q - ST - 60 保持一致，包括 3 个级别的保证要求，不同级别需要开展的保证项目不同，允许宇航项目根据风险、成本和进度需求，进行级别选择。特别提出，对采用 90nm 以下工艺的商用器件，应进行结构分析、评估等分析和试验手段，确定其失效机理，在此基础上确定鉴定的项目和条件。

表 11 - 2 欧洲商用器件保证要求

保证项目	不同级别的保证要求		
	1 级	2 级	3 级
评估	结构分析； 表征试验； 高加速应力试验试验（HAST，Highly Accelerated Stress Testing）； 2 000h,125℃高温寿命试验； 500 次温度循环试验； 抗辐射能力评估	结构分析； 表征试验； HAST 试验； 2 000h,125℃高温寿命试验； 500 次温度循环试验； 抗辐射能力评估	结构分析； 抗辐射能力评估
文档	生产厂相关数据； 评估试验数据； 采购过程的相关文件； 批接收试验数据； 抗辐射能力评估、抗辐射能力验证试验（RVT，Radiation Verification Testing）数据	生产厂相关数据； 评估试验数据； 采购过程的相关文件； 批接收试验数据； 抗辐射能力评估、RVT 数据； 数据包可根据需求简化	生产厂相关数据； 评估试验数据； 采购过程的相关文件； 批接收试验数据； 抗辐射能力评估、RVT 数据； 数据包可根据需求简化
筛选	温度循环试验； 初始电参数测试； 颗粒噪声检测（PIND）（必要时）； 老炼试验； 三温电参数测试； 允许的不合格品率（PDA，Percent Defective Allowable）控制； 密封性检查（必要时）	可根据需求简化	可根据需求简化
批接收试验（适当时机进行，可利用有效的评估试验数据）	结构分析； HAST 试验； 2 000h,125℃高温寿命试验； 500 次温度循环试验； RVT 数据	结构分析； HAST 试验； 2 000h,125℃高温寿命试验； 500 次温度循环试验。 RVT 数据	可根据需求简化

3. 中国宇航应用现状

国内关于商用器件宇航应用的研究起步较晚,由于面临宇航电子系统技术指标提升的迫切需求,以及降低宇航产品成本、加快宇航型号研制进度的需求,商用器件宇航应用的意义重大。近年来,国内某卫星研制单位针对商用器件宇航应用可靠性,开展了大量研究工作,提出了商用器件宇航应用的系统性控制方法,针对商用器件特点及失效机理,建立了包括结构分析、筛选、鉴定以及抗辐射能力评估的系统性保证方法,解决了商用器件用于宇航型号的选用控制难题,并取得了一系列专利。部分商用器件经过保证后已成功应用于宇航型号。

综上所述,商用器件技术飞速发展,正日趋广泛应用于宇航型号,以满足系统高性能的需求,在宇航领域的应用有着良好的前景,具有提高性能、降低成本的巨大驱动力。商用器件宇航应用最严峻的问题,是未知的可靠性问题。如果进行附加的筛选、鉴定、评估或适当的辐射加固措施,则费用往往较高。针对快速发展的微小卫星,需要根据具体的应用需求,采取适度的可靠性保证方法,以合理的成本代价,保证型号任务成功。

11.3 商用器件的特点和风险

11.3.1 商用器件的特点

医用、汽车、商用航空和一些消费电子行业通常称为商用领域,这些行业采用特定的方法和手段,实现对商用器件供应链的控制,不同行业采用的控制方法有一定差异,目标是期望通过供应链管理,保证选用的商用器件质量良好,能发挥预期功能并满足任务要求。汽车制造业、消费电子行业供应链管理程序全面,与商用器件供应商有着良好的合作关系,采用生产批准程序,对供应商进行监督和认证,开展设计失效模式与影响分析(FMEA,Failure Modes and Effects Analysis)、生产流程 FMEA 分析,识别误用劣质商用器件的可能性,以满足汽车制造业、消费电子行业的要求。在商用航空业方面,波音公司和空中客车公司认为,只有通过国际电工技术委员会认证,并制定了元器件管理计划的航空电子供应商才具有生产资质;要求航空业制造商遵守国际电工技术委员会技术规范(TS)第 62239 号标准,制定元器件管理计划,对商用器件选择、认证、保证、应用进行管理;这些计划对确保用于航空电子系统商用器件的可靠性、持续性和适应性至关重要。

表 11-3 给出了宇航级与商用器件的对比。表 11-4 列举了失效率因子与集成电路等级的关系,分析表明,2 级应用等级集成电路失效的概率,是 1 级应用等级集成电路的 4 倍;按照 MIL-STD-883 方法筛选的集成电路,失效的概率是 1 级应用等级集成电路的 8 倍;未进行筛选的商用器件失效的概率,是 1 级应用等级集成电路的 40 倍,是 2 级应用等级集成电路的 10 倍。但就其本质而言,这些相对失效率并非对所有元器件都适用。

表 11-3　宇航级与商用器件的对比

对比的方面		特　点	
		宇航级器件	未经筛选的商用器件
预期用途	生产容量	较低的容量	高容量
	工作环境的适应性	能够适应恶劣的发射以及空间环境	可能不能适应恶劣的发射以及空间环境
	辐射环境	可以适应(如果要求)	较少能够适应
	极端温度	是	有时可以
	温度循环	是	可能可以,但通常低于军事用途
	振动/冲击	是	有时可以
	真空	是	否
	长寿命	是	否,通常可以返修
	失效率	非常低	远远高于宇航级器件
	适用的任务关键程度	通常可用于关键部位	很少,或者不能用于关键部位
可获得性	控制方	军方控制	通常由生产厂自行控制
	未能遵守规定时的处罚	是	否
	产品生命周期	多年至数十年	通常很短,一般为几个月至几年
	产品种类是否广泛	很少	许多
	价格	中等偏高	相对较低
结构	用户是否了解内部结构	是,可控	很少
	批次间、批次内的一致性	具备一致性	不具备一致性
	设计	稳定,设计考虑了裕度	生产厂控制,可变的设计裕度
	材料	稳定,设计考虑了裕度	生产厂控制,可变的设计裕度
	工艺	稳定,设计考虑了裕度	生产厂控制,可变的设计裕度
	尺寸	较大	较小
	重量	较重	较轻
	设计、材料和工艺的变化	受控	生产厂控制,变化可能较频繁
试验	是否建立了可靠性指标	具有可靠性数据	否
	筛选	军用标准控制,高要求筛选	生产厂控制,有限的筛选
	鉴定	军用标准控制,高要求筛选和鉴定	生产厂控制,有限的鉴定
	设计、材料或工艺更改后的重新鉴定	军用标准控制,高要求筛选和鉴定	生产厂控制,有限的鉴定
	是否考虑了恶劣的环境	军用标准控制,高要求的试验应力	不是为恶劣的环境应用设计,有限的试验应力

续表

对比的方面		特点	
		宇航级器件	未经筛选的商用器件
性能	功能	低	高
	速率	低	高
其他	生产厂的试验设施位置是否已知	是,可控	通常未知
	是否由政府进行审计	是,通常 2~3 年为一个周期	否
	是否支持问题调查	是	否
	假货可能性	较低	较高

表 11-4 失效率因子与集成电路等级的关系

	应用等级 1 级,或 S 级	应用等级 2 级,或 B 级	应用等级 3 级,按 MIL-STD-883 或生产厂流程	未筛选的商用器件
失效率因子	NPSL 规定的 1 级应用等级,如:MIL JAN S 级、MIL QML V 级、MIL QML K 级	NPSL 规定的 2 级应用等级,如:MIL JAN B 级、MIL QML Q 级、MIL QML H 级	NPSL 规定的 3 级应用等级,如:MIL-STD-883 兼容	COTS
	1	4	8	40

表 11-4 表明,筛选和生产线控制对保证器件可靠性有重要影响。商用器件和 1 级应用等级的集成电路,在功能和潜在可用性方面可能是等同的,其差异在于高失效率所带来的可靠性不确定性,如图 11-1 所示。商用器件一般未经筛选,因此,与具有已知量化失效率数据的元器件相比,存在未知缺陷,可能导致不确定的失效率;达到峰值时,其失效率可高于基线水平(假定为 1,有可靠性数据集成电路)的 40 倍。这一风险由元器件的固有失效模式导致;通常应监测生产厂一定批次或某一时间段的失效率。

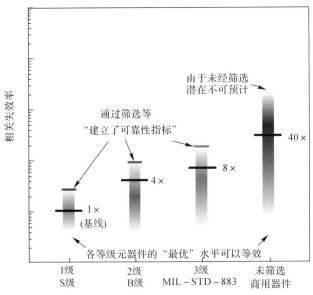

图 11-1 元器件质量等级与失效率不确定性

11.3.2　商用器件宇航应用的风险

1. 应用新技术和新材料的风险

器件特征尺寸进一步减小,推动了新材料、新结构和新封装形式的应用,如分立栅结构、高 k 值新介质材料和 3D 封装结构等。新技术器件的应用,能大大简化系统复杂性、减少元器件数量或降低系统复杂性、减少能源并降低功耗。器件速度的不断提升,功能的不断优化,可以设计更高性能的系统;系统性能裕度的增加,在一定程度上可能能够抵消较高的失效率。

然而,伴随新技术而来的还有风险。这些新结构、新材料、新封装,一般在商用领域率先应用,很多新技术缺乏按照宇航要求开展的鉴定、验证,如果直接应用于宇航型号有一定风险。器件性能的提高,并不等同于可靠性的提高;例如,特征尺寸更小或氧化层更薄的高性能、高速商用器件,更容易受到静电损伤,或抗辐射能力会更低。一些证据显示,特征尺寸的持续减小,导致器件可靠性不断降低。

2. 可靠性数据不足

高可靠气密封装器件是基于规则生产的器件,严格按照标准规范制造、选择、测试和鉴定,其可靠性主要受缺陷限制,通过筛选可剔除早期缺陷。商用器件主要是基于知识和经验、由生产厂按自己的方法生产,其可靠性主要受器件的内在特性限制;生产厂较少针对器件进行全面的筛选和鉴定试验,以及针对批次一致性的质量一致性检验;可靠性数据相对缺乏,宇航直接应用存在风险。

3. 塑封结构带来的潜在风险

商用器件多为塑封器件,属于非气密性封装结构,对水汽、沾污等非常敏感。

吸潮是塑封结构商用器件的一个重要风险。塑封材料本身具有吸潮性,潮气可通过塑封料的本体,并沿着塑封材料与引线框架之间的界面裂缝入侵芯片,造成器件内部各个界面积聚潮气,可能引起铝互连金属化的电解腐蚀或电参数性能退化。在较高的回流焊温度下,潮气体积膨胀导致器件内部的压力升高,可能导致内部分层、内部裂纹、键合损伤、内引线颈缩、键合点浮起、芯片浮起、薄膜裂纹和键合点凹坑等问题;在极端情况下,塑料封装会开裂,即"爆米花"效应。塑封器件分层带来的失效问题主要有以下几方面。

1) 应力导致的芯片表面钝化层损伤;

2) 位移剪切效应导致的键合系统退化;

3) 加速金属化的腐蚀;

4) 影响芯片黏结强度;

5) 降低器件在高温下的电性能;

6) 爆米花效应;

7) 芯片裂纹。

不同材料之间的热匹配性问题是塑封结构器件的另一个风险。封装由不同材料组成,温度变化时材料的热膨胀和收缩程度不同,器件结构会受到一定影响。器件重复受到极端高、低温循环后,芯片表面和塑封料的界面产生剪切力。如果温度条件足够恶劣,材料会出现裂纹,发生位移,裂纹可能延伸到器件内部,最终导致钝化层下面的金属化和多晶硅的断裂,金属框架之间的位移可能使不同的金属化层靠近。热匹配性不良将导致以下失效模式：

1）芯片表面的金属化和多晶硅断裂；

2）内引线的颈缩或断裂开路；

3）键合点浮起；

4）金属框架之间的位移导致不同的金属化层靠近，使漏电流增加甚至短路。

塑封结构器件存在散热方面的问题。塑封材料与陶瓷、金属封装材料氧化铝、可伐合金等相比，其热传导性较低，热膨胀系数较高。高功率器件的热耗散能力不足，会引起功能的不稳定和可靠性相关的问题。封装材料、引线框和芯片之间热膨胀系数失配，限制了工作和储存温度范围。由于塑封材料热阻较高，对功耗较大的器件，如不采取措施，将会由于高结温而影响寿命。

塑封结构还存在塑料成分污染的风险。封装塑料是含有多种添加剂的复杂树脂，添加剂主要包括固化剂、催化剂、惰性填充剂、黏结剂、阻燃剂、应力缓和剂、着色剂和脱模剂等，材料中有害杂质的污染会引起腐蚀，特别当卤族元素（如作为阻燃剂的添加物）和水汽结合时，就更易发生腐蚀，出现裂纹、脱层、电性能退化等失效。

4.技术状态不受控

商用器件生产厂一般以满足多变的市场需求为前提，并以取得最大商业利益为其最终目标，在设计、工艺、产地等技术状态更改方面较为灵活，这就导致器件状态的不断改变，如封装形式和制造工艺，用户很难知道更改的原因，以及是否影响使用；而且，这些改变无意中会使器件的抗环境能力和可靠性变差，例如更易受到辐射损伤。如三星公司（Samsung）某款存储器，芯片由 C 版更改为 D 版后，由于生产工艺线宽减小，更改后的 D 版芯片单粒子锁定阈值较低，极易发生单粒子锁定；采用不同芯片版本集成的大容量存储器，在外观、器件型号等外部特征方面没有任何改变，但器件的抗单粒子锁定能力发生了根本变化，从单粒子锁定不敏感，变为单粒子锁定极为敏感；如果未注意到这些变化，直接按照惯例使用风险极大。若没有适当的技术手段对供应链进行控制和管理，商用器件状态的变化会影响系统可靠性。另外，生产厂非受控的设计、结构和材料的变化，可能会影响器件接近工作极限值（例如，电压、温度、电流、传输延迟等）时的工作特性。器件不能持续获得时，采用其设计的电子产品将被淘汰。

商用器件不一定具有可追溯性，生产厂一般并不提供可靠性数据，用户无法了解器件工艺过程的更改，某些相同批次的器件，存在使用不同版本芯片、采用不同结构的封装框架、封装管壳状态不一致等情况；部分商用器件产品甚至没有批次标识，完全不具备可追溯性。

5.抗辐射能力不确定

与抗辐射加固器件不同，商用器件不是为宇航应用制造，设计时未考虑空间环境应用。商用器件更新换代快，同一型号的商用器件，已有的数据不一定适用。随着特征尺寸的减小，器件的辐射效应也随之变化。

商用器件抗辐射能力评估试验难以实施，加大了其宇航应用的风险。高速复杂器件单粒子翻转试验的检测方法与实现方式，在线检测时的关键特性参数选取，电离总剂量辐射试验的偏置方式等，都是辐射试验实施需要解决的难题。

11.4　商用器件宇航应用的保证方法

11.4.1　保证的方法、项目和要求

有些商用器件地面应用虽可接受,但在空间环境可能存在固有问题。振动会导致一些集成电路发生失效,如球栅阵列焊接点开裂;真空会导致散热问题。某些商用器件,在电离辐射累积剂量为 500rad(Si)时,即发生失效;许多商用器件易发生单粒子锁定和烧毁现象。有些问题可通过气密封装、降额、错误检测与纠正(EDAC,Error Detection and Correction)、三重表决等措施得到缓解,有些则不能。据报道,Phobos – Grunt 任务失败,"是由于电子线路中使用了非宇航鉴定合格的元器件"。

合理控制商用器件的应用风险,须以关键功能驱动的自上向下的风险评估为基础,应确保商用器件满足型号任务的具体需求,包括环境要求、应用要求,考虑在整体时间上是否具备可行性(包括器件制造时间、试验时间、直至宇航型号任务的终止时间),开展可靠性分析、危险分析和 FMEA(或其他等同分析)。通过上述分析,确定型号应使用何种等级的器件,以及商用器件应该开展哪些保证工作。

任何特定的器件,均存在影响可靠性的不确定因素,具有一定的失效率。失效率可用均值表示,许多器件的失效模式具有并发性,并不是随时间随机发生的,因此,均值并不能准确估计风险大小。识别商用器件非期望的失效模式,提供充分的可追溯性信息,对排除可疑的商用器件至关重要。任务风险和系统设计将决定可接受的器件等级以及失效率的不确定性。对商用器件进行适当保证后,较高不确定性失效率的商用器件可以用于特定的任务场合。

健全的商用器件保证流程,应基于自上向下的任务风险因素评估建立。风险评估须探究商用器件如何发挥其预期功能,了解其失效模式,了解系统应用对商用器件的影响,并清楚地了解任务存在的风险,包括关键性、可能性和不确定性。自上向下的系统工程,能识别和降低其所诱发的最大风险(最薄弱链接)。通过评估、鉴定、筛选、合理应用等手段,适当控制风险,以确保商用器件满足型号需求。也就是说,商用器件通过旨在降低风险的保证程序后,才能用于宇航型号。商用器件保证的项目和内容见表 11 – 5。

表 11 – 5　商用器件保证的项目和内容

保证的项目	主要内容
需求分析	根据任务需求,进行保证项目和内容的设计,自上向下建立保证程序
评估	对拟选用的商用器件进行预评估,及早识别风险。评估一般包括结构分析和工艺评估
筛选	根据商用器件的安全工作区域和环境极限,确定合理的筛选试验项目和试验应力,通过筛选试验识别存在早期失效或潜在缺陷的器件
鉴定(含抗辐射能力评估)	通过鉴定试验,提供充足的数据,证实商用器件符合应用要求,确保空间、发射和着陆环境(包括辐射、热气流、振动等)不会损坏或破坏器件,并能够正常运行。控制采购过程,减小商用器件设计或制造工艺更改所导致的非预期影响

续 表

保证的项目		主要内容
应用控制	应用 （设计和实现）	在线路中适当应用，防止任务中自然和环境导致的应力，防止失效传递导致的应力。针对电气连接、热接口和振动，应适当控制装配和使用过程的应力
	降额	最大限度控制应用的极限电压、电流、温度和机械应力，保持工作稳定性，防止非预期应力，延长使用期限
	问题处理	记录商用器件生产、保证及应用过程的相关资料。双向可追溯性有助于识别可疑商用器件以及可疑商用器件的来源
	假货识别	防止使用劣质器件，保证器件来源可靠，能够追踪到认可的生产厂
	过时淘汰	商用器件以市场为导向，状态不受控。不断发生的更改和变化可能会影响用户使用，导致产品的可持续获得性存在风险
	识别危险材料	确保采用危险材料的商用器件，不直接用于宇航型号

11.4.2　需求分析

自上向下的保证程序应确保满足宇航型号的全部要求，如环境、应用需求和寿命要求，以及一些衍生、附加的其他要求。采用自上而下的方法，进行商用器件保证项目和流程的设计前，首先分析宇航型号应用情况，调研商用器件生产厂数据、以往的使用经历等相关信息；根据需求分析结果，确定保证原则，针对不同的应用风险进行保证项目和流程设计，并针对具体器件制定针对性保证方案；根据方案实施试验，对试验数据进行分析，获得商用器件可靠性的具体信息，采用降额等手段合理应用。将这些信息收集到专门的数据库，为其他商用器件的保证提供数据支撑。

商用器件保证程序起源于任务需求，宇航型号的工作寿命直接影响对器件需求的寿命指标、总剂量辐射指标等具有累积效应的指标，宇航型号的寿命以及具体的轨道环境，是商用器件选用首先考虑的问题。对具体的宇航应用需求，包括寿命、轨道环境、应用关键性等进行分析，分析的方面可包括：

（1）是否属于决定宇航型号平台寿命或性能指标的关键元器件？

（2）是否可以现场维修？

（3）是否安装在舱外？

（4）是否有冗余备份？

（5）是否影响关键任务实现？

（6）是否影响关键安全保证部位功能？

分析商用器件用于宇航可能存在的风险，按照风险分析的原理，针对商用器件风险发生的可能性和造成影响的严重程度，结合需求分析结果，确定商用器件的应用等级。根据应用等级，确定具体的保证项目及应力水平。图 11-2 和表 11-6 给出了一种标准化和定量化的风险增长计算方法，按照"事件发生的可能性"以及"发生之后造成影响的严重程度"，并按照"低""中""高"三个水平进行评价。

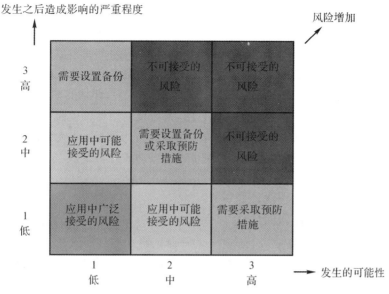

图 11-2　风险发生的可能性与影响严重程度

表 11-6　事件发生的可能性和严重性评估

	事件发生的可能性	发生之后造成影响的严重程度
低	项目周期内发生的可能性<1%	对整个设备的性能产生很小的影响
中	项目周期内发生的可能性介于 1%～10%	整个设备的性能会产生明显的退化
高	项目周期内发生的可能性大于 10%	对整个设备会产生特别重大或灾难性的影响

11.4.3　评估

1. 结构分析

利用结构分析技术进行商用器件的结构特性评估。结构分析作为一种判别商用器件设计、结构和工艺合理性的重要方法和手段,其目标为查明设计和结构工艺、所用材料、固有可靠性状况、工艺质量、潜在危险等,能够在全面的地面、飞行验证试验工作开展前,及早发现商用器件在设计、结构方面的可靠性隐患,进而有效降低整个商用器件的保证费用,并指导型号用户进行相应的选用更改,防止具有明显或潜在缺陷的商用器件装机使用。结构分析重点针对的方面见表 11-7。

表 11-7　结构分析重点针对的方面

结构分析重点针对的方面	具体内容
封装	外观,尺寸,重量,封装技术
焊接	可焊性,引线材料,引脚牢固性
材料	释气,热膨胀系数,化学特性,耐潮湿特性
芯片	钝化层,键合系统,内部介质系统,金属化系统
内部元器件	宇航可用性分析,如所用电容器等

2. 工艺评估

对拟选用的商用器件进行工艺评估,确定宇航应用的风险是否可以接受,并确定后续试验的应力条件。在规定的工作状态下,采用适当加速的应力激发其主要失效模式,进行针对批次的抽样摸底试验。一般采用极限评估试验或高加速应力试验,评估其热特性和机械特性。试验特点是与任务剖面相结合。热特性评估的目的,是考核商用器件的批次热环境适应性,并确定批次的参数分布和温度范围,如采用步进的温度循环应力试验;机械特性评估的目的,是确定商用器件的批次力学环境适应性,通常采用步进的振动或冲击试验。

11.4.4 筛选

筛选试验是结合任务剖面,对商用器件进行的一种补充试验,是保证商用器件应用可靠性的措施之一。装机前,商用器件应进行 100% 的筛选试验。

筛选试验可以剔除有缺陷或可能发生早期失效的器件,以确保筛选后商用器件的失效率在浴盆曲线的正常工作区间。适当筛选可识别存在薄弱环节的商用器件,同时可对成熟度不高的器件进行验证和分析。筛选试验施加的应力,一般应为或者接近其工作极限值。筛选试验方法是否适当,对验证商用器件能否用于高可靠领域有重大影响。

商用器件通常具有不同类型的封装,范围从陶瓷、金属、玻璃到塑封组件,可能具有不同引脚形式及管脚排列,不同类型的内部键合、芯片黏结方式以及不同的外部金属涂层。了解器件结构对可靠性的影响非常重要,因为这可能与预期应用有关。了解不同器件的制造工艺、过程,可有助于选择合适的筛选项目;另外,了解筛选对制造缺陷所产生的效果也至关重要。筛选试验一般包括:X 射线检查、C 模式扫描声学显微分析(C - SAM,C - mode Scanning Acoustic Microscopy)、密封性检查、PIND、温度循环、老炼、测试(常温和最高、最低工作温度)等试验。老炼试验使器件处于静态或动态工作状态,以温度应力和电应力的综合作用加速发现缺陷,剔除早期失效器件,对表面沟道漏电、氧化、扩散、光刻缺陷和金属化缺陷均有较好的加速和暴露作用,是筛选的重要环节,应根据可靠性评估试验结果确定老炼试验的条件;老炼试验后敏感参数变化量控制,是保证商用器件批次一致性的重要手段。C - SAM 试验作为针对塑封结构商用器件的筛选项目,一般针对塑封结构包封区域内部的孔洞、裂纹和分层缺陷,进行五个界面的检查:芯片与塑封材料界面、基板边缘与塑封材料界面(顶视图)、引线架与塑封材料界面(顶视图和后视图)、基板与塑封材料界面(后视图)、芯片与基板黏结界面;一般认为如果 C - SAM 失效超过 10%,应附加对该批或替代批进行热-机械评估。

针对具体的商用器件品种,应综合考虑应用需求、器件结构特点,科学的设计筛选试验的项目和条件,制定针对性筛选试验方案。在进行筛选试验时,应特别关注以下问题。

(1)筛选项目以及应力的有效性和合理性;

(2)测试过程的数据统计分析;

(3)老炼试验后电参数一致性的控制;

(4)针对实际使用状态的参数或功能测试。

不恰当的筛选试验可能带来负面影响。经验数据表明:不适当的处理和测试可能引入新的缺陷。因此,在筛选、鉴定、储存、处理和测试过程中,应小心处置、规范操作。

11.4.5　鉴定

1. 鉴定要求

鉴定是对商用器件的温度、湿度、力学环境等工作和储存环境应力进行独立或者综合性的试验。通过加速可能引起器件耗损失效的退化过程，以评估商用器件的长期可靠性。

制定鉴定试验方案前，应分析生产厂对商用器件的鉴定要求。通常，分析工作比较难于实施，因为生产厂较少能够提供关于商用器件筛选、鉴定的相关信息；但是，也有部分规模较大的生产厂，可能会发布一些鉴定试验的通用要求，但这些试验可能仅针对某些抽样品种进行，也可能实际并未进行，需要具体情况具体分析。

高可靠应用中塑封结构的主要可靠性问题：①封装中的机械应力（封装级耗损）引起的机械失效；②由于模塑料或芯片表面吸潮和沾污引起的沾污失效；③芯片的退化过程（芯片级耗损）引起的耗损失效。采取的主要试验：①再流焊（耐焊接温度）模拟、潮湿敏感度、扩展温度的循环试验，鉴定塑封结构对扩展的应用温度范围的适应性；②高加速应力试验 HAST 或温度湿度偏置（THB, Temperature Humidity Bias）试验，鉴定塑封结构抗潮气的能力；③在高温和最大工作电压下进行 HTOL 试验，加速芯片相关的退化过程，鉴定其是否满足要求。

一般情况下，鉴定试验应考虑的方面见表 11 - 8。分析生产厂可能已经进行的可靠性试验数据，结合商用器件结构特性，综合考虑应用需求、器件特点，制定针对性鉴定试验方案。

表 11 - 8　商用器件鉴定试验应考虑的方面

序　号	针对的方面	可采取的试验项目
1	结构	结构分析 DPA 材料特性分析
2	封装	温度循环 高加速应力试验 可装联能力与装联可靠性验证试验
3	工作可靠性	高温寿命试验 低温寿命试验
4	抗辐射能力	抗辐射能力评估试验
5	其他	针对特定失效机理的针对性评估试验

2. DPA

DPA 的目的，是确定器件是否存在设计、材料、工艺方面的缺陷。DPA 的试验项目和抽样数是两个关键的因素。商用器件批号相同时，其内部芯片的批次不一定相同；批次相同的器件，采用的芯片可能来自不同的晶圆批，甚至不同的生产线。为了考核试验对器件可靠性的影响，可考虑进行两次 DPA：第一次在筛选试验前进行，如器件存在设计、材料、工艺方面的缺陷，能够尽早发现，第二次在筛选试验后进行，比较筛选试验前、试验后 DPA 的结果，进行可靠性分析，进一步减少使用商用器件的风险。

DPA 试验时，应进行芯片版图分析和比对。对于商用器件，标识为同一规格型号、同一日期编码的器件,芯片版图可能不一致,显然是来自不同晶圆批,甚至可能来自不同生产厂;更有甚者,可能是假货。对不同批次的芯片版图进行对比,能够发现可疑问题,并给可靠性保证提供指导和建议。

3. 抗辐射能力评估

与抗辐射加固器件不同,大多数商用器件对辐射敏感,因此选用时应考虑抗辐射能力不满足要求所带来的风险。抗辐射能力评估是为了获得商用器件的抗辐射能力数据,评估是否满足在轨辐射环境下正常工作的要求,应根据应用要求对器件进行辐射效应评估,包括电离总剂量效应、位移效应和单粒子效应评估。一般原则为,如果已有相关辐射试验数据,可对数据进行分析、评估,确定数据是否可用;若没有可参考的辐射数据,则须进行辐射敏感性分析,或进行抗辐射能力评估试验。另外,应综合考虑商用器件的应用风险等级、应用工况、应用加固措施等因素,研究基于应用的抗辐射能力评估方法,针对实际应用进行评估,并有效地降低试验成本和缩短试验周期。

11.4.6　应用控制

用于宇航型号集成电路的可靠性决定于集成电路的固有可靠性和应用可靠性,前者主要由集成电路的生产单位在设计、工艺、原材料的选用等过程的控制所决定;后者则主要由集成电路的使用单位在集成电路选择、采购和使用等过程的控制所决定。元器件失效分析的统计数据表明,由于固有缺陷导致元器件失效(本质失效)与选用不当导致元器件失效(误用失效)的比例几乎各占 50%。因此,为保证宇航型号集成电路的可靠性,在保证集成电路固有可靠性的同时,必须提高集成电路的应用可靠性。应用控制是确保应用可靠性的重要手段,也是商用器件保证的重要环节。应用控制主要包括应用设计、降额、问题处理、假货识别、控制过时淘汰和识别危险材料等方面。

1. 应用设计

应合理使用商用器件,确保其应用可靠性,防止使用过程自然和环境导致的应力,防止失效传递导致的应力。应用设计主要包括以下几方面的内容。

(1)设计师应充分了解器件的特性和使用要求,熟悉器件使用指南、产品说明书等资料。

(2)对新设备研制,设计师应从方案阶段开始,采取冗余设计、元器件降额、热设计、容差设计、最坏情况分析等可靠性设计技术,提高器件应用可靠性。

(3)对关键元器件应尽可能选择高质量等级的元器件,如选购不到,应采用冗余设计。

(4)对器件应进行实际应力分析,参照相关的降额要求进行降额,应保证其性能参数及允许的使用环境,在任何情况下不得超过其极限值或最大额定值。降额等级应满足型号产品可靠性大纲要求。降额的具体方法参见下节内容。

(5)在电路设计中应对功率器件进行热设计。

(6)根据线路的关键程度和应用环境,设计师系统在线路设计时应考虑容差设计,使器件参数在较大范围内变化时,器件性能仍能满足要求。

(7)对设备中的关键元器件,应通过测试进行最坏情况分析,确定合适的设计余量,保证器件在电应力或力学应力的最坏工作条件下,性能符合要求。

(8)针对电气连接、热接口和振动环境,应适当控制装联和使用过程的应力。

(9)对于振动敏感的器件,应对安装板的振动量级进行分析评估,避免振动量级过大或共振导致器件失效。

（10）针对辐射敏感器件，应根据型号要求和器件本身的抗辐射能力，采取适当的辐射效应防护设计。

2.降额

即使是宇航级器件，也可能由于非合理的应用导致其失效，这些应力可能是由于 PCB 产生的无法预料的振动和热环境应力引起的。

降额使用，可以提高器件的应用可靠性。根据降额的不同目的，可对降额方法进行适当调整。如果以可靠性为降额目标，相对于生产厂手册规定的条件，以及典型的应用情况，可通过较大幅度降低应用工作条件的降额手段，达到可靠性降额的目标。如果以确保功能性能为目标，与可靠性不关联时，与最大的应用条件相比，在生产厂手册规定的基础上，可选择较小裕度的降额，裕度应基于用户需求和应用关键程度确定。降额包括可靠性降额和功能降额。

可靠性降额。工作条件，如温度、功率、电压、输出负载条件等，对可靠性降额的效果均有影响；主要由高电流密度连接、栅氧区长度或与芯片相关的失效机制引起；同时，也存在与温度相关的封装失效机理，如金铝键合引起的失效；根据 JEDEC 发布的 JEP 149，失效率与温度的关系如图 11-3 所示。降额使用规则应依据最差工况制定。器件在最差工况工作，是其实际寿命达不到额定寿命的重要原因。最差工况，指器件工作时承受最大应力的状况，一般由外部环境参数，如温度、电压、开关次数、负载等条件中的一种或多种组合而成。这些应力的边界条件，一般在生产厂手册中给出。良好的应用设计，应根据最差工况时，在分析器件设计风险的基础上，对应用设计的可靠性进行评估；风险评估同时可以确定失效原因、潜在的风险、失效的概率、后果的严重性等。风险评估，须建立加速试验模型；模型的准确性，将严重影响风险评估的结果，因此精确保证模型的准确性，是非常重要的。

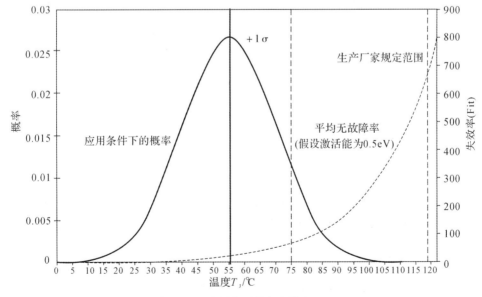

图 11-3　应用热环境与失效率(Fit)

功能降额。对于先进的商用器件，最直接的降额为速度，而不是典型功能；此时，可依据生产厂的规定对所用功能进行限制，而不依赖于应用条件降额。选用新技术商用器件，确定降额条件时,用户应关注多方面的数据,包括鉴定试验、使用过程的技术状态分析。这些试验和分析,体现了器件的健壮性水平,以及与预期应用条件相比的裕度水平,可用作确定降额条件的技术支撑。器件实际运行的功能范围,多数情况下,涉及的功能范围相对较窄,只在很少情况下运行较大范围的功能,通常发生在如局部制冷系统崩溃或非常态气候等情况;这些最大条件时的应用,可能对可靠性的影响不大;此时,器件的功能可依赖于可靠性独立评估。主要差异是,生产厂最大条件下的裕度,可能比仅为可靠性降额的裕度小。通常,高温时集成器件的速度降低,使用较慢速度进行系统设计,增加了系统设计和分析的裕度。假定生产厂给出的结温为120℃,应考虑不确定因素,以及应用要求,给出低于120℃时的裕度,如图11-4所示,根据JEDEC发布的JEP149,假定99.87%的使用时间低于3σ点。如果使用的工作条件明确已知,统计分析可以确定最接近于生产厂手册规定的强度;如果型号应用为非关键部位,裕度可以设置得更为接近,否则,应设置较大的裕度。

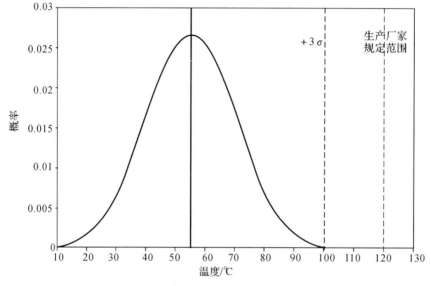

图 11-4 应用热环境降额

3.问题处理

商用器件如果在保证和应用等过程中出现失效,应按规定进行失效分析。文献表明,对于商用器件,由于工艺降低了缺陷密度,减少了硬失效概率;设计余量的减小,提高了软失效的概率;软失效对电压敏感,如单元写入错误,单元读出时存储数据变化,数据保持失效。随着器件规模的增大,失效现象更加复杂,失效分析时需对器件进行深层次、系统化、专业化的故障模式研究。另外,由于商用器件的封装批次与芯片批次一般没有必然联系,追溯质量问题时,需根据实际情况确定涉及的器件范围。

应制定使用器件问题处理计划并使其公开化。例如,商用器件出现批次性问题时的补救策略,商用器件来源的识别方法,来源相同、相同批次商用器件应用场合的识别方法;如商用器件不具备可追溯性,当存在缺陷的器件被安装到电子产品上时,应采取的处理方法等。

任何商用器件保证程序,均应建立在能够获得充足信息的基础上,以识别商用器件的来源以及所应用的场合。如果发现劣质商用器件,不具备可追溯性,则不可能替换所有具有同样失效机理的器件。美国军用元器件采用政府-工业数据交换项目(GIDEP)警报系统,警告可疑商用器件的其他使用者。在商业领域,没有统一标准规定如何对器件进行批次标识。由于商用器件通常没有批次识别代码,不同产地或实际上采用不同技术的器件不易区分。因此,难以实施双向可追溯性分析。应该建立可追溯性机制,识别商用器件的来源和应用的位置;问题出现时,这种双向可追溯性能识别商用器件的替换范围。

4.假货识别

商用器件对可追溯性的要求,相对于高等级器件要低很多,甚至在从生产厂到供应商的交付过程中,一般不需要提供正式的可证明其履历的文件,存在假货的风险相对较高。通常来说,处理器和存储器类商用器件,由于其价格较高,功能和结构也相对单一,成为造假者最为关注的对象。假货在质量和可靠性方面存在较大隐患,需要严加防范。典型的假货来源见表11-9。典型的造假手段见表11-10。

表 11-9　可能用于制造假货的器件

类　型	来　源	可能存在的问题
多余存货	器件代工生产厂、外包生产厂	操作、包装、存储带来损伤; 长时间存放引起的损伤; 不可追溯
废弃的器件	生产厂、试验室或外包生产厂的不合格品	错误键合; 不合格芯片; 芯片污染; 器件引出端损伤
回收的器件	重复利用	有损伤的引出端或封装体; 回收过程带来的内部损伤; 不明确的来源

表 11-10　制造假货的手段和典型问题

造假手段	典型缺陷或问题
重新打标	标识不规范; 打磨后重新打标; 表面涂覆后重新打标; 被填充的或不清洁的塑封器件模腔; 外观标识与芯片标识不一致; 静电损伤
重新封装	外观标识与芯片标识不一致; 工艺问题,如键合丝缺失; 结构缺陷,如潮湿引起的内部分层; 封装材料不良

续　表

造假手段	典型缺陷或问题
翻新	引出线桥连或不适当的引出线位置； 结构缺陷，如潮湿引起的内部分层； 蘸焊料、重新植球、引线修复引起的封装开裂； 引线成分与标准元器件不一致
不合格品	有生产厂或实验室的不合格标记； 使用中出现大量早期失效现象

因此，在型号单机产品设计、元器件选用阶段，就应考虑避免器件假货问题，控制供货渠道，综合预防手段、识别手段、处置手段，针对商用器件的特点，系统建立避免假货的控制体系。

5. 控制过时淘汰

为了满足市场需求和竞争的需要，商用器件的更新换代周期较短。商用器件以市场为导向，其设计或构造可能会随工艺不断改善而频繁变化，随时可能被淘汰，器件的持续可获得性存在风险。通常情况下，改变的原因来自于用户需求。商用器件的直接用户为商业领域；作为非直接用户，宇航型号难以了解生产工艺变化的相关情况，除非生产厂公开发布有关变化的通告。另一方面，对于军用器件，较大的设计或工艺变化需要获得鉴定机构批准；器件状态发生重要变化时，鉴定机构会咨询宇航用户的意见；对于更改后的重新鉴定和验证，宇航用户向鉴定机构提供推荐的规范，包括验证试验、程序控制要求和最后批准的准则。军用器件演化速度慢，给宇航用户提供了较为充裕的时间对变化进行评估，以降低非预期风险的影响。商用器件结构和工艺的变化，对作为初始用户的商业领域，可能没有负面影响；对于宇航用户可能会有较大影响，如抗辐射能力可能会大幅度降低或电参数可能以非预期的方式改变，此类器件在原线路中可能不能正常运行。商用器件被淘汰，且被更新的器件类型替代，导致型号应用线路设计更改，涉及电路板和系统级。这些变化对整体系统产生了不仅在性能方面，而且在单机产品可制造方面的影响。对这些商用器件，保证程序应最大限度降低因器件淘汰而影响关键单机系统的可能性。

对于不同任务使用的商用器件，采购工作应进行统筹规划，尽量选择同一批次或者批次较近，产地相同的商用器件。对不同批次的器件，应分别进行评价和保证，并进行对比。

6. 识别危险材料

应建立危险材料识别机制，确保采用危险材料的商用器件，不直接用于宇航型号。

例如，锡须是从纯锡镀层表面自发生长出来的一种细长状的锡结晶，会导致严重故障。多数商用器件的引脚采用纯锡结构，存在生长锡须的可能性。锡须会引起短路，引发故障发生；另一方面，在高温条件下，纯锡镀层易被氧化，导致出现可焊性问题，影响单机产品电装质量。可靠性保证项目中的可焊性试验，是考核引脚镀层状态的针对性方法；另外，在使用前对镀层处理，增加铅等元素，也是避免因纯锡出现故障的有效方法。

硅树脂或尼龙之类的材料，宇航应用中可以用来除气，但不能用于载人宇航型号。

11.5　相　关　技　术

11.5.1　高加速应力试验技术

　　传统的环境试验和可靠性试验,均是基本模拟试验的范畴,试验应力尽量模拟真实环境,其环境应力与器件未来使用中遇到的应力相当,至多其技术条件根据实际环境应力适当提高,以确保器件耐环境能力有一个合适的余量。虽然如此,许多顺利通过设计阶段鉴定试验和生产阶段验收试验的器件,仍然存在残留的潜在缺陷。另一方面,随着器件可靠性要求的不断提高,可靠性试验所需要的时间越来越长。时间加长不仅会延长研制周期而且使成本增加,最终使器件价格高,竞争力下降。高加速寿命试验(HALT,Highly Accelerated Life Test)与高加速应力筛选(HASS,Highly Accelerated Stress Screen)试验,是在克服环境模拟试验周期长、试验效率低、试验耗费大等缺点的基础上发展起来的一种可靠性试验技术。

　　HALT 和 HASS 是利用高机械应力和高温变率实现应力的高加速。HALT 用于寻找产品设计和制造中存在的薄弱环节,而 HASS 用于发现生产过程中的缺陷并加以改进。在许多类型的应力引起的故障失效中,加速因子并不是随应力成等比例增加,大部分情况下是成指数级增加的,即提高应力能加速器件失效,器件最基本的失效模式是由温度、温度循环和振动等应力所引起的机械疲劳损伤。筛选应力越高,器件的疲劳和破坏就越快,但是有缺陷的高应力部位累积疲劳损伤应力比低应力部位要快得多,这样就有可能使产品内有缺陷元器件与无缺陷元器件在相同的应力下拉开疲劳寿命的档次,使缺陷迅速暴露的同时,无缺陷部位损伤很小。HALT 和 HASS 试验的最大特点是时间上的压缩,即在短短的几天内模拟一个产品的整个寿命期间可能遇到的情况,具备高速、高效性特点。

　　HALT 的 4 个主要试验项目是温度应力、高速温度循环、随机振动、温度和振动综合应力,采用步进应力方法的 HALT 与传统试验有所不同,其目的是激发故障,即把产品的潜在缺陷激发成可观察的故障,在远大于技术条件规定的极限应力下快速地进行试验,找出工作极限甚至损坏极限。HALT 采用步进应力剖面,实际上就是步进应力试验的增强形式,在 HALT 开始时,必须设计一个非常有效、合理的试验剖面;试验剖面包括产品将暴露的环境应力类型、各应力的量级、步长及停留时间等;在 HALT 过程,故障根本原因分析和改进措施是核心内容。因此,在 HALT 过程中,不能放过任何一个被激发出的故障。通过 HASS 可以快速剔除早期潜在的缺陷,保证器件应用可靠性。极限应力试验是 HAST 的一种,规定了确定或评价器件最大能力的方法,这些能力包括绝对最大额定值(从中可推出安全设计极限值)、在不引起退化的前提下筛选或试验时可以施加的最大应力、对不引起退化的特殊筛选或试验的敏感性以及与之有关的失效模式和机理。

　　HASS 是产品通过 HALT 试验得出的操作或破坏极限值后,在生产线上进行高加速应力筛选。应用于产品的生产阶段,其目的在于确保所有在 HALT 中找到的改进措施都能得以实施,并确保不会由于生产工艺和元器件状态的改变而引入新的缺陷。HASS 试验包括 3 个主要过程,即 HASS 试验的剖面设计、剖面验证和剖面使用。HASS 试验的剖面设计是产品通过 HALT 试验得出操作或破坏极限值后进行试验剖面的确定,HALT 也是 HASS 试验的基础数据。为确保 HASS 试验能够达到预期的效果,一般准备几个试验品,并在每个试验品上制作一些未依据标准工艺制造或组装的缺陷,应用所确定的 HASS 试验条件对试验品进行试验。经过剖面验证的 HASS 试验能够有效地对器件在生产制造过程中进行连续测试与筛选,从而保证器件的质量与可靠性。

HAST 或 THB 试验用于鉴定塑封结构器件抗潮气的能力;塑封器件封装缺乏气密性保证,随着时间推移潮气会进入塑封器件,经过足够的时间,在温度、湿度的共同作用下,芯片、引线键合区、引线架和包封很容易受到潮气侵蚀而损坏。温度和湿度是加速这种机理的关键因素,因此采取温度、湿度综合应力,开展鉴定试验。该试验使用压力、温度、湿度和偏置的严酷条件,使潮气加速穿透塑封材料或沿包封体和金属引脚结合处进入。HAST 试验后应进行声学扫描检查。

11.5.2 基于板级试验的鉴定技术

当器件级的鉴定不能全方面进行或器件级试验手段难以实施时,采用基于板级的鉴定方法,同时结合器件级的筛选、DPA 和评估试验结果,可以起到降低商用器件应用风险的作用。鉴定方法除了器件级和板级鉴定试验之外,还应包括其他不同的方面,如特殊的设计评估、生产厂信息分析以及应用历史情况分析等。为了克服板级系统所带来的温度方面的限制,可针对需要评估的商用器件进行可检测的局部加热技术,在试验期间进行温度检测。局部加热技术可以作为评估器件热特性的补充方法,也可以设计能够经受高温度的板级系统。

1. 商用器件鉴定实施的难点

综观国内外商用器件的鉴定方法,均包括针对封装和工作可靠性评价、按照任务要求进行辐射效应评估等方面内容。鉴定实施的关键,是对器件进行全面的测试,并在最大电应力或功率应力情况下,进行老炼试验和寿命试验。对于功能复杂的器件,如计算机处理芯片、数据处理单元、FPGA、高速高精度模数转换器、数模转换器等,实施过程尤为复杂,通常需要在自动测试设备上开发测试程序、购买特殊封装需要的夹具、开发专门的老炼系统和软件等。

随着商用器件功能的日益复杂和封装的多样化,测试和老炼试验的实施越来越困难。有些情况下,商用器件特殊的封装不允许完成规定时间的器件级老炼试验,如 Xilinx 生产的 FPGA XQVR1000‐4BG560R,封装形式为球栅阵列(BGA),是生产厂塑封器件较高的质量等级,按照生产厂规定的生产流程,此等级的塑封器件需要进行 240h 的高温老炼试验;由于其封装的特殊性,生产厂规定 BGA 封装的塑封器件,只进行 48h 老炼试验。NASA 有文献报道,对 Xilinx 生产的 BGA 封装的生产厂宇航级塑封器件,建议用户补充进行板级老炼试验和寿命试验。

在设计行之有效、可以降低使用风险的板级鉴定方法之前,几个不同的观念需要考虑。

(1)一般认为商用器件存在缺陷时,发现的阶段越早,损失越小。但实际情况是,当器件结构非常复杂时,筛选的费用非常昂贵,筛选阶段发现缺陷需要的费用比板级要高。

(2)对于复杂器件,需要大量的测试向量实现具有一定故障覆盖率的测试,只有生产厂或者具备测试系统的实验室能够完成;复杂器件测试花费的时间长,测试一只器件可能需要几个小时的时间,而且不能排除错过具有缺陷器件的可能。采用特定的测试方法,如 IDDQ 测试,可在一定程度上提高测试覆盖率,但实施同样具有很大的困难。

(3)研究表明,附加的筛选并不能提高器件的质量和可靠性水平,而且,运输、静电还可能引入其他缺陷。在这种情况下,开发一种致力于全面评估塑封器件、降低使用风险的板级鉴定方法是可行的。

通常情况下,板级试验的目的是评估印刷电路板(PCB)组装的质量和可靠性。有文献报道,装配过程引入的缺陷可能会超过 0.1%,对 PCB 焊点以及 PCB 之间连接性的检查不列入本节讨论的范畴。

2.商用器件宇航应用的板级鉴定方法

当选不到高质量等级器件,必须选用商用器件时,设计师应进行充分的风险分析。对无法实施器件级鉴定的商用器件,可采用基于板级试验的鉴定方法,同时结合器件级筛选试验、DPA 和评估试验;为了弥补筛选应力的不足,应附加其他方面的保证方法,如特殊的设计评估、器件使用历史数据评估等。这些试验和分析结果、器件应用历史等多方面综合信息的合理使用,可以降低因未进行最大应力筛选所带来的风险。

没有一个板级试验系统能够适用于所有的商用器件。应根据特定的应用背景,进行器件板级试验系统的设计。在器件装到 PCB 之前,尽可能进行器件级试验。

基于板级试验的评估和鉴定方法可参考表 11-11,应根据型号任务具体要求确定具体项目。

表 11-11　基于板级试验的评估和鉴定方法

鉴定试验实施方式	评估和鉴定项目	要　求	结　论
器件级	DPA	C-SAM,剖面,芯片质量检查,扫描电子显微镜检查,引线键合,芯片黏结	
	器件级筛选	外观检查,温度循环,C-SAM,X 射线检查	
	器件级评估	焊接条件模拟(加速封装、引线键合、表面钝化的缺陷);潮湿环境(金属化腐蚀);热-机械性能评估(温度循环),C-SAM	
板级	板级筛选	最高工作温度下的老炼试验。进行三温测试,记录关键参数的测试数据,并计算老炼后电参数变化量,分析是否满足要求	总结各项试验、评估数据,给出风险评估结论
	板级寿命试验	在最高工作温度下的寿命试验,进行功能验证,记录关键参数的测试数据,并计算寿命试验后电参数变化量,分析是否满足要求	
	板级环境应力试验	温度循环,功率循环	
	板级抗辐射能力评估	抗电离总剂量能力评估;抗位移总剂量能力评估(光电器件);抗单粒子事件能力评估	
附加评估	生产厂信息分析,使用经历分析,辐射效应数据分析		

3.板级老炼及寿命试验

(1)板级试验系统。为了有效实施商用器件的板级老炼及寿命试验,板级试验系统的设计,应最大可能满足以下几方面的要求。

1)系统应专为板级筛选试验或板级寿命试验设计。边界扫描测试是可测性设计技术的一个例子,可以通过扫描链实现板上器件的存取和控制。

2)能够承受试验过程的试验应力,安全可靠。

3)能够实现板级系统的自动控制,如通过计算机系统进行控制。

4)采用插座设计,以便方便实现器件的更换。

5)条件允许时,板极系统应能够进行破坏性的环境应力试验。

6)如果板级可测性设计难以实现时,应设计特殊的板级系统,能够实现板上器件的测试。

7)利用板级试验,可以对拟选用的商用器件进行筛选。板级试验系统应在可控的生产线上生产,以避免因生产工艺不过关而引入的缺陷。

如果可能,板级试验系统以及相应的软件可以从器件生产厂购买。

(2)板级老炼试验。一般情况下,板级筛选试验要求如下:

1)板级老炼试验的时间,应满足型号对器件的可靠性要求;

2)板级老炼试验过程,应尽可能实施对器件的功能检测,能够及时发现器件工作不正常的情况;

3)板级老炼试验过程,应对器件的电参数进行检测并记录,至少包括器件工作状态时的电源电流检测;

4)老炼试验后电参数的变化,预示了长期工作的可靠性;应对老炼试验后电参数的变化进行控制;

5)应规定老炼试验允许的不合格品率,老炼试验后参数超差、参数变化超差以及功能失效的剔除器件数计入老炼试验不合格品率。

(3)板级寿命试验。一般情况下,寿命试验要求如下:

1)寿命试验的应力,不应超过器件手册所规定的极限条件;

2)寿命试验的时间,应满足型号对器件的可靠性要求;

3)寿命试验过程,应尽可能实施对器件的功能检测,能够及时发现器件工作不正常的情况;

4)寿命试验过程,应对器件的电参数进行检测,至少包括器件工作状态电源电流的检测;

5)寿命试验后电参数的变化,预示了长期工作的可靠性;应对寿命试验后电参数的变化进行控制;

6)寿命试验过程中,应定期记录器件的状态;

7)应规定寿命试验可接受的失效数。

4.板级试验系统的局部加热技术

采用板级老炼及寿命试验,缺点之一是工作温度范围窄,最高的工作温度可能在50℃左右,一般低于商用器件最高的工作温度,因此不能实现通过高温加速应力的方法进行筛选。

板级温度循环的温度范围通常为$-30\sim+70℃$,一般比商用器件可以承受的温度循环范围窄,这也限制了对塑封结构商用器件的热特性进行评估。

当仅对板上的一个或少量器件的鉴定感兴趣时,这些温度方面的限制,可以通过局部加热技术去除。对器件进行局部加热,其他器件在正常温度下工作。可采用金属加热器,对器件进行加热,通过控制加热器,可以使器件工作在其最高的工作温度下。

局部加热技术的优点之一,是在不考虑板级系统焊接等其他因素的情况下,对器件的热特性进行评估;并在温度循环的过程中,检测器件特性的变化。这使得温度循环过程,间断接触所揭示的缺陷,可以被实时的观察到。

快速的热冷变化,或者冷热变化,对于展示内部键合缺陷,是非常有效的,尤其是对于不良键合,其效果好于慢速的温度循环过程,或者老炼的作用。

例如,如果温度循环范围为 $-40\sim+125℃$,转换速度为 $5℃/min$,400 次温度循环可以暴露几乎所有的表面缺陷;将转换速度提高为 $10℃/min$,55 次的效果等效于 400 次的效果;而转换速度提高为 $15℃/min$ 时,仅需 17 次循环。由此可见,每个温度的停留时间对于暴露器件缺陷的贡献不大。

5. 板级试验的局限性

板级和系统级筛选试验,不会重复或取代器件级筛选。相反,可作为较小应力环境下的功能和性能验证,通常受最低温度组件和可用供给电压的限制。此外,商用器件可能存在板级试验难以发现的重大缺陷。许多参数在板级测试时未发现问题,但有可能会发生早期失效,此类存在潜在缺陷的器件,在接近极限值的应力条件下,可通过器件级筛选识别;板级和系统级筛选不会替代器件级筛选。板级和系统级试验,一定程度上,相当于较高等级器件所需要的测试,与器件级所要求的试验相比,识别早期失效的敏感性较差。此外,板级和系统级试验,并不能给出器件的安全工作区域,不能对器件的参数性能、设计极限的稳定性进行测试。通过施加电压、电流、温度等方面的应力,器件级试验能够识别商用器件的薄弱环节,而电路板级和系统级试验的价值在于验证器件整体功能的正确性,并识别组装过程诱发的缺陷或故障;对于由于系统设计缺陷或者器件本身缺陷,导致设计裕度接近为零的情况,板级和系统级试验可能会发挥重要作用。

板级试验一般在不具备器件级测试和老炼工程实施能力的情况下进行,主要发生于器件级试验条件难以满足和进度紧急的情况:

1)测试开发成本高,周期长;同一型号单机用多个品种集中到货时,工程实施困难,周期和成本不被用户接受。

2)部分新型商用器件功能复杂、频率高,宇航型号一般要求在应用工作频率下进行高覆盖性的动态老炼,器件级老炼需要多组高频信号传输,难度大,老炼系统性能难以满足。

在这种情况下,可考虑专门设计单板,甚至正样电装后的单板、单机或者整机进行测试、老炼试验,试验条件应能够覆盖型号验收级和鉴定级的试验要求。但是,板级试验仍存在以下弊端:①测试基本只能判断功能是否正常,无法对其他特征、性能指标进行测试;②应用时商用器件均进行了降额设计,老炼试验应力不足,不能有效暴露缺陷和剔除早期失效产品;③这种方式下其他正样元器件进行陪试,成本和质量风险高,如果发现问题,整块正样板可能面临报废,成本极高;④难以实现批量保证,无法计算批次不合格品率,有批次性质量隐患。而对于低成本宇航型号,板级试验是降低商用器件保证成本的一项方案。

11.5.3　假货识别技术

从产品的设计、元器件选用阶段就应考虑避免假货的问题,把控供货渠道,综合预防手段、识别手段、处置手段,针对商用器件的特点,系统建立避免假货的体系,才能够减小风险,有效防止日益猖獗的元器件假货危害型号任务可靠性和安全性,图 11-5 所示为推荐的减小假货风险的流程,主要从五方面避免假货装机的风险。

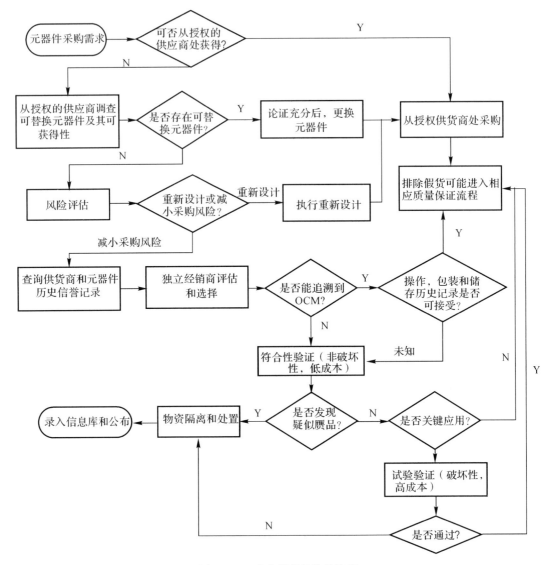

图 11 - 5　减小假货风险的流程

1.设计阶段

商用器件假货出现的直接原因是拟选用的器件难以获得,尤其是不能从原始元器件生产厂(OCM,Original Component Manufacturer)或其授权经销商处购买。从系统设计方面避免商用器件假货的思路,是主动管理产品/系统寿命周期和器件寿命周期,保证选用、采购、使用、处置等整个过程受控。当器件难以获得,如停产时,要求进行产品升级设计。

2.供应商核查阶段

多链条的供货渠道也是商用器件假货出现的主要原因。因此,采购前用户需要了解供应商,要求供应商对假货具备一定的识别能力,并审查其假货避免计划。另外,可以联系 OCM,获得供应商的相关资质证明。

3.采购阶段

在商用器件采购过程中,一般应直接从 OCM 或其授权经销商处购买;若不能实现,要求供货商提供可追溯到 OCM 的证明。另外,须证实生产厂具有销毁废元器件的保证措施,保证过期或废弃的器件不会流入供货渠道。购买时应考虑留有合适的库存,尽量避免急需采购的情况。

4.检查、试验和评价阶段

在到货后检验和试验过程中,需要注意以下几点以提高识别出商用器件假货的概率。

(1)由于资料文件的易仿造和复制的性质,资料审查不能代替试验和外观检查;

(2)为辨别商用器件假货,升级检验培训和程序;

(3)关注标识:拼写错误、遗漏(缺少采购订单号,缺少批次),标识的批日期代码与器件是否相符,不一致的格式等;

(4)收集、建立和维护封装和芯片谱系照片,以辅助辨别假货;

(5)针对可疑渠道商用器件,进行电参数测试等试验。

5.处置阶段

对于疑似或者确认假货的有效处理,可避免假货器件再次流入供货链条,在一定范围内信息共享是有效的措施。

识别假货最直观的方法就是外观检查,但是外观检查有一定的局限性。常见的假货类型和检验手段的对应关系见表 11-12,分为能发现、很可能发现、可能发现、不能发现 4 个类别,存在"可能发现"的中间状态。造假现象具有不可预知性和不确定性,实际工作中应结合多种检验手段,综合背景信息和试验信息进行判断。

表 11-12　常见假货类型和检验手段对应关系

假货类型		识别手段							
		外观检查和尺寸检查	成分分析	标识牢固度	内部目检	基本 DC 测试	常温功能测试	全温度全参数测试	寿命/鉴定试验
无功能器件	无芯片	√-2	×	√-2	√	√	√	√	√
	错误芯片重新标识	√-2	×	√-2	√-1	√	√	√	√
	电路板拔下的器件	√-2	×	×	×	√-2	√-1	√	√
有功能器件	失效的真实器件	×	×	×	×	√-2	√-1	√	√
	假的速度标识	√-2	×	√-2	×	×	√-2	√	√
	假的详细规范标识	√-2	×	√-2	×	×	√-2	√	√
	假的使用温度范围	√-2	×	√-2	×	×	×	√	√
	无铅重新打标	√-2	√	√-2	×	×	×	×	×
	档次低器件	√-2	×	√-2	√-2	√-2	√-2	√-1	√

√—能发现;√-1—很可能发现;√-2—可能发现;×—不能发现

11.6 典型案例:NAND FLASH 存储器筛选和鉴定

11.6.1 背景

几乎所有的宇航任务对非易失性存储器(NVM,Non-Volatile Memory)均有需求,NVM的类型包括 PROM,EEPROM,NOR FLASH 存储器和 NAND FLASH 存储器等。PROM,NOR FLASH 存储器和 EEPROM 适合于存储较小容量的数据。这些器件具备优良的数据保持特性,可以数年可靠的存储数据,断电时数据不会丢失,多次被读取而不损坏数据。NVM的另一个应用领域是科学和工程数据存储,这些领域需要大容量的存储空间。SDRAM 和 NAND FLASH 存储器具有较高的存储密度;由于 NAND FLASH 存储器操作和存储数据所需的功耗远小于 SDRAM,因此在需要高密度和低功耗的应用场合,NAND FLASH 存储器更具有吸引力。

不幸的是,高密度 NAND FLASH 存储器几乎都是商用器件,并采用商业 CMOS 工艺及塑封封装结构。与高可靠、抗辐射加固器件相比,宇航应用风险重大。

国内外众多宇航机构对高密度 NAND FLASH 存储器的宇航应用表示出极大兴趣。本案例分析 NAND FLASH 存储器的背景信息、筛选和鉴定技术。描述了主要的失效模式和机理,相关的测试和试验要求。生产厂的技术验证和鉴定流程已经覆盖了部分试验项目,但其是否可以应用在宇航型号,需要对生产厂的试验结果进行分析、验证,根据 NAND FLASH 存储器的具体失效机理,进行附加的可靠性试验和抗辐射能力评估试验,并在飞行设备中加以验证。

11.6.2 NAND FLASH 存储器简介

NAND FLASH 存储器是一种可以提供高密度存储容量的非易失性存储器,典型的FLASH 存储器类型包括 NAND 型和 NOR 型,两种类型存储器存储单元的结构不同,如图11-6 所示。NOR 型 FLASH 存储器,单元与位线并行连接;NAND 型 FLASH 存储器,单元串行连接,每一个单元和位线是分开的,减小了单元大小,但不能随机存取,这种结构使得NAND FLASH 存储器的密度方面比 NOR FLASH 存储器有优势。

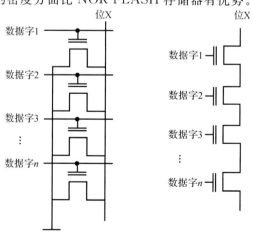

图 11-6   NOR(左)和 NAND(右)FLASH 存储器单元比较

通过读 ID、擦除块、页编程、页读取以及状态检查等指令对存储器进行操作。通过读 ID，可获得器件的基本信息，包括结构、生产厂、序列号等；擦除、编程和读取直接可以理解；状态检查是在其他指令执行后，用于检查状态的简单指令；运行该指令可以返回一些字节的数据，表明之前运行的指令是否成功；状态检查是一项很重要的操作，在每次编程和擦除操作后都应执行状态检查操作。

FLASH 存储器划分为块，块再进一步划分为页，图 11 - 7 所示是一个基于浮栅结构的 NVM 基本单元构造示意图，比一般的 CMOS 单元，多了中间一层悬浮的多晶硅用来储存电荷，由于这层多晶硅的四周都被不导电的介质所包围，因此编程写进去的电子或是外面的电子，都不能轻易地越过势垒而跑出去或跑进来，从而实现数据存储。阈值电压的变化，决定了存储器的逻辑状态。

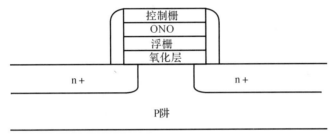

图 11 - 7　NVM 基于浮栅基本结构示意图

一个 MOS 晶体管的阈值电压 V_T 通常可以表示为

$$V_T = -\left(v_{ms} + \frac{Q_{ss}}{C_{ox}}\right) \pm \left[2\psi_F + \frac{1}{C_{ox}}\sqrt{4\varepsilon_s\varepsilon_0 qN\psi_F}\right]$$

从上式可以看到，对 FLASH 存储器，阈值电压 V_T 只会因 Q_{ss} 的多少而改变，其中 Q_{ss} 是相对于栅氧化层上的电荷，而 C_{ox} 为氧化硅的电容。因此，在施加高压的情况下，将电荷流入和流出浮栅门，可改变存储器单元的阈值电压，从而改变存储器单元的状态。擦除操作以块方式进行，而编程和读取操作是以页方式进行的。擦除和编程操作都是通过隧道效应将电荷流入和流出浮栅门，包括高电压和高电场。隧道效应对单元有破坏作用，每一次擦除和编程操作都会影响器件寿命。隧道效应、NAND 独特的串行单元管理以及构成 FLASH 的 CMOS 工艺的按比例缩小，成为 NAND FLASH 存储器的主要可靠性隐患。

11.6.3　FLASH 存储器的可靠性问题

FLASH 存储器的可靠性问题体现在坏块、数据维持、疲劳和干扰四方面。FLASH 存储器具有独特的失效机理，与相关的 CMOS 技术无关。NAND FLASH 存储器的可靠性主要由两种类型的失效机理所决定：①与维持浮栅门电荷相关（维持和疲劳）的失效机理；②与 NAND FLASH 存储器单元的管理和结构相关的干扰现象，浮栅门失效与用作编程和擦除存储器单元的隧道效应有关；一般情况下，CMOS 器件在 55℃下有 10 年的寿命，而一个器件经过几千次的编程和擦除循环后，一旦单元的栅氧化层无法稳定地保持电荷，则无法使用。干扰机理导致的数据损坏独立于本身固有的材料极限和器件耗损，干扰现象是 NAND 单元管理和结构导致的，这种干扰错误比其他类型的存储器更敏感。

1. 坏块

NAND FLASH 存储器通常用于低成本固态海量存储器,IEEE 标准已经允许其存在坏块,因此,提高了 FLASH 存储器的成品率并降低了成本。也就是说,生产厂交付时,NAND FLASH 存储器可能就是有缺陷的;生产厂利用物理隔离的块结构,标记有缺陷的块为坏块,并且声明器件可以使用的其他块。坏块以特有的数据格式被写入页中的一些字节,通过这种方式可以识别并避免使用坏块。另外,很多块在器件使用过程变成坏块,当擦除失败或者编程失败时表明块变为坏快,当这些操作后状态指令返回错误时,应表明这些块为坏块,并且被映射到无用的地址空间。此外,生产厂还有第三种方式来定义坏块,即一个块在执行特定的错误纠错编码后发生失效时。例如,某公司的 32Gb 器件说明书中写到"在 5 000 次编程/擦除循环中,每 539 字节扇区存在 12 位错误检查和纠正(ECC, Error Checking and Correcting)技术不能纠正的位",用户在第一个 5 000 次编程/擦除循环后,在 539 个字节扇区读取中发现了 12 位错误,这个块就应该被标记为坏块。一般情况下,生产厂在数据手册中说明器件最大数量的坏块。

2. 数据保持和疲劳

尽管 NAND FLASH 存储器是一种非易失性存储器,但存储器的单元技术并不是完美的,浮栅门累积的电荷最终会泄露掉。温度降低时这个过程会加速,称作数据保持错误,属于软错误,一旦被重新编程,单元会再次保持电荷。一个单元通过隧道效应被擦除和编程很多次后,便会发生疲劳失效。这意味着隧道效应引起的高电场,使氧化层退化到不再可以编程或擦除单元的程度。这是一种单元维持在 0 或 1 状态下的硬失效。维持和疲劳失效的物理机理为与时间相关的电介质击穿、应力导致的漏电流、介质诱捕和脱阱以及表面翻转(移动离子)。

3. 干扰错误

编程时,如其中 1 位意外发生翻转,此时即发生了编程扰动错误。这个错误位可能发生在编程页中或同一块中的其他页中。编程时,这个块的偏置电压可能造成一定数量的电流通过隧道流入相邻的存储单元中。重复尝试对部分页面进行编程会使这种情况发生恶化。

众所周知,多次编程和擦写会导致 FLASH 存储器隧道氧化物绝缘性能下降,造成应力感应泄漏电流(SILC, Stress Induced Leakage Current),相关资料显示读取扰动与 SILC 相关。通过 SILC 效应,可以证明读取扰动能够影响一个字线上的存储单元,导致电荷在读操作过程中通过浮栅结构的隧道氧化物注入到已擦除的单元中。读出扰动同样可以发生在具有了劣质隧道氧化物的 FLASH 存储器中。

NAND FLASH 存储器错误模式包括编程扰动,读出扰动和持久力。每个错误事件都可以理解并轻松定位。应强制使用规定的最少数量的纠错码用于可靠性系统。同时,使用更坚固的错误编码配置会提供额外的系统可靠性。有时,编程和读操作会造成电子注入到块中的其他单元或从中移出。为减少编程扰动,在块中应进行连续的页编程。同时在单电平单元(SLC, Single-Level Cell)器件中,应尽量减少局部页编程的操作,并在多电平单元(MLC, Multi-Level Cell)器件中强制页编程采用单一操作。读取扰动可以通过减少多余的读取来避免。一般经验是对 SLC,每块的读操作不超过 1 百万次,对 MLC 来说不超过 10 万次。如果可能,每块中页读取次数应相同。如果必须超过读取次数限制,数据应被转移至其他块中,并且原来的块应被擦除。每次擦除都会对读写扰动次数进行重新配置。

不仅仅是 NAND FLASH 存储器会遇到干扰现象,有些存储器比其他存储器对某些类型的干扰更敏感。干扰错误是指一个单元的数据,随其他单元的操作而遭到破环。这发生在当读、擦除以及编程中相关的电压和电场不经意改变了未被选择单元的阈值电压时(从而改变数据)。擦除干扰对 FLASH 存储器不是问题,擦除操作以块为单位进行,并且擦除电压仅仅集中在目标块中。编程和读干扰错误在 NAND FLASH 存储器中会发生,某些类型的 NAND FLASH 存储器比其他类型的存储器,更容易受读和编程干扰错误的影响。

　　通过分析 NAND FLASH 存储器的 SLC 和 MLC 存储结构,可以更好地理解与干扰错误相关的可靠性机理。SLC 结构的器件,每个单元存储一位,而 MLC 结构的器件,每个单元存储两位甚至更多。在 SLC 结构的器件中,存储器通过给晶体管通道上的门增加电荷,改变单元晶体管的阈值电压,完成存储。两种状态(门充电、非充电)改变单元和敏感电路的开关特性,然后检测状态是 0 还是 1。MLC 结构的器件按照相同的概念,只是有四个电平(对于 2 位单元)或者 8 个电平(对于 3 位单元),通过敏感电路加以识别,如图 11-8 所示。

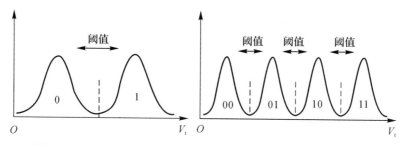

图 11-8　SLC(左)和 MLC(右)NAND FLASH 存储器的电压边界

　　因为 MLC 结构的器件,电压边界比 SLC 结构的器件小,所以更易受干扰现象的影响。在 MLC 结构的器件中,开启和关闭浮栅门需要更小的电量,从而更容易损坏数据。在现代的 SLC 器件中,任何类型的干扰错误都比较少见,可能从未发生。然而,对于 MLC 结构的器件,干扰错误在第一次操作时就能发生,这种现象引起的误码率,随着编程/擦除循环的增加会更严重。

11.6.4　失效机理

　　NAND FLASH 存储器器件,和任何元器件一样,存在外在和内在的失效机理。区别外在和内在失效机理非常重要,这些机理与可能失效的原因密切相关,为预防和纠正措施指出了方向。本部分所讨论的失效机理与上述讨论的主要可靠性事件相关,如疲劳、保持、干扰、位错误以及坏块。

　　外在失效机理与工艺、环境、生产过程中的可变因素有关,包括制造缺陷、误操作、过电应力以及辐射干扰;外在失效可以通过典型的试验,如外部目检、筛选(X 光、老炼、温度循环等试验)有效剔除。内在失效与工艺无关,与器件生产的技术和材料的固有特性有关。例如,不管栅氧化层生长的多么完美,在氧化层电压和电场的作用下,有可能会导致电介质击穿和失效。促进内在失效机理的因素分为热、电、化学等。

　　图 11-9 所示为 NAND FLASH 存储器的 4 个主要技术分支。当这些器件应用在宇航时,鉴定方法必须定位到所有四个方面的失效机理和可靠性问题,分别是 CMOS 按比例缩小、塑料封装、浮栅门存储器存储单元结构以及器件的 NAND 结构。

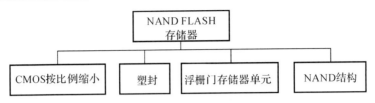

图 11-9 NAND FLASH 存储器鉴定关注的方面

生产厂已经考虑了与 CMOS 技术本身，以及与封装相关的失效机理，决定该技术领域可靠性的浮栅门存储单元以及结构相关的失效机理，必须在宇航应用鉴定时重点考虑。

表 11-13 概述了四方面的主要失效机理，以及用作缓解失效机理以及验证失效风险的试验（鉴定、筛选、其他）。

表 11-13 NAND FLASH 存储器失效机理

失效机理	技术领域	缓解/验证		
		鉴定（抽样）	筛选（100%）	其 他
电迁移	CMOS	HTOL		
TDDB		HTOL		
HCI		LTOL(1)		
NBTI		HTOL		
材料缺陷	塑封		老炼	
腐蚀				选择合适材料
机械失效（热循环）		加强的温度循环		选择合适材料，测量 T_g，低于 T_g 进行器件操作和试验
空洞，分层，爆米花			X 射线/C-SAM	预处理（烘焙），合适的塑封材料和储存条件
锡须生长				避免纯锡带来的应用风险
SILC	浮栅门存储单元	疲劳循环，数据维持烘焙		
电介质诱捕和脱阱		疲劳循环，数据维持烘焙		
表面翻转，移动离子		疲劳循环，数据维持烘焙		
读干扰	器件 NAND 结构			读干扰特性表征，在编程期间限制读取
编程干扰				编程干扰特性表征，用连续页编程，避免局部页编程

注(1)：低温工作寿命（LTOL，Low Temperature Operating Life），一般在工艺或产品鉴定时进行，升级筛选试验可不要求。

1. CMOS 按比例缩小带来的失效机理

CMOS 特征尺寸的持续缩小,会对器件设计、性能、功耗以及可靠性带来影响。与 CMOS 按比例缩小相关的四个主要失效机理是电迁移(EM)、时间相关的电介质击穿(TDDB)、热电子注入效应(HCI)以及负偏压温度不稳定性(NBTI)。针对这些失效机理,标准的寿命试验是有效的。然而,因为 HCI 有负向激活能,需要进行高温和低温下的寿命试验。所有的 CMOS 工艺容易受到缺陷的影响,老炼试验时,施加温度应力和电压应力是比较有效的。

EM 失效,是高电流密度使得在金属线下面形成的电荷运输现象。金属线开始变薄(电阻增大),最终形成开路;CMOS 按比例缩小工艺导致器件尺寸越来越小,金属线的尺寸同样如此。随着技术进步,功耗逐步增加。更小的金属线以及更大的电流意味着更大的电流密度通过金属层,增加了电迁移失效的风险。

TDDB 指当绝缘氧化物长时间暴露在电场中导致的缓慢退化。在标称逻辑电平下,过程很慢不会成为可靠性问题。然而,对于 FLASH 存储器,编程和擦除操作过程,隧道效应使用高电场,使得 TDDB 变成一种隐患。对于商用器件,二氧化硅被用作基本的隔离材料,在浮栅门存储器单元中,单元、门、触点等之间用二氧化硅作为隔离。当电场施加到氧化物时,足够能量的电量累积会进入氧化物,集中在材料内部或者接口处。集中的能量也会增加局部电场应力,形成一种正反馈,从而加速了电荷累积,直到通道的电量大到可以击穿栅氧化层。

HCI 描述的现象是电荷获得足够能量,并注入到栅氧化层。这种机理引起的界面态生成和电荷捕获会导致晶体管参数退化,典型的有开关频率退化,但并不是严重的功能失效。

NBTI 是 PMOSFET 器件在负栅压下的一种耗尽机理。一般认为 NBTI 被一种电化学反应控制。PMOSFET 器件中的空穴在负栅压的作用下,隧穿到 Si/SiO_2 界面生成界面态以及可能的固定正电荷。NBTI 可能会引起 PMOSFET 参数改变,尤其是阈值电压绝对值的增加(晶体管更难开启),随着驱动电流的降低也会发生迁移率退化。

2. 塑封相关的失效机理

几乎所有的商用 NAND FLASH 存储器都是塑封结构。塑封结构主要担心的问题包括热传导、释气、吸湿、空洞、分层、热膨胀系数失配、纯锡引线和锡须,以及超出环氧树脂的玻璃转换温度。

为了减轻这些失效机理带来的影响,需要:①存储和操作过程,应在玻璃转换温度点(T_g)以下进行。②采用 C-SAM 检查空洞和分层。③装配前进行高温烘焙预处理。④选择采用已知免于污染环氧树脂材料的器件,并且可以经受温度循环试验而不会破坏引线框架和内部键合。最后,纯锡引线的器件,必须进行镀铅锡处理。

3. 浮栅门失效机理

(1)应力感应泄漏电流。对于 FLASH 存储器单元,浮栅氧化层发生 TDDB 的结果是低场漏电流的增加,即 SILC。SILC 导致数据保持错误发生,最终形成持久性错误,称为数据保持错误。然而,即使是仅仅编程一次的 NAND FLASH 存储器单元也有极限维持特性,甚至最完美制造的浮栅门和氧化层也会慢慢泄露电流,SILC 加重了这个现象。在单元被编程和擦除了成千上万次后(与工艺有关),栅氧化层不再是隔离层,会发生单元的严重失效。

标准的疲劳循环以及数据保持测试,可以证明在超出任务需求时,这个现象是否成为影响器件性能的一个风险。

(2)电介质诱捕和脱阱。FLASH 存储器单元以浮栅门充电的形式存储电荷。编程操作用于注入电荷,擦除操作用于去除电荷。重复的编程和擦除操作导致栅氧化层收集电荷,从而会影响单元的阈值电压。当电荷脱阱时,阈值漂移,最后导致数据丢失。

进行多次循环,在 0.5 倍疲劳规范值、1 倍疲劳规范值甚至更多次数后进行数据维持烘焙试验,可以验证器件的数据保持特性能否满足应用的要求。

(3)移动离子。移动离子,诸如碱金属元素 Li,Na 和 K,会污染半导体加工材料。当这些材料聚集在 Si/SiO$_2$ 界面处时,表面翻转会发生,并导致单元发生漏电流和器件失效。

另外,对完成编程/擦除循环后的器件,进行数据维持烘焙试验,验证数据保持特性能否满足应用要求。

4. NAND FLASH 存储器结构失效机理

(1)干扰错误。不仅仅是 NAND FLASH 存储器,所有的存储器均会发生干扰错误。干扰错误,指一个单元的数据由于另一个单元的操作而受到破坏。发生在以下情况:①擦除、编程和读取目标单元的电压,改变了同一条线上其他单元的阈值电压;②这些电压形成了轻微改变临近单元阈值电压的电场。擦除干扰在 FLASH 存储器中并不是问题。擦除是以块为单位操作的,擦除电压仅仅施加在目标块中。编程和读干扰错误在 NAND FLASH 存储器中会发生。一些类型的 NAND FLASH 存储器,比其他类型更容易发生读取和编程干扰错误。

(2)读干扰。第一次读取空白器件时,会发生读干扰错误,随着编程/擦除循环次数的增加,失效会逐步恶化。读干扰也可能发生在页的其他块,或其他页数据的读取过程。所有用于宇航的 FLASH 存储器都应该进行读干扰错误测试。给定数据格式后,进行多次读取,评估器件寿命期内是否受到多次读取的影响。

(3)编程干扰。编程干扰,是指对不是目标单元的其他单元进行了非预期编程,如相同位线或者字线的单元。编程操作过程的隧道效应需要的高电压,与未选择位没有隔离时会发生编程干扰。当单元状态被相同页或块中其他页的编程操作更改时,数据破坏会发生。

编程干扰测试对大部分应用不是非常有用。实际上,对块中页进行编程时,未选中页的位也会受到破坏。这在 MLC 中发生的频率比较高,在现代的 SLC 器件中可能不会发生。然而,为了检查编程干扰,需要读取页以决定位错误是编程干扰或者读取干扰。连续的读取错误一般为读干扰错误。

11.6.5 失效模式

根据以上讨论的失效机理,有 3 种类型的失效模式。在擦除、编程或读取操作时,FLASH 发生失效。擦除和编程失效是罕见的失效模式。在擦除或者编程操作后执行状态检查指令验证是否操作成功。如果操作是失败的,操作的块应标记为坏块而不再使用。

验证读取操作更为复杂,事先知道数据格式或者使用 ECC,是验证数据完整性是否得到保持的唯一方式。表 11-14 总结了这些失效模式、检测方法以及应对措施。

表 11-14 NAND FLASH 存储器失效模式

失效模式	检测方法	应对措施
擦除失效	擦除后检测状态	换块
编程失效	编程后检测状态	换块
位错误(规范内)	验证 ECC 校验	ECC 纠正
位错误(规范外)	验证 ECC 校验	换块

11.6.6　筛选和鉴定

NAND FLASH 存储器市场是一个高度商业化的领域,生产厂需要提高可靠性和质量以保持竞争力,因而需要研究鉴定和可靠性设计技术。然而,由于 100% 全面测试和试验的高昂花费,生产厂很少在室温外进行全面筛选,而是通过设计保证。宇航工程应进行针对宇航应用的鉴定试验以及全面的筛选试验,以剔除早期失效,确保可靠性。

图 11-10 总结了 NAND FLASH 存储器在宇航应用时,根据可靠性类型,以及针对筛选和鉴定进行的相关试验。生产厂主要考虑可靠性设计,提供可靠性等级;达到确保器件可以工作很多年,而不会因为诸如电迁移和 TDDB 等与 CMOS 工艺相关的原因,导致器件失效。根据 JESD47,生产厂鉴定试验的项目参见表 11-15、表 11-16,生产厂鉴定时的典型试验流程如图 11-11 所示,包括非易失性存储器耐久性循环(NVCE,Nonvolatile Memory Cycling Endurance)试验、非易失性存储器低温数据保持和读干扰(LTDR,Low Temperature Retention and Read Disturb)试验,以及非易失性存储器循环后高温数据保持(Post Cycling High Temperature Data Retention)试验。值得注意的是,由于大容量 NAND FLASH 存储器所有单元都被擦写到耐久性试验要求的规格需要很长的时间,JESD47 给出了在实际使用中,并非整个存储器的全部单元都被擦写到规定次数的原则(有耗损平衡机制的除外),对耐久性试验方法进行了改进。由于这种测试方法并不是出于最严谨、最坏使用情况的考虑,因此测试之前,生产厂和用户须对测试方法原则上达到共识,避免以后实际产品因使用不当而失效。

宇航工程的责任,是对生产厂的鉴定进行验证,并进行抗辐射能力评估、可靠性特性(疲劳循环、读干扰、位错误率特性)验证,型号正样用 FLASH 存储器应进行 100% 筛选。

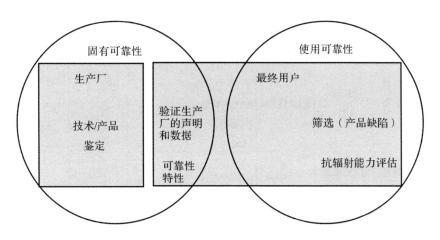

图 11-10　筛选和鉴定中生产厂和宇航工程的角色

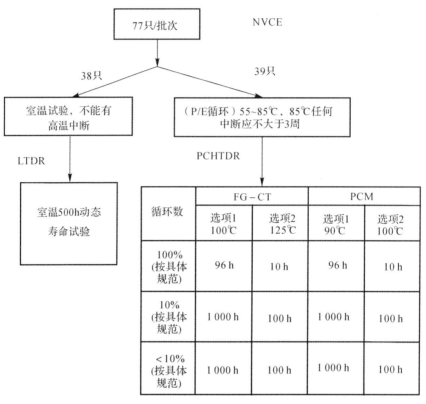

图 11-11　生产厂鉴定典型的试验流程(NVCE/LTDR/PCHTDR)

表 11-15　JESD 47 规定的生产厂进行的鉴定项目(未包括封装)[①②]

应　力	依据的方法	应力名称缩写	条　件		要　求	
					批次/器件	持续时间/接收条件
非循环非易失性存储器高温数据保持	JESD22-A117	UCHTDR	器件(FG-CT)	$T_A \geqslant 125℃$	3 批次/77 个	1 000h/0 失效
			工艺监测(PCM, Process Control Monitor)	$T_A \geqslant 90℃$		
非易失性存储器耐久性循环	JESD22-A117	NVCE	25℃,以及 $85℃ \geqslant T_j \geqslant 125℃$		3 批次/77 个	按规范规定的最高次数进行/0 失效
非易失性存储器循环后高温数据保持	JESD22-A117	PCHTDR	器件	选项1: $T_j = 100℃$	3 批次/39 个	NVCE(≥55℃)后, 96h 和 1 000h/0 失效
			工艺监测	选项1: $T_j = 90℃$		
			器件	选项2: $T_j \geqslant 125℃$		NVCE(≥55℃)后, 10h 和 100h/0 失效
			工艺监测	选项2: $T_j \geqslant 100℃$		

续表

应　力	依据的方法	应力名称缩写	条　件	要　求	
				批次/器件	持续时间/接收条件
非易失性存储器低温数据保持和读干扰	JESD22-A117	LTDR	$T_A = 25℃$	3 批次/38 个	NVCE（25℃）后，500h/0 失效

UCHTDR:非循环非易失性存储器数据保持失效机制。一般情况下采用温度应力加速

NVCE:非易失性存储器耐久性循环试验。循环不能超过一定速率,因此需在循环间加入延时或烘焙试验。为了避免过应力,或者模拟具体的应用条件,有 4 个限制:①循环的数量是 500h 中实际的循环次数,不包括加入的延时;②延时应按 JESD22-A117 的规定均匀分布;③室温循环时,不能进行高温延时;④高温循环时,延时和循环时间的总和,在 85℃时不能超过 500h

PCHTDR:非易失性存储器循环后高温数据保持。按照评估的温度范围进行温度循环试验后,进行高温烘焙试验。有两个选项,每个选项均进行两次高温烘焙试验

LTDR:非易失性存储器低温数据保持和读干扰。室温循环后,在室温条件下进行寿命试验;对所有内存地址,顺序进行动态读取。25℃的温度应力,监测非温度加速保持故障机制的敏感性,或者能够在高温下全部恢复的机制,比如 SILC 机制。偏置应力用于监测电压引起的随机位访问干扰错误

注:①对于规定了非零比特错误率要求的器件,比特错误不计算在失效率中,但应说明达到比特错误率的要求(按照 JESD22-A117)。

②实际应用条件有较大差异时,应考虑应用条件,可按照第 5.5.2 条规定的方法进行基于应用的鉴定试验。

表 11-16　JESD 47 规定的非密封器件的封装鉴定试验要求示例

应　力	依据的方法	应力名称缩写	条　件	要　求	
				批次/器件	持续时间/接收条件
预处理(在 THB,HAST,TC,AC 以及 UHAST 之前)	JESD22-A113	PC	按照 J-STD-020		测试(可选)
高温存储(High Temperature Storage)[①]	JESD22-A103 & A113	HTSL	150℃ + 预处理,需要时	3 批/25 个器件	1 000h/0 失效
温度湿度偏置试验(Temperature Humidity Bias)[②]	JESD22-A101	THB	85℃,85% RH,V_{CC} 最大	3 批/25 个器件	1 000h/0 失效
高加速温度湿度应力偏置试验(Highly Accelerated Temperature and Humidity Stress)[②③]	JESD22-A110	HAST	130℃/110℃,85% RH,V_{CC} 最大	3 批/25 个器件	96/264h 或每种封装结构等效的样品数/0 失效
温度循环(Temperature Cycling)	JESD22-A104	TC	-55℃ ~ 125℃[④]	3 批/25 个器件	700 个循环/0 失效
非偏置温度/湿度试验(Unbiased Temperature/Humidity)[③]	JESD22-A118	UHAST	135℃,85% RH;110℃,85%RH	3 批/25 个器件	96h/0 失效;264h/0 失效
非偏置温度/湿度试验(高压蒸煮 Autoclave)[⑤]	JESD22-A102	AC	121℃,100%RH	3 批/25 个器件	96h/0 失效;不推荐

续 表

应 力	依据的方法	应力名称缩写	条 件	要 求	
				批次/器件	持续时间/接收条件
焊球剪切(Solder Ball Shear)	JESD22 - B117	SBS	表征试验	30 个球/5 个器件	
键合拉力(Bond Pull Strength)	M2011	BPS	表征试验,按封装方式	30 个引线/5 个器件	$P_{pk} \geqslant 1.66$ 或 $C_{pk} \geqslant 1.33$⑥
剪切力(Bond Shear)	JESD22 - B116	BS	表征试验,按封装方式	30 个球/5 个器件	$P_{pk} \geqslant 1.66$ 或 $C_{pk} \geqslant 1.33$⑥
可焊性(Solderability)	JESD22 - B102	SD	表征试验	30 批/22 个引线	0 失效
锡须可接受性试验(Tin Whisker Acceptance)	JESD22 - A121 至 JESD201	WSR	按照 JESD201 进行表征试验	按照 JESD201 的规定	按照 JESD201 的规定

注:①推荐采用 JESD22 - A113 规定的预处理。

②可以选 HAST 或 THB。

③如果进行了 THB 或 HAST,则 UHAST 不需要进行。

④选择适当的推荐条件。

⑤高压蒸煮不推荐用于鉴定试验,偏置或非偏置的 HAST 是推荐的应力,被用于有机基底,代替高压蒸煮。

⑥$P_{pk} = \dfrac{\bar{x} - LSL}{3\sigma}$,$\dfrac{USL - \bar{x}}{3\sigma} \geqslant 1.66$ 可用生产过程数据替代。

试验方法:

A)HTSL 试验考核金属间扩散形成的金属间化合物对器件寿命的影响。

B)THB 会加速 3 个基本腐蚀模型:电化腐蚀,电解腐蚀和直接化学,同时会加速离子迁移。必须在最小功耗下运行。

C)HAST 是一个用来加速 THB 的试验,应在最小功耗下运行。对于含铅器件,130℃,96h;对于球栅阵列器件,110℃,264h。

D)TC 会加速在热-机械应力作用下的热失配和尺寸差异导致的失效。

E)UHAST 是优先用于测试电化学和直接化学腐蚀的技术。

F)高压蒸煮不是一个好的 UHAST 试验的取代方案。不推荐用于采用有机基板的封装。主要适用于抗湿热的健壮性试验,引发分层或金属化腐蚀等失效。主要针对新型封装及结构发生变化的器件。

G)PC(预处理)保证器件有能力在装联后承受多个循环,模拟来自 PCB 的应力。

1. 筛选和鉴定试验流程

(1)试验项目。筛选试验的目的,是确保器件进入能够可靠工作的生命周期,避免由于制造缺陷而引起早期失效。为了节约成本,NAND FLASH 存储器生产厂并不一定会进行100%的筛选试验,而这些试验对于高可靠应用的宇航任务来说是非常重要的。因此,宇航任务在正样前,应对商用 NAND FLASH 存储器进行筛选试验。

鉴定试验的目的,是验证生命周期能够满足宇航任务的应用需求。实际上,生产厂可能已经进行了能够覆盖大部分技术领域的鉴定试验,以证明产品在 55℃下可以可靠地工作 10 年,EM,TDDB,NBTI 等失效机制引起的失效率很小。宇航工程的责任是验证生产厂的声明,并进行辐射特性表征和可靠性特性测试试验,确保器件的可靠性。

表 11 - 17 给出了两种典型任务等级的筛选和鉴定试验流程。一级任务,对器件可靠性有较高要求,需要进行更长时间的老炼试验、更多次数的温度循环试验,以及较低的 PDA、更多的寿命试验和 DPA 样本量要求。所有鉴定试验的样品,应为通过筛选试验的样品。

试验前首先测量封装用环氧树脂的玻璃转换温度。试验和应用时,应避免达到该温度。超过玻璃转换温度后,环氧树脂和内部材料间热膨胀系数的不匹配,会导致塑封封装内产生严重的应力累积,可能会引起器件早期失效。

对所有器件编序列号,进行电性能测试,之后进行老炼试验和终点电性能测试。电性能测试包括数据手册规定的参数测试以及一系列的功能测试。功能测试通常包括擦除、编程、读取适合目标应用的不同数据格式和算法的存储器阵列。例如,应用于存储雷达数据,按页顺序编程块是合适的;但是如果应用于文件系统存储,用一种更随机的形式使用存储器会更合适(如略过一些页、部分编程等)。与飞行状态相近的方式处理器件是重要的考虑方面。对工作电流和静态电流进行参数漂移控制,根据型号任务具体要求,也可对其他关键参数进行参数变化量计算。然后进行数据维持烘焙试验,目的主要是去除可能在筛选环节暴露在空气中的封装吸收的水汽。

表 11 - 17　NAND FLASH 存储器筛选和鉴定试验流程

步　骤	测　试	要　求	样本大小和备注	
			一级任务	二级任务
1	玻璃转换温度,T_g	热性能分析	3 只	3 只
2	编序列号		100%	100%
3	电性能测试,包括交流和直流参数,以及功能测试	按手册测试,读取和记录数据,进行三温条件测试(最低工作温度、常温、最高工作温度)	100%	100%
4	动态老炼	MIL - STD - 883,方法 1015	100%,240h	100%,160h
5	电性能测试,包括交流和直流参数,以及功能测试	按手册测试,读取和记录数据,进行三温条件测试(最低工作温度、常温、最高工作温度)	100%	100%
6	参数漂移控制	25℃	100%	100%
7	PDA		5%	10%
8	数据维持烘焙	125℃	100%	100%
9	飞行件储存	—	100%	100%
10	分批	22 只进行温度循环试验;22 或 45 只进行寿命试验;3 只或 5 只进行 DPA;10 只按照具体应用状态进行试验	其中:寿命试验样品数量为 45 只;DPA 试验样品数量为 5 只	其中:寿命试验样品数量为 22 只;DPA 试验样品数量为 3 只

续 表

步 骤	测 试	要 求	样本大小和备注	
			一级任务	二级任务
11	预处理	JESD22 - A113	所有温度循环和寿命试验的样品	
12	温度循环	MIL - STD - 883,方法 1010,条件 B	22 只,300 次循环	22 只,100 次循环
13	电性能测试,包括交流和直流参数,以及功能测试	按手册测试,读取和记录数据,进行三温测试(最低工作温度、常温、最高工作温度)	45 只	22 只
14	高温工作寿命(HTOL)	MIL - STD - 883,方法 1005		
15	电性能测试,包括交流和直流参数,以及功能测试	按手册测试,读取和记录数据,进行三温测试(最低工作温度、常温、最高工作温度)		
16	DPA	分别采用温度循环、寿命试验后的样品	5 只	3 只
17	可靠性特性表征	见表 11 - 18	10 只	
18	抗辐射能力评估	进行 TID 和 SEE	按照相关标准	

筛选试验后,对样品随机抽样进行鉴定试验。鉴定试验的样品首先应经历预处理,使样品经受热条件,这是为了复现 PCB 装配时回流焊的过程,把器件放在一种模拟装配到飞行板后的状态进行。

然后,并行进行温度循环、寿命、DPA、可靠性特性表征、抗辐射能力评估等试验。高温寿命试验可依据 JESD22 - A108C 进行,对 NVM 产品来说,高温寿命试验是对存储器写好一个预定图形(全 1 或者其他的敏感图形),然后在高温和高电压下进行(最大电压需参考生产厂数据手册的规定,防止过电应力);最后通过数据验证和功能测试判断样品是否失效。试验过程中,可以选取典型时间点进行功能测试验证。

(2)失效判据。这里的失效,是指器件发生了批次性不合格。如表 11 - 17 所示,电性能测试、参数变化量计算和 DPA 等项目可能发生失效。电参数失效意味器件参数超出了手册规定的范围,包括在给定温度下的交流和直流参数以及功能。参数变化量失效指在老炼、寿命或温度循环等应力试验过程中,动态或静态电流(或者对任务重要的参数)的漂移超过了规定要求。超过 PDA 可能会导致整批剔除。DPA 失效一般指不满足 MIL - STD - 1580 的至少一项规定。

除了导致器件不可用外(参数在生产厂手册规定的范围内,但不满足任务要求),可靠性和抗辐射能力评估试验结果也可能不满足要求。如在疲劳循环试验时,位错误率太高;器件不能达到要求的抗电离总剂量辐射指标。

2.可靠性特性表征

可靠性特性表征测试包括疲劳循环、数据维持烘焙和读干扰测试。试验在具体的使用条件下进行,以特征化器件在整个寿命期的误比特率。尽管认为 MLC 和 SLC 都有误比特率的可能,MLC 技术的测试比 SLC 更为重要。

所有的 NAND FLASH 存储器均会发生比特错误。可靠性特性表征测试的目标,是确定在具体应用时,误比特率能否满足应用。每个应用都有各自的需求,科学数据比特率要求比文件系统或启动代码要求更宽。特定的 NAND FLASH 存储器可能适合一个应用场合,但并不一定能适合于另一个应用场合。每一个 NAND 器件有自己的误比特特性,因此,宇航工程必须进行可靠性特性表征试验,表 11-18 规定的数据维持烘焙、疲劳循环、读干扰、编程干扰试验,确定器件(编程/擦除循环)在整个寿命期内的误比特率分析是否满足应用需求。

表 11-18　可靠性特性表征试验

步　骤	测　试	要　求
1	疲劳循环	1.5 倍应用疲劳要求
2	数据保持试验	三温下;1.5 倍应用疲劳要求
3	读干扰	在 0、0.5 倍、1 倍和 1.5 倍应用疲劳要求后多次读取
4	最坏情况 UBER 计算	1.5 倍应用疲劳要求

试验结果可以为型号应用 EDAC 设计提供技术支撑,也可考虑采用具有更高性能、复杂的纠错编码方式。

(1)疲劳循环。NAND FLASH 存储器主要的失效机理是通过隧道效应的重复编程和擦除。器件应重复擦除、编程以及读取上千(MLC)或者上百(SLC)次。

擦除、编程和读取整个 NAND FLASH 存储器会花费很长时间。循环整个阵列到规定的疲劳次数,需花费数月时间。为了便于处理,疲劳循环通常针对某些块进行。最坏情况是一次循环一个块。在移向下一个块之前,尽可能达到或者超过规定次数的擦除、编程、读取。先循环一个块然后移向另一个块,会激发第一个块中需要纠正的缺陷。

用到的数据格式应该是伪随机的,与应用中的数据类型相似。另外,块的编程和读取方式应该和目标应用方式相似。如果是科学数据,则应该顺序编程和读取。如果应用是文件系统数据,则以随机的方式在块内无序地编程和读取页。这同样也是器件循环操作的方式。

每一次读取器件时,应记录比特错误的数量以及比特错误的位置。当评估 EDAC 方法的有效性时,数据集被用作仿真与应用相似的比特错误。

测试的块应该按晶圆分配,应分布于多个晶圆。例如,在 3 个晶圆上,选择 45 个块(共135 个块)是一个比较合适的持久性测试方案。在飞行温度、最大电压以及最大频率条件下,块应该循环到 1.5 倍的疲劳次数,例如,如果应用需要 2 000 次循环,则块应被循环到 3 000 次后进行测试。每一次循环均应该记录误比特率。

(2)数据维持烘焙试验。根据 JESD22-A117A 的规定,数据保持力测试,是存储器预先写好数据,断电经过一定温度和时间后,验证数据的完整性。存储的数据没有一个固定的最坏图形,全 0、全 1、棋盘格,或者其他可能的数据,与失效机制和芯片设计有关。数据保持力测试与耐久性试验最大的不同,就是中间状态不进行功能验证,只进行常规的开路、短路、漏电流等直流参数测试以及数据完整性检查。不进行功能检查,是为了避免数据重新写入而失去了保持力测试的意义。一般情况下,数据保持力失效是一种软失效,即电子的流失或获取随时间慢慢上升,也和读电压的大小有一定关系,多数情况下功能验证可以通过。由于工艺的复杂度,目前并不存在一个通用的对不同失效机理都敏感的最坏的保持力图形。业界在保持力高温烘焙试验中,使用较多的是全 0 或全 1 图形,但试验也发现存在全 0 或全 1 图形未发现问题,但在棋盘格图形下失效的情况。因此,对于数据保持力测试,应根据须考察的失效机理确定写入的数据。

浮栅存储单元的设计,通常将由本征机制造成的电荷损失减到最小,一个无缺陷的非易挥发存储器的保持时间是数以万年计的,与缺陷相关的加速电荷损失的原因,包括隧道氧化层缺陷、多晶硅介质层缺陷和可移动的离子沾污等。通常数据保持力测试可以分为前期不经过擦除循环和前期经过擦除循环两种;经过前期编程擦除循环后,隧道氧化层受到应力作用会有一定损害,内部存在一定数量的电荷俘获以及 Si/SiO₂ 界面态的形成,这些损害一方面会影响擦除的时间和力度,另外也使得后期的保持力性能变差,主要是因为两个方面:①应力感应漏电流导致电荷的流失;②氧化层中俘获的电荷在后期的高温烘焙过程中会受热激发缺陷,从而导致阈值电压的漂移,严重时使数据丢失。因此,严谨的数据保持力测试,是经过前期的擦除循环后进行的,根据前期循环次数的多少,其后期保持力烘焙时间有所不同,原因主要有两个:①前期循环次数的多少限制了样品本身的可靠性性能;②温度激活能 E_a 值与前期擦除循环次数也是密切相关的,变大变小不一而论。

数据维持烘焙试验,验证存储器单元维持电荷/数据的能力。器件编程为一个已知的数据格式后,进行高温烘焙,然后周期性读取,并记录误比特的数量。数据的格式并不重要,对激活能的计算也没有影响。一般可用全"0",即所有位被充电并且进行测试。在 SLC 中全"1"的数据烘焙不会产生错误,它们都是以浮栅耗尽状态开始测试的。然而,在 MLC 中,由于器件电平的复杂性,全"1"数据格式可能会出现错误。一个 MLC 的位在数据维持测试时,可能从"1"变"0",最后回到"1"。

进行数据维持烘焙试验,应持续到 50% 的位发生错误,确保至少一半的位进行了试验,最后进行准确的激活能预计。

在室温下,FLASH 存储器单元可以维持数据达数年。为了加速浮栅漏电过程,器件应在高温下进行烘焙试验,使位更快地改变状态。为了使激活能的预估更准确,数据维持烘焙试验在高温、室温和低温三个温度点进行。同时,由于数据维持能力在循环中变坏,推荐在器件进行 1.5 倍应用疲劳次数后,进行数据维持烘焙试验,以确保器件在整个寿命期内工作正常。

(3)读干扰。读干扰测试的目的,是测试在一个块数据多次读取后,对误比特率的影响。测试时,块被擦除、编程一次,然后多次读取,数据格式、进入页的方式(顺序或随机)、连续读的数目应与应用环境的条件相匹配。随着循环次数的增加,读干扰变得愈加恶劣,循环后进行重复试验。推荐的读干扰测试点是 0 倍、1 倍、1.5 倍应用疲劳次数。同样,器件工作在飞行温度、最大电压以及最大频率下。

(4)UBER 计算。使用中最坏情况下的误比特率应该是循环和读干扰结合的情况,指读器件的一组数据集之前已经经历了多次编程、擦除循环。推荐采用 1.5 倍应用条件下疲劳试验的数据,以及 1.5 应用次数试验后的误码率,进行最坏情况下的未纠错后的位错误率(UBER,Uncorrected Bit Error Rate)计算。

如果使用中器件需要循环 2 000 次,并且在擦除过程后读取 50 次。最坏情况下的 UBER 计算,应该选择 3 000 次循环后再读取 75 次数据后的位错误率(BER,Bit Error Rate)。因为每次循环间 BER 都会有所不同。1.5 倍应用条件下的疲劳试验和 1.5 应用次数下的读取试验记录数据作为极限试验后的平均 BER。依然是这个例子,记录"3 000 次循环和 75 次读取"后的 BER 的最准确的方式,是计算 3 000 次擦除/编程/读取循环后 70 次读取到 80 次读取间的 BER 的平均值。

利用原始最坏情况下的 BER,UBER 可以用二项分布计算。利用二项分布时需要满足以下 4 个条件:①仅仅有两个可能的结果;②有固定数量的试验;③试验间存在固定的成功概率;④试验间的结果是独立的。二项分布的概率计算公式为

$$P(k/n) = \frac{n!}{k!\ (n-k)!} p^k q^{n-k}$$

式中,n 是试验数量;k 是某个事件发生的数量;p 是发生 k 个事件的概率;q 是事件不发生的概率或者 $1-p$。以读 NAND FLASH 存储器为例,n 是读取位的数量,k 是错误位的数量,p 是误码率。$P(k/n)$ 意思是"读取 n 位有 k 个出错的概率"。

3. 抗辐射能力评估试验

每一个飞行批次都应进行抗辐射能力评估试验。批次间的差异可能会导致某些批次可满足任务需求,而其他批次不能。NAND FLASH 存储器应进行电离总剂量、单粒子翻转以及单粒子功能中断试验。

NAND FLASH 存储器应分别在刷新和不刷新两种模式下进行电离总剂量试验。刷新模式下,器件在每一次试验过程进行擦除、编程和读取操作;在非刷新模式下,器件只在开始试验时擦除和编程一次,然后只进行读取。在非刷新模式下,误比特率会更高,进行两种不同模式的试验,目的是得到两种不同的应用情况下器件的抗电离总剂量辐射能力。

刷新模式:

1)擦除、编程和读取;

2)静态偏置下辐射;

3)读取数据;

4)重复 1)到 3)。

非刷新模式(只读取):

1)擦除、编程和读取;

2)静态偏置下辐射;

3)读取数据;

4)重复步骤 2)到 3)。

除了电离总剂量辐射试验外,NAND FLASH 存储器还应进行 SEU 和 SEFI 试验。试验时需要测试的参数以及偏置条件,应由工程型号与辐射专家商议决定,以满足具体的应用需求。

最后,利用结合了疲劳循环、读取干扰和辐射效应后的最坏 BER 来计算 UBER,辐射试验样品应该包括空白器件以及经历了疲劳循环后的器件。然而,有些场合,尤其是 MLC,没有进行抗辐射能力评估试验的 BER 已足够大,以至于辐射对 BER 的影响并不重要并可以忽略。

一般而言,对于 SLC,辐射对 BER 有影响;对 MLC,器件固有的基本特性决定了 BER。

11.6.7　系统级应用考虑及其他

1. 错误检测纠错

使用 NAND FLASH 存储器时,应同时考虑使用错误检测纠错技术。对 SLC 器件,每字

可以检测 2 位错误纠正 1 位错误的汉明码通常可满足要求。对于 MLC 器件,需要更加复杂的纠错编码算法。按照生产厂手册的说明,分析需求,决定需要哪种 EDAC。另外,因为生产厂趋向利用器件在寿命末期使用条件下的最坏误比特率,这里的可靠性特性表征可以提供特殊使用条件下的更准确的误比特率。

2. 耐用性

用户应注意,不应擦除和编程一个块很多次,以至于超过了器件规定的最大次数。编程/擦除应力应该均匀地分布于整个器件,很多耐用性的算法也可使用。

11.6.8 其他考虑

1. 材料选择

宇航应用 NAND FLASH 存储器时,应考虑包括封装材料在内的一些因素,如腐蚀材料、封装的玻璃转换温度、封装引线涂覆。

用于塑封的材料不应有腐蚀材料,引线不应使用纯锡。如果是纯锡,在装到飞行正样系统之前必须再次镀铅锡或者浸焊。

在决定器件是否满足应用要求前,应抽取一定数量的器件,进行材料玻璃转换温度的测量,温度应高于最高的预期飞行温度;器件后续试验应在低于玻璃转换温度进行。

2. 器件的误比特率

宇航型号应该注意生产厂产品手册中的误比特率说明。按照手册的规定使用,如推荐器件应采用 12 位 BCH 算法,工程设计应根据此要求使用。

3. 减缓干扰错误

为了降低干扰相关的位错误,用户应该限制编程、块内连续页编程之间读取的数量,并且尽量少使用局部页编程。

4. 湿度灵敏性与储存

在原材料方面,塑封器件与陶瓷密封器件不同,长期储存时存在挑战。所有的塑封器件都有一个已知的水汽含量值,可以据此确定允许暴露在干燥盒外的时间、存储温度、湿度极限等。许多塑封器件为非湿度敏感,与对焊接热、分层、爆米花效应的抵抗能力有关,不适合长期存储。通常的误解是湿度在回流焊加热过程中是个问题,实际上,在模型浇注中材料长期浸出时,水汽也是一个问题,有害气体、材料对塑封表面的污染都会导致器件寿命的下降。

11.7　本　章　小　结

商用器件具有高性能、低成本、易采购和短货期等优点,但是,在有高可靠性要求的空间领域使用存在一定的风险。本章分析了商用器件宇航应用的现状和趋势,介绍了商用器件的特点,在分析商用器件宇航应用存在的风险的基础上,建立了针对需求、自上向下、综合考虑可靠性和成本的商用器件保证方法;并介绍了商用器件保证的关键技术。给出了商用 NAND FLASH 存储器宇航应用的案例,案例分析了 NAND FLASH 存储器的背景信息、筛选和鉴定技术,描述了 NAND FLASH 存储器主要的失效模式和失效机理、相关的测试和试验要求,为宇航型号应用商用器件提供指导。

参 考 文 献

[1] 郝跃,刘红侠. 微纳米 MOS 器件可靠性与失效机理[M]. 北京:科学出版社,2008.

[2] 宁冰旭,胡志远,张正选,等. 总剂量辐照效应对窄沟道 SOI NMOSFET 器件的影响[J]. 物理学报,2013,62(7):76104 - 076104.

[3] 施苏明. ESA 元器件需求管理与发展路线图概况[J]. 国际宇航元器件发展态势,2013(5).

[4] 陶然. 守望摩尔定律[J]. 电子产品世界,2010 (6):2 - 4.

[5] 王洪波. 2007 年国际半导体技术发展路线图摘要介绍[J]. 中国集成电路,2008,17 (3):17 - 30.

[6] 胥京宇. 挑战 14 纳米延续摩尔定律神话——Altera 采用 Intel 的 14nm 三栅极技术开发下一代高性能 FPGA[J]. 世界电子元器件,2013 (4):56 - 56.

[7] 薛士然. 世界 300mm 晶圆生产和 450mm 晶圆发展大势[J]. 电子产品世界,2013(4):1.

[8] 周润玺,黄庆红. 国际半导体技术发展路线图 (ITRS) 2011 版综述 (3)[J]. 中国集成电路,2012 (11):15 - 26.

[9] 周润玺,黄庆红. 国际半导体技术发展路线图 (ITRS) 2011 版综述 (4)[J]. 中国集成电路,2012 (12):27 - 42.

[10] Edward Wyrwas,Dr. Nathan Blattau,et al. Integrated Circuit Reliability Simulation in Space Environments. [EB/OL]. http://www. dfrsolutions. com/uploads/pubs/ 2012 - 10_SpaceSim. pdf. 2014 - 12 - 05.

[11] Fang P,Tao J,Chen J F,et al. Design in hot - carrier reliability for high Performance logic applications [C]. California:Custom Integrated Circuits Conference,IEEE,1998:525 - 531.

[12] Hodson R,McCabe M,Paulick P,et al. Flight Avionics Hardware Roadmap[R]. NASA,2013.

[13] Huard V,Denais M,Parthasarathy C. NBTI degradation:From physical mechanisms to modelling[J]. Microelectronics Reliability,2006,46(1):1 - 23.

[14] ITRS. Process Integration,Devices,And Structures 2013. [EB/DL]. http://www. utdallas. edu/~mtinker/Lecture%2007%20Article%20ITRS%202013%20PIDS. pdf. 2014 - 12 - 05.

[15] Laurent Hili,Denis Lehongre. ESA - CNES deep sub micron program ST 65nm. [EB/OL]. http://www. congrexprojects. com/docs/12c25_2510/13hili - lehongre_ dsm65nm_v3. pdf? sfvrsn=2,2014 - 12 - 05.

[16] Nam Sung Kim,Leakage current:Moore's Law Meets Static Power[J]. the IEEE Computer Society. December 2003:68 - 75.

[17] Next generation space processor. [EB/OL]. https://www. fbo. gov/index? s =

opportunity&mode=form&id=643ea92821bc6c9e7a3179e3390049b3&tab=core&_cview=1，2014-12-26.

[18] Saks N. S，Ancona M G，Modolo J A. Radiation effects in MOS Capactiors with Very Thin Oxides at 80°K[J]. Nuclear Science，IEEE Transactions on，1984，31（6）：1249-1255.

[19] Some R，Goforth M，Chen Y，et al. Flight Avionics Hardware Roadmap[R]. NASA，2014.

[20] Technology Roadmap for NAND Flash Memory 2014 TechInsigts[EB/OL]. http://www. techinsights. com/NAND-flash-roadmap/，2014-08-01.

[21] White M，Chen Y. Scaled cmos technology reliability users guide[M]. Pasadena：National Aeronautics and Space Administration，2008.

[22] White M. Microelectronics reliability：physics-of-failure based modeling and lifetime evaluation[R]. Pasadena Jet Propulsion Laboratory，National Aeronautics and Space Administration，2008.

[23] Department of Defense. MIL-PRF-38535H，Performance Specification Integrated Circuits（Microcircuits）Manufacturing，General Specification For[S]. USA：DOD，2007.

[24] Department of Defense. MIL-PRF-38535K，Performance Specification Integrated Circuits（Microcircuits）Manufacturing，General Specification For[S]. USA：DOD，2013.

[25] ECSS. ECSS-Q-60B，Space products assurance EEE component[S]. The Netherlands：ESA，2008

[26] ECSS. ECSS-Q-ST-60-13C，Space products assurance commercial EEE component[S]. The Netherlands：ESA，2013.

[27] ECSS. ECSS-Q-ST-60C_rev. 2，Space products assurance EEE component[S]. TheNetherlands：ESA，2013.

[28] ESA. Trends and patterns of ASIC and FPGA use in European space missions[DB/CD]. http://Amstel. estec. esa. int，2013-04-15.

[29] ESCC. ESCC 22600，Requirements for the Evaluation of Standard Electronic Components for[S]. The Netherlands：ESA，2010.

[30] ESCC. ESCC 9000，INTEGRATED CIRCUITS，MONOLITHIC[S]. The Netherlands：ESA，2002.

[31] Goddard Space Flight Center. New Electronic Technologies and Insertion Into Flight Programs Workshop[DB/CD]. http://nepp. nasa. gov，2007-1-30.

[32] JPL. D-20348. Jpl Institutional Parts Program Requirements[R]. Pasadena：JPL，2003.

[33] Michael J. Sampson. The NASA Electronic Parts and Packaging (NEPP) Program-Overview for FY14[DB/CD]. http://nepp. nasa. gov，2014-4-29.

[34] Sampson M J，LaBel K A. The NASA Electronic Parts and Packaging (NEPP)

Program-Overview for FY14[EB/OL]. https：//nepp. nasa. gov/files/25938/N EPP - FY14 - SPWG - 2014. pdf, 2014 - 4 - 22.

[35] The NASA Electronic Parts and Packaging（NEPP）Program. Parts Packaging and Radiation Reliability Research on Electronics. ［DB/CD］. http：//nepp. nasa. gov, 2009.

[36] 卿寿松. 面向产品化背景的航天产品保证工作初探[J]. 第二届中国航天质量论坛, 2008 年增刊：50 - 54.

[37] 夏泓. 关于中国宇航级元器件及标准体系的思考与建议[C]. 2007 中国国防工业标准化论坛,标准与民用航天,2007：115 - 119.

[38] 夏泓. 航天型号元器件工程[M]. 北京：中国宇航出版社,2011.

[39] 朱恒静,夏泓,张莹,等. 宇航元器件制造成熟度验证[J]. 电子产品可靠性与环境试验, 2014,32(1)：6 - 10.

[40] 朱恒静,,夏泓. 欧洲元器件保证标准分析[J]. 电子产品可靠性与环境试验,2014,32 (6)：1 - 5.

[41] 朱恒静. 从欧洲宇航元器件规范的变化看欧洲元器件质量保证重点的转移[J]. 标准与民用航天,2007：151 - 154.

[42] 江理东,郭鹏,张延伟,等. 宇航元器件应用验证系统工程研究[J]. 航天器工程,2012, 21(3)：1 - 6.

[43] 谭维炽,胡金刚. 航天器系统工程[M]. 北京：中国科学技术出版社,2009.

[44] 朱恒静,杜纲,等. 宇航元器件应用验证流程设计与优化研究[J]. 航天器工程,2012,20 (2)：105 - 108.

[45] ECSS. ECSS - Q - ST - 60 - 02C，ASIC and FPGA development ［S］. The Netherlands：ESA,2008.

[46] ESA. WDN/PS/700，ASIC Design and Manufacturing Requirements ［S］. The Netherlands ：ESA，1994.

[47] Marriott P,Bailey S. Functional Coverage Using System Verilog ［C］. Proc. of DVC on 2006. San Jose,CA,USA,2006：50 - 52.

[48] NASA JPL. Assuring ASIC for space[EB/OL]. http：//klabs. org/DEI/References/ content/guides/nasa_asic_guide/Sect. 1. Intro. html，2006 - 12 - 30.

[49] NASA. HDBK. 8739. 23. NASA COMPLEX ELECTRONICS HANDBOOK FOR ASSURANCE PROFESSIONALS[S]. USA ，2011.

[50] Perry D L, Foster H D. Applied Formal Verification ［M］. NewYork：McGraw-Hill，2005.

[51] RTCA. DO - 254. Design Assurance Guidance for Airborne Electronic Hardware[EB/ OL]. http：//www. rtca. org/onlinecart/product. cfm? id＝194，2000 - 12 - 24.

[52] 刘文,王青. 机载复杂电子硬件开发中的过程保证研究[J]. 硅谷,2014,7(11)：45 - 46.

[53] 王力纬,罗宏伟. IP 核质量与可靠性评测流程研究[C]. 中国电子学会可靠性分会第十五届可靠性学术年会,2010.

[54] 吴松龄. IP 核技术在航天系统的发展与展望[J]. 航天标准化, 2012 (2)：1 - 4.

[55] 中国航天科技集团公司元器件保证研究中心. ESA IP 核的技术要求[C]. 国际宇航元器件发展态势,2011(3). 59 - 65.

[56] 中国航天科技集团公司元器件保证研究中心. NASA 保证人员用复杂电子器件手册[C]. 国际宇航元器件发展态势,2012(4):24 - 67.

[57] 朱恒静,夏泓,张延伟,等. 定制集成电路宇航应用保证方法研究[C]. 航天科技集团公司 2014 专家组论文集,2014:582 - 586.

[58] Dasgupta, R. Karri, Electromigration reliability enhancement via bus activity distribution [C]. In: 33rd Design Automation Conference, (Las Vegas, Nevada),1996.

[59] S Oates. Electromigration failure distribution of contacts and vias as a function of stress conditions in submicron IC metallizations[C], In:34th Annual Proceedings of Reliability Physics Symposium,(Dallas, TX), 1996, 164 - 171.

[60] Foucher B, Boullie J, Meslet B, et al. A review of reliability prediction methods for electronic devices[J]. Microelectronics reliability, 2002, 42(8): 1155 - 1162.

[61] Hu C K, Gignac L, Rosenberg R. Electromigration of Cu/low dielectric constant interconnects[J]. Microelectronics reliability, 2006, 46(2): 213 - 231.

[62] C. - K. Hu, R. Rosenberg, Scaling elect on electromigration in on - chip Cu wiring [C]. In: IEEE International Interconnect Technology Conference, 1999, 267 - 269.

[63] Department of Defense, USA. MIL - HDBK - 217, Reliability Prediction of Electronic Equipment[S]. USA: DOD, 1991.

[64] Department of Defense, USA. MIL - PRF - 38535J, Performance Specification Integrated Circuits (Microcircuits) Manufacturing, General Specification for [S]. USA, 2010

[65] Takeda E, Suzuki N. An empirical model for device degradation due to hot - carrier injection[J]. Electron Device Letters, IEEE, 1983, 4(4): 111 - 113.

[66] McLinn J A. Constant failure rate—a paradigm in transition [J]. Quality and reliability engineering international, 1990, 6(4): 237 - 241.

[67] Bowles J B. A survey of reliability - prediction procedures for microelectronic devices [J]. Reliability, IEEE Transactions on, 1992, 41(1): 2 - 12.

[68] Stathis J H. Reliability limits for the gate insulator in CMOS technology[J]. IBM Journal of Research and Development, 2002, 46(2 - 3): 265 - 286.

[69] Marin J J, Pollard R W. Experience report on the FIDES reliability prediction method [C]//Reliability and Maintainability Symposium, 2005. Proceedings. Annual. IEEE, 2005: 8 - 13.

[70] Black J R. Mass transport of aluminum by momentum exchange with conducting electrons[C]//Reliability Physics Symposium, 1967. Sixth Annual. IEEE, 1967: 148 - 159.

[71] Srinivasan J, Adve S V, Bose P, et al. The case for lifetime reliability - aware microprocessors [C]//ACM SIGARCH Computer Architecture News. IEEE

Computer Society, 2004, 32(2): 276.

[72] Srinivasan J, Adve S V, Bose P, et al. Ramp: A model for reliability aware microprocessor design[J]. IBM, Poughkeepsie, 2003.

[73] JEDEC Solid State Technology Association. JEP122G. Failure Mechanisms and Models for Semiconductor Devices[S]. USA: jedec, 2011.

[74] JEDEC Solid State Technology Association. JESD121A. Requirements for Microelectronic Screening and Test Optimization[S]. USA: jedec, 2006.

[75] JEDEC Solid State Technology Association. JESD47I. Stress - Test - Driven Qualification of Integrated Circuits[S]. USA: jedec, 2012.

[76] JEDEC Solid State Technology Association. JESD74A. Early Life Failure Rate Calculation Procedure for Semiconductor Components[S]. USA: jedec, 2007.

[77] JEDEC Solid State Technology Association. JESD86A. Electrical Parameters Assessment, October[S]. USA: jedec, 2009

[78] JEDEC Solid State Technology Association. JESD91A. Method for Developing Acceleration Models for Electronic Component Failure Mechanisms [S]. USA: jedec, 2011.

[79] JEDEC Solid State Technology Association. JESD94A. Application Specific Qualification Using Knowledge Based Test Methodology[S]. USA: jedec, 2011.

[80] Pecht M G, Nash F R. Predicting the reliability of electronic equipment [and prolog] [J]. Proceedings of the IEEE, 1994, 82(7): 992 - 1004.

[81] Pecht M, Kang W C. A critique of MIL - HDBK - 217E reliability prediction methods [J]. Reliability, IEEE Transactions on, 1988, 37(5): 453 - 457.

[82] Chaparala P, Shibley J, Lim P. Threshold voltage drift in PMOSFETS due to NBTI and HCI [C]//Integrated Reliability Workshop Final Report, 2000 IEEE International. IEEE, 2000: 95 - 97.

[83] Charpenel P, Davenel F, Digout R, et al. The right way to assess electronic system reliability: FIDES[J]. Microelectronics reliability, 2003, 43(9 - 11): 1401 - 1404.

[84] Fang P, Tao J, Chen J F, et al. Design in hot - carrier reliability for high performance logic applications[C]//Custom Integrated Circuits Conference, 1998. Proceedings of the IEEE 1998. IEEE, 1998: 525 - 531.

[85] S. Agarwal, Compliance Issues with Microcircuits Burn - in Screening[C]//European Space Components Conference, 2013.

[86] S. Chakravarthi, A. T. Krishnan, V. Reddy, et al, A comprehensive framework for predictive modeling of negative bias temperature instability [C]. In: 42nd International Reliability Physics Symposium, IEEE, 2004, 273 - 282.

[87] Morris S F, Reilly J F. Mil - hdbk - 217 - a favorite target[C]//Reliability and Maintainability Symposium, 1993. Proceedings. , Annual. IEEE, 1993: 503 - 509.

[88] Ogawa S, Shiono N. Generalized diffusion - reaction model for the low - field charge - buildup instability at the Si - SiO$_2$ interface [J]. Physical Review B, 1995, 51

（7）：4218.

[89] Anderson T J, Carulli Jr J M. Modeling & Monitoring of Product DPPM with Multiple Fail Modes[C]//Reliability Physics Symposium Proceedings，2006. 44th Annual. , IEEE International. IEEE，2006：545－551.

[90] W. Bornstein, R. Dunn，,T. Spielberg, Field degradation of memory components due to hot carriers[C]. In：International Reliability Physics Symposium，2006，294－298.

[91] Denson W. The history of reliability prediction[J]. Reliability, IEEE Transactions on，1998，47(3)：SP321－SP328.

[92] Li X, Huang B, Qin J, et al. Deep submicron CMOS integrated circuit reliability simulation with SPICE[C]//Quality of Electronic Design，2005. ISQED 2005. Sixth International Symposium on. IEEE，2005：382－389.

[93] Li X, Qin J, Huang B, et al. SRAM circuit－failure modeling and reliability simulation with SPICE[J]. Device and Materials Reliability, IEEE Transactions on，2006，6(2)：235－246.

[94] Lee Y H, Mielke N, Agostinelli M，et al. Prediction of logic product failure due to thin－gate oxide breakdown[C]//Reliability Physics Symposium Proceedings，2006. 44th Annual. , IEEE International. IEEE，2006：18－28.

[95] 冯静,周经伦,长寿命产品退化筛选试验方法研究[J],电子学报,2008,36（8）：1538－1542.

[96] 工业和信息化部电子第四研究所,GJB7400－2011,合格制造厂认证用半导体集成电路通用规范[S]. 总装备部军标出版发行部,2012.

[97] 韩庆田,杨兴根等,高加速寿命试验技术[J]. 强度与环境,2003,30(4):54－58

[98] 谢劲松,元器件应力筛选的有效性准则[J].航空学报,2005,26(5):652－656.

[99] 王建国,夏泓,张红旗,等.GB/T 29074－2012,宇航元器件鉴定要求[S]. 北京:标准出版社,2013.

[100] JEDEC Solid State Technology Association. JEP150. 01. Stress－Test－Driven Qualification of and Failure Mechanisms Associated with Assembled Solid State Surface－Mount Components[S]. ：jedec，2013.

[101] JEDEC Solid State Technology Association. JEP158. 3D Chip Stack with Through－Silicon Vias （TSVS）：Identifying, Evaluating and Understanding Reliability Interactions [S]. ：JEDEC，2009.

[102] 戴雷,严蓉,等. 金银混合导体 LTCC 可靠性研究. 固体电子学研究与进展[J]. 2013，33(6)：595－599.

[103] 封国强,蔡坚,等. 硅通孔互连技术的开发与应用[J]. 电子与封装,2006,6(11)：54－57.

[104] 关晓丹,梁万雷.微电子封装技术及发展趋势综述[J].北华航天工业学院学报.2013，23(1):34－37.

[105] 何小琦,马鑫,等.通过控制 LTCC 基板收缩率消除通孔与导带见的开路失效[J].电

子产品可靠性与环境试验. 2002(3):4 - 8.

[106] 胡强. BGA 组装工艺与技术[J]. 电子元件与材料,2006,25(6):10 - 12.

[107] 贾松良. 微电子封装的现状及发展[J]. 电子产品世界. 2010 (6):38 - 39.

[108] 郎鹏,高志方,牛艳红. 3D 封装与硅通孔(TSV)工艺技术[J]. 电子工艺技术,2009,30(6):323 - 326.

[109] 李建辉,项玮. LTCC 在 SiP 中的应用与发展[J]. 电子与封装,2014,14(5):1 - 5.

[110] 童志义. 低温共烧陶瓷现状与趋势[J]. 电子工业专用设备,2008(166):1 - 9.

[111] 徐自强,杨邦朝,等. LTCC 异质材料匹配共烧研究[J]. 功能材料,2011,12(6):1079 - 1082.

[112] 曾理,陈文媛等. 集成电路封装高密度化与散热问题[J],电子与封装,2006,6(9):15 - 21.

[113] 周良知. 微电子器件封装[M]. 北京:化学工业出版社. 2006.

[114] 邹京. 先进微处理器高密度封装协同设计与仿真技术研究[D]. 长沙:国防科技大学 2013.

[115] Huang Q H. International Technology Roadmap for Semiconductors(2013 Edition)[J]. China Integrated Circuit,2014.

[116] ITRS. TEST AND TEST EQUIPMENT, INTERNATIONAL TECHNOLOGY ROADMAP FOR SEMICONDUCTORS[J]. ITRS 2013 EDITION, 2013.

[117] P. L. 马丁,电子故障分析手册[M]. 张伦,等,译,北京:科学出版社,2005.

[118] 恩云飞,罗宏伟,来萍,等. 电子器件失效分析及技术发展[J]. 失效分析与预防,2006,1(1):40 - 47 .

[119] 夏泓. 电子器件失效分析及应用[M]. 北京:国防工业出版社,1998.

[120] 信息产业部电子第四研究所. GJB 548B - 2005.微电子器件试验方法和程序[S]. 北京:标准出版社,2005.

[121] 姚立真. 可靠性物理[M]. 北京:电子工业出版社,2004.

[122] 张磊,王旭,等. 元器件破坏性物理分析方法的定制开发[J]. 电子产品可靠性与环境试验,2011, 20(4):17 - 20.

[123] 张延伟,江理东,陈志强,等. 一种新的元器件可靠性评估方法——结构分析(CA)[J]. 电子产品与环境可靠性试验,2003(5):1 - 3.

[124] Department of Defense (DOD). Technology Readiness Assessment (TRA) Deskbook [EB/OL]. 2009 - 07. http://www. acqnotes. com/acqnote/tasks/technology - readiness - assessment

[125] Diane Roussel - Dupre, Michael Caffrey. Cibola flight experiment[C]. In: the Proc. of the 18th Annual AIAA/USU Conforence on Small Satellites,2004.

[126] ECSS. ECSS - Q - ST - 60 - 12C - 2008. Space Product Assurance, Design, selection, procurement and use of die form monolithic microwave integrated circuits (MMICs)[S]. 2008

[127] JEDEC Solid State Technology Association. JESD22 - B111. Board level drop test method of components for handheld electronic products [S]. : JEDEC,2003.

[128] JEDEC Solid State Technology Association. JESD22 - B113A. Board level cyclic bend test method for interconnect reliability characterization of SMT ICs for handheld electronic products [S]. : JEDEC，2012.

[129] Haber J. Using a commercial PCI IP core in space flight avionics：lessons learned ［C］//Indianapolis，IN，USA，Digital Avionics Systems Conference，2003. USA：IEEE，2003.

[130] LaBel K A, Gates M M, Moran A K，et al. Commercial microelectronics technologies for applications in the satellite radiation environment[J]. Proc. IEEE Aerospace Applications，1996：375 - 390.

[131] NASA. NASA Procedure and Guidelines NPG7120.5C - 2005. NASA Program and Project Management Processes and Requirements ［S］. AE/Office of Chief Engineer，2005.

[132] Stephen Clark. Japanese satellite begins flight to test space age parts. SPACEFLIGHT NOW ［EB/OL］. http://spaceflightnow. com/news/n1006/02rocket，2010 - 06 - 02.

[133] 范红梅，马荣国，任泽亮，等. 宇航元器件热环境适应性评价技术研究[J]. 电子元器件可靠性与环境试验，2012，3(3)：6 - 10.

[134] 高雪莲，陈银红，雷晓明. IC 封装中互连线信号完整性的研究[J]. 电子与封装，2011，11(12)：1 - 3.

[135] 李东，朱振才，张锐，等. SZ - 7 伴星姿态控制系统设计及在轨试验[J]. 宇航学报，2011，32(3)：495 - 501.

[136] 刘旭蓉，侯妍，艾克武. 美英武器装备项目技术成熟度评估研究[J]. 装备指挥技术学院学报，2005，16(6)：48 - 52.

[137] 马荣国，范红梅，肖军强，等. 宇航元器件力学环境适应性评价技术研究[J]. 电子元器件可靠性与环境试验，2012，3(3)：1 - 5.

[138] 孟维国. 单片机系统电磁兼容性研究[J]. 微处理机，2008(1)：175 - 177.

[139] 孙青，庄奕琪，等. 电子元器件可靠性工程[M]. 北京：电子工业出版社，2002.

[140] 袁家军. 航天产品成熟度研究[J]. 航天器工程，2011，20(1)：1 - 7.

[141] 中国电子技术标准化研究所. GJB151A - 1997. 军用设备和分系统电磁发射和敏感度要求[S]. 北京：标准出版社，1997.

[142] 中国电子技术标准化研究所. GJB152A - 1997. 军用设备和分系统电磁发射和敏感度测量[S]. 北京：标准出版社，1997.

[143] 中国航天标准化研究所. Q/QJA 53 - 2010. 宇航单机产品成熟度定级规定[S]. 北京：中国航天科技集团公司，2010.

[144] G. P. Summers，E. A. Burke，C. J. Dale，et al. Correlation of Particle - Induced Displacement Damage in Silicon［J］. IEEE Trans. Nucl. Sic. ，1987，34 (6)：1133 - 1139.

[145] G. P. Summers，E. A. Burke，P. Shapiro，et al. Damage correlation in semiconductors exposed to gamma，electron and proton radiations[J]. IEEE Trans.

Nuc. Sci. ,1993,40(6):1372 – 1379.

[146] O'Brien T P, Ginet G P, Byers D L. AP9/AE9: New Radiation Specification Model. [EB/OL]. http://lws – set. gsfc. nasa. gov/documents/AP9AE9_Overview_ ISO_oCT2011. pdf, 2011 – 10 – 27.

[147] Robert. A. Reed, Paul W. Marshall, Chery J. Marshall, et al. Energy Dependence of Proton Damage in AlGaAs Light – Emitting Diodes[J]. IEEE Trans. Nuc. Sci. , 2000, 47(6):2492 – 2499.

[148] GokaT, S. Kuboyama, Y Shimano, Kawanishi. T. The ON – Orbit Measurements of Single Event Phenomena by ETS – V Spacecraft [J]. IEEE Trans. Nuc. Sci. , 1991, 38(6):1693 – 1699.

[149] 于庆奎,唐民,朱恒静. 用 10MeV 质子和钴 – 60γ 射线进行 CCD 空间辐射效应评估 [J]. 航天器环境工程,2008,25(4):391 – 394.

[150] Miller A C. I DDQ testing in deep submicron integrated circuits[C]. Atlantic City: 1999IEEE,1999.

[151] Chandra A, Chakrabarty K. System – on – a – chip test – data compression and decompression architectures based on Golombcodes[J]. Computer – Aided Design of Integrated Circuits and Systems, IEEE Transactions on, 2001, 20(3): 355 – 368.

[152] Heaberlin D. The power of exhaustive bridge diagnosis using IDDQ speed, confidence, and resolution [C]//Test Conference, 2006. ITC '06. IEEE International. IEEE, 2006: 1 – 10.

[153] Hellebrand S, Rajski J, Tarnick S, et al. Built – in test for circuits with scan based on reseeding of multiple – polynomial linear feedback shift registers[J]. Computers, IEEE Transactions on, 1995, 44(2): 223 – 233.

[154] Hafed M M, Abaskharoun N, Roberts G W. A 4 – GHz effective sample rate integrated test core for analog and mixed – signal circuits[J]. Solid – State Circuits, IEEE Journal of, 2002, 37(4): 499 – 514.

[155] Lewis E T. Design and performance of "1. 25 – μm" CMOS for digital applications [J]. Proceedings of the IEEE, 1985, 73(3): 419 – 432.

[156] 陈飞. 基于电源电流测试的数字电路故障诊断研究[D]. 南京:南京航空航天大 学,2008.

[157] 古天祥,王厚军,习友宝,等.电子测量原理[M].北京:机械工业出版社,2004.

[158] 韩博宇,王伟,刘坤,等. 基于 TSV 的 3D 堆叠集成电路测试[J].合肥工业大学学报: 自然科学版,2014,37(4):444 – 448.

[159] 韩银和.数字电路测试压缩方法研究[D].北京:中国科学院计算技术研究所,2005.

[160] 胡瑜,韩银河,李晓维.SoC 可测试性设计与测试技术[J].计算机研究与发展,2005,42 (1):153 – 162.

[161] 雷绍充,邵志标,梁峰.超大规模集成电路测试[M].北京:电子工业出版社,2008.

[162] 李建新,吴孝银.测试数据编码压缩技术研究[J].宿州学院学报,2010,25(5):31 – 33.

[163] 李兆麟,叶以正,毛志刚.基于多扫描链的内建自测试技术中的测试向量生成[J].计算

机学报,2001,24(4):1-9.

[164] 欧阳一鸣,肖祝红,梁华国.数据块前向相容标记码的测试数据压缩方法[J].计算机辅助设计与图形学学报,2007,19(8):986-990.

[165] 时万春.集成电路测试技术的新进展[J].电子测量与仪器学报,2007,21(4):1-4.

[166] 时万春.现代集成电路测试技术[M].北京:化学工业出版社,2005.

[167] 陶丽楠.面向固定型故障的测试向量生成与压缩方法研究[D].哈尔滨:哈尔滨工业大学,2012.

[168] 杨翯翔.基于 SIP 的高速芯片协同测试[D].西安:西安电子科技大学,2009.

[169] 周彬.低测试成本的确定性内建自测试(BIST)的研究[D].哈尔滨:哈尔滨工业大学,2010.

[170] 朱恒静.利用 IDDQ 技术测试 CMOS 器件[J].国外电子测量技术,2001(z1):36-37.

[171] AS55553A. Counterfeit Electronic Parts: Avoidance, Detection, Mitigation, and Disposition[S]. SAE. 2012.

[172] onzalex O. Use of Commercial Electrical, Electronic and Electromechanical (EEE) Parts in NASA's Commercial Crew Program (CCP)[R]. NASA,2012.

[173] IDEA-STD-1010B. Acceptability of Electronic Components Distributed in the Open Market[S]. IDEA. 2011.

[174] JEDEC Solid State Technology Association. JEP149. Application Thermal Derating Methodologies[S]. JEDEC,2004.

[175] K. D. Hester, M. P. Koehler, H. Kanciak-Chwialkowski and B. H. Jones. An assessment of the value of added screening of electronic components for commercial aerospace applications[J]. Microelectronics Reliability, 2001,41(11):1823-1828.

[176] Parker K P. System issues in boundary-scan board test[C]//Test Conference, 2000. Proceedings. International. IEEE, 2000:724-728.

[177] Amagai M. Chip scale package (CSP) solder joint reliability and modeling[J]. Microelectronics reliability, 1999, 39(4):463-477.

[178] Sandor M. Plastic Encapsulated Microcircuits (PEMs) Reliability/Usage Guidelines For Space Applications [J]. Jet Propulsion Laboratory California Institute of Technology Pasadena, California, 2000.

[179] Pecht M, Radojcic R, Rao G. Guidebook for managing silicon chip reliability[M]. CRC press, 1998.

[180] NASA. NASA/TP-2003-212242, EEE-INST-002:Instructions for EEE Parts Selection, Screening, Qualification, and Derating[S]. NASA, 2003.

[181] NASA. NASA/TP-2003-212244, PEM-INST-001: Instructions for Hastic Encapsulated Microcircuit(PEM) Selection, Screening, and Qualification[S]. NASA, 2003.

[182] NASA. NASA/TM-2012-217558, Use of Commercial Electrical, Electronic and Electromechanical (EEE) Parts in NASA's Commercial Crew Program (CCP)[C]. 2012:5-35.

[183] Roosta R. A comparison of radiation – hard and radiation – tolerant FPGAs for space applications[J]. NASA Electronic Parts and Packaging Program，2004，30.

[184] Scheiber S. Building a successful board – test strategy[M]. Second Edition. England：Elsevier，2001.

[185] Oresjo S. New Study Reveals Component Defect Levels – An extensive study of almost one billion solder joints reveals the defect levels and most common defects for components on PCBAs[J]. Circuits Assembly，2002，13(5)：39 – 42.

[186] Xilinx，Xilinx Defense and Aerospace Manufacturing Flows. ［EB/OL］. http：//120. 52. 72. 46/www. xilinx. com/c3pr90ntcsf0/esp/mil ＿ aero/collateral/ProductEngineering/xilinx_aero_def_manuf_flow. pdf，2003 – 10 – 23

[187] 党炜，COTS 器件空间应用的可靠性保证技术研究[J]. 电子学报，2009，37(11)：2590 –2593.

[188] 姜秀杰等. 商用器件的空间应用需求、现状及发展前景[J]. 空间科学学报，2005，25(1)：76 – 80.

[189] 王峰，郭金生，李晖. 商用现货电路在卫星中的应用[J]. 航天器工程，2013，22(4)：87 –93.

[190] 朱恒静. 高性能塑封器件应用于航天器的板级鉴定方法[J]. 航天器环境工程，2008，25(1)：87 – 89.

[191] 朱恒静，夏泓. 欧洲元器件保证标准分析[J]. 电子产品可靠性与环境试验，2014，32(6)：1 – 5，11.

[192] 陈良惠. 半导体异质结及其在电子和光电子中的应用——2000 年诺贝尔物理奖评述[J]. 微纳电子技术，2002，39(1)：15 – 16.